秦岭勉县–略阳–宁强矿集区成矿规律与找矿预测

Metallogenic Regularity and Prospecting Prediction of Mianxian-Lueyang-Ningqiang Ore Concentration Area in Qinling Mountains

王瑞廷　郑崔勇　高菊生 等　著

科 学 出 版 社
北 京

内 容 简 介

本书针对秦岭勉县–略阳–宁强矿集区内代表性金属、非金属矿床成矿地质背景、矿化特征、成矿规律、找矿标志、成矿机制、矿床成因、成矿模式、找矿模型及综合勘查方法技术等方面进行了较系统的深入研究，总结了区内矿床成矿规律，划分了其成矿系统和成矿系列；对典型金属矿床的地质、物探、化探、遥感等综合勘查技术方法进行了探讨，建立了适合于区内矿床的找矿方法技术组合和综合找矿模型，圈定了成矿远景区和找矿靶区；在此基础上，与区内找矿勘查工作紧密结合，对优选的重点找矿靶区运用槽探和钻探等重型工程实施了找矿验证，获得了较大的找矿进展，通过产–学–研–用密切结合，对该区矿产资源前景和找矿潜力做出了分析和预测。

本书可供从事找矿勘查、地球科学研究和教学工作的地质、矿山专业技术人员，高等院校的本科生、研究生，以及有关生产单位管理人员阅读参考。

图书在版编目（CIP）数据

秦岭勉县–略阳–宁强矿集区成矿规律与找矿预测／王瑞廷等著 . —北京：科学出版社，2021. 12
　ISBN 978-7-03-070212-8

　Ⅰ. ①秦… Ⅱ. ①王… Ⅲ. ①秦岭–成矿规律–研究 ②秦岭–成矿预测–研究 Ⅳ. ①P612

中国版本图书馆 CIP 数据核字（2021）第 214964 号

责任编辑：王　运　柴良木／责任校对：张小霞
责任印制：吴兆东／封面设计：北京图阅盛世

科学出版社 出版
北京东黄城根北街 16 号
邮政编码：100717
http://www.sciencep.com

北京中科印刷有限公司 印刷
科学出版社发行　各地新华书店经销

*

2021 年 12 月第 一 版　开本：787×1092　1/16
2021 年 12 月第一次印刷　印张：31 3/4
字数：753 000

定价：428.00 元
（如有印装质量问题，我社负责调换）

本书作者名单

王瑞廷　　郑崔勇　　高菊生

袁　波　　秦西社　　陈荔湘

李永勤　　代军治　　栾　燕

王凤歌　　李　弦　　丁　坤

序 一

我国作为一个发展中国家，目前已是世界第二大经济体，经济和社会发展对矿产资源的需求持续快速增长。虽然全国矿产资源种类多、数量大，但多数矿种探明资源储量少、对外依存度高，矿产资源保障程度总体不足，资源安全问题不容忽视。为保证国民经济和社会持续、健康发展，确保矿产资源供给充足，支撑国家重大战略的实施，加大秦岭主要矿集区地质调查力度，深入开展矿产资源分布规律、成矿作用与找矿预测研究，推动实现找矿突破，服务打造西部国家矿产资源（后备）基地，尤显迫切。

勉县-略阳-宁强矿集区（简称勉略宁矿集区）位于扬子板块西北缘摩天岭隆起东段，夹持在秦岭微板块与扬子板块之间，是秦岭-大巴山-大别山金银铜铅锌钼钒锑多金属成矿带的重要组成部分。该区地质作用复杂，构造-岩浆活动强烈而频繁，成矿条件优越，矿产资源丰富。通过前期不断的地质矿产勘查工作，现已发现十多个大中型金、铜、镍、锰、钴、铁、磷、黄铁矿、石棉等矿床及150余个小型有色、黑色、贵金属和非金属矿床（点）。近十多年来，勉略宁矿集区找矿勘查一直未取得重大突破。究其主要原因，一方面是已有的地质成矿理论和研究认识对于矿集区不同矿种控矿因素、找矿标志、找矿模型等支撑解决找矿实际问题的总结不到位，导致找矿勘查效果不佳；另一方面，针对隐伏矿床的找矿勘查技术方法组合研究不深入，隐伏矿床找矿久攻不破。

《秦岭勉县-略阳-宁强矿集区成矿规律与找矿预测》一书在前人矿产勘查与综合研究工作的基础上，以成矿地质体、成矿构造和成矿结构面、成矿作用特征标志"三位一体"勘查区找矿预测理论与方法为指导，以勉略宁矿集区典型矿床为主要研究对象，系统梳理、研究、总结分析成矿地质背景、控矿条件、成矿特征、找矿标志、矿床类型、成矿系列和成矿规律等，建立了该矿集区主要矿床"三位一体"成矿模式和综合找矿模型，总结出适合勉略宁矿集区金、铜、铁、镍、铅锌、锰等矿产的找矿技术方法组合，分析了其找矿前景，并开展大比例尺找矿预测，圈定成矿远景区7处、找矿靶区10处，实施工程验证后，取得了金、铜、铁、铅锌、镍等矿产较好的找矿进展。

这些成果为勉略宁矿集区进一步的矿产勘查和地质研究提供了新资料、新素材、新线索与可资借鉴的综合找矿方法及方向。本人有幸先睹该书，并和作者进行过多次交流，非常高兴为之作序，同时希望作者团队继续努力，不断进步！总之，该书的出版对秦岭—大巴山地区基础地质研究和矿产勘查工作具有重要的现实和理论意义，必将推动区内地质找矿事业的发展！

中国工程院院士

汤中立

2021 年 1 月 5 日

序　二

　　我国西北地区处于特提斯碰撞造山带和古亚洲增生造山带两个全球性巨型成矿带中，成矿地质背景良好，找矿潜力巨大，是国家矿产资源的重要后备基地。其中，中央造山系之秦岭造山带又恰位于两带交接部位，陕西区段地域广阔，矿产资源丰富，金、钼、铅、锌、钒、汞、锑、铁、银、锰、磷、铝土矿等矿床众多，矿化类型复杂多样，西北有色地质勘查部门历经数十年的综合研究与找矿勘查，积累了丰富的地质成果与资料，探获了一批数量可观的矿产。尤其是勉略宁矿集区地质演化过程复杂漫长，构造岩浆活动强烈，成岩成矿作用发育，不同矿种星罗棋布，集中形成了一大批矿产资源，堪称"金属矿产博物馆"。该矿集区北部的秦岭勉略构造缝合带是在原印支期板块俯冲碰撞缝合带基础上复合中新生代陆内构造而形成，为中国大陆于印支期最后完成其主体拼合的主要结合带，具有重要的大地构造意义及控岩成矿效应。因此，对该矿集区进行成矿规律研究和找矿预测尤为意义重大与迫切。

　　《秦岭勉县-略阳-宁强矿集区成矿规律与找矿预测》一书是以王瑞廷教授为首的技术团队多年来长期在该区进行找矿勘查与综合研究工作成果的集中反映。作者立足勉略宁矿集区地质构造演化调查和矿产勘查研究实际，在探讨区域地质背景、成矿作用机理、多金属富集过程以及区域成矿规律研究总结的基础上，分析控矿因素，建立了找矿标志、成矿模式和找矿预测地质综合模型，构建了区内金、铜、铁、镍、锰、铅锌等不同矿种的找矿方法技术组合，综合评价了其找矿潜力，并以区域找矿模型为指导，开展了大比例尺找矿预测，对优选的找矿靶区通过探矿工程验证，获得了较大的找矿新进展，实现了产学研用密切结合推动地质找矿突破和培养优秀年轻人才齐头并进的重要目标。这些为秦岭地区进一步的矿产勘查与找矿预测提供了新的学术思想和指导，同时也为区内更深入的找矿勘查和地学研究贡献了新的素材。在推动新的西部大开发的进程和深部找矿的实践中，在长期调查研究和勘探实践基础上，出版该书恰逢其时，一定会发挥其应有的作用和贡献。

　　该书重点在区内找矿勘查工作和综合研究长期积累探索的基础上，对勉略宁矿集区内的典型金属及非金属矿床成矿地质背景、成矿作用、矿化特征、矿床成因、矿床类型及综合找矿方法技术等方面进行了较深入系统的集成研究总结，创新提出运用"三位一体"勘查区找矿预测理论与方法，全面分析了区内典型矿床的成矿地质体、成矿构造和成矿结构面、成矿作用特征标志等关键成矿因素，这为区内典型矿床研究与精准找矿预测提供了示范和借鉴，也为新形势下开辟创造西部矿产资源后备基地奠定了基础并指明方向。

　　西北地区和陕西区段及勉略宁区域地质成矿过程复杂，该书虽然取得了显著的成果和新的进展与认识，但仍仅是阶段性的科学认知和成果，还有很多问题尚待解决，还需进一步深入工作，继续探索研究创新。我较长期关注了解作者团队及其工作，相信他们的进一步努力会取得更大成果，期望他们继续实践、研究、探索创新，获得更好成果。

　　我应邀为该书作序，相信该书的出版对于秦岭成矿带，特别是对陕西秦岭主要矿集区的找矿勘查和地质研究具有重要的理论意义和应用价值，在西部大开发新的国家重大需求和地球系统科学新发展形势下会发挥重要作用。

中国科学院院士

2021 年 1 月 13 日

序　三

　　勉略宁矿集区位于陕、甘、川三省相邻处，大地构造位置属于秦岭造山带与扬子板块的结合部，其南、北分别以汉江断裂带和勉略构造带为界，被地学界称为"勉-略-宁三角地区"。区内地质演化漫长而独特，构造岩浆活动强烈而频繁，成矿作用复杂又多样，形成了丰富的金、铜、镍、铬、铁、锰、铅、锌等金属矿产，长期以来倍受地质学界的关注。深入开展区内矿床成矿规律与找矿预测研究，对促进隐伏矿及深部找矿，推动我国西部地区社会经济持续发展、资源环境协调并进具有重要的现实意义。

　　《秦岭勉县-略阳-宁强矿集区成矿规律与找矿预测》一书依托中国地质调查局计划项目"重要成矿带找矿疑难问题研究"中设立的"秦岭-大巴山-大别山成矿规律及找矿方向研究"课题之下设专题、勉略宁矿集区铁铜镍金矿整装勘查项目、陕西省地质勘查基金项目和西北有色地质矿业集团有限公司内部矿产勘查和综合研究项目等，作者在该区多年地质工作和资料积累的基础上，以勉略宁矿集区典型矿床为主要研究对象，系统梳理、总结分析成矿地质背景、矿床地球化学、控矿条件、成矿特征、找矿标志、成矿系列和成矿规律等，建立勉略宁矿集区"三位一体"成矿模式和找矿模型，开展了大比例尺找矿预测，指出找矿方向，指导勉略宁矿集区地质矿产勘查和找矿研究工作，圈定成矿远景区和找矿靶区。通过系统的室内外研究和找矿工程验证，取得了以下创新性成果：

　　(1) 以成矿地质体、成矿构造和成矿结构面、成矿作用特征标志的"三位一体"找矿预测理论与方法为指导，详细分析总结了勉略宁矿集区内19个典型矿床的成矿地质条件、成矿特征及找矿标志等，划分矿床类型，阐明成矿规律，建立了该矿集区的区域成矿模式和综合找矿模型。

　　(2) 对整个矿集区进行了较系统的成矿潜力分析和找矿预测工作，全面综合研究、总结与剖析了区内及其各成矿区带地质背景、含矿构造特征、矿化富集规律，构建了适合矿集区金、铜、铁、镍、铅锌、锰等矿产的找矿技术方法组合。

　　(3) 结合近年来区内矿产勘查与找矿研究的最新成果，开展大比例尺找矿预测，在勉略宁矿集区共圈定7处成矿远景区，优选出10处找矿靶区，利用不同的找矿方法技术组合对其中7处找矿靶区进行了找矿工程验证，取得了金、铜、铁、镍、铅锌等优势矿种找矿的明显进展。

　　我有幸听取了该书依托项目的成果汇报，参加了室内外有关工作讨论。该书第一作者是我的学生，他长期工作在野外一线，带领地勘单位的技术团队克服困难，积极探索，取得这些突出成果实属不易。对此我深感欣慰，并十分高兴为该书作序，相信该书的出版对秦岭-大巴山地区的地质科研和找矿勘查工作具有切实的指导意义和理论应用价值，也将启迪在类似成矿背景下有效地开展找矿勘查。

中国工程院院士

2021 年 1 月 5 日

前　言

　　陕西秦岭地区位于中央造山带中段、秦岭造山带东端，是我国重要的金、钼、铅锌多金属成矿带，深入研究和勘查开发该地区的矿产资源，对促进我国新时代西部地区社会经济持续发展、资源环境协调并进具有非常突出的战略意义。勉略宁矿集区是其中重要的矿产资源基地之一。2006～2010 年，国土资源部在区内设立了"陕西省略阳县关地门铅锌矿普查"、"陕西省宁强县干沟峡优质锰矿普查"及"陕西省宁强县孟家梁铅锌矿普查"三个国家资源补偿费项目和"陕西省宁强县坟家坪铜矿普查"中央地质勘查基金项目等；2011～2013 年，中国地质调查局在区内设立了"陕西省宁强县代家坝-勉县艾叶口铜金矿调查"找矿项目；2012～2014 年，中国地质调查局在计划项目"重要成矿带找矿疑难问题研究"中设立"秦岭-大巴山-大别山成矿规律及找矿方向研究"工作项目（编号：1212011220869），其下属专题包括"勉略宁地区中新元古代多金属成矿作用研究"等。这充分反映了国家对秦岭-大巴山-大别山地区矿产资源综合研究和勘查开发的重视和支持，也为深化陕西秦岭主要矿集区关键矿产成矿理论和找矿方法技术研究提供了支撑与平台。

　　为了实现勉略宁矿集区的找矿突破，提高矿产资源保障，陕西省在该矿集区内也实施了"陕西省宁强县沈家院银多金属矿普查"（2011～2012 年）、"陕西省宁强县李家湾-勉县陈家湾金铜多金属矿预查"（2014～2016 年）、"陕西省宁强县红岩沟-勉县方家坝地区金矿预查"（2014～2016 年，2018～2019 年）、"陕西省勉县新铺地区金多金属矿预查"（2018～2019 年）、"陕西省略阳县铜厂矿田铜金多金属矿普查"（2014～2016 年）、"陕西省宁强县纳家河坝金镍矿普查"（2014～2016 年）、"陕西省略阳县煎茶岭矿田金多金属矿普查"（2014～2016 年）、"陕西省勉略宁地区铁铜镍金矿整装勘查跟踪指导及成果汇总"（2014～2018 年）、"陕西省陈家坝铜铅锌多金属矿床普查"（2016～2019 年）、"陕西省略阳县惠家坝-金家河金锰矿普查"（2014～2016 年、2018～2019 年）、"陕西省勉县李家咀铜多金属矿预查"（2018～2019 年）、"陕西省勉县瓦子坪金铜多金属矿预查"（2016～2017 年、2020～2021 年）、"陕西省略阳县罗家庄地区金铜矿预查"（2020～2021 年）等20 项以上地质勘查基金项目；西北有色地质矿业集团有限公司作为该区内主要的地勘单位，先后自主开展了"略阳县徐家沟铜矿成矿规律及找矿预测研究"（2007 年）、"陕西省略阳县-宁强县金子山周边地区多金属矿点控矿条件及大比例尺找矿靶区预测研究"（2009 年）、"陕西省秦岭地区地质矿产数据库建设及综合研究"（2009～2013 年）、"铜厂-煎茶岭矿田与侵入岩相关的铜金镍矿床成矿规律研究及找矿靶区优选"（2015～2016年）、"陕西省略阳县何家岩金矿控矿构造与找矿预测研究"（2018 年）等多个地质找矿及综合研究项目，这些项目均由西北有色地质矿业集团有限公司承担，由汉中西北有色七一一总队有限公司、陕西西北有色地质调查院有限公司等下属单位及其合作院校具体实施。同时，该区内陕西地矿汉中地质大队有限公司等其他地勘单位亦实施了一批地质研究与找矿勘查项目，通过这些工作在区内取得了明显的找矿进展及认识进步。

本书在这些项目的找矿勘查工作和综合研究基础上，对勉略宁矿集区内的典型金属及非金属矿床成矿地质背景、成矿作用、矿化特征、矿床类型、成矿规律、控矿因素、找矿标志、成矿机制、矿床成因、成矿模式、成矿潜力、找矿模型及综合勘查方法技术等方面进行了较深入、系统的研究总结，全面分析了区内典型矿床的成矿地质体、成矿构造和成矿结构面、成矿作用特征标志等关键成矿因素，提出了找矿预测方法，建立了区内金、铜、铁、镍、锰矿有效的找矿方法技术组合，分析了该矿集区的找矿前景，并依据所构建的找矿勘查模型和地物化遥找矿标志，开展了找矿预测和工程验证，指导区内相关矿产的科学勘查评价，最终圈定提交 7 处成矿远景区及 10 处找矿靶区，可为进一步实施绿色勘查及促进矿业发展提供指导和理论支撑。

长期以来，本书作者一贯坚持理论联系实际和辩证系统思维，找矿勘查、成矿研究与方法技术并重，产学研用密切结合，以科技创新驱动找矿突破，在充分收集、深入分析总结前人已有研究成果的基础上，与项目组及其他课题组密切合作，全力开展秦岭成矿带勉略宁矿集区矿床地质背景、成矿规律与找矿预测等研究，取得的主要进展和成果如下。

（1）在充分收集、整理、总结、分析前人研究资料和成果基础上，本书作者对勉略宁矿集区的成矿地质背景，典型金、镍、铜、铅锌、铁、锰、磷、石棉矿床的成矿环境、成矿地质特征、控矿因素、找矿标志、成矿机理、成矿模式及矿床成因等方面进行了比较全面的研究；总结了 19 个典型矿床的控矿因素、找矿标志等，建立了其成矿模式和找矿预测地质综合模型。

（2）勉略宁矿集区典型金属矿床的矿体、矿石宏观、微观特征及其微量元素、稀土元素、包裹体、同位素特点，均显示成矿作用具有多期多源复合特点。成矿受构造、岩浆活动和热液作用控制明显。区内金成矿类型主要为构造蚀变岩型和火山喷气（流）沉积–改造型；铜成矿类型主要为火山沉积–改造型和火山沉积块状硫化物型；铁成矿类型主要为沉积–变质型、火山沉积改造型和岩浆熔离–改造型；镍成矿类型主要为岩浆熔离–热液改造型；锰成矿类型主要为火山沉积–变质型、沉积型；铅锌成矿类型主要为火山喷流沉积–改造型、密西西比河谷型。

通过总结、分析研究区内典型矿床地质、地球化学、成矿作用特征，从成矿地质体、成矿结构面、成矿作用特征标志等方面梳理出研究区主要矿产的成矿模式，进一步总结归纳出铜、铅锌、镍、铁、锰区域成矿模式，即前期通过火山、沉积等作用形成原始矿胚/源层或矿体，后期遭受构造活动、热液作用叠加改造成矿。金矿主成矿期在印支期—燕山期，多为岩浆–构造热液成矿。

（3）总结、划分了勉略宁矿集区成矿系统、成矿系列和成矿谱系。建议在今后找矿工作中，铁矿方面关注新太古代与火山沉积作用有关的沉积变质型铁矿床成矿系列；金矿方面关注太古宙花岗–绿岩建造中金矿成矿系列和中生代与印支期—燕山期构造剪切作用及地下热流活动有关的金矿床成矿系列；铜铅锌矿方面关注与中-新元古代裂陷槽海相火山岩（细碧角斑岩系）有关的火山喷流沉积型铜（铁）铅锌锰多金属成矿系列以及元古宙与古火山机构和中-酸性侵入岩有关的铁、铜矿床成矿系列；锰、磷矿方面关注扬子板块西北缘与震旦系—下古生界黑色岩系有关的磷、石煤、铁、锰、（钒）、钴、镍、铀、钼、铅锌、稀土多金属矿床成矿系列。

今后需要注意对与中-新元古代裂陷槽海相火山岩（细碧角斑岩系）有关的火山喷流沉积型铜（铁）铅锌锰多金属矿床成矿系列的火山-沉积变质型稀土矿（白云鄂博型铁-铌-稀土矿）的调查；加大在扬子板块西北缘对与震旦系—下古生界黑色岩系有关的磷、石煤、铁、锰、（钒）、钴、镍、铀、钼、铅锌、稀土多金属矿床成矿系列的沉积型磷块岩稀土矿调查（贵州织金式）；关注在勉略康构造带沿线对与晚古生代和海西期超基性岩、碱性岩-碳酸岩有关的铌、稀土、铀、硫、铬铁矿、磷矿床成矿系列的岩浆型稀土矿调查（四川牦牛坪式）；加强对硖口驿-二里坝古基底拼合带沿线超基性岩体、阳平关-勉县断裂带一线中酸性岩体等的钴矿找矿评价。

（4）研究区地处秦岭南坡低-中山区，植被茂密，覆盖比较厚，地形起伏比较大，通过研究金矿的勘查发现史和经验教训，总结出适合研究区岩金矿床找矿方法技术组合：1:5万水系沉积物测量+1:2.5万土壤测量+1:1万或1:2000岩石原生晕测量+1:1万地质测量+大比例尺地质测量结合槽探、钻探或坑探验证。

铜矿、铅锌矿、镍矿找矿方法技术组合：1:5万磁法测量和水系沉积物测量+1:2.5万或1:1万激电和磁法测量+1:1万地质测量+1:2000地质-岩石地球化学剖面+大比例尺地质测量结合槽探、钻探或坑探验证；在寻找铜矿、铅锌矿、镍矿过程中，必须注意地表局部地段发育的含镍、铅锌、铜硫化物的铁帽。

铁矿找矿方法技术组合：1:5万磁法测量+1:1万磁法测量和地质测量+大比例尺地质测量结合槽探、钻探验证。

锰矿找矿方法技术组合：1:5万水系沉积物测量+1:2.5万或1:1万激电测量+1:1万地质测量+大比例尺地质测量结合槽探、钻探或坑探验证；找矿过程中要注重锰矿沉积环境分析研究。

（5）通过分析矿集区内成矿地质背景和总结其成矿规律，采用1:5万地质图为底图，综合遥感、地质、物探、化探、典型矿床等信息，从梳理成矿作用入手，对研究区开展找矿预测。本次成矿预测以相似类比理论为主，辅以成矿系列理论、地质异常致矿理论，共划分7片成矿远景区，即略阳县鱼洞子-煎茶岭铁金镍成矿远景区、宁强县贾家湾-略阳县陈家坝铁铜金多金属成矿远景区、宁强县大安-勉县李家沟金铜镍多金属成矿远景区、略阳县五房山-勉县方家坝锰磷成矿远景区、宁强县青木川–八海–苍社金铜成矿远景区、宁强县安乐河–丁家林–太阳岭金成矿远景区和略阳县干河坝–白云寺金银铅锌镍铬铁成矿远景区。

预测圈定找矿靶区10处，其中A类找矿靶区3处、B类找矿靶区5处、C类找矿靶区2处，包括陈家坝铜铅锌多金属矿找矿靶区（A1）、金洞子-龙王沟金铁矿找矿靶区（A2）、纳家河坝金铜镍矿找矿靶区（A3）、金子山-坟家坪铜金镍矿找矿靶区（B1）、七里沟-方家坝铜多金属矿找矿靶区（B2）、李家咀铅锌金矿找矿靶区（B3）、李家沟-西铜厂湾金铜矿找矿靶区（B4）、白雀寺-中坝子钛铁矿找矿靶区（B5）、宁强县大安-勉县新铺唐家林一带金铜矿找矿靶区（C1）、宁强县曾家河—巨亭一带铜铁金矿找矿靶区（C2）。这为区内进一步的找矿工作部署指明了方向。

（6）找矿靶区验证成果比较显著。

2016～2019年通过对预测的A类与大部分B类找矿靶区筛选验证，先后在金洞子-龙王沟金铁矿找矿靶区的龙王沟铁矿施工钻孔验证，其中 ZK8001 孔见到厚度 15.69m、TFe 品位 28.73%、MTe 品位 22.25% 的铁矿体，获得预测铁远景资源量 1000 万 t 以上。

在陈家坝铜铅锌多金属矿找矿靶区开展钻孔验证，其中 ZK1606 孔见到厚度 3.82m、铜品位 1.78%、锌品位 3.696% 的铜锌矿体，加密钻探工程后，获得铜+铅+锌（333+334_1）资源量 13 万 t。

在纳家河坝金铜镍矿找矿靶区实施钻探验证，其中 ZK1201 孔上部见到厚度 9.22m、镍品位 0.25% 的镍矿体；钻孔下部见到金品位 $5.42×10^{-6}$、铜品位 3.88%、厚度 1.76m 的铜金矿体。纳家河坝地区初步获得（333+334_1）金资源量 1t，平均金品位 $5.42×10^{-6}$；（333+334_1）镍资源量 1.97 万 t，平均镍品位 0.25%。

在七里沟–方家坝铜多金属矿找矿靶区和李家咀铅锌金矿找矿靶区通过开展 1∶2.5 万土壤测量、1∶1 万或 1∶2000 地质–岩石地球化学剖面测量、槽探揭露，发现了勉县寨根铜矿带和瓦子坪银铅锌矿带。其中寨根铜矿体长 2660m，厚 0.56~9.17m，平均厚 3.24m，铜品位 0.38%~7.92%，平均品位 2.20%；伴生金品位 $0.28×10^{-6}$~$1.36×10^{-6}$、银品位 $9.6×10^{-6}$~$18.1×10^{-6}$；获得预测（334_1）铜资源量 14 万 t。瓦子坪铅锌矿体长 2500m，平均厚度 1.60m，锌平均品位 1.16%，铅平均品位 2.01%，银平均品位 $83.67×10^{-6}$，获得预测（334_1）银资源量 400t。

在金子山–坟家坪铜金镍矿找矿靶区，通过工程验证，于坟家坪铜矿中矿带深部见铜矿体，矿体厚 0.77~0.85m，铜品位 0.22%~0.82%。黑湾里磁铁矿点钻探验证见 1 条铜矿体、6 条镍矿体。铜矿体厚 1.0m，品位 0.90%；镍矿体累计厚度 47.65m，全镍平均品位 0.200%~0.256%，以硫化镍为主。陶家沟金多金属矿点钻探验证，见金矿体 1 条，厚度 1m，金品位 $5.20×10^{-6}$。

总之，在该矿集区内陈家坝地区取得了火山块状硫化物型铜铅锌矿的重要找矿进展，实现了产学研密切结合推动地质找矿突破的重要目标。

本研究除获得了丰硕的地质科研成果之外，还培养了一批年轻的研究人员和技术骨干，其中 1 人晋升为博士生导师，1 人晋升为教授级高级工程师，并培养硕士研究生 1 名、博士研究生 1 名、博士后 1 名，共在核心刊物上发表学术论文十余篇，达到了产学研紧密结合、找矿成果与人才培养双丰收的目的。

研究工作过程中，中国地质科学院矿产资源研究所毛景文院士，中国地质调查局原局长、自然资源部矿产勘查技术指导中心叶天竺教授级高级工程师及其团队，中国地质科学院矿产资源研究所叶会寿研究员在邻区找矿成果及找矿方法技术应用方面，中国地质科学院地质研究所闫臻研究员在区域构造研究方面，长安大学地球科学与资源学院刘云华教授、杨兴科教授、焦建刚教授在地质构造、矿化蚀变与金镍铜矿成矿作用研究方面，西北大学地质系朱赖民教授在矿床成因研究方面，北京大学刘树文教授在岩浆岩成因与演化方面，西北有色地质矿业集团有限公司（西北有色地质勘查局）、陕西黄金集团股份有限公司在项目组织、实施方面等都给予了大力支持和帮助。西北有色地质矿业集团有限公司总经理助理王民良教授级高级工程师、副总工程师李福让教授级高级工程师，汉中西北有色七一一总队有限公司等在资料、人力等方面给予了全方位的工作支持。西北有色地质矿业集团有限公司地质科技部成欢高级工程师、武春林高级工程师、冀月飞高级工程师，西安西北有色地质研究院有限公司胡西顺教授级高级工程师、张云峰教授级高级工程师，西安西北有色地质物化探总队有限公司袁海潮教授级高级工程师，长安大学硕士研究生孟德明、邵乐奇等同学在野外调研和室内资料整理工作中给予大力帮助，在此一并致以衷心的感谢！

　　本书是以"勉略宁地区中新元古代多金属成矿作用研究"课题最终成果报告为依托，密切结合21世纪以来区内所实施的各类找矿研究与矿产勘查项目，在此基础上通过进一步研究调查、扩充工作、拓展综合，经集成总结、剖析提炼和修改完善而成，是作者团队全体技术人员十多年集体辛勤劳动的结晶。全书共七章，其中第一章由王瑞廷、郑崔勇编写；第二章第一节由王瑞廷、高菊生、秦西社编写，第二节由王瑞廷、郑崔勇、袁波、陈荔湘编写；第三章第一至第四节由王瑞廷、郑崔勇、袁波、陈荔湘编写，第五节由王瑞廷、郑崔勇、李永勤、代军治、李弦编写；第四章第一、第十、第十五节由王瑞廷、郑崔勇、栾燕、王凤歌编写，第二至第六、第十四、第十八、第十九节由郑崔勇、袁波、陈荔湘、李永勤、王瑞廷编写，第七节由王瑞廷、郑崔勇、秦西社编写，第八、第十三、第十六、第十七节由郑崔勇、袁波、李永勤、陈荔湘、代军治编写，第九节由王瑞廷、栾燕、郑崔勇、袁波编写，第十一节由王瑞廷、丁坤、栾燕编写，第十二节由郑崔勇、王瑞廷、陈荔湘编写；第五章由王瑞廷、郑崔勇、袁波编写；第六章由王瑞廷、郑崔勇、袁波、代军治、高菊生编写；第七章由王瑞廷、郑崔勇编写；本书中图件由栾金阁、宋晓慧、张卫菊、何汝、成欢、冀月飞、李弦、王凤歌清绘、整理；部分表格由王瑞廷、王凤歌、李弦、郑崔勇等绘制；英文摘要由王瑞廷、李弦、成欢、王凤歌等翻译校对；最终全书由王瑞廷和郑崔勇统编、审校、定稿。

　　由于作者水平和精力有限，本书中还存在如下问题：对一些典型矿床成矿机制、矿床成因探讨及找矿方法体系的应用总结、分析深度不够；新的测试分析数据较少；部分有找矿前景的物化探异常和有利成矿地段尚缺少详细查证和大胆验证；个别找矿靶区的深部验证工作效果不佳等。这些不足之处，诚望广大读者、专家批评指正！今后若有机会，我们将进一步充实、提高、完善，以飨读者！

王瑞廷
2020年6月17日于西安

目　　录

Contents

第一章 绪 论

矿产资源是人类社会赖以生存和经济发展不可或缺的基础原料，是人类摆脱原始生活而走向文明的催化剂，其开发和利用是人类社会文明发展的标志。世界上 95% 以上的能源、80% 以上的工业原材料和 70% 以上的农业生产资料来自矿产资源。现代文明下不断涌现的各种合成材料和占据主导地位的矿物燃料，意味着人类智能与矿产资源最终融为了一体（张雷，2004）。所以，在现代化的征程中，资源保障是我国长期存在的战略安全问题。中国作为目前世界第二大经济体，2019 年国内生产总值已达 14.4 万亿美元，约合人民币99 万亿元；2018 年国内生产总值达到 13.6 万亿美元，约合人民币 90 万亿元，但其中购买矿产品消费竟高达人民币 3 万亿元（毛景文等，2019）。根据研究，2018 年我国 40 种主要矿产中，有 25 种对外依存，其中 11 种矿产对外依存度达 60% 以上，大宗矿产铁、锰、铬、铜、铝、铅、锌、镍、钾盐全面依赖进口，矿产资源对外依存度居高不下。而在实现"两个一百年"奋斗目标的进程中，经济发展、文化繁荣、国防建设和人民生活水平的提高均需要消耗大量金、铜、铅锌、银、铁、铬、锰、镍、钴、铝、钼、钨、锡、锂、铍、萤石等矿产资源，且随着我国工业化、城镇化、信息化、现代化、智能化的不断深入，矿产资源消耗量快速增长，2018 年我国 40 种主要矿产中，有 90% 的矿产人均消费量超世界平均水平，50% 以上矿产人均消费量超过世界平均水平的 2 倍（周艳晶等，2015；龙如银和杨家慧，2018；文博杰等，2019）；另外，我国现有大部分矿山资源/储量濒临枯竭，面临无米下锅的窘境，与此同时找矿难度加大，新探获资源/储量增幅缓慢。因此，立足国内，切实加强地质工作，不断总结、深化矿集区成矿规律认识，指导勘查工程部署，实现找矿突破，为矿山开发提供后续接替资源，保障国民经济建设资源供给安全，尤显迫切。

1980 年法国科学家 D. R. Dery 在巴黎召开的第 26 届国际地质大会期间提出了矿集区或矿床（点）集中区的概念，其最初用意在于应用大量矿床（点）及其空间的自然密集分布趋向，弥补矿床学家应用地质因素研究成矿规律的不足。1988 年世界地质图委员会成矿图分委员会（SCMMW）前主席 P. W. Guild 在第 28 届国际地质大会上展出大量矿床（点）密集分布的 1∶1000 万美国矿集区图，首次从矿床（点）分布的实际聚集趋向角度来研究区域成矿规律，但未公开发表。我国关于矿集区的概念在 20 世纪 80 年代中期也已应用，当时中国地质科学院沈阳地质矿产研究所毋瑞身等在研究我国金矿的分布规律中，提出了"金矿化集中区"的概念，并圈出全国的金矿化集中区，为金矿地质勘查的宏观部署提供了依据。1993 年开始，陈毓川院士主持的"中国金矿主要类型、成矿条件和找矿标志"研究项目，在全国范围内首次划分出 36 个金矿集中区。该成果在 2001 年以《中国金矿床及其成矿规律》专著形式由地质出版社出版。之后"矿集区"一词大量出现在国内外各类研究项目及地质文献中，如 1999~2004 年完成的国家重点基础研究发展规划 973 项目"大规模成矿作用与大型矿集区预测"，就以研究"大型矿集区"为主要攻关目标

(毛景文等，1999；王学求，2000)；"十五"期间，陈毓川院士主持完成的国家305项目"新疆优势矿产资源勘查评价综合研究"攻关课题下设之"新疆国家紧缺矿产大型矿集区预测评价研究"专题，初步在我国划分出32个金矿集区、13个锑矿集区和17个大的钼矿集区 (黄凡等，2011；王成辉等，2012；王永磊等，2013)。2016~2020年自然资源部矿产勘查技术指导中心组织持续实施的"全国重要矿集区找矿预测"项目等。

近年"矿集区"研究成为一个热点，但是关于"矿集区"的内涵及其具体圈定边界条件或标准，认识很不一致，迄今尚未见到大家公认的界定方案。关于"矿集区"应用时有不同的理解，如王世称等 (2000) 认为，"矿床密集区"常与不同元素地球化学块体相套合，往往是成矿省 (金属省)，它属于不同矿种、不同时代的矿床集合，是长期地质演化继承的矿产资源体；陈毓川等 (2001) 认为矿集区一般指具有成因联系的一组矿床 (点) 的密集分布区，形成矿床成矿亚系列，相当于Ⅳ级成矿带内的矿田或更大的矿化集中区；裴荣富等 (2001) 认为，矿集区是在成矿区带内密集分布着具有坐标定位的不同矿种和类型矿床 (点) 的空间分布区域，它反映了成矿区带内散布的已知矿床 (点) 场，这个场当然是地球化学异常场，在客观上也必然受控于成矿区带内特定的成矿构造聚敛场，并与深部初始地壳源和再造源的不均匀分布有关；谢学锦等 (2002) 认为，"矿集区"就是地球化学块体；翟裕生等 (2002) 论述"矿化网络"是一个成矿系统中形成的矿床系列和相关异常及其所在环境组成的实体，一般相当于矿集区或矿田范围。徐勇 (2002) 研究认为，矿集区是指在一定范围内矿床密集产出的区域，在此区域内，按一定空间分布着不同矿种或不同类型的大型或超大型矿床，以及中小型矿床或矿化点、矿化信息，矿床的产出在时空上存在一定的相互联系规律。它是矿产资源产出的重要基地。以上各家对"矿集区"的认识都有所深化和发展，为进一步全面深入开展矿集区研究工作奠定了基础。

目前认为，矿集区是对矿床 (点) 自然分布特征的客观表述，一般具有较大的矿床 (点) 分布密集度和较高的储量集中度两方面的含义，并且具有相对明确的边界，其中分布有不同矿种、不同规模和不同类型的矿床。矿集区具有一定的内部结构。在空间上，矿集区矿床 (点) 和矿产储量的分布是不均匀的。在时间上，矿集区都形成于一定的历史时期，具有一个或多个成矿时代，对应于一个或多个成矿事件。矿集区的时空结构是矿集区内在规律的客观反映。

本书所称"矿集区"沿用陈毓川等 (2001) 概念，大致对应于区域矿集区 (100~1000km²) 或成矿省矿集区 (1000~10000km²) 尺度。通过对勉略宁矿集区的系统研究主要为找矿选区、矿产勘查和地质调查提供依据与靶区。

勉县–略阳–宁强矿集区 (以下简称"勉略宁"或"勉略宁地区"或"勉略宁矿集区")，包含了勉县–略阳–阳平关地区 (即有些资料中所称的"勉略阳"或"勉略阳三角区") 和相邻的宁强地区，范围比通常所说的"勉略宁三角区"略大。勉略宁矿集区地理坐标为105°23′E~106°47′E，32°43′N~33°35′N，面积近2700km²，地处陕西省南部汉中市，位于扬子板块西北缘摩天岭隆起东段，夹持在秦岭微板块与扬子板块之间。该区地史演化漫长，地质作用复杂，构造–岩浆活动强烈而频繁，成矿条件优越，矿床众多，前期的地质矿产勘查工作已经发现了大量金、铜、铁、镍、锰、铅锌等矿床 (点)，且多数得到开发利用，成为陕西省重要的矿产资源基地。

本书依托中国地质调查局计划项目"重要成矿带找矿疑难问题研究"中设立的"秦岭-大巴山-大别山成矿规律及找矿方向研究"工作项目下属的"勉略宁地区中新元古代多金属成矿作用研究"专题（2012～2014年），陕西省地质勘查基金项目"陕西省勉略宁地区铁铜镍金矿整装勘查跟踪指导及成果汇总"（2014～2018年）、"陕西省略阳县横现河金多金属矿预查"（2014～2015年，2016～2017年）、"陕西省宁强县李家湾-勉县陈家湾金铜多金属矿预查"（2014～2016年）、"陕西省宁强县红岩沟-勉县方家坝地区金矿预查"（2014～2016年）、"陕西省略阳县铜厂矿田铜金多金属矿普查"（2014～2016年）、"陕西省宁强县纳家河坝金镍矿普查"（2014～2016年）、"陕西省略阳县煎茶岭矿田金多金属矿普查"（2014～2016年）、"陕西省略阳县吴家河地区金矿详查"（2014～2016年）、"陕西省宁强县雪花太坪地区铅锌矿普查"（2014～2016年）、"陕西省略阳县惠家坝-金家河金锰矿普查"（2014～2016年、2018～2019年）、"陕西省宁强县南沙河地区金矿普查"（2014～2016年）、"陕西省略阳县柳树坪地区金锌矿普查"（2014～2019年）、"陕西省勉县李家咀铜多金属矿预查"（2015～2016年）、"陕西省勉县瓦子坪金铜多金属矿预查"（2016～2017年、2020～2021年）、"陕西省陈家坝铜铅锌多金属矿床普查"（2016～2019年），西北有色地质矿业集团有限公司博士后科研课题"铜厂-煎茶岭矿田与侵入岩相关的铜金镍矿床成矿规律研究及找矿靶区优选"（2015～2016年）、地质科技项目"陕西省略阳县何家岩金矿控矿构造与找矿预测研究"（2018年）等的工作成果，在近二十年来对该区地质研究、矿产勘查和矿业开发等资料综合整理、分析研究和野外调查的基础上，以叶天竺等（2014，2017）提出的"勘查区成矿地质体找矿预测理论方法体系"为指导，以建立成矿地质体、成矿构造和成矿结构面、成矿作用特征标志"三位一体"找矿预测地质模型为切入点，以勉略宁矿集区典型矿床为主要研究对象，系统梳理、分析总结成矿地质背景、控矿条件、找矿标志、矿床地球化学、成矿流体特征、赋矿规律和成矿模式，建立"三位一体"找矿综合模型，开展找矿预测，支撑、推进勉略宁矿集区的地质矿产勘查、成矿理论研究和找矿部署工作。

第一节 勉略宁矿集区以往地质工作程度与近年找矿发现

勉略宁矿集区处于秦岭造山带和龙门山构造带的复合部位，是秦岭成矿带内重要的矿集区，以矿化集中、矿种齐全、成矿类型多、矿床规模大和矿产资源丰富而被地学界称为"勉略宁金三角"（王相等，1996）。通过大量的地质工作，截至目前，已在这不足2700km²范围内，发现了十几个大中型金矿、铜矿、镍矿、锰矿、钴矿、铁矿、磷矿、黄铁矿、石棉矿床以及150余个小型有色、黑色、贵金属和非金属矿床（点）。其中，煎茶岭大型金矿床和大型镍矿床以其独特的地质背景在国内尤为著名。研究区地处秦岭造山带、松潘-甘孜造山带、扬子板块结合部位，具体指勉略康（勉县-略阳-康县）构造混杂岩带（秦岭与扬子分界断裂带，研究区含该带陕西段）以南、勉县-阳平关断裂带以北、甘肃省与陕西省界以东总体呈向东收敛、向西散开的三角区（陕西省部分）和相邻的宁强地区。

勉略宁矿集区行政区划主要隶属于陕西省勉县、略阳县、宁强县，西至陕西、甘肃省界与甘肃省康县接壤，东与陕西省汉中市区相邻。宝（鸡）—成（都）铁路在研究区中部沿嘉陵江南北贯穿而过，北部有十（堰）—天（水）高速穿过，中部有略（阳）—中（坝子）公路直达略阳县城，南部有 108 国道穿过。除此之外，尚有多条县、镇（乡）级公路通过，交通比较便利（图 1.1）。

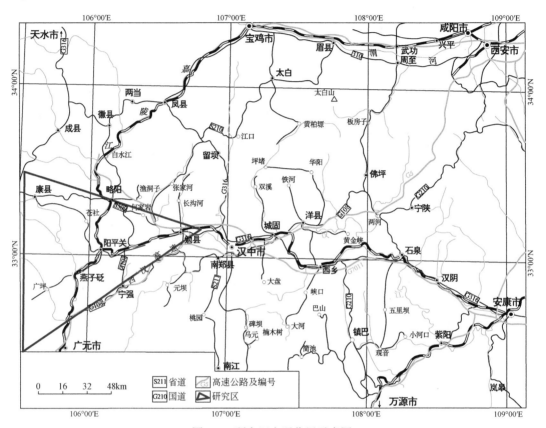

图 1.1　研究区交通位置示意图

研究区位于秦岭山脉南缘，南部为秦岭山脉与北大巴山山脉过渡地区，属地形复杂型中低山区；地形多为近东西走向的平行山脊和沟壑，海拔 700～1700m；地形总体呈北部高，北西高，东南低，地形起伏大，相对高差 300～1000m 不等，山势陡峭，通行困难。研究区属亚热带与大陆性暖温带气候过渡带，具有明显的季风气候特点。气候四季分明，春秋较短，冬夏稍长，春暖干燥，夏热多雨，秋凉湿润，冬冷少雪；夏天平均气温 23℃，冬季气温 0～5℃，年平均气温 14.8℃，极端最高气温 37.5℃，极端最低气温 -10.7℃；无霜期年均 212 天。区内沟谷纵横，水系发育，属长江水系，分属嘉陵江与汉江两大水系：嘉陵江水系主要有燕子河、乐素河、金家河、窑坪河等；汉江水系主要有咸水河、南河、白河、黑河、沮水河等；区内发育多种植被类型，主要植被为含常绿乔灌木的松栎混交林。区内年平均降水量 740mm，雨季一般在 7～9 月，容易出现暴雨和秋淋雨，常形成滑坡、崩塌、泥石流等地质灾害。

区内自然资源比较丰富，林地面积广阔，主要生产经济林和药材等；农业相对落后，农作物以水稻、玉米、豆类、薯类为主，其他经济作物有干果、油料等；矿产种类多，矿业经济占比较大。工作区水、电供应充足，通信便捷。

一、区域地质调查

勉略宁地区地质调查工作开始于 20 世纪 30 年代。1949 年之前，仅赵亚曾、黄汲清开展过少量路线地质调查。新中国成立初期，为满足经济建设对矿产资源的急需，20 世纪 50 年代开始了系统的地质调查、矿产普查等，有地矿、冶金、有色、核工业、建材、化工、煤炭等相关部门人员，黄金部队及大专院校、科研院所，针对不同工作目的，在该区先后开展过各种不同程度的地质调查、矿产普查和地质科研教学工作（王明加等，1980；秦克令等，1989，1992a，1992b；张二朋等，1993；刘国惠等，1993；张国伟等，1995，1996，2001，2003，2004a，2004b，2015；王永和，1996❶；许继锋等，1997；赖绍聪和张国伟，1999；孙卫东等，2000；李三忠等，2002；张复新等，2004；张成立等，2005；张宗清等，2006；张宏飞等，2007；秦江锋等，2007；吴峰辉等，2009；吴美玲等，2009；张有军等，2015；夏林圻等，2007，2013，2016；张欣等，2010；杨运军等，2017；易鹏飞等，2017；栗朋等，2018）。历经七十余年的地质工作，完成了区内 1∶50 万、1∶25 万、1∶20 万区域地质调查，部分图幅 1∶5 万区域地质矿产调查，多数图幅 1∶5 万水系沉积物测量和 1∶5 万磁力测量；一些矿区完成 1∶1 万、1∶2000 地质测量及部分地段物化探测量，为勉略宁地区深入开展基础地质研究和矿产勘查开发提供了比较系统的技术资料。

1959～1961 年，陕西省地质局秦岭区测队在勉略阳地区开展了 1∶20 万区域地质与矿产调查工作，并编制了 1∶20 万略阳幅（I-48-XXIX）区域地质图、矿产地质图（约 7000km^2）各一份。

1960～1961 年，西北冶金地质勘探公司地球物理探矿队在略阳县、勉县、阳平关三角地带 1200km^2 范围内开展物化探普查（1∶2.5 万）和详查（1∶5000～1∶1000）工作，采用工作方法包括自电、磁法、土壤次生晕，其中自电因故半途终止。本次工作分析总结了物化探异常与铁、铜、镍矿产及地质构造的关系，并根据物化探异常综合分析，划出了不同矿产的赋存地段。

1964 年西北冶金地质勘探公司收集了 1958～1963 年东起石泉，西至陕甘边境，北始白水江，南到北坝，面积 5000km^2 范围内的物化探成果资料，编制了陕西省汉中地区大比例尺磁异常编图说明书。

1965 年地质部航空物探大队在陕南地区进行 1∶10 万（局部 1∶20 万）航空物探（航磁、航放）测量，面积约 40000km^2，于 1966 年 3 月提交了陕南地区航空物探成果报告，圈出 6 个磁异常带。

1965 年西北冶金地质勘探公司第一地质勘探队在勉略宁地区进行了 1∶5 万区域地质

---

❶ 王永和，王根宝，王向利，等 . 1996. 勉略宁地区 1∶5 万区域地质联测报告 . 1-108.

测量与矿产普查工作，填制 1∶5 万勉略宁地区区域地质图并进行了成矿预测，总结成矿规律，编写了成矿预测说明书。

1982 年陕西省区调队完成勉略宁地区（1200km²）1∶5 万区域地质调查，建立了本区多金属矿产的找矿标志，圈定了成矿远景区。

1983 年西北冶金地质勘探公司地球物理探矿队开展了勉略阳三角地带的磁法编图工作，其 1∶1 万编图区位于三角地带中部茶店至二里坝，面积 325km²；1∶2.5 万编图区以阳平关至勉县深大断裂和略阳至勉县深大断裂为界，西至宝成铁路构成的三角地带，面积 1125km²。历时两年完成了计划，共获编号磁异常 284 个。

1983～1990 年，陕西省地质矿产勘查开发局物化探队完成了全省 1∶50 万区域重力调查面积测量和重力老资料改算。1996 年 12 月提交了《陕西省 1∶50 万区域重力调查成果报告》，该成果反映了全省重力场变化趋势和特征，对勉略宁三角地带深部构造的认识具有重要意义。

1986 年西北有色地质勘查局物化探总队编制了勉略阳地区 1∶5 万分散流地球化学异常图（18 个元素、面积 2500km²）及成果报告，获得单元素异常 738 个，其中 Au 异常 58 个、Ag 异常 55 个、Cu 异常 58 个、Pb 异常 17 个、Zn 异常 61 个、Ni 异常 36 个、Co 异常 31 个。

1988 年陕西省地质矿产勘查开发局区域地质调查队在西秦岭地区开展了 19 个图幅的 1∶5 万区调，同时进行了自然重砂测量，其中包括略阳幅。其工作成果显示，勉略宁三角区的重砂异常，密集分布于略阳-勉县断裂及阳平关-勉县断裂所夹持的"三角区"内，分布各类重砂异常 107 处，以金矿物异常为主，伴生铅矿物、铜矿物、辰砂、钨矿物、重晶石等异常。重砂异常分布受北西向、北东向、近东西向等多组断裂交切、复合以及基性、超基性、中酸性小岩体、岩脉控制，亦与碧口岩群变质火山岩系及震旦系密切相关，且集中分布于煎茶岭、东沟坝、铜厂、茶店、新铺以及巩家河等地段，多与已知矿产地相吻合。

1989 年，西北有色金属地球物理探矿队对 1986 年陕西省略勉阳地区 1∶5 万分散流成果进行综合研究工作，通过重新计算区值，共圈定 12 种单元素异常 685 个，综合编号异常 156 个。据此提出了十余个开展 Au、Ag（Mo）找矿的有利异常。

1990 年陕西省地质矿产勘查开发局物化探队在陕西省勉略宁地区开展 1∶20 万区域重力方法技术示范，对区域地层、构造、岩浆岩进行了解译。

1991 年陕西省地质矿产勘查开发局区域地质调查队完成 1∶20 万略阳县幅修测工作，进一步厘定了区内地层、构造、岩浆岩展布特征，为后期地质工作奠定了基础。

1991～1993 年，西北有色地质勘查局完成了勉略宁地区 1∶5 万区域地质修测及成矿预测（面积约 2000km²），获得了区内较系统的 1∶5 万区域地质资料。

1992 年西北有色地质勘查局物化探总队开展了陕西勉略宁地区铜金银地球化学特征及找矿靶区优选综合研究课题。对龙王塘等九个岩体的含矿性提出了评价意见；对煎茶岭金矿床、李家沟金矿床、铜厂铜铁矿床和东皇沟铅锌多金属矿床的断裂构造控矿作用进行了研究，总结了诸多矿床地球化学异常模式及找矿预测综合评价指标；划分出地球化学三域、七带、二十区，同时对 44 个综合异常做了分类、分级、评序优选，筛选出找矿靶区

Ⅰ级三处、Ⅱ级二处、Ⅲ级四处。

1996 年陕西省地质矿产勘查开发局完成了包括何家岩幅在内的六幅 1:5 万地质填图,提交了 1:5 万层次较系统的地质资料。

1997~1998 年,国土资源部航空物探遥感中心在秦岭西段武都-略阳地区开展了 1:10 万航空磁测,磁(光泵)Y12 飞行高度约 500m,线距 1000m,磁测总精度±2.2nT。完成工作量 20402.6km。提交了《秦岭西段武都-略阳地区航空物探(磁)勘查成果报告》,此报告依据航磁资料建立了岩浆岩和构造解释标志,新圈定基性-超基性岩体 10 处,中酸性侵入岩体 48 处,新确定大断层 6 条,火山机构 14 处;区内筛选的 193 处甲、乙类异常,尤其是圈定的 32 处蚀变岩异常,为区内开展金、铜等金属矿产普查提供了重要线索;采用"定量与定性相结合的预测方法"圈定金铜铅锌等多金属成矿远景区 18 片、找矿靶区 13 片,对武都-略阳地区的矿产普查具有一定的指导意义。

2003 年陕西省地质调查院实施了略阳幅 1:20 万区域重力调查,编写了分幅技术说明书。为区内提供了地球物理基础资料;西北有色地质勘查局完成了勉略宁地区 1:5 万区域地质修测及成矿预测(面积约 2000km²),提出了有色及贵金属成矿远景区,为进一步找矿指明了方向。

2004~2006 年,陕西省地质调查院完成了略阳幅 1:25 万区域地质调查(修测)工作,划分了测区构造单元和岩浆岩填图单位等。

2015~2017 年,陕西省地质调查院实施的"陕西省勉略宁地区基础地质调查"项目完成了代家坝、何家岩等 10 个图幅的 1:5 万地面高精度磁法测量和 1:5 万水系沉积物测量的填平补齐工作,重新圈定了地球化学异常和高精度磁异常,为进一步研究区内成矿地质背景提供了充实的物化探依据。

2016 年中国国土资源航空物探遥感中心在甘肃礼县-陕西宝鸡地区开展 1:5 万航空物探调查。首次采用直升机进行高精度航磁测量,平均离地飞行高度为 134.5m,测网线距 500m,点距 3~5m。调平后测量精度达到 0.84nT(调平前为 3.6nT)。磁测结果显示,全区磁场呈现出"南北分带,东西分块"的总体面貌,清晰地反映出其构造分区特点。据此,将全区分为 6 片磁场区,勉(县)-略(阳)-宁(强)矿集区属于扬子陆块北缘复杂变化磁场区。该区地处扬子板块与秦岭造山带两大构造单元的过渡部位,区内以-200~100nT 由北向南升高磁场为背景,主要为元古宇碧口群、震旦系变质-火山岩及少量寒武—奥陶系沉积-浅变质岩的综合反映。强磁叠加异常集中分布于王坝—略阳—勉县—宁强—阳坝所围成的三角形区域内,这类异常强度变化剧烈、分布杂乱,异常场值一般在 200~600nT,局部可接近 1000nT,基本为勉略宁三角地带内的超基性-基性岩所引起。特别是在中部略阳—阳坝一线分布北北东向弧形强磁异常带,应是深部较大规模超基性-基性岩体的反映。

张二朋等(1993)等对秦巴及邻区地质构造特征的研究囊括该区,认为勉-略地区加里东期岩体包括基性-超基性岩和酸性岩,基性-超基性岩侵入震旦系,酸性岩沿南北边缘断裂带分布,南部侵入下古生界,北部侵入元古宇。区内碧口岩群火山岩主要为基性、酸性火山岩,其次为中性火山岩,黑木林存在具火山喷发中心的火山机构。

张国伟等(1995,1996,2001)研究认为,秦岭在晚海西期—印支期完成其板块构造的最后俯冲碰撞造山之后，中、新生代进入陆内构造演化阶段，也即后造山期，其中广泛发育不同形式的伸展构造。既有主造山期后的伸展塌陷构造，又有陆内造山作用的新隆升扩张裂解的伸展裂陷构造。其叠加复合在先期构造之上，综合形成现今的秦岭地表构造山脉景观。勉略构造带是一个复杂的，包括不同成因岩块的混杂带，该带中分布有蛇绿岩块（古洋壳残片）、岛弧火山岩块、裂谷–洋盆转化阶段火山岩块。

张宗清等（2006）在该区开展了同位素地质年代学和地球化学研究工作，获得勉县张家河岩体斜长花岗岩锆英石 U-Pb 同位素年龄为 252.1±3.2Ma，认为其可能形成于海西期，在形成后的 185.3Ma 左右经受过强烈热扰动，岩石中有不少老的地壳物质；获得勉县光头山岩体花岗闪长岩锆英石 U-Pb 同位素年龄为 183.6±6.5Ma、花岗闪长岩黑云母^{40}Ar-^{39}Ar 坪年龄为 203.3±2.0Ma，后者与孙卫东等（2000）所获得的锆石 U-Pb 同位素年龄（216±2Ma）接近，提出光头山岩体可能形成于印支期末，成岩年龄≥183.6±6.5Ma；获得略阳县鱼洞子岩体斜长花岗岩锆英石 U-Pb 同位素年龄为 2692±17Ma，认为鱼洞子斜长花岗岩可能是鱼洞子岩群变质镁铁质火山岩再熔产物，其 Nd 模式年龄 t_{DM} 与鱼洞子岩群变质岩年龄基本相同（张宗清等，2001，2002），形成年龄可能为 2693±9Ma 或 2692±17Ma，该岩体是迄今在秦岭发现的年龄最老的花岗岩；获得略阳县白雀寺岩体辉石闪长岩锆英石 U-Pb 同位素谐和年龄为 815±38Ma，认为其可能形成于新元古代 815Ma 左右，在新元古代末—加里东期该岩体可能遭受过强烈变质事件的改造；获得略阳县罗素河岩体角闪二长花岗岩四颗锆英石的 U-Pb 同位素加权平均年龄为 835±33Ma，认为其可能形成于新元古代。

一些学者认为，碧口岩群玄武岩岩浆基本来自地幔柱源区（张本仁等，2002）。夏林圻等（2013，2016）研究认为，新元古代中–晚期（距今 846～776Ma）碧口岩群火山岩系产生于大陆裂谷环境。该火山岩系以玄武质岩石为主，酸性火山岩次之，中性火山岩少见。碧口岩群基性熔岩总体上属于低 Ti/Y 岩浆类型，其母岩浆主要是经受了辉长岩质结晶分离作用。碧口岩群玄武质熔岩可以划分为未受到大陆岩石圈混染（Nb/La>1.0）和遭受大陆岩石圈混染（Nb/La<1.0）2 个亚类。碧口岩群裂谷火山岩的岩石成因中卷入了地幔柱和地壳组分。碧口岩群基性熔岩的母岩浆极有可能源于共同的软流圈地幔柱。

栗朋等（2018）对大安花岗岩体进行了 LA-ICP-MS 锆石 U-Pb 同位素年代学和岩石地球化学研究。结果表明，花岗闪长岩年龄为 212.3±1.6Ma 和 212.48±0.43Ma，属晚三叠世，表现出明显的埃达克质岩石地球化学特征。综合区域地质资料，认为大安花岗岩体形成于后碰撞构造环境，是在华北板块与扬子板块碰撞后期伸展体制下，地幔物质上涌带来的热量导致加厚基性下地壳脱水熔融，形成了具有埃达克岩性质的岩浆。另外，张宗清等（2006）曾获得大安岩体斜长花岗岩黑云母^{40}Ar-^{39}Ar 坪年龄为 221.0±0.5Ma，二者比较接近。

张小明等（2018❶）通过白雀寺岩体 LA-ICP-MS 锆石 U-Pb 同位素定年，获得其主要岩石类型年龄分别为辉石岩 845.3±3.8Ma、辉长岩 836.2±6.8Ma、二长花岗岩 835.1±2.7Ma 和碱长花岗岩 832.9±3.7Ma，可见各主要岩石类型的侵入时间非常接近，认为这些岩石序列是同期岩浆多阶段侵入结晶分异的产物，岩浆分异程度较高，到岩浆演化的晚

---

❶ 张小明. 2018. 陕西省勉略宁西部铜镍多金属矿深部地质调查项目续作评估报告. 1-92.

期，岩石酸性、碱性程度明显增加；岩体具有双峰式侵入岩的特征，主体由辉长岩与二长花岗岩组成，形成于陈家坝岛弧（或弧后）的局限裂解环境，是伸展构造体制下幔源岩浆事件的反映。

陕西勉略宁矿集区发育中新元古代碧口岩群火山岩系，为一套完整火山喷发序列形成的酸-基性火山岩建造。岩石类型以流纹岩、玄武岩及火山碎屑岩为主，夹少量安山岩，该套火山岩由多个火山喷发旋回和韵律组成，岩石普遍变形强烈，发育塑性流变、透入性置换面理和脆韧性剪切带。火山岩系具明显"总体无序、局部有序、应变量大"的特点。杨运军等（2017）通过几年来在该区的地质填图实践，以火山旋回-韵律划分识别为基础，根据火山岩性、岩相等物性填图结合火山岩系变形期次和构造样式解析，探索出适合该地区强变形火山岩系填图方法，即综合采用"火山岩性+岩相+构造变形样式"有机结合的三重填图方法，在勉略宁地区区域地质填图中取得了较好的效果，对建立勉略宁矿集区构造变形机制、构造格架及总结碧口岩群火山岩系成矿规律提供了支撑。

二、地质科研

经过七十余年来以西北有色地质勘查局等为代表的多个地勘单位、工业部门、科研院所及大专院校的地质研究、矿产调查和长期努力探索与不断创新，勉略宁矿集区地质科研工作获得了大量翔实的数据资料和丰硕的研究成果（刘若新，1962；冯本智等，1979；汤中立，1982；汤中立等，2006；张本仁等，1986，1994，2002；谢元清，1987，1992；秦克令，1987；秦克令等，1989，1990，1992a，1992b，1994；裴先治，1989；李先梓等，1993；陶洪祥等，1993；西北有色地质勘查局，1993❶；陈升平等，1994；张国伟等，1995，1996，2001，2003，2004a，2004b，2015；刘铁庚和叶霖，1999；刘铁庚等，1995；王相等，1996；丁振举，1997；丁振举和姚书振，1999；丁振举等，1998a，1998b，1998c，2003a；叶霖和刘铁庚，1997a，1997b，1997c，1997d，1999；叶霖等，1999，2009，2012；许继锋等，1997；王平安等，1998；张复新和汪军谊，1999；张复新等，1999，2000，2004；陈守余等，1999；韩润生等，2000a，2000b，2000c，2001；任小华，2000；刘平等，2000❷；汪军谊，2001；任文清，2001；陈毓川等，2001；张永伟等，2001；姚书振等，2002a；王瑞廷，2002；王瑞廷等，2002，2003a，2003b，2003c，2003d，2004，2005a，2005b，2005c，2005d，2012；霍勤知等，2002；李文渊等，2003，2006，2012；闫全人等，2003；毛景文等，2005c；李春兰等，2006；王小红，2006；李永飞等，2007；赖绍聪等，2007；任小华等，2007a，2007b；徐学义等，2008；周圣华，2008；刘显凡等，2009；赵甫峰等，2009，2010；崔义发，2011；杨宗让，2012；李赛赛等，2012；刘哲东，2013；李静等，2014；王晓霞等，2015；廖时理等，2015；张孝攀等，2015a，2015b；叶会寿等，2016；原莲肖等，2017；丁坤等，2017，2018a，2018b；张利亚等，2017；Luan et al.，2018；杨合群等，2017；杨合群，2018；唐永忠等，2018；

---

❶ 西北有色地质勘查局.1993. 秦岭造山带金银铅锌铜控矿条件研究及成矿预测.1-125.
❷ 刘平，黄长青，王民良，等.2000. 秦岭造山带成矿地质背景研究及综合信息预测.1-136.

赵东宏等，2019；王训练等，2019）。代表性成果如下：

1964年西北地质局陕二队在略阳和勉县北部地区进行了超基性岩与铬铁矿普查工作，共发现大小超基性岩体37个。其中大茅台和三岔子岩体规模较大，断续沿襄略深断裂北侧分布，长达百余千米，构成勉略超基性岩带；朱家河岩体为铬矿成矿有利岩体。

1971~1974年，陕西省地质局地质研究所实施了"陕西勉略宁一带基性、超基性岩分布规律、特征及以铬为主的矿产成矿控制条件研究"项目，在勉略地区共发现面形与线形的超基性岩体120多个和一些磁铁矿、铬矿点以及铂族元素线索。

1977~1980年，地质部西安地质矿产研究所开展了"陕西省秦岭–巴山地区基性、超基性岩及有关矿产研究"项目工作，对勉略宁地区基性、超基性岩分布、类型及与之有关的矿产进行了调查分析。

1986~1990年，西北有色地质勘查局七一一总队，通过大比例尺地质测量、土壤地球化学测量和航磁测量成果综合研究，指出勉略宁地区北部鱼洞子花岗–绿岩地体为一移置构造地体，具备变质核杂岩特征，由内到外发育核部混合岩化深变质带、外层浅变质变粒岩和沉积盖层。指出核部与外层之间的缓倾斜剥离构造，盖层与基底之间滑脱或推覆构造为成矿有利地段。

1990年西北有色地质勘查局七一一总队、西北有色地质勘查局地质研究所等单位，开展了"勉略宁地区1∶5万金、铜多金属矿成矿预测"，总结了该区金、铜多金属矿的成矿规律，指出勉略宁地区矿产北部受勉县武侯–略阳构造岩浆岩带控制，中部受碳口驿–铜厂–二里坝构造岩浆岩带控制，南部受勉县武侯–宁强阳平关构造岩浆岩带控制，不同的构造带产出相应类型的矿床。

1994年中国有色金属工业总公司北京矿产地质研究所与西北有色地质勘查局七一一总队合作对煎茶岭金矿进行了综合研究，建立了成矿模型与勘查模式，强调煎茶岭超基性岩体对金成矿的控制作用。

1996年以王相为首的研究团队依据"秦岭造山带金银铅锌铜控矿条件研究及成矿预测"项目成果，在多年对秦岭地区金、银、铅锌、铜矿床大量找矿勘查实践和研究资料进行全面深入的综合研究基础上，出版了《秦岭造山与金属成矿》（1996）专著，对勉略阳金铜（镍）矿化集中区区域地质背景、成矿作用、控矿因素、矿床类型、典型矿床特征、成矿潜力、找矿方向和找矿关键问题进行了系统分析研究与总结，认为扬子地块西北缘在裂谷–造山带的发展演化过程中，经历了中新元古代陆缘裂谷拉张作用、新元古代造山挤压作用、加里东期构造岩浆作用和印支期—燕山期陆内造山作用等4个阶段的构造发展与演化，在这漫长的地质历史时期，勉略阳矿化集中区一直处于活动大陆边缘构造环境，是扬子地块西北缘同位多期构造岩浆复合成矿作用的产物。区域深部上地幔隆起构造长期影响本区，是区内与岩浆作用有关的岩浆热液、岩浆动热改造成因矿床广泛发育的深部宏观控矿因素。有望找矿区域主要集中于中部碧口地体与鱼洞子地体拼接带及其两侧，其次为北东东向和北西西向构造岩浆活动带与逆冲推覆构造带。

1997年西北有色地质勘查局七一一总队开展了"勉略宁南部鸡公石向斜南翼金矿成矿条件和找矿前景分析"综合研究课题，指出该区金矿带主要受沿震旦系白云岩和板岩、千枚岩岩性界面发育的逆冲推覆构造控制，矿体受逆冲断裂上盘的张剪性羽状断裂或次级断裂交汇部位控制。

　　汪军谊和张复新（1999）、汪军谊（2001）通过对勉略宁地区区域地质构造演化与成矿、物质组成及结构构造与成矿、主要矿化带的分布及矿床组合特征、典型矿床（点）地质地球化学地球物理特征、矿床成因及成矿机制、区域成矿规律的系统研究，认为勉略宁地区经历了新太古代—古、中元古代古基底裂解、增生，新元古代基底拼接，加里东期地块整体隆升以及印支期—燕山期陆内造山等主要构造演化过程，具有壳幔作用活跃、构造运动复杂、各圈层的物质及能量交换频繁、成矿作用显著等特点。该地块是由新太古界鱼洞子岩群结晶基底，元古宇大安岩群、何家岩岩群、碧口岩群过渡性基底以及震旦系、泥盆系—石炭系盖层及不同时期、不同构造环境条件下侵入的超基性、基性和中、酸性岩浆岩组成；并由古基底拼接构造带、边界断裂构造带、盖层和基底滑脱带等构造带"焊接"于一体的复杂地块。其中鱼洞子花岗—绿岩地体，中、新元古界碧口岩群细碧-角斑岩建造和深源基性-超基性岩浆岩等是主要的含矿和容矿建造；而古基底拼接构造带、边界断造带的长期构造-岩浆活动则是基底建造中成矿元素活化、迁移的外在动力和富集、沉淀的重要场所。根据地块内基底岩石组合特征及空间分布、各主要组成部分相互间的关系而构建的地块构造格局以及矿床的成因类型、组合特征及其空间分布划分出三个多金属成矿带，即北部金-镍-铁成矿带，中部金-银-铜-铅-锌-钡等多金属成矿带和南部铜-金成矿带。同时根据区域矿产资料综合分析，指出北部成矿带找矿重点要放在主要含矿建造与韧-脆性断裂的叠加部位；中部成矿带应重点关注古火山机构及基性火山岩与韧-脆性断裂的叠加部位；南部成矿带应主要考虑基底与盖层间的构造活动带，加大对该部位的深部工程验证工作。

　　任文清等（1999）、任文清（2001）结合相邻大地构造单元构造演化史，研究建立了勉略宁三角地区变形样式、变形序列、构造格架以及构造演化史，并进行了构造演化与成矿作用关系的探讨，认为区内发育基底和盖层两套地层，经历了不同时期、不同方式的构造作用演化与壳幔成矿过程，形成复杂的构造面貌，并控制着不同类型金属矿产的形成和分布。晋宁运动是该地区基底形成与演化的关键时期，此时三角地区沿碳口驿-黑木林发育基底拼合带，不仅形成了碳口驿-黑木林蛇绿混杂岩带，并造成中新元古界何家岩岩群、大安岩群和碧口岩群的复杂构造组合，形成基底变质岩系及其中强烈的褶皱和变形变质作用，产生了透入性面理和韧性剪切带。新太古代至印支期—燕山期为盖层形成期，基底岩系遭受了该期构造作用及岩浆活动的叠加改造，区域构造背景经历了伸展（南华纪）→挤压（加里东期）→强烈挤压收缩（印支期—燕山期勉略洋盆闭合）的转变。在南华纪（距今800~600Ma），三角地区基底中发育基性岩墙群（628Ma，Rb-Sr同位素年龄）的侵位和作为第一套沉积盖层的震旦系碎屑岩-碳酸盐岩沉积，此时形成了震旦系盖层中普遍发育的等厚褶皱，而基底岩系则发生剪切褶皱变形及形成韧-脆性逆冲推覆构造；在海西期（距今400~240Ma），区域伸展背景下地幔上隆导致勉略一线裂解并向洋盆转化，而三角地区以隆升为主，产生了一系列的剥离断层，同时在断陷带中形成了作为第二套沉积盖层的泥盆系—石炭系碎屑岩-碳酸盐岩沉积，于基底与盖层中发育大量的基性-中酸性岩体、岩脉（376Ma，Rb-Sr同位素年龄；328Ma，K-Ar同位素年龄）；到印支期—燕山期，随着勉略洋盆的闭合，三角地区强烈挤压收缩，形成了泥盆系—石炭系中的宽缓褶皱变形以及韧–脆性逆冲推覆构造，同时以共轴方式叠加改造震旦系中的先期构造，形成同斜倒转褶皱及韧–脆性逆冲推覆构造。

叶霖和刘铁庚（1997a，1997b，1997c，1999）、叶霖等（2009，2012）通过对铜厂矿区的钠长岩岩石学、稀土元素地球化学、流体包裹体、成矿物质来源、稳定同位素及 Rb-Sr 同位素地质年代学等方面研究，认为铜厂矿区内所分布的钠长岩形成时代为海西早期（距今 348 ± 8.47 Ma），由于海西早期闪长岩（340 ± 10.93 Ma）的侵入，带来了气液和热量，周围郭家沟组细碧岩中的部分钠质析出，并交代与之接触的闪长岩而形成钠长岩，同时指出铜厂铜矿床主要是在岩浆热液与古天水混合而成的混合热液作用下，活化出地层和闪长岩中的铜等成矿元素，形成含矿热液，铜在其中主要以氯的络合物形式搬运，且在弱还原偏碱性的构造片理化带沉淀富集成矿。

王平安等（1998）在对秦岭造山带区域构造、矿化类型、矿床地质、地球物理、地球化学等方面的大量资料信息与成果认识综合研究的基础上，提出由时间因素决定的大地构造背景和成矿作用类型是建立和划分区域矿床成矿系列的依据，建立了 21 个矿床成矿系列、24 个成矿亚系列及 4 个典型成矿系列的区域成矿模式，把勉略宁矿集区主要的铜、金、镍、铁、铅锌、锰、磷、石棉等矿床划分为 6 个成矿亚系列，即新元古代扬子及华北地块边缘区与海相火山活动有关的受变质铁矿床成矿亚系列（如鱼洞子铁矿等），扬子地块北缘及南秦岭地区与海相火山活动有关的铜、铅锌、金、银、铁、铌（钴）及硫矿床成矿亚系列（如东沟坝金银多金属矿、二里坝硫铁矿和黎家营锰矿等），扬子地块北缘及南秦岭地区与中酸性岩浆侵入活动有关的铁、铜、钴、钒及石墨矿床成矿亚系列（如铜厂铜铁矿床、张家山铁矿床等），晚震旦世—寒武纪扬子地块北缘及南秦岭地区与海相火山–沉积作用有关的磷、锰、钒、银（钴）矿床成矿亚系列（如阳平关磷矿床等），加里东期南秦岭西部地区与地壳拉张幔源超基性岩浆侵入活动有关的镍、金（铁、铜、钴）及石棉矿床成矿亚系列［如煎茶岭镍（铁、钴、铜）矿床、煎茶岭金矿床、煎茶岭石棉矿床和黑木林石棉矿床等］，海西早期西秦岭南缘与超基性岩浆（火山）活动有关的铬铁矿及铜锌硫化物矿床成矿亚系列（如略阳县三岔子铬铁矿床、勉县鞍子山铬铁矿床等）。

王瑞廷（2002）提出煎茶岭镍矿产于类蛇绿岩中，不同于典型的岩浆熔离型铜镍硫化物矿床，获得其矿石的 Re-Os 同位素等时线年龄为 878 ± 27 Ma，得出其成岩成矿作用基本上是新元古代裂解环境下同时进行的初步认识。之后通过进一步研究，也有一些学者认为煎茶岭镍矿成矿时代为印支期，属基性–超基性岩后生型（姜修道等，2010；杨合群等，2017）。王瑞廷等（2000，2002，2003a，2003b，2009，2012）研究认为，煎茶岭金矿区成矿流体为岩浆热液与变质热液的混合，断裂带是成矿流体淀积的场所，断裂结构面特征是影响金矿定位、产状变化以及贫、富矿体赋存部位的主要因素，金矿床成矿物质主要来自超基性岩，属受韧性剪切带控制的构造蚀变岩型金矿；煎茶岭镍矿床具有晋宁期初始富集、印支期改造成矿的"两期/二元成矿控矿"特征，其成矿主要受晋宁期超基性岩和印支期中酸性侵入岩浆活动的两期因素控制。晋宁期超基性岩浆熔离形成了初始硫化镍矿化和镍矿源岩体，印支期造山伴随的中酸性侵入岩浆活动导致超基性岩遭受了岩浆热液改造，原岩彻底蚀变变质为蛇纹岩、滑镁岩等岩石，成矿元素活化、迁移，在花岗斑岩外接触带富集形成矿床，矿体最终就位主要受印支期侵入体接触带控制；铜厂铜矿赋矿岩体的侵入和铜矿化近于同期发生，形成于新元古代晋宁期，早期构造活动给矿液的流动和定位提供了通道及容矿空间，其属于原始火山沉积-构造岩浆改造型铜矿床，并结合实际建立了金、铜矿床的成矿模式和找矿模型。任小华等（2007a）通过对勉略宁多金属矿集区1∶5万化探分散流数据计算、成图和综合研究，指出该区区域地球化学特征明显，区域地球化学场强度总体呈西低东高之势，煎茶岭-大院子地区所有成矿元素均呈高值场，与其赋存的已知矿床吻合。区域地球化学异常集中并成带分布，可划分为勉县-略阳、勉县-大安驿-阳平关和茶店-代家坝-屋基坪3个异常带，其中勉县-略阳异常带中的鱼洞子-煎茶铺异常段、勉县-大安驿-阳平关异常带中的代家坝-大安驿异常段与中部麻柳铺-硖口驿及红土石-徐家沟-红木沟异常段等是该矿集区金、镍、铜、铁等金属矿种进一步的勘查找矿方向。

陈毓川等（2001）对我国金矿床主要成因和工业类型进行了划分，研究总结了金矿成矿规律，认为勉县李家沟金矿属碳酸盐岩系中的微细浸染型金矿床，略阳东沟坝金多金属矿属金-石英-重晶石脉型金矿床；勉略宁地区岩金矿属秦岭西段陕、甘、川三角区陆内断陷边缘与印支期—燕山期岩浆作用有关的金、锑、钨、汞、砷、银成矿系列。

姚书振等（2002a，2002b）承担了“秦岭-松潘成矿区成矿规律与找矿方向研究”项目，通过对碧口地块赋矿火山岩的常量与微量元素地球化学、成矿作用、矿床特征等方面的研究指出，碧口地块铜及多金属矿床分属于三个成矿系统，即以伸展体制为主的裂谷或局部洋盆环境的古海底喷流沉积成矿系统、与块体碰撞隆升过程发育的与侵入岩有关的岩浆热液成矿系统、俯冲构造体制控制的大陆边缘弧环境的古海底喷流成矿系统。这些不同的成矿系统对矿床类型各有选择，在成矿时间和成矿作用强度上有变化、空间上有重叠，显示复合成矿的特点。他们还将勉略宁矿集区主要的金、铜、铁、镍、铅锌等矿床划分为与早古生代岛弧火山岩浆侵入作用有关的铜矿成矿系列（如铜厂铜铁矿等）、中新元古代弧后盆地火山喷流沉积-改造型铅锌银矿成矿系列（如东沟坝金银多金属矿、二里坝硫铁矿等）、印支期—燕山期热液型金多金属矿成矿系列（如煎茶岭金矿、李家沟金矿等）、中新元古代岩浆型铬镍矿成矿系列（如煎茶岭镍矿等）和太古宙BIF型铁矿成矿系列（如鱼洞子铁矿等）等5个。同时采用基于地理信息系统的证据权法，通过建立区域矿产资源量与地质标志之间的定量关系模型，进行区域综合信息成矿定量预测，划分出了碧口成矿远景区等5个区域成矿远景区带。

韩润生等（2000a，2000b，2003）开展了“陕西省铜厂矿田构造成矿动力学”及其矿床类型、断裂构造地球化学特征等研究，从成矿地质背景、矿床地球化学、矿田地质力学、矿田构造地球化学及矿田构造应力场等诸方面进行了构造成矿动力学及其隐伏矿定位预测应用的探讨，在构建“岛弧裂谷背景-火山喷流沉积-构造变质改造-岩浆叠加改造-动热再造富集”多因复成成矿模式的基础上，根据“同位-多期-多阶段”复合成矿思路，提出“巨型压力影构造”为矿田内主要的控矿构造形式，建立了铜厂矿田构造成矿动力学模型，总结了其隐伏矿定位预测依据及标志，优选出重点找矿靶区。

丁振举等（2003b）编著了《碧口地块古海底热水喷流沉积及其成矿作用地球化学示踪》，该书较系统地研究了碧口地块铜多金属矿床主要赋矿层位火山岩、热水沉积岩的地球化学组成、同位素特征，探讨了古海底火山岩喷发构造环境、火山岩源区性质、热水喷流岩所记录的古流体活动信息，以及开展利用稀土、微量元素地球化学进行流体活动示踪的方法研究，同时也对其成矿作用示踪进行了一些尝试。

毛景文等（2005a，2005b，2005c）提出西秦岭剪切带型金矿成矿作用与中生代大规模岩浆活动密切相关，成矿时代与华北板块及其邻区距今200～160Ma成矿大爆发期吻合，成矿流体主要来自岩浆和变质水，也有一定量大气降水的混入，说明碰撞造山–造山后伸展–岩浆侵位–矿床形成是一个统一的连续过程。他们认为西秦岭印支期岩体侵位之后，区域上东西向大规模的走滑，进一步促使含矿带内早期脆–韧性剪切带发生走滑与脆–韧性剪切，使金再次被活化、迁移和改造，伴随着成矿流体的运移，在剪切带的有利扩容空间富集成矿。通常在造山带的走滑剪切带内形成脉状金矿，在断陷盆地边缘的伸展或剪切断裂系统中发育卡林型金矿。

李春兰等（2006）利用现代计算机技术，依托 MapGIS 地理信息系统软件的空间分析模块，对勉略阳地区化探异常进行信息处理，通过数据过滤、信息提取、信息关联、信息综合等信息处理过程，挖掘各种异常信息，定量圈定不同类型化探异常，并在此基础上进行了该区初步成矿预测。

刘显凡等（2009）研究发现，南秦岭杨家坝多金属矿区中新元古界碧口岩群火山沉积岩系中原以为所夹的"白云岩"在产状上具侵入接触关系，而从岩相学、元素和同位素地球化学分析论证，确认其为源自地幔的碳酸岩；岩石总体表现为明显富集轻稀土、大离子亲石元素，尤以 Sr、Ba 相对富集，而过渡元素则以 Ti、Cr、Ni 相对亏损，高场强元素表现为矿化蚀变岩石比弱蚀变和无蚀变岩石富集，这与岩相学研究伴随硅化和硫化物蚀变而发育多金属矿化，以及同位素系列研究表现强烈相似于 EM Ⅱ 型富集地幔背景，并和碳酸岩与碳酸盐岩的过渡特征形成呼应，暗示矿区碳酸岩及相关矿化的形成可能与秦岭造山带从中元古代到中新生代发生同生成矿或构造体制转换并伴随后造山期强烈陆内造山作用导致的壳幔叠加改造密切相关，是重大深部地质事件的标志。碳酸岩的发现和确认，为论证本区深部地质地球化学动力学事件和过程以及壳幔混染对成矿的贡献提供了新的岩石学证据。

赵甫峰等（2009，2010）对区内略阳县杨家坝（铜厂）多金属矿田岩石、矿石和各类脉体的岩相学、稀土和微量元素及流体包裹体地球化学示踪等方面的研究表明，HO-CH 成分体系流体可能是伴随该区强烈构造运动沿深大断裂快速脉动上涌到地壳中的地幔流体；该流体作用导致壳幔耦合叠加成矿，是秦岭造山带大规模改造成矿的序曲。依据成矿流体特征，认为与成矿蚀变有关的热液流体是一种不同于一般地壳流体的富硅、钛、铁、碱质和挥发分，并具备熔体性质的成矿流体。矿区成矿过程可能统一受制于秦岭地区碰撞造山背景下具高温还原性质的地幔流体作用，且由此引发壳幔强烈混染的叠加改造作用在成矿过程中发挥了重要作用。

西北有色地质勘查局历时五年于 2011 年完成了"十一五"国家科技支撑计划重大项目"中西部大型矿产基地综合勘查技术与示范"设立的"西秦岭成矿地质背景与铅锌、银、铜、金资源评价技术研究"课题（课题编号：2006BAB01A11）下设的"秦岭造山带陕西段主要矿集区铅锌银铜金矿综合勘查技术研究"（2006～2010 年）科研专题，并出版了《秦岭造山带陕西段主要矿集区铅锌银铜金矿综合勘查技术研究》专著（王瑞廷等，

2012）。通过对勉略宁矿集区的系统研究，指出其成矿作用经历了自新太古代以来不同构造体制下的多次构造、岩浆热事件和变质变形的复杂地质过程。煎茶岭金矿床、铜厂铜（铁）矿床具有明显的"两期/二元成矿控矿"规律，认为勉略宁矿集区矿床往往具有变质热液矿床和岩浆热液矿床的基本特征，矿床的富集空间主要受断裂构造、褶皱虚脱部位和印支期—燕山期侵入体内外接触带控制（王瑞廷，2005；王瑞廷等，2009，2012）。

李福让等（2009）深入总结了徐家沟铜矿床成矿地质特征及控矿因素，提出徐家沟铜矿床成因为火山沉积-构造岩浆改造型，认为其成矿受地层岩性、构造、岩浆岩因素联合控制。

杨宗让（2012）研究提出，勉略宁三角地区铜金矿集区是在以碧口蛇绿杂岩为代表的"元古洋盆"在增生、消减关闭过程中于不同的时空域中产生的具有自组织能力的多个成矿系统叠加所形成的矿集区，并初步确认出与碧口古洋盆增生扩张有关的海底热水循环成矿系统、西太平洋活动陆缘环境下岛弧内黑矿型多金属矿成矿系统、安第斯活动陆缘环境下陆缘火山弧内斑岩型铜矿成矿系统和弧前增生楔中韧性剪切带型金矿成矿系统四个大的成矿系统。

李赛赛等（2012）通过对勉略宁地区区域成矿规律研究，总结出区内南部成矿带的找矿标志为：①地层为元古宇基底变质火山岩系及靠近该岩系的碎屑岩、碳酸盐岩沉积；②呈 NE—NNE 向的断裂构造活动发育；③沿构造充填的中基性-基性岩脉发育区；④以 Au、Ag、Cu、Zn 等元素为代表的地球化学异常区。经对王家沟金矿区进行成矿条件分析，研究认为区内具有寻找与断裂构造有关金矿的有利条件，并在矿区对获得的Ⅰ号激电中梯及土壤地球化学异常带进行硐探工程验证，发现了一条含多金属硫化物的石英脉型金矿体，据此推测规模和强度均大于Ⅰ号的Ⅱ号异常带也由隐伏的含矿断裂构造引起，下部存在更大规模的金矿体。

刘哲东（2013）综合研究了宁强县鸡头山-小燕子沟金矿床产出的大地构造环境、矿床地质特征、成矿地质条件等因素，认为该金矿大地构造背景为同碰撞向后碰撞转换阶段。阳坝岩体的形成过程为俯冲板片交代地幔，诱使地幔上涌、底侵，使下地壳发生部分熔融，产生具埃达克性质的熔体，下地壳密度相对增大，导致岩石圈拆沉作用加剧，造成岩石圈减薄，在造山带环境下，幔源岩浆上涌与下地壳岩浆混合，上侵就位形成阳坝花岗岩体。其成因类型为产于变质岩中的中温热液脉型金矿，可划归为 Groves（1998）等提出的造山型金矿。

2014 年，陕西省地质调查院承担并启动了《中国矿产地质志·陕西卷》的研编工作，对陕西省已发现的全部矿种及矿床（点）的地质特征、勘查开发状况以及成矿规律进行全面系统的总结。其中包括总结论述了勉略宁地区的金、镍、钴、铜、铁、铬、钛、锰、铅锌、钒、钼、银、锑、磷、石墨、石棉等矿种的工业用途、矿床类型、地理分布、资源储量、勘查开发、地质特征及成矿规律，并针对不同矿种，以矿床类型为序，分别按照典型矿床、重要矿床、一般矿床和矿点等 4 个层次，详细叙述了其成矿特征、成矿时代、成因机制、成矿模式与找矿模型等，同时划分了矿床成矿系列、建立了矿床成矿谱系。这对于区内的成矿理论研究和找矿勘查实践均具有重要的指导意义。

廖时理等（2015）对勉略宁三角区青木川—苍社一带的旧房梁、小燕子沟、金厂沟及火峰垭等金矿研究认为，区内金矿化类型有蚀变岩型、石英脉型及磁铁石英岩型等。金矿体均赋存于碧口岩群中，其空间定位和富集严格受 NE 和 NEE 向韧性剪切带的控制。成矿深度较浅（1.67~3.15km），可能代表韧性剪切带中浅部脆性变形域中的矿化。成矿流体和成矿物质来源可能为地层。金矿石中黄铁矿的硫同位素组成一般为负值，接近陨石硫，暗示成矿物质来源可能为碧口岩群。该区韧性剪切带型金矿中不同类型的金矿化在同一矿床中叠加出现可能与矿化形成过程中韧性剪切带不断被抬升剥蚀有关。

张孝攀等（2015a）通过对位于苍社向斜南东翼金铜成矿带东段的火峰垭金矿床地质特征、微量元素、稀土元素、流体包裹体和硫同位素特征的分析研究，初步认为该矿床主要赋矿层位为碧口岩群，为一套中基性海相火山岩，其岩石类型主要有糜棱岩化细碧岩、细碧质凝灰岩、角斑质凝灰岩夹大理岩、次生石英岩等。矿床受托河-林家沟逆冲型韧性剪切带所控制，石英脉型是其重要的金矿化类型，成矿流体为高温低盐度流体，且具有多阶段性，成矿物质来源可能混合自花岗斑岩与地层。火峰垭金矿分为林家崖、太阳坡、瞎子湾三个矿段，目前共圈出金矿体 13 个，长度大于 100m 的有 7 个，最长 330m，一般 42~178m，厚度最大 1.76m，最小 1.2m，矿体平均厚度 1.61m，最大控矿垂深 230m，矿体金品位在 3.94×10^{-6} ~ 5.15×10^{-6} 之间，矿区金平均品位为 4.54×10^{-6}。根据矿床区域成矿地质背景及成矿地质特征，推断该金矿床成矿时代为印支期。

2016 年，西北有色地质勘查局等完成了《勉略宁地区中新元古代多金属成矿作用研究》专题报告（王瑞廷等，2016❶），通过对区域资料整理分析和成矿地质背景及典型矿床研究，探讨了区域构造、岩浆活动与中新元古代金、镍、铜等矿产形成的耦合关系，梳理了区域物化探异常分布特点及其与矿产的对应关系；总结了勉略宁地区前寒武纪多金属成矿特征和成矿规律，划分出五个成矿区（带），建立了区域成矿模式和成矿系列；取得了一些新的认识，认为煎茶岭镍矿和金矿并非同时形成，煎茶岭镍矿床形成于新元古代中期，煎茶岭金矿形成于印支期—燕山期，徐家沟铜矿床属于原始火山沉积-后期构造岩浆改造型矿床。

2015~2017 年，陕西省地质调查院完成了"陕西省勉略宁地区基础地质调查"项目，共开展了燕子砭幅、代家坝幅、略阳县幅等 9 幅 1:5 万区域地质修测工作，全面提升了区内基础地质与矿产研究程度（张小明，2018❷）。率先对碧口地块阳坝岩组火山机构进行了识别，结合火山岩相对火山喷发旋回-韵律及与成矿关系进行了调查，重新审视了碧口岩群的成矿潜力；首次认为苍社—长沟一带碳酸岩为火山成因（游军等，2018a），为勉略宁地区的构造属性厘定提供了重要依据；针对碧口岩群火山岩系，采用火山岩相（岩性）+构造有机结合进行填图，针对勉略构造混杂岩带，采用构造+物性结合进行填图，在填图方法上有所创新；并在白雀寺-石瓮子基性杂岩体中发现了具钛磁铁矿化与铜镍矿化的超镁铁质岩。

张利亚等（2017）通过对勉略宁三角地区中新元古界碧口岩群中旧房梁金矿床的研究指出，金矿体的分布和产状受地层岩性和韧性剪切带的强烈控制，矿床成因类型为绿岩

❶ 王瑞廷，代军治，郑崔勇，等 . 2016. 勉略宁地区中新元古代多金属成矿作用研究 . 1-106.
❷ 张小明 . 2018. 陕西省勉略宁西部铜镍多金属矿深部地质调查总体设计 . 1-162.

型。矿石及其顶底板围岩的主微量元素和稀土元素地球化学、矿床流体包裹体与硫同位素等特征及其成矿作用研究表明，成矿流体具有高温还原性的特点，成矿物质来源可能为碧口岩群，其成矿过程可能与澄江期在区内广泛形成的 NNE 向韧性剪切变形有关，构造矿化蚀变对围岩物质组分具一定继承性和差异性。

原莲肖等（2017）对陕西秦岭地区主要矿床地质特征及其岩石、矿石光薄片进行了系统整理研究，包括勉略阳三角区内的煎茶岭金矿床、煎茶岭镍矿床、干河坝金矿床、李家沟金矿床、徐家沟铜矿床等，为进一步开展矿床研究提供了岩矿资料。

2018 年，陕西省地质调查院实施了"陕西省勉略宁西部铜镍多金属矿深部地质调查"项目，结合区内资料研究和野外地质调查，在白雀寺一带补充完成了 1∶5 万区域重力测量，在何家垭一带开展了磁法、激电综合剖面和音频大地电磁测深等工作。初步厘定了白雀寺杂岩体岩石类型、剥蚀程度、岩浆侵入序列、岩相分带与构造背景等，认为其形成于陈家坝岛弧（或弧后）的局限裂解环境，是新元古代扬子北缘碧口局限洋盆俯冲（汇聚）作用过后的弧后（局限）伸展构造体制下幔源岩浆事件的产物（游军等，2018b），依据物探异常特征推断局部可能隐伏基性岩体，对在白雀寺基性杂岩体中发现的铜镍矿化线索进行了检查。同时，通过区域地质、矿产调查和综合研究，认为勉略宁地区新元古代在扬子板块北缘裂解与汇聚交替发生的构造背景下，火山活动广泛而强烈，火山喷发–沉积与气液成矿作用是区内最重要的构造–岩浆–成矿事件，形成了一系列北东（北北东向）展布的古火山机构群与碧口岩群双峰式火山岩，以及赋存其中的众多火山块状硫化物（VMS）型铁、铜、铅锌多金属矿床（唐永忠等，2018）。

赵东宏等（2019）通过"秦岭成矿带地质矿产调查"计划项目、"秦岭成矿带矿产资源潜力调查"等工作项目的实施和综合研究，认为该区属摩天岭–碧口 Cu-Au-Fe-Ni-Mn 三级成矿带，并划分出勉略宁三角区金铜铁镍铅锌整装勘查区和宽川铺–大安金铅锌铜重点勘查区，前者主要产出 BIF 型铁矿、与海底基性火山喷发作用及酸性岩浆侵入活动有关的铜、金、铁、铅锌矿床，后者主要发育石英脉–构造蚀变岩型金矿，且提出应在大安岩体外围寻找金矿。

王训练等（2019）通过对略阳地区泥盆系踏坡组不同层位碎屑岩系统的岩石学、锆石岩相学及其 U-Pb 同位素定年和微量元素组成研究，发现碎屑锆石地球化学特征指示其源岩主要为形成于造山带环境中的花岗岩类（花岗闪长岩和英云闪长岩）、基性岩和钾镁煌斑岩。基于样品中的岩屑类型，结合区域地质、古流向、锆石年龄对比和源岩判别，认为踏坡组的原始物源来自位于扬子板块北缘的太古宙—古元古代基底（鱼洞子杂岩和崆岭杂岩），并且鱼洞子杂岩在踏坡组沉积后期曾大面积出露/抬升。同时表明碧口地块可能至少在早中泥盆世就与扬子板块拼合在一起了。

这些认识和成果极大地推动了区内的地质研究和找矿勘查工作，提高了其地质背景、矿床特征、控矿因素与矿化规律等方面的研究程度，深化了对区内构造–岩浆–成矿作用耦合及演化的整体认识，对基础地质研究、成矿理论进步和矿产勘查实践都具有很重要的指导意义和应用价值。

三、矿产勘查与找矿发现

1. 矿产勘查

勉略宁矿集区是陕西省重要的矿产资源基地，该区有陕西省最大的镍矿——煎茶岭镍矿。已探明的金属矿产资源/储量位居全省前列，已发现大中型铁、铜、金、锰、铅锌、镍、石棉、磷、水泥用石灰石等矿床多处，小矿点星罗棋布，数不胜数。

区内的找矿工作正式始于 1957 年。根据陕西省地质调查中心"陕西省重要矿产资源潜力评价"（2007~2013）项目成果❶、《陕西省勉略宁地区铁铜镍金矿整装勘查区系列基础地质图件编制说明书（2016）》和我们在该区的大量室内外工作，勉略宁矿集区目前已发现主要矿种包括金、铜、银、铅锌、镍钴、铁、锰、铬、硫铁矿、磷、纤维水镁石、水泥用石灰石及石棉等，矿产地 198 处，其中大型金矿床 1 处、中型金矿床 2 处、中型铜矿床 1 处、大型镍钴矿床 1 处、大型铁矿床 1 处、中型铁矿床 4 处、中型锰矿床 1 处、中型硫铁矿 2 处、中型磷矿床 3 处，大型石棉矿 1 处，小型矿床、矿点、矿化点上百处。建成一大批矿山，为国家和陕西省汉中地区的经济社会发展做出了巨大贡献。

区内已探（查）明并建成矿山的矿床包括大型矿床 4 处，即煎茶岭金矿床、煎茶岭大型镍（钴）矿、鱼洞子铁矿、黑木林石棉矿；中型矿床 6 处，包括铜厂钛铜矿、东沟坝金银铅锌重晶石矿、黎家营锰矿、茶店磷矿、二里坝硫铁矿、黑山沟铁矿；小型矿床 16 处，分别是徐家沟铜矿、银硐山铅锌矿、陈家坝铜铅锌矿、大石岩铜金矿、毛山湾铁矿、白果树马厂铁矿、黄家营铁矿、水林树铁矿、白崖沟铁矿、高家湾铁矿、乱石窑铁矿、柳树坪铁矿、火地沟铜矿、观山磷矿、白云寺铅锌矿、李家沟金矿等。

2. 近年找矿发现

近年通过物化探异常查证、已有矿山深部和外围找矿及不同渠道找矿勘查项目的实施，区内新发现了一批矿床（点），扩大了勉略宁矿集区的找矿前景。

1）铁矿

20 世纪 50~60 年代，通过验证航磁异常，矿集区内发现并勘探了鱼洞子、铜厂（杨家坝）、阁老岭、煎茶岭、黑木林等大中型铁矿床及一大批小型铁矿。据对已规模开采的几个铁矿床进行统计，该矿集区共探明铁矿石储量约 4.5 亿 t。近期发现有略阳县中坝子（钒）钛磁铁矿床、石翁子钛磁铁矿床、龙王沟铁矿点等。

（1）石翁子钛磁铁矿床

该矿床属岩浆晚期分异型钛磁铁矿。磁铁矿体赋存于矿区内白雀寺—石翁子一带辉长-闪长岩杂岩体内，该岩体是矿区范围内出露最大的杂岩体，亦是区内最主要的矿化蚀变岩体及含矿母岩。

---

❶　陕西省地质调查中心. 2013. 陕西省重要矿产资源潜力评价. 西安: 陕西省地质调查院, 1-398.

赋矿岩石为该基性杂岩体中的蚀变辉长岩、角闪辉长岩。其蒋家沟矿段长 3.3km，宽 23m；黑石崖矿段长 1.1km，宽 60m。已圈定 K_1、K_2 号钛磁铁矿体 2 条，矿体长度 1082 ~ 1750m 不等，厚度 8.44 ~ 10.51m，TFe 品位为 14.89% ~ 28.83%。

（2）龙王沟铁矿点

矿体赋存于太古宇鱼洞子岩群中的硅铁建造中，矿体受层位控制，呈层状。矿区圈定 20 条磁铁矿体。其中规模较大的矿体 4 条，矿体长 400 ~ 1200m，平均厚度 1.0 ~ 2.7m，TFe 平均品位 24.06% ~ 29.51%，磁性铁平均品位 16.76% ~ 23.14%。矿石自然类型为磁铁石英岩型。矿床成因类型为沉积变质型。

2）铜矿

20 世纪 80 年代以后，西北有色地质勘查局七一一总队在区内发现并勘查了略阳县铜厂铜矿床、徐家沟铜矿床、宁强县徐家坝铜矿床，三个矿床共获得铜资源储量约 25 万 t。近期发现有勉县寨根铜矿点，略阳县陈家坝铜铅锌多金属矿床普查工作也取得了新进展。

（1）勉县寨根铜矿点

寨根铜矿化蚀变带赋存于中新元古界大安岩群蚀变中酸性凝灰岩中，受近东西向断裂控制，蚀变带长 4000m，宽 15 ~ 70m。带内已圈出 Cu-1 铜矿体断续长 2660m，厚 0.56 ~ 9.17m，平均厚 3.24m，铜品位 0.38% ~ 7.92%，平均品位 2.20%；伴生金品位 0.28 × 10^{-6} ~ 1.36 × 10^{-6}、银品位 9.6 × 10^{-6} ~ 18.1 × 10^{-6}；蚀变主要有硅化、黄铜矿化、黄铁矿化、孔雀石化等。矿化成因类型为火山沉积改造块状硫化物型。

（2）略阳县陈家坝铜铅锌多金属矿床

陈家坝铜铅锌多金属矿床发现于 20 世纪 80 年代初期，西北有色地质勘查局七一一总队曾开展了大间距的钻探验证工作，于 1984 年编写了阶段性地质评价报告，之后再未深入开展工作。2015 ~ 2016 年，七一一总队对矿床西段进行普查工作。矿体赋存于中新元古界碧口岩群东沟坝岩组酸性火山岩与硅化白云岩接触部位。矿区共圈出 10 条铜铅锌多金属矿体，矿体控制长 220 ~ 1395m，厚 1.37 ~ 2.93m，铜品位 0.89% ~ 1.89%、铅品位 0.31% ~ 0.44%、锌品位 0.97% ~ 4.20%。其中以中-2 号矿体规模较大。中-2 号铜铅锌矿体控制长 1395m，控制最大延深 560m，平均厚度 2.72m，平均铜品位 1.39%、锌品位 4.20%、铅品位 0.44%。初步估算（333+$334_1$❶）铜铅锌金属量 13 万 t，获伴生金资源量 1.12t、银资源量 44.86t。矿床成因类型为火山喷流沉积改造型。

3）金矿

20 世纪 70 ~ 90 年代，该矿集区内发现了煎茶岭金矿、李家沟金矿、东沟坝金多金属矿等大中型金矿床及众多金矿点，对已开采的几个矿床资源量统计，共探明金储量 62t。近期在煎茶岭金矿外围的金洞子、苗儿沟–水草坪、柳树坪，李家沟金矿外围的纳家河坝、西铜厂湾—李家院子—铜厂湾一带及宁强县太阳岭乡火烽垭等地的金矿勘查工作都有了新发现。

---

❶ 333 为推断的内蕴经济资源量；3341 为经工程验证的预测资源量。

（1）略阳县苗儿沟–水草坪金矿

金矿化蚀变带位于煎茶岭金矿床南部，属煎茶岭金矿南矿带，矿化蚀变带产于煎茶岭超基性岩主岩体与南侧震旦系白云岩接触部位，矿化主要受韧脆性断裂构造（F_1^0）控制，成因类型为中低温热液型。蚀变带内圈定 1 条主矿体，矿体长 425m，平均厚度 1.70m，金平均品位 $6.43×10^{-6}$。

（2）略阳县金洞子金矿

该矿点处于煎茶岭金矿床外围，含矿岩性为新太古界鱼洞子岩群黑云母浅粒岩、斜长片麻岩，矿化主要受韧性剪切带控制，成因类型为中低温热液型。区内已圈出 3 条金矿化蚀变带，圈定金矿体 12 条，矿体长 30～150m，平均厚度 0.30～1.80m，平均金品位 $1.73×10^{-6}$～$16.69×10^{-6}$。

（3）略阳县柳树坪金矿

矿区位于勉略宁"三角区"东部、勉–略缝合带南侧。含矿岩石为震旦系白云岩，矿化主要受层位和韧脆性断裂构造控制，成矿类型为构造蚀变岩型。已发现 5 条矿化蚀变带，圈定金矿体 5 条。矿体长度 175～320m，平均厚度 0.93～2.42m，平均金品位 $2.73×10^{-6}$～$5.76×10^{-6}$。

（4）勉县李家沟金矿外围找矿发现

该区处于勉略宁矿集区南部、阳平关–勉县区域断裂北侧。含矿岩性为震旦系白云岩、板岩，矿化主要受北东向构造破碎带及其次级北西向断裂控制，构造复合部位形成富矿段。矿化多发生于不同岩性接触面附近（如粉砂质板岩、板岩与白云岩岩层界面间）的破碎带或千糜岩带。成因类型为中低温热液型（亦有认为属类卡林型）。在纳家河坝、西铜厂湾—李家院子—铜厂湾一带，已发现金矿体十余条，矿体长 38～450m，平均厚度 0.74～13.5m，平均品位 $2.33×10^{-6}$～$6.86×10^{-6}$。

（5）略阳县惠家坝–金家河金矿

该矿床位于区内西北部、勉略构造混杂岩带中。近期通过地质工作已圈定北、中、南三条矿化蚀变带，新发现金矿体 6 条。其中北矿化蚀变带的 Au7 矿体控制长 780m，斜深 120～160m，厚 0.68～4.62m，平均厚 1.99m，金品位 $1.11×10^{-6}$～$6.49×10^{-6}$，平均 $2.52×10^{-6}$。施工的 TCN206 探槽见矿真厚度 4.62m，金品位 $1.92×10^{-6}$；ZK20201 孔控制 5 条金矿体，真厚 0.99～2.86m，金品位 $1.13×10^{-6}$～$2.34×10^{-6}$；ZK19801 孔控制到 3 条金矿体，真厚 0.96～4.09m，金品位 $1.12×10^{-6}$～$3.89×10^{-6}$。在中矿化蚀变带地表新发现 Au13、Au14-1、Au14-2 矿体，其中 Au13 矿体由单工程控制，真厚 2.04m，金品位 $5.41×10^{-6}$；Au14-1 矿体由单工程控制，真厚 1.74m，金品位 $1.03×10^{-6}$；Au14-2 矿体由单工程控制，真厚 5.05m，金品位 $3.34×10^{-6}$。在南矿化蚀变带地表新发现 Au11、Au12 矿体，其中 Au11 矿体由 2 个工程控制长 100m，真厚 1.48～3.20m、平均 2.34m，金品位 $1.02×10^{-6}$～$6.93×10^{-6}$，平均品位 $3.10×10^{-6}$；Au12 矿体由 2 个工程控制长 100m，真厚 0.99～2.04m、平均 1.52m，金品位 $1.12×10^{-6}$～$1.37×10^{-6}$，平均品位 $1.25×10^{-6}$。

初步对 Au7、Au8、Au10 三条金矿体估算（333+334₁）金资源量约 5t。其中 Au7 矿体（333+334₁）金资源量 2.95t，平均厚度 2.44m，平均品位 $2.43×10^{-6}$。

4）镍矿

20 世纪 70～90 年代，针对该矿集区超基性岩体、基性岩体开展了镍矿找矿勘查工作，发现了煎茶岭大型镍矿床和木瓜园、硖口驿等一批镍矿点。近年来在金子山、纳家河坝、何家垭等处寻找镍矿取得了新发现。

（1）宁强县金子山镍矿

矿区位于勉略宁矿集区中部、硖口驿-黑木林超基性岩带中。含镍岩石为黄铁矿化蛇纹岩，矿体受超基性岩体中构造破碎带控制，成矿类型为岩浆熔离改造型。已圈定镍矿体 6 条，矿体长 200～400m，总厚度 25.90～47.65m，全镍平均品位 0.200%～0.256%，以硫化镍为主。

（2）宁强县纳家河坝镍矿

矿区处于勉略宁矿集区南部唐家林-纳家河坝超基性岩带中。镍矿体赋存于超基性岩体内，含矿岩石主要为蛇纹岩，次为滑镁岩。已圈定 13 条镍矿体及 4 个金矿体，镍矿体长 100～740m，平均厚度 2.05～21.91m，平均全镍品位 0.20%～0.28%，初步估算（333+334$_1$）镍资源量 1.97 万 t。

（3）宁强县何家垭镍钴矿

矿区位于勉略宁矿集区中西部、嘉陵江东岸宁强县马家湾村何家垭一带。目前发现的镍钴矿（化）体赋存在蚀变（角闪）辉长岩的原生节理、裂隙中，矿化方式为贯入式。现圈定镍钴矿体一条、盲矿体一条，其中 HK1 矿体厚 6.26m，镍平均品位 0.399%，钴平均品位 0.044%，伴生铜品位 0.239%；HMK1 盲矿体厚 1.40m，镍平均品位 0.245%，钴平均品位 0.031%，伴生铜平均品位 0.186%❶。

5）铅锌矿

20 世纪 80～90 年代，矿集区内发现了宁强县银硐山铅锌多金属矿床、东沟坝金银铅锌多金属矿床、山坪-东皇沟铅锌矿床及一批铅锌矿点。近期在勉县瓦子坪、宁强县冷家沟、略阳县后岭等处铅锌找矿取得了新发现和找矿进展。

（1）勉县瓦子坪铅锌矿

矿区位于勉略康构造混杂岩带东段，赋矿岩石为泥盆系金家河岩组蚀变灰岩、绢云母石英片岩，矿化主要受韧脆性断裂控制，成因类型属热液型铅锌矿。区内已发现两条铅锌矿化蚀变带，圈定铅锌矿体 4 条，主矿体长 2500m，平均厚度 1.60m，锌平均品位 1.16%，铅平均品位 2.01%，银平均品位 83.67×10^{-6}。

（2）宁强县冷家沟铅锌矿

矿区处于勉略宁矿集区中部，矿体产出于碧口岩群东沟坝组变安山岩和白云岩的岩性界面上，受近东西走向断裂控制。区内已发现铅锌矿体 2 条、金矿体 2 条、铜矿体 1 条。铅锌矿体长 180～240m，平均厚度 1.06～2.08m，铅平均品位 1.50%～2.05%，锌平均品位 1.60%～4.08%。

---

❶ 张小明，游军，吴应忠，等．2020. 陕西省勉略宁西部铜镍多金属矿深部地质调查野外工作总结．1-92.

（3）略阳县后岭铅锌矿

矿区位于勉略宁矿集区中南部，赋矿岩性为震旦系灯影组灰色厚层状白云质灰岩夹泥质绢云母板岩。矿体主要受断裂控制。成因类型属热液型。区内已圈定 2 条铅锌矿体，矿体长 584～658m，矿体平均厚度 0.75～5.74m，平均铅品位 0.35%，平均锌品位 6.36%。

6）锰矿

20 世纪 60～80 年代，矿集区内发现并勘查了黎家营锰矿床、五房山锰矿床及一批锰矿点。近期锰矿勘查在宁强县干沟峡、汉王山、石磙坝及略阳横现河等地取得了新进展。

（1）宁强县干沟峡锰矿

矿区位于勉略宁矿集区中部，含锰层位为震旦系陡山沱组绢云母板岩层。其中主要矿体产于含锰紫色绢云母板岩层中，另外在主要含锰层位的上部产出含锰灰岩型锰矿体。锰矿床成因类型属沉积型。区内已圈定了 Ⅰ 号、Ⅱ 号等十余条锰矿体，其中 Ⅱ 号锰矿体工作程度较高，矿体地表长约 2000m，厚 0.5～2.20m，平均 1.11m，单工程锰品位 15.12%～27.84%，平均品位 18.21%。

（2）宁强县汉王山锰矿

矿区位于勉略宁矿集区中部，含锰层位为震旦系。锰矿床成因类型属沉积改造型。区内圈定 1 条主矿体，矿体呈层状、似层状及条带状，形态复杂，呈北东向展布，倾向北西。矿体长 1750m，最大延深（斜深）400m，矿体深部未封闭，单工程厚度 1.75～4.53m，平均厚度 3.45m，单工程锰品位 17.53%～22.56%，平均锰品位 20.85%。

（3）略阳县横现河锰矿

矿区位于勉略宁矿集区北部，锰矿带赋存于金家河绢云千枚岩中，近东西向展布。锰矿床成因类型为海相沉积型。1:2.5 万土壤地球化学测量工作圈定区内锰矿化带两条（Mn Ⅰ、Mn Ⅱ）和锰矿体 4 条（Mn Ⅰ-1、Mn Ⅰ-2、Mn Ⅱ-1、Mn Ⅱ-2）。主矿体 Mn Ⅰ-1 控制长度 2700m，最大控制延深 66.80m，矿体平均厚度 2.45m，平均品位 18.77%；Mn Ⅱ-1 矿体控制长度 1700m，矿体平均厚度 1.28m，平均品位 12.67%。经初步估算，Mn Ⅰ-1 矿体获得工业氧化锰矿石量（334_1）151.20 万 t；Mn Ⅱ-2 矿体获得低品位氧化锰矿石量 42.76 万 t（334_1）。提交小型锰矿床 1 处。

第二节　勉略宁矿集区地质勘查历史、现状和存在的问题

一、地质勘查历史及现状

勉略宁矿集区矿产勘查工作始于 20 世纪 50 年代，近 70 年的矿产地质勘查史，从成矿理论、找矿技术和勘查方法方面大致可以划分为以下三个阶段：

（1）20 世纪 80 年代以前，以岩浆成矿理论为主导。勘查方法主要是重点检查验证航磁异常，主攻矿种为铁、锰。这一时期发现并勘探了鱼洞子、阁老岭、杨家坝等大中型铁矿床以及煎茶岭大型镍矿床、黎家营锰矿床等。

（2）20 世纪 80～90 年代末，造山带成矿、韧性剪切构造成矿、火山喷流沉积成矿等

理论逐渐被应用,勘查矿种以铜、金、银、铅、锌等有色及贵金属为主。勘查方法上主要是地质与物化探相结合。这一时期发现并勘查了李家沟金矿、煎茶岭大型金矿、干河坝金矿、铜厂中型铜矿、徐家坝铜矿等一批有色、贵金属矿床(点)。

(3)2000年以后,主要是以秦岭造山带"两期/二元成矿控矿"理论模式、勘查区"三位一体"找矿预测理论与方法为指导,在实践中学习、应用找矿模型与综合信息找矿预测。勘查矿种以铁、铜、镍、金、铅锌为主。勘查方法上利用大比例尺遥感、大深度物探、构造原生晕等化探手段结合地质研究,建立矿集区典型矿床成矿模式、综合找矿模型,开展综合找矿勘查工作。这一阶段发现并勘查了徐家沟铜矿、柳树坪金铅锌矿、勉县寨根铜矿及纳家河坝金镍矿点等。

勉略宁矿集区涉及徐家坪幅、张家河幅、阳平关幅、元坝子幅、胡家坝幅、代家坝幅、大安驿幅、何家岩幅、两河口幅、勉县幅、贾旗寨幅、略阳县幅等12个国际1:5万标准图幅。目前,区内1:25万、1:20万、1:5万区域地质调查已全部完成,但不同的地勘单位对部分地质单元的归属、构造岩浆演化、成岩成矿机制、侵入岩的时代等还存在不同的认识,一些方面的工作也不到位。区内矿产调查已完成两轮(1990年左右和2009年),但均未按照1:5万标准图幅系统开展工作,且何家岩幅、贾旗寨幅、大安驿幅未开展1:5万矿产调查工作。贾旗寨幅、大安驿幅未开展1:5万地面高精度磁法测量和1:5万遥感工作。1:5万水系沉积物测量完成于20世纪70~80年代,由于当时技术与装备条件的限制,存在采样定位不精准、分析元素少、分析精度不够、数据处理及深入分析欠缺等方面的不足。同时,全区1:5万遥感解译也未系统开展。整体上,区内基础地质工作程度不完备、不统一,成矿背景综合研究与分析尚不深入,岩浆作用演化与成矿系统耦合的研究有待加强,以进一步指导该区,不断实现找矿突破。

二、存在问题

勉略宁地区是秦岭成矿带重要的矿集区之一。前人对区内基础地质、矿产时空分布、矿化类型、成矿作用、矿床成因、成矿规律、成矿系列、成矿潜力、成矿模式、控矿因素、找矿标志、找矿模型等进行了大量的研究工作,取得了丰硕的成果。通过对前期找矿成果与典型矿床的分析研究,认为区内目前已发现的矿床多具有"两期/二元成矿控矿"特征(王瑞廷等,2012),如区内煎茶岭大型金、镍矿床,鱼洞子大型铁矿床,铜厂中型铜矿床,徐家沟铜矿床,东沟坝金银多金属矿床等。但是目前看来,区内综合研究与地质工作程度总体还是相对偏低,制约了成矿理论进步和找矿突破实践。前期找矿工作中对成矿地质体、成矿构造和成矿结构面、成矿作用特征标志等"三位一体"关键成矿因素的认识不足,导致区内许多成矿有利部位未进行深入工作和工程验证,如铜厂-徐家坝地区铜矿进一步的寻找、鱼洞子-煎茶岭地区铁矿的深入工作等。对区内煎茶岭复式岩体与该区金矿的成矿关系研究不足,特别是对西北部金洞子金矿、煎茶岭南矿带的金成矿作用是否与晋宁期—印支期、燕山期构造-岩浆活动有关等的研究较少。矿集区中部的铜厂地区铜多金属矿床还存在矿床成因问题等,如铜厂铁铜矿床是火山沉积、构造岩浆改造型,还是矽卡岩型矿床存在争议。区内有规模较大的基性-超基性岩带,其中碳口驿-黑木林超基性岩带规模最大，该带既具有侵入岩特征，又有古拼合带特征，成矿条件与煎茶岭镍矿床类似，带中发现了较多铜镍硫化物矿化线索，但对该构造岩浆岩带的形成演化、矿化类型、成矿机制、控矿因素、找矿标志研究不足，致使找矿很难尽快取得突破。

虽然已在区内发现了众多铜、金矿床（点），但工作程度仍然相对较低，未能对整个矿集区进行系统的成矿类型分析和找矿预测工作，对其主要的南、中、北成矿带地质背景、含矿构造特征、矿化富集规律、成矿流体运移等也没有进行系统研究。从成矿条件和成矿规律角度看，结合地质环境，深入地综合分析、总结提升不够。由于种种原因，前期发现的许多矿（化）点尚未开展系统检查，缺少深部找矿验证。同时，一些有找矿前景的物化探异常和有利成矿地段也没有进行详细查证和大胆验证。

另外，该矿集区目前矿产勘查深度不够。区内金属矿床剥蚀程度浅，多为隐伏矿体，如略阳县铜厂铜铁矿床、徐家沟铜矿床、东沟坝金银铅锌多金属矿床等，以往矿产勘查工作主要集中在地表和浅部（300～500m），对深部（埋深大于500m）开展的找矿工作较少，仅煎茶岭大型金矿床、镍矿床的部分钻孔勘查深度超过500m，但均在1000m以内。2016年5月30日，习近平总书记在全国科技创新大会上强调，从理论上讲，地球内部可利用的成矿空间分布在从地表到地下10000m，目前世界先进水平勘探开采深度已达2500～4000m，而我国大多小于500m，向地球深部进军是我们必须解决的战略科技问题。因此，区内深部找矿工作急需加强。而面对这新一轮深部找矿的形势，区内高精度、高灵敏度、大深度的找矿新方法、新技术的投入应用也较少，如利用标型矿物学填图、深穿透地球化学方法、金属活动态测量、地球化学块体技术、大功率电磁测深、大比例尺航磁、频谱激电、广域电磁法（谢学锦，1998；何继善，2010；申俊峰等，2018）等尚未系统开展工作。故与地质调查研究紧密结合，利用快速有效的找矿方法技术组合开展500～1500m的第二空间找矿已势在必行。

在新型工业化和生态文明社会发展阶段，由新技术革命导引，满足战略性新兴产业可持续发展和我国全面建成小康社会需求的新能源矿产、新材料稀有矿产与新功能矿产，对新材料、新能源、信息技术、航空航天、智能制造、国防军工等新兴产业具有不可替代的重大用途（翟明国等，2019）。因此，进入21世纪，面对迫切的新兴产业资源需求和严峻的国际资源竞争态势，同时随着目前高科技的发展、国民经济高质量发展和国家对铬、铜、锡、钴、锑、锰、磷、钾盐、萤石、晶质石墨以及稀有、稀土、稀散元素等战略性关键矿产或关键金属的日益重视，关键矿产勘查迫在眉睫。但区内新矿种、新类型、新层位、新地段等的找矿工作尚未深入开展，还有待从微观的岩矿鉴定、构造分析到宏观的选区研究、系统综合找矿等各方面进一步扎实加强，以大力推动新一轮的找矿突破。

第二章 区域地质背景和矿产地质特征

勉略宁矿集区处于秦岭微地块和扬子板块的接合部及其边缘，属于扬子板块西北缘增生地体——摩天岭地块东延部分，产出丰富的金属、非金属矿产，是我国秦岭造山带内重要的矿产资源基地和野外地质实验室。

第一节 区域地质背景

一、区域地质特征

勉略宁矿集区主体南以勉县-阳平关（汉江）大断裂为界与扬子板块相接，北以勉–略–襄构造混杂岩带（缝合带）与秦岭造山带毗连。总体呈向东收敛，向西散开的楔状增生地块夹持在秦岭微地块和扬子板块西北缘之间。勉略宁矿集区构造演化受限于秦岭造山带的区域地质演化（图2.1）。

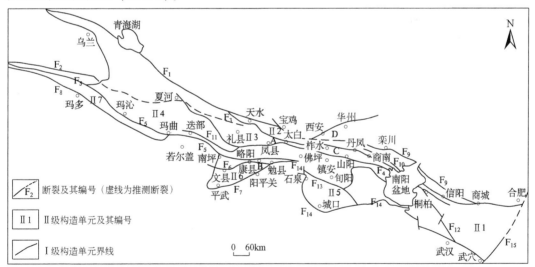

图 2.1 秦岭造山带（陕西段）构造单元划分及主要矿集区分布示意图（据陈毓川，1999 修编）
F_1. 青海湖南山-漳县-天水-宝鸡断裂；F_2. 昆中-夏河-娘娘坝断裂；F_3. 武山-唐芷-丹凤-商南-信阳-商城断裂；F_4. 夏河-临潭-宕昌-凤镇-山阳-桐柏断裂；F_5. 昆南-玛沁-迭部-武都-略阳断裂；F_6. 文县-康县-勉县断裂；F_7. 青川-阳平关-勉县断裂；F_8. 布青山-江千断裂；F_9. 洛南-栾川-方城-商城断裂；F_{10}. 朱阳关-夏馆-好汉坡断裂；F_{11}. 益哇-舟曲-徽县断裂；F_{12}. 新城-黄陂断裂；F_{13}. 石泉-安康-竹山断裂；F_{14}. 城口-房县-襄阳-广济断裂；F_{15}. 郯城-庐山断裂。秦岭造山带Ⅱ级构造单元：Ⅱ1. 武当-大别隆起；Ⅱ2. 北秦岭加里东褶皱带；Ⅱ3. 礼县-柞水（中秦岭）海西褶皱带；Ⅱ4. 南秦岭印支褶皱带；Ⅱ5. 北大巴山加里东褶皱带；Ⅱ6. 摩天岭隆起。松潘-甘孜褶皱带Ⅱ级构造单元：Ⅱ7. 阿尼玛卿印支褶皱带；Ⅲ. 华北板块南缘中元古代裂谷带。A. 凤太矿集区；B. 勉略宁矿集区；C. 柞山矿集区；D. 小秦岭矿集区

秦岭造山带经历了长期复杂的地质和构造演化，其现今构造面貌以及构造格架仅是显生宙以来各期大地构造活动的总体反映。整体上秦岭造山带以商丹古蛇绿岩带和勉略构造混杂岩带为界，将秦岭划分为华北板块、秦岭微板块和扬子板块（张国伟等，1996，2001，2019），即"三块两带"。

秦岭造山带地层从太古宇至中生界、新生界出露齐全。主造山期前以海相沉积地层为主，火山作用强烈，各类火山岩发育。主造山期后，主要为陆相地层。

太古宇—新元古界主要分布在小秦岭、北秦岭、勉略宁三角区及湘河、佛坪、汉南地区。勉略宁三角区出露太古宇鱼洞子岩群，原岩为一套含硅铁火山–沉积建造，经过后期蚀变，现为花岗–绿岩建造。

中、新元古界主要由活动型火山–沉积建造、稳定型陆源碎屑–碳酸盐岩建造组成。活动型火山–沉积建造主体为大陆裂谷，局部发育局限小洋盆及古火山岛弧环境，主要由三花石群、宽坪群、何家岩岩群、大安岩群、碧口岩群、熊耳岩群、西乡岩群和耀岭河岩组等地层单位组成；稳定型陆源碎屑–碳酸盐岩建造主要分布在南秦岭、大巴山扬子陆块，属震旦系稳定盖层沉积，包括南沱组、陡山沱组、灯影组。

下古生界主要由古火山岛弧环境火山–沉积产物组成，包括丹凤群、二郎坪群、草滩沟群和志留系；下古生界总体为一套海相陆源碎屑–碳酸盐岩建造，包括泥盆系、石炭系、二叠系等。勉略宁矿集区古生界出露比较少，仅局部分布石炭系碳酸盐岩。

中生界主要分布在西乡–镇巴扬子板块东部。下、中三叠统为海相沉积，上三叠统为陆相沉积；侏罗系—白垩系主要为内陆湖盆沉积，次为山间断陷沉积。勉略宁地区仅局部出露少量侏罗系。

秦岭造山带变质作用分为区域动力热流变质作用、区域动力变质作用、埋深变质作用及断陷变质作用。变质作用为成矿作用提供了重要的动热–流体条件。

秦岭造山带区域构造–岩浆活动频繁，主构造线多呈东西向展布，局部为北西西向及北东东向。区内超基性、基性、中酸性、酸性岩浆岩均有出露，时代跨度比较大。火山岩岩性以中酸性岩和基性岩为主，以海相环境为主；时间上，主要形成于前寒武纪和早古生代，多与沉积岩共生或伴生，组成火山–沉积岩系；空间上，主要形成于沉降阶段的活动构造带。中生代仅分布少量陆相火山岩。区内侵入岩从太古宙到燕山期均有分布。以中生代的中酸性岩类最为发育，其形成与秦岭造山带的构造造山演化密切相关。

二、秦岭造山带地质特征与构造演化

秦岭造山带北以德欠–武山–唐藏–丹凤–商南–信阳–商城大断裂（简称商–丹大断裂或缝合带）为界，和华北板块南缘及祁连造山带南缘相接；南侧沿文县–康县–略阳–勉县–洋县–下高川–城口–房县–襄阳大断裂（简称勉–略大断裂或缝合带）与扬子板块北侧陆源区相连，在西南方向的甘川玛曲、南坪、文县等地，则沿玛曲大断裂（勉–略大断裂的西段）与松潘–甘孜褶皱带毗邻，西为东昆仑褶皱系，向东过南襄盆地被郯（城）–庐（江）断裂所截，成为一东西长1000余千米的狭长褶皱地带，从甘肃南部，经陕西南部进入河南境内（图2.2）。

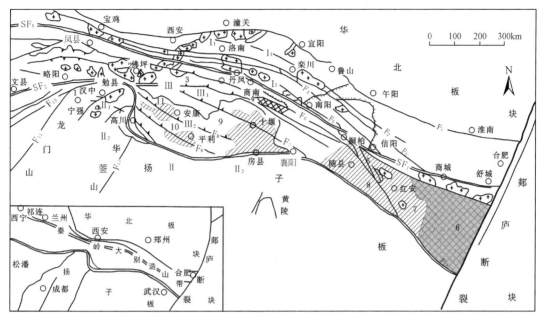

图 2.2 秦岭造山带主要构造单元（据张国伟等，2001）

Ⅰ. 华北板块南部；Ⅰ₁. 造山带后陆冲断带；Ⅰ₂. 北秦岭厚皮叠瓦逆冲构造带。Ⅱ. 扬子板块北缘；Ⅱ₁. 造山带前陆冲断带；Ⅱ₂. 巴山–大别山南麓巨型逆冲推覆前锋逆冲带。Ⅲ. 秦岭微地块；Ⅲ₁. 南秦岭北部晚古生代断陷带；Ⅲ₂. 南秦岭南部晚古生代隆升带。SF₁. 商–丹缝合带；SF₂. 勉–略缝合带；F₁. 舞阳–鲁山–渭南–宝鸡断裂（造山带北缘边界断裂）；F₂. 石门–马超营断裂；F₃. 洛南–栾川–方城–明港–舒城断裂；F₄. 草凉驿北–首阳山–皇台–毛集–信阳断裂；F₅. 柳叶河–商州–朱阳关断裂；F₆. 凤州–酒奠梁–板岩镇–镇安–凤镇–山阳断裂；F₇. 公馆–十堰断裂；F₈. 石泉–安康断裂；F₉. 红椿坝断裂；F₁₀. 平武–阳平关–勉县断裂；F₁₁. 雪山–阳平关断裂；F₁₂. 高川逆冲推覆前锋断裂带。1. 鱼洞子；2. 佛坪；3. 小磨岭；4. 陡岭；5. 桐柏；6. 秦岭–大别造山带过渡性基岩；7. 红安；8. 随县；9. 武当；10. 平利；11. 牛山–凤凰山

秦岭造山带以宝鸡–洛南–栾川–方城断裂、商–丹主缝合带、勉–略缝合带和大巴山弧形断裂带为界，自北而南依次划分为：华北陆块南缘、秦岭微地块（含北秦岭和南秦岭）和扬子陆块北缘。以商–丹和勉–略两条古蛇绿构造混杂岩带（也是缝合带）为界划为华北板块、秦岭微板块和扬子板块（张国伟等，1995，1996，2001）。商–丹缝合带和勉–略缝合带分别代表秦岭自新元古代和泥盆纪发展起来的两个有限洋盆。

秦岭微地块在晚古生代之前是扬子板块被动大陆边缘的一部分，在勉略洋盆发育过程中逐渐从扬子板块北缘解离而形成独立的块体，夹持在两个主缝合带之间。中生代以来，秦岭受到东部环太平洋构造域、西部阿尔卑斯–喜马拉雅构造域的作用，在东西方向发生分异，自东向西依次出露了不同的构造层次，而在南北方向上则由于受到持续的侧向挤压，构造剖面呈现为北翼窄而陡、南翼宽而缓的不对称扇形岩片叠置结构。

秦岭造山带东连大别山–苏鲁造山带，西接昆仑–祁连造山带，合称中央造山带（姜春发等，2000）或中央造山系（张国伟和柳小明，1998）。与中国和世界上大多数造山带相比，秦岭造山带具有造山时间持续特别长、过程特别复杂的构造演化特征，表现为明显的长期性、多旋回性和叠加复合性。据张国伟等（1995，1996，2001，2003，2019）的研

究, 秦岭造山带可分出前造山期、主造山期、后造山期3个大的构造演化时期, 不同的构造演化时期具有不同的构造体制, 并形成不同的地质构造单元。

1. 前造山期

早前寒武纪两类基底形成阶段, 自太古宙—中元古代, 是秦岭造山带的古老基底形成期, 分为前寒武纪结晶基底形成和中、新元古代过渡性基底形成两个阶段。通常由 Ar—Pt_{2-3} 结晶杂岩以及广泛出露的中元古代火山-沉积变质岩系组成。后一阶段与现今国际地学界讨论的 Rodinia (罗迪尼亚) 超大陆会聚及其裂解的时期相对应。

新太古代五台、阜平运动期, 统一的华北和扬子地块古克拉通开始裂解为华北板块和初始的扬子板块, 中间出现古秦岭裂谷系, 一个强烈的线状断裂-火山活动带开始发生。在其裂解海槽中, 生成了由下部基性火山岩与陆源碎屑岩、中部陆源碎屑岩与不纯碳酸盐岩、上部含碳质碳酸盐岩 (区域变质后为含石墨大理岩) 组成的秦岭群。沿南侧扬子板块边缘发生陆源裂谷增生活动, 鱼洞子地段地壳裂解, 发生基性-中酸性裂隙式火山喷发沉积, 形成了太古宇鱼洞子硅铁火山-沉积建造, 构成南秦岭构造带南缘结晶基底, 形成鱼洞子岩群。鱼洞子地段长期处于热隆升状态, 构成太古宙热隆带。岩石发生重熔, 经历了花岗岩化, 早期为花岗片麻岩 (更长-钠长花岗岩), 晚期为钾长花岗岩, 最后形成鱼洞子花岗-绿岩地体。

中新元古代四堡运动期, 扬子地块西北边缘拉张, 产生边缘裂隙带, 沿勉县—阳平关一线发生拉张裂陷, 发生中基性-中酸性裂隙式火山喷发带, 形成中元古界大安岩群; 之后, 其向北东方向推挤并与北部南秦岭构造带南缘结晶基底的鱼洞子地体在碳口驿—铜厂—黑木林一线发生斜向碰撞交汇, 形成以裂隙-中心式火山喷发为特点的碧口岩群郭家沟组基性火山岩带。

2. 主造山期

新元古代—古生代—中生代初板块构造演化阶段 (Pt_3—T_2), 自新元古代—中三叠世, 即晋宁期—印支期, 是秦岭板块构造体制活动时期, 其中包括了 Z—O_2 板块扩张期、O_2—D_3 收敛俯冲期和 D_3—T_2 碰撞造山期。板块的多次俯冲、碰撞, 发育了各类花岗岩, 并在时空上呈规律性分布。海西期—印支期, 华北板块、秦岭板块和扬子板块沿商-丹和勉-略两条缝合带斜向穿时俯冲碰撞, 并使中国南北大陆联合在一起, 秦岭造山带也基本定型, 形成现今的基本面貌。

新元古代晋宁运动期, 沿南秦岭构造带南缘太古宙热隆带-鱼洞子地体与南部碧口地体发生碰撞, 形成古-中元古界火山喷发带并伴有次火山岩侵入活动, 同时在碰撞过程中引发了局部性造山活动, 使南北二地体发生褶断和隆升。

加里东期—海西期地壳升降活动形成断陷区。新元古代末, 南部的碧口地体和北部的鱼洞子地体拼贴为统一复合地体, 并覆盖有震旦纪沉积盖层。早寒武世拼贴带以北断陷区局部发生碎屑-碳酸盐岩沉积。其后, 勉略阳三角区统一隆升为陆地, 缺少中寒武统—志留系。泥盆系—石炭系沿近东西向断陷区勉略带有少量正常海相沉积分布。其后, 勉略阳三角区整体上升为陆地。古生代勉略宁地区处于相对稳定状态。

印支运动期，进入陆内造山阶段。印度板块由南西向北东方向推挤，勉略宁地区发生剧烈的构造岩浆活动，发生大量重熔岩浆活动，且岩体一般均呈由南向北的超覆状。印支运动在勉略宁地区造成大量地壳浅层重熔，未导致大规模火山活动，但引发的动热异常活动，对形成动热改造型矿床意义重大。

3. 后造山期

中生代—新生代陆内构造演化阶段（T_3—Q），在中生代的三叠纪晚期（T_3），扬子板块、华北板块以及夹于其间的秦岭造山带沿勉–略和商–丹两条俯冲带依次由南向北俯冲，并完成两者之间的拼贴焊合，从而形成新的统一的中国大陆，且转入板内构造作用时期。此阶段包括了主造山期后的伸展塌陷构造（T_3—J_1）、燕山中晚期的陆内造山逆冲推覆及花岗岩浆活动（J—K）和燕山晚期—喜马拉雅期的挤压与伸展构造共存的急剧隆升成山演化（K_2—R）等不同地质构造演化阶段。

燕山运动期，受华北地块向南推挤仰冲影响，发生一系列由北而南的逆冲推覆构造。勉略宁矿集区盖层中发育轴面向南倒转紧闭褶皱和由北向南高角度逆冲叠瓦状推覆断裂带等。其后，发生左行走滑和北东向左行剪切构造。此次构造活动使勉略宁矿集区产生了以隆升为主的断块造山活动，但未引发火山和侵入活动，仅沿勉略断陷带形成侏罗纪煤系沉积。

喜马拉雅期，勉略宁矿集区以上升为主，缺少古近纪、新近纪沉积物。

秦岭造山带地壳横剖面总体是以商–丹缝合带为界的不对称扇状结构，该缝合带为倾角很大的陡立带（图2.3）。虽然在南秦岭和北秦岭内部发育多重逆冲推覆体系，但南、北秦岭之间并未出现明显的岩石圈尺度的地壳叠置，因此，应属碰撞造山带。

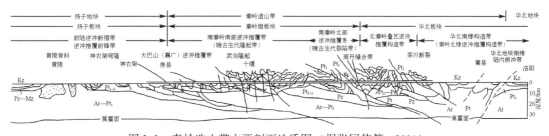

图2.3　秦岭造山带主要剖面地质图（据张国伟等，2001）

秦岭造山带现今构造格架是以巨大主干断裂系为骨架，岩石组合呈现以古生界岩层（T_{1-2}）为主体，包容残存的前寒武纪和叠加复合的中新生代陆内各类构造地层岩石单位；其构造变形所形成的主构造线、地层构造岩相带、变质带和岩浆岩带均一致表现为近东西的空间展布（张国伟等，1995，1996，2001）。

三、区域构造演化特征

秦岭造山带是在早前寒武纪结晶基底发展演化基础上，自中新元古代以来逐渐发生、发展与演化而成，其间经历了中新元古代垂向加积增生为主的扩张裂谷构造体制发展演化、新元古代中晚期地块碰撞拼合的板块构造体制发展演化和中新生代以来陆内造山作用与大陆构造体制发展演化 3 个大的构造演化阶段。

1. 不同演化阶段具有不同类型的构造作用与过程

秦岭造山带先后经历了扩张裂谷垂向加积、板块俯冲与碰撞拼合和陆内俯冲收缩与伸展隆升等多阶段的不同类型构造作用与过程，所以其地层物质组成与结构几经变动重组和改造重建。

2. 板块俯冲碰撞作用漫长而复杂

秦岭造山带主造山期（Pt_3—T_2）板块碰撞造山过程始终处于总体收敛会聚之下，同时局部又伴随强烈的扩张分裂。北侧商–丹缝合带持续收敛，同时，秦岭板块内部及边缘和南侧勉–略缝合带又在扩张打开，形成复杂的板块构造格局。秦岭实际是华北板块、秦岭微板块、扬子板块 3 个板块沿北侧商–丹缝合带、南侧勉–略缝合带的碰撞造山结果。勉略宁三角区实际是秦岭微板块、勉略宁微地块、扬子板块沿北侧勉–略缝合带、南侧勉县–阳平关断裂带的碰撞拼贴的结果。秦岭造山带漫长的碰撞造山细节过程和斜向穿时俯冲碰撞是其一个显著特点，导致秦岭地区伴随着板块俯冲碰撞造山过程广泛发育渗透弥散性左行与右行剪切走滑构造。受秦岭造山带影响，勉略宁三角区岩层中剪切走滑构造发育。

3. 不同构造作用与过程对应不同区域的构造背景与动力学机制

秦岭造山带在不同阶段受全球与区域构造动力学影响，先后出现以中新元古代超大陆聚合、离散为特点的地幔动力学机制；在勉略宁三角区形成鱼洞子–煎茶岭地幔热隆柱；由于新元古代中晚期—中生代初的东特提斯板块机制，在勉略宁三角区形成碳口驿–铜厂–二里坝古元古代地块缝合带；中生代—新生代全球性构造复合交汇背景中的大陆构造机制，在勉略宁三角区形成北东向、北西向、南北向构造复合交汇格局。

四、物化探异常及遥感解译特征

秦岭造山带的区域重力和航磁异常特征明显，对应的地质构造清晰。由中国布格重力异常图（图 2.4）可以看出，秦岭造山带位于龙门山梯级带和武陵山梯级带两个近南北向重力梯度带之间，为重力场严重扭曲区，布格重力异常值总体上西低东高，大致在 $-300\sim70\,\mathrm{mGal}$❶ 范围内变化，主要反映区域地壳不均匀的剩余重力场（Δg）异常带。

据秦岭造山带及邻区布格重力异常数据彩色图像（图 2.5），区域重力场分区性特征比较显著，除存在自西向东布格重力异常增高外，还存在西低东高、北低南高的分布特点，显示不同深度、不同时代地质因素控制的重力场互相叠加和秦岭造山带"立交桥"式结构构造特点（张国伟等，2001）。

---

❶　$1\,\mathrm{Gal}=1\,\mathrm{cm/s^2}$。

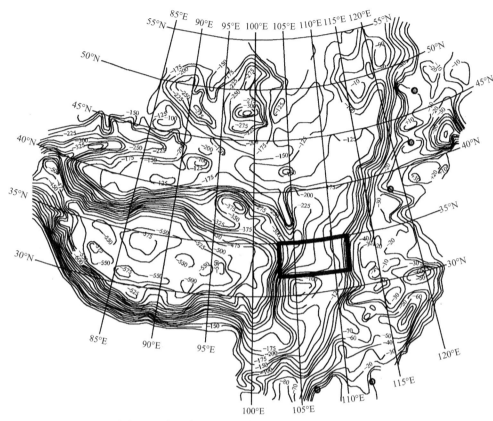

图 2.4 中国布格重力异常图 (据祝新友等, 2011)

方框为秦岭造山带位置

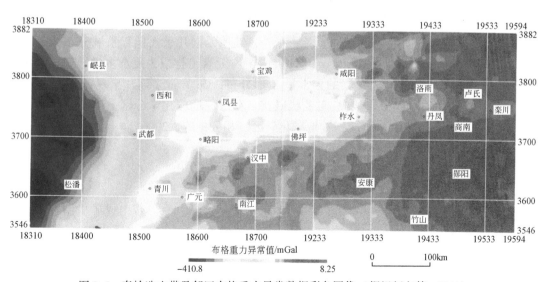

图 2.5 秦岭造山带及邻区布格重力异常数据彩色图像 (据祝新友等, 2011)

　　秦岭造山带1∶50万航磁总场数据形成的彩色异常图（图2.6）表明，秦岭造山带中段以弧形带负磁异常和条带状正磁异常相间分布呈复杂磁场面貌，显示不同构造单元基底性质、沉积环境和构造岩浆活动的区域地质特征。整体上南北两侧为负磁异常，中部为正磁异常，可能与秦岭造山带中部挤压、碰撞活动比较强烈有关。勉略宁地区总体上处于汉中西北侧北东向带状负异常和略阳北侧近东西向带状正异常围限而成的三角地带内。

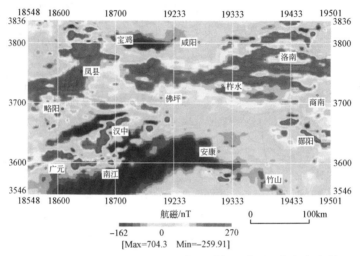

图2.6　秦岭造山带（陕西段）1∶50万航磁总场异常图（据祝新友等，2011）

　　区域地球化学场，相对于南、北相邻的克拉通边缘区，秦岭微地块（包括北秦岭、南秦岭）上地壳明显富集Sc、V、Cr、Co、Ni、Th，稍富集Zn、Cu；北秦岭与南秦岭相比，北秦岭相对富集FeO、MgO、Th、V、Pb，南秦岭相对富集TiO_2、Cu、Au，并且北秦岭带中Th、Sc、V、Cr丰度达到全区中的最大值；南秦岭带上地壳中Th、Sc、V、Cr、REE的丰度均介于北秦岭和扬子克拉通北缘上地壳该类元素丰度值之间（张本仁等，1994）。

　　秦岭地区除南秦岭Sn、W呈低背景分布外，其他元素几乎无低背景域分布，区域异常呈带状分布在深大断裂带上，在整个造山带中异常元素组合最为复杂多样，且异常强度高、规模大。区内Au、Ag等元素的异常呈X形分布；Cu异常多连片出现；Pb异常显著呈串珠状连续分布；Zn异常呈NW向带状展布。在区域地球化学分区上，研究区属于西秦岭Au、Ag、Pb、Zn、Sb、Hg、Mo地球化学区（胡云中等，2006）。

第二节　矿产地质特征

　　秦岭成矿带属秦岭–祁连–昆仑成矿域中的秦岭–大别成矿省，带内成矿作用发育，矿产丰富，矿种齐全，主要成矿地质环境有板块拼接带、裂陷槽构造岩浆岩带、沉积盆地、蛇绿岩带、含矿沉积建造等（朱裕生等，2007）。秦岭造山带是一个多旋回的复合大陆碰撞造山带，虽然在其漫长的地质演化过程中经历过多次碰撞拼合作用，但大规模的陆内造山及成矿作用仅发生在中、新生代构造作用期。因为，板内造山作用是大规模成矿作用的有利条件，而造山末期或造山后伸展阶段反而是有利的成矿时期（罗照华等，2007）。

姚书振等（2002a，2002b，2006）研究表明，秦岭造山带自新太古代以来经历了4个大地构造演化阶段及多种构造体制的转化，导致了秦岭及邻区多期构造热事件和成矿作用的发生，形成了多个构造成矿旋回，为金属元素的大规模富集成矿创造了条件。由于不同时期构造体制不同，所形成的含矿建造、成矿作用及矿床组合具有多样性，可分为震旦纪与碳酸盐岩有关的成矿系统、早古生代与海相火山热液作用有关的成矿系统、海西期与海底热液及岩浆作用有关的成矿系统、中生代与碰撞造山及陆内构造-岩浆活动有关的成矿系统等8大成矿系统、18个主要成矿系列。

秦岭成矿带是我国中部地区的重要成矿区，是铅、锌、金、钼、铜、锑、汞、锰、镍等金属矿床的重要分布区。一般认为，秦岭成矿带包括凤县-太白、西和-成县、勉县-略阳-宁强、柞水-山阳、镇安-旬阳和板房子-沙沟等矿集区，属于大别-秦岭金、银、铅、锌、钼、锑、锰成矿带，可划分出4个次级成矿带，即：①北秦岭加里东期、燕山期金、银、锑、锰成矿带；②南秦岭海西期、燕山期铅、锌、银、金、铜、锑成矿带；③摩天岭元古宙、海西期、印支期、燕山期金、铜、镍、锰成矿带；④武当北-大别山元古宙、燕山期金、银、铅、锌、钛成矿带。秦岭造山带不同构造单元经历了不同的地质构造演化，形成不同的矿产组合，表现出成矿的分区性。秦岭造山带金属矿床呈现明显的时空分布不均一性，在区域上分片集中产出，不同构造单元出现特定的矿床类型和矿床组合，形成特定的矿床成矿系列，即：①花岗-绿岩带容矿岩石的石英脉型和构造蚀变岩型金矿成矿系列，如小秦岭地区、鱼洞子地区；②海陆交互相火山-沉积岩容矿的构造蚀变岩型金矿和斑岩型-矽卡岩型钼矿床成矿系列；③海相火山岩容矿岩系的金-银多金属块状硫化物矿床、海相火山熔岩沉积-岩浆热液改造型铁铜矿床成矿系列；④超基性岩容矿的镍-金矿床成矿系列；⑤沉积岩容矿的热水沉积-改造型菱铁-铅锌多金属硫化物矿床、卡林型-类卡林型金矿床和沉积改造型汞-锑矿床成矿系列（周鼎武，2002）。金属矿床成矿作用具有多源多因、多期多阶段性，秦岭造山带表现为古生代、中生代—新生代集中成矿。特别在燕山期，华北板块向南发生陆内俯冲，秦岭造山带进一步收缩挤压，区域上形成一系列紧闭倒转褶皱和叠瓦式逆冲推覆构造带，为成矿提供了重要条件。随着现代矿床学与成矿学理论的不断发展和找矿实践的深入，极大地推动了区内金属矿床的研究工作。秦岭造山带由过渡性基底形成作用转为现代板块构造活动的加里东期—海西期俯冲-碰撞作用，致使扬子大陆被动陆缘在地幔热羽上涌时引发南秦岭陆缘裂谷作用，继而在古特提斯扩张叠加背景下勉略洋扩张打开，并直接造成南秦岭陆内地壳伸展及断陷盆地形成。

秦岭金属成矿经历了多期、多阶段演化，形成了多个区域成矿系统。秦岭地区成矿作用主要表现为同生成矿作用和叠加-改造成矿作用两种类型；同生成矿作用多发生于秦岭造山带演化早期、早-中期（即新太古代—古元古代结晶基底与过渡基底形成），以及中新元古代拉张裂解和古生代局限裂陷盆地发育、陆间海盆俯冲消减和碰撞造山时期（该期成矿作用与地幔羽和热点活动有关，这构成了其成矿作用的大陆动力学背景）。前寒武纪同生成矿作用频繁而强烈，形成包括新太古代硅铁建造、中新元古代岩浆熔离型硫化镍矿床和结晶分异型铬铁矿矿床。显生宙以来，造山带内地幔热柱活动虽不及前寒武纪频繁与广泛，但局部活动规模和强度仍然不减，在南秦岭古生代海盆中形成一系列热水沉积型规模不等的铅锌矿床和丰度较高的含金建造。叠加-改造成矿作用是秦岭造山带转入现代板块构造活动体制下的成矿特点。该类成矿作用以造山带内盆–山转化和陆内构造–岩浆活动为特征，通过深断裂和岩浆活动伴随地幔和地壳物质成分交换，实现了不同时代的含矿岩系（主要为花岗–绿岩带岩系、海相与陆相火山岩系和海相浊积岩系等）中的成矿元素活化、迁移与富集的二次叠加与改造成矿作用（王靖华等，2002）。其成矿同位素年龄介于 $100 \sim 220Ma$，集中于 $130 \sim 190Ma$，即形成于侏罗纪—早白垩世，在成矿时期和空间上与碰撞造山和陆内俯冲造山作用吻合，显示了地质事件与成矿事件二者之间的时空耦合关系。依据成矿地球动力学理论，区域构造–岩浆演化与多期成矿作用是大陆动力学发生发展的不同表现。秦岭造山带成矿作用与大陆动力构造、动热事件的耦合关系，一方面反映了造山带形成与演化的构造变革特点，另一方面也体现出通过壳幔相互作用及其相应的构造物质运动，成矿元素的富集过程。因此，秦岭造山带的地球动力学演化伴随着成矿作用的发生发展，为金属矿床的形成、就位、保存提供了基本条件。

秦岭造山带区域构造岩浆活动频繁，时代跨度较大，多类型、多期次并存，形成不同规模和各种各样的火成建造，是我国大陆中部规模最大的构造岩浆岩带。火山岩自太古宙—古近纪/新近纪均有发育，岩性以中酸性岩和基性岩为主。秦岭造山带的岩浆侵入活动强烈，伴随不同方式（伸展、挤压、走滑、推覆等）的构造作用或在构造运动的不同阶段（如俯冲–碰撞造山等）常有不同岩浆侵入作用发生，导致现今不同时代、不同类型的侵入岩均有分布。侵入岩从太古宙至燕山期均有活动，以中酸性侵入岩出露面积最大，且中生代中酸性岩类最为发育，超基性、基性、碱性、偏碱性岩类均有出露。中生代为秦岭造山带的重要成矿期，其岩浆侵入作用可分为中生代初秦岭西段的俯冲–碰撞型和造山期后伸展背景的岩浆侵入作用与中生代晚期的陆内逆冲推覆造山和隆升伸展背景下的岩浆侵入作用。该阶段的中酸性侵入岩与成矿关系密切（尤其是金矿），分布广泛。区域构造线多呈 EW 展布，局部亦有 NWW 及 NEE 向构造。区域内岩浆活动往往与构造活动在时间上紧密相随、在空间上相伴产出，构造、流体及岩相与金属矿产的形成、就位关系密切。

秦岭造山带成矿作用显著，矿化类型复杂多样，其中占主导地位的成矿作用是沉积层控成矿作用（包括喷流沉积和热水溶滤成矿作用）、火山成矿作用和构造热液改造成矿作用。喷流沉积成矿作用对中秦岭铅、锌（银）矿床，热水溶滤成矿作用对南秦岭金矿床，火山成矿作用对前寒武系金、银矿床，构造热液改造成矿作用对韧性剪切带型金矿床具有专属性（王平安等，1998；陈毓川，1999）。区内矿床繁多，成因复杂，机制多样，不少矿床具有多期改造叠加成矿的特点。

针对秦岭成矿带的众多矿床，从经验描述性模型到成因概念性模型，从区域成矿模式、矿床成矿模式到现在建立四维空间动态成矿模式，从单一找矿模型到综合信息找矿模型，这方面的研究取得了很大进展，并对矿产勘查起到了较好的促进作用（陈毓川等，1993；裴荣富，1995；卢纪英等，2001）。进入 21 世纪，随着近地表易找寻矿床被探索完成，地质工作者面临的艰巨任务是寻找隐伏、难识别的大型和超大型矿床以保障国民经济发展的资源需求。这从理论模型、技术方法及信息提取上也给秦岭造山带的找矿勘查提出了新的挑战。特别是伴随矿床勘查研究、开发验证的不断深化与测试分析水平的提高，如何采用有效的方法技术组合快速获取 500m 以深各种找矿信息，实现找矿突破，成为当前地质界亟待解决的问题。

　　本次研究以勉略宁矿集区内成矿地质背景、典型矿床特征、控岩控矿因素、矿化类型、成矿作用机理及成矿规律、找矿标志为主要对象，通过总结分析区内主要矿床类型与地层、构造、岩浆作用的内在关系及其成矿规律，厘定不同典型矿床的成矿地质体、成矿构造和成矿结构面、成矿作用特征标志，探索建立其成矿模式和"三位一体"综合找矿模型，研究、构建识别和提取找矿信息与矿致异常的有效技术方法组合，采用找矿勘查模型和综合找矿信息开展找矿预测及矿（化）体定位，并进行工程验证，圈连矿体，实现找矿突破。

第三章　勉略宁矿集区成矿地质背景

勉略宁矿集区包括勉略阳（勉县–略阳–阳平关）三角区、勉略构造混杂岩带和扬子板块北缘宁强地区（图3.1），前者呈一楔状构造块体夹持在秦岭微板块、扬子板块和松潘甘孜褶皱带之间，处于造山带内部；后者属于扬子板块北边部。

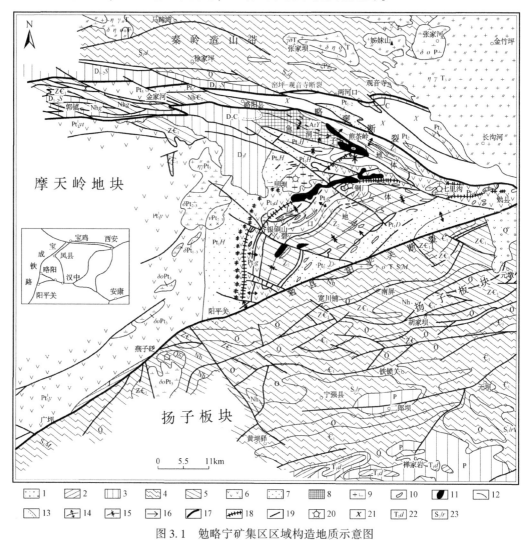

图 3.1　勉略宁矿集区区域构造地质示意图

1. 第四系；2. 侏罗系/三叠系碎屑岩；3. 二叠系/石炭系/泥盆系碳酸盐岩夹碎屑岩；4. 志留系/奥陶系/寒武系/强变形碎屑岩夹碳酸盐岩；5. 震旦系/南华系碳酸盐岩夹碎屑岩；6. 新元古界火山岩；7. 中元古界火山岩；8. 太古宇鱼子岩群深变质岩；9. 中酸性侵入岩；10. 基性侵入岩脉；11. 超基性侵入岩；12. 地质界线；13. 地层不整合界线；14. 背斜轴；15. 向斜轴；16. 构造轴倾向；17. 断裂构造；18. 地体拼接带及二级构造界线；19. 深大断裂及一级构造界线；20. 推测古火山机构活动中心；21. 时代不明构造岩块；22. 下三叠统大冶组；23. 下志留统罗惹坪组

勉略宁矿集区受扬子板块和秦岭微板块多次俯冲碰撞和扩张裂解的影响，经历了复杂的演化过程，形成现有构造格局。

1∶5 万区域地质研究资料❶表明，新太古代统一的华北和扬子地块古克拉通开始裂解为华北板块和初始的扬子板块，中间出现古秦岭裂谷系，一个强烈的线状断裂–火山活动带开始形成。沿南侧扬子板块边缘发生陆源裂谷增生活动，形成绿岩建造（鱼洞子岩群），阜平期侵入英云闪长岩–奥长花岗岩，变质变形为花岗片麻岩。该时期形成沉积–变质型铁矿（鱼洞子铁矿）。鱼洞子花岗–绿岩地体于古元古代固化（距今 2038±30Ma；秦克令等，1992a）。

中新元古代，在汇聚挤压环境下，勉略宁矿集区内不同地质体汇聚拼接形成统一基底。中新元古代地壳构造收缩，晋宁运动开始，侵入煎茶岭和黑木林超基性岩、碥口驿基性岩、铜厂中酸性岩；北侧太古宙鱼洞子花岗–绿岩地体和南侧元古宙地体在碥口驿—黑木林一线挤压拼接，并发生绿片岩相变质从而形成统一构造基底（鱼洞子岩群、何家岩岩群、大安岩群、碧口岩群）。该期形成一系列北西向、北东向、近东西向逆冲推覆构造、韧性剪切带，产出海相火山岩型和与基性–超基性侵入岩有关的铁镍铜铅锌金铬铁矿床（如铜厂铁铜矿、煎茶岭镍矿、东皇沟铅锌矿等）。

晋宁运动后，地壳趋于稳定，扬子板块边缘（包含勉略宁三角区）进入稳定被动大陆边缘演化阶段。火山活动结束，海平面上升形成广泛的陆表海环境与相应的震旦系碎屑岩–碳酸盐岩沉积组合。盆地期间短暂处于欠补偿状态，产生饥饿凝缩沉积，形成磷锰层（如茶店磷矿、黎家营锰矿等）。

早古生代，加里东期地壳差异性抬升，拉张环境下，勉略宁三角区总体抬升，处于剥蚀状态。南侧以阳平关–勉县断裂为界，南部宁强地区继承了扬子板块北缘稳定的构造体制，沉积下古生界寒武系—奥陶系、志留系碎屑岩沉积；北侧勉县—略阳一线陆内裂陷，形成勉略裂谷、海槽，进入晚古生代，裂陷加大，海水南侵，侵入海槽南缘，形成泥盆系—石炭系粗碎屑岩–碳酸盐岩沉积扇裙体系（踏坡组、略阳组）。

中生代以后，在印度板块和太平洋板块俯冲碰撞挤压构造背景下，印支期北部勉略海槽开始收缩闭合，扬子板块基底向北俯冲，与秦岭地体碰撞造山，形成板块缝合带——勉略蛇绿混杂岩带；印支期末—燕山期，进入陆内造山阶段，近东西向、北东向大规模断裂构造（如勉县–略阳构造带、阳平关–勉县断裂）再次活动，沿断裂带发生挤压变形，壳源中酸性岩浆侵入和喷发，形成各种岩株、岩脉，在早期构造基础上，继承发育一系列北西向、北东向、近东西向逆冲推覆构造、脆韧性剪切带，形成构造蚀变岩型金矿（如煎茶岭金矿、李家沟金矿等）。

新生代，由于喜马拉雅构造运动，区域地壳大幅抬升，在继承前期断裂基础上，形成浅表脆性断裂构造。新构造期地壳抬升，形成多级古剥蚀平台、阶地等现代地貌。区内第四纪全新世在丘陵–中山区串珠状河谷的宽谷段砂砾层中形成河床、河漫滩–低阶地冲洪积型砂金矿（如徐家坪–白水江砂金矿等）。

❶ 王永和，王根宝，王向利，等.1996.勉略宁地区 1∶5 万区域地质联测报告.1-108.

第一节　地　质　背　景

勉略宁矿集区地壳自太古宙以来经历了板块扩张、收敛，拉张、挤压、剪切等多种构造体制和应力的转化及多阶段发展演化的历史，造就了多期次构造–热事件和大规模成矿作用的发生，为多期、多源、多因、多阶段成矿奠定了良好基础。

一、地层

根据《中国区域地质志·陕西志》（2017）地层划分方案，勉略宁地区地层区划属羌塘–扬子–华南地层大区巴颜喀拉地层区摩天岭地层分区（表 3.1）。

区内出露地层分为基底和盖层两部分，基底为新太古界鱼洞子岩群（Ar_3Y）、朱家河构造岩片（Arz），中元古界何家岩岩群（Pt_2Hj）、大安岩群（Pt_2D）及新元古界碧口岩群（Pt_3Bk）阳坝岩组（Pt_3y）、秧田坝岩组（Pt_3yt）、郭家沟岩组（Pt_3g）和东沟坝组（Pt_3d），郭家沟岩组、东沟坝组分布于嘉陵江以东，相当于阳坝岩组中下岩段，还有分布于勉略构造带中的元古宇将台寺构造岩片（Ptj）；盖层为震旦系陡山沱组（Z_2d）、灯影组（Z_2dy），古生界关帝门岩组（Pzg）、金家河岩组（Pzj），志留系茂县岩群（S_1M），泥盆系踏坡组（Dt）、朱家山岩组（Dz），石炭系—泥盆系长坝构造岩片（$C—Dc$），石炭系略阳组（Cl），中生界侏罗系勉县群洪水沟组（JMh）。此外，沿汉江和地表沟谷分布少量第四系。

总体上，区内构造岩石地层单位可概括为三套：

（1）基底变质杂岩系，包括两类前寒武纪基底岩系（$Ar—Pt_1$、Pt_{2-3}）；

（2）主造山作用岩石地层，受板块构造和垂向增生构造控制的相关构造岩石地层单元（$Pt_3—C$）；

（3）陆内造山作用岩石地层，中生代—新生代后造山期在陆内断陷、前陆盆地和后陆盆地沉积及广泛花岗质岩浆活动形成的构造岩石单元（J）。

1. 太古宇

1）鱼洞子岩群（Ar_3Y）

鱼洞子岩群为勉略宁"三角地区"最古老的变质岩系，是从原碧口岩群中解体出来的一古老变质岩块，又称鱼洞子杂岩，由表壳岩系及深成杂岩组成，总称花岗–绿岩系。1996 年陕西省地矿局综合研究队进一步从中解体出 TTG 古老片麻岩套（黄泥坪灰色片麻岩、龙王沟浅色片麻岩）后，将剩余的表壳岩系（绿片岩系）改称鱼洞子岩群，属于构造岩石地层单位。该岩群分布于花岗–绿岩地体南北两侧，或呈包体漂浮于片麻岩套中。与秦岭其他太古宙地层相比较，该岩群以不发育孔兹岩系为最大特征，分布在略阳县城以东鱼洞子、阁老岭—煎茶岭一带，主要岩性为绿帘绿泥阳起片岩、钠长绿泥片岩、绿泥绢云片岩、斜长角闪岩、变粒岩、条带状磁铁石英岩及磁铁矿。岩石变质程度为高绿片岩相–低角闪岩相。与上覆何家岩岩群等火山岩为断层接触，下部未见底。

表 3.1　勉略宁矿集区区域主要地层表

界	系、统、群、组	组、段（西北有色地质勘查局习惯划分）	主要岩性组合及岩性特征	厚度/m	产出环境	赋存矿床（点）
新生界	第四系（Q）		河流沉积，冲积物和山前坡积物	1~10		砂金
中生界	侏罗系	勉县群洪水沟组（JMh）	主要由紫红色铁质杂砂岩、砂砾岩等组成。砾石成分为下伏火山岩物质，胶结物为铁质、泥砂质	10~230	具山间湖沼相沉积特点	
古生界	石炭系—寒武系	略阳组（Cl）	上部白云岩、白云质灰岩，下部薄-中层含生物碎屑细晶灰岩、生物灰岩、白云质细晶灰岩、砂屑灰岩	>1000	浅水台地-潮坪环境	
		踏坡组（Dt）	上部绢云母粉砂质板岩、碳质板岩夹薄泥质灰岩，中部中厚层杂砂岩夹含砾杂砂岩、少量粉砂岩，下部巨厚层泥-砂质碳板岩、砂屑灰岩复成分砾岩	500	近源陆相沉积及深水环境	
		茂县岩群（S_1M）	上部为深灰色千枚岩、砂岩和凝灰质砂岩，下部灰、深灰色千枚岩夹棕灰色砂岩、长石石英砂岩和透镜状灰岩	>1120	主体局限盆地沉积，局部（宁强巴坝）为滨海沉积，且强烈为滨海沉积	
		南屏组（O_1n）/ 陈家坝组（Oc）	上段以发育深灰色千枚状板岩为特征，底部夹硅质板岩；下段以灰色、粉砂质板岩为主，夹钙质板岩和少许泥质灰岩、粉（细）砂岩，在泥质灰岩中产 Didymograptus 等化石	2598	正常浅海陆架环境	
		水井沱组（ϵ_1s）/ 宽川铺组（ϵ_1k）/ 鲁家坪组（ϵ_1l）	顶部为灰-灰绿色页岩，偶夹菱铁矿透镜体，磷结核；上段为碳质板岩夹硅质岩、含碳粉砂岩和灰岩；下段主要为硅质岩和硅质板岩，有磷显示；本组合生物化石较少，偶见 Protospongia，近年在镇巴观音堂本组底部含磷质白云岩中采到小壳动物化石	110~950	浅海海陆架环境	宽川铺磷矿点

续表

界	系、统、群、组	组	组、段（西北有色地质勘查局习惯划分）	主要岩性组合及岩性特征	厚度/m	产出环境	赋存矿床（点）
新元古界	震旦系 上震旦统	灯影组（Z_2dy）		上部厚层状白云质砂屑灰岩，下部砾屑灰岩，厚–中厚层状微晶灰岩，砂屑灰岩	50~1262.5	开阔台地	煎茶岭金矿、李家沟金矿床
		陡山沱组（Z_2d）	断头崖组（勉略宁北部）上段（Z_2d^3）/雪花太坪组（勉略宁中南部）上段（Z_2xh^3）；中段（Z_2d^2）/中段（Z_2xh^2）；下段（Z_2d^1）/下段（Z_2xh^1）	上部含碳粉砂质板岩，泥质灰岩夹黑色硅质条带和磷块岩，中部粉砂质细砂岩，粉砂岩，下部绢云千枚岩变薄层灰质砂岩，石英杂砂岩夹少量粉砂质板岩	182~2295	陆缘低水位沉积向海进较深水沉积过渡	金家河磷矿、何家坪磷矿、茶店磷矿、黎家营锰矿
	下震旦统	南沱组（Z_1n）		硬砂岩，复成分砾岩，含砾凝灰质杂砂岩	300	陆相近源堆积	
	碧口岩群（Pt_3Bk）	秧田坝岩组（Pt_3yt）		灰色变质长石石英砂岩，杂砂岩（局部含砾）夹基性凝灰质变砂岩。分布在嘉陵江以西；嘉陵江以东没有分布	618~2484		
		东沟坝组（Pt_3d）	阳坝岩组（Pt_3y）	分布在峡口驿–黑木林古基底拼接带以北。中酸性火山岩为主，少量熔岩，凝灰岩，基性火山岩，硅质岩及重晶石岩	褶叠厚度 707~1769	裂谷	东沟坝金银铅锌重晶石矿床、二里坝硫铁矿床、陈家坝铜铅锌多金属矿床
			郭家沟岩组（Pt_3g）	分布在峡口驿–黑木林古基底拼接带以南。基性火山熔岩，集块岩，火山角砾岩为主，少量酸性熔岩，碳酸盐岩	>1250		徐家沟铜矿床、铜厂铜铁矿床、小燕子沟金矿
中元古界	大安岩群（Pt_2D）			主要岩性有变玄武岩，变基性凝灰岩，片理化绿泥岩，绿泥绿帘片岩，钠长阳起片岩	褶叠厚度 821~1345	大洋化裂谷或大洋海盆（洋中脊）	走马岭金矿点，塞根铜矿点，铺沟铅锌矿点
	何家岩岩群（Pt_2Hj）			主要岩性为绿泥绿帘片岩，角闪绿帘片岩，阳起绿帘钠长片岩，石英钠长片岩，绢云绿泥石英片岩，原岩为基性–中，酸性海相火山熔岩，中，酸性海相火山碎屑岩，局部火山角砾岩	褶叠厚度 415~1436	裂谷	高家湾铁矿，乱石窖铁矿

续表

界	系、统、群、组		组、段（西北有色地质勘查局习惯划分）	主要岩性组合及岩性特征	厚度/m	产出环境	赋存矿床（点）
新太古界	鱼洞子岩群（Ar₃Y）	绿片岩（表壳岩系）	黄家营组（Ar₃Yh）	上部为石英绿泥斜长片岩、黑云斜长片岩，夹绿泥斜长片岩，斜长角闪片岩、磁铁石英岩；中部为斜长、黑云、角闪斜长片岩，斜长角闪片岩及绿泥斜长片岩，斜长角闪片岩中夹规模较大的磁铁石英岩；下部主要为绢云母石英片岩，夹绿泥绢云片岩、斜长片岩、浅粒岩、变粒岩，该层混合岩化作用比较强	褶叠厚度 >1285	古陆块残留	鱼洞子铁矿、阎老岭铁矿、龙王沟铁矿、金洞子金矿点
		片麻岩套	黄泥坪片麻岩	灰色片麻岩、黑云母斜长片麻岩，岩石中有钾长花岗岩脉侵入，并有绿泥绿帘斜长片岩捕房体	300~1200		
			龙王沟片麻岩	浅粉红色中细粒花岗片麻岩，岩石边部有变玄武岩、斜长角闪片岩及磁铁石英片岩捕房体	100~500		

注：据陕西省地质矿产局，1989；西北有色地质勘查局七——总队，1995[1]；马建秦，1998；王瑞廷，2002；陕西省地质调查院，2017等资料修改整理。

[1] 西北有色地质勘查局七——总队.1995.陕西省略阳县煎茶岭镍矿床地质详查报告.1-106.

略阳马家沟剖面如下。

上覆地层：灯影组白云岩

==========断层==========

鱼洞子岩群（Ar_3Y）

黄家营组

（8）灰色绿泥长石浅粒岩	叠置厚度 146.12m
（7）灰色绢云石英片岩	64.5m
（6）灰色绿泥斜长变粒岩	469.7m
（5）深灰色条带状含磁铁石英岩	78.26m
（4）灰色含磁铁长石浅粒岩	344.88m
（3）灰色绿泥斜长石英片岩	109.61m
（2）灰绿色斜长角闪岩	20.15m
（1）灰色绿泥绢云石英片	52.2m

-----------平行剪切接触-----------

下伏岩层：黄泥坪灰色花岗片麻岩

鱼洞子绿片岩横向变化大，在北部黑山沟一带以条带状磁铁石英岩和长英质浅粒岩，以及各类片岩与变粒岩为主体，南部水林树一带则以变粒岩、斜长角闪岩、绿片岩居多。

鱼洞子绿岩建造中侵入角闪岩脉，前人获得其全岩 K-Ar 同位素年龄为 2038±30Ma（秦克令等，1990，1992a，1992b）；黄泥坪灰色片麻岩锆石 U-Pb 同位素年龄为 2657+9Ma（秦克令等，1992b；张宗清等，2001）、2660±13Ma（ID-TIMS 法；陆松年等，2009）；王洪亮等（2011）对鱼洞子岩群中的磁铁石英岩矿体采样，采用 LA-ICP-MS 方法测试，获得岩浆结晶年龄为 2645±25Ma，变质年龄为 2555±24Ma。灰色片麻岩、奥长花岗混合岩、角闪斜长片麻岩呈脉状侵入，片麻岩中有绿色片岩捕虏体；鱼洞子岩群变质岩原岩是一套火山沉积岩岩系，磁铁石英岩中的岩浆锆石可能来自与原岩相当的火山岩，岩浆锆石年龄可能代表磁铁石英岩原岩形成时代。故鱼洞子岩群时代为新太古代已成共识。

张宗清等（2001）认为，鱼洞子岩群变质岩的 Nd 同位素特征与崆岭群变质岩类似，原岩可能是扬子区克拉通的基底碎片。

鱼洞子岩群为一套深变质的沉积–火山岩系，含硅铁条带。鱼洞子岩群产出沉积变质型铁矿（鱼洞子铁矿）。磁铁矿有两种类型，一为沉积变质的苏必利尔型，赋矿岩石为沉积变质岩；另一为火山变质的阿尔戈玛型，赋矿岩石为钠长绿泥片岩、绿帘绿泥阳起片岩等正变质岩，与偏基性火山岩、火山沉积岩关系密切。磁铁石英岩矿层处于酸–基性火山岩交替活动的基性岩内。

鱼洞子岩群绿片岩中产出构造蚀变岩型金矿（金碉子金矿），矿体主要受韧性剪切带控制。

2）朱家河构造岩片（Arz）

朱家河构造岩片分布于勉略构造带东部黑河—长坝河—长沟河一线，呈北西西向展布，为一强烈变形改造的巨砾块体夹变质火山岩–碎屑岩组合。构造块体由斜长角闪岩、斜长片麻岩、含石榴子石片麻岩及含磁铁矿石英岩等组成，形态各异，大小不等。填隙物以酸性凝灰质成分为主。火山岩以酸性凝灰岩为主，岩石由含电气石、石榴子石二云母石英片岩、钠长绿泥绿帘片岩、钠长石英片岩及大理岩等构成，为一套复杂的构造片岩组合，与巨砾构造块体相杂出现。置换厚度453～3988m。该岩片北侧为光头山花岗闪长岩体，南侧为元古宇将台寺构造岩片，呈剪切构造接触。

该岩片在构造带中与主构造线方向一致，但岩性组合和变形变质程度与构造带不协调，深变质角闪岩相的巨砾构造块体（与鱼洞子花岗绿岩系具可比性）裹挟于绿片岩相火山岩剪切基质中。推测上述现象是古生代海槽拉张裂解过程中，南部古老地体残片楔入在构造带中而成。

2. 元古宇

元古宇包括基底和盖层两部分。基底由何家岩岩群，大安岩群，碧口岩群阳坝岩组、秧田坝组、郭家沟岩组、东沟坝岩组组成，分布于勉略阳三角地区及勉略构造带中的元古宇将台寺构造岩片（Ptj）；盖层由覆于鱼洞子岩群、大安岩群、何家岩岩群、碧口岩群之上的震旦系陡山沱组和灯影组构成。

（1）中元古界何家岩岩群（Pt_2Hj）：展布在硖口驿-黑木林元古宙古基底拼接带北侧，呈构造穹隆或岩片出露在略阳县何家岩—接官亭、陈家坝，宁强县黑水—曾家河一带，主要岩性为绿泥绿帘钠长片岩、绿帘钠长片岩、绢云绿泥石英片岩、角闪绿帘片岩、阳起绿泥绿帘片岩、石英钠长片岩、绢云母钠长石英片岩、绢云母绿泥千枚岩及变质基性凝灰岩、基性熔岩，夹有少量酸性变质火山岩、磁铁石英岩原岩，可能由玄武岩、基性凝灰岩、安山岩、英安岩、细碧岩、角斑岩、玻屑晶屑凝灰岩、含集块-角砾岩及流纹岩、含磁铁硅质岩条带等组成，为一套喷溢-爆发相变质基性-酸性火山沉积岩系，为低钾拉斑-钙碱过渡系列；何家岩岩群岩石普遍发生绿片岩相变质，部分岩石具有高压变质特征，矿物组合为冻蓝闪石+绿泥石（或蓝透闪石）+更钠长石。何家岩岩群与其他岩群（组）呈韧性剪切断裂带接触。据张宗清等（1996）采样分析，获得Sm-Nd同位素模式年龄为2200Ma，在1200Ma有明显被改造迹象；推断何家岩岩群为一套经过变质改造的中元古代裂谷火山岩建造，可以看作拼贴于鱼洞子岩群南侧的增生楔；何家岩岩群中产出铁、铜、金等矿产。

（2）中元古界大安岩群（Pt_2D）：出露于走马岭—红岩沟—大安一带，褶叠厚度821～1345m，与上覆震旦系断层接触。岩石组合为一套细碧-角斑岩建造火山沉积岩系，分下、中、上岩段。下岩段以细碧岩、枕状细碧岩、细碧质凝灰岩为主，夹角斑岩、铁碳酸盐岩透镜体；中岩段主要为角斑岩、角斑质凝灰岩、绿泥绢云母石英片岩类，夹石英角斑岩、细碧岩、铁碳酸盐岩透镜体；上岩段为绢云母千枚岩、凝灰质千枚岩，夹细碧岩、铁碳酸盐岩透镜体。大安岩群Sm-Nd模式年龄1836Ma，等时年龄为1611±118Ma（张宗清等，1996），应是中元古代大洋板块残片。大安岩群产出金、铜、铁等矿产及铅锌多金属矿化。

（3）新元古界碧口岩群（Pt_3Bk）：以嘉陵江为界，东、西两侧岩层具不同特点。陕西省地质调查院（2017）认为碧口岩群形成于新元古代青白口纪。嘉陵江以西碧口岩群分为阳坝岩组（Pt_3y）、秧田坝组（Pt_3yt）。嘉陵江以东碧口岩群分为郭家沟岩组（Pt_3g）和东沟坝岩组（Pt_3d）两个岩组。

嘉陵江以西碧口岩群主要分布在研究区西部嘉陵江以西的中坝、黑岩山、苍社等处，分为阳坝岩组（Pt_3y）、秧田坝组（Pt_3yt）。

阳坝岩组（Pt_3y）主要分布于嘉陵江以西，与何家岩岩群剪切面理接触，褶皱厚度大于 4000m，受剪切作用影响，褶叠厚度变化较大。根据岩石类型组合不同，分为上、中、下三个岩段。下岩段主要为一套变质正常沉积碎屑岩夹少量火山沉积岩，主要岩性为浅灰色石英变粒岩、绢云石英片岩夹钠长绿帘绿泥阳起片岩（变玄武岩）、钠长绢云片岩（变酸性凝灰岩）、长英质变粒岩、变石英砂岩及少量含铁石英岩、碧玉岩、硅质岩；中岩段为一套以变基性火山岩为主的火山沉积岩系，由灰绿、紫灰、杂色变玄武岩，变中基性凝灰岩，绿片岩夹灰绿色凝灰质板岩，粉砂质板岩及少量绿泥千枚岩、变石英砂岩组成；上岩段为一套变中酸性火山岩夹变基性火山岩及少量正常沉积碎屑岩。岩性主要为绢云钠长片岩、绢云石英片岩（原岩为酸性凝灰岩）、角斑岩、石英角斑岩、凝灰岩、安山岩、凝灰质砂岩等，含少量集块岩、火山角砾岩。该岩组中产出铜、金矿床及铜金多金属矿化。

秧田坝组（Pt_3yt）分布于略阳县郭镇以南大坪—小郭家坝一带，与上、下地层呈构造接触，分为上、下两个岩段。上岩段为一套次深海相变质沉积碎屑岩夹少量变中酸性火山岩，岩性主要为青灰、浅灰、灰色变岩屑石英砂岩，变长石石英砂岩，变岩屑砂岩，灰绿色变凝灰质砂岩，夹变凝灰质砂砾岩、凝灰质板岩、粉砂质板岩及少量变中酸性火山碎屑岩；下岩段为一套次深海相变质沉积碎屑岩夹变质火山岩建造，主要岩性为浅灰绿色变凝灰质砂岩、凝灰质千枚岩夹互变（长石）岩屑砂岩、变杂砂岩、粉砂质板岩、变中基性火山岩（熔岩-凝灰岩）和少量中酸性火山岩、变凝灰质砂砾岩。由下而上有火山岩夹层减少、碎屑岩增多之势。

嘉陵江以东碧口岩群划分为郭家沟组（Pt_3g）和东沟坝组（Pt_3d）两个岩组。

郭家沟组（Pt_3g）主要分布在研究区中部庙坝—铜厂—碳口驿、干沟峡—罗家山—徐家坝一线，呈北东向、近南北向展布，在银硐山一带被北西向马家沟断裂错断，与何家岩岩群、震旦系盖层呈断层接触关系，褶皱厚度大于 4000m；分为上、中、下三个岩段。下岩段（Pt_3g^1）以中基性火山熔岩、凝灰岩为主，由变细碧岩、枕状细碧岩、各类绿色片岩、集块岩、凝灰岩组成，夹碧玉岩、铁碳酸岩透镜体；中岩段（Pt_3g^2）由中酸性熔岩、凝灰岩组成，主要岩性为角斑岩、角斑质凝灰岩、石英角斑岩、绢云石英片岩夹细碧岩、铁碳酸盐岩；上岩段（Pt_3g^3）由凝灰质板岩、千枚岩、沉凝灰岩、沉角砾岩、含铁石英砂岩、重晶石岩、铁碳酸盐岩透镜体等组成。该岩组中细碧玢岩、辉绿岩、钠长斑岩脉等次火山岩发育，岩石具枕状、气孔、杏仁构造，变余斑状、角斑状凝灰结构，部分地段（罗家山一带）火山角砾、集块被中基性熔岩、凝灰质胶结，成为集块熔岩、角砾熔岩，表明该岩组具聚合大陆边缘岛弧火山岩-碎屑岩建造特点。该岩组与阳坝岩组中岩段相对应。

东沟坝组（Pt_3d）分布在二里坝—红土石—东沟坝—艾叶口一线，由一套中酸性火山岩为主，夹中基性岩浆岩，具有串珠状火山喷发特点，主要岩性为石英角斑岩、角斑岩、集块岩、火山角砾岩、绢云母石英片岩、绿泥石英片岩、喷流岩夹细碧岩、铁碳酸盐岩等，产出与喷流沉积有关的块状硫化物矿床、矿点（如东沟坝金银铅锌多金属矿、二里坝含铜黄铁矿）。该岩组与阳坝岩组上岩段相对应。

（4）将台寺构造岩片（Ptj）：将台寺构造岩片分布在太古宇朱家河构造岩片南侧，略褒断裂北侧，沿大黄院—大营—方家坝一线呈北西西向展布，为一套变质火山碎屑沉积岩系。岩性主要为绢云石英片岩，绿泥绢云石英片岩，含蓝晶石石英片岩，含蓝晶石绿泥石英片岩，含电气石、蓝晶石、夕线石二云母石英片岩，含蓝晶石绢云母石英片岩夹铁碳酸盐岩、碳酸盐岩透镜体。置换厚度1159～3381m。岩片中以含大量蓝晶石、夕线石等高铝矿物为特点，局部可构成大型贫蓝晶石矿。

该岩片总体呈北西西向展布，变形变质、热液活动强烈，热液沿剪切带上构造岩的面理、片理、节理充填交代，与构造岩一起发生塑性流变，形成鞘褶曲、紧闭褶曲及拉伸线理。靠近略褒断裂附近岩石多已糜棱岩化，并形成高温高压变质矿物蓝晶石、夕线石等。其物质组成与近邻南部变质火山岩相似，也属海槽裂陷过程中南部地体裂解进入构造带中的残片。与之同时解体的还有震旦系构造岩块，即高家山、雷公山等处的碳酸盐岩推覆体。

（5）震旦系盖层：分布在雪花太坪、汉王山、棺材山、鹿儿山、鸡公石—史家坪—光宝山一带、略阳—五房山—茶店一线、乱石窑、断头崖一带，由陡山沱组（Z_2d）、灯影组（Z_2dy）组成。

陡山沱组（Z_2d）为一套浅变质碎屑岩组合，与下伏地层呈平行剪切、拆离滑脱断层接触或不整合面接触。褶叠厚度441.48～1915m。依据其岩石组合，自下向上分为三个岩性段。第一岩性段（Z_2d^1）岩性主要为灰-绿灰色复成分砾岩、灰色含砾长英质变砂岩、灰色中粗粒长石石英杂砂岩、浅灰色变细砂岩、夹绢云粉砂质板岩。第二岩性段（Z_2d^2）岩性主要为灰-深灰色绢云粉砂质板岩、粉砂质绢云板岩、绢云千枚岩夹浅灰色薄层变质长石石英细砂岩和粉砂岩条带。第三岩性段（Z_2d^3）岩性主要为深灰-灰黑色含碳绢云粉砂质板岩、薄层状泥质灰岩、微晶灰岩夹硅质岩条带。该段产有磷锰矿层，为区内主要的磷锰含矿层位，产出沉积型或沉积-变质型锰矿，如黎家营锰矿、茶店磷锰矿、何家岩磷矿、五房山锰矿均产于该岩段中。

灯影组（Z_2dy）主要为一套碳酸盐岩组合，与下伏的陡山沱组为沉积超不整合或断层接触。褶叠厚度58.5～1262.5m。由下向上分为两个岩性段。第一岩性段（Z_2dy^1）下部为块状砾屑灰岩，砾屑大小不一，一般几厘米至几十厘米不等，砾屑成分有砂屑灰岩、微晶灰岩、硅质灰岩、硅质岩，反映了水动力较强、相对浅水的台缘斜坡或台盆边缘环境。上部主要为薄-中厚层状微晶灰岩、砂屑灰岩，可见硅质团块。第二岩性段（Z_2dy^2）主要为厚层块状白云岩、白云质砂屑灰岩，局部见砾屑白云质灰岩、白云岩。该组地层中多见构造蚀变岩型金、铜矿化，部分地段见铅锌银矿化，如勉县李家沟金矿、略阳县煎茶岭金矿、略阳县柳树坪锌（金）矿等。

3. 古生界

古生界主要由分布于勉略构造带中的关帝门岩组（Pzg）、金家河岩组（Pzj）、朱家山岩组（Dz）、石炭系—泥盆系长坝构造岩片（C—Dc）、略褒断裂以南康县—略阳一线以及塔宝寺一带的泥盆系踏坡组（Dt）、石炭系略阳组（Cl）和勉县-阳平关断裂以南的志留系茂县岩群（S_1M）组成。其与老地层呈不整合或断层接触。

关帝门岩组（Pzg）：分布在勉略构造带中，大帽台—五郎坪—小砭河一线。为一套以基性为主体的基性-酸性变质火山岩-沉积岩系。岩石变形、变质强烈，置换厚度1467～3717m，分上下两段。下岩段以中酸性火山熔岩、碎屑岩为主，夹中基性火山岩、碎屑岩，岩性主要为绢云石英片岩、绿泥绢云石英片岩、绢云钠长石英千枚岩，含碳绢云钠长片岩、碳质千枚岩、绢云母千枚岩夹铁碳酸盐岩、砂岩透镜体；上岩段主要为浅灰、灰绿色中基性火山岩组合，岩性为绿泥钠长片岩、石英钠长绿泥片岩、绿泥绿帘钠长片岩、绢云母钠长石英片岩夹硅质岩、砂岩、白云岩透镜体。

该岩组构造表现形式是普遍发育片理化及一系列弥散型剪切带、逆冲推覆断层。断层带内发育挤压片理化、糜棱岩化、揉皱等构造。局部沿构造充填蛇纹岩、辉绿岩岩脉，黄铁矿化普遍发育，热液活动强烈，Pb、Zn、Ag、Cu、Au 等多金属矿化主要发生在剪切带及构造岩中。

金家河岩组（Pzj）：由原陕西地矿局区调队所划分的非正式构造岩石地层单位的乔子沟火山岩、金家河千枚岩及蛇绿岩合并而成。古生界金家河岩组分为上、中、下三个岩段，上岩段（Pzj^c）相当于乔子沟火山岩，中岩段（Pzj^b）和下岩段（Pzj^a）相当于古生界金家河千枚岩❶，包括了一套碎屑岩、碳酸盐岩及火山岩系组合。金家河岩组严格分布于勉略构造混杂岩带中，沿略阳县五郎坪—横现河—金家河—干河坝一线展布，与周围接邻地层都以断层相接。

古生界金家河岩组下岩段（Pzj^a）在区内出露岩性为浅灰-深灰色含砾千枚岩或泥质岩、含碳凝灰质板岩及火山碎屑岩、杂砂岩，砾石成分复杂，置换厚度大于3500m。

古生界金家河岩组中岩段（Pzj^b）岩性主要为浅灰色绢云石英千枚岩、含碳绢云母石英千枚岩夹碳酸锰条带、绿泥石英片岩，夹含碳硅板岩、钙质片岩及薄层灰岩，置换厚度大于3500m。

古生界金家河岩组上岩段（Pzj^c）即乔子沟火山岩，出露岩性为灰绿色绿帘绿泥钠长片岩、钠长绢云母石英片岩、钙质绢云母钠长片岩，夹硅质岩、白云岩，置换厚度3369m。该套火山岩微量元素 B、Li、Ce、Le、Th、Y、Bi、Pb 高于火山岩平均值，岩石化学成分分析及计算显示，该套火山岩属碱-钙碱性岩类，属岛弧型玄武岩源，构造环境为大陆边缘裂谷或岛弧。

自20世纪90年代以来，金家河岩组上岩段（乔子沟火山岩）中发现多处金矿，规模较大者有略阳县干河坝金矿。金矿化受近东西向断层或韧性剪切带控制，含矿岩性为黄铁矿化硅化千枚岩或黄铁矿化、硅化白云岩。

古生界金家河岩组中岩段（Pzj^b）中发现锰矿。例如，略阳县金家河-三岔子锰矿，含锰岩性为含碳酸锰条带的含碳绢云母千枚岩，锰矿受层位和岩性控制，属沉积型锰矿。

鲁家坪组（$\in l$）：该组主体分布于阳平关-勉县断裂以南，宁强县阳平关—大安一线。顶部为灰-灰绿色页岩，偶夹菱铁矿透镜体、磷结核；上段为碳质板岩夹硅质岩、含碳粉砂岩和灰岩；下段主要为硅质岩和硅质板岩，有磷显示。本组含生物化石极少，偶见 Protospongia，近年在镇巴观音堂本组底部钙质白云岩中采到小壳动物化石，地层厚度为110~950m，为浅海陆架环境，发育有宽川铺磷矿点。

陈家坝组（Oc）：该组分布于阳平关-勉县断裂以南宁强南屏-勉县两河口地区，分上下两段。上段以发育绿灰色千枚状板岩、粉砂质板岩为特征，底部夹硅质板岩，厚1398m；下段以灰色含碳板岩、粉砂质板岩为主，夹钙质板岩和少许泥质灰岩、粉（细）砂岩，在泥质板岩中产 Didymograptus 等化石，厚度1200m，为正常浅海陆架环境。

---

❶ 王永和，王根宝，王向利，等 . 1996. 勉略宁地区 1 : 5 万区域地质联测报告 . 1-108.

志留系茂县岩群（S_1M）：茂县岩群地质体分布在阳平关断裂以南的宁强县阳平关—勉县青羊驿之间，是印支期—燕山期由西向东楔入的外来构造块体，为一套浅变质强变形的细碎屑沉积岩，岩性以灰色绢云母粉砂质板岩、绢云母板岩、千枚岩为主，夹碳硅质板岩和长石石英细砂岩，叠置厚度3160~4397m，为局限盆地沉积。该岩层两分性明显，上部为深灰色千枚岩、砂岩和凝灰质砂砾岩，厚250~400m；下部为灰绿、灰、深灰色千枚岩夹棕灰色砂岩、长石石英砂岩和透镜状灰岩，厚度大于1120m。茂县岩群中发育一套多级顺层韧性剪切带、顺层掩卧褶皱、顺层轴面劈理和同构造分泌脉为标志的固态流变褶叠层构造，为北东向脆韧性剪切带、近东西向脆性断层。该岩群中产出热液型金矿。

泥盆系朱家山岩组（Dz）：分上、下两个岩段，下岩段（Dz^a）相当于中-上泥盆统三河口岩群郭镇岩组，上岩段（Dz^b）相当于中-上泥盆统三河口岩群朱家山岩组❶。

朱家山岩组下岩段（Dz^a）分布在三岔河—高家坝—鱼洞子一带，呈近东西向展布，岩性为含碳绢云母千枚岩、钙质石英千枚岩、粉砂质板岩夹薄层状细晶灰岩，与金家河岩组和朱家山岩组上岩段均为韧性断层接触，置换厚度1039~2258m。

朱家山岩组上岩段（Dz^b）分布在下岩段的北侧，岩性为中-薄层状细晶灰岩夹千枚岩或钙质千枚岩，置换厚度152~864m，与朱家山下岩段和上覆状元碑构造岩片均呈断层接触。

石炭系—泥盆系长坝构造岩片（$C—Dc$）：分布在长坝、瓦子坪一带，为一套浅海沉积的碎屑岩-化学沉积岩，主要由两部分组成，下部为钙质粉砂岩、钙质绢云母千枚岩及含钙铝石榴子石白云石石英片岩、含碳钙质片岩夹石英砂岩等；上部为灰白色方解石大理岩、含碳结晶灰岩及碳酸盐糜棱岩，在其中产出珊瑚、层孔虫等化石。受多次构造变形影响，块体边界被韧性剪切带及断层限定，整体被北西向后期断裂向北滑移。形成一背斜构造，轴向北西，保留了发育良好的早期褶叠层构造，褶叠厚数十米至上千米不等。

泥盆系踏坡组（Dt）：主要分布于略阳县城至白雀寺之间的略阳县夹门子沟、苇子沟—徐家沟一带，总体上呈北西西或近东西向展布。下段岩性为灰色中厚层粗粒砂砾岩、钙质砾岩夹含砾岩屑杂砂岩、薄层灰岩，厚度100~300m；中段下部岩性为浅灰色岩屑杂砂岩、长英质杂砂岩夹含砾砂岩及少量粉砂岩，上部为灰色绢云母粉砂质板岩、碳质板岩夹薄层泥灰岩，厚度200~600m；上段绢云砂板岩、碳质板岩夹薄层泥灰岩，厚度110~200m；与上覆石炭系略阳组呈整合接触；下伏中元古界何家岩岩群、新元古界碧口岩群呈角度不整合接触。

踏坡组为一套裂谷边岸粗-细碎屑岩，其成分主要来自元古宇火山岩系，古流向向北。自下而上沉积层序由底部河流-冲积扇体系，依次向上向北为深水扇三角洲体系、深水浊积岩体系，并向上过渡为略阳组碳酸盐台地体系。

石炭系略阳组（Cl）：略阳组主体分布于略阳县城以南荷叶坝一线，分上下两段。下段底部为石英粉砂岩，中上部岩性为含碳灰岩、泥灰岩、灰色薄层-厚层状生物碎屑微晶灰岩，厚度大于1100m；上段岩性为灰白色厚层状白云岩、白云质灰岩、硅质灰岩、灰岩、大理岩，厚度大于400m。上覆侏罗系勉县群洪水沟组（JMh），呈不整合接触；与下伏泥盆系踏坡组整合接触。

---

❶ 王永和，王根宝，王向利，等.1996.勉略宁地区1:5万区域地质联测报告.1-108.

4. 中生界侏罗系勉县群洪水沟组（*JMh*）

该组分布在勉县堰河一带，与下伏地层不整合接触，主要由紫红色铁质杂砂岩，砂砾岩等组成。砾石成分为下伏火山岩物质，胶结物为铁质、泥砂质。该组厚度 10～230m，具山间湖沼相沉积特点。

5. 新生界第四系（Q）

该系分布于汉江、嘉陵江主河道及沟谷中，新铺、大安、代家坝及巩家河等处出露面积较大，厚 1～10m，主要为现代河道冲积、洪积作用形成，由砂、砾石、亚砂土等堆积物组成，赋存砂金矿。

从勉略宁地区区域地层中微量元素的浓集克拉克值及地球化学特征（表 3.2、表 3.3）可知，$K_2>1$ 的元素有 Ag、As、Sb、Hg、Pb、Zn、Ni、Co、V、Mo 等，反映这些元素在成矿作用阶段和后期地质作用过程中产生了富集或叠加富集；$K_1>1$ 的元素有 Ag、Pb、Co、V、Mo，说明其在火山喷发–沉积成岩阶段有一定初始富集。富集度 $K_2/K_1>1.3$ 和变化系数 $V>1$ 者，为成矿元素及成矿伴生元素。

表 3.2　勉略宁地区区域地层中微量元素的浓集克拉克值

参数	Ni	Co	Cu	Au	Ag	Pb	Zn	As	Sb	V	Mo	W	F	Ba	Sr	Be
K_1	0.65	1.20	0.57	0.21	0.81	1.92	0.92	1.44	0.54	1.34	1.35	0.78	0.59	0.73	0.45	0.40
K_2	1.43	1.26	0.80	0.32	1.09	2.61	1.15	3.27	1.26	1.38	1.82	0.97	0.62	0.82	0.51	0.42
富集度 (K_2/K_1)	2.20	1.05	1.40	1.52	1.35	1.36	1.25	2.66	2.33	1.03	1.35	1.24	1.05	1.12	1.13	1.05
变化系数 V	2.97	0.78	1.32	1.16	2.30	1.88	1.59	32.79	2.58	0.86	1.14	1.01	0.75	1.08	0.92	0.42

注：据王相和任小华，1997❶；K_1 =元素的初始平均含量/元素 i 的地壳丰度值；K_2 =元素的总体平均含量/元素 i 的地壳丰度值。

表 3.3　勉略宁地区主要地层微量元素地球化学特征

地层		参数	Ni	Cu	Co	Au	Ag	As	Sb	Pb	Zn	Mo	V	W
震旦系	断头崖组	$\bar{x}$	36.31	34.04	10.88	0.62	0.11	10.27	0.66	17.46	98.38	3.26	133.15	1.71
		δ	19.11	41.9	9.29	0.45	0.09	11.3	0.98	9.34	117.8	3.27	156.69	0.95
		f	0.63	0.72	0.60	0.14	1.57	6.04	1.32	1.09	1.19	2.96	1.48	1.32
	雪花太坪组	$\bar{x}$	111.02	29.87	18.81	0.71	0.19	12.16	1.04	82.96	260.23	2.46	114.55	0.98
		δ	147.1	31.77	15.06	0.939	0.493	24.16	1.15	149.5	470.9	4.00	143.9	0.52
		f	1.91	0.64	1.05	0.17	2.71	7.15	2.08	5.19	3.14	2.24	1.27	0.75

❶　王相，任小华 . 1997. 陕西勉略宁地区地质与成矿 . 1-150.

地层		参数	Ni	Cu	Co	Au	Ag	As	Sb	Pb	Zn	Mo	V	W
前震旦系	碧口岩群郭家沟组	$\bar{x}$	51.06	56.8	32.98	1.76	0.06	4.87	0.45	74.6	131.8	4.68	192.2	1.35
		δ	38.02	60.8	16.3	1.77	0.034	19.08	0.719	137.2	63.7	27.06	104.8	1.26
		f	0.88	1.21	1.83	0.41	0.86	2.86	0.90	4.66	1.59	4.25	2.14	1.04
	何家岩岩群	$\bar{x}$	35.75	34.89	19.41	0.89	0.06	3.7	0.67	30.64	70.95	1.65	114.22	1.25
		δ	28.8	48.4	13.8	0.82	0.044	5.66	2.03	24.5	44.4	2.90	93.07	1.52
		f	0.62	0.74	1.08	0.21	0.86	2.18	1.34	1.92	0.85	1.50	1.27	0.96
	鱼洞子岩群	$\bar{x}$	56.23	29.64	19.88	1.22	0.06	3.89	0.26	26.74	54.12	2.66	90.11	1.24
		δ	80.45	45.68	18.73	1.67	0.081	5.49	0.35	29.75	34.82	1.81	81.03	0.70
		f	0.97	0.63	1.10	0.28	0.86	2.29	0.52	1.67	0.65	2.42	1.00	0.95
区域算术平均含量			37.63	26.73	21.53	0.74	0.57	2.42	0.27	30.64	76.43	1.48	12.1	1.02

注：①Au平均含量数量级为10^{-9}，其他元素为10^{-6}；②$\bar{x}$为算术平均含量，δ为离差，f为富集系数。据王相和任小华，1997[1]。

二、构造

根据《中国区域地质志·陕西志》（2017）构造单元划分方案，本次研究区横跨勉略构造混杂岩带、勉略阳三角区、扬子板块西北缘龙门山–阳平关裂谷（O—S）三大构造单元，后二者属扬子板块北缘构造带。各单元内构造形态各不相同，以下就各单元内构造特征分别叙述。

1. 勉略构造混杂岩带

该带北以窑坪–观音寺深断裂为界，南以略阳–襄河深断裂为限，为秦岭造山带与扬子板块间的缝合带，其物质组成、构造变形、地球物理和地球化学特征明显不同于南北两侧地区。构造背景上经历了数次伸缩转换，沉积背景上经历了数次陆–洋–陆的变迁，并伴随多期岩浆活动。

本区主构造线呈近东西向和北西西向，岩层总体北倾，倾角50°～80°，总体表现为以自北向南的逆冲推覆构造为骨架的构造岩片叠置结构。

1）构造层次

区内韧性剪切构造、流变褶皱、流劈理、滑劈理十分发育，充分说明在主构造变形期，该区处于中深构造层次。

2）构造序列

构造混杂岩带内主要发生三期变形，即在伸展机制下，水平滑脱作用形成一系列剥离面和顺层掩卧褶皱（第一期变形）；在收缩剪切机制下，发生褶皱变形，形成一系列逆冲

❶ 王相，任小华.1997.陕西勉略宁地区地质与成矿.1-150.

推覆剪切带（第二期变形）；在走滑机制下，断裂产生左行走滑，岩块间发生位移，局部形成较强的韧性和脆性剪切带（第三期变形）。

（1）加里东期—海西早期构造变形特征

在海槽拉张过程中，处在伸展机制下，沿岩层层面发生水平剪切滑脱作用，形成一系列剥离面和顺层掩卧褶皱。由于受后期造山作用改造较强，掩卧褶皱残留不全，难以与晚期的变形构造相区别，局部尚可见"无根"钩状褶皱，金家河岩组、关帝门岩组上下岩段之间的界面上尚可见到。

早期伸展构造背景下，大量幔源物质上涌，实现了大规模的壳幔物质和能量交换，形成一套初始含金建造。现已发现的金矿床（点），容矿岩石多为幔源型基性火山岩，这一点进一步说明早期伸展构造作用对区内金矿的形成有重要影响。

（2）海西晚期—印支期构造变形特征

海西晚期—印支期为本区的主造山期。在收缩构造背景下勉-略海槽闭合，南北两侧板块陆-陆对接碰撞，形成一套独特的板块碰撞构造体系。一方面岩体强褶皱变形，另一方面由南向北发生强烈的逆冲推覆，岩体在横向及纵向上发生了大规模的构造迁移，形成勉略带当前的构造混杂岩特征。该期构造为本区的主期构造，在本区最终构造格局的建立上起主导控制作用。

勉略构造带已有金矿化信息显示，均为受东西向逆冲剪切构造控制的构造蚀变岩型，矿化带产状同主面理产状一致，据此判断主期构造（板块碰撞构造体系中的逆冲推覆剪切构造）为带内金矿的主控构造，属同造山期成矿。

（3）印支期以后构造变形特征

印支造山运动后，本区进入造山调整期，秦岭、扬子板块转入缓慢聚敛阶段，由北向南的逆冲推覆剪切构造进一步继承性发展，并伴有左行平移剪切作用，表现为主期构造面理沿走向及倾向方向进一步发生层间褶皱变形。另外发育一些 NNE、NE 向陡倾以及 NWW 向南缓倾的小规模脆性断层。

3）断裂构造

勉略康构造混杂岩带为秦岭、扬子板块间的差异性活动调整带，总体变形较强，但局部变形不均一，表现为强应变带同弱应变域交织结构。不同层次、不同规模的剪切构造十分发育，构成各岩片的边界断裂，并控制了带内金、铜、铅、锌、银多金属矿化。晚期叠加了一些 NE、EW 脆性构造。

（1）韧性剪切带：构造剪切作用下，形成各类糜棱岩带，片糜岩-构造片岩带及强片理化带是构造带内的主要构造表现形式。剪切作用结果形成大量塑性流动褶皱叠加、重褶，如关帝门岩组中的关帝门-岩台子断裂带、金家河岩组中的文家山-乔子沟与三岔子-横现河断裂带，钩状褶曲、鞘褶曲、旋转斑、压力影等都十分发育，其动力学标志为左行斜冲剪切带。在构造岩片中，弥散型剪切特征明显，尤其在东段各岩组、岩片中最为发育，形成片糜岩-构造片岩带。强片理化带出露在长坝岩片大理岩南侧，主导构造面理再变形，形成一组脆韧性剪切带，倾向北东，倾角 65°~75°，剪切带中糜棱岩化、片理化，受剪切作用影响孟家河一带主导构造面理发生顶厚褶皱、轴面劈理，向西南高角度倾伏。

（2）脆性断裂：在构造带中较为发育，其构造层次较浅，一般沿早期韧性或韧脆性断裂带再次复活而成,如磨坝里-干河坝断裂,控制干河坝金矿带。在构造带中发育数条北西向平行斜列断层,如成家庄-田坝断裂、秦家坝-朱家山断裂、潘家坝-桃园子断裂以及核桃坪-路子坝断裂,断裂带中有碎裂岩、角砾岩、断层泥等,将地层错断,是构造带中晚期断裂。处在伸展机制为主导的构造环境中,在重力作用下,岩层发生水平分层滑脱和剥离构造,形成一系列剥离面和顺层掩卧褶曲。

2. 勉略阳三角区

勉略阳三角地区构造特征受秦岭造山带构造演化的制约,在长期的地质构造演化过程中始终处于被动地位,受长期活动的北东向勉县-阳平关大断裂、北西向略阳-褒河大断裂及基底拼合带的影响,形成复杂的断裂网络结构。区域上南部断裂构造以 NEE 向断裂组为主,一般断层面北倾,属逆冲压扭性质,具有多期活动特点,最有代表性的断裂为汉江断裂(或勉县-阳平关断裂),在其北侧附近发育与之平行产出的次级断裂组。北部断裂构造以 NWW 向断裂组为主,断面多为北倾,局部南倾,也具有多期活动特点,区域性大断裂为勉-略断裂,在其南北两侧发育与其平行的次级断裂组。此外,在区域基底与盖层之间还存在一系列的滑脱和剥离断层,以及近北西向的脆性断裂组。

勉略阳三角地区遥感解译、重力、磁测成果显示,该区主体构造线分为北东-北北东向、近东西向-北西西向、近南北向三组。勉县—略阳—康县一带(北西西向)、勉县—阳平关一带,即汉江沿线(北东向)是线性构造密集展布区,反映了基底、隐伏构造格架的发育分布特征;阳平关—荷叶坝—略阳一线(近南北向)显示深部隐伏构造。区内线性构造交汇处常呈现环形构造,多显示隐伏岩体、古火山机构等特征。

1)褶皱构造

南部主要为巨亭背斜、雪花太坪向斜、罗家山背斜、鸡公石向斜所组成的复式褶皱,轴向多呈北东东向展布,轴面高角度北西倾,巩家河—徐家坝一带轴向转为南北。北部褶皱主要由何家岩背斜、断头崖向斜、九道拐向斜、茶店-大黄院斜歪-倒转褶皱。

巨亭背斜:核部由何家岩岩群岛弧型火山沉积岩组成,两翼为碧口岩群火山-沉积岩,轴迹走向40°~50°。受韧性剪切构造变形影响,岩石层理无法辨认,多显示 S_1、S_2、S_3 等期次面理产状。晋宁期中基性、中酸性岩浆沿背斜剪切带或古火山机构侵位,次级褶皱发育。金铜铁等矿产伴随出现。

雪花太坪向斜:核部为震旦系灯影组碳酸盐岩,翼部为陡山沱组碎屑岩或郭家沟组火山岩。轴向北东,两翼均向北西倾,北西翼缓,南东翼较陡,为一倒转向斜,在向斜剪切断裂带中,出现金、铜、铅、锌、银矿化。

罗家山背斜:分布在罗家山、徐家坝一线,核部为郭家沟岩组细碧角斑岩建造,两翼为震旦系沉积盖层,轴向在马家沟断裂以北呈北东向展布,马家沟断裂以南呈南北向,轴面总体向北西倾。背斜核部中心式火山机构串珠状分布,自北向南有桃园子、罗家山、银硐山、元坝子(某些资料中又称"袁坝子")、盘龙山大石岩等火山机构,近南北向韧-脆性剪切带发育,以元坝子—代家坝一带最为明显。靠近中心式火山机构,火山岩呈环状杂乱叠置,远火口处(火山洼地)火山岩成层性较好。沿火山机构和剪切带,中酸性侵入岩和中基性次火山岩发育,并伴随有 Cu、Pb、Zn、Au、Ag 等多金属矿化活动。

鸡公石向斜：位于三角地区南部，其核部为灯影组碳酸盐岩，两翼为陡山沱组碎屑岩及大安岩群、郭家沟岩组火山岩，大安岩群在向斜南翼出露，郭家沟岩组在向斜北翼出现。向斜轴线呈北东东向，马家沟断裂以南呈近南北向，轴面向北倾，向南倒转。核部发育层理（S_0）和板劈理（S_3），两翼火山岩多为构造劈理面（S_1、S_2）。向斜核部剥离构造发育，主要在碳酸盐岩和碎屑岩接触部位可表现出。两翼则发育推覆剪切构造。辉绿岩、钠长斑岩及蛇纹岩脉沿上述构造部位频繁出现，并伴随金铜和铅锌银矿化。李家沟金矿即赋存在向斜南翼逆冲推覆剪切断裂带中。

何家岩背斜：位于何家岩以北一带，为紧闭陡倾、向南倒转的线型褶皱。褶皱轴向100°～110°，向东倾伏，倾伏角18°～25°。核部地层为太古宇鱼洞子岩群第一岩段，翼部地层为太古宇鱼洞子岩群第二岩段至第五岩段，两翼地层均向北倾斜，倾角70°左右。

断头崖向斜：位于何家岩西南部断头崖一带，为似箱状褶皱。向斜轴呈弧形，东部轴向30°，西部呈近东西向，向东倾伏。核部地层东段为下石炭统略阳组，西段为震旦系灯影组，翼部地层为震旦系陡山沱组。北翼南倾，倾角40°左右，南翼北倾，倾角40°～50°。

九道拐向斜：位于煎茶岭九道拐一带，断头崖向斜东侧，为似箱状褶皱。向斜轴呈弧形，东部轴向30°，西部呈近东西向，向东倾伏，倾伏角20°～30°。核部地层为震旦系灯影组，翼部地层为震旦系陡山沱组。北翼南倾，倾角55°～65°，南翼北倾，倾角65°左右。

茶店–大黄院斜歪–倒转褶皱：为一组大型面理褶皱，轴迹走向北西300°～310°之间，由一系列背向斜组成，向斜核部由震旦系灯影组碳酸盐岩组成，背斜核部由震旦系陡山沱组碎屑岩及碧口岩群东沟坝组火山岩组成。茶店—大黄院一带，褶皱北侧被勉略构造带所截。东段在茶店一带向东翘起，轴面高角度倾向南西。两翼走向与轴迹一致，总体以中、高角度向南西倾斜，局部倾向北东，反映了由北到南倾的斜歪–倒转褶皱形态。该褶皱为同劈理等厚–微顶厚褶皱，轴面劈理和褶皱样式因岩石能干性不同有所差异。在上部强能干性碳酸盐岩中，轴面劈理为间隔性破劈理，而在下部弱能干性的板岩中，为一组破劈理–应变滑劈理。

2）断裂构造

区内断裂构造表现为不同时期的剪切带和脆性断层。

晋宁期韧性剪切带：晋宁期伴随基底碰撞拼接，收缩机制下，自北西向南东推覆形成剪切带，在元坝子–代家坝表现尤为明显，在碥口驿–黑木林基底拼接带古蛇绿混杂岩中残留，剪切带规模大，带中千糜岩、糜棱岩和构造片岩呈带状展布，石英拉丝、长石碎斑，S_1、S_2区域面理发育，S_0层理已被强烈置换，变质矿物沿面理定向分布。受后期构造影响，剪切带发生错位，褶皱变形。此外在火山机构附近，尚发育环形和放射性断层，如罗家山、银铜山、元坝子等处。次火山岩脉（辉绿玢岩、钠长斑岩等）频繁出现在该期剪切带中，伴随Pb、Zn、Cu、Au、Ag等矿化活动。

加里东期拆离滑脱断裂带：震旦系沉积岩碳酸盐段底部发育拆离滑脱断层，主要特征有：①沿断面不同构造层的地层直接接触，有明显的构造流失；②上下盘变形变质差异较大，上盘弱变形、浅变质，以碎裂岩、角砾岩为主，下盘变形强烈，变质较深，以糜棱岩、千糜岩为主；③构造带岩石中常出现碳质，沿断层构造发育加里东期辉绿岩、钠长斑岩及超基性岩脉，并伴随金铜矿化活动。

印支期韧性剪切带和印支期—燕山期推覆韧-脆性剪切带：主要出现在苍社、红石沟、黑岩山、梅松沟、冷水沟、李家沟、许家沟等处，以及双水磨、朱家垭、白杨沟一带。为近东西向、北东向延伸的韧性剪切带-脆韧性逆冲推覆剪切带，总体倾向北西，倾角20°~82°不等。剪切带由糜棱岩、构造片岩组成，同构造分泌石英脉和长英质旋转斑、断面擦痕、阶步，显示自北西向南东逆冲推覆剪切，呈叠瓦式分布，继承和切割前期形成的剪切带。该期构造活动热变质再造作用明显，为本区的主要赋矿构造。

燕山期及以后浅表层脆性断裂，分为以下三组：

（1）北东向断裂组：主要分布在基底拼接带上及以南地区，由一系列叠瓦式逆断层组成。沿背斜、向斜核部及两翼展布，震旦系盖层中尤为发育，多为继承早期断裂发育而成，长度均在2000~5000m，倾向北西，倾角30°~60°。一般形成构造角砾岩带，宽1~5m，多处出现分支复合现象，并有金铜等矿化显现。具代表性的有唐家林-望天坪断裂、梨树坪-红春沟断裂、大铁坝-茶店子断裂、贾家湾断裂以及罗圈垭-双集坪断裂等。

（2）北西向断裂组：主要分布在基底拼接带以北地区，为一系列平行断裂组，具左行平移逆断层特征，属浅层次断裂，对地层的完整性起破坏作用，可形成碎裂岩、角砾岩及碳化断层泥等构造岩带。具代表性的是何家岩-方家坝断裂、麻柳铺断裂组、马家沟断裂组。何家岩-方家坝断裂，长约25km，断裂带宽10~40m，陡倾角；马家沟断裂长约20km，西端至白雀寺岩体附近，向东被汉江断裂限制，高角度向北东倾，局部南倾，断裂带宽度不等，从几米至上百米，由碎裂岩、角砾岩、糜棱岩、千糜岩、断层泥组成，部分地段碳化明显。该断层北盘下降，南盘上升，属右行平移正断层，切割元古宇火山岩、沉积岩地层，断距约5km。该组断裂形成时代较晚。

（3）近南北向断裂组：主要是继承先期形成的剪切构造发展而成，元坝子—代家坝一带该组断裂最为发育，断层多沿岩组、岩段、岩层边界发育，高角度向西倾，部分地段向东陡倾，沿断裂带有燕山期脉岩侵入。

此外在古火山机构区，常发育弧形和放射状断层。

3. 扬子板块西北缘龙门山-阳平关裂谷

扬子板块西北缘龙门山-阳平关裂谷位于勉县-阳平关断裂以南，总体为一复向斜，北翼被断裂破坏不完整，呈北东向线性构造，走向60°~70°。次级褶皱发育向南东倒转。除南、北主断裂外还有次级断裂。

断裂总体为勉县-阳平关（汉江断裂）复合断裂带，出露于大安—新铺一线，长期控制地层发育并具有构造分隔意义的继承性断裂，由勉县-阳平关断裂、堙龙垭剪切带和宽川铺复合断裂带三部分组成。

（1）勉县-阳平关断裂：从区域上看，该断裂以北为勉略阳三角区，缺失下古生界，以南发育志留系茂县岩群，缺失上古生界，可见加里东期—海西期阳平关断裂就已控制地层的发育。该断裂呈北东东向展布，最大宽度1.4km，是长期控制地层发育并具有构造分隔意义的继承性断裂。根据现存的剪切变形特征，该断裂由早到晚可分为：①印支期韧性推覆剪切带，在响水一带保留活动痕迹，剪切带宽20~50m，向北西方向陡倾，倾角62°~75°，沿剪切带发育火山岩糜棱岩，可见不对称压力影、旋转斑和拖尾构造，表现为由西北向东南逆冲推覆；②左行脆韧性平移–斜冲剪切带，在大安金牛驿、新铺菜坝沟等地保留较好，剪切带宽190~200m，走向55°~60°，倾角56°~82°，总体倾向北西，局部倾向南东，构造岩主要为火山岩千糜岩、糜棱岩，沿糜棱面理发育剪切褶皱和石英脉透镜体，可见S-C组构，为左行平移–斜冲推覆剪切带；③脆性右行平移逆断层，由发育于前期构造带及其旁侧的右行斜列的一组脆性断裂组成，总体产状倾向310°~338°，倾角50°~80°，个别分支断层产状变化较大。破碎带多由碎裂岩、断层角砾岩和碳化断层泥组成，碎裂岩沿破碎带多呈定向排列，次级断层滑动镜面及擦痕发育，反映出右行平移逆断层性质。主断裂旁侧派生的次级断裂发育。北西–南东向的次级构造及北东–南西向的次级构造是勘查区内主要控矿构造。

（2）堑龙垭剪切带：是阳平关复合断裂早期韧性剪切变形的分支断裂带，经堑龙垭向东到燕儿沟被大安岩体吞没，其北为震旦系烈金坝地质体，以南为茂县岩群块体，总体呈东西向展布，产状倾向337°~358°，倾角50°~70°，具左旋剪切特征，与阳平关断裂左行平移剪切带为同期产物，后期有花岗岩脉沿该带侵入。

（3）宽川铺复合断裂带：由宽川铺经南坪到马家坪，呈北东东向展布，是多期活动的复合型断裂，也是茂县岩群块体与其南大巴山块体的分隔断裂。早期剪切带由数个宽20~80m的强片理化带及弱变形的砂板岩组成，总体产状倾向320°~340°，倾角68°~81°，构造岩有千糜岩、构造片岩，不对称压力影和旋转构造常见，为右行逆冲推覆剪切带，晚期是一组左行斜列脆性断裂带，基本沿早期构造带继承性发育，近东西向，倾向北，倾角中等偏陡，斜切地层和早期剪切带。区域构造对比发现，早期右行逆冲推覆剪切带是印支期茂县岩群自西向东楔入的南边界断裂，晚期左行斜列脆性断裂是晚近时期的形变。

4. 茂县岩群地质体构造

茂县岩群地质体分布在阳平关断裂与宽川铺断裂之间，是印支期—燕山期由西向东楔入的外来构造块体，为一套浅变质强变形的细碎屑沉积岩。其中发育一套多级顺层韧性剪切带、顺层掩卧褶皱、顺层轴面劈理和同构造分泌脉为标志的固态流变褶叠层构造，以及北东向脆韧性剪切带、近东西向脆性断层。

在勉县–阳平关断裂、宽川铺深大断裂带两侧产生北西向及近北南向次级断裂，这些次级断裂为区内主要的容矿构造（图3.2）。

三、岩浆岩

区内岩浆活动强烈而广泛，表现出多期次、多旋回性。不同时代、不同岩性侵入岩均有分布，从晋宁期到燕山期，从超基性岩到酸性岩皆有出露，主要有超基性岩（已蚀变为蛇纹岩、滑镁岩、菱镁岩）、辉绿岩、闪长岩、石英闪长岩、钠长岩、花岗岩、花岗斑岩、细晶岩等。空间分布上，西部白雀寺—中坝子一带分布中基性辉长岩、辉绿岩、闪长岩；中、东部金子山、铜厂、煎茶岭、七里沟分布超基性–中基性岩、酸性岩，显示这几个地区为地幔热隆中心，有岩浆活动中心特征。

勉略宁地区晋宁期岩浆活动主要表现为基性–超基性岩侵入，其次为偏中性、基性次

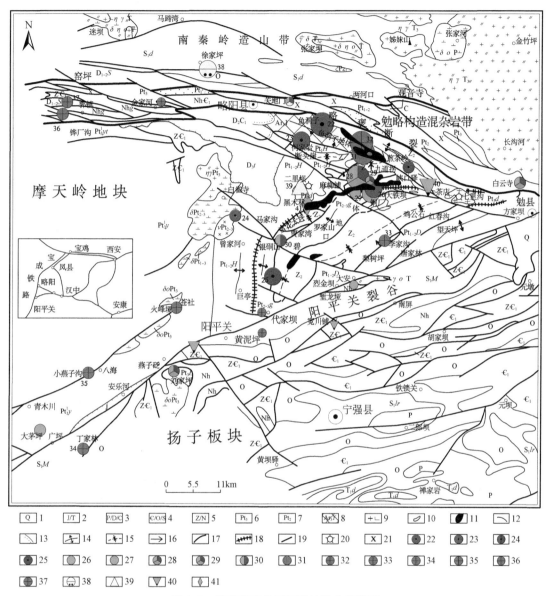

图 3.2　勉略宁矿集区区域地质矿产简图

1. 第四系；2. 侏罗系/三叠系碎屑岩；3. 二叠系/石炭系/泥盆系碳酸盐岩夹碎屑岩；4. 志留系/奥陶系/寒武系强变形碎屑岩夹碳酸盐岩；5. 震旦系/南华系碳酸盐岩夹碎屑岩；6. 新元古界火山岩；7. 中元古界火山岩；8. 新太古界鱼洞子岩群深变质岩；9. 中酸性侵入岩；10. 基性侵入岩；11. 超基性侵入岩；12. 地质界线；13. 地层不整合界线；14. 背斜轴；15. 向斜轴；16. 构造轴倾向；17. 断裂构造；18. 地体拼接带及二级构造界线；19. 深大断裂及一级构造界线；20. 推测古火山机构活动中心；21. 时代不明构造岩块；22. 鱼洞子铁矿床；23. 阁老岭铁矿床；24. 中坝子钛磁铁矿床；25. 黎家营锰矿床；26. 铜厂铜铁矿床；27. 徐家沟铜矿床；28. 东沟坝铅锌金矿床；29. 陈家坝铜铅锌多金属矿床；30. 银铜山铅锌多金属矿床；31. 煎茶岭镍（钴）矿床；32. 煎茶岭金矿床；33. 李家沟金矿床；34. 丁家林金矿床；35. 小燕子沟金矿床；36. 铧厂沟金矿床；37. 干河坝金矿床；38. 徐家坪-白水江砂金矿床；39. 二里坝硫铁矿床；40. 茶店磷矿床；41. 黑木林石棉矿床

火山岩侵入，前者在煎茶岭（927Ma）、碾口驿–黑木林等地分布广泛，多沿断裂带或早期裂谷带呈线状分布，富含 Fe、Ni、Co、Cr 等元素，显示深源特征；后者分布于大安岩群和碧口岩群中，富含 Fe、Co、Ni 及 Cu、Au 等元素。加里东期—海西早期，三角地块内岩浆多沿 NNE 和 NNW 向断裂交汇部位或早期构造带中侵入，以中酸性岩体为主，如铜厂闪长岩体（340±10Ma）、煎茶岭超基性岩体中的花岗岩岩株及白雀寺等中、酸性岩体。印支期—燕山期，在七里沟、白果树等地侵入偏酸性岩体。

根据勉略宁地块的组成性质及构造特征，可以认为该地块在晋宁期以前属于相对独立的地质块体，并且由基底岩石拼接组成。以七里沟–铜厂–代家坝构造岩浆带为界，分为南北两大地体，北部由鱼洞子结晶基底岩石和何家岩群拉张环境下陆缘活动带的过渡性基底岩石组成，代表古陆块地体；南部由大安岩群洋盆环境下的拉斑玄武岩过渡性基底岩石组成，代表洋块地体。

中、新元古代研究区曾发生大洋地块与大陆地块的拼合作用，产生具有古岛弧性质的火山–沉积岩组合，以富含火山块状硫化物矿床（点）为特征的碧口岩群细碧–角斑岩建造，代表这一时期的构造作用产物。

此后不同性质的扩张与汇聚，特别是印支期—燕山期秦岭造山过程中，在拼接带附近产出中、酸性岩浆组合的碰撞型岩浆岩侵入体，同时，在三角地块的南北边界断裂附近不仅发生沿主构造线方向的面理置换，也伴随不同性质的岩浆活动。

1. 侵入岩

区内侵入岩岩石类型多样、结构复杂，岩浆侵入活动时间长，从阜平期到燕山期均有岩浆岩产出。侵入岩按其空间分布和形成时代大致可分为：晋宁期超基性岩、基性–中酸性侵入岩、加里东期—海西期超基性、基性–中酸性侵入岩、印支期—燕山期基性–中酸性侵入岩（表 3.4）。区内超基性岩体约有 66 个，大多数规模较小，出露总面积 18.24km^2，其中大于 1km^2 的有煎茶岭、碾口驿、黑木林 3 个岩体。基性侵入岩体大致有 47 个，大部分与超基性岩带的分布位置一致，部分分布于碧口岩群基性火山岩内与上部的碳酸盐岩建造中。

阜平期侵入岩：残存分布在何家岩–接官亭以北鱼洞子的太古宙花岗片麻岩或片麻状花岗岩，为古变质侵入岩，是从原鱼洞子岩群中解体出来的。按矿物成分和岩石组构分为黄泥坪灰色片麻岩（Arh）和龙王沟浅色片麻岩（Arl）。根据矿物成分、结构，结合岩石化学成分推断原岩为英云闪长岩–奥长花岗岩。同位素测年结果表明，其锆石 U-Pb 同位素年龄为 2657±9Ma，K-Ar 同位素年龄为 2038±30Ma（秦克令等，1992b）。

晋宁期超基性岩、基性–中酸性侵入岩：沿古宙碾口驿–黑木林古基底构造拼接带或其旁侧分布，在白雀寺、白果树、黑木林、铜厂、碾口驿、七里沟、青林咀、煎茶岭、柳树坪等地出露。超基性岩、基性岩、中酸性侵入岩均有出露，呈岩基、岩墙、岩株或岩枝产出，出露面积 1～21km^2 不等。

1）超基性岩带

超基性岩带主要分布在黑木林—碾口驿、柳树坪—煎茶岭—三岔子一线，在震旦系中的韧性剪切构造带中也零星分布，主要由变质强烈的滑石岩、滑镁岩、菱镁岩、石英菱镁岩及纯橄岩等组成，是基底拼接过程中沿裂隙式古火山机构上侵而成。岩带最大宽度约

3km，一般几十米，形态各异。研究表明 MgO 含量明显偏高，CaO 和 Al_2O_3 偏低，属深源浅成岩浆类型。煎茶岭纯橄岩 Rb-Sr 同位素等时线年龄 927±49Ma（庞春勇和陈民扬，1993a），属晋宁期产物。在其中及边部产出大型金、镍、钴矿产。

在东皇沟、元坝子、王家坪等处也见一些超基性岩，产在剪切构造带中，呈脉状产出，主要为蛇纹岩、滑镁岩、滑石岩，蚀变强烈。矿物组合为纤维蛇纹石、透闪石、阳起石、滑石、菱镁石、绿泥石等，残留有格子状、网环状结构，为超镁铁质超基性岩，属阿尔卑斯型，幔源岩浆基本未分异侵入固结而成。

2）中基性-中酸性侵入岩

此类岩石多分布在白雀寺、白果树、铜厂中心式古火山机构中及其近侧的断裂带内或青林咀、鸡公石、雪花太坪沉积盖层的断裂带中，主要包括白雀寺变辉长岩、变闪长岩；瓮子—苍社一带的蚀变辉长岩、蚀变闪长岩；白果树云英闪长岩、混合岩；元坝子一带的闪长岩、石英闪长岩；庄房山、赵家坪上的蚀变闪长岩、石英闪长岩；铜厂的蚀变闪长岩、钠长斑岩；青林咀、东皇沟、纳家河坝、汉源山等地的辉长辉绿岩等。有关研究结果表明，上述侵入岩均属钙碱性，属正常-铝过饱和类型，显示出 I、S 型特点，是在地壳挤压条件下深壳混染岩浆上侵就位于火山机构中而形成。铜厂钠长斑岩同位素模式年龄 1235～1335Ma（角闪石 Ar-Ar 法）；铜厂蚀变闪长岩同位素年龄为 705～1335Ma（秦克令等，1990）、834～880Ma（王伟等，2011）；白果树云英闪长岩同位素年龄为 705Ma（U-Pb 法）～1335Ma（Ar-Ar 法）；赵家坪上石英闪长岩锆石 U-Pb 同位素年龄为 839.6～841.8Ma，均属晋宁期。

在铜厂蚀变闪长岩体内外接触构造蚀变带内，产出中型铁、铜矿床及金镍钴矿点。白果树岩体的围边铁、铜、金矿化普遍，矿（床）点密布。其他中基性岩边部也显示铜金等不同程度矿化。

加里东期—海西期超基性、基性-中酸性侵入岩：主要分布在黑木林—碥口驿一线、柳树坪—煎茶岭—三岔子一线、勉县-阳平关断裂北侧、勉略构造混杂岩带中。

（1）基性-超基性岩分布于黑木林—碥口驿、柳树坪—煎茶岭—三岔子一线，为沿基底拼接带的剪切构造侵位的第二期超基性-基性岩，与晋宁期超基性岩带同位产出，构成复合超基性岩带，主要由橄榄岩、橄辉岩、辉橄岩、辉石岩、辉长辉绿岩等组成。岩石不同程度蚀变，原岩中保留了较好辉石、橄榄石晶体，岩石化学特征以镁铁比值低、分异较好为特点。与之有关的矿产有铬铁矿、磁铁矿、钛磁铁矿、石棉矿等，同位素年龄 328～540Ma（K-Ar 法），为加里东期—海西期产物。

勉县-阳平关断裂北侧一带李家沟、纳家河坝等处可见一些受逆冲推覆剪切断裂带控制的超基性岩，主要为叶蛇纹岩及辉橄岩，呈脉状产出。震旦纪青林咀（王家湾）辉绿岩-辉绿玢岩 Rb-Sr 同位素等时线年龄为 628.45±93.9Ma、基性岩脉 Rb-Sr 同位素等时线年龄为 376.73±88Ma❶。

在勉略构造混杂岩带中，其主要出露于干河坝、三岔子、横现河、大帽台、关帝门、

---

❶ 王永和，王根宝，王向利，等.1996.勉略宁地区1：5万区域地质联测报告.1-108.

表 3.4 勉略宁矿集区主要岩体特征一览

名称	位置	期次	岩性	岩石类型	成岩年龄	有关矿产
煎茶岭岩体	略阳县接官亭镇煎茶岭	晋宁期	超基性岩	滑石岩、滑镁岩、菱镁岩、石英	927±49Ma（Rb-Sr）	镍、钴、铁、金、石棉
			中酸性岩	花岗斑岩、钠长斑岩	859±26Ma（锆石U-Pb）、844±26Ma（锆石U-Pb）	
		加里东期—海西期	超基性岩	蛇纹岩		
		印支期—燕山期	中酸性岩	花岗斑岩	400±44Ma（Rb-Sr）	
			基性-酸性岩脉	花岗岩、钠长斑岩脉		
黑木林-碳口驿岩体	宁强县庙坝镇黑木林-金子山-略阳县碳口驿镇	晋宁期	超基性岩	滑石岩、滑镁岩、菱镁岩、石英		铬铁矿、磁铁矿、钛磁铁矿、石棉矿、金矿化
		加里东期—海西期	基性-超基性岩	橄榄岩、橄辉岩、辉橄岩、辉石、辉长辉绿岩	328~540Ma（K-Ar）	内外接触带上产出铜、铁、镍、钴矿床及矿点
袁坝子岩体	宁强县巩家河镇袁坝子	晋宁期	中酸性岩	云英闪长岩、石英闪长岩		金、铁矿化
铜厂岩体	略阳县碳口驿镇铜厂	晋宁期	中酸性岩	闪长岩、钠长斑岩	705~1335Ma	铜等矿化
		加里东期—海西期	中酸性岩	石英闪长岩	340±10.93Ma（Rb-Sr）	
白果树岩体	略阳县接官厅镇马场-白果树	晋宁期	中酸性岩	云英闪长岩	705Ma（锆石U-Pb）~1335Ma（Ar-Ar）	铁、铜等矿化
		加里东期—海西期	中酸性岩	斜长花岗岩	400±44Ma（Rb-Sr）	

续表

名称	位置	期次	岩性	岩石类型	成岩年龄	有关矿产
白雀寺岩体	略阳县白雀寺镇-乐素河镇	晋宁期	超基性岩	辉石岩、角闪石岩	845.3±3.8Ma、843.8±3.9Ma（锆石U-Pb）	铁、铜、镍、钴金等矿化
			基性岩	辉长岩	815±38Ma（Ar-Ar）、836.2±6.8Ma（锆石U-Pb）	
			中酸性岩	闪长岩、二长花岗岩、碱性花岗岩	835.3±6.3Ma、835.1±2.7Ma、832.9±3.7Ma（锆石U-Pb）	
		海西期	中酸性岩	斜长花岗岩		
七里沟岩体	勉县茶店镇七里沟	海西期	中酸性岩	斜长花岗岩	349Ma（Rb-Sr）	内接触带带铜铁金，外接触带铜铅锌多金属块状硫化物矿
大安岩体	宁强县大安镇	燕山期	中酸性岩	以黑云母英云闪长岩、花岗闪长岩为主，其次为闪长花岗岩、闪长玢岩	141.2~145Ma（锆石U-Pb）	铜、金矿化
张家河	勉县张家河	海西期	中酸性岩	斜长花岗岩	252.1±3.2Ma（锆石U-Pb）	未发现
光头山	勉县张家河至敬子山	印支期末	中酸性岩	花岗闪长岩、斜长花岗岩	203.3±2.0Ma（Ar-Ar）、216±2Ma（锆石U-Pb）	未发现
鱼洞子岩体	略阳县何家岩以西	新太古代	中酸性岩	斜长花岗岩	2692±17Ma（锆石U-Pb）	磁铁矿

注：据秦克令等，1992b；庞春勇和陈民扬，1993a；张宗清等，2006；代辜洛等，2014；游军等，2018b；张小明，2018等。

土包砭、石棺材等地。由橄榄岩、蛇纹岩、辉石岩、似金伯利岩、未分的超基性岩、辉绿玢岩、辉长岩等组成。

（2）中酸性岩产出于黑木林—硤口驿、柳树坪—煎茶岭—三岔子一线，中酸性岩浆沿火山机构侵位，复合在晋宁期岩浆岩带上，主要有七里沟斜长花岗岩、铜厂石英闪长岩、白果树斜长花岗岩、白雀寺斜长花岗岩及煎茶岭、柳树坪花岗斑岩等。同位素年龄测试结果表明其均为海西期形成。

勉略构造混杂岩带分布在朱家山岩片及长坝岩片中，部分在金家河岩片中，产在三岔子乡及观音寺乡席平湾一带，呈岩脉、岩墙产出，主要为斜长花岗斑岩、花岗斑岩及闪长岩、钠长斑岩等。其中三岔子一带成脉群出现在朱家山岩组下岩段中，呈北西西向展布，与区域构造线大致平行，受后期造山运动影响，产生不同程度的片理化和蚀变作用。其中王家院岩脉最长的约4km，宽百余米，出露面积0.6km^2，产于二云母石英千枚岩中，产状直立，与片理（S_1）一致。

印支期—燕山期侵入岩出露于大安镇、娑婆沟、徐家坝及苍社、石瓮子等地，主要为酸性侵入岩，以大安岩体较大，出露面积15km^2，沿汉江断裂带和斩龙垭断裂交汇部位中心式穿刺就位，与围岩呈侵入接触关系。岩体以黑云母英云闪长岩、花岗闪长岩为主，其次为闪长花岗岩、闪长玢岩等。研究资料表明，岩石化学成分属正常型，里特曼指数显示钙碱性、酸度较高，侵入深度较浅，处于表壳带。U-Pb同位素年龄为141.2～145Ma❶，属燕山期。在茂县岩群中频繁出现花岗细晶岩脉和石英脉，此外在娑婆沟、元坝子、徐家坝、苍社一带，沿脆–韧性剪切带也产出印支期—燕山期花岗岩、花岗闪长岩岩脉、岩株。娑婆沟花岗岩 Rb-Sr 同位素年龄为142Ma。

2. 火山岩

区内火山岩主要分布在何家岩岩群（Pt_2Hj）、大安岩群（Pt_2D）、碧口岩群（Pt_3Bk）中（李先梓等，1993；王瑞廷等，2005c，2012；张宗清等，2006），其中何家岩岩群、大安岩群火山岩产出于裂解（谷）构造环境；碧口岩群火山岩表现出岛弧构造环境特征。各火山岩特征如下。

何家岩岩群火山岩（Pt_2Hj）：分布于略阳县曾家河、接官亭–何家岩、陈家坝等地，呈构造穹隆或岩片展布。何家岩岩群叠置厚度415～1436m，为一套变基性、酸性火山岩组合，未见顶底。岩石类型包括：①变质基性熔岩类，该类岩石主要有浅绿色绿泥绿帘钠长片岩、绿帘钠长片岩、角闪石绿帘变粒岩、阳起绿帘绿泥片岩、灰绿色绢云绿泥石英片岩等，依据岩石的矿物、残余结构构造等特点分析，原岩主要为玄武、安山玄武岩等；②变质酸性熔岩类，岩石主要有浅灰色绢云石英钠长片岩、绢云绿泥石英片岩等，原岩为流纹岩、酸性火山熔岩等，在何家岩岩群上部灰白色片理化变酸性熔岩中，变余斑状结构、显微鳞片粒状变晶结构清楚；③变质火山碎屑岩类，包括角闪绿帘变粒岩，含集块、角砾变凝灰岩，火山角砾岩等，根据岩石中残余组构特征，原岩应为基性玻屑凝灰岩、玻屑晶屑凝灰岩、集块岩、火山角砾岩等。

代表性剖面位于略阳县陈家坝，该剖面主要为一套爆发相-溢流相兼有的基性-酸性熔岩、凝灰岩、集块岩。岩石普遍发生绿片岩相变质，部分岩石具冻蓝闪石+绿泥石（或蓝透闪石）+更钠长石高压矿物组合。该剖面何家岩岩群与上覆碧口岩群钠长绿帘石英片岩和震旦系陡山沱组灰色粉砂质板岩均呈断层或韧性剪切带接触。

何家岩岩群代表性岩石化学成分分析显示总体属低钾拉斑-钙碱性过渡系列。岩群中下部火山岩在 Zr-Zr/Y 图解中，集中分布于板内玄武岩一侧，在 Nb×2-Zr/4-Y 图解中，则集中分布于碱性板内玄武岩。硅碱分类图上，其分布在玄武岩区和安山岩区。该岩石为玄武岩及安山岩系列。岩石碱度较低，Na_2O 远大于 K_2O，以富钠为特征。

微量元素除 Zr、Yb 和强相容元素外，其他元素均明显富集，分配模式曲线整体形态趋于一致，图呈标准的"W"形，具有板内裂谷火山岩的曲线特征，并由拉斑玄武岩及酸性火山岩构成了双峰式组合。

火山岩稀土元素总量明显偏低，$\sum REE = 43.73×10^{-6} \sim 61.39×10^{-6}$，轻、重稀土分馏较弱，$(La/Yb)_N = 0.82 \sim 2.63$，$(La/Sm)_N = 3.85 \sim 4.05$；重稀土基本未分馏，$(Gd/Yb)_N = 1.17 \sim 1.31$，$\delta Eu = 0.92 \sim 1.11$，铕未发生明显亏损。

何家岩岩群中火山岩主要为一套变质基性熔岩、变质酸性熔岩及少量变质火山碎屑岩组合，岩石由富钾逐渐向富钠方向演化，表明其形成于不断扩张的构造过程中。结合区域分析对比及岩石化学、地球化学的特征，皆反映出其形成构造环境具有从大陆裂谷向大陆边缘拉张减薄的过渡性质。

综上所述，何家岩岩群火山岩一个可能的成岩模式是太古宙结晶基底形成后，在地球内部热幔柱及对流岩浆作用条件下，发生伸展扩张、裂解，从而导致喷发了大量陆壳重熔的酸性火山岩及少量的碱玄岩，随着裂解深度的增加，拉伸的陆壳减薄，上地幔部分重熔形成的拉斑质玄武岩浆喷出了地表，形成本区的双峰式火山岩。

张宗清等（1994）对何家岩岩群下部火山岩采样分析，获得其 Sm-Nd 同位素模式年龄为 2200Ma，在距今 1200Ma 时有被明显改造的迹象。由此推断何家岩岩群为一套经变质改造的中元古代裂谷火山岩建造，也可以视为拼贴于鱼洞子岩群南侧的增生楔。

何家岩岩群中产出磁铁矿，但规模不大。

大安岩群火山岩（Pt_2D）：分布在宁强走马岭-红岩沟-大安、菜坝河等地，呈构造岩片或构造穹隆出露，总体走向北西，为一套变质大洋拉斑质基性火山岩组合，主要岩石类型有灰绿色变质玄武岩（细碧岩）、变基性玻屑凝灰岩、灰色火山角砾-集块熔岩及浅绿色绿帘阳起片岩、辉石细碧玢岩、变安山-玄武岩。大安岩群叠置厚度 821 ~ 1345m。代表性剖面位于勉县红岩沟，该剖面中大安岩群上覆和下伏地层为碧口岩群，二者均呈韧性剪切带接触。

该岩群以基性火山熔岩为主体，主体表现为以溢流为主的变质火山岩组合，变质达绿片岩相，变玄武岩中可见残余枕状、气孔及杏仁状构造，根据岩石化学资料分析，为一套拉斑玄武岩组合。在硅碱分类图中，反映其为玄武岩系列，岩石碱度较低，以富钠为特征。该岩群总体属钙碱性-拉斑玄武岩系列。

在标准化微量元素蛛网图上，具有与洋中脊玄武岩相似的配分模式。在 Zr-Zr/Y 图解和 Nb×2-Zr/4-Y 图解中，前者大部分投入 MORB 洋中脊玄武岩区内，后者集中分布于 P 型和 N 型 MORB 玄武岩区，轻重稀土分异小，稀土配分模式为平坦型，也表明了岩浆没有经结晶分异而喷出于洋脊。

该岩群和基底拼合带的狭义蛇绿岩（包括黑木林超铁镁质岩、硖口驿基性岩及相关硅质岩）一起组成了古蛇绿岩建造，反映了当时大陆裂谷已演化为小洋盆的构造环境特点。

大安岩群的 Sm-Nd 同位素模式年龄为 1836Ma、等时线年龄为 1611±118Ma（张宗清等，1994），总体表明大安岩群形成时代应早于何家岩岩群，应该都是中元古代裂解期的产物。

综上所述，大安岩群应是中元古代大洋板块的残片。基底拼合带是其与何家岩岩群的对接带，对接时间应在青白口纪，对接碰撞产物为岛弧火山岩——碧口岩群及其碰撞花岗岩。

碧口岩群火山岩（Pt_3Bk）：碧口岩群仅分布于摩天岭地层分区。碧口岩群与下伏大安岩群、何家岩岩群皆呈断裂接触，其上覆盖层为南华系、震旦系、泥盆系—石炭系。该岩群是大安岩群地体（板块）向北俯冲与何家岩岩群地体（板块）碰撞形成的一套岛弧火山岩。

（1）主体分布于硖口驿-黑木林基底拼合带两侧，在宁强县苍社、东皇沟、红岩沟、也都有出露，分为三段。下岩段为一套变质正常沉积碎屑岩夹少量火山沉积岩，分布在西部苍社一带。在托河剖面，以浅灰色石英变粒岩、绢云石英片岩为主，夹钠长绿帘绿泥阳起片岩（变玄武岩）、钠长绢云片岩（变酸性凝灰岩）、长英质变粒岩、变石英砂岩及少量含铁石英岩、碧玉岩、硅质岩。向东至宁强曾家河一带，变为以变质含凝灰质岩石及正常沉积岩为主，其上部为凝灰质片岩、变含砾凝灰质砂岩及变凝灰砾岩，中-下部为钙质绢云片岩、凝灰质片岩夹含铁石英岩，变质火山岩罕见。

中岩段为一套以变基性火山岩为主的火山沉积岩系。西部为灰绿、紫灰、杂色变玄武岩、变中基性凝灰岩、绿片岩夹灰绿色凝灰质板岩、粉砂质板岩及少量绿泥千枚岩、变石英砂岩。至黑水徐家坝及以东，变基性熔岩增多，基性熔岩（玄武岩）具枕状及气孔，杏仁构造，见少量变中酸性凝灰岩，上部出现变基性火山集块岩类。大干沟地段岩石类型比较复杂，以灰绿、灰紫、紫红色变玄武岩、变安山玄武岩为主，夹有较多的角砾-集块岩类和少量变安山岩、变安山质凝灰岩、变石英角斑岩、变酸性凝灰岩。

上岩段为一套变中酸性火山岩夹变基性火山岩及少量正常沉积碎屑岩。在徐家坝以东，主要为绢云钠长片岩、绢云石英片岩（原岩为酸性凝灰岩）。下部为变基性凝灰岩及少量变角斑岩，上部夹变基性熔岩、凝灰岩及变凝灰质砂岩；向东至封都庙，以变中酸性凝灰岩/凝灰质片岩为主，夹变中酸性熔岩，及少量变基性熔岩。至东沟坝全为浅灰-灰白色变中酸性火山岩，总体显示由西南向北东，变基性火山岩夹层锐减。

（2）碧口岩群中-上岩段岩性与基底拼合带关系极为密切。沿拼合带以熔岩为主体，远离拼合带以凝灰岩为主，而火山集块岩-角砾岩则沿拼合带呈点式、线状分布，反映出其受岛弧线状点式喷发火山作用方式形成。火山喷发中心即沿此带。

（3）碧口岩群火山岩与属于铜厂超单元的石英闪长岩类（包括铜厂、二里坝、元坝子、白雀寺、罗素河、苍社、关口垭等中酸性岩体）浅成侵入体，在野外可见渐变过渡关系，反映了它们可能是同期异相产物。这些中酸性岩体与碧口岩群在稀土元素配分形式上的一致性，也说明了二者同源性。二者共同构成了岛弧岩浆岩带。

新元古界碧口岩群火山岩岩石化学资料显示，SiO_2 含量在 41.66% ~73.06%，出露酸性火山岩和基性火山岩两种类型；Al_2O_3 为 11.73% ~17.35%，为正常型-饱和型，碱含量为 2.69% ~8.70%，K_2O/Na_2O 值大部分小于 1，而酸性部分则大于 1，表明岩浆演化晚期有明显的钾富集。TiO_2 为 0.64%、Al_2O_3/SiO_2 为 0.24、$Al_2O_3/(Na_2O+CaO)$ 为 2.55、(Fe_2O_3+MgO) 为 4.48，均落入弧后盆地或与活动陆缘有关的碎屑岩特征值范围（Rollinson，2000）；里特曼指数 0.43 ~5.49，大部分小于 3.3，个别小于 1，表明碧口岩群火山岩主体属于拉斑-钙碱性过渡系列，且有岛弧火山岩特点。碧口岩群火山岩为一套经变质变形作用改造的岛弧拉斑-钙碱性火山岩组合。

利用 N-MORB 微量元素作标准参数，碧口岩群火山岩中的微量元素含量与现代岛弧火山岩十分相近，明显区别于下伏地层大安岩群洋中脊玄武岩，和铜厂超单元侵入岩共生及宏观特征相吻合，也反映出了岛弧火山岩建造特征。因此，认为该岩群为中-新元古代聚合型大陆边缘火山岛弧的产物。

研究表明，碧口岩群火山岩具有较高的稀土元素含量，$\sum REE$ 最高可达 571.5×10^{-6}，平均值为 291.4×10^{-6}，是球粒陨石的 85.1 倍，$(La/Yb)_N$ 为 3.06 ~10.74、$(Ce/Yb)_N$ 为 2.51 ~6.69、$(La/Sm)_N$ 为 1.48 ~5.52，明显反映出岛弧火山岩的特点。铕异常（δEu）分为两种情况，一种为无明显或有较弱的负铕异常，其稀土总量略低；另一种为具有较强的负铕异常，稀土总量略高，但二者的稀土配分曲线形态及斜率基本相同，后者为酸性岩类，显示碧口岩群火山岩岩浆演化晚期，稀土总量富集，并有明显的结晶分异作用，反映出了岛弧火山岩的建造特点。

碧口岩群火山岩主要由一套变质玄武岩及少量变质酸性火山岩组成。火山岩样品在 Zr-Zr/Y 图解中，大部分投入岛弧玄武岩（IAB）区内，在 Nb×2-Zr/4-Y 图解中则主要分布于 C 型火山弧玄武岩区。

碧口岩群为一套变质的基性-中酸性海相火山岩，形成于岛弧环境。前人获得红土石集块熔岩 Rb-Sr 同位素等时线年龄为 744±85Ma、东沟坝秦家砭方铅矿 U-Pb 同位素单矿物模式年龄为 785Ma、813Ma 和 835Ma（肖思云等，1988）。另外，还有一些侵入于碧口岩群中的一组同位素年龄数据，如 700 ~800Ma、776 ~846Ma 等（闫全人等，2003；赖绍聪等，2007），根据以上资料综合分析认为，其形成时代为新元古代青白口纪。

碧口岩群铜、铅锌、铁、锰、金等元素丰度值高，是区域上重要的含矿层位，主要矿种有铜、铅锌为主的多金属矿产，属与酸性岛弧火山岩有关的火山喷气沉积-改造型矿床。已发现徐家沟铜矿、东皇沟铅锌矿、铜厂铁铜矿等。

3. 变质岩

区内地质构造复杂，岩石普遍受到不同程度的变质作用，岩石的变质程度和变质岩的分布与区域构造关系密切。岩石以区域变质作用为主，动力变质作用次之。以绿片岩相为主，局部为角闪岩相。在构造带及其旁侧，动力变质作用明显，构造岩集中成带分布。岩体边缘有轻微的接触变质。采用贺同兴等（1980）的分类方案，对区域变质岩和动力变质岩的基本特征进行介绍。

1) 变质岩及其分布规律

区域变质岩和动力变质岩特征见表3.5、表3.6。

表3.5　勉略宁矿集区区域变质岩基本特征一览

区域变质岩石类型		变质矿物及共生组合	变质相	主要层位
浅变质火山岩类	绿片岩化玄武岩	钠长石+绿泥石+绿帘石 绿泥石+阳起石+钠长石	绿片岩相	Pt_2H、Pt_2D、Pt_3Bk^1、Pt_3g
	变质中基性凝灰岩	绿泥石、绿帘石		
	变质中酸性熔岩	钠长石、石英、绿泥石、绿帘石、绢云母、钠长石+石英+绢云母		Pt_2H、Pt_3Bk^2、Pt_3d
	变质中酸性凝灰岩	钠长石+绢云母+石英		
浅变质碎屑岩类	变质长石石英细砂岩、变质岩屑杂砂岩、变质石英砂岩	钠长石、绢云母、石英、绿泥石	低绿片岩相	Dt、Z_2d（M）
	结晶灰岩	方解石		Cl
板岩	绢云粉砂质板岩	绢云母、绿泥石		Z_2d（M）
	碳硅质板岩	绢云母		Dt、Z_2d（M）
	凝灰质绢云板岩	绢云母		Pt_3g、Pt_3Bk、Pt_3d
片岩类	绿片岩	绿泥石+钠长石+绿帘石 阳起石+绿帘石+绿泥石	绿片岩相	Pt_2H、Pt_2D、Pt_3Bk^1、Pt_3g、Ar_3Y
	钠长绢云片岩	绢云母+钠长石+石英		Pt_2D、Pt_2H、Pt_3Bk^2、Pt_3d
	绿泥长石石英片岩	绿泥石、绿帘石、黝帘石、绢云母、阳起石、黑云母、石英、石英+斜长石+绿泥石+阳起石	角闪岩相	Ar_3Y
	石英片岩	石英+黑云母+绿泥石	低角闪岩相	
	二云长石石英片岩	绢云母+黑云母+石英+钠长石		
大理岩类	白云石大理岩	白云石、绢云母	绿片岩相	Z_2dy
	蛇纹石大理岩	白云石、蛇纹石、滑石		Pt_2H
石英岩	含磁铁石英岩	石英、绿泥石		
	石英岩	石英、钠长石、绢云母		
长英质粒岩类	变粒岩	石英、黑云母、绿泥石、绿帘石、绢云母	角闪岩相	Ar_3Y
	浅粒岩	石英、绿泥石、绢云母		
	斜长角闪岩	斜长石、角闪石		
片麻岩类	灰色片麻岩	石英、斜长石、黑云母、绢云母、绿泥石、绿帘石		
	浅色片麻岩	石英、斜长石、绢云母、绿泥石、绿帘石		

表 3.6 勉略宁矿集区动力变质岩一览

岩石类型	岩石名称	赋存部位
碎裂岩类	构造碎裂岩、构造角砾岩、断层泥	脆性断层
糜棱岩类	火山岩糜棱岩、碎屑岩糜棱岩、碳酸盐糜棱岩、花岗质糜棱岩、千糜岩	各期剪切带
构造片岩类	蛇纹片岩	碲口驿–黑木林剪切带

（1）太古宇变质岩以片麻岩、斜长角闪岩、长英质变粒岩和石英岩为代表，变质矿物组合有石英+斜长石+白云母、石英+白云母+斜长石+黑云母、石英+斜长石+角闪石，是区内时代最老变质最深的岩石，变质程度达到高绿片岩相–角闪岩相，构成角闪石+黑云母+斜长石带。

（2）中元古界和新元古界碧口岩群，变质岩以各类火山岩片岩为主，夹少量浅变质火山岩，变质矿物组合有绿泥石+绿帘石+钠长石、绢云母+钠长石+绿泥石+石英、绢云母+石英+绿泥石、绿泥石+阳起石+绿帘石；为区内主要的变质岩相，分布广泛；为绿片岩相，绿泥石+绿帘石+阳起石+钠长石带；与太古宇变质岩共同组成区内基底部分。

（3）震旦系岩石变质相对较浅，以板岩为主，有少量的千枚岩、大理岩，变质矿物有绢云母、绿泥石、石英及少量钠长石、绿帘石，主要为低绿片岩相，绢云母+绿泥石带；分布较广，是区内盖层部分的主要岩石类型。

（4）构造作用使不同时代的变质岩在横向上表现为不均一性。在碲口驿–黑木林古蛇绿混杂岩带中，发育大量的各类糜棱岩、构造片岩，与强片理化带和韧性剪切带相伴，反映了强烈动力变质作用特点。在碲口驿–黑木林构造带的陈家坝、红土石等地还发育冻蓝闪石斜长绿泥片岩、冻蓝闪石斜长绿帘绿泥片岩，出现钠质闪石、钠钙质闪石等蓝片岩相矿物，显示该构造带具高压变质特点。

总之，震旦系之下的基底岩石，变质相对较深，震旦系盖层岩石变质相对较浅，显示变质程度的强弱与构造层密切相关，由老到新，变质作用逐渐减弱。

2）变质期次

依据变质岩的构造特征、变形样式、岩石变形与变质矿物的关系、底砾岩性质和同位素测年资料，区内划分为四个变质期。

（1）新太古代—古元古代变质期

鱼洞子岩群遭受过此期变质。鱼洞子岩群韧性剪切变形强烈，片理和无根褶皱普遍发育，变质程度达到角闪岩相，岩石变质是受新太古代侵入活动的影响而发育的。受后期构造作用影响，岩石绿片岩相退变质作用明显。

（2）晋宁期变质期

前震旦纪变质火山–沉积岩系普遍接受了该期变质，与太古宇绿岩系岩石建造、变形变质差异较大，不属同一变质期。晋宁早期构造活动，形成 S_1 面理及同期剪切带，在陈家坝、红土石等地有蓝闪片岩相的高压变质矿物的生成及相关的片岩分布。晋宁晚期构造活动，产生 S_2 流劈理及同期剪切带，较彻底地置换了 S_1 面理，并控制岩石成分层，沿 S_2 面理矿物同构造动态重结晶明显，变质矿物沿其生长发育，岩石以绿片岩相为主，形成线性无序的构造变质岩。

（3）加里东期变质期

震旦系由一套浅变质的碎屑岩–碳酸盐岩组成，分布广泛，底部具底砾岩性质。上部碳酸盐岩变形简单，变质很浅。下部碎屑岩与前震旦纪变质火山–沉积岩系属不同的构造层。岩石动态重结晶明显，其变质岩与褶叠层相伴发育，形成低绿片岩相的绿泥石–绢云母带和层状有序的浅变质岩。震旦系下部受拆离滑脱断层影响，下盘岩石变形变质相对较强，上盘较弱。

（4）印支期—燕山期变质期

以动力变质作用为主，形成多个韧性剪切带和大型复合断裂，产出糜棱岩、千糜岩、构造片岩等构造岩石。

3）各变质期大地构造背景及主要变质类型

从区域地质构造特征可以看出，岩石的变质作用与构造运动和岩浆活动关系密切，其变质期与构造旋回和岩浆侵入、喷发事件基本一致。

（1）太古宇岩石的变质与太古宙古侵入体的岩浆活动和构造发育有关，反映了地壳演化早期区域中高温动力热流变质作用特点。当时地壳较薄，地温梯度总体偏高，在张性环境下形成绿岩带盆地；后期地壳堆叠动力变质作用是太古宇岩石变质的主导因素。

（2）晋宁期：早–中元古代拉张环境下出现的大安岩群大洋拉斑玄武岩，在小洋盆内自变质（绿岩化）促成大安岩群火山岩的普遍钠化，中–新元古代活动陆缘的构造收缩是火山岩系变质的重要原因。碾口驿–黑木林高压低温变质带的形成是基底拼接带的重要标志，岛弧岩浆岩的发育是火山变质的重要因素。晋宁期末构造运动不仅形成火山岩统一基底，也是本期岩石变形变质的主要阶段，据对岩石变形与变质矿物生成关系的研究，认为区域岩石普遍经历过该期构造剪切作用形成的区域低温动力变质作用。总之，晋宁期岩石的变质作用经历了复杂的过程，是不同大地构造环境下多种变质作用的结果，但区域动力变质作用是主导因素，形成了诸多的构造片岩和韧性剪切带。

（3）加里东期岩石建造特征反映了总体处于稳定的被动陆缘环境，在伸展条件下地壳中深层次岩石发生固态塑性流变形成的褶叠层构造，使岩石在低温条件下发生区域动力变质作用。

（4）印支期—燕山期是区域主体构造格架的形成时期，在地壳收缩体制下，显示动力变质作用的特点，在构造剪切作用强烈地段，岩石发生退变质作用。

第二节　地球物理特征

一、重力场特征

勉略宁矿集区 1∶50 万布格重力异常图（图 3.3）显示，本区在秦岭造山带文县–武都巨型重力梯度带东部，留坝–青川次级重力梯度带西段向北凸出的部位，反映出该区整体处于重力高地区（−140 ～ −120mGal），略阳–阳平关东西两侧等值线有较明显的高梯度特征。其内部结构总的趋势为中部高重力区和北部（勉–略构造带）低重力区，区域上由东向西重力梯度减小，整体布格重力异常不太明显。这表明勉-略构造带所在位置为一不连续地壳单元的界面，这一界面是穿过构造单元的。

高重力区等值线与周边有明显高梯度显示，北部呈北西向，反映出勉略构造混杂岩带；南部呈北东向，反映出汉江大断裂；西部呈近南北向，反映出略阳—阳平关一带的南北向构造带，为区内主要构造格架。剩余异常高值区反映古老地层和基性、超基性岩体的分布，区内矿化多分布于重力高异常边部梯度带上，垂直二阶导数异常反映该区北部、西部为正值区（重力高），南部为负值区，如刘家坪元古宙隆起火山岩和中基性岩体，基底碰合带内的矿（化）带多分布于重力高异常边部梯度带上。低重力异常与中酸性岩体或沉积岩相对应。区域内的铜、金和部分铁、铅锌、放射性矿产均与中酸性岩体关系密切。碧口岩群分布区发育中元古代变质海相火山-沉积岩系，其密度较高，地层内产出火山岩容矿的构造改造型铜矿（徐家沟铜矿），而沿其边界大断裂带，则是寻找金、银多金属矿的有利区段。

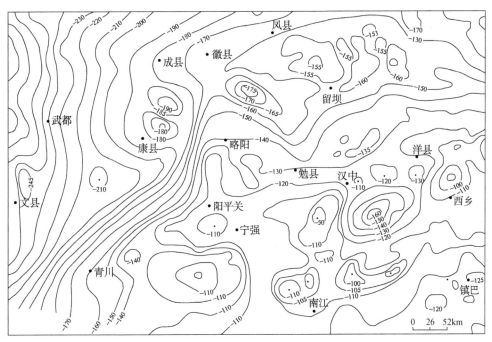

图3.3　勉略宁矿集区1：50万布格重力异常图（等值线数据单位：mGal）

二、1：20万航磁异常特征

本区1：20万航磁异常总体反映了鱼洞子地体和碧口地体的分布及其内部构造特征：北部异常呈北西走向，西部呈北北东走向，南部呈北东走向，构成了一个近似等腰三角形，顶点交于略阳、勉县、代家坝（图3.4）。可分为六个异常带。

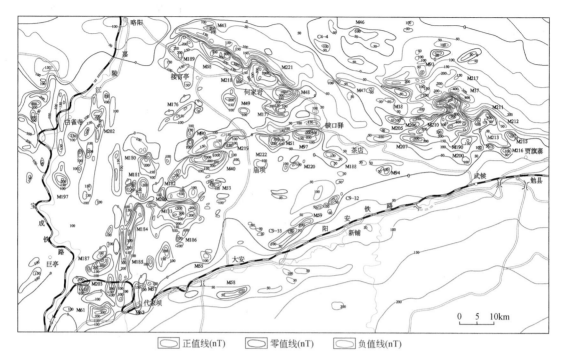

图 3.4　勉略宁矿集区 1∶20 万航磁异常图

1. 略阳北–勉县负值异常带

该带长 32km，宽 4km，北部等值线宽缓（0～100nT），反映了该区鱼洞子岩群北侧白云质灰岩等地层的分布，局部受超基性岩的影响，出现 0～200nT 的正异常；南部受磁性体斜磁化影响，等值线较密集，负值达−200nT。在勉北鞍子山地区出现大面积不规整正异常区，面积约 100km^2，出现多个异常中心（M37、M38、M47、M206、M210 等），最高达 500nT。该正异常区与鞍子山超基性岩有关。

2. 阁老岭–煎茶岭异常带

该带呈北西向带状分布，长 21km，宽 4km，由 M189、M58、M218、M48 等异常组成，受构造控制明显。其中黑山沟–高家湾异常形态较为规整，强度 3000～4000nT，反映了该区磁铁石英岩矿带及鱼洞子岩群的展布；何家岩–煎茶岭地段，异常形态复杂，强度在 1000nT 以上，与煎茶岭超基性主岩体吻合。

3. 元坝子–硖口驿异常带

该带呈北东走向，断续长 19km，宽 4～5km，由 M40、M219、M51、M97 等异常组成，正负异常伴生，正值大于 1000nT，负值为−150nT 左右，与铜厂–徐家坝火山–构造岩浆成矿带相吻合，与磁性铁矿、超基性岩体、中基性侵入岩、火山岩及含磁铁矿绿色片岩等有一定的关系。

4. 东皇沟异常区

该带呈北东走向，长 6km，以 M183 航磁异常为主，北侧伴有负异常，正值达 500nT 以上，反映了该区含粉尘状磁铁矿细碧岩的分布。

5. 代家坝-艾叶口异常带

该带位于阳平关-勉县大断裂北侧，总体呈北东向带状展布，断续长 30km，由 C9-33、M59、C9-32 等异常组成。异常窄，强度低，单个异常以正异常为主，强度在 150nT 左右，主要由地层中的辉绿岩及中基性变质火山岩引起。

6. 略阳-代家坝异常带

该带呈南北向带状展布，由 M202、M180、M181、M184、M185、M187 等异常组成，以正值为主（300~500nT），东部伴有弱负异常（-150~0nT），反映了该区基性岩体及南北向构造的分布。

区内航磁异常随上延高度增加，逐渐消失，上延至 5km 后，基本变为负值区，上延至 20km 后，与南秦岭造山带连到一起，说明该区引起磁异常的地质体下延深度不大（无根），太古宇、元古宇等老地层只存在于浅部，深部组分与南秦岭基本一致。

三、1∶10 万航磁异常特征

依据 1997 年中国国土资源部航空物探遥感中心 1∶10 万高精度航磁测量资料（陈守余等，1999），本区航磁场方向呈两带三个方向展布。青木川—仓社一带异常轴线总体为北东或北东东向，鱼洞子—略阳—三岔子一带呈东西向，另有明显的南北向构造形迹，与遥感南北向线性构造相符。磁场强度变化范围为-157~385nT，整体表现出正负异常相随，北陡南缓，负异常场多以带状分布为主的特征。铜、金矿床（点）大多分布于正、负磁异常的梯度带上。航磁剩余异常多受断裂构造控制，沿断裂或受断裂带夹持呈带状分布。总体上，1∶10 万航磁异常反映了本区地层分布特点、侵入岩形态及其内部构造特征：北部异常呈北西走向，西部呈近南北走向，南部呈北东走向，构成了一个近似等腰三角形，顶点交于略阳、艾叶口、代家坝（图 3.5）。圈出了 6 个航磁异常（ΔT）带，反映了超基性岩、中基性岩、断裂、磁铁石英岩带、含磁铁细碧岩带的展布。

1. 黑山沟-煎茶岭磁异常带

该带呈北西走向，带状分布，长 20km，宽 4km，为南正北负的正、负伴生异常，受构造控制明显，其中黑山沟-柴家沟异常形态较为规整，异常强度正值 200~629nT，负值 -194~-50nT，反映了该区磁铁石英岩矿带及鱼洞子岩群的展布，已探明的黑山沟、鱼洞子、赵家山、高家湾等磁铁矿即在其中。何家岩-煎茶岭地段，异常形态复杂，异常强度正极值 968nT，负极值-408nT，与煎茶岭含镍、钴矿床的超基性岩体吻合。

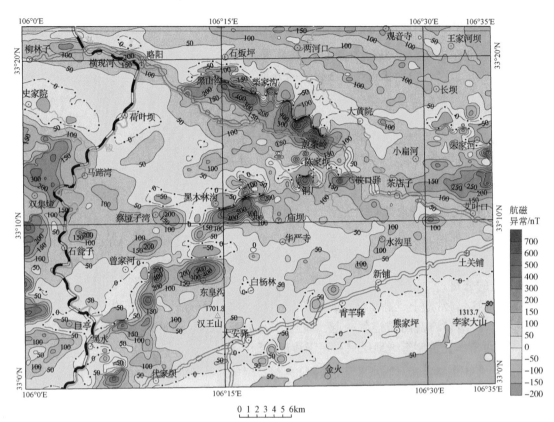

图 3.5　勉略宁矿集区 1∶10 万航磁异常图

2. 黑木林–硖口驿磁异常带

该带呈北东走向，断续长 19km，宽 4~5km，由 4 个局部异常组成，正负异常伴生，正极值大于 850nT，负极值在 –299nT 左右，与本区中部火山岩带吻合。该带构造复杂，岩浆岩活动频繁，为三角地区铁矿、铜多金属矿的集中地区。通过地面异常检查认为该带与磁性铁矿、超基性岩体、中基性侵入岩、火山岩及含磁铁矿绿色片岩等均有一定的关系。已探明的黑木林、红土石、杨家坝等磁铁矿即在其中。

该带在强磁性铁矿空间上与中酸性岩体关系密切，并常与超基性岩异常伴随，如铜厂、柳树坪、大院子等。该带异常强，形态规整，具正负伴生特点，强度可达 200~900nT。超基性岩体引起的异常极不均匀，形态不规则，强度 125~379nT，如黑木林、硖口驿等。中基性侵入岩以正异常为主，呈不规则状，强度 100~200nT。

3. 东皇沟–代家坝磁异常带

该带呈北东走向，长 15km，宽 3~54km，北侧伴有负异常，正极值 551nT 以上，反映了该区基性–超基性侵入岩脉的分布。

4. 略阳-巨亭磁异常带

该带以南北走向为主，局部有北东、北西走向，包括嘉陵江及宝成铁路东西两侧的一些异常，条带状，以正值为主（50~350nT），东部受斜磁化影响伴弱负异常（-70~0nT），反映了该区基性岩体的分布及南北向构造较为发育。白雀寺闪长-辉长岩出露面积 $60~70km^2$，岩体内发现小铁矿多处。主异常位于岩体东西两侧接触带部位，值得注意。

5. 大安-艾叶口磁异常带

该带由 5 个小异常组成，位于阳平关-勉县大断裂北侧，总体呈带状，北东走向，连续性差，断续长 15km，异常窄，范围小，强度低，单个异常一般 0.6~2km，宽 1km 左右，以正异常为主，强度 140nT 左右，异常主要由地层中的辉绿岩及中基性变质火山岩引起，故与地层走向一致。在该异常带北侧即震旦系雪花太坪组沉积盖层，为弱磁异常，一般 50nT 左右。

6. 小碥河磁异常区

区内出现大面积不规整的正异常区，面积约 $100km^2$，由多个异常中心组成，ΔT 最高达 500nT 左右，正演计算后其磁化强度为 $1500\times10^{-3}A/m$，与已知鞍子山超基性岩磁化强度相当，所以该异常反映了鞍子山岩体的分布。

另外，经对勉略阳三角地区航磁异常做化极向上延拓 1km 处理后显示，黑山沟-煎茶岭异常带、东皇沟-硖口驿异常带负异常区基本消失，仅有极小面积，负极值为-69nT；正异常范围变大，梯度较宽缓，连续性好，正极值分别为 200nT 和 167nT。推测深部岩体规模较大、延伸连续性较好、找矿潜力大。

处理后的航磁剩余异常显示，黑山沟-煎茶岭异常带、东皇沟-硖口驿异常带正、负异常形态更加清晰，正异常区范围变窄小、负异常区范围变宽大，正负异常伴随紧密，异常梯度变大，且均为南正北负，异常连续性及条带性较好，正极值分别为 469nT 和 509nT，负极值分别为-397nT 和-291nT。推测磁性体往深部延伸大、产状较陡。

第三节　地球化学特征

一、区域元素丰度

秦岭成矿带成矿元素背景值 Au 为 2.18×10^{-9}、Ag 为 89.88×10^{-6}、Cu 为 25.74×10^{-6}、Pb 为 27.58×10^{-6}、Zn 为 77.45×10^{-6}（赵东宏等，2019），扬子板块北缘上地壳 Cu 含量为 34.6×10^{-6}、Co 为 15.6×10^{-6}、Ni 为 36.8×10^{-6}（张本仁等，2002），对比可知，区域上扬子板块北缘上地壳 Cu 元素相对富集。

对本区 1:5 万水系沉积物 Au、Ag、Cu、Pb、Zn 等元素分析成果，按照科尔莫戈罗夫-斯米尔诺夫正态检验剔除法进行数据处理，得出区域水系沉积物的元素丰度值见

表 3.7。

表 3.7 显示，本区 Au、Ag、As、Cu、Pb、Zn、Ni、Co 元素分布极不均匀，其中 Ag、As、Pb、Zn、Co 相对富集，丰度值略高于克拉克值；Au、Cu、Ni 相对贫化，丰度值则低于克拉克值；说明 Au、Cu、Ni 是区内主成矿元素。而区内这些元素的丰度值均高于上地壳，也指示了富集的趋势。

表 3.7　区域水系沉积物元素丰度一览

参数	Au	Ag	As	Cu	Pb	Zn	Ni	Co
丰度值	1.85	85.62	10.99	32.06	21.02	88.24	47.34	21.18
方差	0.91	47.32	6.51	14.68	6.63	31.90	30.43	7.93
变化系数	0.49	0.55	0.59	0.46	0.315	0.36	0.64	0.37
克拉克值	4.3	70	1.7	47	16	83	58	18
上地壳丰度	1.8	55	2.0	14.3	17	52	18.6	11.6
地壳丰度	2.5	70	1.7	25	14.8	65	56	24

注：Au、Ag 数量级为 10^{-9}，其他元素数量级为 10^{-6}；克拉克值据维尔纳茨基，1962；上地壳丰度 Au 元素据 Taylor and McLennan，1985；其余元素及地壳丰度据 Wedepohl，1995。

二、地球化学场特征

勉略宁地区上地壳相对富集 TiO_2、Au、Ag、Cu、Pb、Zn、Cr。区域异常呈带状分布于深大断裂带之上，异常强度比较高，规模大。在区域地球化学分区上，勉略宁地区属于陕西秦岭 Au、Ag、Pb、Zn、Sb、Hg、Mo 地球化学区（胡云中等，2006）。

对水系沉积物样品 Cu、Au、Ag、Pb、Zn、Ni、Co 等 7 个元素分析结果，经规格化处理（即单位平方千米求其平均值），按低值、低背景、背景、高背景、异常、高值 6 级地球化学区编制地球化学图。根据地球化学图，结合地质条件划分为 6 个地球化学场区。

1. 金洞子–煎茶铺 Au（Ni、Co）高值场区

该区长约 7km，宽 2~4km，面积约 30km²。Au 含量变化在 $2.5×10^{-9}$~$14.5×10^{-9}$ 之间，大于 $10×10^{-9}$ 以上的高值分布不连续，在金洞子和煎茶岭地区形成两个高值中心。Au 异常伴有 Ag、Cu、As、Ni、Co 等元素异常，Pb、Zn 为背景或低值的异常场是 Au 矿化富集、形成 Au 矿床的地球化学区。

2. 二里坝–五间桥 Cu、Au、Ag、Pb、Zn、Ni、Co 等多元素高背景、高值场区

该区为近 EW 向带状分布的高背景场域，长约 36km，宽 5~8km，在二里坝–高子山、金子山–东沟坝–铜厂–碥口驿、七里沟等地区形成异常高值区。西部以 Cu 高背景场为主，一般 Cu 含量在 $40×10^{-6}$~$80×10^{-6}$ 之间，大于 $80×10^{-6}$ 异常场不连续、浓集趋势不显著，仅在二里坝、高子山岩体周围形成 Cu、Pb、Ag、Hg、Sb、As、Mo 等多元素组合的局部高值异常场，指示了这两个地区为构造岩浆活动发育的多金属矿化集中区；中部金子山、铜

厂、东沟坝、碥口驿一带面积约 $100km^2$，为 Cu、Au、Ag、Pb、Zn、As 等多元素复合高背景、高值异常区，Cu 含量 $80×10^{-6} \sim 5000×10^{-6}$、Au 含量 $5×10^{-9} \sim 66.3×10^{-9}$、Ag 含量 $0.2×10^{-6} \sim 3.7×10^{-6}$、Pb 含量 $30×10^{-6} \sim 286×10^{-6}$，Cu、Au、Ag 等标准离差、变化系数都比较大，高值异常场 Au、Cu、Ag、Pb、Zn、Ni、Co 等彼此重合性好。区内矿化普遍，不同类型的矿床、矿（化）点较多，已知有铜矿床、金银铅锌多金属矿床各一处，Au、Cu、Pb、Zn、Ag 矿（化）点达 10 余处。Au、Ag、Cu、Pb、Zn 等高背景、高值场属矿田（矿带）晕的地球化学特征。东部七里沟 Cu、Ag、Au 高背景、高值异常区，呈面状分布，面积约 $35km^2$，以 Cu、Ag 异常场为主，局部伴有 Au、Zn、Ni、（Co）、As、Hg 异常场或高背景场，Ag、Au 异常场有 3 处浓集中心。区内 Cu、Au 矿（化）点多处，多与异常吻合，为 Cu、Au 多金属地球化学区。

3. 巩家河–银硐山 Pb、Zn、Ag、Au 等高背景、高值异常场区

该区呈 NW 向带状沿马家沟断裂分布，长 8km，宽 $3 \sim 5km$。在 Ag、Au、Cu 等高背景场上以 Ag、Au、Pb、Zn、Cu、As、Hg 多元素浓集形成高值异常特征，出现两个异常中心。已知有银硐山铅、锌（银、金）多金属矿床。Ag、Au、Pb、Zn 为高值异常，Cu、Ni、As、Hg 为异常场的地球化学元素特征。巩家河–杜家沟为 Ag、Au、Cu、Pb、Zn、Ni、Sb、Hg 异常场区，铅、锌、铅矿化发育，是铅、锌、银、金矿化富集的地球化学区。

4. 娑婆沟脑–黄土铺 Au 高背景、高值场区

该区位于鸡公石向斜西段北翼，碳酸盐岩与火山岩断裂接触带，长约 7km，宽 2km 左右。场区内断裂构造、岩浆岩发育，有铜厂沟含 Au 铜矿、黄土铺含 Au 黄铁矿及老林含 Au 石英脉等数处矿点。在高背景上形成四个不连续分布的异常高值区。娑婆沟脑以 Au 高值异常场为特征，向东为 Au、As、Ni、Mn 组合异常场，黄土铺为 Au、Ag、Cu、Pb、Zn、Ni、As、Hg 组合异常场。Au 异常场呈带分布，比较连续，自西向东异常元素组合趋于复杂，是一个富 Au、Cu、Pb、Zn、Ag 等多元素的地球化学区。

5. 李家沟–鸡公石 Au 高值场区

该区呈 NE 向带状分布，长 12km，宽 $2 \sim 4km$。在李家沟、高等沟、山金寺、鸡公石、火地沟脑、铜厂坪等地区形成高值异常场。异常元素组合自西而东为 Au（Cu）→Au、Cu、As、Hg→Au、Cu、Ag、Pb、Zn、Ni、As、Hg，由简单变为复杂，具纵向分带特征。异常高值区分别与李家沟金矿床、山金寺、火地沟脑肖家湾、鸡公石等金、铜矿（化）点相吻合。场区内断裂构造十分发育，辉绿岩脉屡见不鲜，Au、Cu、Ag、As、Hg、B 等元素呈高值异常场分布，显示出富 Au、Cu（Ag）地球化学区特征。

6. 铺沟 Au、Ag 高值异常场区

在 Au、Ag、Cu 高背景场上叠加 Au、Ag、Cu、Pb、Zn、As、Hg 等异常场。场区内为接官亭组中基性火山岩、碳酸盐岩地层，断裂构造、岩浆岩发育，Pb、Zn、Cu 矿化普遍，黄铁矿化尤为发育，有数处民采 Pb、Zn 矿点，为富 Pb、Zn、Cu、Ag、Au 多金属地球化学区。

在上述地球化学场分区的基础上，结合区内岩浆岩分布和不同地段的地球化学场特征等综合分析，还发现以下规律：

（1）在超基性−基性岩侵入区，沿断裂形成 Au、Cu、Ni 等元素高背景区或富集区。

（2）在中−酸性岩体活动区，断裂带中主要富集 Cu、Pb、Zn、Ag 等元素，高值场沿岩体内、外接触带展布。

（3）在雪花太坪、罗家山地区，Cu、Zn、Pb、Ag、Ni、Au 等元素形成 Cu-Zn 组合为中心的环形高值场，与航磁异常范围吻合。

（4）略勉宁三角区内 Au、Ni、Cu、Zn、Ag 等成矿元素多以高背景场或高值场出现，Au 元素也以背景−高背景场为主，高值区分布在代家坝、何家营、青羊驿−青家坪和煎茶岭−大院子，Au 质量分数最高值为 270×10^{-9}，平均值为 2.6×10^{-9}。Ni 主要呈高值场，背景区仅分布在孙家院—二里坝一带，Ni 质量分数最大值为 1750×10^{-6}，平均值为 66.1×10^{-6}。Cu、Zn 元素背景场集中在西北部接官亭和冯家岩一带，Cu 质量分数最高值为 1450×10^{-6}，平均值为 36.5×10^{-6}；Zn 质量分数最大值为 5575×10^{-6}，平均值为 93.0×10^{-6}。Pb 在区内主要呈低值场−高背景场，仅在何家营、煎茶岭和艾叶口形成高值浓集区，Pb 质量分数最大值为 2050×10^{-6}，平均值为 23.3×10^{-6}。Ag 元素背景场主要分布在西部接官亭—曾家河—阳平关一带和南部大安驿−青羊驿地区，Ag 质量分数最大值为 18800×10^{-9}，平均值为 99.7×10^{-9}。总体上区域地球化学场呈西低东高之势，煎茶岭−大院子地区所有成矿元素均呈高值场，与其赋存的已知矿床吻合。

三、地球化学异常区划

区内 1∶5 万水系沉积物测量圈出 Au、Cu 异常各 58 个，Ag 异常 55 个，以及 Pb、Zn、Ni、Co、Mo、Mn、As、Sb、Hg 等 18 个元素异常共计 738 个。按地质单元（地层、构造）、地球化学场分区及主异常元素组合类型，确定出以 Cu、Au、Ag 为主的综合异常区 44 个。1～11 号 Ag、Au 为主的异常分布在北部秦岭造山带古生界志留系中；12～15 号以 Ag（Au）为主的多元素异常分布略褒大断裂北侧泥盆系；16～44 号 29 个以 Au、Cu、Ag 为主的多元素综合异常分布在元古宇震旦系。根据异常所处的构造位置，在勉略阳三角地区划分了 4 个异常带（图 3.6）。前人在秦岭地区金、银的地球化学块体划分中曾将该区作为单独的勉略宁块体区（西安地质矿产研究所，2006）。

Ⅰ——北部异常带

北部异常带西起鱼洞子，东到煎茶铺，长约 13km，宽 1～4km，北西向展布，由 16、17、18 号异常组成，元素组合为 Au、Ag、As、Se、Hg、Ni、Co、V、Ti、Mn 等；经聚类分析，Au 与 As、Ag、Sb、Hg 聚一类，Ni、Co、V、Ti、Cr 聚一类；这一地球化学特征反映金的成矿作用叠加在富 Fe、Co、Ni、Cr、V、Ti、Mn 的地球化学区（带）背景上，与煎茶岭金、铁、镍矿及金洞子金成矿特点一致。

Ⅱ——中部异常带

中部异常带西起二里坝，东到硖口驿，长约 20km，宽 2～6km，近东西向展布，与铜

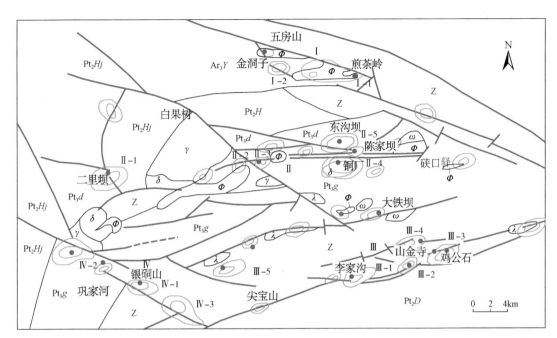

图 3.6　勉略阳地区化探异常区划简图

1. 震旦系；2. 新元古界东沟坝组；3. 新元古界郭家沟组；4. 中元古界大安岩群；5. 中元古界何家岩岩群；

6. 新太古界鱼洞子岩群；7. 超基性岩；8. 辉长岩；9. 辉绿岩；10. 闪长岩、花岗闪长岩；11. 花岗岩；

12. 断层；13. 矿床（点）；14. 化探异常；15. 异常带编号；16. 异常区编号

厂－徐家坝火山－岩浆构造成矿带走向基本一致。由 19～26 号异常组成，元素组合为 Cu、Au、Ag、Pb、Zn、Ni、Co、Cr、Mo、As、Sb、Hg、Ba 等。经聚类分析，Cu、Pb、Zn、Au、Ag、As 聚一类，Ni、Co、Cr 聚一类。该异常带是一个富 Cu、Pb、Zn、Ag、Au 等多金属的亲 Cu、亲 Fe 复合地球化学区。

Ⅲ——南部异常带

南部异常带分布在鸡公石向斜南、北两侧碳酸盐岩与火山岩断裂接触带附近，呈北东向展布，长 30 余千米。由 36～44 号 9 个异常组成，元素组合为 Au、Ag、As、Sb、Hg、Cu、Pb、Zn 等。带内有李家沟金矿床和红岩沟、黄土铺、山金寺、鸡公石、肖家湾、铜厂坪等十余处金、铜矿点，是一个富 Au、Cu 的亲 Cu 地球化学区。

Ⅳ——西部异常带

西部异常带分布在巩家河、银硐山一带，呈北西向沿马家沟断裂带展布，长约 8km，宽 1～2km；由 29 号、30 号、35 号异常组成，元素组合为 Pb、Zn、Cu、Ag、Au、As、Sb、Hg 等；带内有银硐山铅锌（银、金）矿床、巩家河铅锌点和杜家沟金、银多金属矿（化）点。该异常带是一富 Pb、Zn、Ag、Au 多金属的亲 Cu 地球化学区。

同时，本区区域地球化学异常在不同的构造－岩层组合部位，Au、Ag、Cu、Pb、Zn、

W、Mo、As、Sb、Bi、Hg、Ba 等元素的异常组合区别较大。区内北部的勉略构造蛇绿混杂岩带以 Au-Ag-Ba（As）组合异常为主，并伴有较好的航磁剩余异常，显示了寻找与岛弧侵入岩有关的岩浆期后热液型铜铁矿床的较好前景（图3.7，图3.8）。

总之，勉略宁矿集区整体上是一个铁、金、银、铜（镍、钴）、锌高背景地球化学场，区内铁、金、银、铜、铅、锌、镍、钴、砷元素含量的变化系数比较大，分布不均匀，反映了具有富集成矿的有利物质条件。例如，金含量最高值大于 300×10^{-9}，平均值仅有 1.85×10^{-9}；银含量最高值 18800×10^{-9}，平均值 99.7×10^{-9}；镍含量最高值 1750×10^{-6}，平均值 47.34×10^{-6}；铜含量最高值 1450×10^{-6}，平均值 32.06×10^{-6}；锌含量最高值 5575×10^{-6}，平均值 88.24×10^{-6}；铅含量最高值 2050×10^{-6}，平均值 99.7×10^{-6}。金在超基性–基性岩侵入区，沿断裂形成铁、金、铜、镍、砷等元素的高背景或富集区，为成矿有利地段，如煎茶岭金矿等；在中–酸性岩体分布区，沿岩体内外接触断裂带富集铜、铁、铅、锌、银、砷等元素，也为成矿有利地段，如铜厂铁铜矿等。1∶5 万水系沉积物测量在勉略宁矿集区圈定了数以百计的化探异常，前期主要对高、大、全的异常开展了查证工作，发现了众多矿床（点），尚有许多低缓异常区未开展详细的踏勘检查。

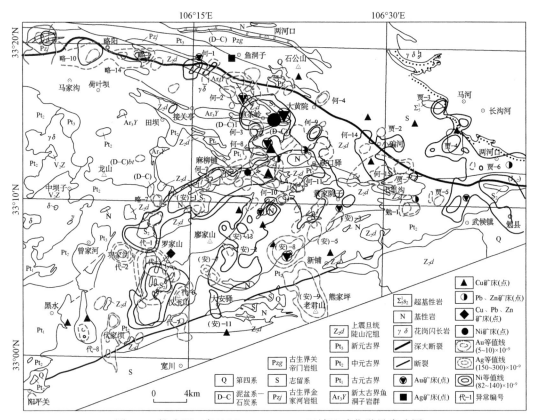

图 3.7　勉略阳三角地区 Au、Ag、Ni 区域地球化学异常略图

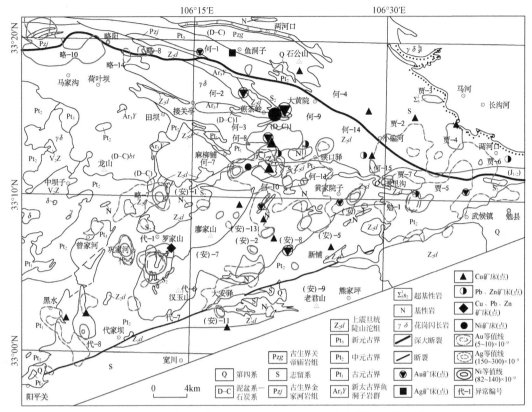

图 3.8　勉略阳三角地区 Cu、Pb、Zn 区域地球化学异常略图

第四节　遥感解译特征

一、遥感影像构造特征

1. 线型影像特征

该矿集区内线性构造特征明显，呈北西向、北东向、东西向及北北东、北北西向展布（图 3.9）。根据规模确定了以下三个构造级别。

1）一级构造

一级构造具有构造单元分区意义，其影像往往显示为较宽的色调异常带和断层地貌，延伸规模大，具长期活动特征，两侧的岩石建造差异显著，沿断裂带及其旁侧常有基性岩体分布。

（1）北部荷叶坝-勉县构造带。由多条近东西向-北西西向近平行状的断裂构成，宽度在 4~8km 之间，带内不同时代、不同岩性的地质体被切割、分裂、重新拼合，遥感影

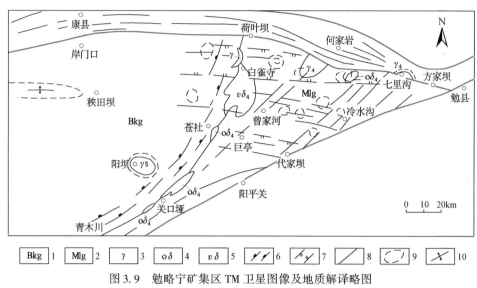

图 3.9　勉略宁矿集区 TM 卫星图像及地质解译略图

1. 碧口碎屑岩区；2. 勉略宁火山岩区；3. 花岗岩；4. 石英闪长岩；5. 辉长闪长岩；6. 韧性剪切带；
7. 构造岩浆带；8. 脆性断裂；9. 环形构造；10. 背斜构造

像中挤压破碎现象清晰。另外，水系通过构造带时的拐折现象有规律性，反映出构造带北缘曾发生过左行剪切滑移。构造带的南界断裂（荷叶坝–方家坝断裂带）亦为多期活动性质，根据断裂北盘的七里沟岩体与断裂南盘的白果树岩体平面形状可以对接，且岩性、时代相同，但从空间位置距离较大的迹象推测，本构造带南缘断裂曾发生过一定规模的右行剪切位移，原可能为一体的七里沟岩体及白果树岩体被切割错断，并位移至现今位置。

（2）阳平关–勉县断裂。断裂影像清晰、平直，呈北东方向展布，两盘影纹结构及色调截然不同，沿断裂走向发育直线状水系、断坎、线状谷地及构造透镜岩块等，构造标志清楚，该断裂地表北倾，为逆冲性质。

2）二级构造

二级构造具一定规模的延伸，断裂两侧的纹形、色调有比较显著的差别，构成了遥感地质单元边界，沿断裂有岩浆–热液活动迹象，往往控制了金属矿产的分布。

（1）青木川–八海–苍社韧脆性复合剪切构造带。该构造带具有地层分区意义，控制了碧口岩群火山岩与碎屑岩的分界。通过遥感地质分析认为该带属两期构造复合而成，早期为一组北北东–北东方向的韧性剪切构造带，发育在火山岩与碎屑岩界面附近，构造带影像总宽度十余千米，向北延伸被北部荷叶坝–勉县构造带截切，向南西延伸逐渐与阳平关–勉县断裂靠拢，呈近平行状展布。该构造带遥感特征表现为断续的线列纹形带，不具脆性断裂特征，总体影像格局未发生变化，但微地貌，如冲沟的排列方向性明显，显示与构造带相一致。晚期脆性断裂复合叠加在韧性剪切带构造薄弱部位，该断裂的影像清楚，沿断裂面有串珠状侵入体出露，伴有浅色调异常影像出现。

（2）白雀寺–七里沟构造岩浆岩带。该构造带由数条线性构造及连续的环形构造组成，影像带东西延伸约 50km，在嘉陵江附近宽度较大，为 7～8km，向东延伸至白果树–

七里沟段被北部构造带斜切，导致在铜厂地区显露宽度仅为 3km 左右。值得注意的是，勉略宁地区所出露的中酸性侵入体均位于本构造带内，与环形构造关系密切，由西向东依次为白雀寺、白果树、铜厂、七里沟等，宏观上形成了东西向的构造岩浆岩带，该带对区内的构造格局起到了分区作用。

3）一般构造

一般构造为规模小、延伸不大的遥感断裂及构造片理带，其展布多受一级、二级构造的制约。区内主要的构造如下：

（1）北东-北北东向断裂及片理带。断裂多形成于软弱与强硬岩石界面附近，构造片理带则在各岩类中均有出现。从展布规律看，片理带影像分布较均匀，且由西向东密度逐渐增大，应为勉略岩块向东强行推移过程中受力不均匀而派生出的低级次构造形态。

（2）曾家河-冷水沟断裂带。由园坝子-干沟峡及曾家河-桑树湾两条东西向主干断裂构成，马家沟断裂、桃园子-黄家沟等为该构造带的组成部分，构造带影像宽度约 5km。遥感图像显示断裂标志清楚，两侧影纹明显错移，显示右行剪切特征。从鸡公石向斜碳酸盐岩被切错距离看，水平断距为 4.5km，该断裂形成时间晚于北东向断层。

（3）巨亭-代家坝断裂带。遥感影像显示该带延伸东西向，延长大于 10km，宽度 4～5km，由多条构造标志较明显的断裂组成，与曾家河-冷水沟断裂带有着相同的影像特征，亦为右行剪切性质。

总之，本区遥感构造影像呈现似菱形网格状的格局，反映了本区的地质演化和构造骨架。

2. 环形影像特征

本区环形影像主要分布在线性影像的边缘，以及几组线性影像的交汇区、收敛区。在地貌上多表现为环形山脊、环形沟谷等。环形影像反映岩体、构造盆地、隆起、古火山机构等。本区环形构造主要是由火山-岩浆-热液引起。

在中新元古界细碧岩-角斑岩建造中，形态有圆形、椭圆形、半圆形、弧形等。通过地形、色调、水系格局等形式表现出来。比较成型的环形影像有 38 个，大部分为双环、同心环、偏心环、相交或相切环也有出现。

二、遥感构造影像特征与成矿的关系

从目前已知的金属矿床（点）的空间分布规律看，除与火山岩地层有着密切关系外，多数与特定的构造形式密切相关，位于特殊的遥感影像区段内。例如，区内的环形构造与菱形网格构造相复合的罗家山地区，有铅、锌、银、金矿床（矿化）的产出，较老变质岩区内则由片理化带与剪性断裂组合的菱形网格构造，有构造蚀变岩型金矿。在盖层底部发育规模较大走向压扭性断裂中，有细脉浸染碳酸盐岩金矿产出，当这些赋矿断裂侧羽状裂隙发育时，往往是金矿的富集地段。本区已知矿床（点），大都位于线性影像密集区，几组线性影像交汇区，收敛部、锐角区及环形影像复合区。矿化富集于线性构造与环形构造的叠加复合部位（如铜厂矿田、金洞子地区），可作为本区找矿标志之一。

第五节　成矿地质特征

勉略宁矿集区属特提斯-喜马拉雅成矿域中的松潘-甘孜成矿省之松潘-玛多晚古生代金稀有银铅锌成矿区（宋小文等，2004）。区内成矿作用发育，矿产资源丰富，主要成矿环境有板块拼接缝合带、裂陷槽构造-岩浆带、蛇绿岩带、含矿沉积建造等。勉略宁矿集区构造演化、岩浆活动与成矿作用受限于秦岭造山带整体地质背景，是我国西部地区古元古代—古生代的重要成矿区。

勉略宁矿集区不同构造单元经历了不同的地质构造演化，形成不同的矿产组合，表现出成矿的分区性、分带性。这体现在金属矿产呈现时空分布的不均一性，并在区域上分片集中产出，不同构造单元出现特定的矿床类型及其组合，矿床类型组合复杂且各具特色，形成特定的矿床成矿系列：①花岗-绿岩带容矿岩系的石英脉型和构造蚀变岩型金矿床成矿系列；②超基性岩容矿的镍-钴-金矿床成矿系列；③海相火山岩容矿岩系的金-银-铅锌铜多金属块状硫化物矿床和海相火山熔岩沉积-岩浆热液改造型铁、铜矿床成矿系列；④沉积岩容矿的沉积型或沉积-改造型金、铅、锌、锰、磷成矿系列。

金属矿床成矿作用常具多期、多阶段性；成矿物质来源具有多源性；不同时期构造体制不同，形成的含矿建造、成矿作用类型及矿床组合不同。区内金属矿床主要受中、新元古代与海底火山及岩浆侵入活动有关的成矿系统，震旦纪与碳酸盐岩有关的成矿系统，早古生代与海相火山热液作用有关的成矿系统，海西期与海底热液及岩浆作用有关的成矿系统，中生代与碰撞造山及陆内构造-岩浆活动有关的成矿系统控制。

区内成矿作用主要表现为同生成矿作用和叠加-改造成矿作用两种类型。同生成矿作用多发生于新太古代—古元古代结晶基底与过渡基底形成，中、新元古代微地块拉张裂解、碰撞拼接时期，该期成矿作用与地幔热隆柱活动有关，构成成矿作用的大陆动力学背景。前寒武纪同生成矿作用频繁强烈，形成太古宙硅铁建造，中、新元古代岩浆熔离型硫化镍钴矿床和结晶分异型铬铁矿床。叠加-改造成矿作用是古生代，特别是中生代—新生代大陆上地壳减薄过程中，通过深大断裂和岩浆活动伴随地幔与地壳物质交换，实现了将不同时代的含矿岩系（主要为花岗绿岩带岩系、海相与陆相火山岩系和海相浊积岩系）中的成矿元素活化、迁移富集的二次叠加与改造作用（王靖华等，2002）。其成矿同位素年龄一般介于 $100 \sim 220Ma$ 之间，即侏罗纪—早白垩世，在成矿时间和空间上与秦岭造山带碰撞造山和陆内俯冲造山作用基本吻合，如煎茶岭金矿成矿时代距今 $198 \sim 144Ma$。显示区内构造-岩浆演化与多期成矿作用是大陆动力学发生发展的不同表现形式。

空间上，矿床（点）主要沿近东西向、北东向、北西向构造带分布，即沿勉略构造带、硖口驿-黑木林基底拼接构造带、阳平关-勉县断裂带产出；大中型矿床大多产出在两组断裂交汇处。区内铜多金属矿的形成及空间展布与碧口裂陷、东沟坝岛弧环境关系密切，构成了从裂谷-洋盆到岛弧带比较完整的弧-盆成矿系统。其金的成矿作用与印支末期—燕山期陆内造山运动中的构造-岩浆-热液流体作用关系密切（西安地质矿产研究所，2006）。

时间上，铁、镍、铅锌主成矿时代为太古宙—元古宙，阜平期—晋宁期；铅锌主成矿时代为中元古代—震旦纪，晋宁期—加里东期；锰成矿时代为震旦纪、泥盆纪，加里东期—海西期；铜主成矿时代为中元古代—早古生代，晋宁期—海西期；金主成矿时代为印支期—燕山期，与整个秦岭地区金矿的形成时间一致。

成因类型上可分为：与新太古代花岗-绿岩地体有关的金、铁多金属矿，火山沉积变质型铁矿床（鱼洞子铁矿床），韧性剪切带型金矿床（金洞子金矿床）；与中元古代海相火山岩有关的铜、铅锌、金矿床，火山沉积-改造型铜多金属矿床（铜厂铜矿床、徐家沟铜矿床），火山机构控制的海相火山型铅锌矿床（东皇沟铅锌矿床），火山期后喷流沉积-改造型块状硫化物型铅锌金多金属矿床（东沟坝金银铅锌多金属矿床）；晚震旦世—早古生代被动陆缘沉积岩容矿的锰、磷、铅锌矿床，海相沉积变质型锰矿床（黎家营锰矿床），海相沉积型锰矿床（五房山锰矿床）；与超基性-基性侵入岩有关的镍、铁、金、石棉矿床，包括岩浆熔离-热液改造型铁矿床（煎茶岭铁矿床）；与超基性岩有关的构造蚀变岩型金矿床（煎茶岭金矿床）、岩浆熔离-热液改造型镍矿床（煎茶岭镍矿床）；与中-酸性侵入岩有关的铁、铜、金矿床，有火山沉积-改造型铜铁矿床（铜厂铜、铁矿床）、构造蚀变岩型金矿床（李家沟金矿床）等。

从对区内地质组成及结构构造的研究可以看出，前震旦系基底同其他古老地块一样，火山岩-岩浆体系富含 Fe、Ni、Co、（Au、Ag）、Cu 等成矿金属元素，而新元古界基底拼接过程所产生的火山喷发-沉积作用则直接形成火山沉积块状硫化物矿床，因此，古基底岩系（包括侵入岩、次火山岩）是勉略阳三角地块成矿的物质基础，多期的构造-岩浆作用是使其中金属元素进一步活化、迁移而形成富含成矿流体的外在动、热条件。

勉略宁地区自太古宙以来经历了不同构造体制下多次裂解-拼合过程。地层岩石变形变质的复杂性、构造形式的多样性是本区的基本地质特点。主要地质构造演化阶段包括：①新太古代鱼洞子陆核形成；②中、新元古代扬子板块北缘基底拉张-汇聚造山阶段；③古生代—三叠纪地壳差异抬升阶段；④中生代陆内造山阶段。除第①阶段形成苏必利尔型铁矿外，贵金属、有色金属成矿与第②、第③构造阶段密切相关。区内变质作用相对普遍，主要表现为基底地层及晋宁期、加里东期基性-超基性岩的区域变质作用。其中鱼洞子地体多发生混合岩化、角闪岩化和变粒岩化，形成沉积-变质型铁矿；元古宇火山岩等基底火山岩系普遍发生绿片岩相低级变质，而基性-超基性岩浆岩则多发生蛇纹岩化、绿泥石化等退化变质，为相关后期改造成矿提供了流体和动力。

总之，勉略宁矿集区区域成矿作用强烈，矿化特征明显，矿床类型多样，表现为矿种多、产地多、成因类型多、成矿期次多，矿产成群、成带、成片集中分布的特点，产出丰富的有色金属、黑色金属、贵金属矿产及非金属矿产，堪称金属矿产博物馆。该区形成了典型的产于太古宇绿岩系中的沉积变质铁矿；产于超基性岩的金矿、镍钴矿、铁矿、石棉矿；产于基性火山岩中的铅锌银矿、铜（钴）矿；产于酸性火山岩中的铅锌金银重晶石矿；产于酸性侵入岩内外接触带的铁、铜矿；产于韧性剪切带或破碎带中的金矿等。

该矿集区是陕西省重要的矿产资源基地，已探明的金属矿产资源/储量居全省前列，区内已建成各种矿山 69 个，其中金属矿山 42 个、非金属矿山 27 个（范立民等，2016）。现已发现的矿种有金、铜、银、铅、锌、镍、钴、铁、锰、铬、硫铁、磷、石棉、蓝晶石、石榴子石、绿柱石、白云石、石灰石等矿产 18 种，稀有、稀土金属以及铂族、钒、钛、钨、钼等矿产也有不同程度显示。发现矿产地 198 处，其中大中型金属矿床 10 多个，包括大型金矿床1处（煎茶岭金矿）、大型镍钴矿床1处（煎茶岭镍钴矿）、大型铁矿床1处（鱼洞子铁矿）、中型金矿床2处（李家沟金矿、干河坝金矿）、中型铜矿床1处（铜厂铜矿）、中型铅锌矿床2处（东沟坝金铅锌多金属矿、银硐山铅锌矿）、中型铁矿床4处（铜厂铁矿等）、中型锰矿床1处（黎家营锰矿）、中型硫铁矿床2处（二里坝硫铁矿床等）、中型磷矿床3处（金家河磷矿、茶店磷矿、何家岩磷矿）、中型石棉矿2处（黑木林石棉矿、煎茶岭石棉矿），各矿种小型矿床、矿点、矿化点星罗棋布。

区内主要金属和非金属矿床类型见表3.8。

表3.8　勉略宁矿集区主要金属和非金属矿床类型一览

矿床类型	矿床亚类	矿种	典型矿床
热液矿床	岩浆热液型	镍、钴、石棉	煎茶岭镍钴矿、煎茶岭石棉矿、黑木林石棉矿
	韧性剪切带型	金	鱼洞子金矿、干河坝金矿
	构造–岩浆热液改造型	金	煎茶岭金矿、李家沟金矿
	火山沉积–热液改造型	铜、铁	铜厂铜矿、铁矿
岩浆矿床	岩浆熔离型	镍、钴	煎茶岭镍钴矿
海相火山岩型矿床	火山–沉积变质型	铁	鱼洞子铁矿
	火山岩型	金、银、铅、锌	银硐山铅锌矿
	变质火山岩型	金、银、铅、锌、铜	东沟坝金铅锌多金属矿、陈家坝多金属矿、二里坝硫铁矿床
沉积矿床	海相沉积型	锰、磷	黎家营锰矿、茶店磷矿、金家河磷矿、何家岩磷矿
砂矿床	冲积型	金	徐家坪–白水江砂金矿、汉江砂金矿

第四章 典型矿床地质特征、成矿模式与找矿模型

勉略宁矿集区是陕西省重要的矿产资源基地，已探明的金属矿产资源/储量位居全省前列，区内已建成矿山 69 座，其中金属矿山 42 座、非金属矿山 27 座（范立民等，2016）。目前，区内已探明储量并建成矿山的大中型金属矿床主要有煎茶岭金矿床、李家沟金矿床、丁家林金矿床、小燕子沟金矿床、铧厂沟金矿床、干河坝金矿床、徐家坪-白水江砂金矿床、煎茶岭镍（钴）矿床、铜厂铜铁矿床、徐家沟铜矿床、陈家坝铜铅锌多金属矿床、鱼洞子铁矿床、黎家营锰矿床、银硐山铅锌多金属矿床、东沟坝铅锌金矿床、二里坝硫铁矿床、中坝子钛磁铁矿床、茶店磷矿床、黑木林石棉矿床等（图 3.2）。

第一节 煎茶岭金矿床地质特征、成矿模式及找矿模型

一、矿区地质背景

煎茶岭矿田位于陕西省汉中市略阳县境内，地处扬子地台西北缘勉略宁矿集区西北部，矿田内分布煎茶岭金矿床、煎茶岭镍（钴）矿床和鱼洞子铁矿、煎茶岭铁矿、煎茶岭石棉矿等。

20 世纪 80 年代末至 90 年代初，西北有色地质勘查局七一一总队发现并勘查了煎茶岭金矿床西段；陕西省地质矿产局第二地质队勘查了东段张家山矿段。煎茶岭金矿床位于煎茶岭矿田东北部，已探明提交金储量 50t 以上。

区域上，煎茶岭矿田处于扬子地台西北缘勉略宁元古宙隆起区北缘，属松潘-甘孜造山带摩天岭褶皱带东延部分（图 4.1）。煎茶岭矿田处于秦岭造山带与扬子板块结合部，伴随着秦岭造山带的形成演化，构造岩浆活动频繁强烈。晋宁期发生大规模超镁铁-镁铁质岩浆侵入，超镁铁-镁铁质侵入体主要沿鱼洞子微地块内挤压褶皱断裂构造带分布，在区内形成煎茶岭超基性岩体，该期超镁铁-镁铁质侵入岩属于阿尔卑斯型构造侵位超基性岩石组合类型（王相等，1996）；海西期、印支期、燕山期又发生基性、中性-酸性岩浆-构造活动。

矿田中部侵入煎茶岭超基性复式岩体，西侧与西南侧分别出露变质结晶基底太古宇鱼洞子岩群花岗-绿岩变质岩系与变质过渡基底中元古界何家岩岩群变质海相火山岩系。南、北侧与东侧分布盖层震旦系灯影组的浅海相陆源碎屑-化学沉积岩系，岩性主要为白云岩，少量板岩。此外南部出露少量石炭系略阳组灰岩。煎茶岭金矿体赋存在灯影组四岩段白云岩与超基性岩接触部位的断裂破碎带内。

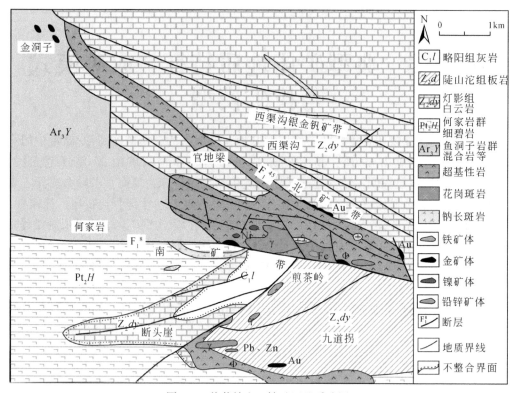

图 4.1　煎茶岭金、镍矿田地质略图

1. 地层

矿区地层出露基底主要为新太古界鱼洞子岩群花岗–绿岩建造、中元古界何家岩岩群细碧–角斑岩建造、震旦系灯影组碳酸盐岩及少量石炭系略阳组灰岩。震旦系灯影组厚层白云岩与矿区中部的超基性岩体呈断裂接触，在二者岩性接触面产出金矿。基底地层走向为 270°~310°，总体倾向北，倾角 45°~78°；盖层走向呈近东西向–北西向的 280°~310°，局部为北东向的 55°~60°，倾向或北或南，倾角 25°~75°。赋矿的灯影组四岩段厚层白云岩岩层走向 100°~130°，倾向 10°~40°，倾角 65°~75°。各地层组的岩性、厚度、层序及相互接触关系特征见表 4.1。

与金矿化关系密切的白云岩常呈青灰色，他形微细晶粒结构，厚层状构造，局部具有纹层状构造，同生砾状构造，主要由白云石组成，含量 90% 以上，此外，含少量的石英、方解石、碳质、铁质。镜下观测白云石粒径一般为 0.01~0.05mm，晶粒边缘多不规则，部分大理岩化后颗粒较粗，粒径为 0.05~0.25mm，常见平行于菱形解理短对角线的双晶纹。电子探针分析白云石的化学成分：MgO 为 14.09%~20.09%，CaO 为 30.34%~31.17%，FeO 为 0.07%，MnO 小于 0.04%。白云岩岩层底部与超基性岩的接触断裂带附近断续有一层厚 5~10m（局部达 40m）的碎裂白云岩，多具铁染–红褐色铁质与铁质淋滤析出物沿岩石节理分布。接近接触断裂带 10m 范围内，受断裂带中的矿化蚀变作用影响，有时出现浅暗色相间的花斑状构造（由褪色化或硅化引起），可作为近矿标志之一。

表 4.1　煎茶岭金矿区地层简表

宇/界	系	统	群/组	段		符号	厚度/m	岩石
新生界	第四系					Q	<30	冲积、坡积、残积物
上古生界	石炭系	下石炭统	略阳组			C_1l	240	上部硅质灰岩、白云质灰岩；下部厚层灰岩、板岩
	泥盆系	上泥盆统				D_3	>52	石英砂岩，泥钙质板岩夹灰岩。仅局部可见
新元古界	震旦系	上震旦统	灯影组			Z_2dy	100～480	厚层白云岩，夹薄层含硅质条带白云岩，下部具纹层构造，底部部分地段有同生砾状构造
			陡山沱组	第三段	上亚段	Z_2d^{3-2}	200～390	石灰岩、白云质灰岩，夹少量绢云板岩
					下亚段	Z_2d^{3-1}	15～750	碳质板岩、绢云板岩、绢云千枚岩、绢云石英片岩，夹灰岩透镜体
				第二段		Z_2d^2	100	泥板岩、泥灰岩、灰岩，夹磷、锰层
				第一段		Z_2d^1	200	上部板岩；下部砂岩、粉砂岩；底部砾岩
中元古界			何家岩岩群	第四段		Pt_2H^4	>600	绢云千枚岩、绢云板岩、碳质板岩、绢云石英片岩，夹少量灰岩、白云岩透镜体
				第三段		Pt_2H^3	70～470	角砾岩、石英角斑岩、含角砾凝灰片岩，夹碳质板岩、绢云绿泥片岩
				第二段		Pt_2H^2	>300	细碧岩，夹角斑岩，具流动构造
				第一段		Pt_2H^1	>200	石英岩、石英砂岩
新太古界			鱼洞子岩群	第五段		Ar_3Y^5	275	绢云石英片岩、绿泥斜长片岩，夹磁铁石英岩
				第四段		Ar_3Y^4	100～530	石榴斜长片岩、黑云变粒岩、角闪斜长片岩，夹绢云石英片岩、富含磁铁石英岩
				第三段		Ar_3Y^3	>615	混合岩化变粒岩、斜长片麻岩
				第二段		Ar_3Y^2	50～200	混合岩化斜长片麻岩，夹角闪斜长片岩
				第一段		Ar_3Y^1	150	片麻状混合岩、花岗状混合岩

2. 构造

矿区构造活动主要集中在晋宁期与海西期，次为印支期。构造活动的挤压应力与区域上的一致，主要来自南北方向的挤压。晋宁期构造活动受南北向的强烈挤压，构造活动强烈，主要表现为其基底形成近东西向的褶皱和断裂，奠定了基底层的构造格局，分别形成由鱼洞子岩群、何家岩岩群构成的何家岩背斜、接官亭向斜（矿区内仅见其北翼），沿何家岩背斜北翼边缘形成了近北西向的鱼洞子–金洞子–官地梁–五房山–西渠沟主干断裂（F_1^{45}），沿背斜轴部发育近东西向的何家岩–煎茶岭–茶店主干断裂（F_1^8），同时形成次一级北东、北西、近南北向的走向与斜向断裂组。在背斜东部倾伏端与多组断裂交汇部位侵入了富含金镍钴的超基性主岩体。海西期构造活动形成了盖层的一系列北东向、北西向褶皱和断裂。断裂构造表现为继承前期断裂再次活动并有所改造，使之更加复杂化，并伴有超基性岩浆活动，其在主岩体南、北两侧的 NE 向与 NW 向（F_1^{45}）断裂带内侵入，形成南、北两个分支岩体。印支期构造活动主要表现为沿活动断裂侵入了小规模基性–酸性岩脉，如辉长岩、闪长岩、花岗斑岩及晚期的钠长岩，伴有各构造层次的逆冲断裂系统。

1）断裂构造

区内断裂构造发育，以 F_1^{45} 断裂为代表。

F_1^{45} 断裂为区域上的鱼洞子–五房山–西渠沟断裂，总长 20km，其东端 4.4km 为金矿区内控矿断裂。断裂总体走向 290°～110°，倾向北东，倾角 80°～85°，沿走向与倾向均呈舒缓波状变化。断裂带具脆性–韧性特征，西段（五房山以西）从鱼洞子地区铁矿勘探钻孔资料及 1996 年龙王沟金异常检查地质测量得知，其呈舒缓波状，挤压破碎带、糜棱岩带宽十几米至百余米，可见云母鱼、旋转斑、S–C 面理、鞘褶皱，以韧性特征为主；东段侵入长达 7～8km 的煎茶岭北西向超基性岩体，岩体北侧有几米至百余米的挤压破碎带，其中可见挤压片理、断层镜面、断层角砾岩、糜棱岩，显示塑性变形的小褶皱，似香肠构造，以脆–韧性特征为主。

金矿区内 F_1^{45} 断裂带产状稍有变化，在 10～54 线间走向 130°，在 54～78 线间走向 100°～110°，总体倾向北，平均倾角 80°左右。断裂带沿垂向的波状变化幅度较走向上要大。由于 F_1^{45} 断裂带呈高角度逆冲剪切，形成一些向北缓倾斜的局部张性开放区段，有利于形成厚富矿段，而断裂大于 75°倾角向北陡倾或向南倾斜部位，则为金矿化贫薄或无矿地段。通过 54～72 线间金矿勘探，54～28 线间缓倾斜开放区段，大致沿水平方向展布且出现在一定的标高间，如 54～66 线 800～900m 标高间、40～48 线 900～1050m 标高间，断裂呈 40°～70°倾角向北缓倾斜，有利于形成厚矿、富矿地段。

F_1^{45} 断裂具有长期多期次活动特征，为左旋走滑性质。

第一期为晋宁期，F_1^8 和 F_1^{45} 断裂沿何家岩背斜两翼边缘分布，在背斜东部倾伏端附近趋于交汇，煎茶岭超基性主岩体侵入于两断裂带之间。

第二期为海西早期，北部沿 F_1^{45} 断裂带侵入北西向超基性分支岩体，南部沿柳树沟北东向断裂侵入北东向超基性岩体，同时在超基性主岩体中侵入早期花岗斑岩。

第三期为印支期，侵入印支期酸性–中性–基性岩脉。超基性岩体的强烈变质作用以及含金蚀变带主要形成于本次活动期间，对 F_1^{45} 断裂破碎带起了固结闭合的作用，蚀变体面理构造发育。

第四期为印支期以后，形成脉岩边缘的挤压片理化带和构造透镜体，含金蚀变体的挤压破碎带，F_1^{45} 断裂带中的晚期断层镜面及其上的擦痕、阶步和反阶步，断层角砾岩、挤压片理等。本期活动规模较小，所形成断层面空间上多不连续。对矿体的影响：①使矿石普遍氧化，深度达 700 余米；②浅部产状较缓，切割破坏一部分矿体，使地表矿体厚度变薄，而且与上盘白云岩形成了截然的界面（深部呈渐变界线）。

F_1^{45} 断裂是在长时期的南北挤压应力下形成的高角度逆冲断裂带，具有脆–韧性剪切带的特征。可见到大致平行于断裂带的片理化带、糜棱岩带，显示塑性变形的小褶曲、似香肠构造、箭鞘褶皱。蚀变矿物石英、白云石、方解石等具压溶结构、定向拉长、波状消光、变形条带、扭折带等现象。

F_1^{45} 和 F_1^8 这两个大断裂带切穿了基底与盖层，随着背斜向东倾伏而向东部趋于复合交汇。二者之间，有沿背斜轴部发育的 F_1^{31} 断裂及其平行断裂和伴生的交叉断裂。在背斜倾伏端及 F_1^8 与 F_1^{45} 大断裂的交汇部位侵入了煎茶岭超基性岩体。岩体及其旁侧的断裂按走向可分为四组：近东西向 F_1 组、北西向 F_2 组、北东向 F_3 组和近南北向 F_4 组。近东西向 F_1 组，断裂规模大，与镍钴、金矿化关系密切。断裂数目有 50 余条，较大规模者有 30 余条，长度为 300～5000m，已被工程控制的延深为 300～1000m，以压扭性断裂为主。部分主要断裂特征见表 4.2。北西向 F_2 组中较大规模断裂有 5 条，长度 300～1000m，延深可达 500m，是以扭性为主的压扭或张扭性断裂，最大错距可达 60m。北东向 F_3 组中较大规模断裂有 6 条，长度为 200～1000m，延深可达 500m，是一组压扭性断裂，错距 20～60m。近南北向 F_4 组有 10 条断裂，多数倾向东、倾角大于 70°的以张性为主兼扭性断裂，东盘多下降，垂直错距大于水平错距。矿区内晚期断裂主要是较早时期断裂活动的继承且强度较弱，破矿断裂不发育，对镍、金矿无明显破坏作用，仅在局部对矿体进行了错动，错距一般较小，常在 1～10m 之间，多为 2～3m。

表 4.2 煎茶岭金矿区近东西向主要断裂特征

编号	分布位置	断裂规模	断裂产状			断裂带特征	备注
			走向	倾向	倾角		
F_1^8	位于超基性主岩体南缘	总长 40km，矿区内 5km，宽 50～300m	270°～300°	0°～30°	70°～80°	压扭性断裂，有两期四次以上活动，形成强烈挤压破碎带，地貌上呈构造侵蚀谷	包括 F_1^8 与 F_1^9 断裂
F_1^{31}	位于超基性主岩体中部的叶蛇纹岩相带北缘	长 3000m，延深 700m	270°～290°	西段南倾；东段北倾	55°～85°	强烈挤压破碎，见串珠状分布的构造透镜体，是沿何家岩背斜轴部发育的压扭性断裂	镍钴矿位于 F_1^8 与 F_1^{31} 之间

续表

编号	分布位置	断裂规模	断裂产状			断裂带特征	备注
			走向	倾向	倾角		
F_1^{43}	位于主岩体西段北缘	长900m	270°~290°	180°~200°	60°~65°	见强烈挤压破碎带及片理化带，压扭性断裂	
F_1^{44}	位于北部分支超基性岩南缘	长3400m以上	270°~300°	10°~30°	70°~80°	为F_1^{45}的平行压扭性断裂，见挤压破碎带，片理化带，断层镜面	
F_1^{45}	位于超基性岩北缘	总长20km，矿区内5200m	280°~310°	10°~40°	70°~85°	压扭性断裂，具挤压破碎带、片理化带、断层角砾岩、糜棱岩、断层泥和断层镜面。东段具强蚀变，形成蚀变白云岩，具金矿化，为金矿体的主要赋存部位	含金断裂带
F_1^{47}	矿区北侧$Z_2^1d^3$中	总长5km以上	285°~295°	15°~25°	34°~60°	压扭性断裂，具挤压破碎带、片理化带、断层镜面，具金、银矿化	
火地沟断裂	主岩体西南缘外侧	900m	近东西向，呈弧形	南倾	60°	为F_1^8断裂南侧次级压扭性断裂，具挤压破碎带、断层镜面。沿其中侵入的钠长斑岩具金矿化	

2) 褶皱构造

矿区中部为基底褶皱——何家岩背斜，盖层褶皱由南向北有断头崖向斜、官地梁向斜、西渠沟背斜等，其各自特征见表4.3。

表4.3　煎茶岭金矿区褶皱构造特征

类别	名称	性质	组成地层	褶皱轴方向	翼部地层产状	位置
基底褶皱	何家岩背斜	紧闭陡倾，为向南倒转的线型褶皱	鱼洞子岩群，核部为第一岩段，翼部为第二~第五岩段	100°~110°	两翼均向北倾斜，倾角70°左右	位于矿区西部，鱼洞子至煎茶铺间

续表

类别	名称	性质	组成地层	褶皱轴方向	翼部地层产状	位置
盖层褶皱	断头崖向斜	似箱状褶皱	核部：东段为略阳组，西段为灯影组；翼部：陡山沱组第一~第三岩段	东部北东30°，西部东西向	北翼南倾，倾角40°左右；南翼北倾，倾角40°~50°	位于何家岩背斜南侧
	官地梁向斜	短轴褶皱	核部：陡山沱组第三岩段上亚段；翼部：陡山沱组第三岩段下亚段	120°	北翼南倾，倾角60°~70°；南翼北倾，倾角50°~60°	煎茶岭超基性主岩体与北部分支岩体交汇处，郑家沟至金洞子之间
	西渠沟背斜	线型褶皱	核部：陡山沱组第三岩段下亚段；翼部：南翼断裂错失，北翼为陡山沱组第三岩段上亚段	115°	北翼北倾，倾角35°~60°；核部南倾，倾角40°~45°	官地梁向斜北东部，西渠沟两侧

3. 岩浆岩

岩浆岩为晋宁期、海西期侵入的超基性岩和酸性岩及晚期脉岩。与煎茶岭金矿、镍（钴）矿、铁矿、石棉矿关系密切的岩体为煎茶岭超基性复式岩体；该岩体由一个主岩体和南、北两个分支岩体组成。超基性主岩体内的晚期侵入体主要有花岗斑岩、钠长斑岩、闪长岩。

煎茶岭超基性岩体经受多期多相变质改造后，现今主要由蛇纹岩、滑石菱镁岩、石英菱镁岩及透闪岩等蚀变岩石组成，岩石铁镁比值 m/f 为 8.45~11.96，属镁质超基性岩，其原岩可能为纯橄榄岩、斜方辉橄榄岩等。

1）超基性岩体

（1）地质特征

与煎茶岭金矿有关的超基性岩为煎茶岭超基性复式岩体，由一个主岩体和两个旁侧伴生的分支岩体组成。煎茶岭复式超基性主岩体沿北东东向与北西西向断裂交汇部位侵入何家岩背斜东部倾伏端，该岩体东西长 5km，南北宽 0.35~1.2km，钻探控制深度大于 1.1km，出露面积约 5.5km²，岩体上下盘界面呈波状弯曲，岩体总体产状走向近东西，倾向南，倾角 65°~85°，平面上呈中部膨大，向北西、南西分支，向东收缩的"燕鱼"形态，剖面上呈南陡倾的岩墙（陈民扬等，1994），其 Sm-Nd 同位素等时线年龄为 927.4±49Ma（庞春勇和陈民扬，1993a）。主岩体沿近东西向构造展布，沿主岩体南北侧的北东向和北西向断裂带侵入了南、北分支岩体。

岩体经历了多期多相变质改造，现主岩体主要由叶蛇纹岩、滑镁岩、菱镁岩及透闪岩组成；分支岩体主要由纤胶蛇纹岩组成。

（2）矿物岩石学特征

煎茶岭超基性岩体空间上自边缘向中心岩性依次为透闪岩、滑镁岩、菱镁岩、叶蛇纹岩、纤胶蛇纹岩，大致构成半环带–带状。

纤胶蛇纹岩由纤维蛇纹石和胶蛇纹石（呈橄榄石或辉石假象）及微量磁铁矿、叶蛇纹石、水镁石、滑石、赤铁矿、锆石组成，块状构造，微粒状、纤维状、鳞片变晶结构。

叶蛇纹岩由叶蛇纹石（呈橄榄石假象）及微量滑石、菱镁矿、纤蛇纹石、磁铁矿、铬尖晶石和硫化物组成，致密块状构造，微晶或束状、放射状、叶片状–鳞片状变晶结构。

滑镁岩由滑石、菱镁矿（具橄榄石和辉石假象）及微量叶蛇纹石、绿泥石、石英、透闪石、磷灰石、铬尖晶石、磁铁矿、镜铁矿和硫化物组成，块状、条带状或片状构造，鳞片状、自形–他形中粗粒状，交代残余变晶结构。

菱镁岩（石英菱镁岩）由菱镁矿、石英及微量滑石、铬尖晶石、铬云母、绿泥石、磁铁矿和硫化物组成，致密块状构造，中粗粒变晶结构，交代残余结构。

透闪岩由透闪石及微量滑石、绿帘石、绿泥石、阳起石、方解石、铁白云石、铬尖晶石和硫化物组成，板柱状、针柱状、纤维状、交织状结构，放射状与块状构造。

2）花岗斑岩、钠长斑岩

花岗斑岩侵位于超基性主岩体中段南缘，呈岩株产出，地表出露面积 0.34km^2。受 NWW 向和 NE 向断裂控制，长轴近东西向，南界面受断裂限制平直，走向近东西，南倾，倾角 70°~87°；北界面为走向 NWW，呈向北凸出的弧形，浅部向北缓倾，倾角 65°~70°，深部向南陡倾，倾角 70°~72°。东西端延伸浅，中部较深。空间形态上呈"漏斗"状。其岩石地球化学表现为：与同类岩石对比，以含钠质高，偏碱性为特征。桂林冶金地质研究所岩矿室同位素地质组（1972）获得花岗斑岩 K-Ar 法同位素年龄为 203~218Ma，属印支期；庞春勇和陈民扬（1993a）获得花岗斑岩株的 Rb-Sr 同位素年龄为 400Ma，属海西期；王宗起等（2009）采用锆石 U-Pb 同位素法测得花岗斑岩的成岩年龄为 216±4Ma，属印支晚期。

钠长斑岩分布比较广泛，主要集中分布在超基性主岩体中部，花岗斑岩北侧。大致呈左行斜列的脉岩群，构成一个宽 0.1~0.3km 的脉岩带，脉体产状与北西西断裂带一致，深部南倾，浅部北倾。前人获得其 K-Ar 同位素年龄分别为 239Ma、333Ma、337.3±3.4Ma、372.6±1.2Ma[1]。

4. 变质作用和围岩蚀变

矿区内岩石经历了长期多次的构造岩浆活动。超基性岩体已经强烈变质，原岩已面目全非。超基性岩体经历了自变质期的纤胶蛇纹石化阶段与变质期的叶蛇纹石化、滑石化、菱镁矿化，在后期酸性脉岩接触热液蚀变阶段，原岩变为蛇纹岩、滑镁岩、菱镁岩。随着岩体变质程度加深，金从岩体中不断析出，在有利的构造部位富集形成金矿。

根据超基性岩体内变质岩石的组成及空间分布特征，分为 3 个变质岩相带：①南部接触变质岩相带，发育硅化、铁白云石化带；②中部含镍矿变质岩相带，包括含镍矿磁铁矿滑镁岩夹菱镁岩亚带和含镍叶蛇纹岩夹滑镁岩亚带，该带在镍矿的东西旁侧有金矿化，构成矿区金矿的中矿带；③北部变质岩相带，有镍矿化滑镁岩亚带、纤胶蛇纹岩亚带和滑镁岩夹菱镁岩亚带、含金蚀变白云岩亚带（金矿的北矿带）。

---

❶　西北有色地质勘查局七一一总队 . 1995. 陕西省略阳县煎茶岭镍矿床地质详查报告 . 1-70.

超基性岩体与白云岩接触带旁侧白云岩发生接触热液蚀变，产生碳酸盐化、硅化、黄（白）铁矿化、褐铁矿化、雌黄及雄黄、铬云母化。

与金矿化关系密切的蚀变主要有黄（白）铁矿化、硅化、碳酸盐化、叶蛇纹石化、滑石化、透闪石化、雌黄及雄黄、铬云母化等。

5. 矿区地球化学异常特征

1∶5 万分散流扫面工作在矿区内圈出 2 个金异常，面积 16.4km²，金含量 $2.5×10^{-9}$ ~ $28×10^{-9}$，平均 $5.4×10^{-9}$，元素组合为 Au、As、Hg、Mn、Ni、Co、Cr。

1∶1 万次生晕测网扫面以 Au 含量 $10×10^{-9}$、Ag 含量 $0.5×10^{-6}$ 作为下限值共圈出金异常 106 个，银异常 48 个，按所处地质构造部位分成 4 个金异常带和 3 个银异常带。

北部金异常带位于超基性岩体北部接触带及断头崖灯影组白云岩中，长 4000m，宽 100 ~ 600m，走向北西，由金、砷、镍、钴、铬、银、锌等元素组成，异常浓集中心明显，金含量一般为 $10×10^{-9}$ ~ $25×10^{-9}$，最高值大于 $300×10^{-9}$；砷含量一般为 $25×10^{-6}$ ~ $30×10^{-6}$，最高值为 $120×10^{-9}$。在该异常带上勘查发现了煎茶岭大型金矿。

中部金异常带位于超基性岩体中，金异常强度一般为 $15×10^{-9}$ ~ $20×10^{-9}$，最高值大于 $300×10^{-9}$，局部地段分布有砷、锌、铅、钼异常。经地表查证发现二十余处金矿化体；说明超基性岩体内金的背景值较高，可为成矿提供丰富的金源。

南部金异常带位于超基性岩体南接触带两侧，长 2800m 左右，宽 150 ~ 500m，呈北东东向展布，主要为金、砷异常，局部有锌、铅异常。金异常强度一般为 $15×10^{-9}$ ~ $20×10^{-9}$，最高值大于 $300×10^{-9}$；砷异常强度一般为 $20×10^{-6}$ ~ $25×10^{-6}$，最高值为 $100×10^{-9}$。在岩体南接触带中已发现了金矿体。

西部金异常带分布于超基性岩体西侧鱼洞子岩群中，以金异常为主，异常成片出现，分布面积较大，约 3.8km²，金异常强度一般为 $10×10^{-9}$ ~ $20×10^{-9}$，最高值大于 $205×10^{-9}$。目前已发现金矿脉近二十条。

二、矿床地质特征

煎茶岭矿田已发现五个金矿化带，根据金矿化产出的构造和含矿围岩的差异可分为南矿带、中矿带、北矿带、西渠沟金银钒矿化带与金洞子-龙王沟金矿带，其中北矿带金矿化强，金矿体规模大。南矿带位于矿田南部，主要沿白云岩与火山岩接触断裂带侵入的钠长斑岩边部破碎带分布；中矿带处于矿田中部，产出超基性岩体中南部断裂带（F_1^{31}）南侧的蚀变钠长斑岩或镜铁矿化滑镁岩、菱镁岩，含金岩性东段为蚀变钠长斑岩，西段为蚀变滑镁岩或菱镁岩；北矿带分布于矿田北部，沿煎茶岭超基性岩体与白云岩接触断裂带（F_1^{45}）发育金矿化，含金岩性为蚀变白云岩；西渠沟金银钒矿化带位于西渠沟北侧千枚岩与白云岩的接触断裂（F_1^{47}）带中；金洞子-龙王沟金矿带位于矿田西部太古宇鱼洞子岩群深变质岩系中。

1. 矿体特征

煎茶岭金矿床赋存于震旦系白云岩和超基性岩接触断裂（F_1^{45}）带中（图 4.2），共圈出大小矿体 6 个，其中赋存于接触断裂带蚀变白云岩内的有 5 个，白云岩中圈出 1 个盲矿体。1 号矿体为主矿体，地表（1045～1280m 标高之间）断续出露于 32～71 勘探线间，控制长 1800m，在 34 线、38 线、46 线、50 线、54 线附近出现 5 个无矿间隔区。深部控制长度 1950m，斜深 90～730m，控制垂深 90～705m，最大标高差 780m；水平厚度一般为 0.80～6.80m，平均水平厚度 3.30m；局部膨大，如 46 线 913m 标高附近为厚大中心，矿体水平厚度最大达 22.67m。矿床金品位变化在 1×10^{-6}～135×10^{-6}，平均为 7.60×10^{-6}。

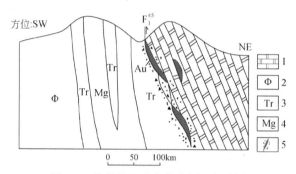

图 4.2　煎茶岭金矿床综合剖面地质图

1. 白云岩；2. 蛇纹岩；3. 滑镁岩；4. 菱镁岩；5. 金矿体

　　矿体形态以似板状、透镜状为主，局部膨大呈大透镜状。在接触断裂（F_1^{45}）次级断裂发育处，矿体局部出现分支复合现象（图 4.3）。

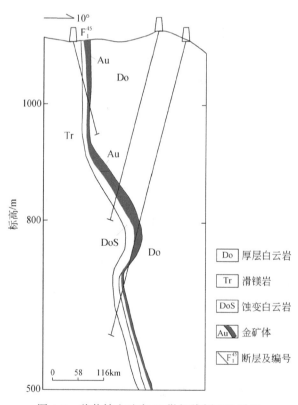

图 4.3　煎茶岭金矿床 40 勘探线剖面地质图

矿体产状和白云岩与超基性岩体接触断裂（F_1^{45}）带产状相似，总体走向为100°～130°，倾向北或北东，局部南倾，总体倾角80°，波动于43°～88°之间，沿走向和倾向均呈波状变化，倾角变缓处往往矿体增厚变富，倾角变陡或南倾时，矿体变薄、变贫或出现无矿地段。矿体有向东侧伏的趋势。

2. 矿石特征

1）化学成分

据矿石氧化物分析结果，金矿石与蚀变白云岩的化学成分基本相同，矿石中常量元素氧化物主要为SiO_2、MgO、CaO、FeO（全铁），明显富钙、镁（表4.4）。

据矿石微量元素分析结果，微量元素Au、Ni、Co、Cr、Mn、As含量比较高（表4.5、表4.6），矿石中金元素为单一可利用组分，无其他伴生有益组分。

2）矿物成分

赋矿岩石主要为蚀变白云岩（图4.4）。矿石构造主要有浸染状构造、细脉状构造、网脉状构造、团块状构造；矿石结构多为自形–他形微细粒结构，交代蚕食结构、假象结构，此外还有骸晶结构、球状结构。

目前发现矿石中主要贵金属矿物是自然金，有少量的银金矿和自然银，金属矿物主要是黄铁矿（3%）和少量的白铁矿及二者的次生矿物褐铁矿；非金属矿物主要有白云石（60%）、石英（30%），少量的叶蛇纹石、滑石、铁白云石、铁方解石、铬云母、钠长石；微量矿物（少于0.1%）较复杂，有磁铁矿、磁黄铁矿、闪锌矿、方铅矿、白铅矿、黄铜矿、紫硫镍矿、辉砷镍矿、镍黄铁矿、针镍矿、赤铁矿、毒砂、雄黄、雌黄以及自然锌、自然铜、自然镍（后三者矿物见于褐铁矿化、硅化白云岩型金矿石中），反映出热液矿物组合特点。载金矿物主要有褐铁矿、黄铁矿、白铁矿、石英、白云石、方解石等。

矿石的载金矿物主要有褐铁矿、黄铁矿、白铁矿、石英、白云石、方解石等。氧化矿石中金的镶嵌填补状态主要以粒间金形式赋存于非金属矿物粒间，其次为裂隙金和包裹金三种类型，颗粒数比例分别为82%、10%、8%，此外，还有大量的超显微金和少量分散态金。

原生矿石（混合矿）中金主要以分散态赋存在金属硫化物中，对主要金属矿物黄铁矿、磁黄铁矿、紫硫镍铁矿、辉砷镍矿等进行电子探针分析，表明其成分中含有金。原生矿石中金主要呈包裹金状态存在于硫化物中，占比为86%。

矿石中金为不可见金，在显微镜及电镜下所见金的粒度为0.0002～0.036mm，其中微粒金（粒径小于0.01mm）约占88.64%，还有少量细粒金（0.01～0.036mm）。因此，矿石中金是以微粒金为主的微细粒金。金主要呈自然金、银金矿形式产出。

金矿物的形态主要为浑圆粒状、麦粒状、角粒状，这三种形态自然金占总数的85%，而不规则状、枝杈状、针状及板片状金粒较少，占15%。

据24个电子探针测定，自然金中金的成色为943.999，平均为985；银金矿为726。两类金矿物平均成色为975。

表 4.4　煎茶岭超基性岩体化学成分 （ωB）

样号	Q9	Q10	Q11	Q4							
取样位置	PX870-CM59	PX870-CM59	PD606 平硐	PD612-CM59B							
岩石	混合矿	氧化矿	混合矿	蚀变白云岩	白云岩	透闪岩 (2)	菱镁岩 (2)	滑镁岩	叶蛇纹岩 (2)	纤胶蛇纹岩 (2)	中国超基性岩 （平均值）
SiO_2/%	31.13	44.47	25.98	33.01	0.90~6.32	41.88	27.38	33.65	38.63	39.29	43.67
TiO_2/%	0.03	0.03	0.03	0.03	0.008~0.030	0.125	0.056	0.015	0.02	0.01	0.90
Al_2O_3/%	0.31	0.61	0.46	0.82	0.01~0.81	5.56	0.715	0.71	0.635	0.31	4.53
Fe_2O_3/%	2.26	4.96	2.29	5.39	0.24~0.72	1.63	3.85	3.82	5.42	7.19	4.22
FeO/%	4.22	1.41	2.61	1.23	0.10~7.18	4.3	4.33	4.84	6.98	0.78	7.77
MgO/%	28.61	9.71	23.72	12.7	15.72~20.24	25.16	31.10	35.29	35.87	39.27	25.34
CaO/%	4.32	13.3	6.35	19.6	27.55~31.58	8.91	0.41	2.49	1.88	0.22	8.79
MnO/%	0.045	0.05	0.06	0.09	0.045~0.530	0.072	0.104	0.111	0.110	0.07	0.25
Na_2O/%	0.009	0.033	0.014	0.033	0.25~0.39	0.175	0.03	0.02	0.045	0.0115	0.90
K_2O/%	0.015	0.108	0.043	0.043	0.07~0.15	1.48	0.089	0.03	0.035	0.008	0.41
NiO/%	0.214	0.255	0.204	0.255	0.001~0.078	0.142	0.177	0.298	0.287	0.259	
CoO/%	0.01	0.013	0.01	0.008	0.001~0.008	0.009	0.010	0.015	0.053	0.22	
Cr_2O_3/%	0.24	0.29	0.22	0.29	0.001~0.070	0.152	1.15	0.57	0.208	0.18	
V_2O_5/%					0.002~0.004			0.044		0	
P_2O_5/%					0.018~0.174		0.013	0.024	0.004	0.004	0.11
H_2O^+/%	2.96	1.7	0.44	3.24	0.44~1.10	4.09	1.08	1.40	11.06	12.40	2.84
H_2O^-/%							0.04		0.43	0	
S/%	1.055	0.229	1.836	0.06	0.002~0.25	0.024	0.032	0.969	0.625	0.055	
CO_2/%	25.94	22.18	31.97	24.74	42.50~45.69	22.41	32.74	20.88	1.66	0.24	0.27
$Mg^\#$						91.25	92.75	92.85	90.16	98.90	85.32
δ						-2.43	-0.0009	-0.0003	-0.001	-0.0001	2.56

续表

样号	Q9	Q10	Q11	Q4			
m/f					7.68	7.01	7.50
					5.35	9.57	3.82
$(K_2O+Na_2O)/(SiO_2-39)$					0.575	-0.010	-0.009
					-0.216	0.067	

注：括号内数字为样品数。$Mg^\# = 100 \times MgO/(MgO+FeO)$，$m/f = MgO/(FeO+2\times Fe_2O_3+MnO)$，各氧化物含量为分子百分数。中国超基性岩平均值据黎彤和饶纪龙，1963。其余数据取自陕西省略阳县煎茶岭镍矿床地质详查报告●。

表 4.5　煎茶岭金矿区各类岩石中成矿及相关微量元素含量

岩性	Au	Ag	As	Cu	Pb	Zn	Mo	Ni	Cr	Co	Mn	B	Sb	Hg
白云岩	6.93	0.34	10.1	90.2	30.7	178.8	1.50	137.7	124.9	23.0				
板岩夹灰岩	2.72	0.38	9.0	112.8	33.5	208.4	4.38	73.8	126.9	21.6				
白云质灰岩夹板岩	3.86	0.39	12.6	122.3	34.2	340.3	2.58	104.2	152.6	24.4				
砂砾岩、砾岩	1.71	0.23	6.9	82.7	31.0	143.8	2.37	75.7	140.0	20.7				
绿泥斜长片岩	5.50	0.24	12.2	108.2	33.2	250.5	2.29	95.2	160.9	23.0				
石英绿泥斜长片片岩	6.68	0.15	1.6	45.4	20.2	73.8	1.22	57.4	138.6	17.3				
角闪斜长岩	2.17	0.15	3.3	66.9	22.8	109.1	1.22	54.6	127.5	18.8				
长英变粒岩	4.21	0.20	2.5	75.0	25.0	140.0	1.05	75.0	150.0	20.0				
绿泥斜长片岩	7.90	0.10	3.0	50.0	30.0	80.0	1.20	40.0	125.0	18.0				
混合斜长变粒岩	8.42	0.20	0.5	40.0	20.0	85.0	1.00	50.0	85.0	16.0				
花岗状混合岩	1.51	0.13	2.8	85.8	23.6	136.7	1.04	69.4	99.3	20.3				
片麻状混合岩	6.08	0.15	1.8	58.0	21.1	120.0	2.17	49.5	111.2	19.5				
蛇纹岩	4.82	0.18	8.5	72.5	33.5	223.7	1.72	1335.3	1464.6	56.1				
滑镁岩、菱镁岩	9.00	0.23	8.5	80.5	34.4	184.6	1.33	1638.0	1832.6	58.2				
花岗斑岩	2.12	0.52	9.71	193	78	717	11.26	205	450	14				
滑镁岩	9.98		25.48	8.76				2457.43	1942.08	101.19	1173.33	16.83		
白云岩	5.93		13.41	7.12				14.16	11.47	<5	1019.55	9.77		

● 西北有色地质勘查局七一一总队. 1995. 陕西省略阳县煎茶岭镍矿床地质详查报告.1-70.

续表

岩性	Au	Ag	As	Cu	Pb	Zn	Mo	Ni	Cr	Co	Mn	B	Sb	Hg
纤胶蛇纹岩	1.30		45.00	11.37				2854.17	1729.17	76.25	1038.54	285.71		
菱镁岩	21.08		566.67	10.02				2089.62	1848.11	164.15	491.67	400		
金矿石	181.41		1187.69	29.08				1505.77	1566.04	79.12	1411.54	85.29		
蚀变白云岩	51.86		72.75	15.13				606.40	614.25	29.94	1320.70	100.37		
叶蛇纹岩	8.91		76.75	10.59				2144.59	1720.41	75.41	1267.35	206.09		
滑镁岩、菱镁岩	4.66	0.054	19.36					664		50.29			0.89	0.052
蛇纹岩	1.47	0.051	1820					1187		63.0			1.93	0.35
钠长斑岩	4.02	0.139	5.21					28		20			0.31	3.15
花岗斑岩	1.25	0.311	57.59					108		29.9			2.12	0.499
硅化白云岩（高镍）	2.10	0.051	5.36					557		49			0.37	0.025
硅化白云岩（低镍）	1.26	0.052	2.39					15.4		21.6			0.32	0.061
金矿石	1471.25	0.139	359					863		83			4.39	0.35
近矿围岩滑镁岩	60.4	0.057	5.1					295		50			0.23	0.027
近矿围岩白云岩	20.17	0.051	15.3					40		24			0.62	0.22

注：据陕西省略阳县煎茶岭金矿详查报告❶；Au 数量级为 10^{-9}，其他数量级为 10^{-6}。

表 4.6 煎茶岭金矿石微量元素含量

元素	Au /10^{-9}	Cu /10^{-6}	Pb /10^{-6}	Zn /10^{-6}	Ag /10^{-6}	As /10^{-6}	W /10^{-6}	Sn /10^{-6}	Ni /10^{-6}	Cr /10^{-6}	Co /10^{-6}	Mn /10^{-6}	B /10^{-6}	样品件数
金矿石（原生晕）	181.41	29.08	20.04	185.58	0.42	1187.69	20.58	10.67	1505.77	1566.04	79.12	1411.54	85.29	As13 件样品，其他元素 26 件
氧化金矿石	3890	15.0		180.0	12.60	500.0			520.0		130.0			
混合金矿石	4200	170.0	80.0	90.0	23.60	3100.0			1600.0	1300.0	80.0			

注：据陕西省略阳县煎茶岭金矿详查报告❶。

❶ 西北有色地质勘查局七一一总队. 1995. 陕西省略阳县煎茶岭金矿详查报告.1-70.

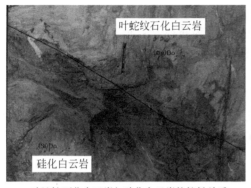

叶蛇纹石化白云岩与硅化白云岩的接触关系

蚀变蛇纹岩(左)与蚀变白云岩(右)的接触关系

金矿体（黑线上部）与滑镁岩（黑线下部）接触关系

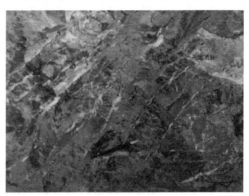

金矿体中的雄黄脉

晚期断层中的构造角砾岩

碎裂状硅化白云岩

金矿体(Au)与叶蛇纹岩(Φe)接触关系

强硅化含碳白云岩型贫金矿石

图 4.4　煎茶岭金矿床典型矿石特征

金矿石中含银矿物有自然银和银金矿。自然银粒径为 0.004 ~ 0.046mm，其中 75% 小于 0.01mm；分布极不均匀，形态以角粒状为主，次为枝权状、板片状及圆粒状，各自比例为 67.8%、18.6%、11.9%、1.7%；主要嵌布在白云石或白云石与石英粒间，银成色 977 ~ 991，平均为 984。

矿石自然类型较简单，按照矿物共生组合关系分为褐铁矿化硅化白云岩型金矿石、褐铁矿化叶蛇纹石化硅化白云岩型金矿石、黄铁矿化硅化白云岩型金矿石和黄铁矿化叶蛇纹石化硅化白云岩型金矿石。硅化白云岩型金矿石是矿体的主要矿石类型。

工业类型为氧化型矿石与混合型矿石两种。

3）成矿阶段

根据矿物共生组合关系，煎茶岭金矿成矿作用可划分为 2 期 4 个阶段，即热液期和表生期，热液期又可分为 3 个矿化阶段。各种矿物生成顺序以及各矿化阶段中形成的不同矿物组合见表 4.7。

三、矿床地球化学特征

1. 岩石、矿石元素地球化学特征

煎茶岭金矿产出在超基性岩（蛇纹岩、叶蛇纹岩、滑镁岩、菱镁岩）与白云岩断裂接触带中。超基性岩中的金背景值含量高，平均 20.55×10^{-9}，并且在岩体中见到微小球粒金及银金矿，表明在超基性岩中含有比较丰富的金。

1）主量元素地球化学特征

由表 4.4 可知，煎茶岭超基性岩体的 SiO_2 含量一般在 27.38% ~ 41.88% 之间，其 $(K_2O+Na_2O)/(SiO_2-39)$ 值在 -0.216 ~ 0.575 之间，可与拉斑玄武岩类比，里特曼指数 δ 值为 -2.43 ~ -0.0001，除透闪岩外，其他岩石接近零；岩石总体上具有 P_2O_5 和 TiO_2 含量低（以 $TiO_2<2.5\%$ 为标准）的特征；与中国超基性岩平均值相比，煎茶岭超基性岩的镁含量高（MgO 的含量为 25.16% ~ 39.27%）；（$FeO+Fe_2O_3$）含量，除叶蛇纹岩（12.4%）略高外，其余岩石均比较低。

按里特曼指数 $\delta>4$ 属碱性岩系（大西洋型或地中海型）、$\delta<4$ 属钙碱性岩系（太平洋型）的划分标准，本区岩石含碱量比较低（Na_2O+K_2O 为 0.02% ~ 1.66%），属钙碱性岩系。岩石 m/f 值，除叶蛇纹岩（5.35）低于 6.5 外，其余（7.01 ~ 9.75）均比较高，属镁质–超镁铁质岩石。岩石 $Mg^{\#}$ 指数高，反映其形成温度可能较高。据岩矿鉴定，岩石中矿物主要为斜方辉石和橄榄石，据研究，斜方辉石的结晶温度在 1000 ~ 1150℃ 之间，橄榄石形成温度在 1250 ~ 1890℃ 之间（邱家骧，1985），故推测煎茶岭岩体形成温度大于 1000℃。

全碱–硅图显示投影点落于纯橄榄岩、斜方辉橄榄岩处，参照显微镜观察，推断煎茶岭岩体的原岩为纯橄榄岩、斜方辉橄榄岩、辉石岩等。

表 4.7　煎茶岭金矿床矿物生成顺序

矿物	热液期			表生期
	第一阶段	第二阶段	第三阶段	氧化作用阶段
自然金	------	--------------------	--------------------	------
银金矿	---	--------------------	--------------------	---
自然银	--	--------------------	--------------------	--
黄铁矿	-------	--------------------	--------------------	
石英	-----------------	--------------------	--------------------	
方解石	--	--------------------	--------------------	
白云石	--	--------------------	--------------------	
叶蛇纹石	----------	--------------------		
滑石	----------	--------------------		
铁方解石	--	--------		
铁白云石	--	--------		
磁铁矿	--------	-----------------		
铬尖晶石	--			
磁黄铁矿	-------			
透闪石	-----			
绿泥石	------			
黄铜矿	-------			
镍黄铁矿	---------			
辉砷镍矿	---------	-----		
辉镍矿	------	---		
针镍矿	------	---		
方硫镍矿	------	---		
白铁矿		---		
毒砂		--- -------		
方铅矿			--	
闪锌矿			-------	
铬云母		---	------	
雄黄			----------	
雌黄			----------	
褐铁矿				----------
白钛矿				------
标型矿物	磁黄铁矿、铬尖晶石、透闪石、绿泥石	黄铁矿、白铁矿、毒砂	雄黄、雌黄、闪锌矿、白云石与方解石细脉	褐铁矿、白钛石
矿石结构	他形-半自形-自形	他形-半自形-自形	他形-半自形	假象结构
矿石构造	浸染状	细脉状、浸染状	细脉状	浸染状、细脉状、网脉状

2）微量元素地球化学特征

由表 4.8 知，超基性岩体中微量元素以富 Au、Pb 及 As、Sc、Sr 为特征，特别以富 Au、As 为特征。Au 的平均值为 20.19×10^{-9}，高出正常值 3 倍多，As 的平均值为 124.14×10^{-6}，高出正常值 124 倍，Pb 的平均值为 11.04×10^{-6}，高出正常值近 11 倍。砷是热液蚀变的指示性元素，砷（As）的含量高则说明有热液蚀变；正常情况下超基性岩中铅含量比较低，岩体中铅（Pb）含量高，说明岩体遭受了后期热液强烈的叠加改造。亲超基性岩的 Ni、Co、Cr、Mn、Fe、Cu 等元素含量并不高，除铁外，均仅接近超基性岩的平均值。岩体 Ni、Co、Cr、Mn、Cu 平均含量分别为 2190.07×10^{-6}、91.08×10^{-6}、1638.93×10^{-6}、945.16×10^{-6}、9.45×10^{-6}。亲超基性岩的 Ni、Co、Cr、Cu 等元素含量在菱镁岩、蛇纹岩、滑镁岩中彼此接近，说明岩浆侵入时熔离较好，在复式岩体形成过程中，具有 Ni、Co 等元素先熔离，后富集的特征，以及稀有元素与放射性元素同时富集的趋势。

表 4.8　煎茶岭超基性岩微量元素含量（ω_B）

元素	石英菱镁岩（3）	叶蛇纹岩（5）	纤胶蛇纹岩（1）	滑镁岩（1）	煎茶岭超基性岩体平均值	金矿石（1）	超基性岩平均值
Au	33.89	17.8	1.3	9.96	20.19	20620	6
As	287.22	61.86	45	25.48	124.14	2531	1
Cu	9.54	9.15	11.37	8.76	9.45	25.8	10
Pb	12.81	11.71	5.92	7.53	11.04	5.09	1
Zn	76.75	66.13	63.75	82.33	70.70	38.1	50
Co	115.98	77.09	76.25	101.19	91.08	57.1	150
Ni	2089.62	2064.05	2854.17	2457.43	2190.07	1023	2000
Cr	1848.11	1434.74	1729.17	1942.08	1638.93	798	1600
Fe	42824.44	48109.42	48100.52	46814.45	46393.54		94300
Mn	491.67	1152.95	1038.54	1173.33	945.16		1200
V	4.05	107.42		12.38	56.16	7.21	40
Zr	0.36	26.86			13.54	0.42	
Sc	1.59	17.55		3.06	9.56	2.68	0.05
Hf	0.1	0.1			0.08	0.1	0.2
Rb	0.31	2.63			1.41	5.07	
Sr	3.12	36.89			19.38	139	1
Ga	0.56	4.6			2.47	2.1	1.5
Nb	0.58	3.36			1.85	0.04	16
Ba	27.2	34.5			25.41	54	0.4

注：括号内为样品数；Au 的数量级为 10^{-9}，其他元素的数量级为 10^{-6}；数据引自罗才让等，1993；超基性岩平均值据 Turekian and Wedepohl，1961。煎茶岭超基性岩体平均值=［（石英菱镁岩平均值×样品数）＋（叶蛇纹岩平均值×样品数）＋（纤胶蛇纹岩平均值×样品数）＋（滑镁岩平均值×样品数）］/样品数之和。

叶蛇纹岩的 Nb、Rb、Sr 含量分别为 $3.36×10^{-6}$、$2.63×10^{-6}$、$36.89×10^{-6}$，明显高于石英菱镁岩的 $0.58×10^{-6}$、$0.31×10^{-6}$、$3.12×10^{-6}$。板内碱性玄武岩具有高 Rb、Sr（$Rb>400×10^{-6}$、$Sr>20×10^{-6}$）的特征，大洋拉斑玄武岩具有低 Nb、Th 的特征，由 Rb、Sr、Nb 含量知，本区蛇纹岩和菱镁岩不具有典型的板内玄武岩的特征，而显示与大洋拉斑玄武岩相类似的特征，但又与典型的拉斑玄武岩特征不相同，故推测本区岩石为岛弧拉斑玄武岩或其分异产物。

由表 4.9 可知，金矿石中镍含量均较低，最高仅达 0.20%，平均为 0.15%，Co 含量平均为 0.0079%，最高仅为 0.029%；而 Cu 含量均小于其克拉克值（$55×10^{-6}$）。

表 4.9 煎茶岭金矿床矿石中伴生元素含量

样号	Au	Ni	Co	Cu	Cr	Zn	V
JPD-1	33900	760.64	290.28	3.60	1452	626.80	911.80
JCL-02	330	1891.3	86.92	24.41	2809	46.88	15.30
ZK-2	6950	622.20	156.79	12.92	1132	190.02	23.18
JCL-03	20800	2061.46	61.20	21.42	2243	211.52	41.02
JCL-4	8040	1894.62	99.73	3.17	1057	36.85	13.36
PX406-428	20620	1023	57.1	25.8	798	38.1	7.21
P404-448-2	6250	1394	55.6	6.13	881	17.9	10.7
26 件金矿石	181.41	1505.77	79.12	29.08	1566.04	185.58	—

注：Cr 为 X 荧光分析，其他元素为 ICP-MS 分析结果，由西北大学大陆动力学国家重点实验室测试，Au 含量数量级为 10^{-9}，其他数量级为 10^{-6}。26 件金矿石平均值据王相和任小华，1997[●]；样号中以 P 开头的样品据马建秦，1998。

3）铂族元素地球化学特征

采自煎茶岭金矿床及南带的 18 件不同类型岩、矿石样品铂族元素及金的测试数据及前人对于该区蚀变超基性岩和金矿石 PGE 及 Au 的分析结果列于表 4.10。这些不同矿石与岩石的球粒陨石标准化铂族元素（PGE）及金分布模式如图 4.5。由图 4.5 可知，金矿石的铂族元素配分曲线为向右升高的左倾型，钌、铑呈高峰，具有铂（钯）的低谷，蚀变超基性岩的铂族元素配分模式和矿石相似，这指示该超基性岩体提供了 Au 成矿的物质来源，其本身为钯组铂族元素矿化，大多数岩、矿石 Pd/Ir<1，Pt、Pd 含量低，与其镁质超基性岩体的性质是一致的。其矿石铂族元素总含量 $\sum PGE$ 在 $17.1×10^{-9} \sim 38.5×10^{-9}$ 之间变化，平均为 $25.3×10^{-9}$；4 件超基性岩的 $\sum PGE$ 在 $<6.5×10^{-9} \sim 22.0×10^{-9}$ 之间变化，平均约为 $17.53×10^{-9}$，小于矿石的平均值。南带（庙儿沟–水草坪）岩、矿石的铂族元素配分曲线与北带（煎茶岭）略有不同，其金矿石虽也为向右升高的左倾型，但仅显示钌的高峰，具有钯的低谷，$\sum PGE$ 在 $4.4×10^{-9} \sim 20×10^{-9}$ 之间变化，平均为 $15.65×10^{-9}$；2 件滑镁岩的铂族元素配分曲线与矿石相似，只是金的含量很低，相对表现为钯的高峰，$\sum PGE$ 为 7.7×

● 王相，任小华.1997. 陕西勉略宁地区地质与成矿.1-150.

10^{-9} 和 27.4×10^{-9}；3 件白云岩的铂族元素配分曲线与滑镁岩相似，但出现铱的低谷，铂族元素总含量更低，ΣPGE 变化范围为 $1.1 \times 10^{-9} \sim 9.6 \times 10^{-9}$；矿体内石英脉的铂族元素配分曲线与矿石相似，$\Sigma PGE$ 仅为 1.7×10^{-9}，这些说明其成矿与蚀变超基性岩及白云岩均有关。煎茶岭岩体南北侧岩、矿石铂族元素的配分特征大体相似，但 Ru、Rh、Pd 的变化较明显，由于造成 PGE 分异的可能机制有蚀变作用、部分熔融和结晶分异（Barnes et al.，1985），而蚀变作用对 Pd 组 PGE 的分异影响大，因此这也说明金成矿过程与后期构造热液蚀变作用关系密切。

表 4.10　煎茶岭金矿床（北矿带）和南矿带岩石、矿石中铂族元素与金含量（$\omega_B/10^{-9}$）及其特征参数

采样位置	样号	岩性	Os	Ir	Ru	Rh	Pt	Pd	Au	ΣPGE	Pt/Pd	Pd/Ir
北矿带	J-8	蛇纹岩	1.0	1.2	3.0	0.3	≤1	1.0	4.2	<6.5		0.83
	JN-2	滑镁岩	2.4	2.5	4.3	4.0	6.3	2.5	160	22	2.52	1.00
	J-42	滑镁岩	2.2	2.0	6.0	6.0	2.5	1.0	120	19.7	2.50	0.50
	JN-1	透闪岩	4.4	5.0	7.0	6.0	2.7	6.1	120	31.2	0.44	1.22
	J-41	金矿石	6.0	6.6	14.7	7.0	3.1	1.1	14100	38.5	2.82	0.17
	Pt1	金矿石	2.8	4.6	7.1	0.8	0.8	2.1	0.31	18.2	0.38	0.46
	Pt2	金矿石	5.5	6.9	11	1.5	3.2	1.5	8.9	29.6	2.13	0.22
	Pt3	金矿石	2.8	5.4	4.6	1.1	2.6	0.8	37.8	17.1	3.25	0.15
	Pt4	叶蛇纹岩	3.6	4.1	8.9	1.1	2.4	1.8	0.03	21.9	1.33	0.44
	Pt5	金矿石	3.3	5.3	7.3	1.1	3.6	2.4	6.9	23	1.50	0.45
	Pt6	金矿石	2.7	7.2	11	1.1	2.9	0.5	3.3	25.4	5.80	0.07
	JCL03-1	金矿石					1.67	0.67	3500	>2.34	2.49	
南矿带	Pt7	滑镁岩	4.0	5.7	11	1.6	3.7	1.4	0.01	27.4	2.64	0.25
	Pt8	金矿石	2.2	4.6	6.7	0.9	3.5	1.1	15.6	19	3.18	0.24
	Pt9	金矿石	0.6	0.2	0.7	0.2	1.1	1.6	1.6	4.4	0.69	8.00
	Pt10	矿体内石英脉	0.2	0.1	0.3	0.1	0.4	0.6	4.9	1.7	0.67	6.00
	Pt11	碎裂白云岩	0.1	0.1	0.1	0.1	0.3	1.7	0.06	2.4	0.18	17.00
	Pt12	滑镁岩	1.1	1.3	2.3	0.3	1.5	1.2	0.04	7.7	1.25	0.92
	Pt13	褐色蚀变白云岩	1.0	1.6	3.1	0.4	2.1	1.4	0.16	9.6	1.50	0.88
	Pt14	碎裂白云岩	0.2	0.1	0.1	0.1	0.2	0.4	0.06	1.1	0.50	4.00
	Pt15	金矿石	2.4	4.1	7.4	1.1	3.2	1.8	3.8	20	1.78	0.44
	Pt16	金矿石	3.2	3.7	6.6	0.9	3.0	1.8	4.2	19.2	1.67	0.49
地壳丰度（Wedepohl，1995）			0.05	0.05	0.1	0.06	0.4	0.4	2.5	3.56	1.00	8.00

注：J- 及 JN- 据冉红彦等，1996；Pt1 ~ Pt16、JCL03-1 由有色金属西北地质矿产测试中心采用 ICP-MS 分析测试，仪器型号为 ELAN6100DRC；其他样品由国家地质实验中心采用 ICP-MS 分析测试。ΣPGE 为铂族元素的总含量。

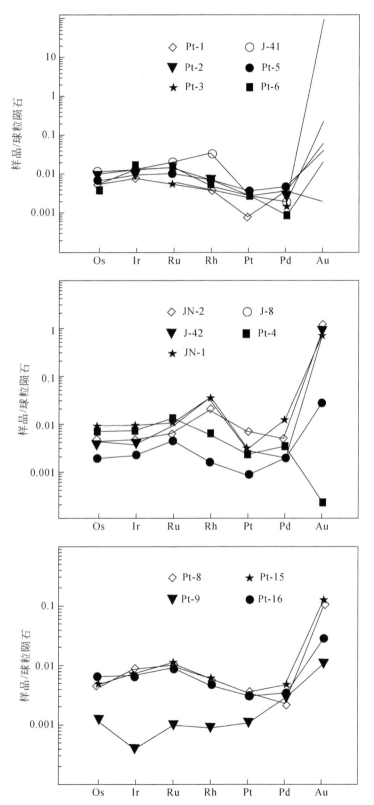

图 4.5 煎茶岭金矿床及南带岩石、矿石 PGE 及 Au 球粒陨石标准化配分模式

标准化值据 Sun 和 McDonough（1989）

表 4.11 煎茶岭金矿床岩石、矿石稀土元素含量

样号	岩（矿）石性质	La	Ce	Pr	Nd	Sm	Eu	Gd	Tb	Dy	Ho	Er	Tm	Yb	Lu
JPD-1	原生金矿石	0.466	0.711	0.163	0.826	0.274	0.079	0.359	0.075	0.518	0.12	0.321	0.059	0.354	0.052
JCL-01	白云岩	0.633	0.629	0.158	0.784	0.184	0.037	0.224	0.033	0.19	0.045	0.105	0.014	0.06	0.011
JCL-02	蛇纹岩	0.129	0.228	0.026	0.095	0.015	0.009	0.015	0.002	0.013	0.002	0.007	0.001	0.008	0.001
JCL-03	氧化金矿石	1.384	1.525	0.224	0.867	0.145	0.074	0.157	0.025	0.15	0.037	0.093	0.015	0.086	0.013
JCL-04	原生金矿石	0.086	0.056	0.005	0.019	0.004	0.012	0.004	0	0.002	0.001	0.002	0	0.004	0.001
ZK-1	白云岩	0.409	0.487	0.085	0.363	0.076	0.019	0.079	0.012	0.074	0.016	0.039	0.006	0.034	0.005
ZK-2	氧化金矿石	0.426	0.443	0.055	0.188	0.031	0.054	0.035	0.005	0.035	0.009	0.025	0.004	0.026	0.004
ZK-3	矿化蛇纹岩	3.989	3.945	0.465	1.471	0.141	0.042	0.159	0.017	0.092	0.019	0.049	0.006	0.038	0.005
ZK-4	蛇纹岩	0.091	0.178	0.02	0.079	0.012	0.005	0.014	0.002	0.01	0.003	0.006	0.001	0.008	0.002
Y-Mg	菱镁岩	0.376	0.801	0.083	0.318	0.094	0.038	0.037	0.006	0.034	0.01	0.03	0.006	0.071	0.047
J50	滑镁岩	0.554	1.112	0.147	0.423	0.105	0.048	0.072	0.01	0.051	0.013	0.033	0.005	0.028	0.005
J187	矿化白云岩	3.99	6.36	0.81	2.91	0.54	0.11	0.44	0.06	0.42	0.09	0.212	0.03	0.17	0.03
P406	金矿石	2.11	4.36	0.46	1.78	0.331	0.134	0.373	0.052	0.36	0.095	0.206	0.026	0.236	0.053
P404	金矿石	0.402	0.388	0.075	0.302	0.061	0.02	0.04	0.006	0.035	0.011	0.032	0.006	0.043	0.019
J65	蚀变白云岩	12.41	25.02	3.56	15	3.23	1.06	3.56	0.53	2.88	0.58	1.38	0.21	1.2	0.17
J190	金矿石	0.761	1.524	0.223	0.664	0.133	0.032	0.1	0.016	0.073	0.016	0.037	0.004	0.03	0.005
P404B	矿化白云岩	24.9	41.9	5.45	22.3	3.58	0.9	2.88	0.363	1.98	0.488	1.06	0.128	1.2	0.16
J17	叶蛇纹岩	1.314	2.047	0.219	0.485	0.163	0.073	0.131	0.02	0.108	0.025	0.104	0.021	0.208	0.036

注：煎茶岭金矿床岩石、矿石稀土元素含量数量级均为 10^{-6}。Y-Mg、P404、P406、P404B 据马建秦，1998；J50、J187、J65、J190、J17 据陈民扬等，1994；其他样品由中国科学院地球化学研究所资源环境测试分析中心及西北大学大陆动力学国家重点实验室采用 ICP-MS 分析完成。所用等离子体质谱仪型号分别为 ELAN6100DRC 及 Finnigan MAT ELEMENT。

表4.12 煎茶岭金矿床岩石、矿石稀土元素特征参数

样号	岩(矿)石性质	ΣREE	LREE	HREE	LREE/HREE	La/Yb	Ce/Yb	La/Sm	Eu/Sm	$(La/Yb)_N$	δEu	δCe
JPD-1	原生金矿石	4.377	2.44	1.858	1.356	1.316	2.008	1.701	0.288	0.763	0.778	0.604
JCL-01	白云岩	3.107	2.388	0.682	3.556	10.55	10.483	3.44	0.201	6.112	0.563	0.465
JCL-02	蛇纹岩	0.551	0.493	0.049	10.245	16.125	28.5	8.6	0.6	9.342	1.853	0.921
JCL-03	氧化金矿石	4.795	4.145	0.576	7.325	16.093	17.733	9.545	0.51	9.324	1.515	0.641
JCL-04	原生金矿石	0.196	0.17	0.014	13	21.5	14	21.5	3	12.456	9.265	0.632
ZK-1	白云岩	1.704	1.42	0.265	5.43	12.029	14.324	5.382	0.25	6.969	0.757	0.611
ZK-2	氧化金矿石	1.34	1.143	0.143	8.371	16.385	17.038	13.742	1.742	9.493	5.063	0.677
ZK-3	矿化蛇纹岩	10.438	10.011	0.385	26.112	104.974	103.816	28.291	0.298	60.818	0.866	0.678
ZK-4	蛇纹岩	0.431	0.38	0.046	8.34	11.375	22.25	7.583	0.417	6.59	1.191	0.976
Y-Mg	菱镁岩	1.951	1.71	0.241	7.095	5.296	11.282	4	0.404	3.068	1.99	1.061
J50	滑镁岩	2.606	2.389	0.217	11.009	19.786	39.714	5.276	0.457	11.463	1.705	0.912
J187	矿化白云岩	16.172	14.72	1.452	10.138	23.471	37.412	7.389	0.204	13.598	0.697	0.828
P406	金矿石	10.576	9.175	1.401	6.549	8.941	18.475	6.375	0.405	5.18	1.178	1.036
P404	金矿石	1.44	1.248	0.192	6.5	9.349	9.023	6.59	0.328	5.416	1.25	0.523
J65	蚀变白云岩	70.79	60.28	6.95	8.673	10.342	20.85	3.842	0.328	5.992	0.965	0.881
J190	金矿石	3.618	3.337	0.281	11.875	25.367	50.8	5.722	0.241	14.697	0.857	0.866
P404B	矿化白云岩	107.289	99.03	8.259	11.991	20.75	34.917	6.955	0.251	12.022	0.866	0.842
J17	叶蛇纹岩	4.954	4.301	0.653	6.586	6.317	9.841	8.061	0.448	3.66	1.543	0.893

4）稀土元素地球化学特征

　　根据对煎茶岭矿区各类岩石、矿石稀土元素的分析测定及计算（表4.11、表4.12），超基性岩（蛇纹岩、叶蛇纹岩、滑镁岩、菱镁岩）稀土总量较低，富集轻稀土，重稀土分异不明显，稀土配分模式为右倾型，ΣREE 变化范围为 $0.431 \times 10^{-6} \sim 10.438 \times 10^{-6}$，$(La/Yb)_N$ 为 $3.068 \sim 60.818$，δEu 为 $0.866 \sim 1.99$，平均为 1.525，除 1 件矿化蛇纹岩外，其余蛇纹岩均为正铕异常（图4.6），这可能与蛇纹石化过程中 Eu^{2+} 的优先活化（Sun and Nesbitt，1978）有关，另外，蚀变超基性岩出现 Gd、Tb 的异常，可能表明成岩过程中有地壳物质的混染；矿区中酸性岩（花岗斑岩、钠长斑岩）稀土总量较高，明显富集 LREE，以具负铕异常为特征，稀土配分模式亦为右倾型，ΣREE 变化范围为 $114.28 \times 10^{-6} \sim 226.03 \times 10^{-6}$，$(La/Yb)_N$ 为 $10.67 \sim 42.84$，δEu 为 $0.73 \sim 1.39$，平均为 0.91（王瑞廷等，2002），配分模式与超基性岩相似，反映了中酸性岩与超基性岩具同源性；金矿石稀土总量变化较大，ΣREE 变化范围为 $0.196 \times 10^{-6} \sim 10.576 \times 10^{-6}$，$(La/Yb)_N$ 为 $0.763 \sim 14.697$，δEu 为 $0.778 \sim 9.265$，平均为 2.843，个别样品具负铕异常，多数为正铕异常，配分模式与超基性岩、中酸性岩极其相似，亦为 LREE 略富集的右倾型，反映了对其成矿物质的继承性。矿区白云岩（含矿化/蚀变白云岩）稀土总量波动大，明显富集 LREE，以具负铕异常为特征，稀土配分模式也为右倾型，略微富集轻稀土，ΣREE 变化范围为 $1.704 \times 10^{-6} \sim 107.289 \times 10^{-6}$，$(La/Yb)_N$ 为 $5.992 \sim 13.598$，δEu 为 $0.563 \sim 0.965$，平均为 0.770，其矿化/蚀变白云岩稀土总量在 $16.172 \times 10^{-6} \sim 107.289 \times 10^{-6}$ 之间变化，明显高于未矿化/蚀变白云岩，$(La/Yb)_N$ 为 $5.992 \sim 13.598$，均为负铕异常，δEu 为 $0.697 \sim 0.965$，平均为 0.843，可能与热液活动过程中稀土元素的活动性有关，白云岩配分模式与矿石、超基性岩相似，反映了与成矿的相关性。

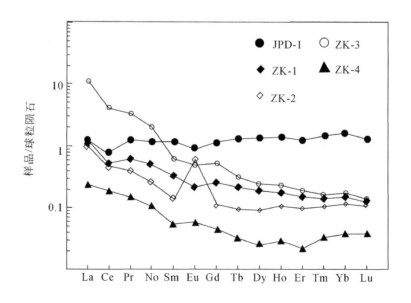

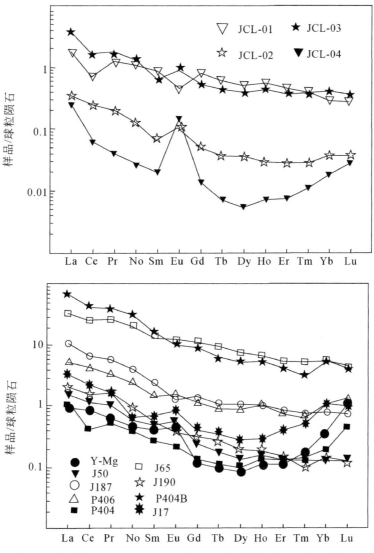

图 4.6 煎茶岭金矿床岩石、矿石稀土元素球粒陨石标准化配分模式

标准化值据 Sun 和 McDonough（1989）

2. 同位素地球化学特征

煎茶岭金矿床各类岩石、矿石均富含重硫（表4.13），从超基性围岩→酸性围岩→沉积岩围岩→金矿石，重硫逐步浓集，具有多期次硫源特征，反映成矿流体在区域上从南向北，且从酸性岩→蚀变超基性岩→硅化白云岩流动、运移。矿石 $\delta^{34}S_{CDT}$ 值变化较大，在 6.3‰～29.1‰，平均为 16.72‰，反映成矿热液中硫为复杂多来源，明显有沉积岩围岩的地壳硫混入（王瑞廷等，2005b，2012；姜修道等，2012）。

表 4.13　煎茶岭金矿区硫同位素组成

样号	矿石与岩石类型	测定矿物	样品数	$\delta^{34}S_{CDT}$/‰	平均值	极差
	蚀变白云岩型金矿石	黄铁矿	11	6.3~29.1	16.72	22.8
		全岩	1	20.94		
	镍矿石	黄铁矿	26	6.1~13.2	9.34	7.1
		磁黄铁矿	18	7.8~10.56		2.76
	变质超基性岩	黄铁矿	14	7.8~15.3	11.79	7.5
		磁黄铁矿	1	8.0		
		全岩	1	12.37		
	钠长斑岩	黄铁矿	9	9~17.5	12.48	8.5
		磁黄铁矿	1	11.6		
	花岗斑岩	黄铁矿	3	8.3~10.6	9.47	2.3
	闪长岩	黄铁矿	1	9.9		
	白云岩	黄铁矿	4	10.3~16.4	14.1	6.1
		磁黄铁矿	1	16.5		
Hc-py1	蛇纹岩	黄铜矿	1	12		
L-Py-Mt	滑镁岩	磁黄铁矿	1	10.53		
Sm-P	钠长斑岩	黄铁矿	1	11.04		
N124	钠长斑岩	黄铁矿	1	14.61		
L-Py	钠长斑岩	黄铁矿	1	12.9		
	白云岩	黄铁矿	1	12.5		
Zh-5	含碳板岩	黄铁矿	1	10.61		
	含黄铁矿碳质板岩（新元古代）	黄铁矿	1	5.4		
	变粒岩（鱼洞子岩群）	全岩	1	12.55		
89JNi-12	蛇纹岩型镍矿石	黄铁矿	1	11.7		
74-4201	蛇纹岩型镍矿石	磁黄铁矿	1	10.9		
单3-1	蛇纹岩型镍矿石	磁黄铁矿	1	11.4		
单-13	蛇纹岩型镍矿石	磁黄铁矿	1	10		
7002-3	滑镁岩型镍矿石	黄铁矿	1	10.3		
3603-25	滑镁岩型镍矿石	黄铁矿	1	13.2		
4603-13	滑镁岩型镍矿石	磁黄铁矿	1	10.5		
3604-17	滑镁岩型富矿石	黄铁矿	1	12.3		
3803-58	滑镁岩型富矿石	黄铁矿	1	10		
3604-17-1	滑镁岩型富矿石	磁黄铁矿	1	11.6		
3807-5-1	滑镁岩型富矿石	磁黄铁矿	1	12.1		
4405-26-1	透闪岩型镍矿石	黄铁矿	1	9.5		
7002-1	透闪岩型镍矿石	黄铁矿	1	11.4		

续表

样号	矿石与岩石类型	测定矿物	样品数	$\delta^{34}S_{CDT}/‰$	平均值	极差
单-11	透闪岩型镍矿石	磁黄铁矿	1	10.7		
单-2-2	透闪岩型镍矿石	磁黄铁矿	1	12.3		
4201-15	透闪岩型富矿石	磁黄铁矿	1	12.5		
4405-16	透闪岩型富矿石	磁黄铁矿	1	8.2		
T161-5	围岩捕虏体含铜黄铁矿矿脉	黄铁矿	1	15		
4009-7-2	滑石化碳质灰岩捕虏体含铜黄铁矿矿脉	磁黄铁矿	1	18.6		

注：有样号者据马建秦，1998；其他据徐宗南，1990；罗才让和单祖翔，1991[1]；陈民扬等，1994；西北有色地质勘查局七一一总队，1995[2]；黄婉康等，1996。

金矿石中石英的 $\delta^{18}O$ 变化范围在 $9.98‰ \sim 10.03‰$ 之间（陈民扬等，1994；庞春勇和陈民扬，1993b）δD 值在 $-92.4‰ \sim -88.4‰$。根据矿物爆裂温度，利用矿物-水关系计算金矿成矿热液水的 $\delta^{18}O_{H_2O}$ 为 $2.29‰ \sim 3.72‰$，低于岩浆水的下限，显示岩浆水和地下水的混合热液。超基性岩（蛇纹岩）$\delta^{18}O$ 值在 $6.4‰ \sim 9.95‰$；超基性岩（滑镁岩、菱镁岩）$\delta^{18}O$ 值在 $10.2‰ \sim 13.45‰$，与中酸性岩脉相近，说明晚期中酸性岩浆水是导致超基性岩体发生蚀变变质的主要流体成分。

煎茶岭金矿床白云岩的 $\delta^{13}C$ 为 $2.3‰$，具有海相碳酸盐的特点；超基性岩的 $\delta^{13}C$ 在 $-3.8‰ \sim -3.0‰$，具有原生碳的特征；金矿石的 $\delta^{13}C$ 为 $-1.6‰ \sim -0.4‰$，据此计算得出成矿流体的 $\delta^{13}C_{H_2O}$ 值为 $-8.42‰$，$\delta^{18}O_{H_2O}$ 为 $5.67‰ \sim 13.52‰$（马建秦，1998），落于混合岩浆热液碳（$\delta^{13}C$ 在 $-9.5‰ \sim -4.0‰$）范围内，显示金成矿流体为混合岩浆热液。

矿区内矿石和上、下盘围岩中的石英的 $\delta^{30}Si$ 在 $-0.1‰ \sim 0.2‰$，平均 $0.05‰$（王瑞廷，2002）；不同于沉积层控型金矿床（$\delta^{30}Si = -0.5‰ \sim -0.3‰$）和火山岩型金矿床（$\delta^{30}Si = -3.1‰ \sim -0.4‰$），比较接近岩浆成因花岗岩（$\delta^{30}Si = -0.20‰ \sim 0.20‰$），说明后期金成矿热液来自与花岗斑岩有关的深部地壳。

煎茶岭金矿区岩石、矿石和矿物的铅同位素组成（陈民扬等，1994；马建秦，1998），在 $^{207}Pb/^{204}Pb$-$^{206}Pb/^{204}Pb$ 图解中呈线状分布，主要分布在造山带铅演化线及其附近，反映铅的多源性及成岩物质主要来自上地幔。

花岗斑岩的 $^{87}Sr/^{86}Sr$ 值为 $0.709768 \sim 0.749689$，稍高于地幔的锶同位素比值，投点接近于玄武岩区演化线，显示成岩物质主要来自地幔，侵入过程中有地壳物质组分混入。超基性岩体中纤胶蛇纹岩的 $^{143}Nd/^{144}Nd$ 在 $0.511126 \sim 0.512326$ 之间变化，由 Sm-Nd 等时线年龄计算获得初始钕同位素比值为 0.510233，纤胶蛇纹岩的初始钕同位素比值为 $0.510182 \sim 0.511095$，Sm-Nd 同位素等时线年龄为 $927.4 \pm 49Ma$。对应的 $\varepsilon_{Nd}(t)$ 值为 $9.1 \sim 32.6$，Sm/Nd 值较大，为 $0.2355 \sim 0.5831$，反映岩体成岩物质来源于亏损的上地幔

❶ 罗才让，单祖翔.1991.陕西勉略宁地区金矿类型找矿预测和靶区优选.1-96.
❷ 西北有色地质勘查局七一一总队.1995.陕西省略阳县煎茶岭镍矿床地质详查报告.1-70.

（陈民扬等，1994；王瑞廷，2002）。

3. 流体包裹体特征

金矿石热液矿物中白云石流体包裹体的均一温度为 190~236℃（王瑞廷，2005）；热液石英和白云石的爆裂温度为 230~269℃、319~341℃ 两组（马建秦，1998），蚀变白云岩型金矿石有标型矿物白铁矿存在，白铁矿转变为黄铁矿的温度为 350℃，反映了金多期成矿特征。金主要成矿温度在 200~320℃，成矿热液属中低温，成矿起始温度为 350℃，晚期叠加低温矿化作用。流体包裹体的盐度测定显示了成矿流体属低盐度卤水，经有关流体包裹体盐度均一温度-CO_2 含量关系的计算求得成矿压力相当于 1.5~3km 的静岩压力（马建秦，1998）。

对金矿石中石英、白云石、铁白云石、含铁方解石的包裹体成分测定显示，气体成分主要为 CO_2、H_2O、CH_4 和 H_2，液相成分主要阳离子为 Ca^{2+}、Mg^{2+}、K^+、Na^+，阴离子主要为 F^-、Cl^-、SO_4^{2-}，$K^+>Na^+$，$F^->Cl^-$，$F^-+Cl^->SO_4^{2-}$，盐度为 0.90%~1.35%，流体富钙碱质、碱质和卤素，与造山带中后生热液金矿床的深源成矿流体类似。

根据包裹体成分计算的成矿流体 pH 为 8.36~8.60，均呈弱碱性，金矿石中普遍存在小颗粒石英，而石英沉淀的 pH 为 4.8~7.4，且矿石中有白铁矿（酸性环境形成）存在，推测成矿热液中矿质是在碱性条件下迁移，在中性或酸性条件下沉淀，成矿晚期热液又变为碱性条件。成矿热液的 Eh 值在-1.19~-0.95，说明为还原条件成矿，与矿床中金与黄铁矿/砷硫化物共生现象相吻合。

四、控矿因素和成矿规律

1. 控矿因素

1）北西向 F_1^{45} 断裂带

F_1^{45} 断裂呈高角度逆冲剪切，具左旋走滑性质；断裂的剪切活动控制金矿带及矿体的产出位置，同时断裂局部的产状变化和力学性质变化控制矿体的规模、产状、金品位及富集分段。

2）超基性岩体

超基性岩体含金丰富，含量达到 4.8×10^{-9}~21.80×10^{-9}；岩体内部和接触带产出金矿带，主矿体赋存在超基性岩体北接触带；金矿石与蚀变超基性岩体微量元素组合基本相似。综上可知，超基性岩体提供了金成矿物质。

3）中酸性岩体及其脉岩

根据微量元素、稀土元素、同位素、成矿流体特征，中酸性岩体及脉岩提供了金成矿的热动力、水及部分金物质，控制了含金流体的运移方向。

4）碳酸盐岩围岩

白云岩易破碎，化学性质活泼，容易发生交代，白云岩蚀变为含金流体提供了地球化学障，并提供了金沉淀的有利场所；变质超基性岩体相对隔水，利于矿质在白云岩中富集，并使矿石强烈氧化；鱼洞子岩群含金丰富，蚀变后部分金质析出，进入成矿流体。

2. 成矿规律

煎茶岭金矿床与超基性岩、区域构造及中生代岩浆活动在时空和成因上具有密切关系，空间上与超基性岩体密切相关，区域上沿 F_1^{45} 断裂分布的蚀变白云岩、钙质板岩是有利的容矿岩石。晋宁期的岩浆侵入活动形成了富含 Fe、Ni、Co、Au 等成矿物质的超基性岩体。矿体产于围岩震旦系灯影组白云岩与超基性岩体接触部位的断裂破碎带内，沿走向与倾向均呈波状变化，当呈高角度逆冲剪切的 F_1^{45} 断裂向北缓倾时，蚀变白云岩中蚀变增强、厚度增大，倾角变缓处往往产出厚度大、品位高的矿体；当 F_1^{45} 断裂倾角变陡或南倾，矿体变薄、变贫或无矿。矿体由浸染状多金属硫化物、硅化及碳酸盐化蚀变体组成，主要载金矿物为含砷黄铁矿、含砷白铁矿等硫化物。煎茶岭金矿断裂构造控矿特征明显，往往同一断裂构造既是导矿构造，又是容矿构造；特别是当断裂产状发生变化形成的局部张性空间部位，次级断裂与主断裂的交汇部位，是导矿与容矿的有利部位，形成品位高、厚度大的矿体。被后期中酸性侵入岩或脉岩强烈改造的变质超基性岩、高镁碳酸盐岩、中基性火山岩是有利的矿源层；成矿流体来自岩浆热液与变质热液。在热动力的驱动下，含矿热液不断向外围迁移，当含矿热液运移到岩体北缘 F_1^{45} 断裂破碎带时，受断层面及白云岩地层的阻挡，含矿热液在断裂带处不断循环，强烈交代蚀变，使金元素还原沉淀于载体矿物中，形成了构造破碎带金矿化蚀变体，经进一步活化富集、叠加改造而成矿。其成矿作用具有长期性、多期性、继承性，成矿时代距今约 200Ma，矿床工业类型属构造破碎蚀岩型金矿。断裂带中黄（褐）铁矿化、硅化、碳酸盐化、叶蛇纹石化、滑石化、铬云母化等蚀变矿物组合是有效的找矿标志。

五、矿床成因与成矿模式

1. 成岩和成矿时代

桂林冶金地质研究所岩矿室同位素地质组（1972）通过全岩 K-Ar 法获得煎茶岭超基性岩体纤胶蛇纹岩的年龄为 388Ma，属海西期，认为超基性岩可能存在两期，但这可能是超基性岩遭受后期热液蚀变的蚀变年龄，非结晶年龄。秦克令等（1992a）通过全岩 Sm-Nd 法获得纤胶蛇纹岩年龄为 927±49Ma，属晋宁期。胡建明（2002）测得超基性主岩体全岩 K-Ar 法年龄为 590Ma，超基性岩体北分支全岩 K-Ar 法年龄为 405Ma，二者基本接近，表明超基性岩体侵入的时限应该在晋宁期；野外局部可见到上覆地层震旦系与超基性岩体为不整合接触关系。在震旦系的底砾岩中可见到滑镁岩与菱镁岩砾石、铬云母团块的砾石。北部超基性分支岩体侵入震旦系和超基性主岩体中。综合可知，煎茶岭超基性岩是晋宁期和海西初期两期侵入的复式岩体。

庞春勇和陈民扬（1993a）获得煎茶岭中部花岗斑岩株的 Rb-Sr 年龄为 400Ma，表明该区遭受过海西期岩浆热液改造。代军治等（2016）测得侵入超基性岩内的花岗斑岩 LA-ICP-MS 锆石 U-Pb 年龄为 859±26Ma，穿切镍矿体的钠长斑岩脉 LA-ICP-MS 锆石 U-Pb 年龄为 844±26Ma，与蛇纹岩型镍矿石中镍黄铁矿的 Re-Os 年龄 878±27Ma（王瑞廷等，2003b）相近。王宗起等通过 LA-ICP-MS 方法获得煎茶岭村西花岗斑岩的 U-Pb 年龄为 216±4Ma，这可能代表成矿年龄上限，表明煎茶岭地区经历了印支晚期的岩浆热液事件。

黄婉康等（1996）获得煎茶岭金矿区石英菱镁岩中铬云母的 K-Ar 法同位素年龄为 144.2±14.9Ma，代表了区内最晚期与金矿化有关的构造热蚀的年龄，也代表了超基性岩体形成后与秦岭–扬子板块碰撞带后期张裂活动有关的金矿化年龄。王平安等（1998）认为煎茶岭金矿床形成于加里东晚期；陈毓川等（2001）认为该矿床成矿时代为燕山期；王瑞廷等（2012）认为其主成矿期为印支期—燕山期，成矿时代应在距今 240～140Ma。岳素伟等（2013）获得煎茶岭金矿铬云母的 ^{39}Ar-^{40}Ar 同位素年龄为 200Ma；Yue 等（2017）获得煎茶岭金矿石英脉中 2 个铬云母 ^{40}Ar-^{39}Ar 同位素年龄分别为 197±2Ma 和 194±2Ma，测试数据显示金主成矿时代为距今 198Ma，结合金矿地质构造特征，认为煎茶岭金矿成矿具有多期性、继承性，主成矿期在印支晚期，时代应在距今 200Ma 左右。

2. 成矿物质来源

煎茶岭金矿床成矿物质来源，主要有四种观点：①白云岩层是金的主要矿源层（王林芳等，1991[❶]）；②煎茶岭蚀变超基性岩体是金的主要来源（王相等，1996；王瑞廷等，2000）；③新太古界鱼洞子岩群是金的物质来源之一（廖俊红，1999）；④中酸性岩浆热液是金的重要物质来源（郑崔勇等，2007a）。根据矿床地球化学、稳定同位素地球化学特征并结合野外观测，认为金矿床成矿物质主要来自超基性岩、鱼洞子岩群，中酸性侵入体提供了热液和部分金源；金矿成矿流体为岩浆热液与大气降水的混合热液。证据如下。

（1）土壤地球化学测量显示，煎茶岭超基性岩北部与白云岩的接触带、中部超基性岩体、超基性岩南部接触带和超基性岩西部与鱼洞子岩群中均圈出金异常带；超基性岩体含金值高达 4.8×10^{-9}～21.80×10^{-9}；鱼洞子岩群为含金高背景层，含金量高出地壳金丰度值的 30 倍，说明蚀变超基性岩和鱼洞子岩群中的金发生了活化、运移。

（2）地球化学分析表明，煎茶岭金矿床 Au、As 等成矿元素与蚀变超基性岩和鱼洞子岩群最为接近，金矿石稀土元素含量及配分模式介于各种围岩之间，并显示 δEu 和 δCe 负异常。超基性岩中的金含量为 4.8×10^{-9}～21.8×10^{-9}，镍含量为 1335×10^{-6}～2854×10^{-6}，铬含量为 1464×10^{-6}～1942×10^{-6}，超基性岩是金的重要物质来源。硫同位素分析表明，金矿床矿石中黄铁矿 $\delta^{34}S$ 值变化较大，在 6.39‰～29.1‰ 间，平均为 16.7‰。从酸性岩→蚀变超基性岩→沉积岩→金矿石，重硫逐步浓集，反映成矿流体在区域上从南向北、从酸性岩→蚀变超基性岩→硅化白云岩流动、运移。硫同位素特征表明，金矿石 $\delta^{34}S$ 值与变质

---

❶ 王林芳，单祖翔，甘先平，等 . 1991. 略阳煎茶岭金矿基本地质特征及找矿方向 . 西北金属矿产地质，10（1）：1-4.

岩硫源相似，金矿床中硫有沉积岩硫的混入。

氢氧同位素分析表明，煎茶岭金矿蚀变岩中流体的 $\delta^{18}O$ 值为 7.5‰~10.0‰，δD 值为-78.1‰~-69.3‰；花岗斑岩的 $\delta^{18}O$ 为 6.4‰，δD 为-70.7‰（廖俊红，1999），指示引起超基性岩蚀变的热液主要来自岩浆热液。煎茶岭超基性岩的 $\delta^{13}C$ 为-3.8‰~-3.0‰，白云岩 $\delta^{13}C$ 为 2.3‰，金矿石 $\delta^{13}C$ 为-1.6‰~-0.4‰，表明金矿成矿流体为岩浆热液与大气降水的混合热液。

3. 成矿流体运移轨迹探讨

综合分析包裹体、同位素资料和地质特征，认为含金成矿热液以花岗斑岩为中心，从深部向浅部及周围运移。硫同位素显示，区域上成矿流体从南向北、从酸性岩（花岗斑岩、钠长斑岩）→蚀变超基性岩（蛇纹岩、菱镁岩、滑镁岩）→硅化白云岩流动、运移。

4. 矿床成因与成矿模式

煎茶岭超基性岩体侵入太古宇鱼洞子岩群变质火山沉积岩和震旦系碳酸盐岩中，是上地幔岩浆房岩浆早期熔离、固结成岩的产物；而金矿体则是深位岩浆房晚期含矿热液上侵与超基性岩体蚀变热液混合叠加的产物。新元古代本区构造活动强烈，侵入了富含金的超基性主岩体；震旦纪本区构造活动弱，相对稳定，形成了滨浅海相的碎屑岩-碳酸盐岩巨厚沉积盖层，为金矿化提供了有利成矿围岩；海西期和印支期侵入的基性-酸性脉岩对超基性岩体的汽水热液改造，活化了接触带断裂 F_1^{45} 周围超基性岩体中的金物质，使之向接触带迁移，并与来源于深部岩浆房，沿 F_1^{45} 上侵的含金成矿热液混合，后又经过表生期成矿作用，在构造有利部位富集形成矿体。其矿床成因类型是以热液充填交代为主、氧化淋滤型为辅的复合成因型。煎茶岭金矿床的成矿阶段经历了热液期—表生期的演化，金的矿化主要集中在热液期，该期又分为硫化物阶段和多金属硫化物-碳酸盐阶段。在硫化物阶段，主要由岩浆水组成的成矿热液氧逸度比较低，随着地下水（降水）的不断加入，成矿介质发生了较大变化，成矿热液稀释并且氧逸度增加。这表明成矿过程中，成矿热液以岩浆水为主，但在成矿晚期有降水加入，特别是在表生成矿期。煎茶岭金矿床是岩浆-热液、地层、构造综合作用和有机组合的产物。在煎茶岭矿区，金矿床是在同一或同源的岩浆-热液成矿演变中相继生成的，受不同有利地层层位和不同特征的构造系统影响和控制。虽然岩浆-热液是成矿的决定性因素，但地层作为成矿和赋矿的主要场所，也参与了成矿活动，并对成矿方式和演化进程有重要影响，而构造则是把岩浆-热液与地层组合在一起，使之产生成矿的关键因素。因此，岩浆-热液、地层、构造和成矿的有机配合所产生的综合（成矿）作用，才形成了煎茶岭金矿床。

综上所述，煎茶岭金矿成因类型为与超基性岩有关的中低温岩浆热液型矿床（图4.7）。工业类型为构造破碎蚀变岩型金矿。陈毓川等（2001）把其划入秦岭西段川-陕-甘三角区陆内断陷边缘与印支期—燕山期岩浆作用有关的钨、锑、金、汞、砷（银）矿床成矿系列。

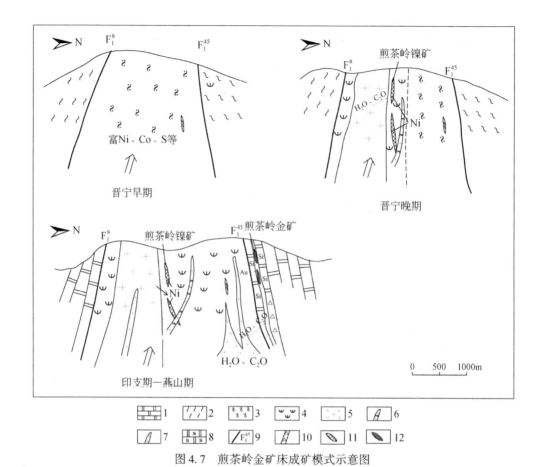

图4.7　煎茶岭金矿床成矿模式示意图

1. 白云岩；2. 基底火山岩；3. 超基性岩体；4. 蚀变超基性岩；5. 花岗斑岩；6. 钠长斑岩脉；7. 花岗岩脉；
8. 蚀变白云岩；9. 断层及编号；10. 断层破碎带；11. 镍矿体；12. 金矿体

六、找矿标志及找矿模型

1. 找矿标志

1）地质标志

区域上沿 F_1^{45} 断裂分布的蚀变白云岩、钙质板岩是有利的容矿岩石；煎茶岭式金矿受断裂构造控矿比较明显，金矿带受超基性岩体与震旦系白云岩接触断裂 F_1^{45} 控制，往往同一断裂构造既是导矿构造，又是容矿构造。因此，在已确定的有利找矿地段，特别是大断裂产状变化形成的局部张性空间及其旁侧次级张性断裂部位，是导矿与容矿的有利部位，其单个富厚金矿体主要赋存在断裂产状向北缓倾时形成的局部张性空间及其旁侧次级张性断裂部位或与 F_1^{45} 近似平行的断裂（如 F_1^{46}、F_1^{47}）产状变换部位；被后期中酸性侵入岩或脉岩强烈改造的变质超基性岩、高镁碳酸盐建造、中基性火山岩体是有利的矿源岩；沿断裂带中酸性脉岩发育或发育黄铁矿化、褐铁矿化、硅化、碳酸盐化、毒砂化、雌黄化、叶蛇纹石化、滑石化、铬云母化等蚀变矿物组合是有效的找矿蚀变标志。

本区金矿成矿与超基性岩的关系密切，F_1^{45}断裂、超基性岩与白云岩接触带、北部白云岩中的超基性岩脉边缘或构造带内是本区寻找新矿体的有利部位。

2）地球化学标志

Au、As、Ni、Cr、Co、Ag、Cu、Pb、Zn、Mn、B 等元素原生晕综合异常，以及原生晕异常垂直分带序列显示，煎茶岭金矿找矿指示元素主要为 Mn、As、Au，元素组合分带中 As、Mn、Ni、Cr、Co 为前缘指示元素，Au、Cu、B、Ag 为矿体特征元素，Pb、Zn 为矿体尾部特征元素。

1:5 万水系沉积物异常具有 Au-Ag-As-Ni-Co-Cu 组合特征；1:1 万土壤异常具有 Au-Ag-As-Ni-Co-Cu-Zn-Pb 组合特征；岩石原生晕异常具有 Au-Ag-As-B-Cu-Zn-Pb 组合特征，特别是 Au-Ag-As-Cu-Zn-Pb 元素异常套合较好部位是直接的找矿标志。

3）地球物理标志

金矿床处于航磁异常梯度带上；该类构造蚀变岩型金矿具有较强的低电阻率与高极化率异常。

4）遥感找矿标志

区域上遥感影像表现为反映岩体和断裂带的环形与线形构造。

2. 找矿模型

依据煎茶岭金矿床地质特征、控矿因素和成矿模式，建立其"三位一体"找矿预测地质综合模型见表4.14。

表 4.14 煎茶岭金矿床"三位一体"找矿预测地质综合模型

找矿模型要素	主要标志	煎茶岭金矿床
成矿地质背景	大地构造背景	扬子板块和秦岭微板块拼接缝合带或秦岭造山带
	成矿时代	印支晚期
成矿地质体	围岩	变质岩-蛇纹岩；碳酸盐岩-白云岩
	岩体形态	钠长斑岩脉；推测钠长斑岩脉群下方存在隐伏岩体
	形成时代	印支晚期—燕山期
	岩石类型	中酸性岩石
	岩石化学	含钠质高，偏碱性，碱性岩系列
	同位素地球化学	后期中酸性岩脉（$^{87}Sr/^{86}Sr)_i$在 0.709768~0.749698
	矿体空间位置	距离花岗斑岩、钠长斑岩与围岩接触带大于3km
成矿构造和成矿结构面	成矿构造系统	褶皱-断裂构造系统；何家岩背斜北翼
	成矿结构面类型	断裂面（F_1^{45}断裂面）；硅钙面（蛇纹岩与白云岩接触面）
	矿体就位样式	透镜状、似层状；向东侧伏

续表

找矿模型要素	主要标志		煎茶岭金矿床
成矿作用特征标志	围岩蚀变	蚀变类型	硅化、碳酸盐化、蛇纹石化、滑石化、黄（白）铁矿化、透闪石化、雌黄及雄黄、铬云母化
		蚀变分带	碳酸盐化、滑石化、蛇纹石化、透闪石化→硅化、蛇纹石化、碳酸盐化、黄（白）铁矿化、（毒砂）、雌黄及雄黄、铬云母化→硅化、碳酸盐化
	成矿分带及典型矿物组合	矿石结构、构造	矿石结构以自形–他形微细粒结构、交代蚕食结构、假象结构为主；矿石构造以浸染状构造、细脉状构造、网脉状构造为主
		矿化分带	黄铁矿、雄黄、雌黄等低温矿物组合一般在矿体上部和外围更富集
		典型矿物组合	黄铁矿+镍黄铁矿+（毒砂）+雌黄+雄黄
		矿化阶段	①热液成矿阶段，典型矿物有黄铁矿、白铁矿、毒砂、雌黄、雄黄、闪锌矿、透闪石、石英、白云石、方解石；②表生氧化阶段，典型矿物有褐铁矿、白钛石
	成矿流体性质及流体包裹体特征	成矿流体性质	Ca^{2+}、Mg^{2+}、K^+、Na^+、F^-、Cl^-、SO_4^{2-}，$K^+>Na^+$、$F^->Cl^-$、$(F^-+Cl^-)>SO_4^2$
		包裹体特征	以纯液相包裹体为主，可见气液两相包裹体、纯气相包裹体、富CO_2包裹体
		流体物理参数	成矿流体均一温度为 $200\sim320℃$，盐度为 $0.9\%\sim1.35\%$，$pH=8.36\sim8.6$，弱碱性
		稳定同位素特征	$\delta D=-92.4‰\sim-88.4‰$，$\delta^{18}O=-9.98‰\sim10.03‰$；$\delta^{34}S=6.39‰\sim29.1‰$
	金属迁移及沉淀机制	金属迁移	Au^{3+}
		金属沉淀	充填、交代、混合、沸腾
物化遥异常	物探异常	激电异常	表现为较强的低电阻率与高极化率异常
	化探异常	1:5 万水系沉积物异常	具有 Au-Ag-As-Ni-Co-Cu 组合特征
		1:1 万土壤异常	出现 Au-Ag-As-Ni-Co-Cu-Zn-Pb 组合
		岩石原生晕异常	呈现 Au-Ag-As-B-Cu-Zn-Pb 组合

第二节　李家沟金矿床地质特征、成矿模式及找矿模型

　　李家沟金矿床位于陕西省勉县新铺镇境内，处于勉略宁三角区南部鸡公石向斜南翼。20 世纪 80~90 年代西北有色地质勘查局七一一总队进行了勘探，提交金资源/储量 4376.26kg，并建设了李家沟金矿山。

一、矿区地质背景

大地构造位置上，矿区地处扬子板块西北缘摩天岭隆起东段勉略宁三角区中南部的鸡公石向斜的南翼，其南紧邻扬子板块大巴山褶皱带。

1. 地层

矿区出露地层以中元古界大安岩群和震旦系为主，其次为第四系，由老至新（图4.8）分述如下。

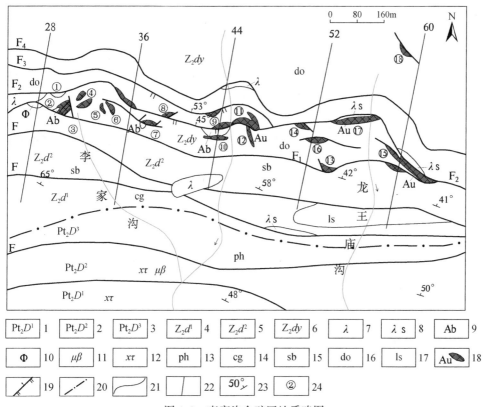

图 4.8　李家沟金矿区地质略图

1. 中元古界大安岩群第一岩段；2. 中元古界大安岩群第二岩段；3. 中元古界大安岩群第三岩段；4. 震旦系陡山沱组第一岩段；5. 震旦系陡山沱组第二岩段；6. 震旦系灯影组；7. 辉绿岩、辉长辉绿岩；8. 变辉绿岩；9. 钠长岩、钠长斑岩；10. 蛇纹岩、滑镁岩；11. 细碧岩；12. 角斑岩；13. 千枚岩；14. 砾岩、含砾凝灰岩；15. 板岩类；16. 白云岩类；17. 灰岩类；18. 金矿（化）体；19. 断层；20. 地层界线；21. 岩层界线；22. 勘探线；23. 岩层产状；24. 矿体编号

1）中元古界大安岩群（Pt_2D）

为一套变质的细碧角斑岩建造，构成一个较完整的火山喷发—沉积旋回，按岩性可分上、中、下三部分。

第一岩段（Pt_2D^1）：以基性岩为主，由细碧岩、细碧质凝灰岩、火山角斑岩等组成，细碧岩具杏仁状构造，部分地段见枕状构造。

第二岩段（Pt_2D^2）：以酸性岩为主，由角斑岩、石英角斑岩、角斑凝灰岩组成。

第三岩段（Pt_2D^3）：以中基–中酸性岩为主，岩性变化较复杂，常以火山碎屑沉积为主，夹少量熔岩，有角斑岩、细碧岩、凝灰质板岩、千枚岩、硅质板岩等。该层顶部有一层强片理化的花斑状细碧岩，局部地段夹有极不稳定的碳酸盐岩透镜体。

本群总厚度大于1000m，矿区内仅出露上部层位（Pt_2D^3）。

2）震旦系（Z）

为一套浅海相沉积建造，下部陡山沱组（Z_2d）以碎屑岩为主，上部灯影组（Z_2dy）主要为碳酸盐岩夹泥钙质板岩。

陡山沱组（Z_2d）按其岩性特征划分为两个岩性段：第一岩段为砾岩段（Z_2d^1），由砾岩、凝灰质千枚岩、假砾状千枚岩组成，层位稳定，厚度几米至几十米不等，砾石含量变化较大，总的变化是西部含量多，至东部变少，砾石成分较复杂，有闪长岩、斜长花岗岩、石英钠长斑岩、石英角斑岩及硅质岩、细碧岩等，砾石大小不等，形态不一，分选性差，该层砾岩呈平行不整合覆于大安岩群之上；第二岩段为板岩段（Z_2d^2），下部由粉砂质板岩、泥质板岩、钙质板岩、紫色千枚状板岩等组成，顶部为几米至数十米的白云质灰岩，本层特点是颜色较杂，各种板岩沿走向及倾向均有互相变化，厚度40~80m；上部为碳质板岩，岩性较复杂，以碳质板岩为主，间夹泥质板岩、硅质白云岩和石英砂岩透镜体，厚80~160m。

灯影组（Z_2dy）：呈大面积分布于矿区的中部及北部，厚度大于800m，主要岩性为巨厚层状硅质白云岩，硅藻白云岩，上部夹泥质、砂质及碳质板岩。该层的硅质白云岩一般含金较高，为$0.01×10^{-6}$~$0.94×10^{-6}$，平均为$0.146×10^{-6}$。矿区具有工业价值的金矿体均赋存于该层近底部的硅质白云岩中，这是区域内金矿的重要赋存层位。

3）第四系（Q）

在矿区南部分布较广，均为残积和坡积层，主要为腐殖土、亚黏土、亚砂土等，夹岩屑、岩块。

2. 构造

矿区基本构造形态为一单斜，属于区域复式背斜构造中的鸡公石向斜之南翼。矿区内褶皱构造不明显，地层走向北东50°~60°，倾向320°~340°，倾角50°~75°。

矿区内断裂构造十分发育，主要为一系列北东东向压扭性逆断层及与之斜交的近南北向张扭性断层，后期断裂规模较小，走向近南北。北东东向断裂组以压性或压扭性走向断裂为主，矿区内共有五条，其编号为F_1~F_5。断层总体走向65°~75°，倾向335°~345°。五条断裂中唯F_2为区内金矿的成矿和赋矿断裂，其他断裂与金矿的成因关系不大。近南北向张扭性断裂组属北东东向断裂组派生出来的"X"形节理演变而成，显张扭特点，分布在北东东向断裂旁侧，一般长度小于100m，在矿区内成组出现，与矿体有关的断裂有F_{14}、F_{16}、F_{17}等。

矿区的围岩蚀变较简单，主要有硅化、黄铁矿化、铁碳酸盐化，其次有黏土化、绢云母化、钠长石化、镁电气石化等。本区的围岩蚀变具有蚀变期长，多期次蚀变，蚀变与断裂、岩石碎裂程度呈正相关，略具分带性，与辉绿岩、闪长玢岩的空间关系密切等特点。与金矿成矿关系密切的蚀变为黄铁矿化，其次为硅化的中期阶段，接着是铁碳酸盐化。其他蚀变与金矿成矿关系不大。

区内岩浆岩比较发育，除上述大安岩群的海底火山喷发岩之外，尚有侵入岩分布，矿区范围内主要有变辉绿岩（λs）、辉绿岩（λ）、变辉长辉绿岩（$\omega \lambda s$）、辉长辉绿岩（$\omega \lambda$）及闪长玢岩（$\delta \pi$），这些侵入岩均呈脉状产出，大多沿断裂带分布，以变辉绿岩分布最多，其次为变辉长辉绿岩及闪长玢岩。岩体规模：变辉绿岩走向长 30～300m 不等，倾斜延长 50～400m，宽 1～17m；变辉长辉绿岩，走向延长 280m，倾斜延长 85～160m，宽度 25～70m；闪长玢岩，地表仅在 45 线东侧出露，走向延长仅 20 余米，地下在 43～46 线均有分布，但范围较小，倾斜延长 20～100m，宽度 1～20m，一般为 1～5m。

闪长玢岩与金矿体及矿化体在空间分布上大致吻合，均分布在 F_2 断裂带附近。

二、矿床地质特征

1. 矿体特征

李家沟金矿床矿体赋存于震旦系灯影组上部硅质白云岩的下部或底部，矿体的形态、产状及分布受岩性和断层控制（图 4.9）。

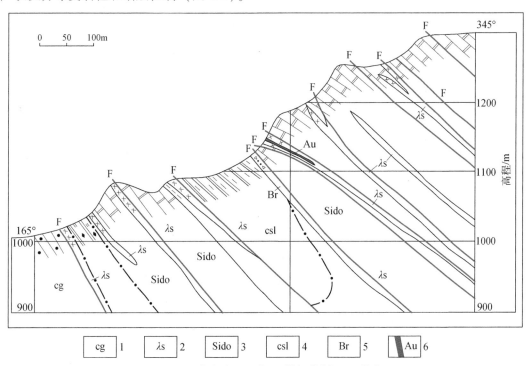

图 4.9 李家沟金矿床 60 勘探线剖面地质图

1. 砾岩；2. 变辉绿岩；3. 硅质白云岩；4. 碳质板岩；5. 破碎带；6. 金矿体及编号

全矿区共发现大小金矿体41个，分布于西起李家沟、东至陈家湾东西长2000m，南北宽80～120m的范围内，总体走向70°～250°，产状为350°～30°∠45°～70°。41个矿体规模差别较大，长度10～400m，一般为25～75m，矿体平均厚度0.2～8.56m，一般为1.00～3.00m，矿体延深10～135m，一般为25～75m。矿体形态以透镜状为主，其次为脉状、似脉状，个别为囊状；矿区西部的21号、22号、22-1号、31号、32号、36号矿体分布标高为630～1020m，其余矿体均分布于1020m标高以上。矿体内部结构较为复杂，有较多夹层存在，并有分支复合现象存在，沿走向及倾向厚度变化稳定到不稳定，主要矿体厚度变化系数为39.4%～118.3%，品位变化不稳定到很不稳定，主要矿体品位变化系数为116%～246.7%。规模比较大的典型矿体特征如下：

Au9号矿体产于硅质白云岩与碳质板岩接触部位的F_2断层破碎带中，矿体形态呈不规则的透镜体。地表出露标高1112～1148m，倾斜延深122m，矿体赋存标高1026～1148m。矿体分布于42线东20m至46线西18m，走向长度160m，矿体真厚度1.00～13.50m，平均厚度4.97m。矿体水平厚度为0.6～19.8m，块段平均为3.59～6.88m，矿体平均为5.53m。厚度变化系数88.2%，属厚度变化较稳定的矿体。矿体主要有益成分Au品位一般为$1.01×10^{-6}$～$24.86×10^{-6}$（全矿体有5817号样品品位高达$75.5×10^{-6}$），工程平均品位为$1.19×10^{-6}$～$10.60×10^{-6}$，一般为$2.41×10^{-6}$～$5.80×10^{-6}$，块段平均品位为$3.50×10^{-6}$～$7.07×10^{-6}$，矿体平均品位为$5.55×10^{-6}$。品位变化系数203.9%，属于品位分布很不均匀的矿体。

矿体以44线附近1076m标高上下为中心，厚度最大，品位最高，向四周逐渐变薄、变贫，沿倾向矿体中下部品位较高，向上逐渐降低。矿体品位与厚度的变化为正相关关系，即厚度大品位高，厚度小品位低。矿体产状345°∠45°。

Au11号矿体产于断头岩组底部的硅质白云岩内，受F_2断层控制，矿体形状呈脉状。矿体地表出露标高1106～1127m，矿体赋存标高1065～1127m。矿体分布于46～47线东23m，走向延长73m，矿体真厚度1.00～6.00m，平均真厚度2.51m，矿体水平厚度为1.00～7.92m，块段平均为3.73～5.08m，矿体平均4.21m，厚度较稳定，厚度变化系数39.4%。矿体主要有益组分Au品位一般为$1.00×10^{-6}$～$20.67×10^{-6}$（有3个样品品位较高，分别为$78.07×10^{-6}$、$42.00×10^{-6}$、$193.88×10^{-6}$），工程平均为$1.21×10^{-6}$～$11.74×10^{-6}$，矿体平均为$4.44×10^{-6}$。品位变化系数126.0%，矿体内无夹石。矿体产状345°∠40°～45°。

Au2号矿体位于29～30线，产于钠长石化闪长玢岩与硅质白云岩、含碳粉砂质板岩的接触带中。矿体为含铜黄铁矿石英脉，矿体长50m，厚0.2～2.84m，深度大于40m，倾向45°，倾角45°～70°。金品位为$19.17×10^{-6}$。

Au31号矿体位于30线附近，A～D剖面间，产出标高850～1030m，矿体受南北向张扭性F_{16}断层控制，呈透镜状，倾向95°～105°，倾角70°～89°，矿体长120m，斜向延深182m，厚2.26m，厚度变化系数72.8%，平均品位$11.14×10^{-6}$，含铜0.58%，品位变化系数151.4%。

2. 矿石特征

1) 矿石物质组成

矿石中的金属矿物除自然金外有黄铁矿、褐铁矿，其次为黄铜矿及少量白铁矿、白钛矿、孔雀石等。矿石中的非金属矿物以石英、白云石为主，其次为方解石及黏土类矿物，另有少量的绢云母、镁电气石等（图 4.10）。

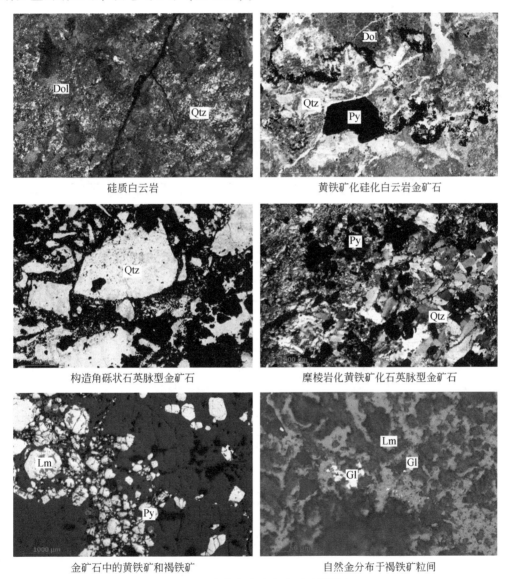

硅质白云岩　　　　　　　　　　　　黄铁矿化硅化白云岩金矿石

构造角砾状石英脉型金矿石　　　　糜棱岩化黄铁矿化石英脉型金矿石

金矿石中的黄铁矿和褐铁矿　　　　自然金分布于褐铁矿粒间

图 4.10　李家沟金矿床矿石显微照片

Dol-白云石；Qtz-石英；Py-黄铁矿；Lm-褐铁矿；Gl-自然金

金在矿石中呈自然金，均为中粒金–显微金，呈近似等轴的浑圆状、板状、条状、线状、不规则角粒状、枝杈状存在于上述矿物边缘或颗粒间，个别包裹于黄铁矿中。金的成色较高，经电子探针测定，初步确定其成色为 940‰～960‰，含银 32‰～49‰，含铁微量至 10‰。

矿石的结构多为半自形–他形不等粒粒状结构、碎裂结构、角粒状结构、糜棱状结构、脉状结构等。

矿石的构造主要有角砾状及角砾斑杂状构造、块状构造、细脉状及网脉状构造、浸染状及细脉状构造、多孔状及蜂窝状构造等。

2）矿石化学成分

李家沟金矿为单一金矿床，矿石中有益元素为 Au，矿石的矿物成分简单，其化学成分也相应简单，主要有 SiO_2、Fe_2O_3、Al_2O_3、CaO、S 等，微量元素有 As、Cu、Co、Ni，各类型矿石中化学组分的含量见表 4.15。总体上，含铜量较高的矿石主要出现在矿区西段南北向矿体中。

表 4.15　李家沟金矿床矿石化学组分含量统计

组分	细脉浸染碳酸盐岩型金矿石		石英脉型金矿石	
	组分含量		组分含量	
	含量区间	平均	含量区间	平均
SiO_2	9.14～60.09	29.30	37.25～68.19	52.39
Al_2O_3	1.22～8.16	3.62	1.43～3.62	2.42
Fe_2O_3	4.98～21.15	12.36	17.34～29.50	24.47
CaO	1.71～31.40	16.30	0.61～2.71	1.57
MgO	1.71～11.62	6.80	0.20～0.72	0.37
S	0.12～0.07	0.10	0.04～2.06	1.22
Au	1.06～16.75	8.71	3.13～28.89	17.35
Ag	1.00～12.00	4.25	1.00～20.00	6.75
Cu	0.004～0.022	0.009	0.012～3.50	0.45
As	0.031643			
Co	0.002759			
Ni	0.006845			

注：表中金、银含量数量级为 10^{-6}，其他为 10^{-2}。数据来自陕西省李家沟金矿床地质勘探报告[1]。

3）矿石氧化特征

本区矿石可分为氧化矿石和原生矿石，但二者在空间分布上没有明显的规律和截然的分界线，按储量而言，大部分属于氧化矿石，占 75% 以上，而原生矿石仅占 20% 左右。矿石氧化后的主要特点是，由原生的含金黄铁矿型金矿，经氧化变为含金褐铁矿型金矿石，其中金的含量略高，金的粒度略大，另外在结构构造上也发生变化，形成以脉状褐铁矿为主的致密块状构造和多孔状及蜂窝状构造，以及形成以含金褐铁矿为主的胶状结构。原生矿主要集中在西段矿体上，为含铜黄铁矿型矿石。

---

[1]　西北有色地质勘查局七一一总队.1984.陕西省李家沟金矿床地质勘探报告.1-85.

4）矿石类型和品级

根据矿物组合、结构构造、产出形态以及含金硫化物产出性状，将矿区矿石的自然类型划分为含金细脉浸染碳酸盐岩型和含金石英脉型两大类，以前者为主。根据硫化物的含量或结构构造，又可将含金细脉浸染碳酸盐岩型进一步划分为含金块状黄铁矿型和含金块状或多孔状褐铁矿型两个亚类；含金石英脉型又可分为含铜黄铁矿脉型、含金石英黄铁矿脉型和含金石英褐铁矿脉型三个亚类。

根据矿石的氧化程度也可将矿石分为含金褐铁矿型（氧化矿石）和含金黄铁矿型（原生矿石）两类，以前者为主。

3. 矿体（层）围岩

矿体围岩多为硅质白云岩，一般近矿部位为碎裂白云岩，只有极少部分矿体下盘为碳质板岩。

4. 矿床共（伴）生矿产

矿体伴生的主要有益组分为铜、硫，两者与金伴生在矿石中。矿石中含铜矿物主要为辉铜矿、黄铜矿，其次为铜蓝、孔雀石。矿石中铜品位变化于 $0.01\% \sim 6.16\%$ 之间，平均品位 0.39%。并对伴生铜进行了储量估算，获得伴生铜 1046t。

矿石中含硫矿物主要为黄铁矿，其次为辉铜矿、黄铜矿，以及少量磁黄铁矿。除毒砂外，其他矿物中的硫均可回收利用。

三、矿床地球化学特征

1. 矿区内主要岩石、矿石微量元素地球化学特征

矿区内主要岩石、矿石微量元素含量见表 4.16。含金石英脉（金矿体）中 Au、As、Cu、Pb、Bi 等含量最高，表明其为成矿及伴生元素组合；细碧岩、细碧质凝灰岩、碳质板岩、硅质白云岩、断层角砾岩及辉绿岩中 Au 含量高达 $n \cdot 10 \times 10^{-9}$，是区内 Au 丰度值高的几类岩石，所含 Au、As、Cu、Bi、Pb 等元素组合与矿体中伴生组分基本一致，表明上述几类岩石是为本区成矿提供物质成分的岩石。

表 4.16 李家沟金矿床主要岩石、矿石微量元素含量

地层/岩石	岩性	样品数/件	Au	As	Cu	Pb	Zn	Mo	Bi	Ni	Co
震旦系	碳质板岩	12	17.5	21.8	36.7	6.3	37.8	1.0	57.20	69.4	29.4
	千枚岩	8	3.1	4.8	55.3	32.7	62.4	1.20	23.60	35.6	25.2
	砂砾岩	7	2.35	4.0	15.2	5.8	23.7	<1	<5	63.3	42.3
	石英岩	24		5.2	81.2	8.2	34.7	1	40.1	25.2	<1
	硅质白云岩	21	10.0	23.7	10.0	7.32	23.5	<1	<5	36.7	18.4

续表

地层/岩石	岩性	样品数/件	Au	As	Cu	Pb	Zn	Mo	Bi	Ni	Co
中元古界	细碧岩	38	20.0	3.0	68.4	17.8	67.2	2.4	36.70	12.3	40.2
	细碧质凝灰岩	23	24.2	3.0	66.7	16.7	80.3	<1	24.20	83.4	35.3
	枕状细碧岩	25	20.3	3.0	29.7	14.6	34.6	1.0	31.20	65.8	34.7
	角斑岩	9	3.15	3.4	37.6	32.1	107.3	2.4	<5	12.3	40.2
	钠长石英片岩	4	3.73	4.3	25.8	5.4	40.3	<1	13.4	15.7	30.6
岩浆岩	辉绿岩	14	50.4	5.0	23.25	18.4	21.5	<1	14.6	37.2	16.7
	闪长斑岩	3	3.7	3.0	103.7	5.7	56.4	<1	5	82.2	<10
	花岗斑岩	2	2.73	5.0	61.3	18.3	36.7	1.0	<5	22.5	<10
含金石英脉（矿体）		2	11320	7120	81.6	70.3	20.3	<1	66.2	20.3	<10

注：表中 Au 含量数量级为 10^{-9}，其他元素含量数量级为 10^{-6}；数据由西北有色地质勘查局七一一总队实验室分析。

2. 标型矿物组分特征

李家沟金矿主要载金矿物是黄铁矿。黄铁矿微量元素分析表明（表 4.17），黄铁矿 As 含量与岩浆热液成因的黄铁矿相似；Co 含量接近于渗流热卤水成因的黄铁矿；Cu、Ni 含量和 Co/Ni 值显示，部分接近渗流热卤水成因的黄铁矿，部分接近岩浆热液成因的黄铁矿，说明矿石中的黄铁矿具有多源复合热液成因的特点。

表 4.17　李家沟金矿床黄铁矿微量元素含量对比

类型	As/10^{-2}	Co/10^{-2}	Ni/10^{-2}	Cu/10^{-2}	Co/Ni
含金黄铁矿脉		0.04	0.04	0.31	1.00
含金黄铁矿脉		0.07	0.3	0.13	2.33
含金黄铁矿石英脉	0.3670	0.0148	0.0131	0.0397	1.13
含金黄铜黄铁矿石英脉	0.3085	0.0017	0.0025	0.2960	0.68
网脉状黄铁矿化硅化白云岩	0.3820	0.0130	0.009	0.4510	1.44
浸染状黄铁矿化硅化白云岩	0.4647	0.0157	0.232	0.0132	0.68
网脉状黄铁矿化蚀变基性脉岩	0.3530	0.0466	0.0171	0.0230	2.6
浸染状黄铁矿化蚀变中基性脉岩	0.4770	0.0753	0.1952	0.0476	0.38
渗流热卤水成因	0.8383	0.0444	0.0813	0.0255	0.55
徐国凤（1986）岩浆热液成因	0.3115	0.3651	0.1022	0.6355	3.57
复式成因	0.0431	0.0157	0..0496		0.32

3. 矿床（体）地球化学异常特征

1）水系沉积物异常特征

Au、As（Co）异常，组分简单。Au 最高值 260×10^{-9}，平均值 64.3×10^{-9}，衬度值 25.7；As 最高值 41.55×10^{-6}，平均值 34.8×10^{-6}，衬度值 1.8；面积 $2.5km^2$；指示了矿区范围。

2）土壤异常特征

Au、As、Cu、Bi、B、Co、Hg 等元素异常，组分比较复杂；呈带状分布，与断裂蚀变矿化带一致；Au、As、B、Hg 异常比较连续，Cu、Mo 异常断续分布其中；$Au \geqslant 100 \times 10^{-9}$、$As \geqslant 120 \times 10^{-6}$ 的高值异常指示矿（化）体赋存部位。

3）岩石原生晕异常特征

矿床原生晕异常为 Au、Cu、As、B、Mo、Co、Ni、Hg 等多元素综合异常。Au、As、B、Hg 异常发育呈连续带状，Cu、Mo、Co、Ni 等元素呈线状或拉长透镜状位于 Au、As、B、Hg 异常之中。综合异常纵向延伸大，横向宽度小。当异常在横向上膨大时，指示矿体变厚或矿化密集部位。As、Hg、B（Au）异常指示成矿断裂蚀变范围；Au、Cu、Ni、Co 等异常指示矿体赋存。

矿体原生晕异常是由 Au、As、Cu、B、Co、Ni、Hg 等元素在矿体周围三维空间形成规模不等的壳状结构异常。Au、Cu、Ni、Co 位于中内带，As、B、Hg 分布于外带，异常规模是矿体的数倍至十数倍。As、B 异常上盘比下盘发育，矿体尾部延深较大。元素分带，由矿体向围岩方向水平分带序列为：Au、Ag、Mo→Cu、Ni、Co→As、B、Hg；垂向从上而下分带序列为：Au、Cu、Mo（Hg）→Au、Ni、Co→As、B、Ag。

4. 稳定同位素特征

1）硫同位素

李家沟金矿区地层中各类岩石的 $\delta^{34}S$ 为 3‰~10.5‰；金矿石的 $\delta^{34}S$ 为 9.8‰~15‰，矿石略高于地层，二者具有同源特点，即偏离陨石硫较大，矿石继承了地层硫同位素特点，硫主要来自海水中的硫酸盐。

2）氢、氧同位素

矿石和围岩中石英、方解石的 $\delta^{18}O$ 为 11.92‰~21.51‰，与沉积岩的 $\delta^{18}O$ 值 11‰~30‰一致，说明氧主要来自围岩的变质水；石英包裹体中 δD 值为 -115.3‰~-65.40‰；$\delta^{18}O$ 和 δD 显示两种石英成矿流体中的水主要来自接近岩浆水的变质水及大气降水（图4.11、表4.18）。

3）碳同位素

矿石中方解石的 $\delta^{13}C$ 值为 -4.84‰~-1.35‰，负值较低，接近地球原始碳同位素比值，碳来自被溶解的围岩（碳酸盐岩或碳质板岩），显示了成矿流体对围岩的溶滤作用。

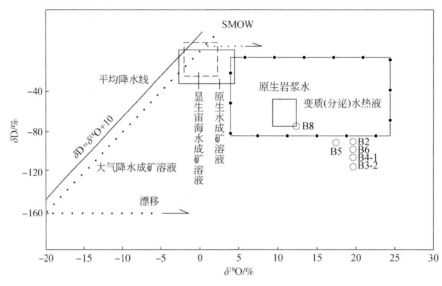

图 4.11　李家沟金矿床 δD-$\delta^{18}O$ 图解

表 4.18　李家沟矿床氢、氧、碳同位素测定结果

样号	岩（矿）石类型	$\delta^{18}O/‰$		$\delta D/‰$	$\delta^{13}C/‰$
		石英	方解石	石英包裹体中流体	方解石
47-1	黄铁矿石英脉	19.96			
5829	含金黄铁矿石英脉	21.48			
15-1	含金黄铜黄铁矿石英脉	19.93			
LD8-1	含金黄铜黄铁矿石英脉	20.73			
LD1-2	含金黄铜黄铁矿石英脉	19.08	17.49		-1.35
46B-1	含金黄铁矿石英脉	21.51	16.24		-2.05
46B-2	含金方解石黄铁矿脉		17.39		-4.84
B2	含金黄铜黄铁矿石英脉	19.99		-91.9	
B3-2	含金黄铜黄铁矿石英脉	20.20		-115.3	
B4-1	含金黄铁矿石英脉	20.07		-101.3	
B5	含金黄铜黄铁矿石英脉	18.53		-91.4	
B6	含金黄铁矿石英脉	21.11		-98.2	
B7	火山岩中石英脉			-65.4	
B8	火山岩中石英脉	11.92		-75.4	

注：据高航校，1999。

5. 矿物气液包裹体特征

包裹体成分特征：①包裹体中以水为主，占总成分 83%，说明成矿介质是热水溶液。②包裹体成分中 $Na^+/K^+=1.38$，$Cl^-/F^-=2.53$，$SO_4^{2-}/Cl^-=1.28$，$Ca^+/Mg^+=7.11$，表明成矿溶液属于 Na（K）-Ca-SO_4（Cl）型流体，而岩浆热液中 $K^+>Na^+$，$F^->Cl^-$，自然流体及热卤水中 $Na^+>>K^+$，$Cl^->>F^-$，本区成矿热液介于两者之间，具混合热液特点。③包裹体

中阴离子大于阳离子，说明成矿流体中的金主要以络阴离子的形式运移，阴离子中大量 SO_4^{2-} 存在，说明金主要以硫代硫酸盐形式搬运；Cl^-、F^- 存在说明有热卤水和岩浆水参与，金还可以 Cl、F 络合物形式运移。④包裹体溶液的盐度为 7.6，pH 5.13~8.86，Eh 值为 $-4.82~-2.63V$；氧逸度 $\lg fO_2-37~-3.3$，均一温度 184~289℃，测压 250bar，表明矿床属于中低温、中低压环境成矿。

四、控矿因素和成矿规律

1. 控矿因素

（1）地层岩性：震旦系硅质白云岩或碳质板岩与硅质白云岩岩性界面。
（2）断裂构造：北东东向及其次级断裂。
（3）中基性脉岩：钠长岩、闪长玢岩、辉长岩、辉绿岩等。

2. 成矿规律

李家沟金矿床位于扬子板块西北缘区域性断裂——汉江断裂（即勉县-阳平关断裂）北侧中元古界大安岩群中基性火山喷发沉积岩与震旦系碎屑-碳酸盐岩岩性界面附近；赋矿围岩为震旦系硅质白云岩、碳质板岩；控矿构造主要为北东东向压扭性逆断裂；该组断裂在不同地段的应力性质和作用强度不均一，导致矿化强度不同，造成矿体品位和厚度的差异，断裂呈张性的地段，即断裂走向拐弯部位、倾角变换部位、与主断裂交汇处的次级断裂部位，是富厚矿体产出地段；中元古代矿区区域范围遭受广泛海侵，海底火山喷发强烈，形成了富含金的中基性火山喷发沉积岩——中元古界大安岩群；之后该区上升隆起，岩石遭受风化剥蚀；新元古代震旦纪，鸡公石-李家沟地区一带下沉接受碎屑-碳酸盐岩沉积，形成富含金的震旦系白云岩、板岩。古生代—中生代，受秦岭造山带构造演化影响，区域性大断裂——汉江断裂（勉县-阳平关断裂）及其次级平行断裂长期、剧烈活动，区内构造-岩浆活动强烈，辉绿岩、闪长岩等中酸性脉岩沿断裂侵入。构造、岩浆热液活化、萃取岩层中的金元素，然后混合岩浆水、大气降水、变质水，形成含金流体。在断裂、岩浆热驱动下，成矿流体沿断裂上升、运移，在北东东向张性断裂带中、白云岩和板岩接触断裂带附近的构造空间中沉淀形成金矿体。成矿作用以构造岩浆热液成矿为主，后期经历了表生氧化富集，具有成矿物质来源复杂多样、成矿多期次的特点。

五、矿床成因与成矿模式

1. 成矿物质来源

综上所述，李家沟矿区的火山碎屑岩及正常沉积岩具有比较高的含金背景值，断层角砾岩中金丰度值为 38.75×10^{-9}（表 4.19），在风化壳及各地层张性断裂带中可采集到明金。区内河沟中自古以来就有民间采金，说明沉积岩类、火山碎屑岩类及构造蚀变岩等能为金的成矿提供丰富的物源。

如前所述，同位素特征表明李家沟金矿中硫主要来自海水；碳主要来自矿体围岩——白云岩和碳质板岩；水主要来自岩浆水和变质水。

成矿热动力主要来自构造及断裂侵入的基性脉岩。

表 4.19　李家沟金矿床岩石金含量

李家沟金矿				世界			
岩石类型	样品数	变化范围	平均含量	岩石类型	样品数	平均含量	资料来源
细碧岩	10	1.3~25.0	7.68	基性火山岩	1752	17.4	Boyle（1979）
角斑岩	8	2.4.5	3.5	中性火山岩	1359	12.9	
石英角斑岩	4	2.5~5	3.75	酸性火山岩	372	3.7	
凝灰岩类	7	18~25	15.14	凝灰岩类	97	6.9	
碳质板岩	4	5~22.5	14.28	黑色页岩类	19	132.0	
白云岩	5	4.15	12.2	灰岩、白云岩	440	7.0	
辉绿（玢）岩	4	3.5~20	9.63	辉绿玢岩	29	6.5	刘本立（1982）
钠长斑岩	2	3	3				
断层角砾岩	4	22.5~70	38.75				

注：金含量数量级为 10^{-9}；据王相和任小华，1997❶。

2. 成矿时代

与矿体相伴产出的钠长斑岩和蚀变辉绿岩的年龄测试结果为 412Ma（K-Ar 同位素法），成岩年龄在加里东期。野外宏观观察到含金黄铁矿细脉呈浸染状分布在脉岩边部或其中，室内显微镜下观察到含金细粒黄铁矿充填在先期形成的黄铁矿碎裂纹中，结合区域金矿特征，推测金成矿作用主要为印支期或燕山期。

研究认为，李家沟金矿床为碳酸盐岩容矿的变质热液细脉浸染型金矿床。

3. 成矿模式

晋宁早期，扬子板块西北缘古洋中脊拉张，火山喷发形成含金丰度高的原始矿源层——中基性火山沉积岩；晋宁晚期—加里东期，碧口地体和鱼洞子地体拼合碰撞，区域变质作用强烈，在超基性和基性次火山岩浆热动力驱动下，火山碎屑岩、沉积岩中的金活化，向活动断裂带运移；海西期—燕山期，受秦岭造山构造作用影响，区内北东东向断裂逆冲推覆、走滑剪切，形成容矿空间，岩浆水、大气水、变质水的混合流体在断裂、岩浆热能驱动下，金再次活化，向地表运移，在张性断裂带碳酸盐岩和板岩接触带附近的构造空间中沉淀成矿。

燕山期后，地表的风化、淋滤等作用造成浅部的金矿发生次生富集（图 4.12）。

一些研究者认为，该金矿床为变质热液细脉浸染碳酸盐岩型。陈毓川等（2001）把其

---

❶ 王相，任小华.1997.陕西勉略宁地区地质与成矿.1-150.

归为碳酸盐岩系中微细浸染型金矿，我们与后者认识一致。

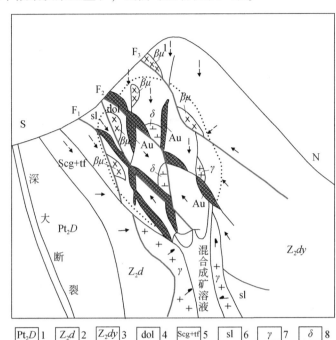

图 4.12　李家沟金矿床成矿模式示意图

1. 中元古界大安岩群火山岩；2. 震旦系陡山沱组；3. 震旦系灯影组；4. 白云岩；5. 砂砾岩+凝灰岩；6. 板岩；
7. 花岗岩；8. 闪长岩；9. 辉绿岩；10. 金矿体；11. 岩浆热液运移方向；12. 变质热液运移方向；13. 大气水运
移方向；14. 成矿热液活动中心

六、找矿标志及找矿模型

1. 找矿标志

1）地质标志

地质标志有指示断裂构造发育的糜棱岩、角砾岩、碎裂岩、断层泥等岩石组系；绢云母化、碳酸盐化、硅化、黄铁矿化等围岩蚀变；基性脉岩与碳酸盐岩的岩石组合等。

2）地球化学标志

地球化学标志包括水系沉积物 Au、As 元素中-强值异常指示矿区；土壤 Au、As、Cu、Mo、Bi、B 等元素组合的带状异常指示断裂蚀变矿化带，$Au \geqslant 100 \times 10^{-9}$、$As \geqslant 120 \times 10^{-6}$ 的高值异常指示金矿（化）体赋存的有利地段；原生晕 Au、As、Cu、Ni、Co 等元素异常，$Au \geqslant 500 \times 10^{-9}$、$As \geqslant 120 \times 10^{-6}$ 的高值异常指示金矿（化）体。

2. 找矿模型

李家沟金矿床"三位一体"找矿预测地质综合模型见表 4.20。

表 4.20　李家沟金矿床 "三位一体" 找矿预测地质综合模型

找矿模型要素	主要标志		李家沟金矿床
成矿地质背景	大地构造背景		扬子板块西北缘；元古宇基底与震旦系盖层界面附近
	成矿时代		加里东期—印支期或燕山期
成矿地质体	围岩		碳质板岩、白云岩
	岩体形态		岩脉（闪长玢岩、辉绿岩）
	形成时代		加里东期、海西期、印支期、燕山期
	岩石类型		中酸性
	岩石化学		钙碱性–高钾钙碱性系列
	矿体空间位置		成矿地质体与围岩接触带
成矿构造和成矿结构面	成矿构造系统		褶皱–断裂构造系统；鸡公石向斜南翼；北东向断裂控制矿带展布
	成矿结构面类型		硅钙面（白云岩与碳质板岩界面）；层间构造（北东向层间断裂及其旁侧南北向次级断裂控制矿体形态、产状）
	矿体就位样式		脉状、透镜状、囊状
成矿作用特征标志	围岩蚀变	蚀变类型	硅化、碳酸盐化、黄铁矿化、黄铜矿化、钠长石化、绢云母化
		蚀变分带	钠长石化、绢云母化–硅化、碳酸盐化、黄铁矿化、黄铜矿化
	成矿分带及典型矿物组合	矿石结构、构造	矿石的结构以半自形–他形不等粒状结构、碎裂结构、角粒状结构为主，矿石的构造以角砾状及角砾斑杂状构造、块状构造、细脉状及网脉状构造为主
		矿化分带	由地表向深部，依次为氧化带–原生带
		典型矿物组合	黄铁矿+黄铜矿+自然金+石英+（毒砂）
		矿化阶段	①钠长石化、绢云母化阶段；②石英–黄铁矿阶段；③黄铁矿、黄铜矿–石英–（毒砂）阶段；④多金属硫化物阶段；⑤石英碳酸盐阶段
	成矿流体性质及流体包裹体特征	成矿流体性质	Na（K）-Ca-SO_4（Cl）型流体
		包裹体特征	以纯液相包裹体为主，可见气液两相包裹体、纯气相包裹体、富CO_2包裹体
		流体物理参数	成矿流体均一温度 184～289℃；包裹体溶液的盐度 7.6%；pH=5.13～8.86；矿床属于中低温中低压环境成矿
		稳定同位素特征	$\delta D=-115.3‰～-65.4‰$；$\delta^{18}O=10.46‰～21.51‰$；$\delta^{34}S$ 为 9.8‰～15‰
	金属迁移及沉淀机制	金属迁移	Au^{3+}
		金属沉淀	充填、交代、混合、沸腾
物化遥异常	化探异常	水系沉积物异常	Au、As 中–强值异常指示矿区
		土壤异常	Au、As、Cu、Mo、Bi、B 等元素组合的带状土壤异常指示断裂蚀变矿化带，$Au \geqslant 100 \times 10^{-9}$、$As \geqslant 120 \times 10^{-6}$ 的高值异常指示金矿（化）体赋存的有利地段
		原生晕异常	Au、As、Cu、Ni、Co 等综合异常，$Au \geqslant 500 \times 10^{-9}$、$As \geqslant 120 \times 10^{-6}$ 的高值异常指示金矿（化）体

第三节 丁家林金矿床地质特征、成矿模式及找矿模型

丁家林金矿床位于陕西省宁强县安乐河乡唐家河村，矿区自广坪镇经安乐河乡至宝成铁路阳平关车站距离为49km，自安乐河乡至丁家林有15km的简易公路相连，交通较为便利。1977年，陕西省地矿局第四地质大队在该矿区开展了岩金矿普查工作。1997～2002年，中国人民武装警察部队黄金第五支队对丁家林金矿区开展金矿地质勘查工作，完成了槽探7809.97m³，坑探2392.83m，钻探5492.04m，查明金资源/储量（122b+332+2s22❶ +333）9863kg。截至2016年底，累计查明金资源/储量9875.00kg，金平均品位9.66×10^{-6}。2003年10月，宁强县丁家林金矿有限责任公司在宁强县安乐河乡安乐河村旁建成了日处理金矿石150t的选矿厂。矿山自取得采矿权证以来，前后多次更换法人，生产断断续续，自2007年以来，矿山未再进行开采。

一、矿区地质背景

丁家林金矿区位于陕川交界部位。矿区大地构造位置处于广坪–阳平关–勉县深大断裂南侧的次级断裂带丁家林–太阳坪脆–韧性剪切带中，属松潘–甘孜造山带摩天岭加里东陆块（图4.13）。

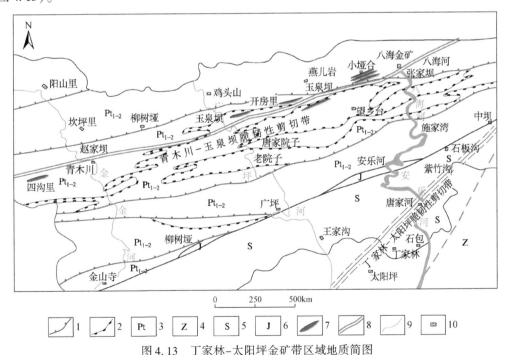

图4.13 丁家林–太阳坪金矿带区域地质简图

1. 印支期—燕山期推覆断层；2. 加里东期—海西期剥离断层；3. 元古宇；4. 震旦系；5. 志留系；
6. 侏罗系；7. 矿脉；8. 公路；9. 河流；10. 居民点

❶ 122b为控制的经济基础储量；332为控制的内蕴经济资源量；2s22为控制的次边际经济资源量。

区域地层发育元古宇、古生界、中生界侏罗系及第四系。构造总体为一夹于两大断裂（宽川铺–洋县大断裂、广坪–阳平关深断裂）之间的复向斜，且次级褶皱发育，向斜北翼被广坪–阳平关深断裂破坏，不完整，呈线状，走向北东。岩浆岩出露燕山期的石英闪长岩、闪长岩。丁家林金矿属于受脆–韧性剪切带控制的变质型金矿，矿区含金石英脉复脉发育，多呈雁行状斜列。

二、矿床地质特征

矿区出露下古生界中–下志留统黄坪组，现称志留系茂县岩群（$S_{1-2}M$），为浅海相碎屑沉积–变质岩系，具有浅变质强变形特点（图 4.14）。

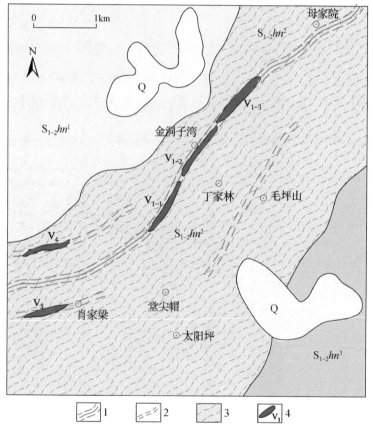

图 4.14　丁家林–太阳坪金矿带地质简图（据武警黄金地质研究所，2002 ❶）

Q 为第四系；$S_{1-2}hn^3$、$S_{1-2}hn^2$、$S_{1-2}hn^1$ 为中下志留统黄坪组上、中、下段。

1. 主剪切带；2. 次级剪切带；3. 千枚理；4. 矿脉体及编号

❶　武警黄金地质研究所 . 2002. 陕西省宁强县丁家林–四川省广元市太阳坪金矿带成矿特征及找矿方向 . 22-30.

志留系黄坪组按岩性可分为 3 个岩性段，其中中段（$S_{1-2}hn^2$）为主要含矿层，岩性主要为银灰色绢云母千枚岩，原岩为含碳的泥质、粉砂质。岩石中含大量的含铁菱镁矿斑点，呈密集浸染状或条带状分布。矿区为一单斜构造；断裂构造以北东向断裂为主，次级断层、小褶皱发育，区内片理、劈理、膝折等构造较发育，无岩浆岩出露。围岩蚀变主要为硅化、黄铁矿化，其次为绢云母化、碳酸盐化、绿泥石化等，可见弱的方铅矿化、黄铜矿化。

矿区发现并圈定 5 条含金蚀变带。其中 I 号蚀变破碎带规模最大，带中圈定 I -1、I -2、I -3、I -4、I -5 等 5 条金矿（化）体。矿体长 63～340m，控制最大斜深 54～383m，厚度 0.74～2.69m，金品位 $4.14×10^{-6}$～$20.13×10^{-6}$；矿体走向北东 50°～60°，倾向北西，倾角 52°～81°。

矿石矿物以自然金、银金矿、含银自然金为主；主要金属矿物为黄铁矿、褐铁矿；次要金属矿物为黄铜矿、方铅矿、闪锌矿、蓝辉铜矿、孔雀石、铅矾、菱铁矿、菱锌矿；脉石矿物主要为石英、铁菱镁矿、绢云母，其次为绿泥石、铁白云石、含铁方解石、石墨、斜长石、高岭石。矿石构造主要有稀疏浸染状构造、稠密浸染状构造、细脉浸染状构造、脉状、网脉状构造、条带状构造、团块状构造、角砾状构造、块状构造、蜂窝状–多孔状构造、疏松土状构造；矿石结构主要有草莓状–变草莓状结构、自形–半自形粒状结构、碎裂结构、碎斑结构、交代残余结构、交代假象结构。

对丁家林金矿区 266 粒金矿物颗粒的统计数据（周新春等，2005）显示，形态分类统计结果中，粒状金占 77.07%，其他形态占 22.93%；粒径分类统计结果中，微粒金占 50.75%，细粒金占 45.86%，中粒金占 2.26%，粗粒金占 1.13%。金矿物面积–形态分类统计结果显示，粒状金占 79.30%，其他形态占 20.70%。镜下统计该区金矿物粒度以中、细、微粒为主。丁家林金矿采矿现场常可见到明金，形态为浑圆状、不规则状、生姜状、棒状、板片状等，粒径 0.5～3mm，部分大于 3mm，重量可达 0.5g。明金分布在中、粗粒黄铁矿和团块状黄铁矿中，少量分布在石英细脉中。

丁家林金矿区包裹金占 73.66%，裂隙金占 21.0%，粒间金 5.34%，以包裹金为主，裂隙金次之。金的主要载体矿物为黄铁矿，次为石英。包裹金多以包裹体形式镶嵌在中、粗粒黄铁矿及团块状黄铁矿（由细粒黄铁矿聚集而成）中，部分镶嵌在石英中。裂隙金则主要充填在黄铁矿微裂隙中；粒间金大多分布在黄铁矿颗粒间，少量在石英颗粒间。个别光片中可见到黄铁矿颗粒中有少量方铅矿、闪锌矿及黄铜矿细小包裹体。

三、控矿因素和成矿规律

1. 控矿因素

1）地层

成矿物质（矿质）来源于富含硅质及钙质、铁质、镁质的志留系茂县岩群（$S_{1-2}M$）（原称中–下志留统黄坪组）浅海相碎屑沉积浅变质岩系，金丰度值为 $3.86×10^{-9}$。富含硅质和石英脉的分异为金的活化、迁移提供了有利条件。成矿流体主要是构造水。

2) 北东向脆–韧性剪切带

丁家林金矿与北东向丁家林–太阳坪脆–韧性剪切带同位分布、同动力作用、同步生成，是脆–韧性剪切变形成矿的石英复脉型金矿。脆–韧性剪切组构，如S-C组构和脆性断裂是金矿床的控矿、容矿构造；脆–韧性剪切带的强应变带（域），金矿化也比较强，晚期脆性构造的叠加有利于金矿化；脆–韧性剪切带不同地段的构造作用性质的差异造成不同地段含金石英脉的产状、形态不同。韧性变形强地段，则主要发育含金石英复脉，并且石英复脉产状受褶曲枢纽的产状控制，多形成鸡窝状矿体；脆性变形强地段，主要发育含金石英单脉，石英脉受剪切裂隙控制。

2. 成矿规律

丁家林金矿床位于扬子板块西北缘区域性大断裂（广坪–阳平关–勉县）南侧次级平行断裂（丁家林–太阳坪）脆韧性剪切带内；赋矿围岩为志留系茂县岩群含铁菱镁矿斑点状绢云母千枚岩，具有浅变质强变形的特征；赋矿断裂为北东向脆韧性剪切构造带；矿区地处扬子板块西北缘元古宙隆起前缘断陷带。

志留纪，丁家林矿区处于拉张裂陷环境，沉积发育了一套海底浊流沉积建造——茂县岩群，地层中富集了丰富的金、硅质、钙质，形成了初始含金矿源层；印支期—燕山期，受秦岭造山带影响，丁家林地区北东向脆韧性剪切构造的持续、长期高强度活动，活化、萃取围岩中的金、硅质，混合古天水，形成含金流体。含金流体沿着破碎带由深部向浅部地表运移，在剪切构造带由韧性向脆性转换的部位，由于压力、温度的变化，在张性构造空间金沉淀富集成矿；根据地质特征、矿物组合、结构构造、围岩蚀变、交代关系和矿化类型的不同，其金成矿作用划分为三期：

第一期为脆韧性剪切变形——构造分异热液期，该期主要特征是有金矿化，但基本上没有形成规模比较大的脉状矿体；随着脆韧性剪切变形的开始，富含砂质、泥质的沉积岩在一定的压力、温度条件下，由于应力的作用分异出石英，同时变质结晶形成绢云母，产生细粒他形黄铁矿，形成黄铁矿细脉或石英–黄铁矿细脉，沿层理面和S-C组构等分布，并在递进变形过程中与岩层同时发生褶曲，热液沿千枚理、各种面理运移，地层中的草莓状黄铁矿发生重结晶，形成少量自然金。

第二期为脆性剪切变形——构造分异热液改造期，为主成矿期，显著特征是形成规模型含金石英单脉状矿体，充填于晚期脆性变形作用形成的剪裂隙中。随着脆性剪切变形作用进一步增强，黄铁矿大量形成（主要为半自形–自形），硅化、金矿化发育。石英呈团块状，结晶颗粒粗大，分割或包裹千枚岩碎块，千枚岩中草莓状黄铁矿全部结晶形成细粒立方体黄铁矿和少量五角十二面体黄铁矿，在石英中也见半自形细粒立方体黄铁矿呈浸染状分布，有时也呈细脉状分布，在细粒黄铁矿与石英之间常见到明金，镜下也可见到包裹金和裂隙金。随着脆性剪切变形作用持续增强，含金热液在强应力作用下对围岩、构造带和前期热液形成的矿化产物进行大规模的渗透交代，开始产生方铅矿、闪锌矿及黄铜矿，黄铁矿化、硅化、金矿化进一步发育，大量的石英单脉、复脉、网脉沿节理、劈理充填，在空间上成带出现。镜下在黄铁矿中可见到大量的金。金矿体主要在该期形成。伴随自然金-多金属硫化物的强烈发育，开始出现方解石，在石英脉中均匀分布，呈团块状而不是呈脉状。随着构造活动的减弱、含矿热液温度的降低，黄铁矿的结晶速度也随之降低，在一定的物化条件下逐渐结晶形成粗粒黄铁矿，在矿石中含量较少且零星分布，虽然有不同程度的金矿化但没有工业矿体的形成。铁白云石、含铁方解石、石英呈脉状充填在已形成的矿石裂隙中，铁白云石、含铁方解石等低温矿物的出现，标志着热液成矿期的结束。

第三期为表生期，主要为表生氧化作用，发育褐铁矿化，金发生次生富集。

四、矿床成因与成矿模式

1. 矿床成因

成矿流体盐度是判断流体来源的一个重要标志，盐度>30%的矿床，其成矿流体一般为岩浆热液，而盐度较低的矿床，一般盐度<20%，成矿流体一般为变质热液或大气水热液。丁家林金矿的成矿流体盐度变化范围为 2.9%～8.68%，显然，该矿带金矿床成矿流体不是岩浆热液（魏立勇，2008）。丁家林金矿床 H、O 同位素数据显示，矿区成矿流体的水介质不是岩浆水，也不是典型的变质水，主要是古降水与建造水受强烈构造作用改造后的构造水。

一般认为，如果一个金矿床的 $\delta^{34}S$ 变化范围小于10‰，可作为单一硫源来处理，如果一个金矿床的 $\delta^{34}S$ 变化范围大于10‰，则可能有多种来源。丁家林金矿床硫同位素的研究表明，$\delta^{34}S$ 值的范围为 5.7‰～10.2‰，平均值为 8.3‰（魏立勇，2008），表明金矿床 S 的来源单一；$\delta^{34}S$ 都为正值，硫同位素组成反映地层硫特征，与原岩性质（主要为陆源海相沉积岩，含浊积岩、碳酸盐岩）有关，说明矿石中的 S 主要来自围岩。综合而论，矿质来源于围岩。

丁家林金矿区出露的志留系茂县岩群绢云母千枚岩，具有浅变质强变形的特征。茂县岩群，特别是中段（$S_{1-2}M^2$）含铁菱镁矿斑点银灰色绢云母千枚岩，金背景值高达 $3.86×10^{-9}$，含金丰富。矿区地处扬子板块和鱼洞子-碧口微板块结合部，勉县-阳平关区域深大断裂旁侧；扬子板块与鱼洞子-碧口微板块之间沿勉县-阳平关断裂发生多期次强烈的挤压-推覆作用，平行勉县-阳平关断裂形成了一系列多条的脆韧性剪切带。脆韧性剪切带内岩石破碎、变形强烈，节理、裂隙发育，有利于降水下渗；当剪切带发生构造作用时，降水与周围围岩一起发生反应，萃取围岩中的金、硅质，形成成矿流体。含金流体沿脆韧性剪切带运移，在拉张裂隙发育地段，压力、温度减小，产生地球物理障，含金流体沉淀，发育密集含金石英脉，形成金矿体。

综上所述，丁家林金矿床的成矿物质来源于围岩；成矿受志留系茂县岩群沉积-浅变质强变形岩层控制；韧脆性剪切变形构造是成矿的关键因素，其为成矿提供了热动力机制、矿体赋存空间；韧脆性剪切带也是成矿与控矿的主要因素，后期叠加流体的中低温改造作用，富集成矿，因此认为该矿床属于沉积–构造叠加中低温热液改造的韧脆性剪切带型金矿床。

根据矿床区域成矿地质背景及成矿地质特征，推断该矿床成矿时代为燕山期。

2. 成矿模式

根据丁家林金矿床地质、地球化学特征，成矿作用可分为原始沉积阶段、构造热液改造富集阶段、地表次生氧化三个阶段：①在原始沉积阶段中，志留系茂县岩群原始沉积过程中富集了丰富的金、硅质、钙质，为后期含金流体的形成奠定了物质基础；②构造热液改造富集阶段期间，北东向脆韧性剪切构造的多期次活动，随着古降水的加入，使围岩的矿物组构遭受破坏，岩石中的金、硅质逐渐解离、活化，形成含矿流体，成矿流体沿着破碎带移动，在运移的过程中不断汲取围岩中的成矿物质形成含矿热液，含矿热液沿着剪切带向地表浅部迁移、汇聚，随着压力、温度的降低，并在有利的构造空间富集成矿；③地表次生氧化阶段，在表生氧化过程中随赋存于矿石和含矿围岩中的硫化物的氧化，其中的次显微金随着褐铁矿化而被解离出来，近距离发生再次活化、迁移，由原生矿石中的"不可见金"（微细粒），转变为氧化矿石中的"可见金"（明金）形式。成矿模式总结如下：

（1）金主要来自志留系茂县岩群浅变质–强变形沉积岩系；

（2）茂县岩群原岩具浊积岩特征，地层中富含铁、硫等亲金元素，利于成矿元素在沉积成岩期富集；

（3）成矿动力为丁家林–太阳坪北东向韧脆性剪切构造带，该构造带活动造成围岩发生强烈变形，使含矿地层中的有用元素发生活化迁移，成矿流体中的水主要是构造水；

（4）丁家林–太阳坪脆韧性剪切带最少存在两期剪切变形，早期以韧性为主，在围岩中形成大量 S–C 组构、劈理面、褶皱核部等韧性剪切特征，同时形成剪切裂隙和雁列式张性破裂带，晚期以脆性为主，在围岩中形成大量的剪裂隙，早期含矿热液在脆韧性（偏韧性）剪切变形——变质期沿发育的剪切裂隙与雁列式张性破裂带形成石英复脉带矿体，在晚期脆性剪切变形期沿派生的剪切裂隙形成石英单脉矿体；

（5）主要成矿期为早期脆韧性剪切变形—构造分异热液期与晚期脆性剪切变形—构造分异热液期，两期存在叠加且晚期脆性构造的叠加利于金矿成矿，二者的叠加部位是主要容矿构造；

（6）成矿流体在地热梯度与构造运动的作用下，发生循环对流，并汲取围岩地层中活化的成矿物质，形成含矿热液，含矿热液沿着剪切带向地表浅部迁移、汇聚，并在有利的构造空间积淀成矿；

（7）矿床形成后经过长期的表生氧化作用，黄铁矿被氧化成褐铁矿，金元素随着褐铁矿化而被解离出来，近距离发生再次活化、迁移、富集。

五、找矿标志及找矿模型

1. 找矿标志

（1）地层岩性标志：志留系茂县岩群浅变质-强变形沉积岩系。含铁菱镁矿的绢云母千枚岩。

（2）构造标志：与勉县-阳平关深大断裂平行的北东向脆韧性剪切构造带，石英脉密集，剪切裂隙和张性破裂带密集发育。

（3）围岩蚀变：主要为硅化、黄铁矿化、褐铁矿化，其次为绢云母化、碳酸盐化、绿泥石化等。

（4）地球化学标志：金、银、砷、汞、锑、铜、铅、锌化探异常，特别是水系沉积物异常和土壤异常指示效果比较好。

2. 找矿模型

丁家林金矿床"三位一体"找矿预测地质综合模型见表4.21。

表4.21 丁家林金矿床"三位一体"找矿预测地质综合模型

找矿模型要素	主要标志	丁家林金矿床
成矿地质背景	大地构造背景	古扬子陆块和摩天岭微陆块分界断裂（勉县-阳平关-广坪断裂）南侧
	成矿时代	燕山期
成矿地质体	围岩	志留系茂县岩群含铁菱镁矿斑点绢云母千枚岩
	岩体形态	沿区域性深大断裂旁侧，呈长狭窄带状分布
	形成时代	志留纪
	岩石类型	副变质岩，原岩可能为泥岩、粉砂岩、砂岩，发育粒序层理（鲍马序列），存在浊积岩
	岩石化学	Al_2O_3（16.30%）、K_2O（3.08%）、SiO_2（62.11%）含量明显较高
	同位素地球化学	丁家林金矿床$\delta^{34}S$值的范围为5.7‰~10.2‰，平均值为8.3‰。显示单一硫源
	矿体空间位置	产出在含铁菱镁矿斑点绢云母千枚岩中；产出在脆韧性剪切带中
成矿构造和成矿结构面	成矿构造系统	北东向脆韧性剪切带系统
	成矿结构面类型	剪切裂隙和张性破裂带，石英脉密集带
	矿体就位样式	透镜状

续表

找矿模型要素	主要标志		丁家林金矿床
成矿作用特征标志	围岩蚀变	蚀变类型	硅化、黄（褐）铁矿化、绢云母化、绿泥石化、碳酸盐化
		蚀变分带	从围岩到矿体，碳酸盐化、绢云母化、绿泥石化–碳酸盐化、黄铁矿化、硅化
	成矿分带及典型矿物组合	矿石结构、构造	矿石结构以草莓状–变草莓状结构、碎裂结构、交代残余结构为主；矿石构造以浸染状构造、条带状构造、角砾状构造为主
		矿化分带	黄铁矿、石英、方解石组合一般在矿体非常发育，白云石、绢云母、绿泥石在矿体外围更富集
		典型矿物组合	黄铁矿+石英+绢云母+方解石
		矿化阶段	构造热液阶段，脆韧性剪切变形热液期，矿物组合主要为石英–绢云母–黄铁矿–自然金阶段；脆性剪切变形热液期，矿物组合主要为石英–黄铁矿–自然金阶段，石英–自然金–多金属硫化物阶段，石英–方解石–自然金–多金属硫化物阶段，石英–碳酸盐阶段；表生氧化阶段，形成褐铁矿
	成矿流体性质及流体包裹体特征	成矿流体性质	构造水、古降水
		包裹体特征	见到气液相包裹体，未见气相包裹体，未见到 CO_2 包裹体
		流体物理参数	石英包裹体均一温度范围为 144～414℃，出现 2 个频率众数，180～280℃ 和 300～390℃；盐度为 2.9%～8.14%；总体具中低温、中低盐度特点
		稳定同位素特征	石英 $\delta D = -67‰ \sim -66‰$，黄铁矿 $\delta D = -97‰ \sim -75‰$，石英 $\delta^{18}O = 15.5‰ \sim 18.90‰$；黄铁矿（含方铅矿）$\delta^{18}O$ 为 $5.7‰ \sim 10.2‰$ 黄铁矿 $\delta^{34}S = 5.70‰ \sim 10.2‰$，平均 8.3‰
	金属迁移及沉淀机制	金属迁移	Au^+
		金属沉淀	萃取、充填、交代
物化遥异常	化探异常	水系沉积物和土壤异常	金、银、砷、汞、锑、铜、铅、锌多元素化探异常

第四节　小燕子沟金矿床地质特征、成矿模式及找矿模型

小燕子沟金矿床位于陕西省宁强县西部的青木川镇一带，东离宁强县直距约 54km，向东经宁强县广坪镇至宝（鸡）–成（都）铁路燕子砭火车站 50km，至阳平关火车站 70km，至汉中市 174km，镇村之间有简易公路相通，交通较便利。1979～1985 年，陕西省地矿局汉中地质大队在该区完成了 1∶20 万区域化探扫面和 1∶5 万水系沉积物测量，圈定了 35 个金异常、43 个铜异常，经部分异常检查，发现了旧房梁金矿、金厂沟金矿及金矿（化）点多处。2007 年 7 月提交了金矿普查报告。2009 年，陕西盛安矿业开发有限

公司委托陕西省核工业地质局二〇八大队在鸡头山—小燕子沟一带开展了金矿详查，完成 1:2000 地质测量 6.29km²，槽探 5400m³，硐探 8500m，钻探 33351.66m，查明金金属资源/储量（332+333）9481.61kg，平均金品位 2.42×10⁻⁶。2013 年 3 月至 2014 年 10 月，核工业二〇八大队进行了勘探工作，完成槽探 920m³、硐探 19338m，查明金（331❶+332+333）级资源/储量 8770.79kg、平均品位 2.40×10⁻⁶。目前建成玉泉坝金矿山。

一、矿区地质背景

该金矿位于勉略宁三角区西部，大地构造位置处于松潘-甘孜造山带摩天岭地块东端。区域出露地层主要为新元古界碧口岩群。区域构造总体呈 NEE 向展布，区内发育多种构造形式。区域内出露的侵入岩体主要为海西期关口垭岩体和阳坝岩体（图 4.15）。关口垭岩体主要岩性为石英闪长岩，受后期构造运动改造，发生了部分变形变质。

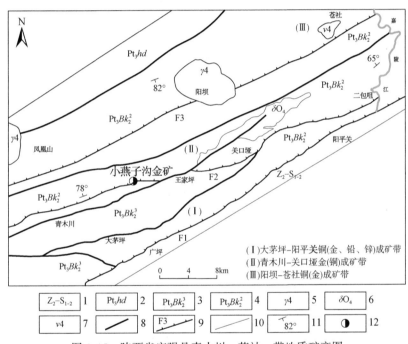

图 4.15 陕西省宁强县青木川—苍社一带地质矿产图

1. 震旦系—志留系：白云岩、灰岩、板岩夹砂岩；2. 新元古界：以变质砂岩及砂质板岩为主夹凝灰岩；3. 新元古界碧口岩群第二亚岩群第三岩组：中酸性晶屑凝灰岩；4. 新元古界碧口岩群第二亚岩群第二岩组：基性-中酸性凝灰岩、熔岩；5. 花岗岩体；6. 闪长岩体；7. 辉长岩体；8. 断层；9. 地质界线；10. 韧性剪切带及编号；11. 产状；12. 金矿点

二、矿床地质特征

矿区出露地层为新元古界碧口岩群第二亚群第二岩组中上岩段（$Pt_3Bk_2^{2-3}$）（图

---

❶ 331 为探明的内蕴经济资源量。

4.16)，为一套以火山岩为主的浅变质火山岩–沉积建造，主要岩性为绿泥石片岩和绢云绿泥石英片岩。岩层后期构造改造明显，褶皱发育，变形强烈，可进一步分为三个岩性层，区内主要分布 b 层（$Pt_3Bk_2^{2-3b}$）和 c 层（$Pt_3Bk_2^{2-3c}$）。

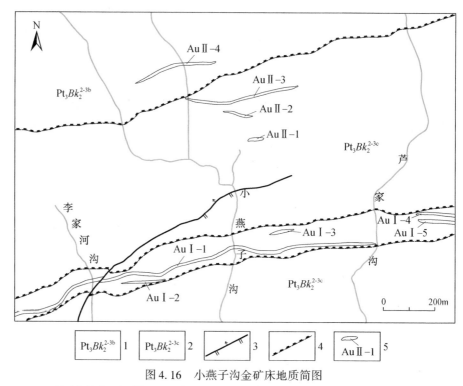

图 4.16　小燕子沟金矿床地质简图

1. 新元古界碧口岩群第二亚群第二岩组中上岩段 b 层；2. 新元古界碧口岩群第二亚群第二岩组中上岩段 c 层；3. 逆断层；4. 韧性剪切带；5. 金矿体及编号

$Pt_3Bk_2^{2-3b}$：层状基性熔岩、中基性熔岩、中酸性凝灰岩夹深灰色硅质岩层，是区内主要的含铜层位。

$Pt_3Bk_2^{2-3c}$：以中基性–中酸性凝灰岩为主，局部含铁石英岩，是区内主要的含金层位。

岩石化学、地球化学特征及构造环境研究表明，火山岩主体属于拉斑–钙碱性过渡性系列，且有岛弧火山岩特点。针对碧口岩群第二亚群火山岩，不同学者所做的同位素年龄值集中在 744 ~ 1200Ma。Rb-Sr 同位素全岩等时线年龄值集中在 800 ~ 1200Ma（李耀敏，1991）；Rb-Sr 同位素等时线年龄值为 744Ma，U-Pb 同位素单阶段模式年龄值为 785Ma、813Ma、835Ma（肖思云等，1988）；K-Ar 同位素年龄值为 808.9Ma（胡正东，1988）。《中国区域地质志·陕西志》（2017）认为碧口岩群形成于新元古代青白口纪。综合认为，碧口岩群第二亚群形成于新元古代。

矿区褶皱构造为玉泉坝向斜的核部及北翼，总体呈单斜构造，层间揉皱和掩卧褶曲比较发育，变形强烈。地层产状变化较大，总体向北西倾斜，局部向南倒转，走向 60° ~ 70°，倾角 65° ~ 80°。

矿区构造复杂，经历多期次、多层次构造活动特征，主要构造特征为韧性剪切挤压构造、挤压逆冲型断裂构造和张性断裂构造。早期断裂主要为深层次的韧性剪切构造，主要表现为强烈的塑性变形，韧性剪切作用，韧性剪切带十分发育。韧性剪切带呈北东-南西向展布，长度大于 2km，宽度一般在 80～300m 之间。

矿区南部的青木川-关口垭韧性剪切带为矿区规模较大的韧性剪切带，主要表现为对地层原始层理的强烈改造与置换，形成透入性流劈理、糜棱岩、石英脉的固态流变及不对称褶皱、无根钩状褶皱构造及眼球状构造。同时也控制了石英脉的贯入和展布方向，矿化的富集、赋存、空间位置及规模。

矿区叠加了后期浅层次脆性构造改造，表现为早期先成断裂的再次脆性活动、矿体的破碎和新的脆性构造的产生，特别是在能干性差异较大的岩石之间尤为突出，如在石英脉与围岩的接触部位，磁铁石英岩的边界部位，甚至在地层中易产生破碎，形成破碎带。破碎带宽度不大，一般在 2～5m，走向与地层大体一致，其特征为碎裂岩发育，晚期石英细脉较多，如在磁铁石英岩边缘的破碎带中石英脉多呈网脉状，褐铁矿化明显，岩石风化强烈。

矿区未见岩浆岩侵入。围岩蚀变主要为黄铁矿化、绿帘石化、绿泥石化、绢云母化、硅化，次为黑云母化、碳酸盐化等。

矿区圈出南矿带（Au I）和北矿带（Au II）。南矿带长 1600m，宽 70～120m，发现金矿体 5 条；北矿带长 1300m，宽 200～240m，发现矿体 4 条。金矿体一般呈带状、脉状、透镜状，沿走向和倾向有膨大收缩、尖灭再现的特点，矿体与围岩界线不明显。矿体长度 40～1494m，延深 197～457m，厚度 1.62～4.81m，金品位 $1.62 \times 10^{-6} \sim 3.08 \times 10^{-6}$。矿石金属矿物主要有黄铁矿、方铅矿、黄铜矿、金红石、磁铁矿及自然金，极少量自然银，非金属矿物主要有石英、钠长石、白云母、绿泥石、绿帘石、长石、普通角闪石等。矿石构造主要有块状构造、片状构造、条带状构造、变余流纹构造；矿石结构主要有粒状结构、鳞片变晶结构、变余晶屑结构、显微片状粒状变晶结构、变余熔结凝灰结构、变余显微嵌晶包含结构和显微片状粒状变晶结构。

矿区岩矿石主要经历低温热液蚀变及构造挤压糜棱岩作用。发育热液蚀变矿物绿帘石、绿泥石及黑云母等，挤压破碎使蚀变矿物发生糜棱化。黄铁矿化是金形成时期矿化，成矿后期主要为碳酸盐化。矿石类型为蚀变糜棱岩型。按照赋矿岩石的组成矿物特征及成因，又分为石英脉型、蚀变火山岩型和磁铁石英岩型。北矿带主要为蚀变火山岩型和磁铁石英岩型，南矿带为石英脉型和磁铁石英岩型。

（1）石英脉型：矿石中金属矿物主要有自然金，少量黄铁矿、褐铁矿；非金属矿物以石英为主，少量钠长石、方解石等。

（2）蚀变火山岩型：矿石金属矿物主要有黄铁矿，少量磁铁矿、贵金属自然金；非金属矿物有石英、绿泥石、绿帘石、绢云母、钠长石、黑云母、蛭石和碳酸盐矿物。

（3）磁铁石英岩型：矿石金属矿物主要有黄铁矿、黄铜矿、磁铁矿和少量毒砂，贵金属为自然金；非金属矿物有石英、长石、绿泥石、绿帘石。

矿石中主要有用元素为 Au，有害元素为 S（0.27%）、As（0.0008%），有用元素 Ag、Cu、Pb、Zn 等元素含量甚微，无综合回收价值。

矿石工业类型为低硫易选原生金矿石，自然类型为热液蚀变岩型金矿石。

三、控矿因素和成矿规律

1. 控矿因素

1）地层岩性

元古宙区内金初始预富集。小燕子沟—旧房梁一带的金化探异常、金矿体均赋存于碧口岩群第二亚群第二岩组（$Pt_3Bk_2^2$）、第三岩组（$Pt_3Bk_2^3$）层位间，含矿岩石及围岩多为中基性凝灰岩、中酸性凝灰岩、糜棱岩等。碧口岩群第二亚群第二岩组、第三岩组是区内金矿的重要矿源层及含矿母岩。

2）构造因素

区域性韧性剪切构造带控制金矿带的展布；次级韧性剪切带控制单个矿体的产出和形态。金的富集和金矿体的分布与断裂构造密切相关。区域金矿带受区域性北东向韧性剪切构造带——青木川–八海–关口垭韧性剪切带控制：①小燕子金矿（床）处在青木川–八海–关口垭韧性剪切带中，矿区内次级韧性剪切带十分发育，反映了韧性剪切带的总体控矿特征；②金矿体一般呈似脉状、透镜状、豆荚状产于韧性剪切带中部强应变带内，是韧性剪切构造控矿所常见的特点；③赋矿岩石本身就是糜棱岩，而且自然金多呈填隙状态赋存于新生矿物之间，为构造晚期阶段成矿的表征，韧性剪切带不仅是成矿物质迁移的导矿构造，而且也是成矿物质沉淀的容矿构造。

综上所述，小燕子沟金矿床主要控矿因素为碧口岩群和北东向韧性剪切带，其中韧性剪切带对矿体的形成起主导控制作用。

2. 成矿规律

小燕子沟金矿床位于扬子板块西北缘勉县–阳平关区域性深大断裂构造以北青木川–八海–关口垭次级平行断裂逆冲韧性剪切带中；赋矿围岩为新元古界碧口岩群第二亚群（阳坝岩组）中基性凝灰岩、中酸性凝灰岩、糜棱岩，局部夹含铁石英岩。控矿断裂为北东向脆韧性剪切构造带。新元古代小燕子沟地区海底火山喷发强烈，形成一套富含金的以中基性火山岩为主的火山岩建造——新元古界碧口岩群，其中碧口群第二亚群二岩组含金最高，丰度达 $9.84×10^{-9}$，是地壳金克拉克值（$3.5×10^{-9}$）的 2.81 倍，高于区域金克拉克值（$4.7×10^{-9}$）2 倍以上，表明海底火山喷发时形成了金的初始预富集层。印支期—燕山期，受秦岭碰撞造山演化影响，小燕子沟地区青木川–八海–关口垭北东向逆冲脆韧性剪切构造的多期次、高强度活动，强烈改造与置换岩层的原始层理，发育透入性流劈理、糜棱岩化带、石英脉的固态流变带、不对称褶皱、无根钩状褶皱构造及眼球状构造，活化、萃取围岩中的金、硅质，混合古天水、变质水，形成低盐度成矿流体；成矿流体在沿着破碎带等由深部向浅部地表运移、汇聚过程中，继续不断萃取围岩中的物质；在剪切构造带由韧性向脆性转换的部位，由于压力、温度的变化，硅质、黄铁矿、金在张性构造空间沉淀富集，形成含金石英脉；后期浅层脆性构造的叠加、改造，导致前期形成的断裂和矿体的再次破碎，尤其是在岩石能干性差异较大的岩石界面之间脆性特征显著，发育破碎带，如石英脉与围岩、磁铁石英岩与千枚岩或片岩接触部位，发育碎裂岩和晚期网脉状石英细脉，褐铁矿化极度发育，有利于金的再次富集。

根据成矿地质条件、围岩和矿石特征，成矿作用过程可分为火山喷发-沉积含金层初始富集、脆韧性剪切构造热液改造富集（主成矿期）、地表次生氧化三个阶段。

四、矿床成因与成矿模式

小燕子沟金矿床岩石、矿石微量元素数据显示（颜崇高等，2012），矿体围岩 Au、Ag、Cd、Hg 含量远远大于地壳丰度值，Au 含量 $20.0 \times 10^{-9} \sim 430.0 \times 10^{-9}$，Ag 含量 $30.82 \times 10^{-9} \sim 53.35 \times 10^{-9}$、Cd 含量 $35.35 \times 10^{-6} \sim 179.90 \times 10^{-6}$、Hg 含量 $4.5 \times 10^{-6} \sim 24.0 \times 10^{-6}$；矿石和围岩的原始地幔标准化微量元素蛛网图显示，二者具有近似的微量元素分布形式。

矿区稀土元素分析显示，稀土元素总量变化比较大，$\sum REE$ 为 $5.58 \times 10^{-6} \sim 138.70 \times 10^{-6}$；远矿围岩、近矿围岩、矿石具有相似的稀土配分模式，均为缓慢右倾，表明成矿物质来自围岩及火山岩。

硫同位素数据表明，矿石和围岩的黄铁矿 $\delta^{34}S$ 范围为 $-3.1‰ \sim -2.2‰$，具有相似的硫同位素组成，硫源相同，围岩（火山岩）为金成矿提供了硫源。

流体包裹体数据显示，由气液两相包裹体均一法测定，成矿期石英脉温度范围 $107.15 \sim 387.8℃$，出现 $200℃$、$300℃$、$360℃$ 三个峰值，$300℃$ 出现频率比较高，冰点温度范围 $-6.95 \sim -5.6℃$，计算得盐度范围 $8.7\% \sim 10.4\%$；磁铁石英岩温度范围 $217.95 \sim 400.0℃$，出现 $300℃$、$400℃$ 两个峰值，$300℃$ 出现频率比较高，冰点温度范围 $-6.8 \sim 8.15℃$，计算得盐度范围 $10.2\% \sim 11.9\%$；表明成矿流体为低盐度的低中温流体，成矿流体具有多阶段性，成岩温度高于成矿温度，成岩与成矿不同期。

矿区地处扬子地台西北缘勉略宁三角地带，位于山金寺-阳平关-勉县区域大断裂北侧的次级平行断裂——青木川-八海-关口垭韧性剪切带中。中、新元古代，古碧口海盆火山喷发形成一套含金丰富的海相火山沉积建造——碧口岩群。矿区出露的新元古界碧口岩群第二亚群第二岩组中岩段，岩石组合为海相的基性-酸性凝灰岩夹中基性-基性熔岩、硅质岩，金含量（9.84×10^{-9}）高出地壳丰度值（1.3×10^{-9}）数倍；经区域变质作用，中基性-中酸性火山熔岩、凝灰岩夹硅质岩形成低绿片岩相变质岩。印支期，勉略宁地区发生剧烈的构造岩浆活动，区内含金的火山热液活动强烈，韧性剪切作用也十分强烈，脆性断裂较发育，为金矿形成提供了物质基础和良好的构造环境，这种含矿热液沿构造薄弱面（剪切面、片理面、岩性接触面、断裂面）活动形成石英脉型及蚀变火山岩型、磁铁石英岩型金矿。

韧性剪切带控制了矿带的展布和单个矿体的产出位置与形态，金矿化与断裂构造密切相关。

韧性剪切带是矿床形成的最根本条件。构造应力活化地层中的金元素，提供热动力、水动力，形成成矿流体；同时韧性剪切带为成矿流体运移提供通道，为成矿流体沉淀提供容矿空间。区内金矿体集中分布在青木川-八海韧性剪切带或旁侧平行的次级韧性剪切带中。金矿体产于韧性剪切带内韧性剪切面或张性破裂带、石英密集发育带中，呈侧列分布；金矿体产出在岩性界面处，构造应力强弱变化地段。赋矿岩石发育糜棱岩化，达到糜棱岩程度；自然金一般分布在新生矿物之间，呈填隙状，具有明显的构造晚期阶段成矿特点。

综上所述，小燕子沟金矿床的成矿物质来源于围岩，成矿受碧口岩群海相火山-沉积-浅变质强变形岩层控制；北东向脆韧性剪切变形构造为成矿提供了热、水动力机制，以及容矿空间，是成矿的主要控制因素；后期叠加赋矿岩系中流体具中低温改造作用，富集成矿，因此认为该矿床属于沉积-构造叠加中低温热液改造的韧脆性剪切带型金矿床。

根据矿床区域成矿地质背景及成矿地质特征，推断该矿床成矿时代为印支期。

五、找矿标志及找矿模型

1. 找矿标志

（1）有利层位是区内找金的有利标志。目前已发现的金矿体均赋存在新元古界碧口岩群第二亚群第二岩组（$Pt_3Bk_2^2$）、第三岩组（$Pt_3Bk_2^3$）层位中，并集中产出在层位沿走向舒缓变化的部位。

（2）北东向韧性构造带。区内北东向韧性剪切带内的糜棱岩化带及其旁侧的次级构造带、强片理化带是金矿体的主要赋存部位，亦是寻找构造蚀变岩型金矿的间接标志。

（3）围岩蚀变。区内黄铁矿化（褐铁矿化）、磁铁矿化、硅化、绢云母化、绿泥石化、绿帘石化与金矿化密切相关。其中黄铁矿化与金矿化关系最为密切，金的富集均在黄铁矿化较强的地段，黄铁矿含量多少直接决定金矿体品位的高低变化，与金属硫化物的粒度密切相关，黄铁矿的粒度越细，一般金的含量越高。

（4）石英脉。金矿体与石英脉密切相关，金产于与主期面理、主构造线一致的石英脉附近或石英脉中。凡有金矿化的地段多见石英脉存在，特别是北北东向一组石英脉与矿化关系最为密切。

（5）化探异常。区内的水系沉积物及土壤金异常与已知金矿点的套合性极强。经统计反映，凡是具有高背景 Au 异常的地段（$\geq 60\times10^{-9}$），一般均有 Au 的矿点或矿化产出。元素的相关性分析表明，Au 与 Ag、Bi、Mo、Hg 关系密切，这些元素可以作为找金的直接指示性元素。

2. 找矿模型

小燕子沟金矿床"三位一体"找矿预测地质综合模型见表 4.22。

表 4.22　小燕子沟金矿床"三位一体"找矿预测地质综合模型

找矿模型要素	主要标志	小燕子沟金矿床
成矿地质背景	大地构造背景	扬子板块和摩天岭微板块分界断裂（勉县-阳平关断裂）北侧平行次级断裂青木川-八海-关口垭韧性剪切带
	成矿时代	印支期

找矿模型要素	主要标志		小燕子沟金矿床
成矿地质体	围岩		新元古界碧口岩群第二亚群以中基性–中酸性凝灰岩为主，夹中基性火山熔岩和含铁石英岩；已蚀变为绢云石英片岩
	岩体形态		沿区域性深大断裂旁侧，呈北东向长狭窄带状分布
	形成时代		新元古代
	岩石类型		中酸性凝灰岩、中基性熔岩、含铁硅质岩；蚀变为绿片岩，绢云母石英片岩，磁铁石英岩，变质变形改造的岛弧拉斑–钙碱性火山岩组合
	岩石化学		Al_2O_3（11.73%～17.35%）、K_2O（0.43%～8.81%）、SiO_2（41.66%～73.06%）
	同位素地球化学		金矿床 $\delta^{34}S$ 值的范围为-3.1‰～-2.2‰，显示单一硫源
	矿体空间位置		产出在脆韧性剪切带中强应变带内，及韧性剪切面和张性破裂带中，呈侧列展布
成矿构造和成矿结构面	成矿构造系统		北东向脆韧性剪切带系统
	成矿结构面类型		剪切裂隙和张性破裂带，石英脉密集带
	矿体就位样式		透镜状，似脉状，豆荚状
成矿作用特征标志	围岩蚀变	蚀变类型	硅化、黄（褐）铁矿化、磁铁矿化、绢云母化、绿泥石化、绿帘石化、碳酸盐化
		蚀变分带	从围岩到矿体，绢云母化、绿帘石化、绿泥石化、碳酸盐化–磁铁矿化、黄铁矿化、硅化
	成矿分带及典型矿物组合	矿石结构、构造	矿石结构以粒状结构、鳞片变晶结构、变余晶屑结构为主；矿石构造以块状构造、条带状构造、变余流纹构造为主
		矿化分带	黄铁矿、磁铁矿、石英组合一般在矿体富集
		典型矿物组合	黄铁矿（褐铁矿）+磁铁矿+石英
		矿化阶段	火山喷发沉积期，火山喷发带来丰富的金元素，沉积形成原始的矿源层——碧口岩群；构造热液期分两个阶段：①脆韧性剪切变形热液阶段，矿物组合主要为石英–绢云母–黄铁矿–自然金；②脆性剪切变形热液阶段，矿物组合主要为石英–黄铁矿–自然金，石英–自然金–多金属硫化物，石英–方解石–自然金–多金属硫化物–碳酸盐；表生氧化期，形成褐铁矿
	成矿流体性质及流体包裹体特征	成矿流体性质	构造水、变质水、古降水
		包裹体特征	见到气液相包裹体，未见气相包裹体，未见到 CO_2 包裹体
		流体物理参数	石英包裹体均一温度范围为 107.15～387.8℃，出现 3 个峰值，200℃、300℃和360℃；盐度为 8.7%～10.4%；总体具中低温、中低盐度特点
		稳定同位素特征	黄铁矿 $\delta^{34}S$ = –3.1‰～–2.2‰，显示单一硫源
	金属迁移及沉淀机制	金属迁移	Au^+
		金属沉淀	萃取、充填、交代
物化遥异常	化探异常	水系沉积物和土壤异常	Au 与 Ag、Bi、Mo、Hg 元素关系密切，可作为找金直接指示性组合异常

第五节　铧厂沟金矿床地质特征、成矿模式及找矿模型

铧厂沟金矿床位于勉略宁矿集区西北部，地处陕西省略阳县城以西 36km 的郭镇铧厂沟。由陕西省地质矿产局第二地质队 1984～1991 年发现并勘查，共完成钻探 14145.75m、坑探 2116.40m、槽探 10153.15m³；1991 年 10 月编写了陕西省略阳铧厂沟金矿床寨子湾矿段 23–32 线勘探报告并通过陕西省储委的审查。1991 年 12 月 4 日，陕西省矿产储量委员会以陕储决字〔1991〕18 号文批准了该报告。采用地质块段法，以垂直纵投影图为计算储量的基本图件，对 11 个矿体（Au8、Au9、Au10、Au11、Au14 五个主矿体及 Au6、Au7、Au12、Au13、Au18-1、Au18-2 六个次级矿体）金储量进行计算，共获得 C+D 级储量 8926kg，其中 C 级储量 3525kg，占总储量的 39.49%，C+D 级矿石量为 1768452t，矿床平均品位 5.05×10^{-6}。已建成矿山，并开采至今。

一、矿区地质背景

大地构造位置上，铧厂沟金矿区处于秦岭造山带与扬子板块的结合带，勉略康构造混杂岩缝合带南部，北为勉略康构造混杂岩带，出露下–中泥盆统三河口岩群和下石炭统略阳组（D—C）；南为松潘–甘孜造山带摩天岭碧口微地块（II_6），主要出露新元古界碧口岩群（Pt_3Bk）火山岩系（图 4.17）。

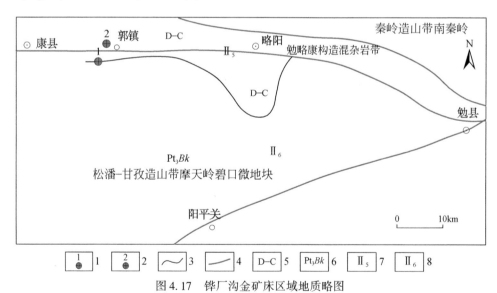

图 4.17　铧厂沟金矿床区域地质略图

1. 铧厂沟金矿床；2. 干河坝金矿床；3. 二级构造单元分界；4. 断裂；5. 泥盆系—石炭系；6. 新元古界碧口岩群；
7. 勉略康构造混杂岩带；8. 松潘–甘孜造山带摩天岭碧口微地块

矿区位于两个二级构造单元结合部位，构造活动强烈，经历了中–新元古代、加里东期、海西期、印支期、燕山期及喜马拉雅期的长期、多期次的构造岩浆活动影响。尤其是中–新元古代和海西期地壳拉张，火山喷发，以及稍后的韧性剪切活动对本区矿化富集有

一定作用。北侧的勉略康深大断裂作为一级导矿构造可能提供了部分成矿物质。

二、矿床地质特征

1. 矿区地质特征

1）地层

矿区出露新元古界碧口岩群（Pt_3Bk）和下–中泥盆统三河口岩群（$D_{1-2}Sh$）及下石炭统略阳组（C_1l），第四系（Q）分布范围较小（图4.18）。由老到新分述如下。

（1）新元古界碧口岩群第二亚群第二岩组上岩段（$Pt_3Bk_2^{2-3}$）

主要出露于铧厂沟南侧，在工作区中西部河道北侧也有出露，矿区仅跨及上部岩层，按岩石组合特征分为三个岩性层。

第一岩性层（$Pt_3Bk_2^{2-3a}$）：为酸性凝灰岩、凝灰熔岩，局部夹基性熔岩条带。与上部地层（$D_{1-2}Sh^{1a}$）呈断层接触。

第二岩性层（$Pt_3Bk_2^{2-3b}$）：浅灰色中酸性凝灰岩、凝灰熔岩夹基性角砾凝灰岩、凝灰岩及酸性凝灰岩透镜体或条带。

第三岩性层（$Pt_3Bk_2^{2-3c}$）：浅灰绿色、灰白色中酸性凝灰岩夹基性熔岩及基性凝灰岩透镜体，中上部夹凝灰质板岩及凝灰质千枚岩，局部夹石英岩透镜体。

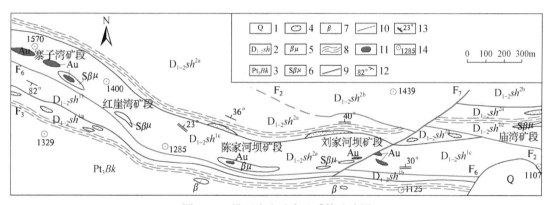

图4.18　铧厂沟金矿床地质构造略图

1. 第四系；2. 下–中泥盆统三河口岩群；3. 新元古界碧口岩群；4. 石英砂岩构造透镜体；5. 细碧岩构造透镜体；6. 蚀变细碧岩构造透镜体；7. 基性熔岩构造透镜体；8. 韧性剪切带；9. 脆性断裂；10. 推测脆性断裂；11. 金矿体；12. 片理产状；13. 地层产状；14. 海拔（m）

（2）下–中泥盆统三河口岩群（$D_{1-2}Sh$）

分布于矿区北部即铧厂沟以北的地区，该群与南侧碧口岩群呈断层接触。按沉积韵律及岩石组合特征，划分为三个岩性段共六个岩性层，总厚度大于850m。各岩性段、层特征如下。

第一岩性段（$D_{1-2}Sh^1$）厚372～411m，可进一步划分为三个岩性层。

第一岩性层（$D_{1-2}Sh^{1a}$）：粉砂质绢云千枚岩、钙质千枚岩、细粉砂状变质石英砂岩、粉砂岩及硅化变质石英砂岩，底部变质石英砂岩具硅化，其特点为胶结物中石英发生重结晶，并对砂状石英强烈熔蚀交代，石英脉发育，伴随有金矿化。

第二岩性层（$D_{1-2}Sh^{1b}$）：下部为中–薄层状微晶灰岩，泥质灰岩，产腕足动物、珊瑚化石。上部为中–厚层状结晶灰岩及生物碎屑灰岩。该层由红岩湾向东逐渐变薄，中下部受剪切变形影响，蚀变（糜棱岩化）钙质糜棱岩发育。区内 Au I 矿（化）体产在该层中。

第三岩性层（$D_{1-2}Sh^{1c}$）：下部为凝灰质绢云千枚岩，上部为凝灰质板岩。由刘家河坝向东，凝灰质绢云千枚岩及凝灰质板岩逐渐过渡为中酸性晶屑、岩屑凝灰岩。该层中断续分布脉状或透镜状细碧岩，细碧岩常遭受强烈蚀变，形成金矿化富集地段和金矿体，为铧厂沟金矿床寨子湾矿段主要勘探对象。

第二岩性段（$D_{1-2}Sh^2$）与下伏一岩性段呈断层接触，厚 466～544m。可分为三个岩性层。

第一岩性层（$D_{1-2}Sh^{2a}$）：钙质千枚岩、粉砂质绢云千枚岩、变质石英砂岩透镜体，东部夹晶屑凝灰岩，下部泥灰岩中含珊瑚化石。底部变质石英砂岩呈透镜状断续分布，并具金矿化。

第二岩性层（$D_{1-2}Sh^{2b}$）：薄–中厚层状结晶灰岩、微晶灰岩、泥质灰岩夹钙质千枚岩及石英砂岩透镜体。结晶灰岩由西向东相变为钙质千枚岩并逐渐变薄。该层中下部受剪切变形影响，发育强蚀变钙质糜棱岩，区内 Au II 矿（化）体产在该层中。

第三岩性层（$D_{1-2}Sh^{2c}$）：浅灰、灰紫色凝灰质板岩，凝灰质千枚岩夹含砾岩屑凝灰岩，下部断续分布中基性熔岩透镜体并具铜金矿化。

第三岩性段（$D_{1-2}Sh^3$）：主要为灰色薄–中厚层结晶灰岩，底部为黄绿色板岩、粉砂质板岩，偶夹石英砂岩透镜体，厚度 120m。

（3）下石炭统略阳组（C_1l）

深灰色厚层状结晶灰岩，含 *Aulina* sp.、*Lonsdaleia* sp. 等生物化石，分布于矿区东北边缘，与三河口岩群第三岩性段（$D_{1-2}Sh^3$）呈断层接触。区内出露厚度>100m。

（4）第四系（Q）为残、坡积亚黏土以及沿沟谷分布的砂砾石、亚黏土等。

2）构造

（1）褶皱

矿区构造总体呈北西西–南东东及近东西向展布，为向北倾斜的单斜构造；仅在寨子湾矿段约800m范围内三河口岩群第一岩性段产生局部向南倒转现象，地表向南倾斜，至1270m标高以下地层陡倾，直至向北倾斜。

地层走向在陈家河坝以西为北西西–南东东向，陈家河坝以东为近东西向，除寨子湾矿段外，倾角一般为60°～75°，地表由于重力坡压结果，局部倾角为35°～45°。

（2）断裂及挤压破碎带

在矿区内不同方向展布的断裂及挤压片理化带比较发育，但以北西西–南东东及近东西向展布为主，北东–南西向次之。

阴山大梁–杨山坪正断层（F_1）：东西向，断层北为下石炭统略阳组灰岩（C_1l），南为下–中泥盆统三河口岩群第三岩性段（$D_{1-2}Sh^3$），断裂带中断层角砾岩、挤压透镜体发育，并具碳化，宽 $10 \sim 30m$，断层面北倾，沿断裂带有泉水分布。

陈家湾–九房沟–吴家沟正断层（F_2）：分布于阴山大梁—杨家坪一带，为东西走向，略具向南突出的弧形，断层面向北倾斜的正断层，并以此为界，断裂上盘（北侧）为下石炭统略阳组灰岩（C_1l），下盘（南侧）为下–中泥盆统三河口岩群三岩性段地层（$D_{1-2}Sh^3$），断裂带中断层角砾、挤压透镜体发育，并且碳化。

北光岭–刘家河坝–乱石窑正断层（F_3）：为碧口岩群（Pt_3Bk）与三河口岩群（$D_{1-2}Sh$）的分界断层。陈家河坝以西为北西–南东向，以东为东西向，断层面微具波状起伏，向北倾斜，产状 $45° \angle 50° \sim 60°$，使下–中泥盆统三河口岩群底部变质石英砂岩与碧口岩群中酸性凝灰岩的产状呈角度相交，断层上盘的硅化石英砂岩强烈破碎，常产生强硅化和金矿化。该断层向东与 F_4 断层相交。

万家山–庙湾–张家庄逆断层（F_4）：多为河床淤积物覆盖，但多处显露，迹象明显，为一断层破碎带，陈家河坝以西为北西–南东向，以东为东西向展布，宽 $10 \sim 20m$，断层面南倾，为 $Pt_3Bk_2^{2-3b}$ 与 $Pt_3Bk_2^{2-3c}$ 的分界线。

香堂沟–曹家沟逆断层（F_5）：走向近东西，断层面南倾，该断层地貌特征明显，沿断层形成一连串的负地形或山凹，地层挤压揉皱剧烈。

寨子湾断裂片理化带（F_6）：出露于万家山–陈家河坝矿化带上，在 $D_{1-2}Sh^{1b}$ 与 $D_{1-2}Sh^{1c}$ 间有一断层，断层破碎带宽 $1 \sim 5m$，断层面总体南倾，$1390m$ 标高以上产状为 $185° \angle 45° \sim 50°$，深部断层面倾角变为 $80°$ 左右，此断层的西侧岩石产生强烈片理化和一系列平行的断裂面，在寨子湾一带尤为明显。断裂带由南侧微晶灰岩形成定向构造或片状构造，北侧凝灰岩形成凝灰质绢云千枚岩，宽 $20 \sim 60m$，其中赋存的细碧岩产生塑性及脆性变形，使之具定向构造，强碎裂结构，假角砾斑杂状构造。

该断裂片理化带为一控矿构造，在细碧岩内或边部沿与片理一致的断裂常富集成矿。

断层（F_7、F_8）：F_7 出露于后沟湾–苟家山附近，F_8 出露于阳坝坡，断层呈北东–南西向，使地层发生平移错位。断层西盘向南、东盘向北平移错动，错距分别为 $20m$、$60m$。其中 F_7 波及刘家河坝矿体，使 Au II 号矿体遭到破坏。

断层（F_9）：为寨子湾矿段走向斜切断层，出现于 $1350 \sim 1390m$ 标高 15 ~ 24 勘探线间，该断层在 PD3-CM20 穿脉平硐中清晰可见，产状为 $320° \angle 17° \sim 26°$，断层面为舒缓波状，具有逆断层运动性质，造成 Au8、Au9、Au10、Au11 及 Au14 号矿体错断移位，即上盘向南、下盘向北移动，断距 $7 \sim 25m$，使各矿体沿走向空间出现无矿带。该断层由一个平硐及 29 个钻孔控制，每条勘探线至少 2 个，最多有 5 个工程穿过。

3）岩浆岩

矿区内未发现中、深成侵入岩体，但火山活动比较强烈。南部中–新元古界碧口岩群系火山喷发相，为一套酸性–中酸性火山碎屑岩夹基性熔岩、凝灰岩的透镜体或条带。

下–中泥盆统三河口岩群中普遍夹基性火山岩透镜体，其中第一岩性段第三岩性层（$D_{1-2}Sh^{1c}$）中分布的细碧岩为金矿的赋矿岩石和直接围岩。

细碧岩为灰色、紫色、绿色及灰绿色，变余细碧结构、变余交织结构、块状构造、斑杂状构造及定向构造。岩石中斑晶少而小，含量在 1% 左右，斑晶为表面比较脏的钠更长石，分布杂乱，常含少量由绿泥石、方解石和石英充填的杏仁体。基质成分以板条状、糖粒状钠长石为主，次为绢云母、白云石、绿泥石及少量绿帘石、方解石、含铁碳酸盐、白钛石等，副矿物有磷灰石。近矿围岩常产生强烈钠长石化、绢英岩化、白云石化及微弱青磐岩化，形成变斑状结构和鳞片粒状变晶结构，变质矿物增多，有的几乎全由变质矿物组成，其中变斑白云石达40%~55%，形成粗大的变斑晶出现于长英质中，糖粒状钠长石达30%以上，有的糖粒状钠长石集合体略显条状长石的假象。蚀变细碧岩中，碳酸盐、石英、钠长石、绢云母、绿帘石、绿泥石细脉发育，有的见磷灰石细脉。矿物具定向排列。

细碧岩在地表呈脉状、透镜状分布，在寨子湾矿段具右行侧列的特点，在刘家河坝矿段具左行侧列的特点。

2. 矿体地质特征

1）含矿构造带特征

矿区内发育两条韧性剪切带：北部韧性剪切带从第一岩性段第三岩性层（$D_{1-2}Sh^{1c}$）下部（F_6）到第二岩性段第二岩性层（$D_{1-2}Sh^{2b}$）厚层灰岩下部，宽200~250m；南部韧性剪切带以第一岩性段第一岩性层（$D_{1-2}Sh^{1a}$）下部（F_3）为界，止于第一岩性段第二岩性层（$D_{1-2}Sh^{1b}$）厚层灰岩，宽100~150m。二者以第一岩性段第二岩性层（$D_{1-2}Sh^{1b}$）厚层灰岩相隔；长度相近，大于8km；形状相似，总体走向NWW。无论沿走向还是顺倾向，均呈舒缓波状。在剪切带内，碧口岩群中的基性熔岩透镜体、第一岩性段第一岩性层（$D_{1-2}Sh^{1a}$）和第二岩性段第一岩性层（$D_{1-2}Sh^{2a}$）中的石英砂岩透镜体以及第一岩性段第三岩性层（$D_{1-2}Sh^{1c}$）中的细碧岩透镜体均呈雁行状排列。两条韧性剪切带均经历了右行（韧性）—左行（韧脆性）—右行（脆性）多期（次）活动。

在韧性变形期的强变形域内，碧口岩群中的酸性凝灰岩生成云母石英片糜岩，主要矿物为白云母+石英+钠长石；第一岩性段第三岩性层（$D_{1-2}Sh^{1c}$）中的火山凝灰岩生成绢云钠长片糜岩以及绢云千糜岩，变质矿物为绢云母+钠长石+石英；细碧岩经动力变质生成绿泥石+绿帘石+钠长石；第二岩性段第二岩性层（$D_{1-2}Sh^{2b}$）、第一岩性段第二岩性层（$D_{1-2}Sh^{1b}$）中的灰岩形成钙质糜棱岩。结合变质矿物共生组合以及石英光轴岩组图，韧性剪切带早期形成温度约500℃，以右行剪切为主，古应力值大于0.07GPa（魏刚锋等，2000）。

韧脆性变形期的典型特征是在韧性剪切带内发育的裂隙中有钠长石–石英脉和碳酸盐脉等脉体的充填。钠长石–石英脉大多数垂直片理或与S-C面理呈大角度相交；碳酸盐脉沿共轭X节理充填。其中的钠长石具亚颗粒构造，石英发育镶嵌消光或亚颗粒，常见波状消光、扇状消光、变形条带、变形纹等粒内变形特征。结合石英、方解石粒内变形特征及岩组图等综合分析，韧性剪切带在韧脆性变形期的温度在200~500℃之间（魏刚锋等，2000），以左行剪切为主，古应力值变化不大。

在南北两个矿带中较大规模尺度上，金矿体的空间产出表现出受韧脆性剪切构造控制呈右行雁列展布的规律。南矿带1110m标高36~90线间，富矿体在矿脉走向呈明显的右行排列的特点，单一富矿体长可达200m以上，之后出现较弱矿化地段，呈现出强弱相间的雁列形式。在同一个矿体内，矿化体亦呈雁列展布，并表现出强弱相间的特征，这一特点在北矿带1030m标高160线一带表现尤为明显。在地表后沟一带，小的石英脉体仍表现出右行斜列的特点。

蚀变岩型金矿化的金矿体亦均分布于韧性剪切带之中，含金蚀变细碧岩及金矿体呈雁行状排列，蚀变作用中新生矿物呈 X 形排列，伴随韧脆性变形生成的细脉呈雁行状、X 形等都与韧性剪切作用密切相关。

韧性剪切带经历了退化变质作用的演化过程。在温度大于 500℃时的韧性变形期不仅使基性火山岩系中的金活化迁移，而且为含金流体的上升运移提供了良好的通道，并为含金流体与围岩相互作用（流体与固体反应）提供了良好场所。温度降至 200～500℃时，韧性剪切带演化成为韧脆性剪切带，伴随碳酸盐−钠长石化、绢云母−碳酸盐化和绢英岩化，金在剪切带局部张扭性空间生成的五角十二面体黄铁矿和粗粒黄铁矿裂隙中沉淀、富集。当石英脉及石英−钠长石脉垂直 C 面理或大角度斜交 C 面理生成时，金随 SiO_2 和多金属硫化物在此类扩容空间沉淀。总之，本区发育的韧性剪切带是金矿形成、富集的最重要控矿因素之一，尤其在韧脆性变形期更为突出。

2）矿体地质特征

铧厂沟金矿床产于下−中泥盆统三河口岩群中，由南、北、中三条主要金矿带及一条金矿化蚀变带组成。四条金矿化蚀变带彼此大致平行产出。矿化蚀变类型有蚀变细碧岩、构造蚀变岩及蚀变石英砂岩三种。

（1）蚀变细碧岩型金矿（化）体

蚀变细碧岩型金矿（化）体赋存于下−中泥盆统三河口岩群 $D_{1-2}Sh^{1c}$ 内的凝灰质绢云千枚岩中及蚀变细碧岩中，受细碧岩所控制；西起寨子湾，东至庙湾一带，延长 3600 余米，一般宽 2～12m，最宽 20 余米；平面上呈断续分布，右形侧列。该矿化带为铧厂沟金矿床的主要赋矿层位之一（即主矿带）。目前，40～64 线上部进行了较为系统的详查工作，钻孔控矿最低标高为 865m。主矿带 48～64 线呈脉状产出，走向近东西，方位 295°，向南倾斜，倾角 52°～72°。单个矿体一般长度 120m，厚度 2.3～5.4m，金品位 $0.8×10^{-6}$～$5.43×10^{-6}$，平均品位 $2.35×10^{-6}$，矿体标高介于 1070～1210m。

在蚀变细碧岩型金矿化带内共圈出蚀变细碧岩型金矿体 11 个，规模较大的有 5 个，由北向南其编号依次为 Au14、Au10、Au11、Au8 及 Au9（表 4.23），Au8 矿体规模最大。其中 Au8 和 Au9 矿体赋存于一个蚀变细碧岩体内，细碧岩间为凝灰质绢云千枚岩所隔，相距 4～10m。1190m 中段以下只有 Au8、Au10、Au11 矿体。矿体赋存于蚀变细碧岩中。Au8 与 Au9、Au10 与 Au11 矿体之间为矿化细碧岩。

表 4.23　铧厂沟金矿床主要矿体特征

矿体	位置（勘探线）	长度/m	垂深/m	矿体厚度/m			厚度变化系数/%	控制最低标高/m	单样品位/10⁻⁶		品位变化系数/%
				一般	最厚	平均			一般	最高	
Au8	4～32	265	358	0.8～3.0	10.96	2.40	90	1065	2.0～5.0	229.28	91
Au9	8～32	190	167	1.0～3.0	8.53	2.39	76	1238	2.0～5.0	95.00	78
Au10	7～8	135	352	1.0～4.0	16.61	2.83	76	1098	2.0～4.0	138.56	93
Au11	7～8	135	340	1.0～3.0	10.14	2.22	85	1110	2.0～4.0	28.20	96
Au14	25～3	210	280	1.0～3.0	5.30	1.76	59	1175	2.0～4.0	39.60	70

矿体呈脉状–透镜状产出，延深（沿倾向）大于延长（沿走向）。矿体在平面上自北西西向南东东呈"右行"斜列式产出，在剖面上由西向东呈"台阶"状产出，矿体向东侧伏，其侧伏角在 60°~78°之间。矿体产状与围岩基本一致，但由于受构造影响，常沿走向及倾向产生舒缓波状变化。1390m 标高以上，矿体南倾，倾角 50°~70°，1390m 以下变至 80°~90°，24 线以东 1270m 标高以下矿体向北倾斜，倾角 85°~88°。

在 1350~1390m 标高上有一舒缓波状斜切断层（F$_9$）使矿体产生南北向错位（上盘向南、下盘向北错动）10~25m，造成矿体在空间上出现无矿带。

Au8 矿体长 265m，厚 0.8~10.96m，平均厚 2.40m，工程控制垂深 358m，深部未控制，金品位一般在 $2.0×10^{-6}$~$5.0×10^{-6}$，属中等规模矿体，见表 4.23。

Au8、Au9 矿体沿走向及倾向变化较大，Au8 矿体地表在 20~24 线间 110m 范围无矿，矿体不连续，沿倾向在 16~20 线 1310m 标高上和 24~28 线 1270m 标高上无矿，因此，再现一向西倾的楔形无矿空间；Au9 矿体在地表沿走向继续出露，在 20 线及 26 线附近出现无矿地段，沿倾向整个 20 线出现一无矿空间，将 Au9 矿体分割成两段。因此 Au8、Au9 矿体沿走向及倾向均有加厚及变薄、缺失现象。

（2）构造蚀变岩型金矿（化）体

分别产于 $D_{1-2}Sh^{1b}$ 及 $D_{1-2}Sh^{2b}$ 层，底部构造带中的 Au I、Au II 矿体顶、底板围岩及赋矿岩石都受到了不同程度的构造及蚀变作用，在镜下见到矿物有压扁拉长现象，赋矿岩石具碎裂状构造；矿体总体黄铁矿化较强，局部次之。其围岩普遍具弱黄铁矿化，局部较强并见有金矿（化）体。矿体中发育较强的石英脉、方解石脉及石英方解石脉，其分布不均，也无分布规律可循，脉体的延续性也较差。无论是在矿体内还是在顶、底板围岩中的黄铁矿都分布不均，蚀变强度不等，但金矿（化）体都与黄铁矿化的强弱密切相关。

赋存在 1b 层中的构造蚀变碳酸盐岩型金矿化带为南矿带，位于寨子湾—刘家河坝一带，产于下–中泥盆统三河口岩群底部含金矿化构造蚀变带中，矿化带长 2600m，总体呈舒缓波状展布，走向北西西，向北倾斜，倾角 40°~75°。金矿体呈脉状、透镜状产出，局部有小的平行矿脉（体）。矿体厚度一般 0.2~1.0m，品位较高，一般 $3×10^{-6}$~$12×10^{-6}$，最高品位 $39×10^{-6}$。该矿化带矿化属构造蚀变岩型，是矿区内主要含金矿化蚀变带之一，其中 Au I 矿体，长 2296m，控制斜深 415m，是本矿区内的主要矿体。南矿带目前坑探工程控矿最低标高 990m（36~80 线），钻探控矿最低标高 824m。对深部进行的地质详查工作表明，该矿带走向及倾向呈断续分布，40~80 线矿体较为稳定，140 线以东矿体厚度及品位变化较大，40 线以西矿体厚度较小，一般 0.1~0.2m。

赋存在 $D_{1-2}Sh^{2b}$ 中的构造蚀变碳酸盐岩型金矿化带为北矿带，产于下–中泥盆统三河口岩群 $D_{1-2}Sh^{2b}$ 底部，分布于刘家河坝铁夹树湾—庙湾后头湾一带，矿化带总长度约 1800m，呈舒缓波状，走向近东西，倾向北，其倾角地表缓，深部较陡，地表为 30°~40°，深部为 57°~86°。该带内的 Au II 矿体，呈脉状、薄板状产出，长 1020m，控制斜深 419m，矿体厚度较小，通常 0.2~0.5m，沿走向和倾向延伸稳定，金品位较好，一般 $4×10^{-6}$~$10×10^{-6}$。对北矿带进行的地质详查及实际采矿工作表明，该矿带走向及倾向延伸较稳定，每个中段走向上有 350~400m 矿体较好，厚度 0.30~0.50m，平均品位为 $10×10^{-6}$~$20×10^{-6}$。坑探工程最低控矿标高 830m，钻探工程最低控矿标高 796.20m。

（3）蚀变石英砂岩型金矿（化）体

赋存在下-中泥盆统三河口岩群 $D_{1-2}Sh^{1a}$ 底部，西起万家山，东至刘家河坝一带，全长6400余米。脉体走向近东西，呈断续分布，严格受层位控制，产状与地层基本一致，倾向北及北东，倾角35°~70°，宽5~20m，经工程揭露，矿化不稳定，在其内的矿（化）体不连续，呈透镜状产出。在以往施工的 KZK1611、KZK4803 及 ZK12801 孔中，分别见到了蚀变石英砂岩型金矿体，厚度分别为 1.03m、1.03m、1.15m，品位各为 3.05×10^{-6}、1.75×10^{-6}、3.38×10^{-6}。在万家山、张家山一带已圈出具有一定规模的工业矿体。矿山对砂岩矿带在万家山矿段进行了少量地质探矿工作，从 1580、1550、1520 三个中段探矿成果来看，该矿带呈断续分布，走向及倾向延伸不稳定，平均品位较低，特别是围岩不稳固，对采矿工作影响较大。

3）矿体围岩及蚀变特征

（1）矿体围岩

主矿带中矿体的直接围岩为弱蚀变的细碧岩，局部为片理化细碧岩，与矿体间界线为渐变关系；南矿带矿体的围岩为硅化千枚岩和硅化灰岩及碎裂灰岩，矿岩界线清晰，大部分呈断层接触；北矿带矿体的围岩主要为钙质糜棱岩、斑点状千枚岩和硅化、碎裂灰岩，矿岩界线清晰，呈断层接触；砂岩矿带围岩为硅化变质石英砂岩。

（2）围岩蚀变类型

在蚀变细碧岩金矿化带，矿体围岩蚀变强烈，主要有白云石化、钠长石化、黄铁矿化、绢云母化、硅化、绿泥石化、绿帘石化、赤铁矿化、方解石化等。

与构造蚀变碳酸盐岩型 AuⅠ、AuⅡ矿体有关的围岩蚀变类型有黄铁矿化、硅化、碳酸盐化、绢云母化、磁铁矿化及金矿化。

（3）围岩蚀变与成矿关系

与成矿关系密切的围岩蚀变主要为黄铁矿化、硅化。只有二者在矿体中相互伴生，才有金矿（化）体产出的可能。矿石品位的高低与黄铁矿化及硅化的强弱息息相关。黄铁矿是矿石中的主要金属矿物，也是重要的载金矿物。石英脉的形成主要是硅化作用的产物，在矿石中，脉体呈大小不等或呈不规则的团块状产出，无分布规律可循，二者的发育程度往往代表着金矿化的强弱程度。

4）矿石特征

（1）矿石金属矿物主要为黄铁矿、自然金，少量的铜、铅、锌的硫化物，自然银，银金矿等。黄铁矿易氧化成褐铁矿。非金属矿物主要为石英、白云石、含铁白云石和钠长石，其次为绢云母、白云母。此外，有少量磷灰石、电气石、金红石等。

（2）矿石结构、构造。矿石结构主要有：①自形-半自形晶结构，矿石中主要矿物——黄铁矿均以自形、半自形粒状形态产出；②包含结构，黄铁矿中包含圆粒状的磁黄铁矿、黄铜矿等；③填裂隙结构，黄铜矿充填于脉石矿物中；④穿插结构，黄铜矿沿黄铁矿裂隙穿插生长；⑤交代残余结构，主要为次生变化的褐铁矿交代黄铁矿，并残余有黄铁矿不规则颗粒；⑥假象结构，褐铁矿完全交代黄铁矿后，其外观形态保留黄铁矿形状。

矿石构造多为浸染状构造、斑杂状构造、角砾状构造、条带状构造、脉状和网脉状构造、块状构造等。

（3）矿石化学成分相对简单，分析结果表明为单一金矿石，除 Au 外，其他有益、有害元素含量甚微（表4.24）。

表4.24　铧厂沟金矿床金矿石主要微量元素含量平均值

微量元素	万家山硅化砂岩	寨子湾蚀变细碧岩	南矿带构造蚀变岩	北矿带构造蚀变岩
	6 件样品	20 件样品	5 件样品	10 件样品
Au	2113	3482	2971	4064
Ag	0.58	0.23	0.45	0.3
Cu	82.9	90.5	11.4	11.0
Pb	15.5	9.7	17.8	20.4
Zn	104.5	65.8	66.6	52.4
Sn	2.63	1.5	2.56	3.51
V	117.4	179	75.4	72.0
Ni	38.7	47.3	7.8	11.2
Co	43.7	37.7	16.8	18.1
As	227.9	71.5	221.4	69.9
Sb	4.79	1.15	1.78	0.91
Bi	0.19	0.18	0.38	0.58
Hg	0.068	0.038	0.061	0.059

注：Au 含量数量级为 10^{-9}，其余元素含量数量级为 10^{-6}；据王立新，2014❶。

5）成矿元素的赋存状态及富集规律

自然金是矿石中主要的金矿物。有明金和显微金。明金量少，粒径介于 0.2～1.5mm 之间，大都可达 0.2mm 以上，多见于石英脉或碳酸盐石英脉中，呈粒状、不规则状。显微金是自然金的主要存在形式，根据赋存特点可分为包体金、晶隙金、裂隙金。据少量光片资料统计（76 粒），裂隙金 47 粒，占 61.8%；包体金 25 粒，占 32.9%；晶隙金 4 粒，占 5.3%。主要载金矿物为黄铁矿。

6）矿石类型

矿石自然类型有以下三种：

（1）蚀变细碧岩型金矿石

为矿区最主要的矿石类型。其主要矿物含量为白云石及含铁白云石 36.32%、绢云母 13.25%、板条钠长石 13.75%、糖粒钠长石 27.25%、石英 0.75%、黄铁矿 1.00%。

（2）石英脉型金矿石

该类型金矿石为矿区主要的矿石类型之一。在蚀变细碧岩型金矿体中常见分布不均匀的含金石英脉。自然金和硫化物直接赋存于石英脉之中，石英脉宽 1～30cm 不等，长 2～

---

❶　王立新. 2014. 陕西省略阳县铧厂沟金矿区及外围金矿勘查工作总结. 1-46.

5m，石英脉走向与细碧岩走向垂直或斜交，产状330°∠60°。该类型矿石可见下列三种情况：

含金石英脉型：自然金独立出现在石英中或与方铅矿、黄铜矿伴生，黄铁矿较少。脉石矿物主要有石英、钠长石、碳酸盐、电气石等。

含金黄铁矿-石英脉型：黄铁矿含量可达50%左右，金赋存于黄铁矿中。

含金黄铁矿-钠长石-石英脉型：除黄铁矿外，其他硫化物少见，金赋存于黄铁矿中。脉石矿物主要为石英及大量的板状钠长石。

（3）片理化黄铁绢英岩型金矿石

紧靠蚀变细碧岩型金矿石附近，黄铁矿呈细脉状、浸染状，沿片理化分布矿石矿物有黄铁矿、方铅矿、闪锌矿，少量的磁黄铁矿，微量的黄铜矿、自然金等。脉石矿物主要有石英、绢云母、钠长石、白云石等。

矿石工业类型简单，为金矿石。矿石工艺类型为中低品位原生低硫-黄铁矿型金矿石。

3. 矿区地球物理异常特征

铧厂沟金矿床岩石、矿石的电性特征测定统计结果见表4.25。物性测定工作采用露头测点微分法。

表4.25　铧厂沟金矿床岩石、矿石电性参数统计

岩矿石名称	块数	电阻率/(Ω·m)			幅频率/%		
		最小值	最大值	平均	最小值	最大值	平均
千枚岩	73	1019	3851	1860	0	4.1	1.8
强硅化岩石	13	4206	24725	7238	1.33	2.1	1.86
含黄铁矿化千枚岩	59	222	4532	1280	2.8	13.6	4.5
含硅化、黄铁矿化千枚岩	31	806	10232	3576	2.58	17.2	5.1
含金矿石	15	573	3610	1016	3.1	28.4	9.2
含碳质岩石	5	67	1303	314	4.8	10.4	6.7
破碎岩石	1			426			0.91

从表4.25可知，铧厂沟矿床岩石、矿石具有如下物性特征。

1）幅频率特征

（1）该区普遍分布的千枚岩，其幅频率较低，在0~4.1%之间，平均值为1.8%，构成了该区的基本背景值。

（2）该区与矿化活动有关的岩矿石，黄铁矿化岩石和含碳质岩石等，则有较高的幅频率，在4.5%以上，较正常岩石的幅频率具有一定差异。

2）电阻率特征

（1）正常岩石电阻率，千枚岩平均在1860Ω·m，强硅化岩石在4206Ω·m以上。

（2）含黄铁矿化岩石和含碳质岩石，表现出低于同类岩石电阻率的特性，硅化较弱的

金矿石也具有低电阻率这一特性。

　　由于区内黄铁矿化与金成生关系密切，黄铁矿化可作为找矿标志，上述岩石和矿化岩石的物性差异为物探间接寻找金矿提供了地球物理基础。矿致异常具有低电阻率、高幅频率或高电阻率、高幅频率特征。

三、矿床地球化学特征

1. 微量元素地球化学特征

1）铧厂沟金矿床矿石微量元素背景场特征

　　从表4.26可见：①浓集系数大于3的元素有Au、As、Sb、W；浓集系数大于1且小于2的元素有Co、Mn；浓集系数大于0.5小于1的元素有Pb、Zn、Sn、Cr、V；浓集系数小于0.5的元素有Ag、Bi、Hg、Cu、Mo、Ni、Ti。②从各元素含量的分布形式上看，Au、As、Sb呈多峰分布，Co、Ni呈双峰分布；而其他元素则呈正态或偏态分布。

表4.26　铧厂沟金矿床矿石主要微量元素相关地球化学参数

指标	背景值（M_o）	方差（σ）	浓集系数（K）	克拉克值（Taylor, 1964）	含量分布形式
Au	35	25	8.75	4	多峰
Ag	0.09	0.07	0.13	0.7	正态
As	12	10	6.67	1.8	多峰
Sb	0.7	0.4	3.5	0.2	多峰
Bi	0.077	0.05	0.45	0.17	偏态
Hg	0.033	0.017	0.41	0.08	偏态
Cu	16.7	12	0.3	55	偏态
Pb	8.3	4.2	0.66	12.5	正态
Zn	65	24	0.93	70	正态
W	14.6	9	9.73	1.5	正态
Sn	1.6	0.6	0.8	2	正态
Cr	77	65	0.77	100	偏态
Mo	0.42	0.16	0.28	1.5	正态
Co	40	4.5	1.6	25	双峰
Ni	23	15	0.31	75	双峰
V	100	60	0.74	135	偏态
Mn	1088	415	1.15	950	正态
Ti	2637	1130	0.46	5700	正态

　　注：Au含量数量级为10^{-9}，其余微量元素含量数量级为10^{-6}；浓集系数（K）＝背景值/克拉克值。

在本区区域背景场中，Au、As、Sb、W、Co、Mn 等元素含量高，为成矿富集尤其是金的成矿提供了重要的物质基础。另外，Au、As、Sb、Co、Ni 等元素呈多峰式分布或双峰式分布，表明这些元素在区内经历了多次活化迁移富集，对金在适当的空间富集成矿极为有利。

2）背景样品中烃类组分特征

（1）与其他金矿区相比，铧厂沟金矿各烃类组分的含量都较低。

（2）各组分的变异系数均小于 0.7，烃类组分变化较均匀。

（3）从甲烷→乙烷→丙烷→丁烷，组分齐全，而且其含量呈正常的逐步递减关系。

上述特点表明，本区背景场中，有机物和有机烃气含量并不高，无论是轻烃组分甲烷（CH_4），还是重烃组分乙烷（C_2H_6）、丙烷（C_3H_8）、丁烷（C_4H_{10}），对成矿引起的异常都不会形成干扰，这对于利用烃类组分作为本区找矿预测的重要指标相当有利。

3）金矿石中各类元素含量特征

（1）矿石中只有 Au 含量较高，并达到工业品位，所以，该矿区均属于成分单一的单金型矿化。

（2）在铧厂沟金矿床的万家山矿段和寨子湾细碧岩矿石中伴生元素 Cu、V、Ni、Co 的含量明显高于南、北矿带矿石中的含量。这说明区内不同矿区或同一矿区不同矿段之间的成矿物质来源存在一定的差异，其中万家山矿段、寨子湾细碧岩矿体分布区存在深源成矿物质的叠加。

（3）气态元素 Hg 和烃类气体组分在铧厂沟矿区不同矿段之间虽然有一定差异，但差别不是很大。

（4）在铧厂沟矿区，浓集系数大于 2 的元素主要有 Au、As、Sb、W，在其矿化过程中，所带来的伴生元素是有差异的，所以形成的特征元素组合也存在一定的差异。因此，在各区的找矿评价中，要充分参考各区特征元素异常组合的差异。

2. 铅同位素地球化学特征

自然界的铅可分为放射性成因铅和普通铅两大类，铅有 ^{204}Pb（占 1.5%）、^{206}Pb（占 23.6%）、^{207}Pb（占 22.6%）、^{208}Pb（占 52.3%）四种稳定同位素。一方面，因为 ^{238}U、^{235}U 和 ^{232}Th 不断衰变变成 ^{206}Pb、^{207}Pb 和 ^{208}Pb，所以在地球历史时期内，这三种同位素的丰度不断增加，而 ^{204}Pb 属于宇宙成因铅，不随时间的流逝而改变绝对含量；另一方面，普通铅（即不含放射性铀或钍的矿物或岩石中的铅）的同位素组成变化发生在岩石或矿物结晶之前，在成矿过程中，矿物或岩石结晶以后，铅和铀、钍已发生了分离，系统中的铅同位素演化历史就被矿物中的铅记录了下来。因而，分析矿物（如黄铁矿等）中的铅同位素，根据 $^{206}Pb/^{204}Pb$、$^{207}Pb/^{204}Pb$ 和 $^{208}Pb/^{204}Pb$ 值即可计算出矿石的形成年龄，探讨矿床的成因和成矿物质来源。

在铧厂沟金矿床采集了 11 件铅同位素样品（矿石），各相关铅同位素比值以及根据霍尔姆斯–豪特曼斯法（H-H 法）计算获得的同位素年龄值见表 4.27。

表 4.27 铧厂沟金矿床及相邻矿区矿石中黄铁矿铅同位素组成

样号	取样位置	矿石类型/矿体号	$^{206}Pb/^{204}Pb$	$^{207}Pb/^{204}Pb$	$^{208}Pb/^{204}Pb$	年龄值/Ma
Pb-4	1270 中段 10 穿	细碧岩矿石 Au14	18.166	15.576	38.267	310.9
Pb-3	1270 中段 3 穿	细碧岩矿石 Au14	18.053	15.548	38.208	358.5
Pb-5	1230 中段 8 穿	细碧岩矿石 Au11	18.115	15.602	38.243	378.5
Pb-6	刘家河坝 1140 中段	细碧岩矿石	17.906	15.541	38.032	456.1
Pb-1	刘家河坝 1100 中段	北矿带	18.257	15.576	38.367	244.6
Pb-9	1030 中段 174 穿	北矿带	18.177	15.587	38.316	316.2
Pb-2	1230 中段 36 穿	南矿带	18.419	15.638	38.503	204.0
Pb-7	1190 中段 32 穿	南矿带	18.332	15.595	38.598	213.8
Pb-8	1150 中段 42 穿	南矿带	18.281	15.592	38.515	246.8
Pb-10	万家山 2 号洞	粗粒黄铁矿矿石	18.133	15.626	38.249	394.3
Pb-11	万家山 2 号洞	细粒黄铁矿矿石	18.222	15.616	38.332	318.7

注：据王立新，2014[1]。

（1）铧厂沟金矿床，细碧岩矿化和万家山矿段之矿化时间较接近，形成于海西早期；而南矿带和北矿带则形成于海西中晚期。总体上，各矿段成矿时间由早至晚的顺序为细碧岩矿化→万家山矿段→北矿带→南矿带。

（2）铧厂沟金矿床各个金矿化带均存在由下往上铅同位素年龄逐渐降低的变化特点，说明成矿是由下往上逐步灌入、充填和交代的过程，每一个矿化带都经历了几十万年到上百万年的演化。

（3）铧厂沟金矿各类矿化的形成均与造山带运动有关，成矿物质主要来自下地壳至地幔区域。相对来说，细碧岩矿化来源较深，其次是万家山矿段，而南、北矿带的物质来源相对较浅。

3. 稀土元素地球化学特征

区内各类矿石稀土元素分析结果见表 4.28，可以看出以下几点：

（1）总体上，铧厂沟金矿床各类矿石的稀土元素总量 $\Sigma REE = 22.43 \times 10^{-6} \sim 165.59 \times 10^{-6}$，配分模式较相似，其配分曲线均具有从轻稀土镧（La）→重稀土镱（Yb）元素含量逐渐降低的变化趋势，配分模式图表现为向右缓倾斜。同时，均具有钬（Ho）轻微亏损的变化特征（图 4.19）。

（2）矿石稀土元素配分特征表明，铧厂沟金矿床各矿段的成矿物质来源较相似，均来于地壳深部，但不同矿石类型的成矿时间存在差异；寨子湾矿段细碧岩矿化物质来源较单一，而刘家河坝矿段细碧岩矿化的物质来源至少经历了两期或两阶段的叠加；万家山矿段中，形成时间较晚的细粒黄铁矿型矿化同样存在多种物源的叠加。

---

[1] 王立新. 2014. 陕西省略阳县铧厂沟金矿区及外围金矿勘查工作总结. 1-46.

表4.28　铧厂沟金矿床不同类型矿石稀土元素含量

样号	取样位置	矿石类型	La	Ce	Pr	Nd	Sm	Eu	Gd	Tb	Dy	Ho	Er	Tm	Yb	Lu	Y	ΣREE
Pb-4	1270中段10穿	蚀变细碧岩型金矿石（Au14）	20.05	48.53	7.03	25.17	6.38	2.06	7.34	1.36	6.96	0.70	3.42	0.67	3.75	0.62	37.61	134.04
Pb-3	1270中段3穿	蚀变细碧岩型金矿石（Au14）	2.91	5.97	2.30	4.40	2.22	0.63	3.26	0.89	3.19	0.36	2.06	0.51	2.37	0.41	18.03	31.48
Pb-5	1230中段8穿	蚀变细碧岩型金矿石（Au11）	3.45	11.40	1.48	4.51	1.63	0.59	3.24	0.64	4.26	0.26	2.21	0.45	2.80	0.44	25.05	37.36
Pb-6	刘家河坝1140中段	蚀变细碧岩型金矿石	1.63	4.53	2.35	2.60	2.24	0.43	2.42	0.94	1.64	0.38	1.24	0.43	1.35	0.25	7.76	22.43
Pb-1	刘家河坝1100中段	构造蚀变碳酸盐岩型金矿石	12.95	31.87	5.22	18.21	4.64	1.32	5.24	1.06	5.31	0.49	3.37	0.49	2.85	0.46	27.62	93.48
Pb-9	1030中段174穿	构造蚀变碳酸盐岩型金矿石	13.05	41.04	4.46	16.85	3.43	0.89	3.72	0.62	4.02	0.33	2.47	0.31	2.07	0.32	21.52	93.58
Pb-2	1230中段36穿	构造蚀变碳酸盐岩型金矿石	11.78	28.39	4.33	14.70	3.88	0.94	4.34	0.90	4.33	0.43	2.40	0.42	2.29	0.37	22.01	79.5
Pb-7	1190中段32穿	构造蚀变碳酸盐岩型金矿石	30.67	68.17	8.73	30.81	6.37	1.36	6.04	1.07	5.43	0.76	2.81	0.45	2.51	0.41	26.35	165.59
Pb-8	1150中段42穿	构造蚀变碳酸盐岩型金矿石	9.48	22.61	4.49	10.47	3.81	0.91	4.28	1.35	3.88	0.58	2.35	0.60	2.30	0.39	20.38	67.5
Pb-10	万家山2号洞	含粗粒黄铁矿蚀变石英砂岩型金矿石	11.58	26.18	4.70	18.46	4.20	1.86	5.53	0.92	6.13	0.41	4.35	0.42	2.68	0.43	34.11	87.85
Pb-11	万家山2号洞	含细粒黄铁矿蚀变石英砂岩型金矿石	4.72	6.62	2.12	4.39	1.59	0.44	2.31	0.79	2.45	0.35	1.52	0.42	1.77	0.31	14.96	29.8

注：据王立新，2014❶。元素含量数量级为 10^{-6}。

❶ 王立新. 2014. 陕西省略阳县铧厂沟金矿区及外围金矿勘查工作总结. 1-46.

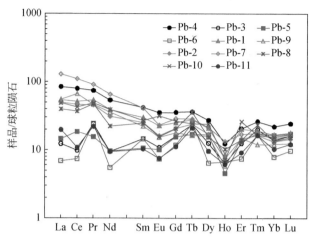

图 4.19　铧厂沟金矿床不同类型矿石稀土元素球粒陨石标准化配分模式

标准化值据 Sun 和 McDonough（1989）

4. 石英包裹体特征

1）石英包裹体爆裂温度

各类矿石中的石英爆裂温度测试结果如表 4.29。

表 4.29　铧厂沟金矿床不同类型矿石的石英爆裂温度

样号	取样位置	矿石类型	测试矿物	爆裂温度/℃
Pb-4	1270 中段 10 穿	细碧岩矿石 14Au	石英	385
Pb-3	1270 中段 3 穿	细碧岩矿石 14Au	石英	360
Pb-5	1230 中段 8 穿	细碧岩矿石 11Au	石英	350
Pb-6	刘家河坝 1140 中段	细碧岩矿石	石英	320
Pb-1	刘家河坝 1100 中段	北矿带	石英	350
Pb-9	1030 中段 174 穿	北矿带	石英	375
Pb-2	1230 中段 36 穿	南矿带	石英	370
Pb-7	1190 中段 32 穿	南矿带	石英	350
Pb-8	1150 中段 42 穿	南矿带	石英	340
Pb-10	万家山 2 号洞	粗粒黄铁矿矿石	石英	375
Pb-11	万家山 2 号洞	细粒黄铁矿矿石	石英	380
Pb-12	庄房里 820 中段 17 穿	密集石英脉带	石英	370
Pb-13	玉泉坝财神庙沟	砂岩型	石英	360

注：据王立新，2014❶。

---

❶　王立新 . 2014. 陕西省略阳县铧厂沟金矿区及外围金矿勘查工作总结 . 1-46.

（1）铧厂沟金矿床各矿段不同矿化类型的石英爆裂温度介于 320~385℃ 之间。爆裂温度代表成矿时的最高上限，实际成矿温度通常都要比爆裂温度低 50~100℃，所以金矿应属于中温热液矿床，而且各矿段的成矿温度较一致，反映成矿过程中各区段的成矿环境（包括形成深度、构造封闭性、氧逸度等）较类似。

（2）就细碧岩矿化和南矿带而言，均具有从下至上石英爆裂温度逐渐增高的变化特点，如南矿带由 1150 中段的 340℃ 上升到 1230 中段的 370℃。这说明成矿热液在由下往上充填交代过程中，气液组分含量逐渐降低。

2）石英包裹体成分

（1）石英包裹体液相成分中，以高 Ca^2、Na^+、HCO_3^-、Cl^-、SO_4^{2-}，低 K^+、Mg^{2+} 为特征。

（2）石英包裹体气相成分中，以高 H_2O 并富含 CO_2、CH_4 为特征（表4.30）。

表 4.30 铧厂沟金矿床矿石中石英包裹体成分

分析项目	K^+	Na^+	Ca^{2+}	Mg^{2+}	F^-	Cl^-	HCO_3^-
变化范围	0.49~4.37	0.82~12.4	6.6~24.8	0.61~5.3	4.5~5.4	2.12~21.5	117~280
6 个样品平均	2.73	6.86	11.67	2.19	4.88	10.62	201.8
分析项目	SO_4^{2-}	H_2O	CO_2	CO	CH_4	N_2	O_2
变化范围	3.92~15.3	1461~4904	4.49~9.22	0.4~0.88	0.1~2.99	0.51~2.13	0.19~2.96
6 个样品平均	8.19	2088	6.72	0.67	1.38	1.04	1.24

注：据王立新，2014[❶]。表中成分数据数量级为 10^{-6}。

上述包裹体成分的变化特点表明，本区的成矿热液是富含钙、钠的氯化物型碳酸盐溶液，其中还含有大量的 CO_2 和 CH_4 气体，本区的金主要是以氯络离子和有机络离子的形式搬运的，在本区的成矿过程中存在大量有机物的参与，包括烃类气体在内的各类有机物质对于提高金属离子的活性、成矿物质的大量迁移、沉淀和富集均有重要作用与影响，有机物的衍化产物——烃类气体作为伴生气体组分之一，显然可以作为找矿预测的重要指标，同时，大量 Ca^{2+}、Mg^{2+} 与 HCO_3^- 结合形成碳酸盐与金伴生，因而碳酸盐化是本区找金的重要矿物标志之一。另外，石英包裹体中，$CO_2/H_2O = 0.002~0.005$，远小于 0.5，这从另一个角度表明本区之成矿热液属于岩浆热液成因。

四、控矿因素和成矿规律

1. 控矿因素

1）地层与金矿

矿区出露的地层有南部的新元古界碧口岩群和北部的下-中泥盆统三河口岩群（$D_{1-2}Sh$）。

---

❶ 王立新. 2014. 陕西省略阳县铧厂沟金矿区及外围金矿勘查工作总结. 1-46.

碧口岩群以酸性凝灰岩为主夹基性火山岩透镜体；三河口岩群出露两个岩段：第一岩段分3个岩层（$D_{1-2}Sh^{1a}$、$D_{1-2}Sh^{1b}$、$D_{1-2}Sh^{1c}$）；第二岩段有两个岩层出露（$D_{1-2}Sh^{2a}$、$D_{1-2}Sh^{2b}$）。$D_{1-2}Sh^{1a}$、$D_{1-2}Sh^{2a}$的原岩为碎屑岩；$D_{1-2}Sh^{1b}$、$D_{1-2}Sh^{2b}$以碳酸盐岩为主，$D_{1-2}Sh^{1c}$主要出露凝灰质火山岩夹细碧岩。

从矿区各矿带、矿体赋矿围岩看：

（1）蚀变细碧岩型金矿化（$D_{1-2}Sh^{1c}$矿带）主要出露于$D_{1-2}Sh^{1c}$中，分别为蚀变细碧岩和凝灰质绢云千（枚状）糜（棱）岩，矿化体即蚀变矿化细碧岩。矿体空间产出位置及规模严格受细碧岩控制。矿化带产状与$D_{1-2}Sh^{1c}$岩层中的韧性剪切带C面理基本一致，15个蚀变细碧岩透镜体是矿床内赋存工业矿体的主要含金地质体。

（2）石英脉型金矿化（$D_{1-2}Sh^{1b}$矿带、$D_{1-2}Sh^{2b}$矿带）是近年金矿主要采矿对象，尽管二者在空间上是两个独立的矿带，但二者赋矿围岩确有相似之处，均位于中厚层结晶灰岩与粉砂质千糜岩的接触面，矿体主体位于粉砂质千糜岩的底部，局部产于灰岩顶部。在成矿与地层的关系上，灰岩顶部、粉砂质千糜岩的底部是$D_{1-2}Sh^{1b}$矿带、$D_{1-2}Sh^{2b}$矿带产出的有利层位。

地层为金矿形成提供了成矿物质。从矿体特征看，二者空间上的密切关系，主要是通过剪切构造联系的；矿体的产出严格受韧脆性剪切构造控制，而中厚层结晶灰岩与粉砂质千糜岩的接触面是岩层中的软弱带，在应力作用下，是发生构造变形的有利位置，同时也是成矿的有利位置。事实上，此二岩层的接触面是矿区一条主要的韧脆性剪切构造带，矿体沿岩层接触面产出的规律，主要是受控于韧脆性剪切构造空间出露位置而表现为受层位控制的特点。

（3）硅化变质石英砂岩型金矿化在$D_{1-2}Sh^{1a}$变质长石石英砂岩中断续出现，矿化较强部位主要分布在张家山矿段，其他矿段仅有弱的矿化蚀变现象，远没达到矿体规模。从$D_{1-2}Sh^{1a}$层位的物理性质看，该层岩石岩性以砂岩为主，此类岩石空隙度远高于矿区其他岩石，高的空隙度是流体进入的有利条件，这解释了该层位普遍存在矿化的现象。而上述原因不足以使该层位出现金的较强富集，事实上在张家山矿段，局部出现的硅化变质石英砂岩型金矿化体，是受岩层、构造联合制约的结果。矿区南部韧脆性剪切构造，向西延到张家山矿段，构造形迹已进入变质石英砂岩（$D_{1-2}Sh^{1a}$）岩层中，与其说成矿是受层位控制，不如说成矿是受构造–地层联合控制的更为确切。

2）韧脆性剪切构造与金矿

矿区内发育两条韧性剪切带，北部切性剪切带从$D_{1-2}Sh^{1c}$下部（F_6）延至$D_{1-2}Sh^{2b}$厚层灰岩下部，宽200~250m；南部韧性剪切带大致以铧厂沟河为界，止于$D_{1-2}Sh^{1b}$厚层灰岩，宽100~150m。二者以$D_{1-2}Sh^{1b}$厚层灰岩相隔；长度相近，大于8km；形状相似，总体走向NWW。无论沿走向还是顺倾向，均呈舒缓波状。在剪切带内，碧口岩群中的基性熔岩透镜体，$D_{1-2}Sh^{1a}$和$D_{1-2}Sh^{2a}$中的石英砂岩透镜体以及$D_{1-2}Sh^{1c}$中的细碧岩透镜体均呈雁行状排列。两条韧性剪切带均经历了右行（韧性）–左行（韧脆性）–右行（脆性）多期次活动。

蚀变岩型金矿化的金矿体（带）均分布于韧性剪切带之中，含金蚀变细碧岩及金矿体呈雁行状排列，蚀变作用中新生矿物呈 X 形排列，伴随韧脆性变形生成的细脉呈雁行状、X 形等，都与韧性剪切作用密切相关。

韧性剪切带经历了退化变质作用的演化过程。当温度大于 500℃时的韧性变形期不仅使基性火山岩系中的金活化迁移，而且为含金流体的上升运移提供了良好的通道，并为含金流体与围岩相互作用（流体与固体反应）提供了良好场所。温度降至 200~500℃时，韧性剪切带演化成为韧脆性剪切带，伴随碳酸盐–钠长石化、绢云母–碳酸盐化和绢英岩化，金在剪切带局部张扭性空间生成的五角十二面体黄铁矿和粗粒黄铁矿裂隙中沉淀、富集。当石英脉及石英–钠长石脉垂直 C 面理或大角度斜交 C 面理生成时，金随 SiO_2 和多金属硫化物在此类扩容空间沉淀。总之，本区发育的韧性剪切带是金矿形成、富集的最重要控矿因素之一，尤其在韧脆性变形期更为突出。

2. 成矿规律

铧厂沟金矿床是印支期形成的岩浆热液蚀变细碧岩型金矿床。矿床位于秦岭微板块（南秦岭）和扬子陆块之间的勉略康构造缝合带内南缘；赋矿围岩为下–中泥盆统三河口岩群蚀变细碧岩、蚀变石英砂岩、灰岩。赋矿断裂为近东西向韧脆性–剪切构造带。根据岩矿石地质、地球化学、同位素特征研究看出，成矿作用有一个较长的过程，具有多阶段、多期次特点。根据地质、地球化学、同位素特征，成矿演化可分为含金层原始沉积、构造–岩浆热液改造富集、地表氧化阶段。晚古生代，华北与扬子大陆俯冲–碰撞的陆–陆造山时期，由于特提斯向东的叠加活动，引发了沿勉—略—康一线的底辟作用，形成具有缝合带性质的局限裂谷构造环境，导致泥盆系含矿火山–沉积岩系的原地沉积；泥盆系三河口岩群火山–沉积岩系含金性好，是金成矿的物质基础。中新生代后造山运动过程中，受秦岭造山带构造演化制约，该区构造–岩浆热液活动强烈，近东西向韧–脆性剪切变形构造直接控制了铧厂沟金矿的产出；沿深切下地壳的韧–脆性剪切构造带上侵的主要由岩浆水构成的成矿流体，在由深部向浅部地表运移的过程中，不断活化、萃取围岩中的金。随着距离地表越来越近，成矿流体温度降低，韧性剪切带演化成为韧–脆性剪切带，岩石中伴随发育碳酸盐–钠长石化、绢云母–碳酸盐化和绢英岩化，金在剪切带局部张扭性空间生成的五角十二面体黄铁矿和粗粒黄铁矿裂隙中沉淀、富集。当石英脉及石英–钠长石脉垂直 C 面理（剪切面理）或大角度斜交 C 面理生成时，金随 SiO_2 和多金属硫化物在此类扩容空间沉淀。沿构造带运移的热液多次往复活动，成矿物质向构造扩容带聚集就位，在片理化强烈且褪色蚀变发育的细碧岩容矿岩系中形成早、中期热液矿化阶段的微细–浸染状金矿化，在结晶灰岩脆性断裂中，充填–交代中、晚期热液矿化阶段的石英脉型金矿化，最终导致矿床形成。地表氧化阶段，地表矿体露头遭受氧化，次生富集。

五、矿床成因与成矿模式

泥盆系三河口岩群火山–沉积岩系含矿性好，是铧厂沟金矿床成矿的物源，为成矿提供了物质基础。矿床的形成与构造–热液活动关系密切，是成矿作用的关键。韧脆性剪切变形构造的叠加，导致含矿岩系扩容，与此同时含矿岩系退化蚀变使成矿物质解离，其所产生的温压梯度致使地下流体萃取成矿物质向此就位集中。剪切构造的递进活动，周期性驱动流体的循环，构造带中的热液多次往复活动，反复萃取成矿物质向构造扩容带聚集就位，在片理化强烈且退化蚀变的细碧岩容矿岩系中形成早、中期热液矿化阶段的微细浸染状金矿化；在结晶灰岩脆性断裂中，形成充填–交代中、晚期热液矿化阶段的石英脉型金矿化，最终导致矿床形成。

铧厂沟金矿床是秦岭造山带与"陕甘川金三角"内较特殊的一例微细粒浸染蚀变细碧岩型金矿床，产于新元古代—中三叠世华北与扬子大陆俯冲–碰撞的陆–陆造山时期，由于特提斯向东的叠加活动，引发了沿勉县—略阳—康县一线的底辟作用，形成具有缝合带性质的局限裂谷构造环境，导致泥盆系含矿火山–沉积岩系的原地沉积；陆–陆碰撞的持续活动，随着三叠纪秦岭洋的闭合，在中、新生代后造山运动过程中，大型推覆构造及其派生的韧性剪切变形带发育，是最终造成金的实质性成矿作用发生的关键。

根据铧厂沟金矿床前人关于矿床的矿物特征、组合特点、同位素和包裹体等研究，以及矿山目前探矿成果，本次研究认为该金矿床形成于印支期，成因类型为岩浆热液型。

六、找矿标志及找矿模型

1. 找矿标志

1）地质构造标志

（1）距北侧的康–略–勉大断裂不小于1km，不大于10km。

（2）处于下–中泥盆统三河口岩群不同层位岩性突变区。

（3）存在舒缓波状的近东西向左行脆韧性剪切带。

（4）发育细脉状或网脉状烟灰色硅化、碳酸盐化、细碧岩强烈褪色化、中粗粒亮黄色黄铁矿化、黄铜矿化等矿化蚀变。其中，黄铜矿化是富金矿体出现的标志，但同时又常常是矿体趋于尖灭的指示。

（5）出现多期次的雁状排列小脉（石英脉或碳酸岩脉）。

2）地球物理标志

（1）激电电阻率低于$1500\Omega \cdot m$，幅频率大于3.0%。

（2）激电电阻率虽然较大，但幅频率大于6.0%。

（3）物探异常部位与有利的构造和蚀变矿化相对应。

3）地球化学标志

（1）异常元素组合标志

对于细碧岩型矿化，特征元素组合是：烃类、Au、Ag、As、Hg、Cu、V、Cr。

对于南、北矿带，特征元素组合是：甲烷、Au、As、Hg、Pb、Bi、Sb。

（2）深部成矿预测的地球化学标志

a. 甲烷、乙烷、丙烷、乙烯、丙烯、异丁烷、正丁烷、Hg为矿体前缘晕，As、Sb、Sn、Ag（Pb、Zn）为矿头晕，Au、Mo、Bi、Cu为矿中部晕，V、Ti、Co、Ni、Cr为矿体中下部晕或矿尾晕。

b. 当 Au 与 As、Ag、Sn 元素出现强异常时，指示已非常接近矿体。

c. 当 Au 异常较弱，而 Hg、甲烷、乙烷、丙烷、乙烯、丙烯、异丁烷、正丁烷、As、Sb 等出现强异常时，指示深部有盲矿存在。

d. 当 Au 含量很低（$<100×10^{-9}$），若有 Co、Ni、Cr 等元素的强异常出现，则指示深部无矿。

e. 在计算指示元素的轴向分带序列时，甲烷、乙烷、丙烷、乙烯、丙烯、异丁烷、正丁烷、Hg、As、Sb 等出现在分带序列下部的反分带现象，则指示深部还有盲矿或存在第二个富集空间。

f. 对于既有甲烷、乙烷、丙烷、乙烯、丙烯、异丁烷、正丁烷、Hg、As、Sb 等出现强异常，又有 Au、Ag、Pb、Mo、Bi、Cu 共存异常的已知矿，指示其深部矿体还有较大的延伸。

2. 找矿模型

铧厂沟金矿床"三位一体"找矿预测地质综合模型见表4.31。

表 4.31　铧厂沟金矿床"三位一体"找矿预测地质综合模型

找矿模型要素	主要标志	铧厂沟金矿床
成矿地质背景	大地构造背景	扬子板块和秦岭造山带、松潘-甘孜造山带拼接缝合带旁侧（勉略缝合带）
	成矿时代	中三叠世
成矿地质体	围岩	泥盆系三河口岩群火山-沉积岩系。以碎屑岩-碳酸盐岩为主，深水浊积岩，夹中基性海相火山岩（细碧岩）透镜体。细碧岩发育蚀变金矿化。变质变形改造火山-沉积岩组合。陆块边缘的局限裂谷产物
	岩体形态	沿区域性深大断裂，呈近东西向透镜体分布
	形成时代	印支期
	岩石类型	基性海相火山岩（细碧岩）透镜状，蚀变
	岩石化学	SiO_2（41.92%~50.35%）、Al_2O_3（10.91%~14.95%）、K_2O（0.08%~3.00%）、Na_2O（1.12%~3.76%）
	同位素地球化学	金矿床 $\delta^{34}S$ 值的范围为-2.7‰~4.55‰，平均1.18‰，显示岩浆热液来源（地幔硫源）特征
	矿体空间位置	产出在脆韧性剪切带中，平面呈右行侧列展布，剖面由西向东呈台阶状，向东侧伏。延深（倾向）大于延长（走向）
成矿构造和成矿结构面	成矿构造系统	北西西-南东东向脆韧性剪切带系统
	成矿结构面类型	剪切裂隙和张性破裂带，石英脉密集带
	矿体就位样式	透镜状，似脉状

续表

找矿模型要素	主要标志		铧厂沟金矿床
成矿作用特征标志	围岩蚀变	蚀变类型	白云石化、钠长石化、黄铁矿化、绢云母化、硅化、绿泥石化、绿帘石化、褐铁矿化、方解石化等
		蚀变分带	从围岩到矿体，绿帘石化、绿泥石化、绢云母化、钠长石化、碳酸盐化、硅化、褐铁矿化、黄铁矿化
	成矿分带及典型矿物组合	矿石结构、构造	矿石结构以交代残余结构、包含结构、假象结构为主；矿石构造以浸染状构造、角砾状构造、条带状构造为主
		矿化分带	黄铁矿、石英组合一般在矿体富集
		典型矿物组合	黄铁矿（褐铁矿）+石英+钠长石+白云石+绢云母
		矿化阶段	火山喷发沉积-区域变质期，火山喷发带来丰富的金元素，沉积形成原始的矿源层——三河口岩群发生区域变质。构造-热液变形期，分四个阶段：①矿物组合为碳酸盐-钠长石化阶段；②矿物组合为绢云母-碳酸盐化阶段；③绢英岩化-自然金-多金属硫化物阶段；④钠长石-石英脉-自然金阶段。表生氧化期，形成褐铁矿
	成矿流体性质及流体包裹体特征	成矿流体性质	岩浆水；成矿流体富含 HCO_3^-、Cl^-、Na^+、Ca^{2+}，氯化物型碳酸盐溶液，含大量 CO_2 和 CH_4 气体，金呈氯络离子和有机络离子，大量有机物及烃类气体参与成矿
		包裹体特征	①在石英包裹体液相成分中，以高 Ca^{2+}、Na^+、HCO_3^-、Cl^-、SO_4^{2-}，低 K^+、Mg^{2+} 为特征；②在石英包裹体气相成分中，以高 H_2O 并富含 CO_2、CH_4 为特征；石英包裹体中，$CO_2/H_2O=0.002 \sim 0.005$，远小于 0.5，表明成矿热液属于岩浆热液成因
		流体物理参数	石英包裹体爆裂法温度范围为 320 ~ 380℃，均一法为 231 ~ 237℃；盐度为 15.10% ~ 18.26%；$pH=5.3$；$fO_2=10^{-50.2} \sim 10^{-47.1}$；总体具中温（240 ~ 320℃）、中压（45.6MPa）、中等盐度（12.9%）特点
		稳定同位素特征	黄铁矿 $\delta^{34}S = -2.74‰ \sim 4.55‰$，极差 7.29‰，显示地幔硫源；石英流体包裹体的 $\delta^{18}O_水 = 6.96‰ \sim 9.63‰$，平均 7.56‰；$\delta D = -84.7‰ \sim -64.16‰$，平均值-74.53‰，显示岩浆水；$^{206}Pb/^{204}Pb = 18.07 \sim 18.12$，变化率为 0.55%；$^{207}Pb/^{204}Pb = 15.45 \sim 15.54$，变化率为 0.58%；$^{208}Pb/^{204}Pb = 38.69 \sim 38.11$，变化率为 1.1%；显示铅同位素来源一致，主要来源于地幔
	金属迁移及沉淀机制	金属迁移	Au^+
		金属沉淀	萃取、充填、交代

续表

找矿模型要素	主要标志		铧厂沟金矿床
物化遥异常	物探异常	激电异常	1∶1 万中间梯度激电测量，矿致异常具有低电阻率、高幅频率或高电阻率、高幅频率特征
	化探异常	水系沉积物和土壤异常、原生晕异常	烃类、Au 与 Ag、As、Hg 元素关系密切，显示相应异常

第六节　干河坝金矿床地质特征、成矿模式及找矿模型

干河坝金矿床位于勉略宁矿集区西北部，行政上隶属陕西省略阳县郭镇干河坝村。1996~2001 年西北有色地质勘查局七一一总队发现干河坝金矿并针对 Au5-1、Au4-1 金矿体进行了详查。2002 年提交了《陕西省略阳县干河坝金矿床 Au4-1、Au5-1 号矿体地质详查报告》，陕西省国土资源厅以陕国土资储认〔2002〕13 号文批准了该报告，认定其资源储量为（122b+333）矿石量 576746t、金金属量 3005kg、金平均品位 $5.06×10^{-6}$。2003 年建成干河坝金矿山，开采至今。近年来，矿区外围吴家河地段通过地质找矿工作，探获金资源量 2t。干河坝矿区累计探获金资源量大于 5t，为一中型金矿床。

一、矿区地质背景

干河坝金矿区大地构造上位于两个二级构造单元结合部位——勉略康构造混杂岩带西段的康县–略阳段，南侧为松潘–甘孜造山带摩天岭碧口微地块，北为秦岭造山带之南秦岭（图 4.20）。

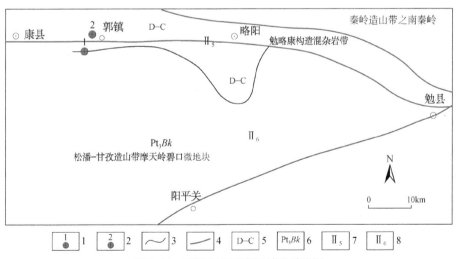

图 4.20　干河坝金矿床区域地质略图

1. 铧厂沟金矿床；2. 干河坝金矿床；3. 二级构造单元分界；4. 断裂；5. 泥盆系—石炭系；6. 新元古界碧口岩群；
7. 勉略康构造混杂岩带；8. 松潘–甘孜造山带摩天岭碧口微地块

二、矿床地质特征

1. 矿区地质

1）矿区地层

干河坝矿区处于勉略康构造混杂岩带西段，区内主构造线方向近东西，岩层总体北倾，局部南倾（图 4.21）。

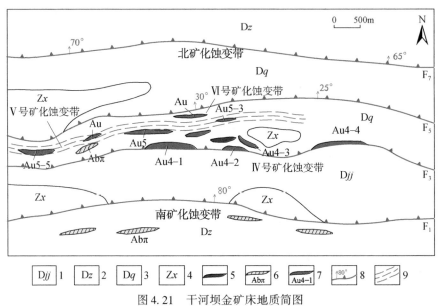

图 4.21　干河坝金矿床地质简图

1. 金家河千枚岩；2. 朱家山岩片；3. 乔子沟火山岩片；4. 震旦系相公山白云岩片；5. 超基性岩；6. 钠长斑岩；
7. 金矿体及其编号；8. 逆冲推覆构造及产状；9. 韧性剪切带

（1）震旦系相公山白云岩片（Zxdol）：主要呈飞来峰、指状或带状等无根推覆体，分布于工作区的中部和西部，如高山白云岩岩块、白河沟白云岩岩块，可见不同尺度大小的透镜体或椭球体。这些无根推覆体与下伏岩层以低角度逆掩断层相接触，下部岩石较破碎，局部具重结晶现象，具典型的碳酸盐台地相沉积特点。

岩性以厚层白云岩为主，局部为灰质白云岩。岩石呈灰白色、浅灰色，细晶结构，致密块状构造，矿物成分以白云石为主，含量大于 90%，另含少量石英、方解石、绢云母等，偶见少量黄铁矿，风化面具特征的刀砍状或差异风化现象。

（2）中、上古生界金家河岩片（Pzj）：按组成岩片的岩石组合和产出位置由下至上可分为金家河千枚岩组和乔子沟火山岩组。

金家河千枚岩组（Pzj^b）：分布于工作区南部，即 F$_1$ 与 F$_3$ 断裂夹持的范围内，以中酸性火山岩为主，岩石组成主要有含碳绢云母千枚岩、黑色碳硅质板岩及一些不纯的含碳硅质白云岩，局部混杂碳酸盐岩小岩块。岩石中或多或少分布微粒状、粉尘状的碳质，岩石颜色相对较深，呈黑色、黑灰色，层理清晰，地表岩石多已脱碳，呈灰白色。

乔子沟火山岩组（Pzj^c）：分布于工作区的中部，即 F_3 与 F_7 断裂之间，为干河坝金矿床的主要赋矿层位，依据岩组内岩石矿物组成及颜色，由南至北、由下至上可细分为三个岩石段。

下岩段：分布在 F_3 断裂的上盘，宽度 15～30m，主要为浅黄色铁碳酸盐化绢云母石英千枚岩，偶夹碎裂白云岩透镜体，这些白云岩透镜体规模不大，但金品位较高，是干河坝金矿床中矿带Ⅳ号亚带的主要赋存层位。

中岩段：分布在 F_3 断裂带北侧，宽度 400～600m，岩性为绿色、浅绿色绿泥绢云千枚岩，是干河坝金矿床中矿带Ⅴ号亚带的主要赋存层位，也是干河坝金矿床主要的赋矿层位，倾向 10°～30°，倾角 60°～80°。

上岩段：分布于荆竹院—蔡家沟一带，主要由绢云母千枚岩、钙质千枚岩及超覆于其上的震旦系白云岩岩块构成，该带尚未发现金矿体。

（3）泥盆系朱家山岩片（Dz）：分布于 F_7 断裂以北及 F_1 断裂以南地区，出露下岩段的绢云母千枚岩、钙质石英千枚岩、薄层状细晶灰岩夹细晶大理岩等。

2）矿区构造

区内主构造线方向近东西，所见岩层产状以主变形期面理产状为主，总体为一单斜层。

工作区构造主要表现为断裂构造，次为一些褶皱、鞘褶皱。区内断裂构造主要为四个岩片边界断裂（F_1、F_3、F_5、F_7），为逆冲剪切构造，部分断裂旁侧还发育平行的次级剪切构造，构成本区主要的成矿、控矿断裂，主要特征见表4.32。

表 4.32　干河坝金矿床断裂构造特征一览

断层编号	产出位置	规模	产状	性质	变形特征	备注
F_1	朱家山岩组与金家河岩组接触接口处	长约5km，宽200～300m	160°～190° ∠60°～75°	左行逆冲	强挤压片理化	为矿区南部矿化带及异常集中区
F_3	乔子沟火山岩组与金家河岩组接触接口处	长约8km，宽300～400m	倾向 NE、NNE，倾角 70°～80°	左行逆冲断裂，具有多期活动特点	上盘绢云石英千枚岩挤压褶皱发育，下盘刚性岩层边部发生强片理化，岩层内发生碎裂	该部位为主矿（化）体赋存部位
F_5	乔子沟火山岩上中岩段接触接口处	长8km，宽100m	倾向 NNE，倾角 70°～80°	左行走滑	上盘岩层强片理化、下盘岩层 S_1 面理置换	
F_7	乔子沟火山岩组岩段与朱家山岩组接触接口处	长约8km，宽200～300m	倾向 NNE，倾角 60°～70°	逆冲断裂	构造带附近发生具强挤压揉皱特征	为矿区北部矿化带及异常集中区

此外，局部发育北北东、北东向陡倾以及北西西向南缓倾的小规模晚期断裂，断面平直，且见断层角砾岩带，为浅层次脆性断层，对矿体产生了小的错动。北北东、北东向横

断层具左行平移特点，北西西向南缓倾断层具逆断层效应。

F_3断裂为金家河千枚岩同乔子沟火山岩片间的差异性构造活动带，为一长大于6km，宽50~100m的韧性剪切带，断裂构造均呈近东西向展布，向北倾，倾角60°~80°，在地表150~173线间为南倾，倾角50°~75°。沿断裂往往伴有5~20m的片理化带，具有韧性剪切特征，并顺断裂普遍见黄铁矿化、硅化现象，显示了构造热液活动特点。整个剪切带直观上表现为一褪色片理化带，带中岩石早期面理均被晚期构造面理置换，这一点在150~173线间表现得尤为明显，早期向北倾的面理（S_1）被晚期向南缓倾的构造面理（S_2）置换。该构造带早期以自北向南逆冲为主，晚期以左行剪切为主。

3）矿区岩浆岩

区内出露的岩浆岩主要有蛇纹岩、辉绿岩及中酸性脉岩（钠长斑岩脉、闪长岩脉），总体分布范围小，且多沿构造带呈线状展布。

矿区超基性岩主要沿四条岩片边界断裂（F_1、F_3、F_5、F_7）断续呈线状分布，与乔子沟火山岩上岩段含绿泥绢云母千枚岩呈构造冷接触关系，为主成矿期前侵入，具弱片理化，局部见滑石化、滑镁岩化和菱镁岩化等退化蚀变。近东西向中酸性脉岩多顺千枚理产出，局部斜穿千枚理，并对矿体产生错距30~50cm，说明该组脉岩为主成矿期后侵位。

从产状上看，近北北东向中酸性脉岩形成较晚，与晚期近东西向的左行剪切走滑构造作用有关。

2. 矿体地质

1）矿化蚀变带特征

依据异常特征、矿化蚀变、含矿岩性，在矿区共划分南、中、北三个矿化蚀变（异常）带，分别受F_1、F_3、F_7断裂控制，其中中矿带金矿化蚀变强，圈出8条金矿体。中矿带赋存于矿区中部金家河千枚岩片与乔子沟火山岩片F_3断裂接触带及F_3北侧的次级平行断裂带中。根据异常特征、含金岩性特征，中矿带分为三个亚带，即Ⅳ号、Ⅴ号和Ⅵ号金矿化蚀变带。

Ⅳ号金矿化蚀变带严格受近东西向边界断裂（F_3）控制，长度大于7km，宽30~600m，倾向350°~40°，倾角60°~80°；带内以含碳绢云母千枚岩为主要成分，其间夹杂大大小小的外来逆冲推覆岩块（白云岩透镜），并有超基性岩侵入，带内岩石普遍发生铁碳酸盐化、黄（褐）铁矿化、绢云母化、硅化等蚀变。其中已发现5条金矿体，其中Au4-4号矿体规模最大。

Ⅴ号金矿化蚀变带位于Ⅳ号金矿化蚀变带北侧100~150m处，受F_3断裂旁侧的次级剪切构造带控制，长度大于4km，分布于50~130线间，直观上表现为绿泥绢云母千枚岩层中的一条褪色化蚀变带，宽30~50m，倾向350°~10°，倾角60°~80°，带内岩石变形较强，S-C组构发育，同围岩相比带内岩石粒度偏细，普遍具铁碳酸盐化、黄铁矿化、硅化、绢云母化等蚀变；带中圈定3个金矿体，其中Au5-1号矿体规模大。

Ⅵ号金矿化蚀变带产于绿泥绢云母千枚岩层中，同5号矿带近于并列产出，相距约160m。112~124线间经8条探槽揭露，控制长大于600m。蚀变带一般宽6~8m，最宽处达 28.8m，主要蚀变为绢云母化、铁碳酸盐化、硅化、褐铁矿化。于 115～114 线间圈定 1 条金矿体。对各条探槽进行化探原生晕测量，蚀变带中 Au、Ag、As、Sb 异常明显，呈正相关性，表现出同 V 号金矿化蚀变带一致的地球化学特征。圈定原生晕异常带长 600m（112～124 线），宽 10～38m；112～121 线间表现为 Au、Ag、As、Sb 组合异常，122～124 线间表现为 As、Sb 组合。

2) 矿体特征

矿区总计圈定矿体 8 条，其中 IV 号金矿化蚀变带中的 Au4-4 矿体（表 4.33）和 V 号金矿化蚀变带中的 Au5-1 矿体规模比较大。中矿带金矿体均受近东西向断裂控制，根据含矿岩性不同，可分为蚀变白云岩型、黄铁矿化含碳绢云母千枚岩型、黄铁矿化绿泥绢云母千枚岩型三种金矿化类型。

Au4-4 号矿体为矿床内工程控制程度比较高的矿体。矿体赋存在 F_3 断裂中。矿体地表出露在 157～166 线标高 1275～1100m，174 线钻孔控制见矿最低标高 700m。地表控制长 1300 余米，真厚度 0.80～9.36m，平均真厚度 2.37m，厚度变化系数 83%，属稳定型；沿倾斜方向控制矿体最大延深 350m，控制最大垂深 330m，深部未封闭；金矿石单样金品位波动于 0.10×10^{-6}～7.43×10^{-6}，单工程金品位波动于 0.89×10^{-6}～5.53×10^{-6}，平均金品位 2.12×10^{-6}，金品位变化系数为 43%，属均匀型。矿体总体呈层状、似层状，沿走向、倾向均呈舒缓波状，具分支复合现象。

矿体上、下盘均发育规模不等的平行矿体。矿体走向总体近东西，呈"蛇形"弯曲，产状变化较大，向南倾斜时倾向 170°～220°，倾角 45°～70°；向北西倾斜时倾向 300°～325°，倾角 45°～80°；向北东倾斜时倾向 42°～350°，倾角 59°～80°。金矿化类型为黄铁矿化含碳绢云母千枚岩。

Au4-1 矿体产于 F_3 断裂转弯部位，矿区东段 139～142 线，地表出露标高 1490～1550m。含矿岩性为褐铁矿化黄铁矿化硅化绢云母千枚岩和蚀变白云岩两种。矿体长 72m，厚 0.8～3.1m，平均厚度 1.92m，平均品位 2.56×10^{-6}。矿体产状 10°～40°∠50°～80°，总体产状 20°∠70°。矿体自 1500m 水平向下在矿体中部出现一个无矿段，无矿段长度 2～32m，将 Au4-1 矿体分割为两个互不相连的向西侧伏的短透镜体，侧伏角 65°～77°。

Au5-1 矿体位于 F_3 断裂北侧 100～150m 处，含矿岩性为黄铁矿化、硅化绢云母千枚岩。矿体地表出露 88～102 线之间，标高 1298～1380m，矿体赋存标高 1380～1000m。矿体地表直线长 610m，矿体产状 20°～340°∠65°～80°，总体产状 356°∠72°。深部在 PD1238 中段以下分解成 2 个尖灭再现的透镜体。透镜体呈雁行斜列，向东侧伏。透镜体间有无矿段，走向间隔 130～272m。东部透镜体走向长 40～170m，延深斜长 280m，厚 0.70～5.05m，平均厚度 2.50m。Au 平均品位 4.84×10^{-6}。西部透镜体走向长 40～165m，延深斜长 298m，厚 0.80～6.41m，平均厚度 2.72m。Au 平均品位 3.24×10^{-6}。矿体整体品位地表较高，1238m 中段较低，向下至 1205m 中段、1165m 中段品位又逐渐升高，厚度变化与品位同步，即厚度较大，品位就较高。自 1165m 水平向下矿体品位又逐渐降低，矿体厚度逐渐变薄，矿体走向长度逐渐变短，无矿段变长。Au5-1 矿体的平均厚度为 2.22m，矿体平均品位 3.93×10^{-6}，无可利用伴生元素。

表4.33 略阳县干河坝金矿床主要矿体特征

序号	矿体编号	矿体分布位置			矿体形态	矿体规模/m				金品位		矿体产状	工程控制情况
		分布区间	分布标高/m	头部埋藏情况		长度	斜深	真厚度波动范围	真厚度	品位波动范围	平均品位		
1	Au4-4	157~185线	700~1275	出露地表	层状、似层状	1300	25~350	0.80~9.36	2.37	1.0~7.64	2.12	157~171段倾向170°~220°，倾角45°~70°；171~173线倾向300°~325°，倾角45°~80°；173~185线倾角42°~350°，倾角59°~80°	24条探槽，37个钻孔，4层坑道35个穿脉
2	Au4-5	172~177线	1030~1170	推测埋深140m	层状、似层状	250	160	0.81~3.69	1.57	1.0~7.64	1.75	166~173线倾向300°~325°，倾角45°~80°；173~177段倾向10°~350°，倾角60°~85°	10个钻孔，1层坑道7个穿脉
3	Au4-6	16~20线	592~956	推测埋深5m	透镜状、似层状	250	320	0.61~9.36	1.83	1.0~9.28	2.48	172~173段倾向300°~325°，倾角45°~80°；173~177段倾向10°~350°，倾角60°~85°	11个钻孔，两层坑道9个穿脉
4	Au4-7	182~184线	1130~1200	推测埋深70m	层状、似层状	150	80	0.82~1.02	0.90	1.0~1.14	1.00	180~184段倾向10°~350°，倾角60°~85°	3个钻孔
5	Au4-8	182~184线	940~10600	推测埋深120m	层状、似层状	120	130	2.47~3.89	3.18	1.0~2.29	1.52	180~184段倾向10°~350°，倾角60°~85°	2个钻孔

注：据郑崔勇和陈荔湘，2010❶。金品位数量级为10^{-6}。

❶ 郑崔勇，陈荔湘.2010.陕西省略阳县干河坝金矿区资源储量核查报告.1-43.

3）矿石质量

（1）矿石类型

按赋矿岩石矿物成分的差异性，该矿床矿石自然类型可分为黄（褐）铁矿化硅化含碳绢云母千枚岩型金矿石、褐铁矿化硅化白云岩型金矿石、黄（褐）铁矿化硅化绢云母千枚岩型金矿石三种，以黄（褐）铁矿化硅化含碳绢云母千枚岩型金矿石和黄（褐）铁矿化硅化绢云母千枚岩型金矿石为矿床内的主要矿石类型。

按赋矿岩石的氧化程度，其矿石工业类型可划分为氧化矿和原生矿两种，由于本区氧化矿多分布于地表以下 0.5 ~ 3.0m，氧化矿含量较少，可以忽略不计，矿区内的矿石以原生矿为主。

（2）矿石组构

矿石结构：主要有鳞片-粒状变晶结构、细粒结构。

矿石构造：以细脉浸染状构造、稀疏浸染状构造为主，另有千枚状构造。

（3）矿石物质组成

矿石中主要贵金属矿物是自然金；金属矿物有黄铁矿、白铁矿及二者的氧化产物褐铁矿，其次有少量闪锌矿、方铅矿、黄铜矿、针镍矿、毒砂；非金属矿物主要有绢云母、石英、白云石、铁方解石，其次有少量绿泥石、重晶石、金红石、电气石。绢云母：细小鳞片状定向排列，含量 40% ~ 50%。石英①：他形微粒，粒径 0.01 ~ 0.08mm，于绢云母粒间分布，含量 40% ~ 45%。石英②：他形-半自形微粒，粒径 0.01 ~ 0.09mm，集合体呈脉状及扁豆状沿千枚理分布，含量 3% ~ 5%。铁白云石：他形-半自形微粒，呈不规则集合体分布于石英②粒间，含量 3% ~ 5%。黄铁矿①：自形立方体，星散分布，粒径 0.05 ~ 0.6mm，含量 1% ~ 2%。黄铁矿②：他形-自形微粒，粒径<0.04mm，呈浸染条带状分布，沿千枚理分布，含量 2% ~ 3%。毒砂：呈针状、长柱状，与黄铁矿②共生，含量 1% ~ 2%。黄铜矿：他形粒状，常被黄铁矿包裹，偶见。

矿石化学成分主要有益元素为金，品位一般 $1.0×10^{-6}$ ~ $23.0×10^{-6}$，最高 $40.2×10^{-6}$；矿石中 Ag 含量 $0.10×10^{-6}$ ~ $4.0×10^{-6}$，平均 $0.99×10^{-6}$；其他伴生有益组分 Cu、Pb、Zn、Sb 等元素含量均较低。主要有害元素为砷，含量 0.11% ~ 1.2%，平均 0.42%。Au5-1 矿体 88 ~ 91 线矿石中含有机碳较高。

矿石结构为半自形-自形粒状结构、鳞片变晶结构、碎裂结构、假象结构、交代残留结构、包裹结构、环带结构等。

矿石构造为千枚状构造、浸染状构造、稀疏浸染状构造、细脉状构造、块状构造、揉皱构造等。

4）金的赋存状态

金在矿石中以自然金形式存在。原生矿石中主要为粒间金、包裹金、裂隙金，根据 116 粒自然金赋存状态统计分析，粒间金占 64.52%，包裹金占 34.56%，裂隙金较少，为 0.92%；其中粒间金和裂隙金较易解离，而包裹金则较难解离；黄铁矿为主要载金矿物，其含量 3% ~ 3.5%。氧化矿石中金主要以粒间金、裂隙金形式存在，较易解离。

自然金在矿石中嵌布形态多种多样，以浑圆状和角砾状为主，其次是尖角粒状、枝杈状等。金的粒度比较细，以显微金为主，占 67.49%，其次是细粒金，占 32.51%；在显微金中，0.02~0.01mm 粒级占 43.89%，0.01~0.005mm 粒级占 22.35%，其他粒级较少。

经电子探针分析，自然金矿物中除金外还含有少量银、铜、铁、硫元素，其含量特征见表 4.34。根据金的成分计算金的成色为 987.80‰，成色较高。

表 4.34　干河坝金矿床自然金化学成分一览　　　　　（单位：%）

样号	Au	Ag	Cu	Fe	S
2	93.51	2.25	0.03	1.84	2.36
B1	99.51	0.12	0.07	0.30	0.00
平均含量	96.51	1.19	0.05	1.07	1.18

注：据郑崔勇和陈荔湘，2010❶。

5）矿物生成顺序

根据矿物相互穿插、共生组合和矿石的结构构造，该金矿床的形成可以划分为区域变质期、构造热液成矿期和表生氧化期三期，构造热液成矿期又可以划分为三个阶段，各成矿期、成矿阶段的矿物生成顺序见表 4.35。

表 4.35　干河坝地区各成矿期、成矿阶段矿物生成顺序

成矿期及成矿阶段	区域变质期	构造热液成矿期			表生氧化期
		石英–黄铁矿阶段	黄铁矿–毒砂–石英–自然金阶段	石英–黄铁矿–铁白云石–闪锌矿–方铅矿多金属硫化物阶段	
绿泥石	——				
绢云母	——	——	——	——	
石英	——	——	——	——	
铁白云石	——				
毒砂			——		
自然金			——	——	
方铅矿				——	
闪锌矿				——	
黄铁矿		——	——	——	
褐铁矿					——

三、矿床地球化学特征

1.1∶5 万水系沉积物地球化学异常特征

1∶5 万水系沉积物测量在干河坝地区获得干河坝异常群，由 87-As-41、42 号异常组成，分布范围东起蒋家沟，西至吴家河，向北、西尚未封闭，东西长大于 7km，南北宽大

---

❶ 郑崔勇，陈荔湘. 2010. 陕西省略阳县干河坝金矿区资源储量核查报告. 1-43.

于 5m，面积大于 40km^2，是以金为主的 Cu、Zn、As、Sb、Hg、Ni、Cr 等元素组合异常。干河坝金矿即位于该异常区内。

2. 1:2.5 万土壤地球化学异常特征

1996 年西北有色地质勘查局七一一总队在发现了 Au4-1 金矿体后，1997 年随即对该地区开展了 1:2.5 万土壤地球化学测量。通过 1:2.5 万土壤地球化学测量，在现勘查区内圈出 2 个异常带（Ⅰ、Ⅱ），共计 7 个异常（Ⅰ2-3、Ⅱ-2、Ⅱ-3、Ⅱ-5、Ⅱ-6、Ⅱ-7、Ⅱ-10 号异常）。异常元素为金、砷，金浓度值为 $5\times10^{-9} \sim 50\times10^{-9}$，砷浓度值为 $20\times10^{-9} \sim 60\times10^{-9}$。异常处于金家河岩组上岩段（Pzj^c）（乔子沟火山岩）中，异常区普遍发育铁碳酸盐化、褐铁矿化等蚀变。异常带与东西向构造关系密切。Ⅱ号异常带与中矿化蚀变带（F$_3$断裂带）吻合，其中已经在Ⅱ-5、Ⅱ-7、Ⅱ-10 号异常区内发现金矿（化）体，证明为矿致异常；Ⅰ号异常带与北矿化蚀变带（F$_7$断裂带）吻合，在Ⅰ2-3 号异常区内已发现金矿化体，为矿致异常。

Ⅱ-5 号异常：分布在中矿化蚀变带中部 128 线左右，长约 200m，宽约 100m，异常元素为金，异常值为 $5\times10^{-9} \sim 10\times10^{-9}$。异常处于金家河岩组上岩段（Pzj^c）（乔子沟火山岩）绿泥绢云千枚岩中，异常区矿化蚀变主要为铁碳酸盐化，与近东西向构造关系密切。该异常中已发现金矿体，证明为矿致异常。

Ⅱ-6 号异常：分布在中矿化蚀变带以北 100 ~ 122 线，长约 600m，宽约 400m，异常元素为金、砷，金异常值为 $5\times10^{-9} \sim 10\times10^{-9}$，砷异常值为 $20\times10^{-9} \sim 60\times10^{-9}$；异常处于金家河岩组上岩段（Pzj^c）（乔子沟火山岩）绿泥绢云千枚岩和绢云母千枚岩中，异常区主要蚀变为铁碳酸盐化，与近东西向构造关系密切。该异常中还未圈出金矿体。

Ⅱ-7 号异常：分布在中矿化蚀变带北西部 92 ~ 100 线，长约 400m，宽约 300m，异常元素为金、砷，金异常值为 $5\times10^{-9} \sim 20\times10^{-9}$，砷异常值为 $20\times10^{-9} \sim 40\times10^{-9}$。异常处于金家河岩组上岩段（Pzj^c）（乔子沟火山岩）绿泥绢云千枚岩、铁碳酸盐化绢云母千枚岩中，异常区矿化蚀变主要为铁碳酸盐化、黄铁矿化，与近东西向 F$_3$构造及其北侧次级构造关系密切。该异常中已发现 Au5-1、Au4-3 金矿体，也证明为矿致异常。

3. 原生晕异常特征

历年来在勘查区做了大量 1:2000 地质-岩石地球化学剖面测量，对区内分析的 10 个元素的原生晕数据统计表明，Au 与 Ag、As、Sb 元素呈正相关关系，含量由两侧围岩向矿体逐渐增高。

Au、Ag、As、Sb 元素组合异常为重要找矿标志之一，获得了较好的找矿效果，实践中原生晕浓度值 Au>150×10^{-9}、As>120×10^{-6}往往能指示金矿体的存在。

四、控矿因素和成矿规律

1. 控矿因素

（1）地层岩性：干河坝金矿中矿带Ⅳ号亚带赋存在金家河岩片乔子沟火山岩组

（Pzj^c）的下岩段浅黄色铁碳酸盐化绢云母石英千枚岩中，偶夹碎裂白云岩透镜体，中矿带Ⅴ号亚带赋存在中岩段绿泥绢云千枚岩中，火山喷发形成的乔子沟火山–沉积岩建造为金矿的原始矿源层。

（2）构造标志：金矿带受沿岩片边界发育的近东西向逆冲剪切构造带控制，尤其是具有深切性质的岩片边界断裂（F$_3$）及其旁侧平行次级断裂控制。近东西向断裂带控制矿带展布，近东西向断裂和北西向断裂、北东向断裂交汇位置控制矿体产出及形态。

2. 成矿规律

干河坝金矿位于秦岭造山带与扬子板块缝合带–勉（县）略（阳）康（县）构造缝合带中；含矿岩系为一套与裂陷洋盆环境和陆–陆碰撞造山混杂岩带相关的轻度变质火山岩；赋矿围岩为泥盆系金家河乔子沟火山岩组（Pzj^c），含矿岩性为浅黄色铁碳酸盐化绢云母石英千枚岩、绿泥绢云千枚岩、含碳绢云母千枚岩、碎裂白云岩；金矿带受有深切性质的岩片边界断裂（F$_3$）及其旁侧平行次级断裂控制。矿体产出在近东西向断裂和北西向断裂、北东向断裂交汇处。

早古生代，勉县—略阳—康县一线为具有缝合带性质的局限裂陷洋盆构造环境，形成泥盆系含矿火山–沉积岩系；泥盆系金家河乔子沟火山–沉积岩系含金性好，金丰度 3.66×10^{-9}，是金成矿的物质来源。中生代、新生代秦岭陆内造山运动过程中，近东西向脆–韧性剪切变形构造叠加于泥盆系金家河含金岩系；脆–韧性剪切变形持续、高强度应力作用，造成岩层中原始层理发生面理置换，发育透入性片理，不同尺度岩性–岩层构造透镜体、扁豆体、S-C组构普遍发育，脆–韧性递进构造变形作用过程不断活化、萃取围岩中成矿物质，形成含金流体；流体包裹体研究表明，成矿流体具有中–低温热液特征；流体包裹体成分以富 Ca、Al、Mg、Fe、Ti、Si、CO$_3^{2-}$、HCO$_3^-$ 为特征，含少量 Mn、Na、K、Au、Ag、S、Cl 等成分。流体为中偏碱性；脆–韧性剪切变形构造使岩石中造岩组分近距离分异，形成绢云母化–碳酸盐化–硅化及含重结晶黄铁矿等退变变形条带，成矿元素活化迁移，Au 元素富集升高约10倍；随着构造的持续活动、加强与叠加，含少量初始变质热液的构造热液逐渐富集，并反复在构造带内萃取成矿物质；含金流体沿构造带中持续活化、萃取围岩中的金，成矿物质向构造扩容带张性空间运动、迁移、富集，含矿热液沿构造带上升，物理化学条件的变化致使矿质分解卸载，在脆韧性扩容空间沉淀成矿。在片理化强烈且褪色蚀变发育的绢云石英千枚岩容矿岩系中形成早、中期热液矿化阶段的微细浸染状金矿化，在白云岩脆性断裂中，充填–交代中、晚期热液矿化阶段的石英脉型金矿化。金矿石矿化蚀变矿物组合主要为黄铁矿、毒砂、辉锑矿、石英、白云石及方解石等；金呈显微细粒的独立矿物，成矿元素组合为 Au-Ag-As-Sb-Cu-Pb-Zn。

五、矿床成因与成矿模式

（1）矿体分布于乔子沟火山岩上岩段与金家河千枚岩上岩段的构造接触带附近，赋矿岩石为乔子沟火山岩上岩段的（含）绿泥绢云母千枚岩、含碳绢云母千枚岩、碎裂白云岩。

（2）围岩蚀变为绢云母化→铁碳酸盐化→硅化→黄铁矿化的递进蚀变组合，使 Au-As-Ag、Cu-Pb-Zn 及 Cr-Co-Ni 等成矿元素总体表现为由高→低的元素迁移趋势，金等成矿元素逐步富集就位于控矿构造中；此外，超基性岩在退化蚀变过程中，也有部分成矿物质加入成矿流体中来。

（3）矿体呈脉状、似脉状沿断裂带斜列充填产出，具明显的断裂控矿特点。

（4）流体包裹体特征反映，金成矿作用是在盐度较高、弱–中等碱性、还原环境和中–低温物理化学条件下进行的。

综上所述，该矿床是在裂谷环境下形成含金背景值较高的陆源碎屑沉积岩、火山碎屑沉积岩及超基性岩基础上，经区域变质、变形和多期韧性、韧脆性剪切构造作用改造，最终就位于韧脆性剪切带而富集成矿；目前认为，其形成于印支期，矿床成因类型属于剪切构造带中的中低温变质热液型（构造蚀变岩型金矿）。

六、找矿标志及找矿模型

1. 找矿标志

（1）岩性标志：乔子沟火山岩及其上部的火山–沉积岩系是本区重要的含矿岩层，其中（含）绿泥绢云母千枚岩是区内的岩性找矿标志。

（2）构造标志：主造山期的逆冲剪切构造带，尤其是具有深切性质的岩片边界断裂及其旁侧平行次级断裂。

（3）蚀变标志：本区主要矿化蚀变为绢云母化、铁碳酸盐化、硅化和黄铁矿化，其中硅化和黄铁矿化是指示矿体存在的重要蚀变标志。

（4）异常标志：矿区金与银、砷、锑具有正相关关系，铜、铅、锌等元素在矿化体附近也显示较强的地球化学异常，因此，金、银、砷、锑元素组合异常是重要的地球化学找矿标志，铜、铅、锌等元素异常为辅助的地球化学找矿标志。

2. 找矿模型

干河坝金矿床"三位一体"找矿预测地质综合模型见表 4.36。

表 4.36　干河坝金矿床"三位一体"找矿预测地质综合模型

找矿模型要素	主要标志	干河坝金矿床
成矿地质背景	大地构造背景	秦岭造山带与扬子板块、松潘–甘孜造山带拼接缝合带（略阳–勉县缝合带）
	成矿时代	印支期
成矿地质体	围岩	以古生界泥盆系金家河岩片乔子沟火山岩组中酸性凝灰岩为主，夹中基性火山熔岩和夹白云岩透镜体。已蚀变为绢云石英千枚岩、绿泥绢云母千枚岩
	岩体形态	沿区域性深大断裂旁侧，呈近东西向狭窄带状或透镜状分布

续表

找矿模型要素	主要标志		干河坝金矿床
成矿地质体	形成时代		古生代
	岩石类型		中酸性凝灰岩、中基性熔岩、夹碳酸盐岩；蚀变为绿片岩、绢云母石英千枚岩、绿泥绢云母千枚岩，变质变形改造的碱−钙碱性岩类属岛弧型玄武岩源，构造环境为大陆边缘裂谷或岛弧
	岩石化学		SiO_2（43.30%~67.20%）、Al_2O_3（12.00%~17.50%）、K_2O（0.02%~0.95%）、Na_2O（0.83%~4.80%）
	同位素地球化学		金矿床 $\delta^{34}S$ 值的范围为 9.91‰~15.45‰，极差 5.54‰，平均 13.42‰，富集重硫。显示后期构造改造特点，硫源为火山和地层硫
	矿体空间位置		产出在韧脆性剪切带中强应变带内，韧性剪切面和张性破裂带中，呈侧列展布
成矿构造和成矿结构面	成矿构造系统		北北西向韧脆性剪切带系统
	成矿结构面类型		剪切裂隙和张性破裂带，石英脉密集带
	矿体就位样式		透镜状，似脉状
成矿作用特征标志	围岩蚀变	蚀变类型	硅化、黄（褐）铁矿化、绢云母化、碳酸盐化
		蚀变分带	从围岩到矿体，绢云母化、碳酸盐化、硅化、黄铁矿化（褐铁矿化）
	成矿分带及典型矿物组合	矿石结构、构造	矿石结构以鳞片−粒状变晶结构、细粒结构为主；矿石构造以细脉浸染状构造、稀疏浸染状构造为主
		矿化分带	黄铁矿、石英组合一般在矿体富集
		典型矿物组合	黄铁矿（褐铁矿）+石英+毒砂
		矿化阶段	区域变质期，火山喷发沉积形成的矿源层——乔子沟岩组火山岩发生绿泥石化、绢云母化、硅化、白云石化；构造−热液成矿期，分为三个阶段：①韧性剪切变形热液阶段，矿物组合为石英−黄铁矿阶段；②韧脆性剪切变形热液阶段，矿物组合主要为黄铁矿−毒砂−石英−自然金阶段；③韧脆性变形热液阶段，矿物组合为石英−黄铁矿−自然金−白云石−闪锌矿−方铅矿多金属硫化物阶段；表生氧化期，形成褐铁矿
	成矿流体性质及流体包裹体特征	成矿流体性质	构造水、变质水、古大气降水
		包裹体特征	以纯液态包裹体为主，其次为液相包裹体，少量气相包裹体；见到 CO_2 包裹体和子晶包裹体
		流体物理参数	石英包裹体均一温度，113~510℃；金矿化最佳温度区间为 137~280℃；盐度范围 0.8%~23.1%；密度 0.55~1.175g/cm³；流体温度、盐度、密度均显示变化范围大，成矿早期高，晚期低特点
		稳定同位素特征	黄铁矿 $\delta^{34}S$=9.91‰~15.45‰，显示富集重硫，地层硫源
	金属迁移及沉淀机制	金属迁移	Au^+
		金属沉淀	萃取、充填、交代
物化遥异常	化探异常	水系沉积物和土壤异常	出现 Au、Ag、Bi、Mo、Hg 元素密切相关的综合异常

第七节　徐家坪–白水江砂金矿床地质特征、成矿模式及找矿模型

　　该矿床位于嘉陵江河谷略阳县白水江–徐家坪段。行政区划属略阳县白水江镇、徐家坪镇管辖。矿区南段徐家坪距略阳县城约 15km。宝（鸡）–成（都）铁路沿嘉陵江纵贯全区，区内设置白水江、马蹄湾、徐家坪车站；此外，矿区有水泥道路与县城连通，交通较为方便。

　　1984 年，陕西省地质矿产局第二地质队发现徐家坪–白水江砂金矿。1985～1988 年间开展了地质普查和详查，累计投入砂钻 2707.35m，查明 C+D 级砂金储量 5106.40kg（备案报告储量为 4342kg），混合砂金平均品位 0.1902g/m³（报告为 0.2361g/m³）。农闲期，矿区内不时有当地农民开展零星淘金。

一、矿区地质背景

　　区域上，该矿床位于舟曲–安康裂谷（O—S）（Ⅲ级），白水江–安康 Pb-Zn-Au 成矿亚带（Ⅳ级）西部。区域主要出露前寒武变质火山岩、古生代和早古生代海相碎屑岩与碳酸盐岩。第四系分布于嘉陵江及其支流河谷中。区域构造发育，褶皱总体上为紧闭线状褶皱，叠加后期褶皱，断裂呈一系列近东西走向，规模较大的断裂主要有康县–略阳、郭镇–金家河断裂及其派生的次级断层。区域岩浆活动频繁，从超基性到酸性均有，但岩体规模均不大。

二、矿床地质特征

　　矿区赋矿层位主要为第四纪全新世晚期松散堆积物形成的河床和河漫滩。砂金物源来自嘉陵江上游的含金地层和相关地质体。

　　该矿床圈出 5 个矿体，Ⅰ～Ⅳ号矿体分布在嘉陵江河谷，规模较大；Ⅴ号矿体分布在嘉陵江支流青泥河中。矿体长 2530～7398m，平均宽 36.45～84.59m，平均厚 14.11～19.76m，品位 0.1622～0.2072g/m³。矿体沿嘉陵江现代河床、河漫滩呈弯曲的长条状展布，呈似层状产出，形态简单，局部有分支现象，总体呈南北向展布。矿石为含金砂砾石，由砾石、砂和少量泥质及微量重矿物组成，结构松散。以河漫滩中砾石、砂、泥三位一体且含泥量较高者，含金量也较高。有用矿物主要为自然金，伴生有用重矿物主要有磁铁矿、赤铁矿、褐铁矿、黄铁矿和白铁矿，次为石榴子石、锆石、钛铁矿等，磁铁矿平均含量 144.19g/m³。自然金多呈金黄色，以片状和板状为主，次为粒状，表面浑圆，多被铁质或碳质污染。粒度以中粗粒为主，成色较高。属易选砂金矿石。

三、控矿因素和成矿规律

1. 控矿因素

砂金成矿受金的来源、新构造运动、地貌与河谷形态、沉积物类型、水动力条件等诸因素的综合控制。物质来源和新构造运动起主导作用。新构造运动控制了地貌、物质来源，区域地貌控制砂金成矿域，河谷形态控制砂金矿床及矿体，沉积物类型控制了砂金的富集状况。区域上广泛分布的含金地层和各类岩体，特别是碧口岩群、志留系、泥盆系含金性好，为砂金矿形成提供了金源；新构造运动中，嘉陵江上游属升降交替过渡区，升降差异明显，北部秦岭造山带以长期隆起为特点。在东西方向上以线状升降为特点，地形呈长条状，近代风化剥蚀非常剧烈。嘉陵江切割的山谷是新构造运动加剧最明显的标志。本区嘉陵江水系发源地属低中山地貌，水流湍急，碎屑物难停留，因此不易形成砂金矿床。而在二级与三级水系交汇处、在 Y 形及 S 形河流的变汇区，在一定范围内可产生环流，大量的冲积物能在河道、边漫滩处堆积。有利于砂金的富集；嘉陵江在徐家坪段，河谷改道频繁，河流弯曲，也有利于砂金富集。一般在河流转弯处的凸岸一侧形成沙滩，此处常富集条带状的砂金矿床；河谷底板对砂金富集有一定控制作用。本区嘉陵江上游河谷底板为片岩（碳板岩）底板。片岩（页岩）被水侵蚀后面易形成凹坑，这种起伏不平的肋状底板，在流水搬运过程中起着淘流作用，不断使砂金得到富集。

2. 成矿规律

徐家坪-白水江砂金矿床是新生代形成的冲-洪积型金矿床。赋矿层位为第四纪全新世晚期松散堆积物，形成的河床和河漫滩是砂金的主要赋存层位。区域出露的前寒武纪变质火山岩、古生代海相碎屑岩-碳酸盐岩和超基性-酸性侵入体含金丰度高，为砂金矿的形成奠定了物质基础。区域构造活动强烈，风化作用发育，为各类含金地质体中的金颗粒脱离母体，进入沟谷水系提供了动力条件。新生代以来，矿区构造活动减弱，白水江的徐家坪段河床变宽，流速变缓，河漫滩发育，为砂金沉淀提供了合适的场所，从而形成一定规模的砂金矿。

四、矿床成因与成矿模式

砂金矿床的形成是机械搬运作用和水化学作用的二元统一（图 4.22）。结合区内有关砂金矿资料，可将该类砂金矿床的形成过程归纳如下：喜马拉雅期的新构造运动，使前第四纪形成的岩石、矿石遭受物理及化学风化作用。含金的岩石、矿石经物理风化作用后，自然金被解离出来，被流水搬运至河谷中，在地貌有利的地段沉积下来。化学风化作用使得金呈络合物状态溶解于水中。这种金的络合物一部分于氧化带内在有利于金沉淀的环境下再沉积下来，经以后的风化作用搬入河流中；一部分则被坡水带入河流。当水的物理化学性质有利于金的络合物沉淀时，金的络合物就会围绕金的质点沉积下来，使金的颗粒逐渐增大。所见内外成色不一致的球状金粒，就是在这种情况下形成的。这些金粒在静电引力作用下，逐渐聚集、黏结固着在一起。砂金中所见的葡萄状、锅巴状、钟乳状构造的金粒就是由这种次生作用所形成的。随着时间的推移，这种作用多次进行，最后可形成大小不同的金块，即"狗头金"。这种水化学的次生增大作用是砂金形成的一种重要的成矿作用。对于某些大颗粒金和"狗头金"来讲，水化学的次生增大作用可能是主要的成矿作用。

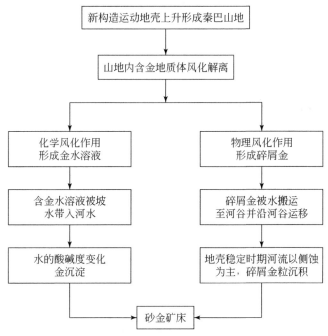

图4.22　砂金矿床形成过程示意图（据尚瑞均等，1992）

砂金矿床成因如下：

（1）嘉陵江上游是一个金高背景区。区内新元古界碧口岩群细碧-角斑岩建造、震旦系—寒武系碎屑-化学沉积岩系、志留系与泥盆系碎屑-变质岩富含金；区内多期次、强烈的构造岩浆活动也形成了众多的富含金的火山岩、侵入岩、构造蚀变岩；这些富含金的各类地质体是砂金矿形成的物质基础。

（2）由于温度升降、降雨、人类活动等外动力作用，地表条件下，含金地质体风化、破碎、解离，金脱离母体，在适宜的地貌、气候条件下，形成氧化带和次生富集带；在岩石风化、解离的过程中，粒径比较大的显粒金（>50μm）和含金岩石碎块（>50μm）以碎片形式存在；脱离母体的粒径小于50μm的细小金粒进入水中，一部分与Cl^-、Br^-、I^-、CN^-、CNS^-、$S_2O_3^{2-}$等形成络合物，如$AuCl_4^-$、$AuBr_4^-$、$Au(CNS)_4^-$、$Au(CN)_2^-$溶解在水中，呈离子状态存在；呈离子状态存在的微粒金在地下水氧化-还原界面附近地电化学场作用下，会产生"电镀"，出现次生增大形成显粒金；一部分更细小的金进入水中呈悬浮状或胶体形式存在，形成悬浮金和胶体金。

（3）表生条件下，含显粒金、微粒金、悬浮金、胶体金、离子金的以天然水体为介质的溶液从高山或者高坡向下运移到嘉陵江、汉水等水系中。在运移过程中，在适宜的地貌环境下，由于 pH、Eh 值、温度变化或外部物质的加入影响，含金络合物分解，导致金沉淀；此外，含金络合物、胶体金、悬浮金以及一些微粒金可以被含水的氧化铁、含水的氧化锰、氧化锰、黏土物质、腐殖质等吸附并发生共沉淀形成显粒金。

（4）在晚更新世晚期—全新世早期，区域新构造运动趋于稳定，地壳的升降幅度收窄。前期形成的显粒金及含金溶液，以及冲积型阶地砂金均进入嘉陵江。进入水系中的显粒金在合适的地貌环境沉积成砂金矿；含金溶液进入水系中后，在砂砾石层中缓慢运移、富集、沉淀形成显粒金或砂金矿。白水江-徐家坪段河道弯曲，水流缓慢，以片岩、板岩为主的河床底板坑洼不平，易于砂金富集、沉淀而形成砂金矿。

综上所述，徐家坪-白水江砂金矿属冲-洪积河床、河浸滩型，其成矿模式（表 4.37）可概括为：①阜平期—喜马拉雅期早期，火山喷发、岩浆侵入、构造运动、沉积变质等地质作用形成各类含金地质体，包括古砂金矿；②外动力改造各类含金地质体，金颗粒脱离母体进入水体，于地下水氧化-还原界面附近，在地电化学场作用下，发生"电镀"现象，金颗粒出现次生加积增大，金在次生氧化富集带富集、运移，进入沟谷水系，在适宜的地段初步沉淀、富集；③晚更新世晚期—全新世早期，区域构造活动趋弱，显粒金或含金溶液由高位运移到低位，进入河谷水系，在河谷水系合适的地貌环境中，显粒金或含金溶液沉淀、富集形成规模型砂金矿床。

表 4.37　徐家坪-白水江砂金矿成矿模式简表

成矿时代	成矿阶段	成矿作用
阜平期—喜马拉雅早期	成岩阶段：形成各类含金地质体	火山喷发、岩浆侵入、构造运动、沉积变质
	次生-预富集阶段：含金地质体风化、破碎、富集，形成显粒金或明金	物理风化、地电化学
喜马拉雅晚期（晚更新世晚期—全新世早期）	沉积-成矿阶段：显粒金或含金溶液进入水系，运移、沉淀、富集形成砂金矿	机械分选、重力分选、沉积

五、找矿标志及找矿模型

1. 找矿标志

1）地形地貌标志

切割较浅的低山丘陵地貌区，砂金矿多分布于 2～3 级河谷及其支谷中；切割较深的高山-中山地貌区，砂金矿多分布于 1～2 级河谷中。

（1）在河流的变宽部位，河水流速显著变缓地段，河床中大障碍物体的前方，出现"沙洲"时容易富集形成砂金矿。

（2）在河流弯曲的突出部位，以及河流改变流向（转弯）的内侧部位，容易富集砂金矿。

（3）水流湍急的支流进入水流平缓的主河道处，主、支流汇合的旁侧，易富集成砂金矿。

（4）若沟谷上游高山分布岩金矿床或沟谷内石英脉发育，则在沟谷中形成砂金矿的可能性比较大。

（5）若沟谷中出现山丘造成河流转弯，即"迎门山"，则在"迎门山"前方的河谷水流变缓处可能富集砂金。

（6）若河谷呈现钳形，呈上、中游比较宽阔，下游狭窄，即在沟口出现山丘，即"关门山"，则在"关门山"的上方河谷可能富集砂金。

（7）若河谷两侧山峰高耸，则河谷中可能富集砂金。

（8）若河床底板岩石不出露，河谷处于堆积阶段，则河谷中可能富集砂金。

（9）根据民采经验，长度小于3km的小沟谷出口处可能富集砂金；长度大于10km的大沟谷及河谷中、上游支沟均可能富集砂金矿；若沟谷中有砂金，则上游某些支谷里也可能富集砂金；若上游支谷有砂金矿，则主沟谷中也可能有砂金矿；长度在3~10km的中等沟谷，砂金主要富集在本沟谷内。

（10）根据民采经验，冲积型砂金矿，特别是阶地砂金矿，多分布于河谷阴坡一侧，即东西走向的河谷，在河谷南侧谷坡的阶地上砂金矿多，而在北侧很少，对南北走向的河谷，砂金矿多分布于西侧阶地上，东侧成矿很少。

（11）河谷阶地发育级数比较多，但阶地残缺不全地区，附近水系中富集砂金矿可能性大。

2）构造标志

新构造运动频繁上升区，形成冲积型阶地砂金矿可能性大；新构造运动稳定地区，形成河漫滩砂金矿或河床砂金矿可能性大；区内砂金矿大多分布在勉县-略阳断裂带和勉县-阳平关断裂带两侧沟谷中；北西向断裂和北东向断裂交汇处的沟谷中一般富集砂金矿。

3）地层标志

砂金通常主要富集于砂砾层下部靠近基岩处；若古近纪—新近纪砂砾岩发育，则应关注古近纪—新近纪砂金矿。

4）物化探异常标志

金重砂异常区或金及伴生元素物化探异常区；岩金矿化集中区或含金背景值较高的地区，要注意寻找砂金矿；沿水系上游存在金的高背景岩层或岩金矿床。

5）民采标志

砂金旧采迹与民采痕迹。砂金矿淘采遗迹分布区及现代的民采砂金区，是寻找砂金矿的有利地段。

2. 找矿模型

徐家坪-白水江砂金矿床"三位一体"找矿预测地质综合模型见表4.38。

表 4.38 徐家坪–白水江砂金矿床 "三位一体" 找矿预测地质综合模型

找矿模型要素	主要标志		徐家坪–白水江砂金矿床
成矿地质背景	大地构造背景		秦岭造山带与扬子板块、松潘–甘孜造山带拼接缝合带；新生代以前区域构造强烈、风化作用强烈；新生代构造活动弱
	成矿时代		阜平期—喜马拉雅期
	地形地貌		水系、沟谷发育
成矿地质体	围岩		初始阶段：区域前寒武变质火山岩、古生代海相碎屑岩–碳酸盐岩和超基性–酸性侵入体等含金地质体；成矿阶段：第四纪全新世晚期河流、河漫滩松散堆积物
	岩体形态		沿嘉陵江及其支流白水江、清泥河，呈狭窄带状或透镜状分布
	形成时代		新生代
	矿体空间位置		产出在古河床或现代河床底部或河漫滩
成矿构造和成矿结构面	成矿构造系统		近南北向、北西向、北东向网状断裂系统
	成矿结构面类型		河床底部，基岩和第四系不整合面
	矿体就位样式		透镜状、囊状、条带状
成矿作用特征标志	围岩蚀变		化学蚀变不发育
	成矿分带及其典型矿物组合	典型矿物组合	自然金，主要伴生磁铁矿、赤铁矿、褐铁矿、黄铁矿和白铁矿，次为石榴子石、锆石钛铁矿
		矿化阶段	成岩阶段：形成各类含金地质体；次生–预富集阶段：含金地质体风化、破碎、富集，形成显粒金或明金；沉积–成矿阶段：显粒金或含金溶液进入水系，运移、沉淀、富集形成砂金矿
	成矿流体性质及流体包裹体特征	成矿流体性质	降水，河流水
		流体物理参数	流体温度、盐度、密度均显示变化范围不大
	金属迁移及沉淀机制	金属迁移	Au 颗粒或 Au^+ 络合物
		金属沉淀	机械分选；水动力减弱，重力分选；沉积作用等
物化遥异常	化探异常	重砂异常	Au
		水系沉积物和土壤异常	出现 Au、Ag、Bi、Mo、Hg 元素密切相关的综合异常

第八节 东沟坝金银多金属矿床地质特征、成矿模式及找矿模型

东沟坝金银多金属矿床处于勉略宁矿集区中部，行政隶属陕西省略阳县接官亭镇邵家营村。20 世纪 80 ~ 90 年代，陕西省地质矿产局第二地质队对东沟坝金银多金属矿床开展了地质普查、详查、勘探，探明该矿床为一大型金银铅锌多金属硫化物矿床。根据该成

果，略阳县政府建成矿山，开采至今。

一、矿区地质背景

1. 区域地质特征

略阳县东沟坝金银多金属矿床位于扬子板块西北缘摩天岭隆起东段勉略宁三角地区中部古基底碰合带。区域地层由基底和盖层构成，其中基底由新太古代鱼洞子花岗–绿岩地体、元古宇何家岩岩群（Pt_2Hj）、大安岩群（Pt_2D）和碧口岩群（Pt_3Bk）浅变质海相火山–沉积岩系组成；盖层由震旦系及泥盆系—石炭系碎屑–化学沉积岩组成。东沟坝金银多金属矿床就赋存在碧口岩群（Pt_3Bk）东沟坝组中酸性浅变质海相火山–沉积岩系中。

勉略宁三角地区经历了自新太古代以来的长期构造演化过程，现今主要构造表现为NE、NW 和近 EW 向构造形迹，较典型的深大断裂构造有汉江、勉略边界断裂、沿七里沟–铜厂–岱家坝古基底碰合带以及基底与盖层间的不整合滑脱构造，而次一级平行断裂构造在前三者旁侧表现相当明显，且性质多表现为韧性–韧脆性，对区域成矿具明显控制作用。

区域岩浆活动频繁，从超基性–基性至酸性均有出露，并具有多期次侵入特点，其中煎茶岭超基性岩体、铜厂中酸性岩体等均与成矿关系密切。

变质作用主要表现为基底海相火山–沉积岩系的低绿片岩相变质。

区域内火山机构发育，并多以裂隙式火山喷发为主，比较明显的（由西至东）有二里坝、罗家山、红土石、铜厂、东沟坝、七里沟等，均与矿产的形成和分布有直接关系。

2. 矿区地质特征

1）地层岩性

矿区内地层以新元古界碧口岩群火山岩为主，是一套由中酸性火山碎屑岩、碎屑熔岩夹凝灰质砂岩、凝灰质板岩、白云岩等组成的浅海相中酸性角斑岩系。矿区主矿体主要产在碧口岩群东沟坝岩组第三岩性段（Pt_3d^3）中、上部位，第三岩性段又可划分出 a、b、c 三个岩相岩性层，由下至上为集块（角斑）岩（Pt_3d^{3-a}）、含集块角斑岩（Pt_3d^{3-b}）、凝灰石英角斑岩（Pt_3d^{3-c}）。上岩性层（Pt_3d^{3-c}）为矿区主要含矿层位。Ⅰ、Ⅱ、Ⅲ号矿化蚀变带即产于其中（图4.23）。

2）构造特征

东沟坝矿区地处黑木林–七里沟复背斜北翼，矿区呈单斜构造，局部叠加有小规模复式褶曲。在矿区范围内，单斜层由碧口岩群变质火山岩构成的北倾单斜构造，片理产状，倾向 5°～30°，倾角 38°～50°。矿区内断裂构造发育，可分为早期断裂和后期破矿断裂构造。

（1）早期断裂构造

矿区断裂构造十分发育，主要表现为近东西向韧性–韧脆性剪切作用下的强挤压片理化，长度十米至千余米，宽数厘米至数十米，产状倾向 5°～15°，倾角 45°～70°，这组构

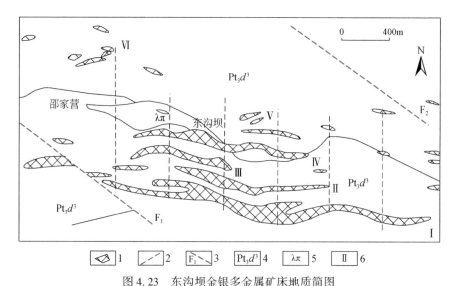

图 4.23　东沟坝金银多金属矿床地质简图
1. 矿体；2. 勘探剖面；3. 断层位置及编号；4. 新元古界碧口岩群东沟坝组第三岩性段；
5. 石英钠长斑岩；6. 矿带编号

造对矿床矿体的富集、就位具有明显控制作用。断裂构造的形成发展是在同一近南北向强挤压应力作用下，经历了早期挤压揉皱破裂，使火山作用期形成的含矿层发生弯曲，在褶皱的鞍部虚脱空间富集充填了脉状的贫硫锌矿（条）体；晚期则表现为韧脆性剪切条件下的强面理置换（S_0-S_1），致使早期火山作用形成的似层状矿体得到进一步富集，且在形态上呈大小不等的透镜体，也使围岩发生糜棱岩化及褪色化、绢云母化、硅化等蚀变现象，矿床中重晶石岩型矿体和绢英岩型矿体正是此构造作用过程的产物，这组构造也可能反映了金等成矿元素从含金硫化物中发生解离的重要过程。

（2）后期破矿断裂

以走向压扭性断裂为主，也包含早期生成而后期复活的主干断裂，主要有 F_2（田坝–东沟坝）断裂，位于矿区中部，西起小后沟，东至屋基坪以东，断续出露长度约 5km，走向 270°～280°，倾向 NNE，倾角 72°～80°，在 26 线可见明显压扭性特征，使 I 号矿带产生错位平移 20m 左右，在其他部位只见通过 I 号矿带下盘围岩，虽出露有一定规模，但未见破矿现象。横向断裂规模小，对矿体破坏不明显。

3）岩浆作用

矿区内除见有前述的石英钠长斑岩、次安山岩与矿化关系明显外，其他部位还见有辉绿岩脉。但未见有含矿岩脉与矿体接触，且围岩接触变质作用微弱，主要为透闪石化、硅化、碳酸盐化及脱色化等现象。矿区北部大面积的超基性岩体，与柳树坪铁矿及金矿化带关系密切。

4）变质作用

矿区岩石均产生不同程度的变质，形成了以绿片岩相为主的变质岩，主要岩石类型有千枚岩、板岩、片岩、结晶灰岩、变质石英岩、硅质（板）岩、硅化碎裂白云岩及变质火山岩等，变质矿物主要有钠长石、绢云母、绿泥石、阳起石、绿纤石等。

二、矿床地质特征

1. 矿体特征及矿化类型

1）矿化带特征

东沟坝矿床为一 Au、Ag、Pb、Zn 多金属共、伴生矿床，金银与铅锌矿体在空间上为同体共生。矿区范围内，已发现矿化带 11 条，其中 6 条出露于地表，5 条隐伏于 I 号矿带南侧。矿带总体北倾，呈层状、似层状，与地层产状相同，与区域构造面理小角度相交。矿体受构造片理化带控制，长度数十米到千余米，厚度从数厘米到数米不等，呈透镜状、似层状，局部有膨胀和收缩现象（图 4.24）。

在 11 条矿化带（矿体）中，赋存金银锌工业矿体的主要有 I、Ⅶ号矿带。

I 号矿带长大于 1700m，宽 10~120m，走向和倾向延伸均呈舒缓波状，向东侧伏，侧伏角 7°~8°，总体走向 272°~278°，NNE 倾，倾角 46°~60°。圈出各类矿体 20 余个，金银矿体多赋存于矿带的中下部，大体以 780m 标高为界线，向上为金银矿体，向下以锌矿为主。AuAg I-1 号矿体即赋存在该带中。

Ⅶ号矿带产出在 I 号矿带南，距离 5~40m，为 650~850m 标高的隐伏矿化带，上盘为石英角斑岩，下盘为角斑岩夹硅化白云岩，矿化带底板断层接触界线清晰，标志明显。控制长 1000m，宽 10~60m，呈似层状平行 I 号带，为矿区第二大赋矿蚀变带。圈定 AuAg Ⅶ-1、AuAg Ⅶ-2 两层矿体，AuAg Ⅶ-1 号矿体规模较大。

2）矿体特征

东沟坝金银铅锌多金属矿床共圈出矿体 77 个，地表只出露 AuAg I-1、AuAg I-2 号矿体，其余均为盲矿体，见图 4.24。其中规模较大者为 AuAg I-1 号、AuAg Ⅶ-1 号。

AuAg I-1 号矿体：控制矿体长 505m（10—0—9 线间），宽 1.0~15.0m，最大延深 180m（0 线）；矿体沿走向和倾斜方向均是中间厚，两端薄，厚大部位在 2—0—1 线间；矿体在纵剖面上呈银元宝形，西（10 线）、东（7 线）两端扬起至 950m 标高，而中间 2—0—1 线延伸到 780m 标高；呈似层状，走向 275°，倾向 NNE，倾角 45°~60°，局部 35°~40°。矿石各元素平均品位为 Au $3.41×10^{-6}$、Ag $194.86×10^{-6}$、Pb 1.80%、Zn 3.06%。

AuAg Ⅶ-1 号矿体：为盲矿体，产于Ⅶ号蚀变矿化带底部。工业矿体从 8 线西至 7 线东，全长 425.5m，宽 1.0~10.0m，呈透镜状产出。矿体位于 700~800m 标高范围内，控制延深在 100m，向下未控制。矿体总体走向 280°，倾向 NNE，倾角一般 42°~45°，局部 58°。矿石各元素平均品位为 Au $4.65×10^{-6}$、Ag $117.25×10^{-6}$、Pb 1.55%、Zn 4.7%。

3）矿体围岩

矿床中金银矿体与其上下盘围岩无明显界线，主要依据化学分析结果划分，凡单样金品位达到边界品位者均圈入矿体，反之则圈入围岩。围岩岩性主要为（黄铁）绢英岩、含英凝灰角斑岩。

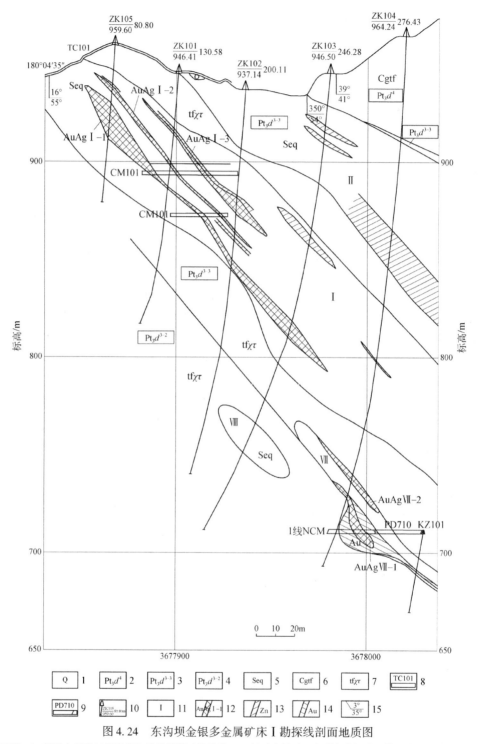

图 4.24　东沟坝金银多金属矿床 I 勘探线剖面地质图

1. 第四系；2. 新元古界碧口岩群东沟坝岩组第四岩性段；3. 新元古界碧口岩群东沟坝岩组第三岩性段第三岩相岩性层；4. 新元古界碧口岩群东沟坝岩组第三岩性段第二岩相岩性层；5. 绢云石英岩；6. 中酸性含角砾火山岩凝灰岩；7. 凝灰角斑岩；8. 探槽位置及标号；9. 穿脉位置及编号；10. 钻孔编号、孔口标高（m）、终孔深度（m）；11. 蚀变带编号；12. 金银矿体及编号；13. 锌矿体；14. 金矿体；15. 产状–倾向/倾角矿体中的夹石不多，结构较简单，夹石主要为绢云母，部分为低品位锌矿石。由于金银矿体与锌矿体连生，又均赋存于黄铁绢英岩带内不同部位，所以划分出来的夹石也以化验结果为界。目前矿山生产中，也是把分支矿体或平行矿体合并在同一采室内全面回采。

4）围岩蚀变

矿区内与成矿有关的围岩蚀变主要有硅化、绢云母化、黄铁矿化、重晶石化，次为绿泥石化、碳酸盐化等，重晶石化又多叠加于绢英岩化蚀变之上。由绢英岩、黄铁绢英岩、闪锌矿化绢英岩、重晶石绢英岩化等蚀变岩石组成，其中黄铁绢英岩及重晶石绢英岩分布最广，是金银矿体及锌（硫）矿体产出的主要蚀变围岩。

2. 矿石质量特征

1）矿石的矿物组成及共生组合

矿床已查明的金属、非金属及氧化矿物共计 59 种，其中金属矿物有自然金、银金矿、自然银、闪锌矿、方铅矿、黄铜矿、黄铁矿等 23 种；非金属矿物有重晶石、绢云母、石英、绿泥石、钠长石、白云石等 25 种；氧化及表生矿物 11 种。

金银矿石中金属矿物除金银矿物外，还有方铅矿、闪锌矿、黄铁矿、黄铜矿、黝铜矿等，脉石矿物有重晶石、石英、绢云母、钠长石、绿泥石等。

锌矿石中金属矿物简单，除闪锌矿外，主要是黄铁矿及少量的方铅矿、黄铜矿；脉石矿物主要为绢云母、石英，少量重晶石、绿泥石、钠长石等。

矿石按自然类型可划分三种，即绢英岩型、重晶石岩型和重晶石绢英岩型。

2）矿石品位及化学成分

金银矿体中 Au 品位一般为 $2.36 \times 10^{-6} \sim 4.65 \times 10^{-6}$，个别 Au 品位达 $5 \times 10^{-6} \sim 8 \times 10^{-6}$ 或 $1 \times 10^{-6} \sim 2 \times 10^{-6}$；Ag 品位一般为 $15.8 \times 10^{-6} \sim 194.86 \times 10^{-6}$；Pb 品位一般为 0.13% ~ 3.49%；Zn 品位相对于 Ag、Pb 更稳定，Zn 品位一般为 2.08% ~ 7.71%，个别达 1.8% 或 9.33%。属有用组分均匀型。

（硫）锌矿体中 Zn 品位一般为 1.0% ~ 3.0%，少数 <1.0% 或 >5%，S 品位一般为 5% ~ 10%，少数 <5.0% 或 >15.0%。一般 Pb 含量 <1.0%，Au 含量 $<0.5 \times 10^{-6}$，Ag 含量 $<20 \times 10^{-6}$。

矿石中除 Au、Ag、Pb、Zn 有益金属元素组分外，还伴（共）生有益组分 S 和 $BaSO_4$，平均 S 含量 11.25%，$BaSO_4$ 含量 19.05%，铜含量低，平均含量 <0.05%。

在各类矿石中，Au、Ag、Pb、Zn、Cu、S、$BaSO_4$ 等 7 种有益组分之和占矿石总组分平均值的 92.08%，有害杂质低微。其他有益组分 Cd、Co、Ni、As、Sr、Sb 等含量均低，Cd 选矿精矿为 0.067%，达工业品位要求。

3）矿石结构、构造特征

矿石类型有重晶石型、重晶石绢英岩型、黄铁绢云岩型金银矿石三种类型（图 4.25）。矿石矿物主要由闪锌矿、方铅矿、黄铁矿、重晶石，以及少量黄铜矿、银金矿、含银黝铜矿、辉银矿、自然银、红锌矿、磁铁矿等组成，而脉石矿物主要为石英、绢云母、绿泥石、方解石等。矿石以条带状、纹层状、脉状及块状构造为主；以晶粒状结构、鳞片变晶结构、填隙结构、包含结构为主。

凝灰质板岩　　　　　褐铁矿化凝灰质板岩(黄铁绢云岩型)　　　　　片理化细碧岩

绿泥石化、绿帘石化细碧岩　　　　矿体与围岩接触界线　　　　绿泥石化角斑岩与重晶石–
绢云母型矿体接触关系

层状重晶石型矿石　　　　层状重晶石–绢云母型矿石　　　　重晶石中条带状硫化物
(重晶石绢英岩型)

图 4.25　东沟坝金银多金属矿床典型矿石标本特征照片

4）成矿期次

矿床大致经历了两个矿化期、三个矿化阶段（刘永丰和李才一，1991；汪东波和李树新，1991），即早期为同生喷发矿化期，以层状、似层状和胶黄铁矿、细粒重晶石出现为特征；晚期为变质热液叠加改造成矿期，以透镜状、似层状和中粒、细脉状重晶石为特征。其中第一阶段为重晶石、方铅矿、黄铁矿、闪锌矿、金银矿化阶段，主要形成似层状矿体；第二阶段为重晶石、方铅矿、金银黄铁矿化阶段，主要形成脉状矿体；第三阶段为重晶石、碳酸盐、绢云母矿化阶段，形成细脉状矿体。

三、矿床地球化学特征

1. 矿区岩石、矿石地球化学特征

地球化学分析表明，东沟坝金银多金属矿床赋矿石英角斑岩和角斑岩的 SiO_2 含量为

64.97% ~ 76.58%，Na_2O+K_2O 含量为 5.5% ~ 7.57%，MgO 含量为 0.42% ~ 1.04%，TiO_2 为 0.25% ~ 0.48%，属于酸性火山岩，相当于正常火山岩系列的英安岩-流纹岩，属于非碱性火山岩系（图 4.26）。细碧岩样品的 SiO_2 含量为 60.46%，Na_2O+K_2O 含量为 3.99%，MgO 含量为 4.35%，TFeO 为 7.81%，CaO 为 5.49%，显示出中性火山岩系特征，与碧口岩群基性火山岩/细碧岩（徐学义等，2002）相似，相当于非碱性火山岩系之玄武岩-安山岩。在 SiO_2-MgO 图解中（图 4.27），随着 SiO_2 含量的升高，东沟坝组酸性火山岩与碧口岩群基性火山岩的 MgO 呈现非完全降低趋势。

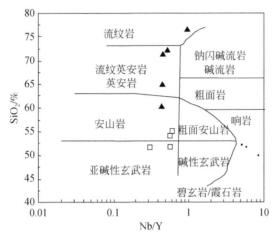

图 4.26　东沟坝金银多金属矿床赋矿围岩 SiO_2-Nb/Y 图

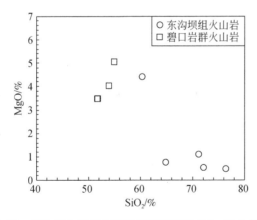

图 4.27　东沟坝金银多金属矿床赋矿围岩 SiO_2-MgO 相关图

微量元素成分指示，石英角斑岩和细碧岩显示出两个端元的地球化学特征（图 4.28）。以石英角斑岩为代表的酸性组分围岩富集 K、Rb、Ba、Th、U 等大离子亲石元素，亏损 Ta、Nb、Ti 等高场强元素；以细碧岩为代表的中基性组分与碧口岩群基性火山岩相似，微量元素含量基本低于酸性火山岩，均显示贫 K、Rb、Ba、Th 等大离子亲石元素和 Nb、Ta 等高场强元素，富 Sr、Nd、P 和 Ti。在成矿元素方面，细碧岩和石英角斑岩中 Pb、Zn、

Ag 含量基本相当，但细碧岩含有较高的 V、Cr、Co、Ni、Cu，石英角斑岩中 Au 含量（4.2×10^{-9}）相对细碧岩较高。两者的 Cu、Pb、Zn、Ag 含量基本为地壳克拉克值的 2.10 倍，表明酸性火山岩可能较中性火山岩提供了较多的成矿物质。

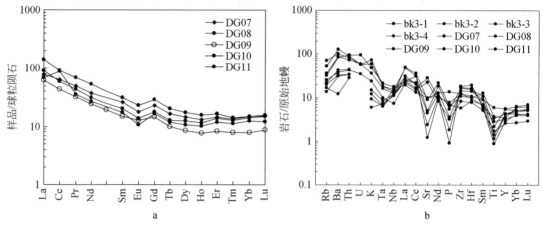

图 4.28　东沟坝金银多金属矿床赋矿围岩稀土元素球粒陨石标准化配分模式（a）

及微量元素原始地幔标准化蛛网图（b）（据王瑞廷等，2016[1]）

标准化值据 Sun 和 McDonough（1989）

稀土元素分析表明，东沟坝金银多金属矿床中细碧岩与石英角斑岩呈现相似但又不同的特征。在稀土元素含量方面，细碧岩的稀土元素总量（$\Sigma REE = 68 \times 10^{-6}$）较石英角斑岩（$\Sigma REE = 93.143 \times 10^{-6}$）低，细碧岩的 LREE 和 HREE 含量分别仅为 58.97×10^{-6} 和 9.11×10^{-6}；在稀土元素配分模式方面，虽然两者呈现出相似的稀土元素配分模式（图 4.28），稀土配分模式右倾，轻稀土富集、分异明显，重稀土分异弱，LREE/HREE 为 5.48 ~ 7.7，$(La/Yb)_N$ 值为 5.3 ~ 9.4，且均显示 Eu 弱负异常，但细碧岩结晶分异作用（$\delta Eu = 0.86$）较石英角斑岩（$\delta Eu = 0.63 ~ 0.77$）低。

结合构造环境分析认为，东沟坝矿床赋矿火山岩具双峰式火山岩特征。

2. 硫同位素地球化学特征

东沟坝金银多金属矿床中硫化物黄铁矿的 $\delta^{34}S$ 为 -1.3‰ ~ 12.4‰，方铅矿的 $\delta^{34}S$ 为 0 ~ 6.7‰，闪锌矿的 $\delta^{34}S$ 为 -2.8‰ ~ 8.9‰，硫酸盐重晶石的 $\delta^{34}S$ 为 11.9‰ ~ 21.5‰（卢武长和杨绍全，1997）。硫酸盐矿物与硫化物的硫同位素相差较大，指示矿区中硫具有混合硫的演化特征，受古海水硫酸盐硫（SO_4^{2-}）和火山岩硫（H_2S）的混合控制。

3. 流体包裹体特征

卢武长和杨绍全（1997）对含矿石英和方解石中的流体包裹体研究表明，含矿流体氢同位素为 -48.6‰ ~ -10.9‰、氧同位素为 -1.6‰ ~ 11.6‰。在氢-氧同位素图上投点落入

---

[1]　王瑞廷，代军治，郑崔勇，等. 2016. 勉略宁地区中新元古代多金属成矿作用研究. 62-67.

变质水和大气降水范围内（图 4.29），说明东沟坝矿床的成矿溶液是来自混合的变质水和大气降水，但以变质水为主。这同东沟坝金银多金属矿床矿体赋存于受变质的海相火山岩–细碧角斑岩系的石英角斑质凝灰岩中的地质事实相吻合。

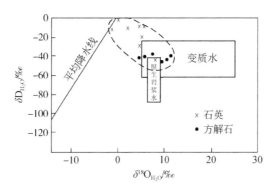

图 4.29　东沟坝金银多金属矿床氢–氧同位素组成（据卢武长和杨绍全，1997）

四、控矿因素和成矿规律

1. 控矿因素

1）古火山机构控矿作用

古火山机构控制了含矿岩相及岩性层的展布，控制矿化带产出。

2）岩相岩性控矿作用

中、新元古代长期而强烈的海底火山喷发作用，不但形成分布于东沟坝地区的碧口岩群细碧角斑岩系，同时也为该区带来大量的成矿元素（S、Fe、Pb、Zn、Cu、Zn、Au、Ag、Ba 等）和丰富的成矿介质赋存于火山岩中。在火山的两个喷发旋回间隔期或在次火山岩侵入期都有可能发生矿化（体）现象。

矿区内中岩组和上岩组都有不同程度的矿化发生。尤其以东沟坝岩组第三岩段（Pt_3d^3）的 a、b、c 三个岩相岩性层为主，赋存东沟坝金银多金属矿床的全部矿体。不同岩相岩性层中控制的矿带、矿体亦不相同。由下至上依次如下。

第三岩段第一岩性层（$Pt_3d^{3\text{-}a}$）：集块（角斑）岩中产生有杏仁状、斑团状和脉状矿化（体）。

第三岩段第二岩性层（$Pt_3d^{3\text{-}b}$）：含集块角斑岩、凝灰角斑岩中赋存有Ⅷ、Ⅸ、Ⅹ、Ⅺ号矿（化）体群，多呈等轴状透镜体或纺锤体，单矿体延长、延深均有限，多在 100～150m 范围内，其中Ⅹ号矿体延深大于延长。局部产出以简单元素为主的块状硫化物矿体。与Ⅰ、Ⅱ、Ⅶ矿化带最明显的差别是近矿围岩有角斑岩、含集块角斑岩，并以绿泥石化、硅化蚀变为主。矿体下盘产出有一定规模的热液石英脉或钠长（斑岩）石脉。各矿体受层位控制特征不明显，略显火山机构附近控矿特征。

第三岩段第三岩性层（$Pt_3d^{3\text{-}c}$）：凝灰质含石英角斑岩、凝灰质板岩、顶部夹白云岩，该岩性层中主要产出Ⅰ、Ⅱ、Ⅶ矿化蚀变带，其规模大，成矿有利，为矿床主要成矿部位。矿化蚀变带长 1000 ~ 1700m，三条带总宽 100 ~ 200m，延深不清（只控制斜深 500m）。三条蚀变带均属含锌黄铁绢英岩化带，带与带之间没有明显界线，各带都有工业矿体产出，只Ⅱ号蚀变带中少有大矿体产出。各矿化蚀变带及其内赋存的金属矿体明显受层位控制。该岩相岩性层表现出火山碎屑沉积特性，包含火山喷气沉积成矿作用。

3）构造控矿作用

（1）在火山岩成岩过程或成岩期后，力学性质差异部位挤压破裂，形成以导矿构造为主，少量储矿构造的前期构造，包含火山熔岩中的斑团状、脉状和块状硫化物矿化体生成以及火山碎屑沉积岩中的低品位简单的含锌硫化物矿化产出。

（2）在火山活动末期，区内应力场发生变化，首先产生了继承构造变动。构造应力作用方向、方式的变化，生成了整体压扭、局部张扭的构造变形带，即形成强变形带揉皱、片理化、糜棱岩化等，又形成相对开阔的空间，同时产生多条配矿和储矿构造。故而矿化范围大、强度高，生成几十条梅豆状、似层状、饼状、脉状金银多金属矿体和简单金属元素矿体，矿石中角砾状、脉状构造发育。

（3）区内应力构造趋于稳定期，此时含矿热液锐减，只产生有限的张性节理和与之配伍的截穿矿化带的单矿脉。

2. 成矿规律

东沟坝金银多金属矿床赋矿层位为新元古界碧口岩群东沟坝组（阳坝岩组上岩段）中酸性火山–沉积岩，含矿岩石为黄铁绢英岩及重晶石绢英岩（原岩是石英角斑质凝灰岩、凝灰角斑岩或含集块角斑岩），矿体即围岩中有用矿物的富集地段。

成矿地质背景和岩矿石地质特征、地球化学、同位素示踪研究分析表明，成矿作用经历了火山喷发沉积、构造岩浆热液叠加改造两期。中、新元古代，松潘–甘孜–古秦岭洋地块向南俯冲，形成岛弧–弧内裂陷，矿区海底火山喷发活动强烈；火山喷发间歇期或后期，转变为火山喷气–喷液活动，挟带大量的 H_2S、HCl、CO_2 气体和金、银、铅、锌、钡等成矿元素，喷出气液物中的 Au^+、Ag^+、Pb^+、Zn^+、Ba^+ 同海水中的 SO_4^- 和 HS^- 结合而沉淀形成重晶石和黄铁矿、方铅矿、闪锌矿等硫化物；在火山岩（角斑岩）与火山沉积岩（凝灰质角斑岩或含集块角斑岩）界面附近，形成层状、似层状矿体，出现胶黄铁矿、细粒重晶石等典型矿物，发育方铅矿化、黄铁矿化、闪锌矿化、金银矿化；随后，近东西向构造挤压破碎带、片理化带发育，岩层中发育硅化、绢云母化，成矿元素长期反复地迁移，前期形成的矿体被岩浆热液、变形变质热液改造富集，在绢英岩蚀变带中形成似层状工业矿体。

印支期—燕山期，构造–岩浆活动强烈，近东西向、北西向、北东向、南北向断裂带继承性活动，形成新的含矿热液运移、溶解吸收了火山岩及早期矿（化）体中的有用元素，在早期蚀变带的局部地段及平行斜列的新断裂带中再次发生重晶石化和碳酸盐化、硅化，使局部矿化增强，断裂构造拉伸、错断前期形成的矿体，形成透镜状、大角砾状、块状矿体；该阶段出现中粒、细脉状重晶石、粒度较大的细脉状方铅矿、黄铁矿，发育金银矿化、碳酸盐化、绢云母矿化，主要形成脉状矿体。

五、矿床成因与成矿模式

1. 成矿物质来源

对东沟坝矿区重晶石型金银矿石、锌矿石、矿化带蚀变岩、围岩等 31 件样品进行硫同位素（$\delta^{34}S$ 值）测试分析，结果显示：①重晶石型矿石中，$\delta^{34}S$ 平均值为 6.92‰，接近陨石硫，似属深源硫，视为金银矿石生成的主要硫源；②锌矿石、矿化带及各类围岩中黄铁矿的 $\delta^{34}S$ 平均值为 9.66‰，表现富集重硫特征，可能为与海相火山岩有关的早期成矿的主要硫源；③所有样品 $\delta^{34}S$ 均为正值，其离散度小（2.4‰~6.8‰）等特点，大致说明生物硫不是本矿区的主要硫源；④可以认为锌矿石的成矿物质主要来自火山喷气喷流作用，而重晶石型金银矿石的成矿物质，则有新的成矿物源和成矿介质加入，或者是早期成矿又经受了热液富集改造。

因此，东沟坝矿区整个成矿过程显示出具有混合硫源的特征。

2. 成矿时代

东沟坝金银多金属矿床矿体赋存于新元古界碧口岩群东沟坝组火山岩中；1995 年西北有色地质勘查局测得矿石铅同位素模式年龄为 858~1040Ma，认为代表成矿年龄；东沟坝金银多金属矿床中方铅矿和黄铁矿的铅模式年龄为 1002~1073Ma（汪东波和李树新，1991）；姚书振等（2006）认为东沟坝金银多金属矿床主成矿时代为距今 1305~953Ma；综合矿体产出特征和同位素测试数据，分析认为东沟坝金银多金属矿床主成矿时代为新元古代。

3. 矿床成因及成矿模式

东沟坝金银多金属矿床位于秦岭造山带中碧口岩群酸性火山岩内，其形成经历了新元古代—中生代的构造-热液改造，矿体受岩相和构造双重因素控制，特别是近 EW 向韧性、韧脆性剪切构造，构造对矿体的形成、就位及空间展布具有明显的控制作用。陈毓川等（2001）提出该矿床属金-石英-重晶石脉型。

综合矿床地质特征、岩石地球化学特征、岩（矿）石同位素特征及其形成环境，研究认为该矿床属于海底火山喷发沉积-改造型块状硫化物矿床（图 4.30）。

六、找矿标志及找矿模型

1. 找矿标志

（1）在岩相上，矿体集中产于凝灰角斑岩（Pt_3d^{3-c}）、含集块角斑岩（Pt_3d^{3-b}）层中，凝灰角斑岩、含集块角斑岩是其含矿岩层，二者底部与角斑岩夹硅化白云岩岩层呈构造接触关系，近矿岩石的褪色化蚀变现象较为普遍；

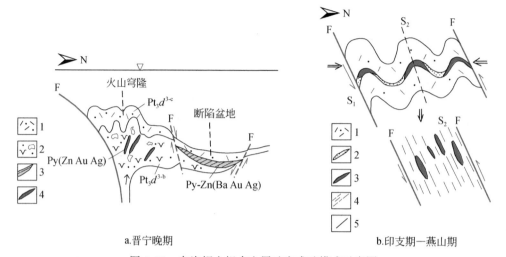

a.晋宁晚期　　　　　　　　　　　　　　b.印支期—燕山期

图 4.30　东沟坝金银多金属矿床成矿模式示意图

a 图：1. 酸性凝灰质火山熔岩；2. 含集块火山角砾岩；3. 沉积层状矿化体；4. 火山热液脉型矿化体。

b 图：1. 酸性凝灰质火山熔岩；2. 贫矿体；3. 富矿体；4. 片理化带；5. 断层

（2）EW 向韧性−韧脆性剪切构造带是主要的控矿构造；

（3）硅化、绢云母化、黄铁矿化、重晶石化、绿泥石化、碳酸盐化既是主要矿化蚀变，也是找矿的重要标志；

（4）黄铁绢英岩及重晶绢英岩是金银铅锌矿体产出的主要蚀变围岩；

（5）激电异常或瞬变电磁异常。

2. 找矿模型

东沟坝金银多金属矿床"三位一体"找矿预测地质综合模型见表4.39。

表 4.39　东沟坝金银多金属矿床"三位一体"找矿预测地质综合模型

找矿模型要素	主要标志	东沟坝金银多金属矿床
成矿地质背景	大地构造背景	扬子板块西北缘鱼洞子地块与碧口地块拼接缝合带
	成矿时代	以新元古代为主，距今 1040～858Ma，晋宁期；后期遭受印支期—燕山期改造
成矿地质体	空间位置和宏观特征	成矿地质体位于古火山机构的火山颈相或火山口相
	含矿建造类型	海相火山岩细碧−角斑岩建造。双峰式火山岩建造
	含矿层位及岩性	新元古界碧口岩群中酸性角斑岩岩系，岩性为集块角斑岩、含集块角斑岩、凝灰质含石英角斑岩
	主要岩石组合序列	细碧岩−角斑岩−石英角斑岩
	直接成矿地质体类型	角斑岩−石英角斑岩（英安岩−流纹岩）
	组构特征	杏仁状构造、纹层状构造、豆状构造、鲕状构造
	岩石变形、变质	岩石变质、变形比较强，发育绿泥石化、绿帘石化、钠长石化、碳酸盐化，达到绿片岩岩相

续表

找矿模型要素	主要标志	东沟坝金银多金属矿床
成矿地质体	岩石地球化学	角斑岩岩石具有高 SiO_2（64.97%～76.58%），富钠、钾（Na_2O+K_2O=5.5%～7.57%），低镁（$MgO=0.42\%～1.04\%$），低钛（$TiO_2=0.25\%～0.48\%$），相当于英安岩–流纹岩，为非碱性火山岩系
	岩石微量元素地球化学特征	角斑岩微量元素标准化配分曲线相对平坦，K、Rb、Ba、Th、U 等大离子亲石元素富集；Ta、Nb、Ti 等高场强元素亏损。岩石中 Cu、Pb、Zn、Au、Ag 等元素含量高
	岩石稀土元素地球化学特征	角斑岩稀土元素标准化配分模式右倾，轻稀土富集、分异明显，重稀土分异弱，显示铕弱负异常
	成岩时代	元古宙
	成岩物理化学条件	沉积条件为弱氧化；后期改造期为较高的温度和压力条件
	成岩深度	沉积水深在几米至百余米的浪基面下的静水环境，变质变形深度在埋深数千米以下
	成因特征	火山喷发形成的新生洋壳为成矿提供物质来源，成矿与海底喷气（喷流）沉积作用关系密切
成矿构造和成矿结构面	成矿构造系统	火山成矿–构造系统。具体为火山穹隆附近的斜坡带；以岩相带构造控矿明显
	成矿结构面类型	火山岩与沉积岩的接触面，熔岩与火山凝灰岩界面
	成矿构造深部变化	出露地表和浅埋矿体控矿构造以向形为主，深埋藏隐伏矿体与背形关系密切
	矿体就位样式	褶皱滑脱面和近东西向韧脆性剪切断裂控制矿体产出位置
成矿作用特征标志	矿体特征	矿体一般为似层状、透镜状，成群成带产出，单矿体变化大，呈波状
	矿体产出部位	矿体顺层产于角斑岩系中，厚度和形态受古地理地形起伏和后期变形、变质影响，一般褶皱轴部增厚、增富
	矿石类型	石英角斑质凝灰岩型、硅质岩型、重晶石型、绢英岩型、碳酸岩型金银矿石
	矿石组成	矿石矿物主要为闪锌矿、方铅矿、黄铁矿、重晶石，少量黄铜矿、银金矿、含银黝铜矿、辉银矿、自然银、红锌矿、磁铁矿等；脉石矿物主要为石英、绢云母、绿泥石、方解石等
	矿石结构、构造	结构以粒状变晶、鳞片变晶结构为主；主要为条带状、纹层状、脉状、块状构造
	成矿期次及矿物组合	火山喷发–沉积阶段：胶黄铁矿、细粒重晶石、方铅矿、闪锌矿；变质变形热液叠加改造阶段：细脉重晶石、黄铁矿、方铅矿、闪锌矿、碳酸盐、绢云母组合

找矿模型要素	主要标志	东沟坝金银多金属矿床
成矿作用 特征标志	成矿物理化学条件	石英、重晶石、方解石等矿物包裹体均一温度为202~239℃，爆破温度为220~350℃；闪锌矿成矿温度为200~350℃，压力421MPa；成矿流体为K-Na-Mg/HCO$_3$-Cl-F型，中性到碱性；还原环境
	成矿流体性质	沉积时，成矿流体为海底热液；变质变形时以变质流体为主
	成矿物质来源	成矿物质主要来自火山喷发
	成矿深度	沉积时为海底环境，变质变形时的深度最深可达数万米
物化遥异常	物探异常	大比例尺激电高极化率异常指示矿体
	化探异常	Au、Ag、As、Pb、Zn、Ba多元素综合异常

第九节　徐家沟铜矿床地质特征、成矿模式及找矿模型

徐家沟铜矿床位于铜厂矿田西部，为一隐伏–半隐伏铜矿，行政上隶属略阳县接官亭镇腰庄村。2002年，西北有色地质勘查局七一一总队在开展化探异常查证时发现徐家沟铜矿，随后开展了勘查。2009年，提交徐家沟铜矿床地质详查报告，探获铜资源量（332+333）2万t，伴生金资源量210kg；伴生银资源量15202kg，伴生钴资源量306t，伴生硫资源量72222t。

一、矿区地质背景

矿区处于勉略宁矿区中部罗家山–铜厂–碾口驿构造岩浆岩带中段。矿区出露新元古界碧口岩群郭家沟组（Pt$_3$g），岩性为细碧岩、白云岩、钙质板岩、碳质板岩、粉砂质板岩、含碳泥质板岩；下震旦统雪花太坪组（Z$_1$xh），岩性为白云岩。铜矿体均赋存在新元古界郭家沟组（Pt$_3$g）中岩段上亚段片理化细碧岩带内（图4.31）。

矿区范围内从酸性至超基性侵入岩均有，岩性为蛇纹岩、滑石菱镁岩、辉石闪长岩和少量石英闪长岩。超基性岩体已蚀变成蛇纹岩和滑石菱镁岩，与郭家沟组呈侵入接触关系，与雪花太坪组为不整合接触关系；辉石闪长岩体侵入郭家沟组白云岩和蛇纹岩、滑石菱镁岩中；石英闪长岩则侵入辉石闪长岩中。矿区规模较大的侵入岩有铜厂石英闪长岩体及新铜厂的闪长岩株，在其他地段局部见有小的闪长岩脉。在铜厂石英闪长岩体的中部见有一钠长岩体及一些小的钠长岩脉。

矿区位于铜厂复式北斜北翼，为单斜层。区内发育近东西向、北东向、近南北向和北西向断裂组。北东向断裂与地层中片理化带方向一致。其中近东西向断裂为控矿断裂。铜厂复式背斜核部侵入了铜厂闪长岩体，根据研究，该闪长岩体为顺古火山口侵入，铜厂矿田范围为一围绕闪长岩体分布的古火山机构。

徐家沟铜矿位于铜厂背斜北翼细碧岩、片理化细碧岩中，铜厂石英闪长岩体西侧。

围岩蚀变主要有绿泥石化、硅化，其次有绿帘石化、绢云母化、高岭土化、磁黄铁矿

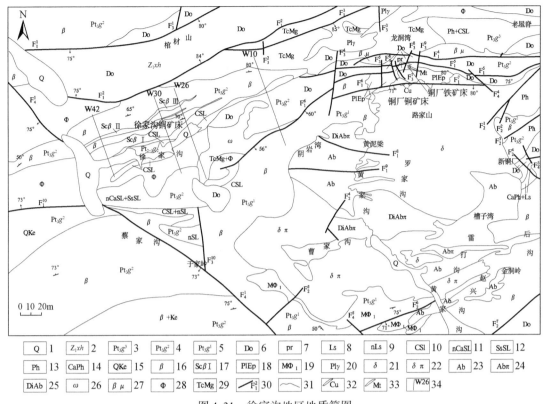

图 4.31 徐家沟地区地质简图

1. 第四系；2. 下震旦统雪花太坪组；3. 新元古界郭家沟组上岩段；4. 新元古界郭家沟组中岩段；5. 新元古界郭家沟组下岩段；6. 白云岩；7. 透闪岩；8. 灰岩；9. 泥质灰岩；10. 碳质板岩；11. 泥钙质板岩；12. 砂质板岩；13. 千枚岩；14. 钙质千枚岩；15. 石英角斑岩；16. 细碧岩；17. 片理化细碧岩带及编号；18. 斜长绿帘岩；19. 细粒基性火山角砾岩；20. 斜长花岗岩；21. 闪长岩；22. 闪长斑岩；23. 钠长岩；24. 钠长斑岩；25. 透辉钠长岩；26. 辉长岩；27. 辉绿岩；28. 蛇纹岩；29. 滑石菱镁岩；30. 断裂及编号；31. 地质界线；32. 铜矿体；33. 磁铁矿体；34. 勘探线及编号

化、黄铁矿化、褐铁矿化等，其中绿泥石化、磁黄铁矿化、硅化与铜矿化关系密切。

二、矿床地质特征

1. 矿体特征

矿区圈出三条含铜片理化细碧岩带，分布在郭家沟组中岩段上部片理化细碧岩内，自南向北编号为Ⅰ、Ⅱ、Ⅲ号铜矿化蚀变带。蚀变带中圈出铜矿体 13 条，其中Ⅰ号矿化蚀变带中圈定出 11 个矿体，Ⅱ号矿化蚀变带中圈定出 2 个矿体。地表仅Ⅰ-4 号铜矿体以氧化矿出露，其余均以盲矿体形式产出。大部分矿体均赋存于细碧岩中的片理化带内（图 4.32）。矿体多呈似层状、透镜状，规模不一。各矿体矿石类型、围岩蚀变等特征基本相同。

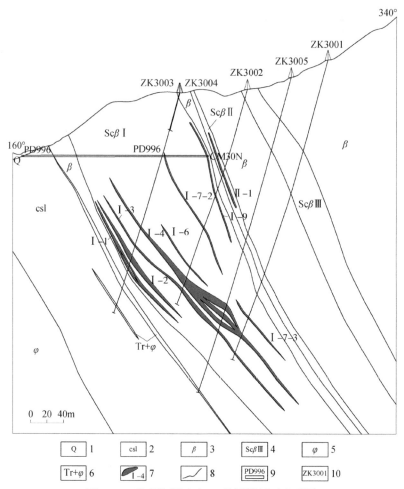

图 4.32　徐家沟铜矿床 30 勘探线剖面地质图

1. 第四系；2. 碳质板岩；3. 细碧岩；4. 片理化细碧岩带；5. 蛇纹岩；
6. 超基性岩体；7. 铜矿体；8. 地形线；9. 坑道；10. 钻孔编号

其中 I-4 号矿体为主矿体，属盲矿体。矿体头部埋深 60～218m，沿倾斜方向延深335m，长 638m，厚 0.78～17.52m，平均厚 5.11m，单样铜品位波动于 0.32%～12.82%，矿体平均品位 0.96%。矿体倾向 300°～345°，倾角 36°～65°，呈似层状，具有膨缩分支复合现象，在走向及倾斜方向具有明显的波状起伏特点，总体上厚大部位出现在蚀变带倾角变缓处，具有向西侧伏的特征。

2. 矿石特征

徐家沟铜矿矿石类型分为片理化细碧岩型和碳质板岩型两种，以片理化细碧岩型为主（图 4.33）。矿石中磁黄铁矿、黄铜矿、黄铁矿是主要矿石矿物。黄铜矿有两种产出状态，一部分呈包裹体形式包含于磁黄铁矿颗粒内部；一部分呈条带状、网脉状或集合体形式交代磁黄铁矿、黄铁矿、细碧岩。矿石结构有交代结构、包含结构、胶状结构、碎粒结构、他形粒状结构；矿石构造有脉状、条带状等构造（图 4.34）。

褐铁矿化片理化细碧岩　　　　　　　　　片理化细碧岩中脉状铜矿石

片理化细碧岩中透镜状铜矿体　　　　　　片理化细碧岩中磁黄铁矿

碳质板岩型矿石　　　　　　黄铜矿包含在磁黄铁矿中形成包含粒状结构

图 4.33　徐家沟铜矿床典型矿石照片

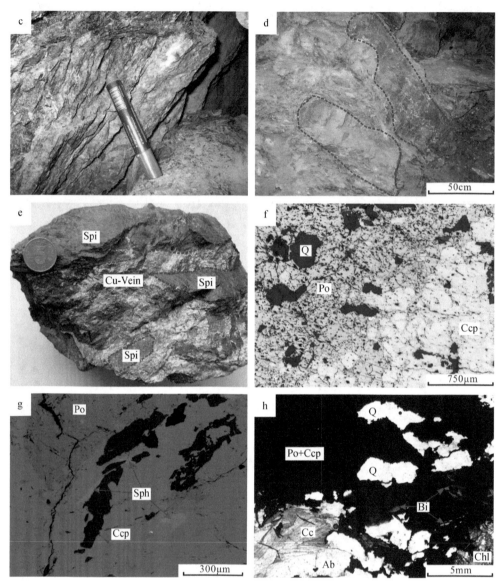

图 4.34　徐家沟铜矿床岩石、矿石手标本及显微照片

a、b. 单偏光和正交偏光下的细碧岩,具有典型的细碧结构;c、d. 徐家沟片理化细碧岩中的脉状和团块状铜矿石;e. 徐家沟铜矿石呈脉状穿插和包裹细碧岩;f、g. 徐家沟铜矿石中磁黄铁矿、黄铜矿和闪锌矿共生;h. 徐家沟铜矿石中的脉石矿物主要有石英、方解石、钠长石、绿泥石、绿帘石、黑云母等。Cu-Vein-铜矿石脉;Spi-细碧岩;Po-磁黄铁矿;Ccp-黄铜矿;Sph-闪锌矿;Q-石英;Cc-方解石;Ab-钠长石;Bi-黑云母;Pl-斜长石;Chl-绿泥石

铜矿石自然类型为黄铁矿磁黄铁矿片理化细碧岩（石英钠长绿泥片岩）型和褐铁矿黄铁矿化磁黄铁矿片理化细碧岩（石英钠长绿泥片岩）型。工业类型分为原生硫化型铜矿石（铜氧化率 < 10%）和混合型铜矿石（铜氧化率 10% ~ 30%）。矿石品级总体上属贫矿石。

三、矿床地球化学特征

1. 稀土元素地球化学特征

地球化学分析表明（表4.40），矿石稀土元素总量变化在 $8.79 \times 10^{-6} \sim 15.85 \times 10^{-6}$，平均 12.44×10^{-6}，片理化细碧岩稀土元素总量变化在 $17.04 \times 10^{-6} \sim 51.54 \times 10^{-6}$，平均 36.08×10^{-6}，细碧岩稀土元素总量变化在 $14.22 \times 10^{-6} \sim 46.5 \times 10^{-6}$，平均 35.84×10^{-6}，矿石、片理化细碧岩、细碧岩稀土元素总量都较低，相比较而言，矿石中稀土元素总量明显低于片理化细碧岩和细碧岩，说明在矿化作用过程中稀土元素总体迁移、成矿流体的活动比较强烈；轻、重稀土元素和量比值（$\Sigma Ce / \Sigma Y$）方面，矿石、片理化细碧岩和细碧岩总体相当，反映成矿物质主要来源于细碧岩。

表 4.40　徐家沟铜矿床岩石、矿石稀土元素含量

样品	矿石				片理化细碧岩				细碧岩			
样号	Xjg-26	Xjg-47	Xjg-37	Xjg-27	Xjg-1	Xjg-46	Xjg-40	Xjg-44	Xjg-45	Xjg-24	Xjg-28	Xjg-29
La	2.9	1.56	1.92	1.14	10.46	2.99	2.02	8.61	4.58	6.09	1.1	9.04
Ce	4.35	2.51	3.6	2.12	18.39	6.23	3.91	15.37	9.04	11.41	2.3	15.07
Pr	0.77	0.5	0.7	0.42	2.78	1.57	0.76	2.42	1.78	2.17	0.55	2.47
Nd	2.95	1.97	3.03	1.71	10.9	5.91	3.54	9.81	8.82	8.82	2.67	9.7
Sm	0.59	0.49	0.82	0.39	1.93	1.65	0.88	1.81	2.31	1.87	0.84	1.71
Eu	0.11	0.14	0.21	0.13	0.68	0.28	0.27	0.62	1.15	0.69	0.45	0.88
Gd	0.65	0.63	1.06	0.54	1.92	2.12	1.16	1.98	2.9	2.12	1.11	1.95
Tb	0.11	0.13	0.24	0.12	0.27	0.42	0.24	0.31	0.59	0.38	0.25	0.34
Dy	0.77	0.89	1.56	0.8	1.51	2.94	1.55	2.03	4.03	2.46	1.79	1.95
Ho	0.18	0.19	0.34	0.18	0.33	0.64	0.34	0.44	0.91	0.55	0.4	0.42
Er	0.48	0.62	1.04	0.53	0.97	1.96	1.02	1.34	2.67	1.62	1.19	1.3
Tm	0.08	0.1	0.16	0.08	0.16	0.28	0.15	0.2	0.4	0.26	0.18	0.19
Yb	0.57	0.67	1.01	0.54	1.06	1.96	1.05	1.3	2.62	1.72	1.21	1.27
Lu	0.09	0.1	0.16	0.09	0.18	0.32	0.15	0.22	0.39	0.28	0.18	0.21
ΣREE	14.6	10.5	15.85	8.79	51.54	29.27	17.04	46.46	42.19	40.44	14.22	46.5
$\Sigma LREE$	11.67	7.17	10.28	5.91	45.14	18.63	11.38	38.64	27.68	31.05	7.91	38.87
$\Sigma HREE$	2.93	3.33	5.57	2.88	6.4	10.64	5.66	7.82	14.51	9.39	6.31	7.63
$\Sigma Ce / \Sigma Y$	3.98	2.15	1.85	2.05	7.05	1.75	2.01	4.94	1.91	3.31	1.25	5.09
Sm/Nd	0.2	0.25	0.27	0.23	0.18	0.28	0.25	0.18	0.26	0.21	0.31	0.18
δCe	0.68	0.67	0.73	0.72	0.8	0.67	0.74	0.79	0.74	0.73	0.69	0.75
δEu	0.55	0.78	0.7	0.87	1.09	0.46	0.83	1.01	1.37	1.07	1.44	1.49

注：元素含量数量级为 10^{-6}；样品由长安大学西部矿产资源与地质工程教育部重点实验室分析。

矿石、片理化细碧岩、细碧岩三者 Sm/Nd 值变化不大，平均都小于 0.3，为轻稀土元素富集型，说明了矿石、片理化细碧岩就地改造的特点；矿石、片理化细碧岩、细碧岩稀

土元素配分模式（图 4.35）多为向右缓倾斜，个别片理化细碧岩和矿石稀土元素配分模式显示轻稀土元素富集明显，模式曲线相对陡倾，反映了成矿物质的多元性；矿石、片理化细碧岩、细碧岩 δCe 小于 1，均为 Ce 负异常，矿石 δEu 变化在 0.55 ~ 0.87，平均 0.73，片理化细碧岩 δEu 变化在 0.46 ~ 1.09，平均 0.85，细碧岩 δEu 变化在 1.07 ~ 1.49，平均 1.34，总体上显示从细碧岩→片理化细碧岩→矿石 δEu 从正异常逐渐变化为负异常，表明在成矿作用过程中有深源流体参与成矿，而这些流体参与成矿正是通过构造来实现的。

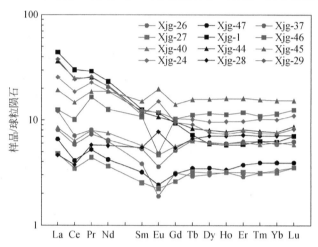

图 4.35　徐家沟铜矿床矿石和围岩稀土元素球粒陨石标准化配分模式

标准化值据 Sun 和 McDonough （1989）

　　徐家沟铜矿床黄铜矿电子探针分析结果见表 4.41。黄铜矿中 Cu 的含量变化范围是 32.8% ~ 36.0%，平均含量为 34.8%，Fe 含量为 28.5% ~ 30.4%，平均 29.5%，S 含量为 34.1% ~ 35.5%，平均含量为 34.7%；与黄铜矿的理论值（Cu：34.56%，Fe：30.52%，S：34.92%）相比，Cu 的含量略高，Fe 和 S 的含量略显亏损。

表 4.41　徐家沟铜矿床黄铜矿电子探针分析结果　　　　　　　（单位:%）

样品号	编号	S	Fe	Se	Pb	Cu	Au	Zn	Ag	Ni	总量
TC15-4	1	35.1	29.3	0.05	0.14	34.8	0.14	0.03	0.01	0.00	99.6
	2	34.7	29.7	0.02	0.15	34.5	—	0.03	0.04	—	99.1
	3	34.8	30.3	0.09	0.09	34.9	0.22	0.04	0.04	0.04	100.5
	4	34.8	29.9	—	0.08	35.2	—	—	0.00	—	100.0
	5	34.5	29.6	—	0.16	35.3	—	0.03	0.04	—	99.6
	6	35.0	28.6	—	0.11	35.0	0.18	0.03	—	0.43	99.4
	7	34.6	29.4	0.07	0.02	35.0	—	—	0.01	0.25	99.4
	8	34.9	29.0	0.07	0.06	34.3	0.07	0.04	0.62	99.1
	9	35.5	29.4	—	0.08	34.7	0.11	0.09	0.00	0.32	100.2
	10	34.8	29.3	—	0.07	34.7	0.05	—	0.01	0.29	99.2
	平均	34.9	29.5	0.06	0.10	34.8	0.13	0.04	0.02	0.28	99.7

续表

样品号	编号	S	Fe	Se	Pb	Cu	Au	Zn	Ag	Ni	总量
TC15-5	1	34.7	29.5	0.03	0.11	34.8	—	—	—	—	99.1
	2	34.5	28.8	—	0.15	34.3	—	0.07	0.01	0.01	97.8
	3	34.1	29.9	0.03	0.07	34.6	0.01	0.04	—	—	98.8
	4	34.6	29.5	0.04	0.17	34.6	0.11	—	0.02	—	99.0
	5	34.5	29.9	0.03	0.14	34.4	—	0.07	0.00	—	99.0
	6	35.1	29.5	0.05	0.16	34.3	0.20	0.06	—	—	99.4
	7	35.1	29.0	0.01	0.16	35.0	—	—	—	0.02	99.3
	8	35.0	29.1	0.07	0.16	34.7	—	0.10	0.05	—	99.2
	9	35.0	29.8	—	0.08	34.5	0.09	0.11	0.05	0.01	99.6
	10	34.9	29.6	—	0.05	35.0	0.06	0.10	0.03	—	99.7
	11	34.5	29.1	—	0.10	34.4	0.10	0.08	0.02	0.44	98.7
	12	34.8	29.2	0.04	0.08	34.7	—	0.07	—	0.50	99.4
	13	34.9	29.2	—	0.16	34.7	—	0.01	—	0.65	99.6
	14	34.7	29.4	—	0.12	34.7	—	0.05	—	0.54	99.5
	平均	34.7	29.4	0.04	0.12	34.6	0.10	0.07	0.03	0.31	99.5
TC15-11	1	34.7	29.2	0.04	0.12	35.2	—	0.07	—	0.01	99.3
	2	34.2	28.8	0.06	0.13	35.2	0.14	0.06	—	—	98.6
	3	34.5	29.8	0.04	0.16	35.6	—	0.07	—	—	100.2
	4	34.6	29.7	0.04	0.22	34.8	0.10	0.12	0.03	—	99.6
	平均	34.5	29.4	0.05	0.16	35.2	0.12	0.08	0.03	0.01	99.5
TC15-12	1	34.7	29.6	—	0.13	33.8	—	0.09	0.02	0.76	99.1
	2	34.8	28.6	—	0.25	33.5	0.09	0.12	0.05	1.15	98.6
	3	34.6	29.4	0.07	0.17	34.2	—	0.05	—	0.80	99.3
	4	34.4	29.1	0.01	0.13	34.2	—	0.04	—	0.64	98.5
	5	34.9	29.4	—	0.16	35.4	—	0.12	—	—	100.0
	6	35.2	30.1	—	0.15	36.0	—	0.02	—	—	101.5
	7	35.2	30.3	—	0.05	34.6	—	0.08	0.01	—	100.2
	8	34.5	29.7	0.03	0.04	35.4	0.06	—	0.01	—	99.7
	9	34.8	30.2	0.03	0.26	34.2	—	0.11	0.04	—	99.6
	10	34.7	29.9	—	0.04	34.6	—	—	—	—	99.2
	11	34.6	29.5	—	0.03	33.9	—	0.05	0.02	0.77	98.9
	12	34.5	28.9	0.02	0.07	34.0	0.10	0.05	0.01	0.69	98.3
	平均	34.7	29.6	0.03	0.12	34.5	0.08	0.07	0.02	0.80	99.4

样品号	编号	S	Fe	Se	Pb	Cu	Au	Zn	Ag	Ni	总量
TC15-15	1	35.1	29.6	—	0.17	34.9	—	0.04	—	—	99.8
	2	34.7	29.7	—	0.10	35.0	0.02	0.12	—	—	99.6
	3	34.6	29.6	0.04	0.07	35.0	0.10	—	0.01	0.01	99.4
	4	34.9	30.0	0.09	0.17	34.9	—	0.09	0.04	—	100.2
	5	35.0	29.6	0.02	0.13	34.3	—	—	0.00	0.25	99.3
	6	34.8	28.7	0.07	0.01	34.2	0.06	0.10	0.05	0.28	98.3
	7	35.1	29.6	0.08	0.08	34.1	—	0.06	0.04	0.25	99.3
	8	34.4	28.9	—	0.09	33.6	—	0.13	0.02	0.55	97.7
	9	34.6	29.0	—	0.07	34.0	0.03	—	0.03	0.44	98.2
	10	34.8	29.3	0.05	0.19	34.5	0.13	0.06	0.05	0.52	99.6
	11	34.5	29.5	—	0.13	33.6	—	0.05	0.04	0.49	98.3
	12	34.6	29.4	—	0.07	33.5	—	0.01	0.05	0.57	98.2
	平均	34.8	29.4	0.06	0.11	34.3	0.07	0.07	0.03	0.37	99.0
TC15-16	1	34.6	29.4	0.01	0.05	35.3	—	—	—	—	99.7
	2	34.7	29.5	—	0.11	35.0	—	0.02	0.04	—	99.4
	3	34.7	30.0	—	0.10	34.5	0.08	0.08	0.06	—	99.5
	4	34.5	29.7	0.04	0.15	35.5	—	—	0.03	0.01	99.9
	5	34.7	28.5	0.02	0.12	34.6	—	0.02	0.02	0.56	98.5
	6	35.2	28.9	—	0.16	33.4	—	0.13	0.00	0.83	98.6
	7	34.2	29.2	0.06	0.10	34.4	—	0.10	0.03	1.35	99.4
	8	34.5	29.1	0.01	0.13	34.0	—	0.02	—	0.75	98.5
	9	34.6	29.2	—	0.14	34.8	0.00	—	—	0.38	99.1
TC15-16	10	34.8	30.4	—	0.09	32.8	—	0.01	—	0.71	98.8
	平均	34.7	29.4	0.03	0.12	34.4	0.04	0.05	0.03	0.66	99.1
TC15-17	1	34.8	30.0	—	0.10	35.3	0.06	0.03	—	—	100.3
	2	35.0	29.3	—	0.15	35.5	0.18	0.08	0.01	—	100.2
	3	34.5	29.9	0.02	0.14	35.0	0.21	0.03	0.02	—	99.8
	4	34.5	29.5	0.05	0.14	34.8	0.06	0.20	0.04	0.00	99.3
	平均	34.7	29.7	0.04	0.13	35.2	0.13	0.09	0.02	0.00	99.9
TC15-18	1	34.5	29.6	0.01	0.08	35.3	—	0.08	0.01	0.02	99.6
	2	34.8	30.2	0.07	0.12	34.9	—	0.06	0.02	—	100.2
	3	34.7	29.7	0.04	0.10	35.4	0.09	—	0.02	0.06	100.1
	4	34.8	29.9	—	0.07	35.2	—	0.03	0.06	—	100.1
	5	35.0	29.0	—	0.02	34.2	—	0.04	0.01	0.40	98.7
	6	34.9	28.5	0.06	0.07	33.9	—	0.08	0.02	0.91	98.4

续表

样品号	编号	S	Fe	Se	Pb	Cu	Au	Zn	Ag	Ni	总量
TC15-18	7	35.0	29.0	—	0.17	34.5	—	0.04	—	0.60	99.3
	8	34.6	28.9	0.03	0.20	34.6	—	—	0.01	0.47	98.8
	平均	34.8	29.4	0.04	0.10	34.8	0.09	0.06	0.02	0.41	99.4
TC15-38	1	34.6	29.6	0.02	0.25	35.1	0.15	0.05	0.03	—	99.8
	2	34.6	29.9	0.05	0.13	35.4	0.04	0.04	—		100.2
	3	34.6	30.0	0.04	0.13	35.2	0.14	0.11	0.01		100.2
	4	34.7	29.4	—	0.10	34.7	0.07	0.06	0.03		99.1
	平均	34.6	29.7	0.04	0.15	35.1	0.10	0.07	0.02		99.8
TC15-44	1	34.6	29.1	0.02	0.17	35.5	—	0.07	0.00		99.5
	2	34.9	29.6	0.00	0.06	35.0	0.12	0.02	0.00	0.01	99.7
	3	34.5	29.6	—	0.20	35.5	0.08	0.09	0.03	0.03	100.0
	4	34.4	30.3	—	0.13	34.9	—	0.02	0.05	—	99.8
	5	34.3	29.5	0.06	0.12	35.0	0.12	—	0.01	0.02	99.1
	平均	34.5	29.6	0.03	0.14	35.2	0.11	0.05	0.02	0.02	99.6

注：样品由长安大学西部矿产资源与地质工程教育部重点实验室分析。

2. 硫同位素地球化学特征

一些学者认为勉略宁地区的细碧岩是由循环海水与玄武质岩浆交代反应而成的（李增田，1990；王东生，1992；叶霖等，2012），因而具有较大的硫同位素变化范围，且富重硫。而硫同位素测试结果表明（李福让等，2009），徐家沟铜矿床矿石 S 同位素值变化范围小，为 3.84‰~6.66‰，平均 5.0‰，与变质硫、生物硫及海水硫等差异大，与岩浆硫比较接近，较铜厂铜矿床 S 同位素平均值 10.53‰明显偏低（王相等，1996），说明矿石中的硫并非大部分源自细碧岩，岩浆热液中的硫可能是其主要来源（表4.42）。

表 4.42 徐家沟铜矿床硫同位素组成

序号	样号	样品性质	矿物名称	$\delta^{34}S/‰$
1	Xjg-26	细碧岩型铜矿石	黄铜矿	3.9
2	Xjg-47	细碧岩型铜矿石	黄铜矿	4
3	XK557	细碧岩型铜矿石	黄铜矿	4.2
4	Xjg-41-1	矿石（黄铜矿石英脉）	黄铜矿	5.1
5	Xjg-8	细碧岩型铜矿石	磁黄铁矿	4.1
6	Xjg-26	细碧岩型铜矿石	磁黄铁矿	5.3
7	Xjg-47	细碧岩型铜矿石	磁黄铁矿	5.6
8	ZK3002.4	细碧岩型铜矿石	磁黄铁矿	6.2

续表

序号	样号	样品性质	矿物名称	$\delta^{34}S/‰$
9	X16-2	细碧岩型铜矿石	黄铜矿	4.96
10	X16-3	细碧岩型铜矿石	黄铜矿	5
11	X16-4	细碧岩型铜矿石	黄铜矿	5.15
12	X16-5	细碧岩型铜矿石	黄铜矿	6.46
13	X16-7	细碧岩型铜矿石	黄铜矿	3.84
14	X16-8	细碧岩型铜矿石	黄铜矿	4.89
15	X16-9	细碧岩型铜矿石	黄铜矿	5.05
16	X16-2	细碧岩型铜矿石	磁黄铁矿	4.99
17	X16-3	细碧岩型铜矿石	磁黄铁矿	5.01
18	X16-4	细碧岩型铜矿石	磁黄铁矿	5.12
19	X16-5	细碧岩型铜矿石	磁黄铁矿	6.66
20	X16-7	细碧岩型铜矿石	磁黄铁矿	4.21
21	X16-8	细碧岩型铜矿石	磁黄铁矿	5.42
22	X16-9	细碧岩型铜矿石	磁黄铁矿	4.99
平均				5.0

注：据李福让等，2009；X16-2，X16-3，X16-4，X16-5，X16-7，X16-8，X16-9 号样品据栾燕，2019。

3. 成矿流体和稳定同位素特征

流体包裹体分析显示，徐家沟铜矿含矿石英脉体中主要发育气液两相包裹体，少量富气相包裹体。包裹体均一温度为 166～412℃，气液两相包裹体均一温度为 166～387℃，盐度为 4.5%～10.9%；富气相包裹体均一温度为 339～412℃，盐度为 2.6%～9.9%（图 4.36）。成矿流体分析表明，徐家沟铜矿成矿流体发育中-高温、中等盐度/密度的气液两相包裹体和中-高温、低盐度/密度的富气相包裹体。

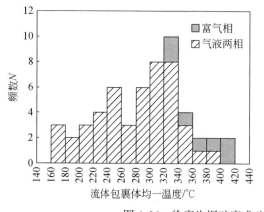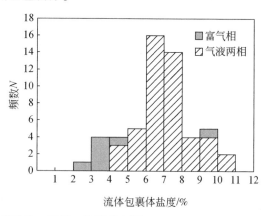

图 4.36　徐家沟铜矿床成矿流体均一温度、盐度直方图

氢氧同位素分析表明，徐家沟矿床成矿流体虽受变质水影响，但不够强烈，为混合的岩浆水和变质水，但以岩浆水为主，矿床在形成过程中经历了强烈的构造变形改造作用（图4.37）。

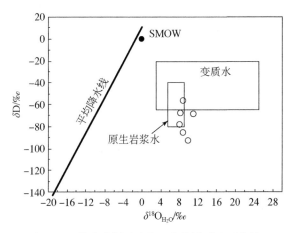

图4.37　徐家沟铜矿床氢、氧同位素组成图解

四、控矿因素和成矿规律

1. 控矿因素

1）岩相带

矿体产在细碧岩与碳质或泥钙质板岩岩相和岩性界面附近。矿体受火山岩碎屑沉积岩岩相、岩性界面控制。

2）层位岩性

碧口岩群郭家沟组中基性火山岩控制铜矿的产出；郭家沟组中的基性火山角砾熔岩、细碧岩铜含量为 $121\times10^{-6} \sim 144\times10^{-6}$，是克拉克值的3.4倍；片理化细碧岩铜含量为 205×10^{-6}，铜、镍、钴含量从细碧岩到片理化细碧岩变高，表明郭家沟组火山岩地层为成矿提供了铜等成矿物质。

3）北东向和近东西向韧性剪切带

区内圈出的3条含铜片理化细碧岩带，岩石普遍发生绿泥石化、硅化、磁黄铁矿化、黄铁矿化，其结构、构造显示了明显的强韧性变形、动力变质及热液活动特点。徐家沟铜矿化带严格受北东向韧性剪切带控制，单矿体受北东向片理化和近东西向韧性剪切带共同控制，二者交汇处矿化强。

4）岩浆岩

矿区东部和东南部发育辉石闪长岩-石英闪长岩脉、岩枝，这些岩脉或岩枝与铜厂铜矿的控矿闪长岩特征相似，可能为铜厂闪长岩的分支，其铜丰度值高。石英闪长岩基本无蚀变和矿化，辉石闪长岩多发生蚀变，辉石已完全蚀变为绿泥石、黑云母，斜长石绢云母化，此外，辉石闪长岩还发生微弱褐铁矿化。初步认为徐家沟辉石闪长岩–石英闪长岩脉或岩枝可能提供了部分热源，是主要控矿因素之一。

所以，徐家沟铜矿控矿因素可概括为岩相带、近东西向或北东向剪切带构造、碧口岩群郭家沟组片理化细碧岩、辉石闪长岩和石英闪长岩体。

2. 成矿规律

徐家沟铜矿床含矿层位为新元古界碧口岩群郭家沟组（Pt_3g，阳坝岩组中岩段），赋矿岩石为片理化细碧岩，具有火山沉积、叠加后期热液交代矿床的典型特点。经对矿床地质特征、地球化学及同位素综合研究认为，成矿作用具有多期次、多阶段特点，大致分为三个阶段：第一阶段为晋宁早期，区域海底火山喷发强烈，形成碧口岩群郭家沟组中基性火山–沉积岩，火山喷发–沉积间断期发育原始含矿层和小规模矿体；第二阶段为晋宁晚期，徐家沟超基性岩–中酸性岩浆侵入及构造作用强烈，沿火山岩（细碧岩）和火山碎屑沉积岩（碳质或泥钙质板岩）岩性界面附近发育北东向韧性剪切变形片理化构造带，对前期形成的小矿体再次改造、富集，形成似层状工业规模矿体；第三阶段为加里东期—印支期，受区域上秦岭造山带构造演化制约，南北向强烈的挤压和推覆构造作用影响，细碧岩与板岩界面附近北东向片理化带再次活动，产生成矿热液，改造前期形成矿体，发育细脉状矿体；北西向、近南北向断裂发育，错断前期形成的铜矿体，形成透镜状、扁豆状、块状矿体。后两个阶段成矿作用主要表现为构造、岩浆热液改造。

五、矿床成因与成矿模式

1. 成岩、成矿时代

1）锆石 U-Pb 测年和成矿时代分析

徐家沟矿区石英闪长岩基本无蚀变和矿化，辉石闪长岩多发生蚀变，辉石已完全蚀变为绿泥石、黑云母，斜长石绢云母化，此外，辉石闪长岩还发生微弱褐铁矿化。

锆石阴极发光图像研究显示，石英闪长岩（XJ25）（图4.38d）中锆石可分为3组：1组锆石（2、8、16号）为自形状，CL图像颜色发白，虽显示明显振荡环带，但Pb含量过低（$1.1×10^{-6} \sim 7.6×10^{-6}$），年龄偏差较大，可信度不高；2组锆石（3、10、11、19、20号）为略显磨圆状，显示部分振荡环带，U含量高（$787×10^{-6} \sim 1712×10^{-6}$），CL图像颜色深，年龄较新，分别为187Ma、158Ma、155Ma、158Ma、156Ma；3组锆石（除15号外的其他11颗）形状较自形，CL图像颜色介于1组和2组之间，显示明显振荡环带，Th和U含量分别为$32.267×10^{-6}$和$127×10^{-6} \sim 578×10^{-6}$，Th/U值多数在0.33～1.21之间（表4.43）。15号锆石显示明显的核幔结构，核部年龄为826Ma。

由于石英闪长岩中锆石年龄点较分散，较难得到有效的谐和年龄（图4.38a），仅有5个锆石（4、5、14、17、18号）拟合的谐和线年龄为311.7±1.6Ma，MSWD=0.59（图4.38b），4个锆石（10、11、19、20号）拟合的谐和线年龄为157.0±2.4Ma，MSWD=

2.8（图 4.38c）。

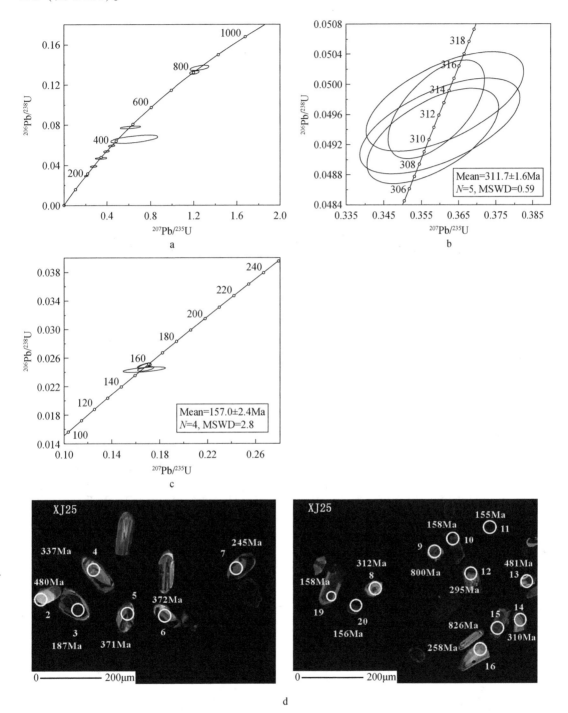

图 4.38　徐家沟铜矿床石英闪长岩锆石 U-Pb 同位素谐和年龄和锆石 CL 图像

表 4.43 徐家沟铜矿床石英闪长岩（XJ25）、辉石闪长岩（XJ26）锆石 U-Pb 同位素测年结果

样号	编号	含量/10⁻⁶			同位素比值							年龄/Ma					
		Th	Pb	U	$^{206}Pb/^{238}U$	1σ	$^{207}Pb/^{235}U$	1σ	$^{207}Pb/^{206}Pb$	1σ	$^{232}Th/^{238}U$	$^{206}Pb/^{238}U$	1σ	$^{207}Pb/^{235}U$	1σ	$^{207}Pb/^{206}Pb$	1σ
XJ25	1	239.0	13.7	196.0	0.0658	0.0017	0.6507	0.0888	0.0717	0.0109	1.219	411.0	10.4	508.9	69.5	977.0	311.1
	2	6.1	1.1	12.9	0.0773	0.0004	1.5873	0.0252	0.1490	0.0023	0.477	479.8	2.5	965.2	15.3	2334.3	26.1
	3	205.0	29.4	1073.5	0.0294	0.0002	0.2025	0.0067	0.0500	0.0016	0.191	186.7	1.0	187.2	6.2	193.7	76.4
	4	96.6	15.1	292.4	0.0537	0.0003	0.3926	0.0119	0.0531	0.0015	0.330	336.9	2.0	336.3	10.1	331.6	66.2
	5	119.1	14.1	245.8	0.0592	0.0003	0.4393	0.0090	0.0538	0.0011	0.484	370.7	2.0	369.7	7.6	363.8	45.9
	6	175.4	23.1	399.2	0.0593	0.0003	0.4419	0.0125	0.0540	0.0015	0.439	371.5	2.1	371.6	10.5	371.8	62.4
	7	32.2	19.9	557.9	0.0387	0.0002	0.2714	0.0135	0.0509	0.0026	0.058	244.8	1.5	243.8	12.1	234.4	116.5
	8	85.3	6.1	123.1	0.0497	0.0003	0.3591	0.0053	0.0524	0.0008	0.693	312.5	1.7	311.5	4.6	304.5	32.7
	9	153.0	30.0	224.0	0.1322	0.0007	1.2059	0.0178	0.0662	0.0009	0.683	800.2	4.1	803.3	11.9	812.0	29.7
	10	433.8	23.8	984.8	0.0249	0.0001	0.1671	0.0020	0.0487	0.0006	0.440	158.3	0.9	156.9	1.9	134.7	28.1
	11	672.2	43.3	1712.3	0.0244	0.0002	0.1671	0.0073	0.0497	0.0022	0.393	155.2	1.0	156.9	6.9	183.3	101.0
	12	141.7	11.3	239.0	0.0468	0.0003	0.3416	0.0235	0.0529	0.0036	0.593	295.0	1.9	298.4	20.6	324.9	155.3
	13	102.4	17.7	229.2	0.0775	0.0005	0.6148	0.0405	0.0575	0.0038	0.447	481.2	3.0	486.6	32.0	512.2	144.7
	14	135.4	10.7	210.7	0.0493	0.0003	0.3581	0.0072	0.0527	0.0011	0.643	310.3	1.6	310.8	6.3	314.4	48.3
	15	107.0	26.9	193.6	0.1367	0.0010	1.2529	0.0361	0.0665	0.0020	0.553	825.8	6.1	824.7	23.8	821.7	62.8
	16	91.0	7.6	163.5	0.0408	0.0002	0.5149	0.0058	0.0914	0.0010	0.556	258.1	1.4	421.8	4.8	1455.5	20.9
	17	62.9	6.3	127.0	0.0494	0.0003	0.3600	0.0088	0.0528	0.0013	0.495	311.1	1.6	312.2	7.6	320.2	54.1
	18	267.4	17.0	323.7	0.0498	0.0003	0.3613	0.0086	0.0527	0.0012	0.826	313.1	1.7	313.2	7.5	313.8	52.9
	19	49.4	17.9	786.7	0.0248	0.0001	0.1669	0.0024	0.0488	0.0007	0.063	158.1	0.9	156.8	2.2	136.7	31.4
	20	764.8	30.6	1259.0	0.0245	0.0001	0.1682	0.0029	0.0498	0.0008	0.607	156.0	0.8	157.8	2.7	184.9	39.2

续表

样号	编号	含量/10^{-6}			同位素比值							年龄/Ma					
		Th	Pb	U	$^{206}Pb/^{238}U$	1σ	$^{207}Pb/^{235}U$	1σ	$^{207}Pb/^{206}Pb$	1σ	$^{232}Th/^{238}U$	$^{206}Pb/^{238}U$	1σ	$^{207}Pb/^{235}U$	1σ	$^{207}Pb/^{206}Pb$	1σ
XJ26	1	509.1	114.2	411.6	0.2688	0.0014	4.0212	0.0477	0.1085	0.0012	1.237	1534.5	8.2	1638.5	19.4	1774.6	20.1
	2	164.3	56.7	411.9	0.1474	0.0009	1.1197	0.0319	0.0551	0.0016	0.399	886.5	5.4	762.8	21.7	415.8	63.0
	3	37.8	8.5	60.6	0.1468	0.0009	1.3988	0.0309	0.0691	0.0015	0.624	882.8	5.4	888.4	19.6	902.4	44.7
	4	115.1	15.5	115.0	0.1377	0.0008	1.2675	0.0154	0.0668	0.0007	1.001	831.4	4.9	831.3	10.1	831.0	22.7
	5	29.5	81.7	599.2	0.1478	0.0010	1.2695	0.0377	0.0623	0.0019	0.049	888.4	6.1	832.2	24.7	684.8	65.5
	6	103.8	29.1	294.8	0.1047	0.0010	0.8850	0.0323	0.0613	0.0016	0.352	642.2	6.2	643.7	23.5	649.0	57.6
	7	161.5	14.9	208.8	0.0626	0.0003	1.5799	0.0166	0.1830	0.0018	0.774	391.5	2.1	962.3	10.1	2680.5	16.1
	8	61.7	121.4	384.7	0.3286	0.0018	4.4298	0.0711	0.0978	0.0015	0.160	1831.4	10.0	1717.9	27.6	1582.3	27.8
	9	117.8	7.7	125.4	0.0615	0.0005	0.6466	0.0550	0.0762	0.0064	0.939	384.8	3.3	506.4	43.1	1101.3	167.2
	10	115.6	3.4	128.0	0.0268	0.0001	0.1880	0.0037	0.0508	0.0010	0.903	170.7	0.9	174.9	3.4	232.9	44.3
	12	145.1	87.1	189.0	0.4505	0.0024	7.9679	0.1232	0.1283	0.0019	0.768	2397.4	12.9	2227.4	34.4	2074.6	25.7
	13	89.3	33.9	370.7	0.0976	0.0005	0.8238	0.0085	0.0612	0.0006	0.241	600.3	3.1	610.2	6.3	646.8	20.7
	15	88.8	5.3	122.3	0.0459	0.0007	0.3316	0.0167	0.0524	0.0025	0.726	289.6	4.6	290.8	14.7	300.8	108.2
	16	71.6	2.5	73.3	0.0289	0.0002	0.7904	0.0142	0.1980	0.0033	0.976	183.9	1.0	591.4	10.6	2810.2	26.8
	17	159.2	82.5	359.3	0.2322	0.0012	2.7691	0.0287	0.0865	0.0008	0.443	1346.3	7.0	1347.2	13.9	1348.8	18.7
	18	141.0	118.4	305.3	0.3817	0.0035	6.7873	0.2732	0.1290	0.0042	0.462	2084.0	19.4	2084.1	83.9	2084.1	57.5
	19	46.6	117.0	741.8	0.1682	0.0011	1.6892	0.0518	0.0729	0.0022	0.063	1002.0	6.8	1004.5	30.8	1009.9	60.9
	20	84.5	19.8	147.1	0.1370	0.0007	1.2572	0.0289	0.0665	0.0015	0.574	827.8	4.5	826.6	19.0	823.4	46.4
	21	76.5	21.9	179.4	0.1255	0.0009	1.1132	0.0149	0.0644	0.0008	0.426	762.0	5.7	759.7	10.2	753.2	25.7
	22	382.1	36.7	259.5	0.1376	0.0008	1.2667	0.0134	0.0667	0.0006	1.472	831.3	4.7	830.9	8.8	830.0	20.1
	23	130.1	123.7	244.0	0.4677	0.0025	10.4747	0.1583	0.1624	0.0024	0.533	2473.6	13.3	2477.7	37.5	2481.1	24.5
	24	170.9	27.4	395.5	0.0713	0.0004	0.5503	0.0064	0.0560	0.0006	0.432	444.2	2.6	445.2	5.2	450.5	23.5
	25	67.5	59.9	426.3	0.1476	0.0008	1.3999	0.0178	0.0688	0.0008	0.158	887.7	4.9	888.9	11.3	891.9	25.0

注:表中所列误差均为 1σ 误差;样品由中国地质大学(北京)地质过程与矿产资源国家重点实验室分析。

辉石闪长岩（XJ26）（图4.39c）中锆石可分为2组：1组锆石CL图像颜色发暗（1、2、4、8、12、13、17、18号），部分显示明显的核幔结构（19、20、22、23号），个别锆石核部给出较大的年龄值（如2474Ma），其中20号锆石核部年龄为828Ma，幔部年龄为762Ma；另一组锆石CL图像颜色发白（3、7、9、10、15、16号），部分显示振荡环带，Pb含量过低（$2.5 \times 10^{-6} \sim 14.9 \times 10^{-6}$），年龄较新（171Ma、184Ma、290Ma、385Ma）。此外，11号锆石U含量过高，为3162×10^{-6}，给出35Ma的年龄，明显为不合理年龄。辉石闪长岩中锆石年龄分散程度大，较难得到有效的谐和年龄，3个锆石（4、20、22号）拟合的谐和线年龄为830.1 ± 5.3Ma，MSWD=0.19（图4.39b）。

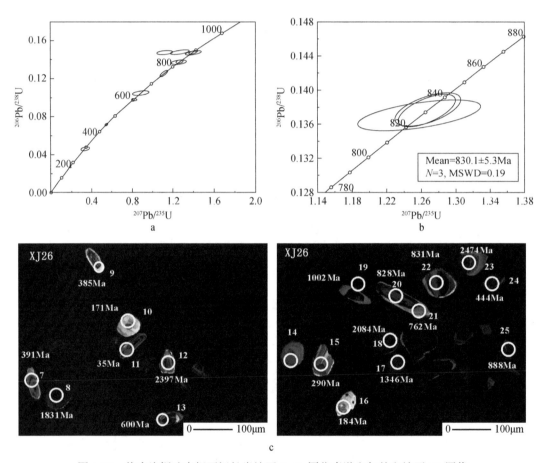

图4.39　徐家沟铜矿床辉石闪长岩锆石U-Pb同位素谐和年龄和锆石CL图像

锆石U-Pb同位素年龄分析表明，徐家沟中酸性侵入体中锆石的U-Pb同位素年龄值比较宽泛，既有元古宙年龄，又有太古宙、中生代，甚至是古生代年龄，表明岩石中锆石来源比较复杂，这可能是由于闪长岩岩浆中结晶的锆石本身比较少，岩浆在上升过程中有捕获锆石或其他来源的锆石混入（铜厂闪长岩），岩石本身又经历中生代强烈的变质变形改造，在这个过程中也可能有变成成因锆石的形成，抑或表明所采样品是多期次岩浆作用的产物。因为在碧口岩群火山岩形成和勉略洋盆俯冲消减过程中，发育板内裂谷和拉张裂陷等多期次构造岩浆作用，所以很难有一致的年龄。徐家沟铜矿床矿体受构造控制明显，主要呈透镜状或扁豆状赋存于片理化细碧岩中，因此，古生代，甚至是中生代的岩浆作用对成矿影响较小。徐家沟铜矿与铜厂铜矿相似，成矿主要受晋宁期闪长岩影响强烈，但受后期构造改造较铜厂铜矿明显。

2. 矿床成因与成矿模式

徐家沟铜矿床成矿物质 Cu 主要来源于细碧岩，S 和流体主要来自岩浆岩，根据该铜矿地质特征和物质来源，认为徐家沟铜矿床属于原始火山沉积–后期构造岩浆改造型矿床。矿床的形成与新元古代多期次的岩浆热液关系密切，但受中生代构造改造作用明显。晋宁早期的碧口岩群郭家沟组火山岩为区域带来了丰富的矿源；晋宁晚期区域及矿区大面积侵入的闪长岩、石英闪长岩、辉石闪长岩带来了大量的气液流体和充足的硫源，使得分散于郭家沟组火山岩中的金属元素活化、迁移，与岩浆中的硫发生反应并沉淀富集，形成了铜厂铜矿和徐家沟铜矿；中生代，受区域上南北向强烈的挤压和推覆作用影响，细碧岩发生大规模片理化，同时使得徐家沟铜矿体产生变形，形成透镜状、扁豆状矿体。研究认为，铜厂-徐家沟地区成矿作用多期性明显，主成矿期为晋宁期。

因此，认为该矿床成因类型为火山沉积–构造岩浆热液改造型。

六、找矿标志及找矿模型

1. 找矿标志

（1）七里沟—铜厂—二里坝—代家坝一线基性火山岩及多期次酸性–基性–超基性侵入岩发育，是铜多金属元素聚集的有利环境。

（2）区域范围内 NEE 向或近 EW 向展布的断裂剪切构造带，特别是叠加于郭家沟组基性火山岩上的 NEE 或近 EW 向断裂。

（3）火山岩区绿泥石化、黄铁矿化、磁黄铁矿化、硅化、（铁）碳酸盐化及绢云母化等矿化蚀变。

（4）新元古界中段基性火山沉积岩具有较高的含铜背景；1∶5 万水系沉积物及1∶2.5万土壤地球化学测量圈定的以铜为主，伴以钴、镍、铅、锌、金、银等元素组合异常指示有利找矿地段。

（5）矿区内激电测量出现较高的视极化率、低电阻率异常。

2. 找矿模型

徐家沟铜矿床"三位一体"找矿预测地质综合模型见表 4.44。

表 4.44 徐家沟铜矿床"三位一体"找矿预测地质综合模型

找矿模型要素	主要标志	徐家沟铜矿床
成矿地质背景	大地构造背景	鱼洞子地块和碧口地块古拼接缝合带
	成矿时代	晋宁期

续表

找矿模型要素	主要标志		徐家沟铜矿床
成矿地质体	岩石建造系列		细碧-角斑岩系中的细碧岩,铜矿围岩为片理化细碧岩(绿泥绿帘片岩)
	产出构造位置		产于古火山结构周围的火山斜坡或洼地
	岩石组合		细碧岩-片理化细碧岩-细碧质凝灰岩-板岩-白云岩
	形成时代		新元古代
	岩石类型		中基性岩石
	岩石化学		钙碱性-拉斑玄武岩系列,$Na_2O>K_2O$
	矿体空间位置		铜矿产于北东向片理化细碧岩(绿泥绿帘片岩)带中,细碧岩与碳质或泥钙质板岩岩性界面附近
成矿构造和成矿结构面	成矿构造系统		火山喷发-岩浆侵入构造系统;古火山机构控制
	成矿结构面类型		岩相带控制(细碧岩-碳质或泥钙质板岩);北东向片理化带和近东西向断裂带控制
	矿体就位样式		透镜状、似层状
成矿作用特征标志	围岩蚀变	蚀变类型	绢云母化、高岭土化、绿泥石化、绿帘石化、硅化、方解石化、磁黄铁矿化、黄铜矿化、黄铁矿化
		蚀变分带	由矿体到围岩,依次发育:硅化、方解石化、绿泥石化、黄铜矿化、黄铁矿化、磁黄铁矿化-绿帘石化、碳酸盐化、绢云母化、高岭土化、黄铁矿化或褐铁矿化
	成矿分带及典型矿物组合	矿石结构、构造	矿石结构以交代结构、包含结构、胶状结构为主;矿石构造以脉状、条带状为主
		矿化分带	黄铜矿化、黄铁矿化-磁黄铁矿化、黄铜矿化
		典型矿物组合	黄铜矿+黄铁矿;磁黄铁矿+黄铜矿组合
		矿化阶段	①早期火山沉积阶段,矿物组合为辉石、角闪石、黄铁矿、黄铜矿; ②后期热液改造阶段,矿物组合为石英、方解石、绿泥石、黄铜矿、黄铁矿、磁黄铁矿
	成矿流体性质及流体包裹体特征	成矿流体性质	早期海底热液;后期岩浆期后热液
		包裹体特征	铜矿石英包裹体均一温度166~412℃;盐度2.6%~10.9%;中-高温、低中等盐度
		流体物理性质或参数	沉积期:压力和温度不高的海底环境,沉积时为弱氧化环境,pH中偏碱性; 热液期:地下深部较高温高压环境,较还原,适宜形成磁黄铁矿
		稳定同位素特征	铜矿石黄铜矿$\delta^{34}S=3.90‰~5.1‰$;磁黄铁矿$\delta^{34}S=4.1‰~6.2‰$;铜矿石石英$\delta D=-93.1‰~-56.8‰$,$\delta^{18}O=12.4‰~17.4‰$
	金属的迁移及沉淀机制	金属迁移	Cu^{2+}
		金属沉淀	早期海底火山喷发沉积;后期热液充填、交代、混合

续表

找矿模型要素	主要标志		徐家沟铜矿床
物化遥异常	物探异常	激电测量	高极化率、低电阻率异常
	化探异常	1:5 万水系沉积物及 1:2.5 万土壤地球化学测量	以铜为主，伴以钴、镍、铅、锌、金、银等元素的组合异常

第十节 铜厂铜铁矿床地质特征、成矿模式及找矿模型

铜厂矿田位于陕西省汉中市略阳县硖口驿镇杨家坝村境内，地处扬子地台西北缘勉略宁矿集区中部，矿田内分布铜厂中型铜铁矿床（铜、铁分别达到中型规模）、徐家沟铜矿床等。20 世纪 90 年代西北有色地质勘查局七一一总队在铁矿找矿过程中发现并勘查了铜厂铜矿床，提交铜金属量 21.3 万 t。铜厂铁矿床是西北有色地质勘查局七一一总队于 20 世纪 50～80 年代发现并勘查的一中型铁矿床。1984 年，略阳铜厂铁矿床地质勘探报告提交铁矿石储量 7547.3 万 t。

一、矿区地质背景

铜厂矿田位于扬子板块西北缘勉略阳三角地区中部鱼洞子地体与碧口地体古缝合带-硖口驿-铜厂-罗家山构造岩浆岩带中段新元古界碧口岩群内。碧口岩群火山岩系由火山熔岩+火山碎屑岩+沉积火山碎屑岩构成。该岩系火山熔岩的岩石组合为细碧岩（基性）+角斑岩（中性）+安山岩+石英角斑岩（酸性）+流纹岩（王宗起等，2009）。

矿田出露地层主要为新元古界碧口岩群郭家沟组细碧-角斑岩系，下震旦统雪花太坪组（Z_1xh）碎屑-化学沉积岩系不整合覆盖于其上（图 4.40）。其中，郭家沟组（Pt_3g）分为三个岩段，下岩段（Pt_3g^1）下部为中-基性火山角砾岩，上部为块状细碧岩层；中岩段（Pt_3g^2）下部为厚层白云岩，少量铁质灰岩、灰岩，中部为凝灰质千枚岩-板岩层，上部为细碧岩；上岩段（Pt_3g^3）下部为灰质白云岩，上部为黄色钙质绢云母千枚岩，含碳千枚岩夹薄层灰岩。郭家沟组中岩段是铜厂的赋矿层位。

铜厂复式背斜组成了区域上主要构造，该背斜轴向近东西向，两翼均为南倾的倒转背斜。核部出露郭家沟组下岩段（Pt_3g^1）的中-基性火山角砾岩、角砾熔岩及细碧岩，两翼则出露郭家沟组中岩段（Pt_3g^2）、上岩段（Pt_3g^3），岩性分别为千枚岩、板岩和铁白云岩等。由于断裂影响及岩体侵入，褶皱形态不完整，该复式背斜核部侵入了铜厂闪长岩体。根据研究，矿田范围为一围绕闪长岩体分布的古火山机构，闪长岩体沿古火山口侵入。

矿田内较大断层为二里坝-茶店断裂和五间桥-红木沟断裂，交汇于硖口驿乡黎树坪。这两条断层内有蛇纹岩断续分布，由于断层的影响产生一系列次级断裂。矿区断裂以近东西向断裂组（F_1）、北东向断裂组（F_2）为主，近南北向（F_3）和北西向（F_4）次之，近南北向和北西向断裂多切穿近东西向、北东向断裂。近东西向、北东向断裂及

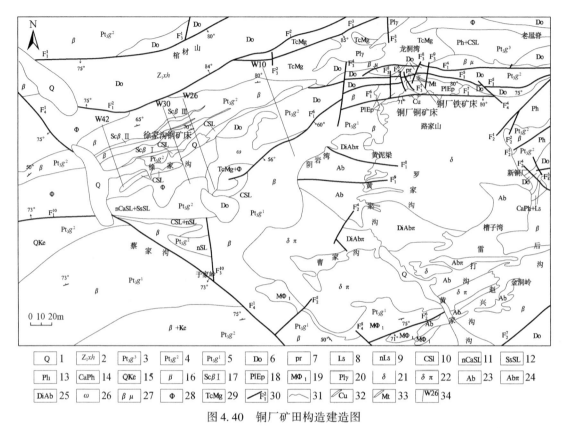

图 4.40　铜厂矿田构造建造图

1. 第四系；2. 下震旦统雪花太坪组；3. 新元古界郭家沟组上岩段；4. 新元古界郭家沟组中岩段；5. 新元古界郭家沟组下岩段；6. 白云岩；7. 透闪岩；8. 灰岩；9. 泥质灰岩；10. 碳质板岩；11. 泥钙质板岩；12. 砂质板岩；13. 千枚岩；14. 钙质千枚岩；15. 石英角斑岩；16. 细碧岩；17. 片理化细碧岩带及编号；18. 斜长绿帘岩；19. 细粒基性火山角砾岩；20. 斜长花岗岩；21. 闪长岩；22. 闪长斑岩；23. 钠长岩；24. 钠长斑岩；25. 透辉钠长岩；26. 辉长岩；27. 辉绿岩；28. 蛇纹岩；29. 滑石菱镁岩；30. 断裂及编号；31. 地质界线；32. 铜矿体；33. 磁铁矿体；34. 勘探线及编号

片理化带是矿田内重要的控矿构造，铜厂铜（铁）矿床、徐家沟铜矿床均受该两组构造控制。

铜厂-徐家沟矿田范围内岩浆活动频繁，从超基性至中酸性侵入岩体均有出露。超基性岩体的岩性主要为蛇纹岩、滑石菱镁岩，在矿田北部的徐家沟—铜厂一带呈北东东向带状展布，岩体侵入于郭家沟岩组中，与火山岩呈侵入接触关系，在棺材山南坡则与震旦系雪花太坪组白云岩呈断裂接触关系，在矿田中部沿近东西向断裂（F_1）上盘产出的半隐伏蛇纹岩墙是铜厂铁矿体的主要矿化岩石和近矿围岩，其中滑石、蛇纹石磁铁岩、透闪石滑石磁铁岩等构成重要的铁矿石自然类型；基性岩主要为辉长岩、辉绿岩，除在徐家沟南部（辉长岩）、铜厂北部（辉绿岩）呈规模较大的岩体以外，其他地段均呈小岩脉产出；中性侵入体主要有铜厂闪长岩体及新铜厂的闪长岩株，在其他地段局部见有小的闪长岩脉。

铜厂闪长岩体出露于火山穹隆中部，呈岩株产出于碧口岩群郭家沟组火山岩中，其长轴呈北东-南西向。长约 3200m，宽约 1400m，侵入于铜厂古火山通道，与围岩界线清晰。

北界向南陡倾，西界向东陡倾，南界向北陡倾，向北东方向超覆。岩石具一定分异，南部为辉石闪长岩，中部为闪长岩，北部为石英闪长岩，显示为由南向北、由偏基性向偏酸性的演化趋势。铜厂闪长岩体与铜、铁矿关系密切，铜厂铜矿床产于闪长岩体的内、外接触构造带中；酸性侵入体有产于铜厂闪长岩体北侧的槐树湾斜长花岗岩体，其侵入于滑石菱镁岩中，地表呈近北东向展布，长度约1000m，宽度约300m，岩体周边未见明显的蚀变现象。铁矿处于铜矿带以北，位于铜厂倒转背斜的北翼。

矿田内已发现的主要矿化类型有：①火山沉积-岩浆改造型铁铜矿，为矿田内的主要矿化类型，单个矿体规模比较大，延深大于延长。矿体的形成明显受到后期中酸性岩浆或断层热液改造，成矿物质来源具有多源性，但主要来自围岩——火山岩。该类型的代表性矿床有铜厂铜矿、铜厂铁矿、徐家沟铜矿、张家山铁矿和赵家山铁矿等。②火山-沉积块状硫化物型多金属矿，一般产于中酸性火山岩中，受层位控制，矿体形态、产状与围岩基本一致，代表矿床有东沟坝铅锌金多金属矿床等。③火山-喷气沉积型铁、铜矿，矿体产于火山-沉积岩系顶部，赋存在火山岩与碳酸盐岩岩性界面附近，受层位控制比较明显。一些矿体也产于白云岩中，受后期热液改造，黄铜矿、镜铁矿呈脉状、网脉状产于白云岩中，以阴山沟铁铜矿点、红木沟铁矿点为代表。

二、矿床地质特征

铜厂铜矿主要矿体呈平行矿脉群赋存于铜厂闪长岩体前缘同生剪切破碎带（片理化构造蚀变带）中。赋矿剪切破碎带及其矿脉在剖面上呈雁行斜列式分布，产状与其规模严格受闪长岩体前缘接触带控制，一般不超出岩体正接触带200m（王相等，1996；王瑞廷等，2012）。

1. 铜厂铜矿体地质特征

1）矿带（体）特征

铜厂铜矿带产于铜厂闪长岩体南、北缘内、外接触带和岩体内部断裂构造中（图4.41）。本区矿体大多为盲矿体和半盲矿体。铜厂铜矿赋存在铜厂铁矿上盘，近东西向断裂以南400m范围内，根据产出部位划分为Ⅰ、Ⅲ、Ⅴ三个铜矿化带。

Ⅰ号矿化带位于闪长岩体北缘内接触带附近及片理化带中，长1500m，宽80m，其中赋存有10多个矿体，以Ⅰ-9矿体规模最大，也是铜厂铜矿床的主矿体。各矿体间大致呈雁行斜列式分布，一般呈左前方再现。走向近东西，倾向南，倾角45°~75°。矿体主要形态呈脉状、透镜状，铜品位0.4%~15.36%。在主矿体旁侧局部有次级含矿断裂，与主含矿断裂交汇处出现矿体膨大现象。局部分支断裂产状北倾。矿体上、下盘一般见有0.5~2.0m的浸染状矿化体。主要的矿化蚀变有绢云母化、绿泥石化、硅化和方解石化。

Ⅲ号矿化带赋存于闪长岩体内 F_2^4~F_2^6 等北东向断裂所形成的片理化带内，带长1200m。其中产出有3个主要矿体和其他一些矿化体。走向北东东，倾向南东，倾角60°~80°。矿体由数个细矿脉和复脉体组成，单个脉体长30~50m，具分支复合或尖灭再现特征。单脉厚0.4~1.00m。矿化蚀变特征与Ⅰ号矿化带基本一致。

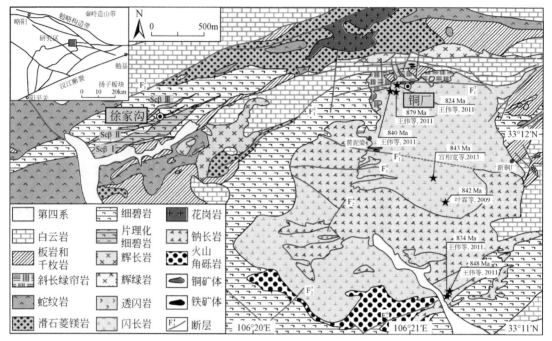

图 4.41　铜厂矿田地质简图（据栾燕, 2019）

Ⅴ号矿化带分布于铜厂闪长岩体北部外接触带的斜长绿帘岩中，长 1100m，宽 100m。该带由大小 6 个矿体组成，矿体呈脉状产出，长 75 ~ 440m，走向近东西，倾向南，倾角 60°左右，矿石类型以磁黄铁矿–黄铜矿矿石为主。矿体围岩为斜长绿帘岩，矿化蚀变有磁黄铁矿化、绿泥石化。该矿化带与徐家沟铜矿特征相似。

Ⅰ-9 矿体为铜厂铜矿床的主矿体，属半盲矿体。由 5 层坑道、29 个钻孔及探槽控制。赋存于铜厂闪长岩体北部内接触带近东西向断裂旁侧次级片理化带内，长 1700m，厚度一般 1.0 ~ 3.0m 间，平均 1.93m，控制延深 840m。走向近东西，局部北东，倾向南，倾角变化于 45° ~ 60°。矿体产状在延长及延深方向上呈舒缓波状变化，总的规律是倾角变缓部位厚度增大。往往矿体产状变缓部位，矿体厚度增大。单脉富矿体与围岩接触界线清楚，局部在富矿脉的上下盘有细脉浸染状矿化。铜品位一般变化于 3.0% ~ 9.0% 之间，最低为 0.315%，最高可达 20.9%，平均铜品位 2.3%。矿石中金属矿物主要是黄铜矿，浅部矿体边部有少量辉铜矿产出。

矿体的上、下盘围岩均为石英闪长岩，岩石因构造挤压形成片理化蚀变闪长岩。围岩蚀变有钾化、碳酸盐化、绿泥石化、绢云母化、硅化等。蚀变矿物组合以石英和方解石为主，其次含有少量绿泥石和绢云母。

2）铜矿石特征

Ⅰ-9 铜矿体矿石的金属矿物主要是黄铜矿，其次为黄铁矿以及少量的斑铜矿、方铅矿、闪锌矿、紫硫镍矿、辉砷镍矿、辉钴矿、辉钼矿、自然金等，靠近地表矿体边部有少量辉铜矿（图 4.42）。脉石矿物以方解石、石英为主，还有绿泥石、白云石以及少量的透闪石、绢云母等。矿石具有角砾状、致密浸染状、细脉浸染状和条带状构造，以及压碎结构、交代残余结构和粒状变晶结构等。矿物的生成顺序为硬绿泥石→白云石、石英黄铁矿→闪锌矿→黄铜矿→镍钴硫化物→紫硫镍铁矿等。矿石中伴生 Au、Ni 等有用元素。

a.上部铜矿体(TC15-11)：石英、方解石与黄铜矿紧密共生

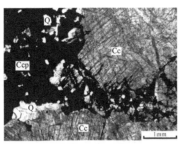
b.上部铜矿体(T17-23)：黄铜矿沿方解石解理面交代方解石，黄铜矿中包裹石英和方解石

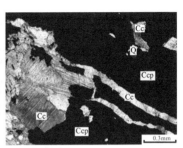
c.上部铜矿体(TC15-38)：黄铜矿中残留的方解石脉

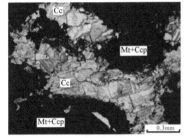
d.下部铁矿体(yjb-5)：脉石矿物方解石

e.下部铁矿体(Y17-11)：蛇纹石中包裹白云石及磁铁矿颗粒

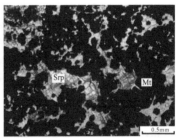
f.下部铁矿体(Y17-13)：蛇纹石呈一级黄干涉色，其中包裹磁铁矿颗粒

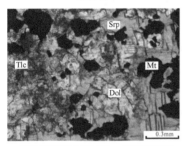
g.下部铁矿体(Y17-11)：滑石与蛇纹石、白云石等伴生

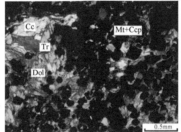
h.下部铁矿体(yjb-3)：透闪石与白云石、方解石伴生，其中包裹磁铁矿或者黄铜矿颗粒

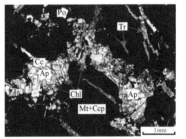
i.下部铁矿体(yjb-5)：磷灰石与方解石、透闪石、绿泥石伴生；绿泥石和磁铁矿沿裂隙充填交代磷灰石

图 4.42　铜厂铜铁矿床矿石标本及其显微照片
Ccp-黄铜矿；Mt-磁铁矿；Q-石英；Cc-方解石；Dol-白云石；Srp-蛇纹石；Tlc-滑石；Tr-透闪石；Ap-磷灰石；Chl-绿泥石。h 为正交光，其余为单偏光

　　矿石工业类型分为：①黄铜矿型矿石；②黄铜矿–辉铜矿型矿石；③黄铁矿–黄铜矿型矿石；④磁黄铁矿–黄铜矿型矿石。以黄铜矿型矿石或黄铁矿–黄铜矿型矿石、磁黄铁矿–黄铜矿型矿石为主。

2. 铜厂铁矿体地质特征

　　铜厂铁矿位于铜厂矿田东北部，也叫杨家坝铁矿。铜厂铁矿位于铜矿带北 40～500m，

赋存于近东西 F_1^6 断裂带中，位于铜厂倒转背斜的北翼。F_1^6 断裂总体南倾，断层面北盘为厚层白云岩，南盘为透闪石化白云岩和斜长绿帘岩（图 4.43）。

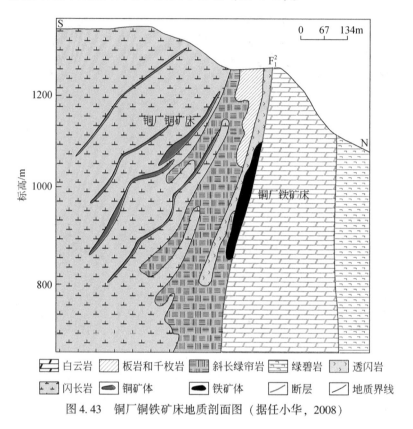

图 4.43　铜厂铜铁矿床地质剖面图（据任小华，2008）

1）矿体特征

铁矿由两个盲矿体组成，即主矿体和分布于主矿体上盘的一平行矿体（图 4.44）。主矿体长 1100m，延深 500m，平均厚 32m，标高 1170～360m。以 12 线为界，主矿体分为东西两段。西段 6～12 线南倾，倾角 65°～88°；12 线东北倾，倾角 73°～85°。主矿体形态受近东西向断裂控制，底盘（北盘）随近东西向断裂产状变化而变化，上盘（南）受片理化构造带控制；主矿体呈大透镜状，膨大中心厚度在 60m 以上，分布在 8～16 线 520～970m 标高范围内，而 16 线附近也有一个较小的膨大中心。矿体向东侧伏，侧伏角 18°～20°。西部（7～10 线之间）矿体顶部埋深 0～30m，东部（10～16 线之间）矿体埋深 30～400m。矿体倾向变化较大，6～12 线南倾。6 线随近东西断裂变化，呈弯曲状，倾角 65°～88°，多为 75°；14～18 线矿体倾向转为北倾，倾角 73°～85°，一般 75°。矿体沿走向、倾向膨大缩小明显，围岩与矿体界线多呈过渡现象。

矿体上盘围岩为含铁透闪岩，平均 TFe 为 12.67%；下盘围岩为白云岩，平均 TFe 为 7.48%。矿体直接围岩是蛇纹岩和透闪岩。围岩蚀变主要有蛇纹石化、透闪石化、滑石化、绢云母化、阳起石化、碳酸盐化、绿泥石化、绿帘石化等，蚀变矿物组合以蛇纹石、滑石、透闪石、方解石、白云石为主，同时含有少量绿泥石和磷灰石。

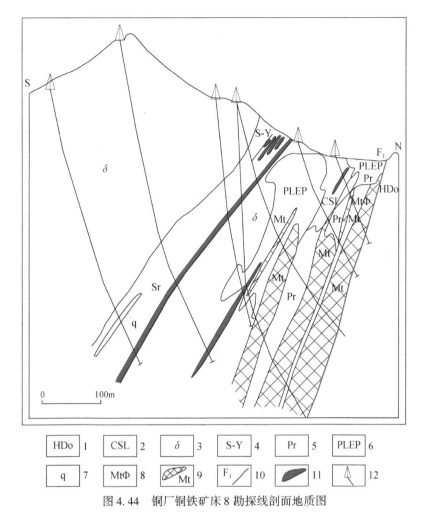

图 4.44　铜厂铜铁矿床 8 勘探线剖面地质图

1. 白云岩；2. 碳质板岩；3. 闪长岩；4. 片理化闪长岩；5. 透闪岩；6. 斜长绿帘岩；7. 石英脉；8. 磁铁蛇纹岩；
9. 磁铁矿体；10. 断层；11. 铜矿体；12. 钻孔

　　蛇纹石化、透闪石化、绿泥石化铁矿体内局部见有含铜石英脉穿插。矿体内部夹石较多，沿走向、倾向尖灭再现很不稳定，多数情况下呈小透镜体或长条状被矿体包围，与矿体多呈过渡现象，夹石主要是由蛇纹石、透闪石、绿泥石等矿物组成的各种岩石。

　　闪长岩与白云岩接触部位蚀变发育。从内到外分为：蚀变闪长岩带、斜长绿帘角岩带、透闪岩带和蛇纹岩带。后二者蚀变与铁矿关系密切。透闪岩带分布在铁矿体南部，由泥质灰岩和泥质板岩蚀变而成，近矿体部位已全部透闪石化，向两侧蚀变逐渐减弱，西部为绿泥石化，东部为滑石化，逐步过渡为碳酸盐岩，局部地段与蛇纹岩交互出现或呈矿体夹层。蚀变岩中有碳质板岩和结晶灰岩的残留体。蛇纹岩带是主要含铁矿带，与透闪岩呈过渡关系，随矿体分布，范围比矿体稍大，其生成晚于透闪岩，早于矿体，常被磁铁矿交代形成矿石，部分呈矿体夹层，后期伴有滑石化和碳酸盐化。

2）铁矿石特征

矿石矿物以磁铁矿为主，次为黄铜矿；脉石矿物以蛇纹石、滑石、透闪石、绿泥石为主，含铁白云石、方解石等，另有少量金云母、阳起石和石英；副矿物有磷灰石、榍石。磁铁矿与脉石矿物之间接触界线比较平直、清楚。矿石构造比较简单，以稠密浸染状和中等稠密浸染状构造为主，块状、斑杂状构造次之，有时呈条带状，少量为脉状。矿石结构以他形不等粒状结构为主，自形晶次之，少量为网环状结构。矿石自然类型按含铁矿物种类分为块状磁铁矿型矿石、含硫化物磁铁矿型矿石、块状硫化物型矿石；按脉石矿物分为蛇纹石滑石磁铁矿、滑石磁铁矿、蛇纹磁铁矿、绿泥蛇纹磁铁矿、透闪绿泥磁铁矿、绿泥滑石磁铁矿、滑石磁铁矿、透闪石磁铁矿（图4.45）。

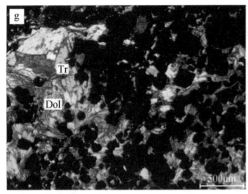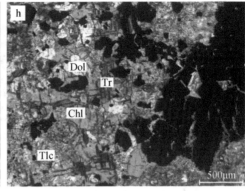

图 4.45　铜厂铜铁矿床铁矿石标本及显微照片

a. 块状磁铁矿矿石；b. 含硫化物磁铁矿矿石；c. 块状硫化物矿石；d. 含硫化物磁铁矿矿石中黄铜矿和黄铁矿等硫化物呈他形充填在较自形的磁铁矿颗粒之间；e、f. 含硫化物磁铁矿矿石和块状磁铁矿矿石之间突变接触，含硫化物磁铁矿矿石中硫化物包裹较自形的磁铁矿颗粒；g、h. 透明矿物主要由蛇纹石、透闪石、白云石、绿泥石、滑石等组成。Srp-蛇纹石；Mt-磁铁矿；Sul-硫化物；Ccp-黄铜矿；Py-黄铁矿；Tr-透闪石；Dol-白云石；Chl-绿泥石；Tlc-滑石；Po-磁黄铁矿

矿石 TFe 品位 20% ~ 61.14%，平均 36.5%；SFe（可溶性铁）品位 32.89%，S 品位 0.347%，P 品位 0.065%，SiO_2 品位 23.38%，属自熔-碱性磁铁矿矿石。

3）矿体磁异常特征

铜厂矿区地面磁测 I 号磁异常由磁铁矿体引起，其特征是异常峰度值高，梯度大，反映了出露地表和近地表的矿体；整个磁异常规整，等值线圆滑，梯度变化北陡南缓，反映了矿体向下延伸大，并向南倾；磁异常向东延部分变弱变窄，说明矿体向东部分下延不太大。

三、矿床地球化学特征

1. 岩石、矿石地球化学特征

新元古代碧口岩群郭家沟组火山岩主要由细碧岩和角斑岩组成（图 4.46），是一种特殊的基性海相喷发岩，化学成分具有高 Na_2O，贫 K_2O，一般细碧岩 Na_2O 大于 4%；岩石中 SiO_2 变化比较大（44% ~ 73.50%）；$Na_2O>K_2O$；Al_2O_3 变化不大；随岩浆分异，FeO、MgO、CaO、TiO_2 含量降低；郭家沟组火山岩总的特点属富钠低钾，具有拉斑系列（细碧岩）和钙碱性系列（角斑岩）玄武岩特点；岩石中 Cu、Zn、Au、Ag 等微量元素含量比较高；稀土元素标准化配分模式属轻稀土富集-重稀土平坦型，铕呈无异常和弱负异常（表 4.45a ~ 表 4.45c，图 4.47 ~ 图 4.52）；岩石组分具有安山岩组成特征；郭家沟组细碧岩具有钙碱性系列和岛弧拉斑系列的过渡特点；郭家沟组火山岩主要形成于造山带的岛弧环境，同时具有洋中脊拉斑玄武岩特点。铜厂矿区郭家沟组火山角砾岩、细碧岩铜含量较地壳、正常玄武岩中的铜元素平均含量高，为铜元素高背景区，基性火山角砾熔岩、细碧岩铜含量为 121×10^{-6} ~ 144×10^{-6}，是克拉克值的 3.4 倍，近矿片理化细碧岩铜含量为 205×10^{-6}（表 4.46）。

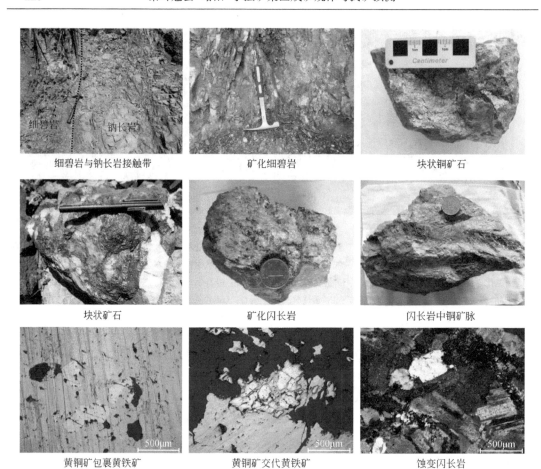

细碧岩与钠长岩接触带　　　　矿化细碧岩　　　　块状铜矿石

块状矿石　　　　矿化闪长岩　　　　闪长岩中铜矿脉

黄铜矿包裹黄铁矿　　　　黄铜矿交代黄铁矿　　　　蚀变闪长岩

图 4.46　铜厂铜铁矿床岩石、铜矿石典型特征及显微照片

表 4.45a　铜厂铜铁矿床闪长岩全岩主量和微量元素含量

样品编号		TC15-21	TC15-24	TC15-25	TC15-28	TC15-30	TC15-46
岩石类型		闪长岩					
主量元素/%	SiO_2	54.6	60.4	61.8	60.3	63.2	63.0
	TiO_2	0.49	0.62	0.56	0.60	0.58	0.56
	Al_2O_3	15.4	15.6	14.7	14.3	15.5	15.4
	TFe_2O_3	6.59	4.52	6.09	3.45	5.29	6.99
	MnO	0.10	0.08	0.07	0.07	0.07	0.06
	MgO	3.26	2.69	2.90	1.40	2.89	2.18
	CaO	6.72	4.69	3.79	7.15	3.08	2.32
	Na_2O	6.77	6.18	5.13	6.10	5.79	4.27
	K_2O	0.66	0.62	0.98	0.75	1.30	1.96
	P_2O_5	0.04	0.11	0.12	0.12	0.12	0.10
	LOI	3.42	4.64	4.13	6.10	1.68	2.64
总量		98.1	100.2	100.3	100.3	99.5	99.5

续表

样品编号		TC15-21	TC15-24	TC15-25	TC15-28	TC15-30	TC15-46
岩石类型		闪长岩					
微量元素/10⁻⁶	Sc	8.49	8.91	10.19	12.52	9.42	8.50
	V	73.0	117	117	101	109	92.7
	Cr	79.0	47.9	40.0	15.1	17.8	13.7
	Co	20.1	18.8	22.6	10.0	23.8	25.5
	Ni	47.8	34.6	31.0	10.0	16.1	12.9
	Cu	31.8	13.0	18.1	781	10.1	17.2
	Zn	26.1	18.2	24.9	17.5	32.1	25.3
	Rb	14.9	13.1	15.6	13.1	23.9	24.3
	Sr	149	197	125	128	242	113
	Y	23.2	20.2	16.4	18.0	19.2	15.6
	Zr	191	150	169	180	184	245
	Nb	9.26	10.09	7.87	7.96	7.89	10.6
	Ba	308	230	224	194	538	488
	La	15.0	13.0	22.7	12.3	15.7	26.5
	Ce	31.8	31.0	47.3	24.7	35.4	52.3
	Pr	4.01	4.10	5.73	2.99	4.27	5.03
	Nd	16.8	18.4	23.1	12.5	17.7	18.4
	Sm	3.83	3.93	4.39	2.94	3.76	3.25
	Eu	1.30	1.01	1.16	0.66	1.13	0.88
	Gd	4.64	4.61	4.50	3.36	4.41	3.89
	Tb	0.64	0.66	0.57	0.54	0.61	0.51
	Dy	3.96	3.89	3.19	3.37	3.64	2.98
	Ho	0.81	0.81	0.65	0.67	0.74	0.61
	Er	2.32	2.39	1.94	2.07	2.21	1.93
	Tm	0.31	0.35	0.29	0.30	0.32	0.28
	Yb	1.99	2.42	2.07	2.00	2.18	1.97
	Lu	0.30	0.38	0.32	0.30	0.35	0.31
	Hf	5.94	4.57	4.85	4.88	5.16	6.89
	Ta	0.53	0.53	0.44	0.45	0.46	0.64
	Pb	2.66	5.86	1.13	1.04	1.92	1.93
	Th	4.26	5.70	4.13	7.78	4.50	7.20
	U	4.05	3.37	3.70	4.17	3.08	3.21
	ΣREE	87.71	86.95	117.91	68.70	92.42	118.84
	δEu	0.94	0.72	0.80	0.64	0.85	0.76

注：样品由长安大学成矿作用及其动力学实验室分析。

表 4.45b　铜厂铜铁矿床铜矿石微量元素含量

样品编号	TC15-4	TC15-5	TC15-11	TC15-12	TC15-15	TC15-16	TC15-18	TC15-38
矿石类型	块状铜矿石							
Sc	30.7	20.5	3.12	2.71	0.99	5.66	2.36	4.38
V	21.7	40.6	32.2	39.5	18.5	103	111	72.4
Cr	0.00	3.89	8.60	2.37	0.41	3.01	1.20	0.80
Co	32.8	94.6	98.0	332	123	131	49.8	52.9
Ni	1665	2992	3694	6392	1293	1215	1012	1436
Cu	27265	16599	66476	60221	81129	58814	43220	35406
Zn	452	307	542	16022	141	57.1	500	25.9
Rb	0.33	0.61	0.20	0.31	0.23	0.72	1.12	0.81
Sr	33.18	89.61	239.70	139.23	58.83	231.28	242.98	87.81
Y	8.61	19.1	24.6	20.8	11.1	25.6	42.8	47.3
Zr	0.53	15.5	0.24	0.11	0.12	7.50	2.02	11.4
Nb	0.02	0.81	0.03	0.02	0.01	0.27	0.11	0.47
Ba	0.48	1.53	4.20	3.57	7.44	7.95	155.66	5.26
La	1.09	10.62	1.30	2.01	1.14	9.12	4.24	27.6
Ce	2.54	22.15	4.06	5.23	2.66	16.9	10.9	57.0
Pr	0.40	2.79	0.69	0.85	0.42	2.06	1.69	7.10
Nd	2.00	11.8	3.74	4.62	2.10	8.78	8.41	29.6
Sm	0.75	2.95	1.46	1.80	0.75	2.59	3.23	6.89
Eu	0.14	0.50	0.35	0.40	0.20	0.84	0.65	1.30
Gd	0.98	3.38	2.31	2.79	1.25	3.80	5.19	8.00
Tb	0.22	0.57	0.50	0.56	0.27	0.72	1.09	1.39
Dy	1.51	3.51	3.74	3.78	2.00	4.66	7.67	8.84
Ho	0.32	0.73	0.88	0.77	0.43	0.96	1.64	1.84
Er	0.94	2.09	2.89	2.29	1.31	2.82	4.70	5.35
Tm	0.14	0.31	0.45	0.33	0.19	0.44	0.68	0.75
Yb	0.94	2.07	3.17	2.24	1.32	2.87	4.36	4.81
Lu	0.13	0.29	0.45	0.33	0.19	0.41	0.63	0.68
Hf	0.01	0.43	0.02	0.02	0.01	0.27	0.07	0.45
Ta	0.00	0.05	0.01	0.01	0.00	0.01	0.01	0.02
Pb	21.6	104	44.0	902	45.1	7.1	16.0	39.3
Th	0.07	0.52	0.04	0.00	0.01	0.28	0.05	0.83
U	0.23	0.40	0.03	0.03	0.03	0.15	0.07	0.64
$\sum$REE	12.10	63.76	25.99	28.00	14.23	56.97	55.08	161.15
δEu	0.51	0.48	0.58	0.54	0.64	0.82	0.49	0.53

注：微量元素含量数量级为 10^{-6}。

表 4.45c　铜厂铜铁矿床不同类型铁矿石微量元素含量

样品编号	yjb-1	yjb-4	Y17-6	Y17-10	Y17-11	Y17-13
矿石类型	块状磁铁矿矿石					
Sc	30.7	20.5	3.12	2.71	0.99	5.66
V	21.7	40.6	32.2	39.5	18.5	103
Cr	0.00	3.89	8.60	2.37	0.41	3.01
Co	32.8	94.6	98.0	332	123	131
Ni	1665	2992	3694	6392	1293	1215
Cu	27265	16599	66476	60221	81129	58814
Zn	452	307	542	16022	141	57.1
Rb	0.33	0.61	0.20	0.31	0.23	0.72
Sr	33.18	89.61	239.70	139.23	58.83	231.28
Y	8.61	19.1	24.6	20.8	11.1	25.6
Zr	0.53	15.5	0.24	0.11	0.12	7.50
Nb	0.02	0.81	0.03	0.02	0.01	0.27
Ba	0.48	1.53	4.20	3.57	7.44	7.95
La	1.09	10.62	1.30	2.01	1.14	9.12
Ce	2.54	22.15	4.06	5.23	2.66	16.9
Pr	0.40	2.79	0.69	0.85	0.42	2.06
Nd	2.00	11.8	3.74	4.62	2.10	8.78
Sm	0.75	2.95	1.46	1.80	0.75	2.59
Eu	0.14	0.50	0.35	0.40	0.20	0.84
Gd	0.98	3.38	2.31	2.79	1.25	3.80
Tb	0.22	0.57	0.50	0.56	0.27	0.72
Dy	1.51	3.51	3.74	3.78	2.00	4.66
Ho	0.32	0.73	0.88	0.77	0.43	0.96
Er	0.94	2.09	2.89	2.29	1.31	2.82
Tm	0.14	0.31	0.45	0.33	0.19	0.44
Yb	0.94	2.07	3.17	2.24	1.32	2.87
Lu	0.13	0.29	0.45	0.33	0.19	0.41
Hf	0.01	0.43	0.02	0.02	0.01	0.27
Ta	0.00	0.05	0.01	0.01	0.00	0.01
Pb	21.6	104	44.0	902	45.1	7.1
Th	0.07	0.52	0.04	0.00	0.01	0.28
U	0.23	0.40	0.03	0.03	0.03	0.15
$\sum REE$	12.10	63.76	25.99	28.00	14.23	56.97
δEu	0.51	0.48	0.58	0.54	0.64	0.82

注：微量元素含量数量级为 10^{-6}；样品由长安大学成矿作用及其动力学实验室分析。

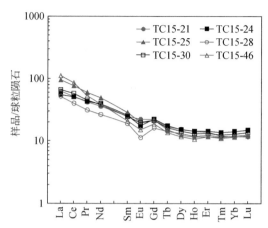

图 4.47　铜厂铜铁矿床闪长岩稀土元素球粒陨石标准化配分模式

标准化值据 Sun 和 McDonough（1989）

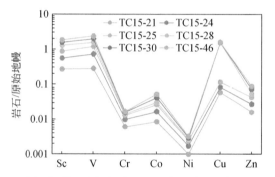

图 4.48　铜厂铜铁矿床闪长岩微量元素原始地幔标准化蛛网图

标准化值据 Sun 和 McDonough（1989）

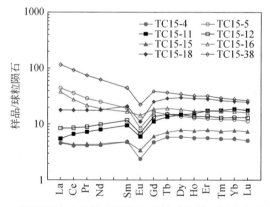

图 4.49　铜厂铜铁矿床铜矿石稀土元素球粒陨石标准化配分模式

标准化值据 Sun 和 McDonough（1989）

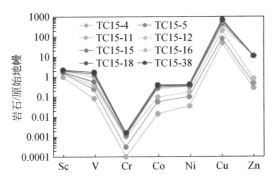

图 4.50　铜厂铜铁矿床铜矿石微量元素原始地幔标准化蛛网图

标准化值据 Sun 和 McDonough （1989）

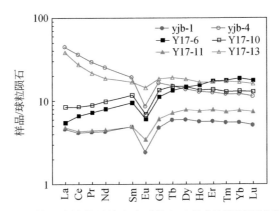

图 4.51　铜厂铜铁矿床块状磁铁矿矿石稀土元素球粒陨石标准化配分模式

标准化值据 Sun 和 McDonough （1989）

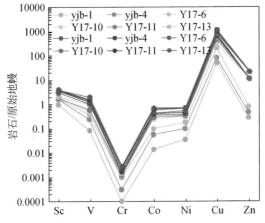

图 4.52　铜厂铜铁矿床不同类型铁矿石微量元素原始地幔标准化蛛网图

标准化值据 Sun 和 McDonough （1989）

表 4.46　铜厂矿田各类岩石微量元素含量

岩石名称	厚层白云岩	滑镁岩	蛇纹岩	碳质板岩	基性火山角砾熔岩	细碧岩	近矿片理化细碧岩	辉长岩	闪长岩	克拉克值
样品数	2	7	8	7	6	16	6	8	73	—
Cu	18	31	57	35	121	144	205	62	80	36
Pb		<1	2	3	6	8	14	3	8	1.6
Zn		81	445	66	167	150	198	116	46	15
Ni	13	59	44	124	53	53	85	63	19	32
Co	3	34	35	12	25	24	34	63	17	15
Cr	6	19	19	535	68	85	78	12	72	80
V	140	201	231	1035	489	500	546	246	158	60
Mn	2000	1471	988	1029	1360	1250	1432	1281	831	320
Mo	5	5	5	8	3	1	2	4	1	0.6
Sn		2		4	3	3	3		6	7
Ce			6		3	4	3			2.5
Ga	3	8		4	6	6	8		13	4
Li			6	7	7	50		2	190	
Be			3	3	4	4	5		5	12
Ti	103	2450	569	2156	568	486	6500		5188	2500

注：微量元素含量数量级均为 10^{-6}；据西北有色地质勘查局七一一总队岩矿测试中心，2008。

　　铜厂地区细碧岩中角闪石变质前铜含量为 1.32%，蚀变为绿泥石后铜含量为 0.96%，蚀变细碧岩（斜长绿帘岩）的铜含量为 $51.8×10^{-6}$（王相等，1996）。蚀变细碧岩铜含量低于新鲜细碧岩的铜含量，尤其是蚀变细碧岩中角闪石类矿物的铜含量明显低于未蚀变细碧岩中角闪石类矿物的铜含量，而且蚀变程度越强，细碧岩及其中的角闪石矿物的铜含量越低，在矿体旁侧的矿化细碧岩中的铜元素含量反而大幅度提高，反映了处于铜矿体周围的基性火山熔岩、次火山岩在岩石蚀变作用过程中有铜元素的活化迁移，铜的析出–迁移–富集是铜矿化体、矿体形成的重要方式。

　　铜厂闪长岩体富碱质，Na_2O+K_2O 在 3.94% ~ 7.08%，属弱碱–弱过碱性的钙碱性系列；$Na_2O>K_2O$，Al_2O_3/TiO_2 在 13.40 ~ 29.14 之间。闪长岩岩石具有 SiO_2 偏高，高钠、低钙、低钾、Al_2O_3 正常的特点（图 4.53，图 4.54）。闪长岩中 Cu、Zn、Bi、Co、Ti、Au 等元素含量高，而蚀变闪长岩降低，表明在蚀变过程中有成矿元素迁移；闪长岩稀土元素标准化配分模式为右倾轻稀土富集型，轻稀土分馏明显，无铕异常，稀土元素总量中等。这一特征与钠化闪长玢岩的稀土元素标准化配分模式相似，说明钠化闪长（玢）岩是闪长（玢）岩热液蚀变的结果。

　　闪长岩中铜丰度为 $80×10^{-6}$，是克拉克值的 2.22 倍；据测定，闪长岩中角闪石变质前铜含量为 1.97%，蚀变为绿泥石后铜含量为 0.87%（王相等，1996），推断闪长岩在后期成矿过程中也提供了铜元素。

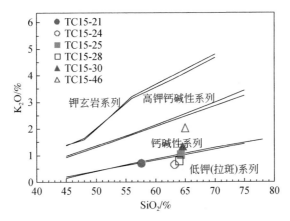

图 4.53 铜厂铜铁矿床闪长岩体 SiO_2 与 K_2O 图 （据 Peccerillo and Taylor, 1976）

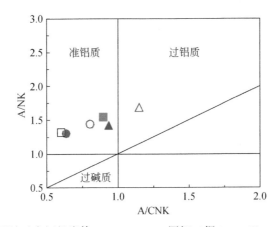

图 4.54 铜厂铜铁矿床闪长岩体 A/CNK-A/NK 图解 （据 Peccerillo and Taylor, 1976）

铜厂铜矿床黄铜矿电子探针分析数据见表 4.47。铜厂黄铜矿中 Cu 的含量变化范围是 0.01% ~ 0.94%，平均含量为 0.157%；Fe 含量为 45.11% ~ 47.31%，平均 46.45%；S 含量为 50.99% ~ 54.31%，平均含量为 52.88%；与黄铜矿的理论值（Cu：34.56%，Fe：30.52%，S：34.92%）相比，Cu 的含量低，Fe 和 S 的含量高。其次，黄铜矿中还含有少量 Se（0.00 ~ 0.09%，平均 0.03%）、Pb（0.05% ~ 0.25%，平均 0.15%）、As（0.00 ~ 0.12%，平均 0.04%）、Zn（0.00 ~ 0.09%，平均 0.04%）、Ni（0.00 ~ 0.61%，平均 0.12%）等元素类质同象置换 Cu、Fe 和 S。

表 4.47 铜厂铜矿床黄铜矿电子探针分析结果 （单位:%）

样品号	编号	As	S	Fe	Se	Pb	Cu	Zn	Ni	S/Fe 值
TC15-4	1		51.92	45.84		0.13	0.12	0.03	0.10	1.98
	2	0.06	53.61	45.11		0.15		0.09	0.35	2.08
	3	0.01	52.90	45.83	0.01	0.14	0.14	0.04	0.01	2.02
	4	0.11	52.90	45.98	0.04	0.16	0.01		0.13	2.01

样品号	编号	As	S	Fe	Se	Pb	Cu	Zn	Ni	S/Fe 值
TC15-4	5	0.02	53.40	46.21	0.02	0.14	0.14	0.01	0.12	2.02
	6	0.05	53.20	45.78	0.02	0.15	0.10	0.04	0.15	2.03
	平均		53.06	46.66	0.05	0.13	0.20	0.02		1.99
TC15-5	1		52.76	46.33	0.06	0.15	0.94	0.03	0.05	1.99
	2		53.29	46.35	0.04	0.17	0.29	0.06	0.01	2.01
	3		53.54	46.14		0.11	0.17	0.01	0.04	2.03
	4	0.06	53.89	46.81	0.04	0.17	0.18		0.01	2.01
	5	0.06	53.31	46.46	0.05	0.15	0.36	0.03	0.03	2.01
	平均		51.85	46.27		0.19	0.01		0.44	1.96
TC15-11	1	0.03	51.48	47.31		0.17	0.02		0.43	1.90
	2		52.34	46.83		0.18	0.04	0.06	0.11	1.96
	3	0.12	51.71	45.55		0.14	0.01		0.61	1.99
	4	0.06	52.29	46.12	0.01	0.16	0.03	0.09	0.30	1.98
	5	0.07	51.96	46.45	0.01	0.16	0.02	0.08	0.36	1.96
	平均		51.92	45.84		0.13	0.12	0.03	0.10	1.98
TC15-15	1	0.02	53.36	46.98		0.21	0.21	0.06		1.99
	2		53.06	47.01		0.19	0.24	0.06		1.98
	3		53.06	46.29	0.01	0.16	0.10		0.02	2.01
	4	0.03	53.26	46.63	0.03	0.08	0.26	0.01	0.04	2.00
	平均	0.02	53.19	46.73	0.02	0.16	0.20	0.04	0.03	1.99
TC15-16	1	0.06	53.62	46.09	0.01	0.09	0.44	0.01	0.30	2.04
	2	0.06	52.58	46.71	0.04	0.08	0.24		0.30	1.97
	3	0.01	52.79	46.46	0.09	0.15	0.61		0.06	1.99
	4		53.25	46.23		0.14	0.66		0.04	2.02
	5	0.00	52.29	46.48		0.19	0.52	0.05	0.02	1.97
	平均	0.03	52.91	46.39	0.05	0.13	0.49	0.03	0.15	2.00
TC15-17	1	0.02	51.84	45.77		0.25		0.02	0.01	1.98
	2	0.02	53.21	46.29	0.03	0.18	0.02		0.03	2.01
	3	0.02	53.50	46.84	0.06	0.14		0.03	0.02	2.00
	4		53.12	46.85	0.03	0.12		0.02		1.98
	5	0.03	53.85	46.51		0.17	0.01		0.01	2.03
	6		53.23	46.72		0.16	0.12	0.05	0.01	1.99
	7	0.04	53.46	46.52		0.09	0.08		0.02	2.01
	8	0.01	53.25	46.77		0.17	0.03		0.02	1.99
	平均	0.02	53.18	46.53	0.04	0.16	0.05	0.03	0.02	2.00

续表

样品号	编号	As	S	Fe	Se	Pb	Cu	Zn	Ni	S/Fe 值
TC15-18	1		52.37	46.74		0.16	0.04	0.02	0.01	1.96
	2		52.95	45.40	0.03	0.17			0.03	2.04
	3	0.01	52.11	46.74		0.12	0.11	0.04	0.09	1.95
	4	0.03	52.45	46.48	0.00	0.05	0.02		0.17	1.97
	5		52.14	46.82		0.11	0.15	0.05	0.42	1.95
	6	0.02	52.56	46.17		0.12	0.12	0.01	0.42	1.99
	7	0.03	52.83	46.97		0.07	0.07	0.02	0.24	1.97
	8		53.15	46.55	0.02	0.22	0.00	0.03	0.02	2.00
	9		52.95	46.93	0.02	0.18		0.03	0.11	1.97
	10		53.08	46.86		0.21	0.06	0.03	0.30	1.98
	11		53.15	46.51	0.08	0.17	0.10		0.21	2.00
	平均	0.02	52.71	46.67	0.03	0.14	0.08	0.03	0.22	1.98
TC15-38	1		53.12	46.81		0.17	0.06	0.03	0.10	1.99
	2		53.44	46.43		0.12		0.06	0.11	2.01
	3	0.10	53.15	46.28	0.01	0.12	0.02	0.03	0.14	2.01
	4		53.03	46.18		0.22	0.03	0.00	0.08	2.01
	5	0.04	53.12	46.91	0.08	0.16	0.05		0.11	1.98
	6		52.52	46.60	0.02	0.09	0.02		0.12	1.97
	7	0.01	54.31	46.23		0.18	0.34	0.08	0.00	2.06
	8	0.05	50.99	46.46		0.06	0.28	0.05	0.06	1.92
	平均	0.05	52.85	46.44	0.04	0.14	0.12	0.04	0.09	1.99
TC15-44	1		52.65	46.53	0.00	0.16	0.08			1.98
	2		52.50	45.93		0.18	0.01	0.02	0.02	2.00
	3		52.47	46.84		0.12	0.00			1.96
	4	0.03	52.68	47.04		0.20				1.96
	5		53.01	45.99		0.17			0.05	2.02
	6		53.04	46.61	0.01	0.18				1.99
	7		52.82	46.67		0.19	0.08		0.00	1.98
	8	0.04	52.80	46.68		0.15		0.01	0.03	1.98
	平均	0.03	52.87	46.60	0.01	0.18	0.08	0.01	0.03	1.99

注：样品由长安大学成矿作用及其动力学实验室分析。

2. 矿床（体）地球化学异常特征

1）水系沉积物异常特征

Cu、Au、Ag、Ni、Co、Mo、As、Sb、Bi 等多组分综合异常围绕铜厂闪长岩体北部、东南部呈半环带面状分布异常。Cu 异常规模大，最高值 1450×10^{-6}，平均值 81×10^{-6}，无浓集中心的中–弱强度，指示铜矿化带的范围。Au 异常有 3 个浓集中心，指示金矿化集中区。Mo、Bi 是指示岩体岩相带的异常元素。

2）土壤异常特征

土壤异常元素组合与水系沉积物异常基本一致。在岩体北接触带形成近东西向分布，长 3km，宽 $1 \sim 1.5$km，面积约 4km^2 的异常带。元素具有分带特征，Ag、Mo、As 等呈局部或点异常居于 Cu 异常之中，指示矿区。Au 异常位于 Cu 异常西侧与金矿化有关。Ni、Co 异常由偏北侧超基性岩体引起。

3）岩石原生晕异常特征

矿体原生晕异常在三维空间发育，形态结构比较复杂，呈不规则的壳状展布。元素组合有 Cu、Ag、Au、Ni、Co、Mn、As、Ba、Hg 等。出露地表矿体的原生晕异常宽度是矿（化）体厚度的 $8 \sim 10$ 倍，强度为 Cu$\geqslant 1000 \times 10^{-6}$、Ag$\geqslant 2 \times 10^{-6}$、Au$\geqslant 10 \times 10^{-9}$、Mn$\geqslant 800 \times 10^{-6}$、Ni$\geqslant 70 \times 10^{-6}$、As$\geqslant 25 \times 10^{-6}$，多峰值。浅埋盲矿体（I-9 铜矿体），地表原生晕异常元素为 Cu、Ni、As、Mn（Au、Hg）等，中–弱强度，Cu 异常值为 100×10^{-6}，其他元素异常值是背景值的 $1 \sim 3$ 倍，Cu 出现多处峰值。

矿体原生晕异常元素分带特征明显水平分带，从矿体向围岩分带序列为 Cu、Ni、Co、Au、Ba（内）→Ag、Mn（中）→As、B、Hg（外）；垂向分带，从矿上晕（头晕）Cu、Ni、Co、As（Au、Ag）中低值中弱异常→矿体晕 Cu、Ag、Au、Ni、Co、Ba、Hg 等高值强异常→矿下晕（尾晕）Cu、Au、Mo、Mn 等低值弱异常。

3. 同位素特征

1）硫同位素特征

据铜厂铜矿床硫同位素分析结果（表4.48），铜厂铜矿床 δ^{34}S 值变化范围为 1.7‰ $\sim$ 20‰，平均值为 10.48‰，明显富集重硫。从频率分布图可以看出（图4.55），93% 以上样品的 δ^{34}S 为正高值（>8.5‰），而且集中在 8.5‰ $\sim$ 12‰ 这个区间内（80%），3 个黄铜矿的 δ^{34}S 也为正高值，平均值为 10.53‰，说明黄铜矿与含矿岩系的 δ^{34}S 值基本吻合。铜厂铜矿区的硫塔式效应明显，与地壳硫源不同，同时，又以高 δ^{34}S 值为特点，可与单一地幔硫源相区别，因而应属混合硫源，即属地幔硫+地壳硫（混合源），所以铜厂铜矿及围岩中的硫应来自混合硫源，即岩浆期后热液活动带来的深部均一硫混染了一部分围岩或海水中的重硫，从而形成的混合硫，闪长岩体的侵入也为铜铁成矿提供了部分硫源。

表 4.48　铜厂铜矿床硫同位素组成

编号	采样位置	岩（矿）石名称	矿物	$\delta^{34}S/‰$	编号	采样位置	岩（矿）石名称	矿物	$\delta^{34}S/‰$
CF11-3a	1055 中段 1 穿	黄铁矿化磁铁矿石	Py	9.2	CF9-5	ZK605	含黄铜、黄铁矿磁铁蛇纹岩	Py	9.5
CF11-1a	1055 中段 1 穿	蛇纹石绿泥石化闪长岩	Py	10.5	CF9-1	ZK605	含硫化物石英闪长岩	Cp	11.3
CF12-3	1055 中段 2 穿	石英碳酸盐黄铁矿石	Py	11	CF9-2	ZK605	含硫化物碳酸岩脉	Cp	11
CF15-1	1055 中段 7 穿	含黄铁矿碳质千枚岩	Py	1.7	CF2-1	张家山	石英脉型铜矿石	Cp	9.3
CF17-1a	ZK2702	含硫化物白云岩	Py	10.4	79S-02	ZK1905	含磁铁矿铁白云岩	Py	11.2
CF17-2	ZK2702	黄铁矿化白云岩	Py	9.4	79S-04	ZK1905	含磁铁黄铁矿石	Py	10.1
CF17-6	ZK2702	磁铁矿矿石	Py	11.4	79S-05	ZK1905	钠长透闪阳起岩	Py	9.8
CF17-3a	ZK2702	磁铁矿–白云岩	Py	9.9	79S-06	ZK1905	白云岩中黄铁矿脉	Py	10
CF17-4a	ZK2702	碳酸盐磁铁矿型矿石	Py	3.9	79S-07	ZK1905	白云岩	Py	11.5
CF17-5	ZK2702	碳酸盐磁铁矿型矿石	Py	10.6	79S-08	ZK1905	含磁铁、黄铁矿、白云岩	Py	12.1
CF58-3	1085 中段 4 进	蛇纹石化磁铁矿石	Py	9.9	79S-03	ZK1905	绢云母绿泥钠长岩	Py	15
CF14-2	四方沟东采坑	含菱铁矿磁铁矿型矿石	Py	20	79S-12	ZK2045	含黄铁、滑石磁铁白云岩	Py	9.8
CF7-2a	槽子湾铜钴矿点	黄铁矿–碳酸盐、绿泥片岩	Py	14.5	79S-13	ZK1905	含黄铁碳酸盐磁铁矿矿石	Py	8.7
CF9-3	ZK605	绿帘斜长岩	Py	11.2	79S-15	ZK1905	绢云母绿泥钠长岩	Py	11.2
CF9-4	ZK605	黄铁磁铁透闪透辉岩	Py	10	79S-16	ZK1905	含磁铁矿白云岩	Py	10.2

注：据西北有色地质勘查局七一一总队，1995[1]；叶霖等，1999；韩润生等，2003。Py-黄铁矿，Cp-黄铜矿。

矿石铅同位素作为"指纹"元素用作矿质示踪，据测定（丁振举，1998c），铜厂铜矿床矿石铅同位素组成以上地壳铅为主，与矿体围岩细碧岩铅同位素组成一致，说明矿石铅与细碧岩铅有相近的来源。以上特点反映了郭家沟组火山岩本身是铜厂铜矿床的重要物质来源，郭家沟组是主要控矿因素之一。

❶　西北有色地质勘查局七一一总队.1995.陕西省略阳县铜厂铜矿床详普查地质报告.1-89.

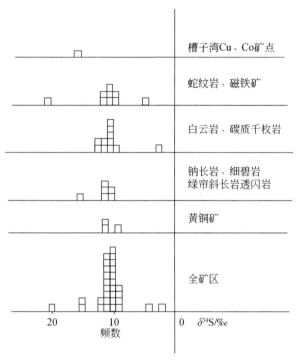

图 4.55　铜厂铜铁矿床硫同位素组成直方图

2）氢氧同位素特征

叶霖和刘铁庚（1997b）对铜厂铜铁矿床各成矿阶段的石英、方解石样品进行了氢、氧同位素测试，其结果见表 4.49，氢氧同位素分析表明，含矿流体初始热液来源于岩浆水，成矿中阶段和晚阶段有大量大气降水加入成矿热液，中酸性岩浆水与闪长岩关系密切（图 4.56）。

表 4.49　铜厂铜铁矿床各成矿阶段氢、氧同位素组成

样号	矿物	成矿阶段	$T/℃$	$\delta^{13}C_{PDB}/‰$	$\delta D_{SMOW}/‰$	$\delta^{18}D_{SMOW}/‰$	$\delta^{18}D_{PDB}/‰$	$\delta^{18}O_{H_2O}/‰$
T-55	石英	石英–黄铁矿阶段	238.4		−54	15.6		5.67
T-64	石英	石英–黄铜矿阶段	178.1		−74	15.8		2.26
T-71	石英	石英–黄铜矿阶段	160.0		−59	17.0		2.13
T-65	方解石	碳酸盐化阶段	134.5	−1.3	−72	14.2	−16.2	0.45

注：成矿热液的 $\delta^{18}O_{H_2O}$ 同位素采用石英–水平衡方程计算获得；据叶霖和刘铁庚，1997b。

铜厂铜矿床矿体内早期形成的石英脉大多已经破碎，为黄铜矿、方解石、晚期石英脉充填交代，其包裹体测温资料较少，目前仅见于北矿带。该带铜矿体内所测定的石英包裹体均一法温度为 174～358℃，晚期方解石均一法温度为 294℃（叶霖和刘铁庚，1997b），由此推断其成矿温度在 174～358℃ 范围内，主成矿期温度为 300℃ 左右。

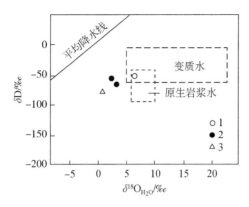

图 4.56　铜厂铜铁矿床 $\delta D\text{-}\delta^{18}O_{H_2O}$ 图解

1. 石英–黄铁矿阶段；2. 石英–黄铜矿阶段；3. 碳酸盐化方解石阶段

四、控矿因素和成矿规律

1. 控矿因素

（1）铜厂古火山机构控制矿区成矿流体的种类、运移、空间沉淀位置，控制成矿作用。

（2）闪长岩体提供成矿需要的水、热动力，提供了部分铜、铁成矿物质；岩体接触带控制矿体的产出，Ⅰ-9 主矿体主要产于闪长岩体内接触带。岩体侵入提供了热源、水和动力，造成其侵入前缘的细碧岩发生强烈蚀变，变为斜长绿帘岩，局部地段矿体围岩即为斜长绿帘岩；同时促使细碧岩、闪长岩中的铜元素发生活化、迁移、富集成矿。

（3）近东西向断裂控制矿带的展布、产状；北东向断裂与近东西断裂交汇部位矿体富厚，北东向断裂影响单个矿体形态；铜厂矿田构造十分复杂，不同方向的构造交汇及古火山喷发通道，叠加了晚期的侵入岩，形成了同位多期的成矿构造，使其周围的郭家沟组细碧岩发生蚀变，在闪长岩体侵入前端形成蚀变细碧岩（斜长绿帘岩），使郭家沟组中的铜等成矿元素再次活化、迁移、富集，对在闪长岩体前缘有利容矿构造中形成工业铜矿体起到了关键作用，因此同位多期构造和侵入体前缘的同生剪切蚀变破碎带为有利的成矿构造。可见，近东西向、北东向构造剪切带一是为成矿热液提供了运移通道，二是为矿质富集提供了淀积空间，是成矿重要的控制因素之一。

铜厂地区近东西向和北东向剪切带对成矿影响最大，发育于闪长岩体北缘的近东西向剪切带和岩体东侧内外接触带的北东向剪切带分别控制了主要矿体的就位。根据矿体的产出状况，可以说近东西向和北东向剪切带均形成于成矿之前，早期构造活动给矿液的流动和定位提供了通道和容矿空间，这些控矿剪切带均多次活动，构造面呈舒缓波状，产状变化大，构造陡缓变换部位对成矿更为有利，铜矿的富矿体和厚大部位就产在其陡缓变换的较缓部位上。例如，Ⅰ号矿带的浅部，7 线以西控矿断裂倾角较缓，并呈波状弯曲，矿体规模变大，品位变富，7 线以东断裂倾角变陡，断裂面较平直，矿体亦变薄，品位变贫；

在倾向方向上 1200m 标高以上及 900m 标高以下控矿断裂均陡倾，矿体厚度、品位均显著变薄变贫，而 900~1200m 标高之间的缓倾斜段内矿体变厚、变富。

综上所述，铜铁矿床控矿因素可概况为近东西向断裂及断裂交汇处、白云岩与闪长岩接触带、古火山机构。

2. 成矿规律

铜厂铜铁矿床含矿层位为新元古界碧口岩群郭家沟组（阳坝岩组中岩段）基性火山熔岩–火山沉积细碧角斑岩系（即勉略宁地区中部火山岩铜、铅锌、铁含矿层）；晋宁期超基性–基性–中酸性岩浆依次沿铜厂古火山口由南向北侵入，带来大量热液、水和铜、铁等成矿物质，岩浆侵入活化碧口岩群郭家沟组火山岩中的铜、铁元素并加入成矿流体中；成矿流体活化、运移铁铜等成矿元素到侵入体前缘构造剪切破碎带沉淀形成工业矿体；铁矿赋矿岩石为透闪岩，铜矿赋矿岩石为石英闪长岩，矿体就是赋矿围岩中铁或铜矿物富集的地段，具有火山沉积叠加后期热液交代矿床的典型特点。综合分析认为，成矿物质来源多样，大致可分为三个成矿阶段：第一阶段为晋宁早期，海相基性火山喷发导致成矿作用的启动，在新元古界碧口岩群郭家沟组形成初始矿胚层和矿（化）体；第二阶段为晋宁晚期，铜厂超基性–中酸性岩浆侵入及构造成矿作用在铜厂石英闪长岩体内接触带形成规模铜矿体，外接触带形成工业磁铁矿矿体，是主成矿阶段；第三阶段为加里东期—印支期，该阶段成矿作用主要表现为构造、岩浆热液改造作用和南北向断裂错断前期形成的矿体。

五、矿床成因与成矿模式

1. 成岩、成矿时代

铜厂铜铁矿床铜矿体主要呈脉状产于闪长岩体的内外接触带，铁矿体呈透镜状产出在闪长岩体接触带下部。闪长岩体的侵入对矿床的形成起了重要作用。赵统（1981）测得闪长岩 K-Ar 同位素年龄为 494.8Ma；桂林冶金地质研究所岩矿室同位素地质组（1972）测得闪长岩中的长英岩脉年龄为 204.2Ma（K-Ar 法）；秦克令等（1990）测得闪长岩年龄为 1335Ma（$^{40}Ar/^{30}Ar$ 法）。丁振举等（1998a）获得铜厂铜矿的辉钼矿 Re-Os 模式年龄为 889Ma。王伟等（2011）通过对赋矿闪长岩、石英闪长岩及钠长岩中锆石的 U-Pb 同位素测年，获得了早期闪长岩侵位结晶时代为距今 879±7Ma，中期石英闪长岩体侵入时代为距今 848±5Ma ~ 840±7Ma，钠长岩的 SHRIMP 锆石 U-Pb 同位素年龄为 834±7Ma。宫相宽等（2013）测得铜厂闪长岩体锆石 U-Pb 同位素年龄为 843.7±3.8Ma，栾燕（2019）测得铜厂黄铁矿 Re-Os 同位素年龄为 495~499Ma；铜厂闪长岩体侵入于新元古代碧口岩群郭家沟组火山岩，闪长岩体的侵入为铜矿形成提供了重要条件。

综合铜矿体产出地质特征和同位素年龄数据（表 4.50），认为铜厂闪长岩体和铜矿体主成矿期为新元古代晋宁期，但在加里东期（距今约 500Ma）、海西期（距今 340 ~ 250Ma）和印支期（距今 230~200Ma）、燕山期（距今 199.6~133.90Ma）遭受了不同构造、岩浆作用改造。

表 4.50 铜厂铜铁矿床及岩浆岩形成时代

地层/矿体/岩体			方法	年龄/Ma	来源
地层	鱼洞子岩群	斜长角闪岩	锆石 U-Pb 年龄	2657±9	秦克令等, 1992a
		黑云母花岗岩	LA-ICP-MS 锆石 U-Pb 同位素年龄	2661±17 2703±26	张欣等, 2010
	碧口岩群	上部浅变质中酸性火山岩	SHRIMP 锆石 U-Pb 同位素年龄	790±15 776±13	闫全人等, 2003
		下部基性火山岩		840±10	
铜厂矿田	铜厂铜矿床		矿化闪长岩中辉钼矿 Re-Os 同位素模式年龄	889	丁振举等, 1998a
			黄铜矿 Rb-Sr	359	
	铜厂闪长杂岩体	石英闪长岩	全岩 Rb-Sr 等时线年龄	340.06±10.93	李军, 1990
		闪长岩	全岩 Rb-Sr 同位素等时线年龄	233.30±10.4	叶霖和刘铁庚, 1997a, 1997b
		钠长岩		348.37±8.47	
		闪长岩	SHRIMP 锆石 U-Pb 同位素年龄	842±6.5	叶霖等, 2009
		早期闪长岩	LA-ICP-MS 锆石 U-Pb 同位素年龄	879±7	王伟等, 2011
		中期石英闪长岩		848±5～840±7	
		含矿钠长岩脉		834±7	
		晚期花岗闪长岩		824±5	
		闪长岩	LA-ICP-MS 锆石 U-Pb 同位素年龄	843.7±3.8	宫相宽等, 2013
	徐家沟	石英闪长岩	LA-ICP-MS 锆石 U-Pb 同位素年龄	311.7±1.6 157.0±2.4	代军治等, 2016
		辉石闪长岩		年龄较分散	

2. 铁矿成矿物质来源和矿床成因

铜厂铁矿体产于火山岩系的顶部碎屑岩或碳酸盐岩中，矿体形态为似层状或透镜体状，受层位与构造控制。火山期后喷流沉积岩含有大量铁质，为铁矿初始矿源层，故喷流沉积岩是铜厂铁矿铁质的主要提供者之一。

另外本区的蛇纹岩，有一部分是超基性岩变质来的，超基性岩的侵入也带来了大量铁质，在变质过程中，形成部分富铁矿脉，进一步使铁矿变富，故超基性岩也是铁矿铁的提供者之一。铁矿体的直接围岩是蛇纹岩和透闪岩，与铁矿体呈过渡关系，富矿脉叠加于贫矿之上。闪长岩体北部边缘的内接触带上，深部出现较多磁铁矿脉，沿片理化闪长岩的片理贯入，矿脉的矿石组分和主矿体矿石中晚期磁铁矿脉的组分相似。在透闪石中常见到泥灰岩的交代残余；蛇纹岩中见有透闪岩的交代残余和白云岩的残留体；蛇纹岩中局部还见有网环状构造，网环核部的胶蛇纹石显橄榄石假象。以上特点说明铜厂铁矿是在原始火山沉积形成的矿源层基础上，经过后期改造、变质使铁质逐渐运移、富集而成矿。

综上，火山期后喷流沉积岩、超基性岩（蛇纹岩）提供了铁成矿物质，闪长岩提供了成矿的水、热动力和部分铁质，铜厂铁矿成因属火山沉积改造型。铁矿成矿时代为新元古代晋宁期。

3. 铜矿成矿物质来源和矿床成因

根据同位素特征，矿区火山沉积岩和铜矿石的 $\delta^{34}S$ 值基本吻合，均为正高值，富集重硫，表明属地幔硫+地壳硫的混合硫源，推测岩浆期后热液活动带来的深部均一硫混染了一部分围岩或海水中的重硫，从而形成混合硫，说明铜矿的硫主要来自火山岩，但闪长岩体也提供部分硫源。

矿区细碧岩含铜丰度值高。据研究，细碧岩中角闪石变质前含铜 1.32%，角闪石蚀变为绿泥石后含铜 0.96%，说明矿区细碧岩绿泥石化后析出大量铜质，为铜矿提供了物源；闪长岩体铜的丰度值为 80×10^{-6}，高于地壳闪长岩、安山岩克拉克值；此外，闪长岩变质前角闪石含铜 1.97%，蚀变为绿泥石后含铜 0.87%，说明闪长岩蚀变过程中析出铜质，为铜成矿提供矿源；此外，形成铜厂闪长岩体的岩浆本身富含铜、金、铁，伴随岩浆的分异，挥发分、水分增多，铜、金、铁等成矿物质向上部和岩体边缘运移、集中，形成成矿流体。综上所述，铜成矿物质来自围岩（细碧岩、闪长岩）和岩浆期后热液，铜矿成因为火山沉积–构造岩浆改造型。

4. 铜厂铜铁矿床成矿模式

中、新元古代在铜厂一带发生了中基性火山喷发活动，形成了一套由基性火山熔岩–火山沉积过渡相岩石组成的细碧角斑岩系，这些火山熔岩本身挟带了大量的铜、铁等成矿物质，形成了铜元素的高背景地层，在火山沉积过渡相中形成了热水沉积岩相（铁碳酸盐岩），并在局部形成了热水沉积型铜矿体，初始火山活动为后期成矿提供了铜和部分硫元素，但在该阶段成矿物质呈分散状态赋存于岩石中，没有形成工业矿体，仅形成了初始矿源层。

晋宁期石英闪长岩体顺火山口由南向北侵入，在侵入体前缘形成同生剪切蚀变破碎带，导致其周围的郭家沟组细碧岩发生蚀变，使郭家沟组中的铜等成矿元素再次活化、迁移。闪长岩体本身含铜较高，其中的角闪石为含铜的主要矿物，为铜的成矿提供了部分物源。由于岩浆分异作用，后期形成了富含挥发分和成矿物质的岩浆期后热液，这些岩浆期后热液沿其附近的剪切构造进一步活动，中晚期热液中也混入部分大气降水，挟带了从围岩（细碧岩、石英闪长岩）中萃取的铜、硫等成矿物质，在岩体接触带附近的剪切带内有利的物理、化学环境中富集成矿，但该期所形成的矿体以含铜石英方解石脉为主。

由于多期构造活动，同时又产生一些高温的动力变质热液，这些变质热液在运移过程中萃取了围岩中的硫和铜元素。早期构造活动给矿液的流动和定位提供了通道和容矿空间，这些控矿剪切带均多次活动，构造面呈舒缓波状，产状变化大，在构造陡缓变换部位形成了有利的成矿空间。动力变质热液与岩浆期后热液混合，形成了新的含矿热液，彻底改变了原热液的物理化学平衡，使热液中的有用物质呈硫化物形式大量沉积下来，交代、胶结原先的含铜石英方解石脉，从而形成铜厂铜矿的主体。

铜厂铜矿床产于铁矿以南 50~400m，受铜厂闪长岩体北缘内外接触带的片理化构造蚀变带控制，以脉型矿为主，成矿温度低于350℃，属中低温成矿。铜物质主要来自细碧岩，而硫主要来自海水。因此可以认定，铜厂铜矿床成因属火山沉积-构造岩浆改造型。铁、铜矿成因机制大致相同，但铜厂铜矿后期叠加成矿更为明显。铜矿与铁矿是同一成矿系列中不同阶段的产物。铜厂铜铁矿床是一个共生矿床。铁矿床有形成温度较高，蚀变作用较强等特点，认为铁矿成矿时代略早于铜矿，为新元古代晋宁期。

因此，认为铜厂铜铁矿床成因上属于原始火山沉积-后期构造岩浆改造型。

5. 铜厂铜铁矿床成矿模式特征

（1）大地构造位置为扬子地块西北缘摩天岭褶皱带勉略阳古隆起中部火山岩带。成矿区带为勉略宁铁铜镍金多金属矿集区。

（2）新元古代发生基底拼接作用，基性岩浆侵入，形成碧口岩群郭家沟组火山岩，与此同时超基性岩沿拼接带侵入，中酸性、基性侵入岩在中心式火山机构中就位，而弧后盆地则接受碎屑浊流沉积。在中酸性侵入岩（次火山岩）的边部内外接触带上形成次火山热液型铜铁金等矿产——铜厂铜铁矿床。

（3）含矿建造为新元古界碧口岩群郭家沟组火山碎屑-沉积岩建造。火山碎屑向正常沉积过渡地段为矿体产出部位。

（4）北西向和北东向构造交汇及古火山喷发通道，叠加次火山岩及晚期侵入岩浆岩，形成同位多期成矿构造。同位多期构造和侵入体前缘近东西向同生剪裂破碎蚀变带为有利成矿构造。

（5）铜厂铜矿床主矿体均产于闪长岩体的内、外接触带。

铜厂铜铁矿床成矿作用可分为原始火山沉积期和后期热液改造期。

原始火山沉积期：新元古代晋宁期基底拼接，基性岩浆侵入，形成碧口岩群郭家沟组火山岩，表现为双峰式火山岩特点，与此同时超基性岩沿拼接带侵入，中酸性、基性侵入岩在中心式火山机构中就位，而弧后盆地则接受碎屑浊流沉积。在中酸性侵入岩（次火山岩）的边部内外接触带上形成次火山热液型铜铁金等矿产。

后期热液改造期：海西期岩浆动热作用，使碧口岩群含铜火山岩进一步发生蚀变，在侵入体前端形成斜长绿帘角岩（强蚀变细碧岩），促进碧口岩群火山岩及其元古宙火山热液成因铜矿（化）体等地质体中成矿元素再次活化、迁移、富集，对于在闪长岩体前缘有利容矿构造中形成工业富铜矿脉起到了关键作用，成矿模式见图4.57。

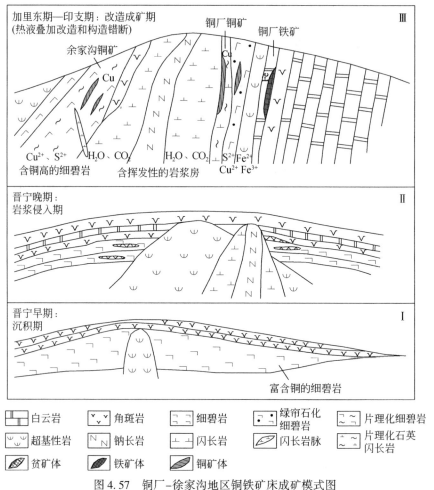

图 4.57　铜厂–徐家沟地区铜铁矿床成矿模式图

六、找矿标志及找矿模型

1. 找矿标志

（1）处于拉张–裂陷或挤压–碰撞岛弧区域构造环境，发育古火山机构，火山活动强烈。

（2）发育呈带状展布的韧脆性剪切带，并沿剪切带有基性–超基性–中酸性岩体侵入；北东–北东东向（近东西向）断裂带岩石破碎，糜棱岩、碎裂岩、片理化岩石发育为构造标志。该组断裂规模较大，控制了矿带的展布和矿床的分布，是重要的控矿构造；断裂带旁侧的密集构造片理化带、不同规模的层间破碎带、沿岩性界面发育的断裂带控制了矿体的产出。

（3）铜厂闪长岩与中基性火山沉积岩接触带是区内寻找铜、铁矿的有利标志。目前发现的铜矿体均赋存在铜厂闪长岩内外接触带或岩体内部；铁矿体赋存在白云岩与闪长岩接触带中。

（4）有利的岩性组合。片理化闪长岩、片理化细碧岩是该区铜矿的含矿岩性；滑石化、碳酸盐化蛇纹岩、透闪岩是铁矿的含矿岩性。

（5）围岩蚀变强烈。斜长绿帘角岩等强蚀变细碧岩和透闪石化白云岩是该区域找矿标志之一。近矿围岩蚀变找矿标志主要是石英方解石脉群、硅化、碳酸盐化、黄铁矿化、钾化、角岩化、绿泥石化、绢云母化。围岩中发育强烈的蛇纹石化、透闪石化、绢云母化、阳起石化、绿泥石化、绿帘石化等。

（6）物化探异常明显。水系沉积物 Cu、Ag、Ni、Co、Au 等元素异常，围绕铜厂闪长岩体北部、东南部呈环带分布的面状异常指示矿区；土壤 Cu、Ag、Au、Ni、Co、As、Mn等元素异常，在岩体接触带呈北东东向分布，与岩石断裂破碎、片理化发育的韧性剪切带构造吻合的带状异常，指示矿床；Cu、As、Ni、Co（伴 Au、Ag 点异常）元素中-弱强度原生晕组合异常，指示浅埋（埋深几米至几十米）盲矿体；元素水平、垂向分带特征及序列，是矿体定位和剥蚀程度的评价标志。Cu、Mo、B、Bi 是闪长岩体的异常元素标志，可预测隐伏矿体。在酸性岩体接触带或沿主构造线分布大比例尺磁异常和激电异常。铜厂地区所获磁异常与铁矿体的对应关系较好，中、高强度的磁异常是铁矿直接的找矿标志。

（7）铜厂矿体的最终定位主要受闪长岩体前缘接触断裂破碎带控制。因此，与侵入体或断裂构造运动等后期改造因素有关的构造部位，是有利赋矿部位。

2. 找矿模型

铜厂铜铁矿床"三位一体"找矿预测地质综合模型见表4.51。

表4.51　铜厂铜铁矿床"三位一体"找矿预测地质综合模型

找矿模型要素	主要标志	铜厂铜铁矿床
成矿地质背景	大地构造背景	鱼洞子地块和碧口地块古拼接缝合带
	成矿时代	新元古代晋宁期
成矿地质体	围岩	铜矿为闪长岩、细碧岩；铁矿为白云岩、斜长绿帘岩（原岩为细碧岩）
	岩体形态	铜厂石英闪长岩岩株
	形成时代	晋宁期
	岩石类型	中酸性岩石
	岩石化学	钙碱性岩系列
	矿体空间位置	铜矿产于闪长岩体内接触带；铁矿产于闪长岩体外接触带
成矿构造和成矿结构面	成矿构造系统	火山喷发-岩浆侵入构造系统
	成矿结构面类型	闪长岩内外接触带
	矿体就位样式	透镜状、似层状

续表

找矿模型要素	主要标志		铜厂铜铁矿床
成矿作用特征标志	围岩蚀变	蚀变类型	蛇纹石化、透闪石化、绢云母化、阳起石化、绿泥石化、帘石化、硅化、方解石化、磁铁矿化、黄铜矿化、黄铁矿化、方铅矿化、闪锌矿化、紫硫镍铁矿化、辉砷镍矿化、辉钴矿化、辉钼矿化
		蚀变分带	由闪长岩到白云岩，依次发育：绢云母化、碳酸盐化→硅化、方解石化、绢云母化、黄铜矿化、黄铁矿化、方铅矿化、闪锌矿化、紫硫镍铁矿化、辉砷镍矿化、辉钴矿化、辉钼矿化→滑石化、叶蛇纹石化、透闪石化、阳起石化、绿泥石化、帘石化、碳酸盐化、硅化、磁铁矿化→碳酸盐化、硅化
	成矿分带及典型矿物组合	矿石结构、构造	铜矿石结构以压碎结构、交代残余结构、粒状变晶结构为主，矿石构造以角砾状、浸染状条带状构造为主；铁矿石结构以他形不等粒状结构为主，矿石构造以稠密浸染状和中等稠密浸染状构造为主
		矿化分带	黄铜矿化、黄铁矿化、磁黄铁矿化、方铅矿化、闪锌矿化、辉砷镍矿→磁铁矿化
		典型矿物组合	黄铜矿+辉铜矿；黄铜矿+黄铁矿；磁黄铁矿+黄铜矿组合；滑石+蛇纹石+磁铁矿；透闪石+滑石+磁铁矿组合
		矿化阶段	①早期火山沉积阶段，矿物组合为辉石、角闪石、黄铁矿、黄铜矿；②后期热液改造阶段，矿物组合为石英、绿泥石、绿帘石、阳起石、蛇纹石、透闪石、黄铜矿、黄铁矿、磁黄铁矿、磁铁矿、针镍矿、辉镍矿
	成矿流体性质及流体包裹体特征	成矿流体性质	早期海底热液；后期岩浆期后热液
		包裹体特征	铜矿石英包裹体均一温度 174～358℃；晚期方解石均一温度 294℃
		流体物理参数	沉积期：压力和温度不高的海底环境，沉积时为弱氧化环境，pH 为中偏碱性；热液期：地下深部较高温高压环境，较还原，适宜形成磁铁矿
		稳定同位素特征	铜矿石黄铜矿 $\delta^{34}S = 9.30‰～11.3‰$；铁矿石黄铁矿 $\delta^{34}S = 3.90‰～11.40‰$；铜矿石石英 $\delta D = -74.0‰～-54.0‰$，$\delta^{18}O = 0.45‰～5.67‰$
	金属的迁移及沉淀机制	金属迁移	Cu^{2+}、Fe^{3+}
		金属沉淀	早期海底火山喷发沉积；后期热液充填、交代、混合
物化遥异常	物化探异常	物探异常特征	中、高强度的磁异常和大比例尺激电异常
		化探异常特征	水系沉积物 Cu、Ag、Ni、Co、Au 等元素异常指示矿区；土壤 Cu、Ag、Au、Ni、Co、As、Mn 等异常一般指示矿床；Cu、As、Ni、Co（伴 Au、Ag 点异常）元素中–弱强度原生晕组合异常指示浅埋（埋深几米至几十米）盲矿体

第十一节　陈家坝铜铅锌多金属矿床地质特征、成矿模式及找矿模型

陈家坝铜铅锌多金属矿床位于陕西省略阳县，大地构造位置位于扬子板块西北缘摩天岭隆起东段勉略宁三角区，属勉略宁矿集区七里沟–铜厂–二里坝构造岩浆岩带陈家坝段。西北有色地质勘查局七一一总队早在1966年就开展了区内的地质找矿工作，经2015年地质普查工作，该矿床初步估获远景铜铅锌资源/储量10万t。

一、矿区地质背景

区域地层由基底和盖层构成，其中基底为新元古界碧口岩群（Pt_3Bk）浅变质海相火山–沉积岩系组成；盖层由震旦系碎屑–化学沉积岩组成。陈家坝铜铅锌多金属矿床赋存在碧口岩群东沟坝组（Pt_3d）浅变质海相火山–沉积岩系中。

区域构造主要表现为沿七里沟–铜厂–二里坝元古宙基底碰合带发育的近东西构造岩浆岩带以及基底与盖层间的逆冲推覆–滑脱构造，对区域成岩、成矿具明显控制作用。

沿七里沟–铜厂–二里坝古基底缝合带分布七里沟、铜厂、罗家山等多个古火山机构，控制了区域铜、铅锌矿床的分布。

区域岩浆活动频繁，从超基性–基性至酸性岩均有出露，并具有多期次侵入特点，其中铜厂闪长岩与成矿关系密切。

变质作用主要表现为基底海相火山–沉积岩系的低绿片岩相变质作用。

1. 地层

矿区出露地层主要有新元古界碧口岩群郭家沟岩组上岩段（Pt_3g^3）、新元古界碧口岩群东沟坝岩组（Pt_3d）、下震旦统雪花太坪岩组上岩段（Z_1xh^3）（图4.58）。

1）新元古界碧口岩群郭家沟岩组上岩段

上岩段细分为第一亚层（Pt_3g^{3-1}）、第二亚层（Pt_3g^{3-2}）。第一亚层主要分布在矿区东南角，延伸出矿区范围，整体走向近东西向，长大于1500m，厚大于2000m，倾向330°~20°，倾角50°~75°，主要为厚层白云岩，与上下层断层接触；第二亚层主要分布在矿区南部龙洞湾，整体走向近东西向，断续长1.3~2.0km，宽100~550m，倾向340°~10°，倾角45°~70°，主要为千枚岩、含碳千枚岩。

2）新元古界碧口岩群东沟坝岩组

在矿区内出露中岩段（Pt_3d^2）和上岩段（Pt_3d^3）。

中岩段在陈家坝矿区出露最为广泛，分布于中部和北部，走向北东，长度大于2000m，出露宽度大于800m，总体倾向北西，局部南倾，倾角40°~90°，与下伏及上覆地层为断层接触。岩性主要有角斑岩、石英角斑岩、角斑质凝灰岩、硅质白云岩等，其部分野外宏观特征及镜下显微照片见图4.59。陈家坝铜铅锌多金属矿体主要赋存于该岩段角斑

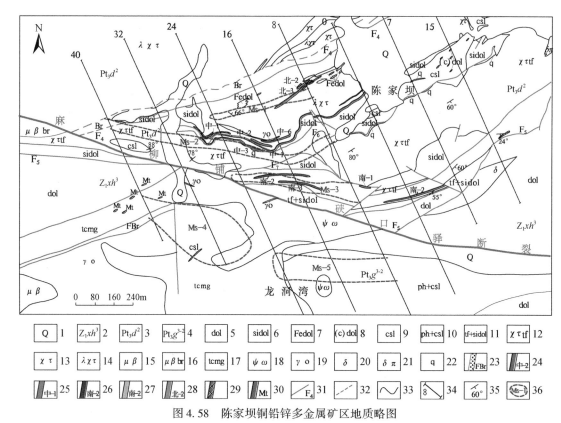

图 4.58　陈家坝铜铅锌多金属矿区地质略图

1. 第四系坡积物；2. 下震旦统雪花太坪组上岩段白云质灰岩、白云岩、灰岩、含碳灰岩夹板岩；3. 新元古界碧口岩群东沟坝组中岩段角斑岩、角斑质凝灰岩、石英角斑岩夹细碧岩；4. 新元古界碧口岩群郭家沟组上岩段第二亚层千枚岩含碳千枚岩夹灰岩；5. 白云岩；6. 硅质白云岩；7. 铁白云岩；8. 含碳质白云岩；9. 碳质板岩；10. 千枚岩夹碳质板岩；11. 凝灰岩夹硅化白云岩；12. 角斑质凝灰岩；13. 角斑岩；14. 石英角斑岩；15. 细碧岩；16. 细碧质角砾岩；17. 滑镁岩；18. 蛇纹岩；19. 斜长花岗岩；20. 闪长岩；21. 闪长玢岩；22. 石英脉；23. 断层破碎带；24. 锌矿体及编号；25. 铜矿体及编号；26. 铅矿体及编号；27. 铜锌矿体及编号；28. 铅锌矿体及编号；29. 锌矿化体；30. 磁铁矿体；31. 断层位置及编号；32. 推测断层；33. 地质界线；34. 勘探线位置及编号；35. 地层产状；36. 激电异常及编号

岩、角斑质凝灰岩和硅质白云岩岩性接触界面附近，偏硅质白云岩一侧。

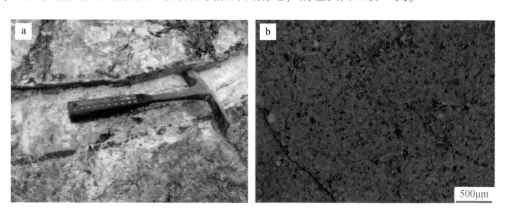

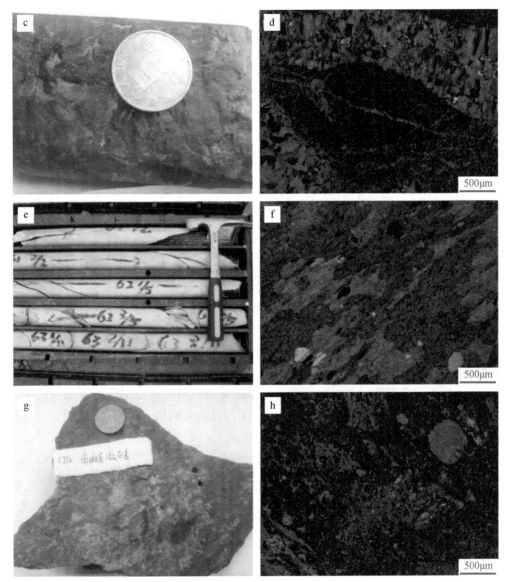

图 4.59　陈家坝铜铅锌多金属矿床岩石特征照片和显微照片

a、b. 硅质白云岩；c、d. 碳质板岩；e、f. 石英角斑岩；g、h. 角斑质凝灰岩

角斑岩（χτ）：分布于陈家坝矿区中部，与石英角斑岩为渐变接触关系。呈灰–绿灰色，斑状结构，块状或片状、变余杏仁状构造。斑晶为钠长石，呈半自形中粒柱状，轻微绢云母化或被石英交代，部分呈聚斑晶，含量 7% 左右。基质由绢云母、石英、绿泥石、铁方解石、黑云母、白钛石、榍石、磁铁矿、白云石和白云母组成。

石英角斑岩（qχτ）：分布于陈家坝矿区西北部。呈灰绿–绿灰色，斑状结构，边部偶见碎裂结构，块状或片状构造，主要由钠长石、石英、绢云母、黑云母组成，其次是铁方解石、绿泥石、绿帘石、钾长石、磁铁矿、黄铁矿和镜铁矿等。斑晶以钠长石和石英为主，约占 4.5%。基质以绢云母为主，呈定向排列，次为石英和黑云母，其他矿物很少。

角斑质凝灰岩（χτtf）：分布于陈家坝矿区南部。灰白色，鳞片粒状变晶结构，块状构造。矿物成分主要有钠长石，含量约 50%；绢云母，呈细小鳞片状，含量 40%；其次为石英，呈他形微细粒，含量约 10%。

硅质白云岩（Sidol）：分布于陈家坝矿区中部，分两层。北侧一层东西延长约 1800m，为中矿化蚀变带主含矿层。岩石呈灰-灰白色，细-微粒或他形细粒、不等粒，半自形-他形或鳞片-他形细粒状结构，大部为块状构造。主要由白云石组成，含少量石英、铁方解石、滑石、方解石、钠长石、绿泥石、白云母、绢云母、磷灰石、金红石、白钛石、锆英石与碳质等，金属矿物有黄铁矿、黄铜矿、闪锌矿、方铅矿及褐铁矿等；南侧一层东西长大于 2000m，为南矿化蚀变带含矿层。岩石呈灰-灰白色，细-微粒或他形细粒、不等粒，半自形-他形或鳞片-他形细粒状结构，大部为块状构造，少部为角砾状构造，由白云石及铁白云石组成，含少量石英、铁方解石、方解石、钠长石、绿泥石、白云母、绢云母、磷灰石、金红石、白钛石、锆英石与少量碳质，金属矿物有黄铁矿、黄铜矿、黝铜矿、斑铜矿、闪锌矿、方铅矿及褐铁矿等。该层硅质白云岩中，见有钠长石呈细脉状或似斑晶，边缘参差不齐，推测白云岩层沉积时，有少量海底火山喷发物（钠长石）混杂沉积。

碳质板岩（Csl）：出露于陈家坝矿区中部 0～23 线间，夹于两层硅质白云岩之间。16 线以西地表未出露。岩石呈灰-灰黑色，夹碳质白云岩扁豆体，鳞片粒状变晶结构、块状构造，主要由绢云母、碳质、石英和白云石组成，其次是铁白云石、绿泥石和滑石，并含少量闪锌矿、黄铁矿和褐铁矿。

东沟坝组上岩段少量分布在麻柳铺北部，近北西向展布，在中岩段下部，长 3.7km，宽 150～600m，倾向北东，倾角 45°～80°，主要岩性为角斑岩、细碧岩，与上、下层为断层接触。

3）下震旦统雪花太坪组上岩段（Z_1xh^3）

主要分布于矿区东、南部及西部的棺材山一带，出露宽度 50～550m，走向北东东，倾向 325°～330°，倾角 63°～66°，与两侧地层均呈断层接触，主要为白云岩，底部夹有白云质灰岩、硅质板岩、泥质板岩薄层及高磷氧化锰矿透镜体。白云岩呈灰白色，细粒结构，致密块状构造，成分以细粒他形白云石为主，紧密堆积，含量约为 90%，此外含 10% 左右的硅质，分布于白云石粒间。

2. 构造

1）褶皱构造

矿区内的铜厂复式背斜，分布于铜厂矿田中部，轴向近东西，核部出露郭家沟组下岩段的中-基性火山角砾岩、角砾熔岩及细碧岩，两翼则出露郭家沟组中、上岩段。由于断裂影响及岩体侵入，褶皱形态不完整，该复式背斜核部侵入了铜厂闪长岩体，根据研究，闪长岩体为顺古火山口侵入，矿田范围为一围绕闪长岩体分布的古火山机构。徐家沟铜矿床、铜厂铜铁矿床均产于该背斜的北翼。

2）断裂构造

矿区构造体为断裂构造，主要由北西向断裂、近东西-北东向断裂及北北西向断裂组成。

北西向断裂组：其中麻柳铺–硖口驿断裂为区域性断裂，规模大，分布于工作区中南部，总长大于16km，区内长3km，走向北西，倾角75°～90°。该断裂切穿了所通过的各类岩性层，属燕山期浅层次断裂，具左行平移逆断层特征。

近东西向–北东向断裂组：该组断裂条数多，规模比较大，为矿区控岩控矿断裂，包括如下断裂。

F_4断裂：区内长约3500m，走向北东，倾向北西，倾角30°～60°。区内的矿化带皆限于其南侧，断裂略显南倾，地表见有5～30m宽的挤压破碎带，在走向上，于杨家岭一带被麻柳铺–方家坝大断裂截断，配套构成了共轭断裂。受该断裂的影响，部分地层缺失及矿化带中断。

F_5断裂：区内长2000m以上，走向北东，倾向南东，倾角70°～85°，发育于火山碎屑岩与上覆的白云岩接触带附近，于老屋脊一带被麻柳铺–方家坝区域断裂截断。该断裂在矿区内与上述F_4断裂大致平行产出，两者间距500～600m，是矿区含矿带的南界面，属于扭性逆断层。

F_6断裂：中矿带中的主含矿层（硅化白云岩）南侧的走向断裂，地表出露长约600m，产状与地层一致，大部分紧闭，深部仅于16线钻孔中见到。断裂两盘具有明显的硅化、绿泥石化，局部见灰褐色石英脉。

北北西向（近南北向）断裂组：该组断裂规模比较小。大多分布在矿区南部，走向北北西，倾向南西，倾角70°以上，斜切地层。在0线南端白云岩层被错断。

3. 侵入岩

矿区侵入岩从超基性、基性到酸性均有出露。

1）超基性岩类

主要有蛇纹岩、滑石菱镁岩，均为超基性岩的变质岩，推测原岩为橄榄辉石岩。在矿区南部出露蛇纹岩及少量滑石菱镁岩，与围岩呈侵入接触关系；在矿区北部棺材山南坡—西沟垭一带出露滑镁岩，间夹蛇纹岩透镜体，其中滑镁岩中产出磁铁矿体。与雪花太坪组白云岩呈断裂接触关系。

蛇纹岩：呈淡绿色、黄绿色，胶状或鳞片状结构，块状及片状构造，成分以蛇纹石为主，含量达80%以上，叶蛇纹石与纤维蛇纹石不均匀分布，总含量小于20%。

滑石菱镁岩：呈灰白色，细粒–鳞片变晶结构，块状及片状构造，主要由滑石与菱镁矿组成。滑石呈微细鳞片状，含量小于70%；菱镁矿呈粒状分布于滑石之中，含量30%左右。

滑镁岩：呈灰白、灰色，粒状结构，块状构造，主要矿物有菱镁矿，他形粒状、细粒状发育；滑石呈片状、分散状于菱镁矿粒间分布；绢云母呈细小鳞片状发育；石英，他形粒状、细脉状分布，另含少量方解石、磁铁矿、铬云母等。另见少量灰黑色条带似定向分布，具弱磁性，为他形微细粒磁铁矿集合体细脉。铬云母呈绿色星点状分布，含量极少。

2）基性岩类

在矿区南侧少量出露，主要为辉长岩、辉绿岩，呈小岩脉产出，形态不规则，其长轴方向为北东向，与区内构造线方向一致。岩体与郭家沟组下、中岩段呈侵入接触关系，边界呈不规则港湾状,局部见有白云岩捕房体,西侧为蛇纹岩体,推测其与蛇纹岩的变质前原岩为相变关系,岩体中央相的矿物粒度达中粗粒,自形程度较高,边缘相的矿物粒度明显变细,两相带之间渐变过渡。

辉长岩:呈暗绿色,中粗粒结构,块状构造,矿物以长石、绿泥石为主。长石为中粗粒他形–半自形板条状,粒径0.3~1.5mm,含量为60%左右;绿泥石为鳞片状集合体,呈辉石假象(短柱状),含量为40%左右。

3)中性岩类

在矿区东部出露少量的闪长岩,在东北部出露大量的闪长玢岩。

闪长玢岩:出露于矿区东北部,形态不规则。岩体与东沟坝组为侵入接触关系。深绿色或黄绿色,斑状或变余斑状结构,块状构造。斑晶有钠长石、石英和绿泥石。基质由钠长石、石英、绿帘石、绢云母、绿泥石、阳起石、铁方解石、榍石组成。

4)酸性岩类

在矿区西南部出露大量的斜长花岗岩。该岩体侵入于东沟坝组中岩段石英角斑岩中,岩体与围岩接触带呈侵入接触关系,局部在外接触带见有弱铁碳酸岩化,未见明显的矿化及热蚀变现象。

斜长花岗岩:呈浅灰白、灰黄色,细–中粒花岗结构,块状构造,主要矿物有钠长石、石英、绢云母(油脂光泽,呈细小鳞片粒状零星发育),少量碱性长石、方解石、铁碳酸盐、铁氧化物薄膜等。岩石裂隙发育,较碎裂。

4. 蚀变特征

矿区围岩蚀变有硅化、绢云母化、绿泥石化、黄铁矿化、黄铜矿化、闪锌矿化、方铅矿化等。野外及镜下观察发现黄铁矿化、黄铜矿化、闪锌矿化具有以下特征:

黄铁矿化常见有三期,早期黄铁矿为细粒半自形及他形集合体,稠密浸染状及角砾状产出,呈黄绿色,多赋存于凝灰岩、碳质板岩显微层理中;中期黄铁矿为细粒–中粒自形六面体,以浸染状及脉状集合体产出,穿插于早期黄铁矿集合体及晶粒间,呈比早期略浅的黄绿色;晚期黄铁矿为中粗粒状、自形六面体,亮黄色,多伴生有闪锌矿、黄铜矿及含铜黄铁矿,呈脉状及不规则团块状的集合体,沿先期黄铁矿的边缘及裂隙中分布。

黄铜矿化呈他形微细粒状集合体、星点状及细脉状产出,常充填于黄铁矿颗粒间及其裂隙之中。矿化较强的矿石见有黄铜矿呈细脉状包裹在黄铁矿集合体的周围,似镶边状,多与闪锌矿、石英共生。含量极不均匀,一般矿化强者可达1%~2%。

闪锌矿化呈他形细粒、微粒状、浸染状分布于黄铁矿粒间及裂隙之间,常与石英及晚期的粗粒黄铁矿共生,明显地包裹蚀变早期的黄铁矿,含量小于1%,分布极不均匀。

5. 物化探异常特征

陈家坝矿区位于正、负航磁异常转换的梯度带上。通过矿区激电中梯剖面测量,共圈定五个视极化率异常带,由北到南依次为Ms-1、Ms-2、Ms-3、Ms-4、Ms-5异常带,为中阻、中高极化异常。陈家坝铜锌矿带产出在白云岩与角斑质凝灰岩或千枚岩的岩性界面附近。由表 4.52 可知，含铜锌黄铁矿矿石的视极化率值在 25.12‰~75.91‰ 之间，平均 46.65‰，远高于矿带围岩千枚岩（8.02‰）和白云岩（5.66‰），含铜锌矿石电阻率平均值为 89Ω·m，与围岩有一定差异。推测异常由产于石英角斑岩夹铁白云岩中的含锌的黄铁矿引起。其中 Ms-1、Ms-2、Ms-3 视极化率异常与北、中、南矿带大致对应，推断为矿致异常，Ms-2、Ms-3 异常幅值和范围较大，为矿区的重点异常；Ms-4、Ms-5 异常位于矿区南部，地质工作程度较低。

表 4.52　陈家坝铜铅锌多金属矿床岩石、矿石电性参数统计

岩矿石名称	标本数量	视极化率值/‰			视电阻率值/(Ω·m)		
		最小值	最大值	平均值	最小值	最大值	平均值
含铜锌黄铁矿矿石	35	25.12	75.91	46.65	51	120	89
硅化白云岩	32	8.11	27.91	14.13	137	812	396
角斑质凝灰岩	33	6.89	11.26	9.20	47	120	86
千枚岩	32	5.41	11.71	8.02	150	287	218
白云岩	32	4.35	6.51	5.66	671	1516	985
滑镁岩	31	20.91	29.63	26.3	88	135	110
蛇纹岩	31	0.95	4.25	2.52	43	290	117
石英角斑岩	32	2.7	7.66	4.56	282	463	397

Ms-1 异常位于工作区东北部，异常东西长约 500m，南北宽约 40m，向东未封闭，且异常逐渐增大，视极化率值在 20‰~59‰ 之间，向东逐渐增强，视电阻率值在 170~320Ω·m 之间，为中阻、中高极化异常。该异常与工作区北矿带对应，推测异常由产于石英角斑岩夹铁白云岩中的含锌的黄铁矿引起，为矿致异常。

Ms-2 异常位于工作区中部，异常东西长约 800m，南北宽约 60m，视极化率值在 38‰~140‰ 之间，视电阻率值在 94~356Ω·m 之间，为中阻、高极化异常。该异常与工作区中矿带对应，推测异常主要由含闪锌矿黄铁矿引起，为矿致异常。

Ms-3 异常位于工作区中南部，异常东西长约 800m，南北宽约 60m，视极化率值在 33‰~133‰ 之间，视电阻率值在 56~264Ω·m 之间，为中低阻、高极化异常。该异常与工作区南矿带对应，推测异常主要由黄铁矿及伴生的闪锌矿引起，为矿致异常。

陈家坝矿区位于该矿集区中部二里坝–铜厂–碦口驿铜、金、银、铅、锌等元素异常带内（Ⅱ号异常带），该带长约 20km，宽 2~6km，近东西向展布，与其中部火山–岩浆构造成矿带基本一致。通过 1:1 万化探原生晕扫面工作，在陈家坝地区圈出一个以铜、锌为主的多元素组合异常，长 2400m，宽 80~100m，Cu 丰度值 800×10^{-6}~2000×10^{-6}，Zn 丰度值 $>10000 \times 10^{-6}$，此原生晕组合异常与陈家坝中矿化蚀变带相吻合。

二、矿床地质特征

1. 矿体地质特征

陈家坝矿区内共圈出北、中、南三条矿化蚀变带及 12 条铜铅锌多金属矿体。各矿体

在矿化蚀变带内平行展布，产状与矿化蚀变带基本相同。其中以北-1、中-2、中-3、中-5、南-2号5条矿体规模较大，工程控制程度相对较高。

1）北矿化蚀变带

该带长约1000m，宽50～150m，呈带状北东向展布，倾向北，倾角60°～75°。矿体赋存在新元古界东沟坝组中酸性火山岩（角斑岩）与硅质白云岩岩性界面附近；矿带位于F_4断裂的南侧，发育闪锌矿化、黄铁矿化、硅化、铁碳酸盐化。矿带受地层和岩性控制，地表角斑岩局部具有黄铁矿绢英岩化、铁白云岩化风化，后呈土状褐色铁帽。带内圈定出北-1号等2条锌矿体，长60～250m，厚度1.60～2.65m，锌品位1.70%～2.16%。

2）南矿化蚀变带

该带位于矿区南部，主要沿南部断裂带（F_5）及其北侧分布，长约4500m，宽约50m。8线以西走向为北西西–近东西向，倾向北，倾角65°～80°；8线以东走向转为北东东向，倾向南，倾角50°～75°。带内矿化明显受断裂构造控制，矿化产出在白云岩和夹有白云岩薄层的角斑质凝灰岩中，两者岩性界面矿化最强。围岩蚀变主要有脉状黄铁矿化，伴有闪锌矿化、方铅矿化等。带内圈出南-1号等3条铜铅锌矿体，呈平行产出，产状与蚀变带产状一致。

3）中矿化蚀变带

该带为陈家坝矿区主含矿蚀变带。西起杨家岭，东至陈家坝，区内长约1200m，地表宽约50m，随深度增加而逐渐变宽，延深大于700m。8线以西呈近东西向展布，8线以东呈北东向，倾向北，倾角65°～90°，局部南倾，沿走向具有明显的波状起伏，倾向上形态较稳定，随深度增加，有变厚趋势。矿带产出在新元古界东沟坝组中酸性火山岩与硅质白云岩接触部位，偏硅质白云岩一侧。矿化以硅化、黄铁矿化、黄铜矿化、闪锌矿化为主。中矿化蚀变带规模比较大，矿化强，矿体多，共圈定出中-2号等7条铜铅锌矿体，呈平行产出，控制长220～1395m，厚1.37～2.93m，铜品位0.89%～1.89%、铅品位0.31%～0.44%、锌品位0.97%～4.20%。其中中-2号矿体规模最大，工程控制程度相对较高。

中-2号铜铅锌矿体为主矿体，赋存于石英角斑岩与硅质白云岩岩性界面附近，分布于26～23线之间，地表出露标高944～1030m。总体走向近东西，向北陡倾，倾角65°～90°，呈层状、似层状。矿体长1395m，沿倾斜方向控制最大延深560m（未封边），一般厚0.28～5.51m，平均厚2.77m；单工程铜品位0.56%～3.38%，平均品位1.39%；锌单样品位0.10%～13.95%，单工程品位0.52%～11.61%，平均品位4.20%；铅单样品位0.10%～9.71%，单工程品位0.31%～1.90%，平均品位0.44%。伴生金品位$0.28×10^{-6}$；银品位$9.01×10^{-6}$。含矿岩石为硅化白云岩，主要蚀变有硅化、黄铁矿化、闪锌矿化、方铅矿化、黄铜矿化等。矿体内矿石可分为铜矿石、铅矿石、锌矿石、铜锌矿石和铅锌矿石五种工业类型。

2. 矿石特征

1）矿石的物质组成

矿石矿物主要有黄铁矿、闪锌矿、黄铜矿和方铅矿，次为黝铜矿和斑铜矿；主要的脉石矿物有石英、白云石、铁白云石、铁方解石、重晶石和绢云母等，其次有少量钠长石、滑石、碳质物和白云母；副矿物有磷灰石、金红石和白钛石，含量均甚微。

黄铁矿：细粒半自形及他形集合体，稠密浸染状及角砾状产出，黄绿色；在凝灰岩、碳质板岩中呈显微层理；细粒-中粒自形六面体，浸染状集合体产出，穿插早期黄铁矿集合体及晶粒间，黄绿色；中粗粒状、自形六面体，亮黄色，多伴生有闪锌矿、黄铜矿，呈脉状及不规则团块状的集合体，沿先期黄铁矿的边缘及裂隙中分布。

黄铜矿：他形微细粒、粒状集合体、星点状及细脉状产出，常充填于黄铁矿颗粒间及裂隙中。在矿化较强的矿石中，见有黄铜矿呈细脉状包裹在黄铁矿集合体的周围，呈似镶边状。多与闪锌矿、石英共生。含量极不均匀，一般矿化强者可达1%~2%。

闪锌矿：他形细粒、微粒状、浸染状分布于黄铁矿粒间及裂隙间，多呈半透明棕色。常与石英及晚期的粗粒黄铁矿共生，对早期黄铁矿有明显的包裹及蚀变。局部见马尾状结构和羽状结构两种重结晶方式。

白云石：按其成因特征可分为两种，其一为他形微晶-细晶白云石，质不纯，往往为含有机物质或灰质而呈乳白灰色，是构成岩石的主要成分；其二为白色粗粒白云石，多为半自形、自形粒状，集合体呈砂糖状，粒径0.8~3.0mm，多为脉状、团块状，与矿化和有关蚀变矿物关系密切，是白云石化的产物。

石英：呈他形细粒分布于白云石粒间或呈细脉状分布于胶结物中，在胶结物中与浸染状黄铁矿共生。

2）矿石的化学成分

矿石中主要有用元素为Cu、Zn，个别样品中含有Pb、Au。岩矿鉴定表明，含铜矿物主要是黄铜矿，含锌矿物主要是闪锌矿，含铅矿物主要为方铅矿；金主要呈自然金形式包裹于黄铜矿中；银部分赋存于黄铜矿中，部分赋存于磁黄铁矿中。

3）矿石的结构、构造

矿石结构主要是半自形-他形粒状结构、充填-交代结构和他形不等粒状结构，其次是粒状变晶结构和他形不等粒变晶结构。半自形-他形粒状结构特征为：黄铜矿由他形微细粒状集合体呈细脉状包裹在黄铁矿集合体的周围；闪锌矿由半自形-他形粒状集合体呈细脉状或密集脉状分布于胶结物中或充填于角砾裂隙中；方铅矿呈半自形板状与闪锌矿共生。充填-交代结构特征为：黄铜矿呈他形微细粒状集合体、星点状充填于黄铁矿颗粒间及裂隙中；闪锌矿呈他形细粒、微粒状、浸染状分布于黄铁矿粒间及裂隙间，与石英及晚期的粗粒黄铁矿共生，对早期黄铁矿有明显的包裹及蚀变；方铅矿呈他形不规则状、结状穿插于闪锌矿颗粒中，溶蚀或交代闪锌矿，在闪锌矿边缘形成港湾状溶蚀边。

矿石构造以块状、层纹状、浸染状和碎裂构造为主，其次是条带状、细脉状、网脉状和压碎构造。块状构造特征为：黄铜矿、闪锌矿呈团块状分布于胶结物中，是富铜锌矿石的一种类型。浸染状构造特征为：闪锌矿呈浸染状分布于黄铁矿粒间，多呈半透明棕色，是矿区内富铅锌矿石的一种构造类型。

矿石中的金属矿物——黄铜矿、黄铁矿、闪锌矿和方铅矿主要呈微细粒状浸染分布，其次是脉状分布，金属硫化物中以自形-半自形粒状的黄铁矿为主（图4.60）。

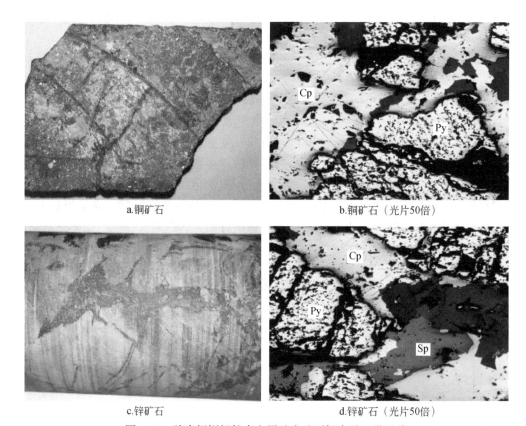

图 4.60　陈家坝铜铅锌多金属矿床矿石标本及显微照片

a. 他形微细粒结构、碎裂构造（ZK1603 孔 302.6m）；b. 黄铜矿沿黄铁矿粒间及裂纹充填，Cp-黄铜矿，
Py-黄铁矿；c. 粒状变晶结构、网脉状构造（ZK1606 孔 570.8m）；d. 黄铜矿沿黄铁矿颗粒间及裂纹充填，
闪锌矿与黄铜矿共生，Cp-黄铜矿，Py-黄铁矿，Sp-闪锌矿

4）矿石类型

矿石自然类型分为黄铜矿–黄铁矿强硅化碎裂白云岩型、方铅矿–黄铁矿硅化碎裂白云岩型、闪锌矿–黄铁矿硅化碎裂白云岩型、黄铜矿–闪锌矿–黄铁矿强硅化碎裂白云岩型、方铅矿–闪锌矿–黄铁矿化硅化碎裂白云岩型，与黄铁矿–绢云母化强硅化白云岩型，后者即硅化白云岩型（表 4.53）。

工业类型可分为氧化铜矿石、硫化铜矿石、氧化铅矿石、硫化铅矿石、氧化锌矿石、硫化锌矿石、硫化铅锌矿石、氧化铜锌矿石、硫化铜锌矿石、硫铁矿石。

另外，地表铁帽是金属硫化物矿体出露地表后的风化产物与围岩碎屑混合堆积而成的特殊地质体，不但指示了深部原生矿床的存在，其本身作为贫铁矿石可以利用。根据其 Pb、Zn、Cu、Au、Ag 等元素的含量也常可作为铅锌氧化矿、铜金氧化矿、铁帽型金矿等矿石开采利用。

矿石工业类型与自然类型的对应关系为铜矿石对应黄铜矿–黄铁矿强硅化碎裂白云岩、黄铜矿–黄铁矿绢云母化强硅化白云岩，铅矿石对应方铅矿–黄铁矿硅化碎裂白云岩，锌矿石对应闪锌矿–黄铁矿硅化碎裂白云岩、闪锌矿重晶石石英岩，铜锌矿石对应黄铜矿–闪锌矿-黄铁矿强硅化碎裂白云岩，铅锌矿石对应方铅矿-闪锌矿-黄铁矿铁方解石化白云岩、方铅矿-闪锌矿绢云母石英岩，硫铁矿石对应黄铁矿-绢云母化硅化白云岩。

表 4.53　陈家坝铜铅锌多金属矿床矿石类型与矿物组分

工业类型	自然类型	主要组成矿物含量/%								
		黄铜矿	方铅矿	闪锌矿	黄铁矿	重晶石	绢云母	石英	白云石	铁方解石
铜矿石 (图 4.61c)	黄铜矿-黄铁矿强硅化碎裂白云岩	4			25		19	7	45	
	黄铜矿-黄铁矿绢云母化强硅化白云岩	3		2	22		6	52	15	
锌矿石	闪锌矿-黄铁矿硅化碎裂白云岩			10	43			29	18	
	闪锌矿-黄铁矿重晶石石英岩			5	15	34		46		
铜锌矿石 (图 4.61d)	黄铜矿-闪锌矿-黄铁矿强硅化碎裂白云岩	1		1	14	7	18	44	14	
铅锌矿石 (图 4.61e)	方铅矿-闪锌矿-黄铁矿铁方解石化白云岩		1	1	17			2	65	14
	方铅矿-闪锌矿绢云母石英岩		1	2			30	67		
硫铁矿石 (图 4.61f)	黄铁矿-绢云母化硅化白云岩				33		9	33	25	

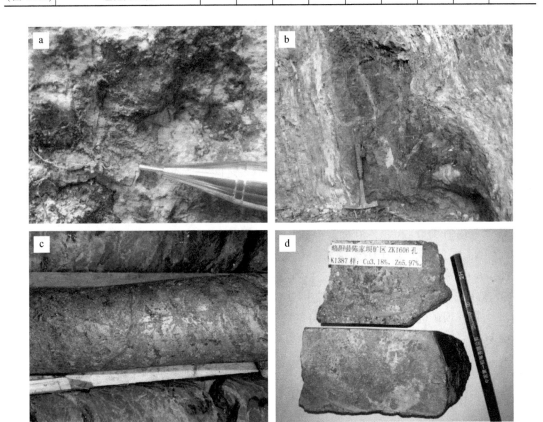

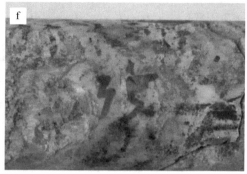

图 4.61　陈家坝铜铅锌多金属矿床矿石标本及蚀变特征
a. 孔雀石化、蓝铜矿化；b. 褐铁矿化；c. 块状铜矿石；d. 浸染状铜锌矿石；
e. 碎裂状铅锌矿石；f. 稀疏浸染状黄铁矿石

三、矿床地球化学特征

1. 矿区岩石、矿石地球化学特征

1）主量元素地球化学特征

陈家坝矿区不同种类的岩石主量元素分析数据见表 4.54a、表 4.54b。白云岩的 SiO_2 含量平均值为 1.97%，Al_2O_3 含量平均值为 0.5%，MgO 含量平均值为 20.16%，CaO 含量平均值为 29.24%，CaO/MgO 值平均为 1.46。硅质白云岩的 SiO_2 含量平均值为 19.20%，Al_2O_3 含量平均值为 0.22%，MgO 含量平均值为 15.51%，CaO 含量平均值为 26.22%，CaO/MgO 平均值为 1.69。碳硅质板岩的 SiO_2 含量平均值为 56.15%，Al_2O_3 含量平均值为 13.46%，MgO 含量平均值为 3.31%，CaO 含量平均值为 4.84%，CaO/MgO 平均值为 1.35。陈家坝火山岩的 SiO_2 含量变化比较大，介于 36.04% ~ 65.70% 之间，平均值为 51.46%，Al_2O_3 含量较低，介于 14.27% ~ 16.68% 之间，平均值为 15.48%，所有样品的铝指数（A/CNK）为大于 1（1.06 ~ 2.31，平均值为 1.48），在铝饱和指数（山德指数）图解中火山岩均投影到过铝质区域（图 4.62）。该岩石 Ti 含量较低，TiO_2 含量介于 0.38% ~ 0.91%，平均值为 0.68%，相对富碱，K_2O 含量介于 3.50% ~ 4.69% 之间，平均值为 3.98%，Na_2O 含量介于 0.02% ~ 3.35% 之间，平均值为 0.77%，K_2O+Na_2O 含量介于 3.52% ~ 6.95%，平均值为 4.75%，K_2O/Na_2O 介于 1.07 ~ 175 之间，明显富钾、贫钠。在 SiO_2-K_2O 图解中投影点主要落在高钾钙碱性系列范围内（图 4.63），反映了明显的富钾特征。陈家坝矿区火山岩地球化学特征表现为相对富碱、富钾、贫钠，属过铝质高钾钙碱性系列。

表 4.54a 陈家坝铜铅锌多金属矿床岩石主量元素及铜元素含量

样号及岩石名称	CJ-2	CJ-13	CJ-18	CJ-24	CJ-25	CJ-33	平均值	含粒屑白云岩*	藻类球粒白云岩*	淀晶鲕粒白云岩*	淀晶砾屑白云岩*	白云岩*	白云岩*	平均值
	硅质白云岩	硅质白云岩	硅质白云岩	硅质白云岩	硅质白云岩									
SiO_2	8.89	13.64	15.58	20.96	18.45	37.67	19.20	22.71	16.74	7.52	6.48	1.22	2.72	1.97
TiO_2	0.04	0.01	0.01	0.01	0.01	0.05	0.02	0.13	0.10	0.20	0.04	0	0.02	0.01
Al_2O_3	0.04	0.13	0.08	0.07	0.12	0.88	0.22	2.24	0.99	1.85	1.37	0.75	0.25	0.5
TFe_2O_3	0.68	0.94	1.27	0.58	0.76	1.21	0.91	2.70	1.85	2.11	2.06	1.57	1.28	1.43
MnO	0.72	0.93	0.58	0.06	0.08	0.12	0.42	0.73	0.38	0.40	0.25	0.20	0.78	0.49
MgO	17.17	15.77	17.25	14.16	16.10	12.59	15.51	14.86	16.76	19.85	19.89	20.18	20.14	20.16
CaO	31.16	28.48	25.66	28.49	24.60	18.90	26.22	20.95	23.89	27.07	26.78	29.37	29.1	29.24
Na_2O				0.02		0.24	0.13	0.03	0.03	0.01	0	0	0.03	0.015
K_2O	0.01	0.01	0.01			0.24	0.24	2.16	0.29	0.32	0.2	0.13	0.1	0.115
P_2O_5	0.01	0.01	0.01	0.01		0.02	0.01	0.16	0.08	0.23	0.15	0.17	0.09	0.13
LOI	40.05	38.48	38.46	36.52	40.52	28.75	37.13							
TOTAL	98.72	98.39	98.90	100.88	100.64	100.67	99.70							
Cu								0.84	1.73	0.80	0.91	0.05	0.04	0.045
CaO/MgO	1.81	1.81	1.49	2.01	1.53	1.50	1.69	1.40	1.42	1.36	1.38	1.45	1.47	1.46

表 4.54b 陈家坝铜铅锌多金属矿床岩石主量元素及铜元素含量

样号	CJ-38	CJ-42	CJ-19	CJ-20	CJ-30	CJ-31	CJ-32	平均值	CJ-8	CJ-9	CJ-10	CJ-26	CJ-27	CJ-28	平均值	CJ-12	CJ-29	平均值
岩石名称	碳硅质板岩								石英角斑岩							角斑质凝灰岩		
SiO_2	62.43	60.31	42.82	52.01	60.30	55.14	60.02	56.15	43.49	36.04	56.38	65.70	43.05	64.12	51.46	51.28	20.40	35.84
TiO_2	0.57	0.69	0.31	0.52	0.89	0.75	0.77	0.64	0.87	0.83	0.60	0.38	0.91	0.51	0.68	0.48	0.24	0.36
Al_2O_3	14.00	15.82	5.08	16.80	19.97	11.07	11.48	13.46	14.27	16.06	16.56	14.90	14.43	16.68	15.48	15.70	2.68	9.19
TFe_2O_3	5.69	3.90	8.37	7.59	4.92	7.17	5.45	6.16	11.07	11.93	5.68	3.44	9.76	4.44	7.72	12.79	3.54	8.17
MnO	0.16	0.16	0.34	0.10	0.04	0.04	0.08	0.13	0.17	0.36	0.05	0.08	0.21	0.08	0.16	0.14	0.22	0.18
MgO	2.26	2.44	7.18	2.52	2.21	3.98	2.59	3.31	4.96	7.36	3.72	1.73	5.36	1.78	4.15	2.54	15.15	8.85
CaO	1.65	2.73	12.93	6.57	0.40	5.36	4.21	4.84	9.97	8.03	2.94	2.79	8.18	2.42	5.72	5.84	22.86	14.35
Na_2O	0.13	0.14		0.94	0.25	0.11	0.26	0.31	0.02	0.18	3.35	0.67	0.16	0.22	0.77	1.88	0.00	0.94
K_2O	3.90	4.68	1.48	2.76	5.30	3.26	3.49	3.55	3.50	4.69	3.60	3.93	3.59	4.58	3.98	1.81	0.60	1.21
P_2O_5	0.15	0.16	0.07	0.14	0.08	0.11	0.15	0.12	0.07	0.07	0.36	0.10	0.57	0.32	0.25	0.17	0.10	0.14
LOI	7.74	8.06	19.58	8.65	4.20	11.81	9.73	9.97	11.68	14.69	5.66	5.96	13.98	5.54	9.59	7.21	35.05	21.13
TOTAL	98.68	99.09	98.16	98.60	98.56	98.80	98.23	98.59	100.07	100.24	98.90	99.68	100.20	100.69	99.96	99.84	100.84	100.34
CaO/MgO	0.73	1.12	1.80	2.61	0.18	1.35	1.63	1.35	2.01	1.09	0.79	1.61	1.53	1.36	1.40	0.18	1.35	0.765

注：主量元素含量单位为%；样品由长安大学西部矿产资源与地质工程教育部重点实验室分析，2015年。＊据龚琳和王承尧，1981。

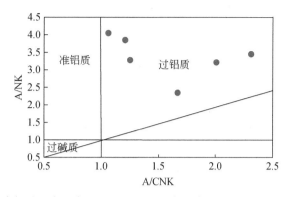

图 4.62 陈家坝矿区火山岩 A/CNK-A/NK 图解（据 Peccerillo and Taylor，1976）

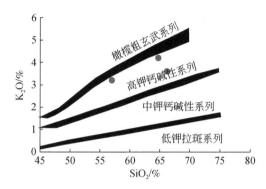

图 4.63 陈家坝铜铅锌矿区火山岩 SiO_2-K_2O 图解（据 Peccerillo and Taylor，1976）

样品测试结果显示，从矿体下伏东沟坝组角斑岩、角斑质凝灰岩、板岩→"过渡层"（角斑质凝灰岩、硅质白云岩）→含矿层（硅质白云岩），自下而上，岩石中 SiO_2 含量是逐渐递减的，MgO 与 CaO 则逐渐增高。

由表 4.54 数据可以看出，Cu 含量随着 TFe_2O_3 含量的增加而减少，当氧化系数<2%时，则有利于铜的富集。硅质白云岩中 CaO/MgO 值大，Na、K 的含量偏低，表示其 Mg 的含量偏低，而流体中的碱度和盐度偏低，利于铜的富集。

2）微量及稀土元素地球化学特征

陈家坝铜铅锌多金属矿床石英角斑岩的微量元素与稀土元素分析结果表明（表 4.55a、表 4.55b，图 4.64），稀土元素总量 $\sum REE$ 介于 $20.45 \times 10^{-6} \sim 202.73 \times 10^{-6}$ 之间，$(La/Sm)_N$ 为 $1.62 \sim 5.56$，$(Gd/Yb)_N$ 值介于 $1.26 \sim 4.96$ 之间，$(La/Yb)_N$ 值范围为 $1.88 \sim 29.91$，δEu 范围为 $0.87 \sim 1.77$，均值 1.178，LREE/HREE 比值范围为 $2.31 \sim 17.19$，均值 11.25，HREE 相对于 LREE 亏损。稀土元素配分曲线（图 4.65）总体右倾，轻稀土分馏较明显，重稀土稍平坦，属轻稀土富集型。无 Eu 负异常，有两件样品具有明显的正异常（$\delta Eu = 0.87 \sim 1.77$），说明其源区斜长石的分离结晶作用不明显。

表 4.55a　陈家坝铜铅锌多金属矿床石英角斑岩及硅质白云岩微量及稀土元素含量

样号 岩石名称	石英角斑岩						硅质白云岩					上地壳 克拉克值	沉积碳酸盐岩	岩浆碳酸岩
	CJ-8	CJ-9	CJ-10	CJ-26	CJ-27	CJ-28	CJ-2	CJ-13	CJ-18	CJ-24	CJ-25			
Rb	95.20	115.20	8.00	85.09	80.13	34.54	0.12	0.07	0.56	0.33	0.14	110	3	7
Ba	1130.01	1492.00	602.11	1603.79	2180.22	1264.60	2354.47	3843.79	1322.51	104.93	99.02	700	10	3800
Th	4.25	5.23	8.25	4.57	4.98	5.07	3.34	5.90	4.10	2.05	2.51	10.5	1.7	
U	7.48	8.82	10.16	6.73	6.95	6.25	6.96	10.30	6.82	4.07	5.00	2.5	2.2	
Nb	3.42	14.74	3.05	1.54	6.42	2.09	0.16	0.16	0.11	0.09	0.07	2.5	0.3	386
Ta	0.24	0.75	0.10	0.14	0.22	0.05	0.04	0.02	0.02	0.04	0.04		$n\times10^{-2}$	$n\times10^{-2}$
La	5.15	3.27	29.01	13.41	35.30	30.38	3.25	2.86	1.16	1.89	1.87	30		
Ce	10.73	6.51	61.80	22.70	83.22	75.15	2.73	2.99	1.37	6.29	3.37	64	6	52
Pb	7.54	3.17	2.22	2.72	14.05	5.46	36.90	70.35	666.67	4.25	5.36	15		
Pr	1.49	0.85	7.04	2.39	11.00	8.84	0.54	0.57	0.23	1.33	0.53	7.1		
Sr	1006.64	307.16	111.57	92.31	127.69	61.02	96.01	141.01	119.30	674.87	119.59	350	610	6300
Nd	7.14	3.70	27.47	8.88	46.63	34.90	2.35	2.41	1.01	6.88	2.48	26		
Sm	2.00	1.06	4.88	1.52	8.78	5.95	0.49	0.46	0.26	1.47	0.53	4.5		
Zr	35.65	37.64	89.40	90.75	52.73	156.12	1.41	1.72	1.99	1.47	1.58	240	19	300
Hf	1.15	1.20	2.27	2.22	1.27	3.66	0.04	0.06	0.03	0.03	0.02	5.8	0.3	2.9
Eu	0.75	0.58	1.27	0.85	2.69	1.59	0.53	0.76	0.32	0.54	0.21	0.88		
Gd	2.87	1.31	3.80	1.36	6.91	4.39	0.77	0.51	0.36	1.17	0.60	3.8		
Tb	0.49	0.21	0.42	0.15	0.76	0.49	0.12	0.08	0.05	0.16	0.09	0.64		
Dy	3.26	1.25	1.80	0.75	3.53	2.02	0.80	0.57	0.32	0.81	0.58	3.5		
Y	19.03	5.31	7.34	3.65	15.53	6.61	11.93	5.69	3.70	6.10	6.11	22	19	
Ho	0.67	0.23	0.30	0.13	0.60	0.35	0.20	0.12	0.07	0.15	0.12	0.8	0.3	
Yb	1.84	0.66	0.65	0.36	1.26	0.71	0.51	0.35	0.18	0.19	0.31	2.2	2.2	
Lu	0.28	0.11	0.09	0.06	0.18	0.11	0.08	0.05	0.02	0.02	0.04	0.32		

注：表中微量及稀土元素含量数量级为 10^{-6}；上地壳克拉克值据 Taylor et al., 1983；样品由长安大学西部矿产资源与地质工程教育部重点实验室分析。

表4.55b　陈家坝铜铅锌多金属矿床石英角斑岩及硅质白云岩稀土元素含量特征

样号 岩石名称	CJ-8	CJ-9	CJ-10	CJ-26	CJ-27	CJ-28	CJ-2	CJ-13	CJ-18	CJ-24	CJ-25
	石英角斑岩						硅质白云岩				
$\sum$REE	39.06	20.45	139.40	52.97	202.73	165.94	13.11	12.11	5.62	21.28	11.16
δEu	0.96	1.52	0.87	1.77	1.02	0.91	2.64	4.76	3.22	1.22	1.15
$(La/Yb)_N$	1.88	3.35	29.91	24.95	18.87	28.65	4.32	5.51	4.35	6.82	4.03
$(Gd/Yb)_N$	1.26	1.61	4.69	3.02	4.42	4.96	1.23	1.18	1.60	5.07	1.56
$(La/Sm)_N$	1.62	1.95	3.74	5.56	2.53	3.21	4.18	3.92	2.75	0.81	2.20
LREE	27.26	15.97	131.46	49.75	187.62	156.81	9.89	10.04	4.36	18.40	9.00
HREE	11.80	4.49	7.94	3.22	15.11	9.12	3.22	2.08	1.26	2.88	2.16
LREE/HREE	2.31	3.56	16.56	15.45	12.42	17.19	3.07	4.83	3.46	6.39	4.17
δCe							0.54	0.51	0.51	0.28	0.44

注：表中除比值外的元素含量数量级为10^{-6}；样品由长安大学西部矿产资源与地质工程教育部重点实验室分析。

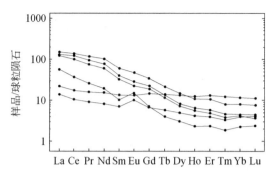

图 4.64　陈家坝铜铅锌多金属矿床石英角斑岩稀土元素球粒陨石标准化配分模式
标准化值据 Sun 和 McDonough（1989）

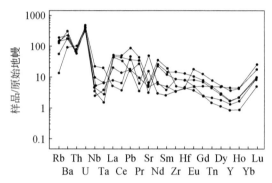

图 4.65　陈家坝铜铅锌多金属矿床石英角斑岩微量元素原始地幔标准化蛛网图
标准化值据 Sun 和 McDonough（1989）

陈家坝铜铅锌多金属矿床石英角斑岩富集 Rb、Ba、Sr 等大离子亲石元素，亏损 Nb、Ta 等高场强元素，适度亏损显示其不可能由软流圈部分熔融直接产生，可能与陆内拉张环境下的地壳混染或地幔源区富 Nb、Ta 的残留体有关。硅质白云岩、角斑岩中 Pb 含量比较高。岩石中 Cu、Pb、Zn 元素含量高。

陈家坝铜铅锌多金属矿床含矿硅质白云岩的微量元素与稀土元素分析结果显示（表 4.55a、表 4.55b，图 4.66，图 4.67），稀土元素总量 $\sum$REE 介于 $5.62 \times 10^{-6} \sim 21.28 \times 10^{-6}$ 之间，$(La/Sm)_N$ 范围为 $0.81 \sim 4.18$，$(Gd/Yb)_N$ 值介于 $1.18 \sim 5.07$ 之间，$(La/Yb)_N$ 值介于 $4.03 \sim 6.82$ 之间，δEu 范围为 $1.15 \sim 4.76$，均值 2.6，δCe 值为 $0.28 \sim 0.54$，平均值 0.46，LREE/HREE 值范围为 $3.07 \sim 6.39$，均值 4.38，HREE 相对于 LREE 亏损。综合以上参数特征可知，陈家坝铅锌矿床硅质白云岩的微量元素组合具有沉积碳酸盐岩之特征，其形成过程受热液活动的影响。

2. 标型矿物——黄铁矿微量元素地球化学特征

陈家坝铜铅锌多金属矿床矿石中黄铁矿微量元素 ICP-MS 测试结果（表 4.56）显示，部分亲铜、亲铁元素（Bi、Ag、As、Co、Ni）和成矿元素（Cu、Ag、Pb、Zn）的含量通常都比较高，Ag 的含量相对稳定，为 $5.06 \times 10^{-6} \sim 18.6 \times 10^{-6}$，As 含量为 $64.73 \times 10^{-6} \sim 157.04 \times$

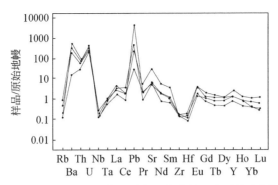

图 4.66　陈家坝铜铅锌多金属矿床硅质白云岩微量元素原始地幔标准化蛛网图

标准化值据 Sun 和 McDonough（1989）

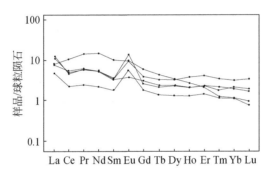

图 4.67　陈家坝铜铅锌多金属矿床硅质白云岩稀土元素球粒陨石标准化配分模式

标准化值据 Sun 和 McDonough（1989）

10^{-6}；Li、Nb、Sb、Ga、Cs、Dy 等元素的含量较低。与大陆上部地壳相比，黄铁矿中 Co、Ni、Pb、W、Cu、Zn、Bi、Cd、Mo 的富集系数均大于 2（富集系数为某元素在黄铁矿中的平均含量与大陆上地壳平均含量的比值），为强富集元素，其中 Cu 的含量最高，为 $831.08 \times 10^{-6} \sim 3536.17 \times 10^{-6}$，其次为 Zn 和 Pb，含量分别为 $133.89 \times 10^{-6} \sim 1392.08 \times 10^{-6}$ 和 $53.29 \times 10^{-6} \sim 4087.17 \times 10^{-6}$，Co 含量为 $54.8 \times 10^{-6} \sim 165.02 \times 10^{-6}$，Ni 的含量为 $17.99 \times 10^{-6} \sim 79.83 \times 10^{-6}$。Ga、Rb、Sr、Y、Zr、Ba、Hf、Th、U 的富集系数 <1，为贫化元素（图 4.68）。这种贫化现象可能与断裂带中有较大体积的流体通过造成这些元素淋失有关，而水岩反应导致的岩石体积增加也使这些元素含量相对减小。

表 4.56　陈家坝铜铅锌多金属矿床矿石黄铁矿微量元素含量特征

样品号	CJ-14	CJ-15	CJ-17	CJ-21	CJ-22	CJ-23	大陆上地壳	石英角斑岩
矿物	黄铁矿	黄铁矿	黄铁矿	黄铁矿	黄铁矿	黄铁矿	平均值	6 件样品平均值
Li	0.09	0.10	0.24	0.15	0.43	0.10	20	17.52
Co	165.02	159.01	100.03	112.13	103.04	54.80	10	39.67
Ni	27.75	64.62	29.052	37.352	79.832	17.99	20	59.29
Cu	863.67	1197.74	1303.66	831.08	3536.17	3422.10	25	41.85

续表

样品号	CJ-14	CJ-15	CJ-17	CJ-21	CJ-22	CJ-23	大陆上地壳	石英角斑岩
Zn	389.25	133.89	1392.08	623.33	357.33	1392.08	71	116.25
Ga	0.29	0.46	0.37	0.22	0.83	0.32	17	18.41
As	112.00	124.03	138.22	157.04	91.12	64.73	1.5	
Rb	0.24	0.22	0.67	0.19	1.16	0.62	112	69.69
Sr	1.09	2.49	1.34	3.91	4.49	1.37	350	284.40
Zr	1.06	1.15	2.12	1.51	3.32	0.88	190	77.05
Nb	0.08	0.07	0.36	0.09	0.54	0.06	25	5.21
Mo	4.28	9.81	5.03	7.33	19.42	1.65	1.5	0.21
Ag	7.11	8.17	7.62	11.33	5.06	18.60	50	
Cd	1.08	0.33	3.67	1.70	1.10	4.30	0.1	0.13
Sb	0.81	0.85	1.14	1.01	0.80	0.62	0.2	
Cs	0.01	0.01	0.09	0.01	0.04	0.02	3.7	3.47
Ba	2.34	32.12	31.53	53.81	28.62	31.60	550	1378.79
La	0.24	10.4	0.22	0.42	0.67	0.07	30	19.42
Ce	0.55	22.3	0.43	0.99	1.68	0.17	64	43.35
P_1	0.05	2.16	0.04	0.10	0.16	0.09	7.1	5.27
Nd	0.17	7.72	0.17	0.30	0.65	0.05	26	21.45
Sm	0.04	1.14	0.02	0.07	0.14	0.02	4.5	4.03
Dy	0.01	0.27	0.02	0.06	0.04	0.01	3.5	2.1
Er	0.01	0.09	0.02	0.02	0.03	0.01	2.3	1.08
W	0.16	15.30	221.00	1.23	0.91	17.80	2.0	
Tl	0.10	1.41	0.88	0.58	0.22	0.13	0.75	0.10
Pb	158.76	283.74	266.01	4087.17	53.29	402.81	20	5.86
Bi	12.12	13.92	10.15	21.32	10.23	7.23	0.1	0.34
Th	0.08	0.13	0.06	0.03	0.44	0.02	10.7	5.39
U	0.05	0.10	0.24	0.04	0.07	0.73	2.8	7.73
Co/Ni	5.95	2.46	3.44	3.00	1.29	3.05	0.5	0.67
采样位置		钻孔 ZK1603			钻孔 ZK803			陈家坝矿区

注：样品由中国科学院地球化学研究所矿床地球化学国家重点实验室分析；大陆上地壳元素含量据 Taylor and McLennan，1985；元素含量数量级为 10^{-6}。

3. 同位素地球化学特征

本次从该矿床钻孔岩心中采集不同的矿石、岩石样品（表4.57），并挑选了黄铁矿、黄铜矿、闪锌矿、石英、白云石等单矿物，进行了相关矿物和部分全岩的锶、硫、氢、氧、碳同位素分析研究。

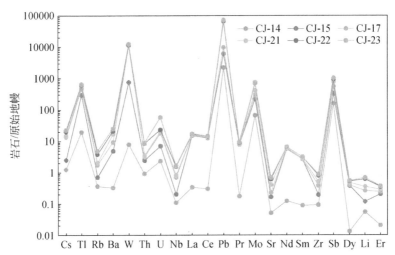

图 4.68 陈家坝铜铅锌多金属矿床矿石黄铁矿微量元素原始地幔标准化蛛网图

标准化值据 Sun 和 McDonough（1989）

表 4.57 陈家坝铜铅锌多金属矿床矿石、岩石样品特征

样号	样品性质	采样位置	样品特征
CJ-13	硅化白云岩	北矿带西部钻孔 ZK1603，235m 处	灰-灰白色，细-微粒结构，块状构造，由白云石及铁白云石组成，含少量石英、方解石
CJ-14	硅化白云岩型铜矿石	北矿带西部钻孔 ZK1603，289.8m 处	他形微细粒结构、浸染状构造，主要组成矿物为 Py+Ccp+Qtz
CJ-15	硅化白云岩型铜矿石	北矿带西部钻孔 ZK1603，259.8m 处	粒状变晶结构、网脉状构造，主要组成矿物为 Py+Ccp+Qtz+Dol
CJ-16	硅化白云岩	北矿带西部钻孔 ZK1603，280m 处	灰-灰白色，细-微粒结构，块状构造，由白云石及铁白云石组成，含少量石英、方解石
CJ-17	硅化白云岩型铜矿石	北矿带西部钻孔 ZK1603，310.7m 处	半自形-他形粒状结构、块状构造，主要组成矿物为 Py+Ccp+Qtz+Dol+Gn+Sp
CJ-18	硅化白云岩	北矿带西部钻孔 ZK1603，301.6m 处	岩石呈灰-灰白色，他形细粒结构，块状构造，由白云石及铁白云石组成，含少量石英、方解石
CJ-21	硅化白云岩型铜（铅锌）矿石	北矿带西部钻孔 ZK1603，96.9m 处	粒状变晶结构、网脉状构造，主要组成矿物为 Py+Ccp+Qtz+Gn+Sp
CJ-22	硅化白云岩型硫铁矿石	北矿带西部钻孔 ZK803，210.5m 处	碎裂结构、块状构造，主要组成矿物为 Py+Qtz+Ser+Sp
CJ-23	硅化白云岩型铜矿石	北矿带东部钻孔 ZK803，345.2m 处	他形粒状结构、块状构造，主要组成矿物为 Py+Ccp+Qtz+Gn+Sp
CJ-24	硅化白云岩	北矿带西部钻孔 ZK2402，509m 处	灰-灰白色，半自形-他形细粒结构，块状构造，由白云石及方解石组成，含少量石英
CJ-25	硅化白云岩	北矿带西部钻孔 ZK2402，540m 处	灰-灰白色，他形细粒结构，块状构造，由白云石及方解石组成，含少量石英

续表

样号	样品性质	采样位置	样品特征
CJ-44	石英角斑岩型铜矿石	北矿带西部钻孔 ZK2402，204m 处	他形不等粒状结构、网脉状构造，主要组成矿物为 Py +Ccp+Sp+Qtz+Cal
CJ-45	硅化白云岩型铜矿石	北矿带东部钻孔 ZK803，54m 处	他形不等粒状结构、块状构造，主要组成矿物为 Py+ Ccp+Qtz+Dol+Gn+Sp
CJ-50	石英角斑岩型铜矿石	北矿带东部钻孔 ZK803，371.6m 处	他形粒状结构、块状构造，主要组成矿物为 Py+Ccp+ Qtz+Ser
CJ-51	石英角斑岩型铜矿石	北矿带东部钻孔 ZK803，120m 处	他形粒状结构、块状构造，主要组成矿物为 Py+Ccp+ Qtz+Ser

注：Py-晚期黄铁矿；Sp-闪锌矿；Ccp-黄铜矿；Gn-方铅矿；Cal-方解石；Qtz-石英；Ser-绢云母；Dol-白云石。

1）锶同位素

陈家坝铜铅锌多金属矿床硅质白云岩和石英角斑岩型矿石的黄铁矿单矿物 Rb-Sr 同位素年龄分析表明（表 4.58），其锶同位素^{87}Sr/^{86}Sr 为 0.715204 ~ 0.729981，平均值为 0.721621，高于地幔锶同位素^{87}Sr/^{86}Sr 值（0.7045），接近大陆地壳锶同位素^{87}Sr/^{86}Sr 平均值（0.719），显示成矿流体有壳源物质的加入。

依据黄铁矿的 Rb、Sr 含量和同位素组成测定结果，利用 ISOPLOT 软件包计算出单矿物黄铁矿 Rb-Sr 同位素等时线年龄 $t = 680 \pm 570$Ma，初始锶同位素组成 Initial ^{87}Sr/^{86}Sr = 0.7187 ± 0.0034（图 4.69）。

表 4.58　陈家坝铜铅锌多金属矿床矿石黄铁矿 Rb-Sr 同位素特征

样号	Rb/10^{-6}	Sr/10^{-6}	^{87}Rb/^{86}Sr	^{87}Sr/^{86}Sr	Stderr（标准误差）
CJ-17	0.249	0.890	0.8090	0.725579	0.000026
CJ-21	0.056	2.14	0.0752	0.720080	0.000011
CJ-22	0.504	2.36	0.6187	0.729981	0.000011
CJ-23	0.164	0.651	0.7304	0.723159	0.000013
CJ-36	0.062	2.61	0.0691	0.722752	0.000008
CJ-39	0.117	2.24	0.1513	0.715204	0.000016
CJ-41	0.414	48.2	0.0248	0.717026	0.000016
CJ-45	0.151	2.69	0.1624	0.720334	0.000017
CJ-48	0.067	2.16	0.0904	0.721347	0.000016
CJ-51	0.182	1.60	0.3289	0.720745	0.000016

注：样品由核工业北京地质研究院分析；仪器误差为 2σ。

2）硫同位素

陈家坝铜铅锌多金属矿床金属硫化物硫同位素测试结果见表 4.59。12 件金属硫化物 δ^{34}S 值变化范围为 4.88‰ ~ 8.90‰，极差为 4.02‰，平均值为 7.37‰，呈阶梯式分布（图 4.70），且绝大多数介于 6.0‰ ~ 9.0‰之间。其中，5 件黄铜矿的 δ^{34}S 值介于 4.88‰ ~ 7.35‰，极差为 2.47‰，平均值为 6.23‰；6 件黄铁矿的 δ^{34}S 值 7.82‰ ~ 8.90‰，极差为

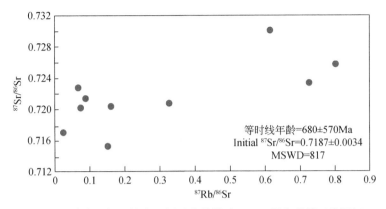

图 4.69　陈家坝铜铅锌多金属矿床黄铁矿 Rb-Sr 同位素等时线图解

1.08‰，平均值为 8.40‰；1 件闪锌矿的 $\delta^{34}S$ 值为 6.92‰。

表 4.59　陈家坝铜铅锌多金属矿床金属硫化物硫同位素分析结果

样品编号	测试矿物	$\delta^{34}S/‰$
CJ-14	晚期黄铁矿	8.29
	黄铜矿	6.65
CJ-15	晚期黄铁矿	7.82
	黄铜矿	4.88
CJ-17	晚期黄铁矿	8.13
	黄铜矿	7.05
CJ-21	晚期黄铁矿	8.90
	黄铜矿	5.23
	闪锌矿	6.92
CJ-22	早期黄铁矿	8.55
CJ-23	晚期黄铁矿	8.69
	黄铜矿	7.35

注：样品由中国科学院地球化学研究所矿床地球化学国家重点实验室分析。硫同位素结果采用 CDT 标准，精度为 ±0.2‰。

陈家坝铜铅锌多金属矿床中黄铜矿 $\delta^{34}S$ 值（4.88‰～7.35‰）小于黄铁矿 $\delta^{34}S$ 值（7.82‰～8.90‰），金属硫化物整体显示出黄铁矿>黄铜矿，矿物中 $\delta^{34}S$ 值的大小顺序与硫化物结晶时的 S 富集顺序基本一致，表明陈家坝铜铅锌多金属矿床成矿流体中硫化物间的硫同位素总体达到平衡。$\delta^{34}S$ 值为正值，表示明显富集重硫同位素，且变化范围不大，具有一定程度的均一化，表现为海水硫酸盐特征，说明热液改造作用较强。硫同位素组成特征表明，该矿床的矿化剂硫可能来源于海相碳酸盐岩地层，并经过热液作用，使得硫同位素的交换达到平衡。

陈家坝铜铅锌多金属矿床与海相火山岩型铜铅锌矿床的硫同位素组成相似，与热水沉积

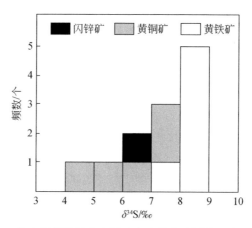

图 4.70　陈家坝铜铅锌多金属矿床硫化物硫同位素直方分布图

型铅锌矿床有着明显的差别；与接触交代型铜矿床、密西西比河型铅锌矿床也不甚相同（表 4.60）。例如，内蒙古东升庙热水沉积型铅锌矿床的 $\delta^{34}S$ 值为 $16\% \sim 35\%$，安徽矾头接触交代型铜矿床中接触带的硫化物 $\delta^{34}S$ 值平均为 1.6%，因此，陈家坝铜铅锌多金属矿床的硫源与海相火山岩型铜铅锌矿床更接近，火山岩型铜多金属矿床硫同位素变化范围常较小，主要富集重硫同位素，投影在硫化物硫同位素直方分布图上离零线更远一些。这是因为在火山喷发的气体中含有 SO_2 与 H_2S，气态的 SO_2 更容易与水发生歧化反应，使火山活动溶液中的含硫原子团比气态含硫原子团富集 S 同位素，当溶液出现 SO_4^{2-} 时，会使溶液变成酸性，若火山活动是在海底进行，在火山喷发的过程中，火山喷发物被海水中富集 S 同位素的大量硫酸盐进行强烈的侵蚀作用，致使火山喷发体系的重硫同位素明显高于一般侵入岩的重硫同位素。

综合以上分析，可以认为陈家坝铜铅锌多金属矿床中的硫可能由海水硫酸盐的还原硫和海底火山活动带来的原始硫混合而成，并受热液作用影响。

表 4.60　不同类型铜铅锌多金属矿床硫同位素组成特征对比

矿床类型	产地	样品数/件	硫化物 $\delta^{34}S$ 变化范围/‰	资料来源
接触交代型铜矿床	铜山（中国安徽）	37	$-2 \sim 10.3$	俞沧海，2001
	弓棚子（中国黑龙江）		$1.3 \sim 2.6$	赵统，1981
	矾头（中国安徽）		接触带平均值 1.6	
密西西比河型铅锌矿床	会泽（中国云南）	62	$10.94 \sim 17.42$	毛景文等，2012a
	凡口（中国广东）		$15 \sim 25$	韩英等，2013
海相火山岩型铜铅锌矿床	马松岭（中国四川）	102	$-3.7 \sim 13.7$	赵统，1981
	红沟（中国青海）	19	$-0.4 \sim 10.5$	
	阿舍勒（中国新疆）	117	$-13.7 \sim 20.3$	王登红，1995
	日本黑矿型（日本）		$1.0 \sim 8.2$	Kajiwara and Date，1971
	腊梅尔斯伯格（德国）		$-15 \sim 20$	侯增谦等，2003

矿床类型	产地	样品数/件	硫化物 $\delta^{34}S$ 变化范围/‰	资料来源
热水沉积型 铅锌矿床	甲生盘（内蒙古）	55	13.1~31.5	付超等，2010
	东升庙（内蒙古）		16~35	韩英等，2013
火山–沉积层状硫化物 铁、钴、铜矿床	海南石碌		7.1~17.2	赵统，1981
陈家坝铜铅锌多金属矿床		12	4.88~8.90	本书

3）碳、氢、氧同位素

陈家坝铜铅锌多金属矿床 8 件白云岩、白云石样品的碳、氧、氢同位素分析结果（表 4.61）表明，白云石的 $\delta^{13}C_{PDB}$ 值范围为 -0.89‰~-0.53‰，δD_{V-SMOW} 值范围为 -104‰~ -98‰，$\delta^{18}O_{V-SMOW}$ 值范围为 12.12‰~13.23‰（$n=2$）。白云岩 $\delta^{13}C_{PDB}$ 值范围为 -0.93‰~ 1.44‰，平均值为 0.35‰，$^{18}O_{V-SMOW}$ 值范围为 14.14‰~27.49‰，平均 22.08‰（$n=6$）。由于矿床内未见共生石墨，白云石为矿区最主要的含碳元素矿物，所以白云石或流体包裹体热液中 CO_2 的碳同位素组成可以近似作为成矿热液的总碳同位素组成。

表 4.61 陈家坝铜铅锌多金属矿床白云岩及白云石碳、氢、氧同位素组成

样品号	测试对象	$\delta^{13}C_{PDB}$/‰	$\delta^{18}O_{V-SMOW}$/‰	δD_{V-SMOW}/‰
CJ-15	白云石	-0.53	12.12	-104
CJ-17	白云石	-0.89	13.23	-98
CJ-18	白云岩	0.84	20.98	
CJ-13	白云岩	-0.56	19.37	
CJ-25	白云岩	1.27	26.56	
CJ-16	白云岩	-0.93	14.14	
CJ-33	白云岩	0.03	23.96	
CJ-24	白云岩	1.44	27.49	

注：样品由中国科学院地球化学研究所矿床地球化学国家重点实验室分析。氢同位素标准为 GBW04403；碳、氧同位素测试标准为 GBW04405、GBW04406，测试精度为 1‰。

按照 Schidlowsk（1987）的研究，地球表面海水的 $\delta^{13}C$ 平均值接近于 0；海相碳酸盐岩的 $\delta^{13}C$ 值变化范围狭窄，介于 -1‰~2‰，而海相复碳酸盐的 $\delta^{13}C$ 值介于 -2‰~1‰。MORB 的 $\delta^{13}C$ 平均为 -6.6‰。本次白云石的 $\delta^{13}C$ 值变化范围介于 -1‰~2‰。从而认为，成矿流体中的碳来自海相碳酸盐岩。

由表 4.62 可以看出，该矿床石英氢、氧同位素组成变化范围不大，δD_{V-SMOW} 值范围为 -91‰~ -72‰，平均值为 -78.63‰，$\delta^{18}O_{V-SMOW}$ 值范围为 14.2‰~16.0‰，平均值为 14.95‰（$n=8$）。流体包裹体均一温度为成矿温度的下限，故可近似取流体包裹体最高均一温度作为成矿温度（Wang et al.，2005）。根据石英与水的氧同位素分馏方程 $1000\ln\alpha_{石英-水}=3.38\times10^6T^{-2}-3.40$（Clayton et al.，1972），计算获得成矿流体的 $\delta^{18}O_{H_2O}$ 值范围为 6.7‰~9.4‰（图 4.71）。

表 4.62　陈家坝铜铅锌多金属矿床石英氢、氧同位素组成

样品号	样品性质	δD_{V-SMOW}/‰	$\delta^{18}O_{V-SMOW}$/‰	$\delta^{18}O_{H_2O}$/‰	均一温度/℃
CJ-14	硅化白云岩型铜矿石	−78	15.1	6.8	264
CJ-15	硅化白云岩型铜矿石	−82	14.4	7.9	312
CJ-21	硅化白云岩型铜（铅锌）矿石	−74	14.8	7	275
CJ-22	硅化白云岩型硫铁矿石	−76	15	9.4	340
CJ-23	硅化白云岩型铜矿石	−91	15.3	8.3	296
CJ-44	石英角斑岩型铜矿石	−76	16	8.4	281
CJ-45	硅化白云岩型铜矿石	−72	14.8	7	276
CJ-50	石英角斑岩型铜矿石	−80	14.2	6.7	283

注：样品由中国科学院地球化学研究所矿床地球化学国家重点实验室分析。

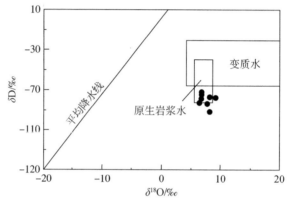

图 4.71　陈家坝铜铅锌多金属矿床成矿流体氢、氧同位素组成图解

底图据 Taylor（1978）

由图 4.72 可知，白云石样品点分布于岩浆岩与海相碳酸盐岩之间，靠近岩浆岩区域，表明成矿流体中的碳主要来自岩浆水，具有向海相碳酸盐岩逐渐演化的趋势。白云岩的样品点主要落在海相碳酸盐岩区域，其 $\delta^{18}O_{V-SMOW}$ 平均值为 22.1‰，小于现代海水沉积的碳酸盐岩之值（$\delta^{18}O=25.05‰$）（王英华等，1983），显示成矿流体具有"$\delta^{18}O$ 漂移"特征，可能是成矿流体在向上迁移的过程中与白云岩发生水–岩交换作用所致，表明该矿床围岩白云岩为沉积成因碳酸盐岩。

四、控矿因素和成矿规律

1. 控矿因素

1）岩相与岩性构造带

区内矿体均受东沟坝岩组上部中性火山碎屑岩岩相与沉积碳酸盐岩岩相岩性带控制，在中性火山碎屑岩间夹碳酸盐岩的岩性过渡带内矿化最强、最普遍。铜锌矿化又多富集在

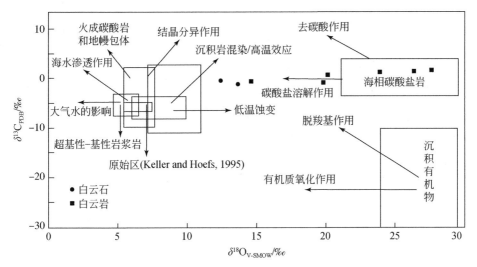

图 4.72 陈家坝铜铅锌多金属矿床矿石中白云石以及白云岩的 $\delta^{13}C_{PDB}$-$\delta^{18}O_{V\text{-}SMOW}$ 图解

底图据刘建明和刘家军（1997），毛景文等（2002）资料修改

硅质白云岩透镜体内或与凝灰岩的接触带间。此外，在泥质、碳质板岩中，常产出似层状、透镜状黄铁矿矿化体，并伴生含量较高的铜铅锌矿化。这些特征与区域内的产于火山口旁侧的二里坝黄铁矿矿床、红土石黄铁矿矿床的基本特征十分相似，表明火山岩层向正常沉积相的泥质、碳质、碳酸盐岩层的过渡带是铜锌多金属矿化的初始矿源层。

2）断裂活动

区内发育的层间压扭性断裂是与成矿作用有关的断裂。当其产于前述的初始矿源层中时，其旁侧矿化强度明显增加，特别表现在矿化富集于断裂片理化、碎裂岩化带内，矿石具有角砾状、网脉状构造。晚期的含铜黄铁矿、黄铜矿、闪锌矿、方铅矿等集合体以胶结物或脉体形式产出，并胶结早期黄铁矿化白云岩及微细粒状黄铁矿角砾，或呈不规则的细脉状集合体，穿插于片理化、碎裂岩化的裂隙中。矿化带内的断裂产状与地层产状基本一致，或显向倾略陡。断裂通过处，凝灰岩具强片理化、挠曲发育，白云岩具碎裂、角砾化；断裂带内的白云岩多呈构造透镜体状，形成走向、倾向上皆不连续的团块，包裹于糜棱岩化凝灰岩片之中。在这种情况下，铜锌矿化较强，部分形成工业矿体。NWW 向与 NEE 向断裂配套组成的共轭断裂是矿区内重要的控矿控岩构造。

3）变质作用

区内的变质作用主要表现为强烈的区域变质作用。凝灰岩普遍片理化，其中的矿物、岩屑具有重结晶和重新组合，有定向压扁、拉长，如斜长石具有钠长石化、绢云母化；石英组成微细粒状集合体；白云石具有重结晶及晶体碎裂。这些都为成矿元素的活动与迁移提供了有利条件。

2. 成矿规律

陈家坝铜铅锌多金属矿床含矿层位为新元古界碧口岩群东沟坝组（阳坝岩组上岩段），

赋矿岩石为角斑质凝灰岩、硅质白云岩。目前分析认为，其成矿作用大致经历了火山喷发沉积期、变形变质热液叠加改造期和表生氧化期。新元古代，陈家坝地区海底火山活动强烈，火山喷发形成了一套中酸性火山–沉积岩，同时挟带了大量铁、铜、铅、锌物质，溶解于海水中，在水流及构造动力作用下运移、沉淀在火山沉积岩（角斑质凝灰岩）与碳酸盐岩（硅质白云岩）界面形成初始矿源层（矿胚）；矿源层在构造、岩浆、变形变质热液的叠加改造作用下，硫化物活化、运移、富集、沉淀到近东西向–北东向断裂构造部位，形成工业矿体；之后，地表遭受氧化，发育褐铁矿化，形成铁帽。

五、矿床成因与成矿模式

1. 成岩成矿构造背景

陈家坝铜铅锌多金属矿床赋存于碧口岩群东沟坝组角斑质凝灰岩与硅质白云岩岩性界面附近。矿区火山岩具有较高的 SiO_2 含量（36.04% ~ 65.70%）和铝饱和指数（1.06 ~ 2.31，平均值为 1.48），以及较低的 Al_2O_3 含量（0.25% ~ 0.75%）和 TiO_2 含量（0.38% ~ 0.91%）；微量元素中富集 Rb、Ba、Sr 等大离子亲石元素，适度亏损 Nb、Ta 等高场强元素，陈家坝火山岩的铝指数（A/CNK）大于 1（1.06 ~ 2.31，平均值为 1.48），显示过铝质岩浆岩特征，认为其形成于与碰撞作用有关的构造环境。

沉积岩中稀土元素、Nb、Th 和 Zr 等元素的含量一般低于地壳克拉克值，岩浆岩中稀土元素、Nb、Th 和 Zr 等元素的含量大于地壳克拉克值。陈家坝铜铅锌多金属矿床硅质白云岩中稀土元素、Nb、Th 和 Zr 含量远远低于地壳克拉克值，与沉积碳酸盐岩相似。由此可知，该矿床硅质白云岩的微量元素组合具有沉积碳酸盐岩特征。

研究表明，δCe 在成岩作用过程中变化不大，因此可以根据 δCe 来确定海洋中沉积岩的形成环境。据 Murray 等（1991）研究可知，δCe 越小，受开阔海（洋）盆环境影响越大，大洋中脊 δCe 平均值为 0.29、大洋盆地 δCe 平均值为 0.60、大陆边缘的 δCe 平均值为 1.03。研究区 δCe 值为 0.28 ~ 0.54，平均值为 0.46，说明该区硅质白云岩接近于开阔海（洋）盆地环境，受陆源影响较小。Eu^{2+} 多出现于与岩浆活动有关的下地壳强还原环境中，与热液成因相关的沉积岩中通常出现 Eu 正异常和轻稀土富集。该区大多数硅质白云岩样品出现 Eu 正异常和轻稀土富集，表明该区硅质白云岩形成过程中受热液活动的影响。

2. 成矿物质来源

碧口岩群东沟坝组在矿区出露最为广泛，岩性主要有角斑岩、石英角斑岩、角斑质凝灰岩等，其上覆雪花太坪组白云岩。研究结果表明，东沟坝组与雪花太坪组中 Cu 等成矿元素背景值均高于不同地区的相应地层，从而认为东沟坝组是 Cu 等成矿物质的矿源层。

陈家坝铜铅锌多金属矿床成矿物质来自东沟坝组的证据如下：

（1）陈家坝铜铅锌矿体赋存在新元古界碧口岩群东沟坝组中。由表 4.63 可以看出，东沟坝组角斑岩、碳质板岩、角斑质凝灰岩中的铜、铅、锌等主要成矿元素含量都比地壳克拉克值高出数倍至数十倍，成矿元素的高含量及其与矿石中主要有用元素的一致性都表明东沟坝组是可能的矿源层。

表 4.63　陈家坝铜铅锌多金属矿床东沟坝组岩层成矿元素与硫含量

岩石名称	样品数/件	Cu	Pb	Zn	S
角斑岩	75	170	140	630	20290
碳质板岩	81	150	250	1110	43300
角斑质凝灰岩	85	80	80	350	—
地壳克拉克值	—	47	16	83	—

注：元素含量数量级为 10^{-6}；地壳克拉克值据维诺格拉多夫（1962）。

（2）陈家坝矿区石英角斑岩中富集 Rb、Ba、Sr 等大离子亲石元素，亏损 Nb、Ta 等高场强元素，显示其可能与陆内拉张环境下的地壳混染或地幔源区热液有关。黄铁矿锶同位素 $^{87}Sr/^{86}Sr$ 接近大陆地壳锶同位素 $^{87}Sr/^{86}Sr$ 平均值（0.719），表明硫化物主要来自地壳。硫同位素组成特点反映硫可能由海水硫酸盐的还原硫和海底火山活动带来的原始硫混合而成，并受热液作用影响。

由于 Y 和 Ho 具有相同的价态和离子半径，八次配位时，Y、Ho 常具有相同的地球化学性质，Y/Ho 值在许多地质过程中，并不发生改变。因此，Y/Ho 值可用于判断成矿物质来源及进行现代海底热液的研究。该矿床黄铁矿 Y/Ho = 5.5～42.0，平均 22.42，通过其与现代海底热液流体之间的比较（图 4.73）可知，矿床黄铁矿的 Y/Ho 值具有较广的变化范围，与现代海水的 Y/Ho 值范围相差较大，主体与矿区的石英角斑岩相似。黄铁矿的 Y/Ho 值特征显示黄铁矿的热液流体来源与石英角斑岩关系密切。

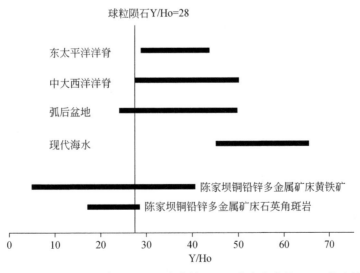

图 4.73　陈家坝铜铅锌多金属矿床黄铁矿、石英角斑岩的 Y/Ho 值比较

如前所述，铜矿石中白云石的 $\delta^{13}C$ 值为 -0.89%～-0.53%，与海相碳酸盐的 $\delta^{13}C$ 值

变化范围相近，显示成矿流体中的碳来自海相碳酸盐岩。

综上认为，东沟坝组为陈家坝铜铅锌多金属矿床成矿提供了主要物质来源。

3. 成矿时代

碧口岩群东沟坝组岩石同位素参考年龄大致集中在 800～1040Ma 之间。震旦系为一套碎屑岩–碳酸盐岩沉积建造。

根据黄铁矿 Rb-Sr 年龄测试分析可知，Rb-Sr 年龄值比较宽泛，中、新元古代—古生代均有显示。东沟坝组火山岩带来了部分成矿物质和硫源，由此说明成矿作用发生在成岩作用期间或成岩作用之后。

综合考虑对比区域上邻近的铜厂矿床、东沟坝矿床地质特征、地球化学和同位素测年数据，认为陈家坝铜铅锌多金属矿床成矿物质来源复杂，成矿作用具有多期性，但主要形成于新元古代。

4. 成矿物理化学条件

1）成矿温度

因为矿床形成条件和地质背景的多样性，不同类型矿床某些硫化物中的微量元素含量或比值具有较大的差异性，这主要与矿床形成的压力、温度条件有关。黄铁矿产于多种成因类型的矿床中，其钴含量越大，矿物形成温度越高。一般地，低温型黄铁矿的钴含量小于 100×10^{-6}，中温型黄铁矿的钴含量为 100×10^{-6}～1000×10^{-6}，一般高温型黄铁矿的钴含量大于 1000×10^{-6}。黄铁矿中的 Co/Ni 值对成矿温度亦具有一定的指示意义，Co/Ni 值与矿物的形成温度成正比。陈家坝铜铅锌多金属矿床黄铁矿 Co 含量为 54.8×10^{-6}～165.02×10^{-6}，Co/Ni 值为 1.29～5.95，说明本区黄铁矿成矿温度不高，可能形成于中低温环境。

2）改造过程中物质迁移驱动力

从矿源层东沟坝组到雪花太坪组，铜经历了一个迁移的过程，这一迁移是"改造"作用的结果。改造过程中物质迁移驱动力比较复杂，通常造成迁移的机制主要为两个，分别代表着两种驱动力：其一是深部岩浆源某些斑岩铜矿含矿岩体周围发生的热液对流循环；其二是构造驱动力。

一般认为，断裂构造在热液迁移过程中为深部岩浆侵位及叠加成矿提供了有利通道和条件。该矿田主要发育 EW–NEE 向、NWW 向、NE 向等方向的控矿断裂构造。特别是NWW 向与 NEE 向两组断裂配套，共同形成了共轭断裂，将矿田切割成若干透镜状的地块，形成铜厂矿田"巨型压力影"构造的基本格架（韩润生等，2003），"巨型压力影"构造的形成和演化是动力成岩成矿和动力驱动流体成岩成矿的过程。

构造作用在热液迁移过程中起着重要的作用，但适宜的介质（溶液）是成矿物质得以大规模运移的基本条件。陈家坝铜铅锌多金属矿床赋存于高温、偏酸性的环境中，温度降低，溶液会发生稀释、氧化还原反应、pH 升高（由酸性向碱性转换）等变化，最终，成矿流体在东沟坝组与雪花太坪组之间的岩性分界层中富集成矿。

5. 矿床成因

黄铁矿产于许多成因类型的矿床中，对于黄铁矿的微量元素研究多集中在矽卡岩型铅锌（铜、钼）矿床和斑岩型铜、钼矿床，部分侧重 VMS 型铜铅锌矿床。由于形成时的 pH、温度及氧化还原性质等物理–化学条件不同，黄铁矿在成分、构造和特性方面存在一定的差异。

理论研究表明，在岩浆结晶分异过程中，为了维持体系总体处于能量最低状态，八面体择位能高的过渡金属离子优先进入矿物晶格，由于钴的八面体择位能（7.4cal❶/mol）小于镍的八面体择位能（20.6cal/mol），镍在岩浆结晶的早期进入 Mg-Fe 构成的矿物晶格中，与 Mg、Fe 紧密共生，而钴八面体择位能较低，转入岩浆期后热液中富集成矿。前人研究显示，沉积成因黄铁矿中 Co/Ni<1；岩浆成因黄铁矿的 Co/Ni 值多大于 5；岩浆热液成因黄铁矿的 Co/Ni 值多介于 1~5 之间，个别值可能更高；变质热液成因的黄铁矿 Co/Ni 值更接近于沉积成因的黄铁矿，一般 Co/Ni<1；与火山岩有关的矿床中黄铁矿 Co、Ni 含量较高，Co/Ni 值一般都大于 5，且通常大于 10。本矿床黄铁矿 Co 含量高，平均含量为 115.67×10^{-6}，而黄铁矿中 Ni 含量较低，平均值为 42.77×10^{-6}，1.29<Co/Ni<5.95，平均值为 3.2，主要落于岩浆热液成因的黄铁矿范围内。结合矿石结构、构造特征分析，认为黄铁矿受后期热液交代影响较大。部分黄铁矿 Co/Ni=5.95>5，是继承了早期火山成因黄铁矿（5<Co/Ni<50，平均值为 8.7）发育而成。已有研究指出，陈家坝地区存在碧口岩群海相火山活动及相关成矿事件，其矿床形成于海底火山喷流沉积交代环境。以上信息指示黄铁矿形成与海底火山喷发和沉积作用有关，并有火山气液参与成矿。

Co、Ni 同属铁族元素，地球化学行为极为相似。通过黄铁矿晶格中的 As、Co、Ni 含量的不同可以判定黄铁矿成因并区分矿床类型。As^{3-} 通过与 S^{2-} 发生类质同象置换从而得到富集，这是引起黄铁矿硫亏损的主要原因。通过该矿区黄铁矿的 As-Co-Ni 投点（图 4.74）清楚地反映，黄铁矿大多落于岩浆或火山热液成因中，与 Co、Ni 元素分析结果一致，进一步说明黄铁矿的形成与火山热液作用有关。

勉略宁矿集区矿床具有矿种多、类型多、成群成带集中分布的特点，在徐家坝–陈家坝–七里沟铜多金属成矿带中已勘查发现十多个与古火山作用有关的大中型铜铅锌金银等多金属矿床。其典型矿床有东沟坝金银多金属矿床、铜厂铜铁矿床等。铜厂铜铁矿床和东沟坝金银多金属矿床赋矿围岩以火山岩为主，而位于二者之间的陈家坝铜铅锌多金属矿床的赋矿围岩以硅质白云岩为主；在微量元素特征上，铜厂铜铁矿床和东沟坝组金多金属矿床显示 Eu 负异常，而陈家坝矿床 Eu 异常不明显。陈家坝铜铅锌多金属矿床、铜厂铜铁矿床和东沟坝金银多金属矿床的矿体形成、就位及空间展布均受古火山机构的控制；矿石类型、成矿时代及围岩蚀变具有相似性（表 4.64）。因此，综合分析认为陈家坝铜铅锌多金属矿床属于火山喷流沉积改造型矿床。

---

❶ 1cal=4.1868J。

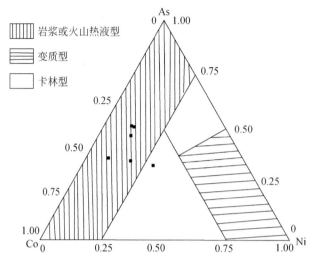

图 4.74　陈家坝铜铅锌多金属矿床黄铁矿 As-Co-Ni 三角相图解

表 4.64　铜厂铜铁矿床、东沟坝金银多金属矿床和陈家坝铜铅锌多金属矿床特征对比

	铜厂铜铁矿床	东沟坝金银多金属矿床	陈家坝铜铅锌多金属矿床
构造背景	大陆裂谷	大陆裂谷	大陆裂谷
控矿构造	近 EW 向、NE 向剪切带	近 EW 向韧性、韧脆性剪切构造	EW－NEE 向、NWW 向、NE 向断裂
赋矿围岩	郭家沟组细碧岩与闪长岩	角斑质凝灰岩、石英角斑岩	主要为硅化白云岩
矿石类型	角砾状、致密浸染状和条带状构造，压碎结构、交代残余结构和粒状变晶结构等	条带状、纹层状、脉状、块状等构造，以晶粒状结构、填隙结构、包含结构为主	矿石构造以脉状、网脉状和浸染状构造为主，矿石结构主要是半自形-他形粒状结构、充填-交代结构和他形不等粒状结构
矿石矿物	黄铜矿，其次为黄铁矿以及少量的斑铜矿、方铅矿、闪锌矿、辉钴矿、自然金等	金银矿物外，还有方铅矿、闪锌矿、黄铁矿、黄铜矿、黝铜矿等	主要有黄铜矿、黄铁矿、方铅矿和闪锌矿，极少量斑铜矿、自然金和黝铜矿
脉石矿物	主要为石英、方解石、绢云母	主要为绢云母、石英，少量重晶石、绿泥石、钠长石等	石英、重晶石、方解石、绢云母和碳酸盐矿物；表生矿物有孔雀石、铜蓝、褐铁矿
围岩蚀变	硅化、绢云母化和碳酸盐化	硅化、绢云母化、黄铁矿化、重晶石化及绿泥石化、碳酸盐化	硅化、黄铁矿化、闪锌矿化、方铅矿化、黄铜矿化
成矿时代	新元古代晋宁期	新元古代青白口纪	新元古代
岩石稀土元素特征	右倾型，轻稀土富集，Eu 负异常	轻稀土相对富集和分异相对较强的特征，Eu 显示程度不等的负异常	总体右倾，轻稀土分馏较明显，重稀土稍平坦，属轻稀土富集型。无 Eu 负异常
成矿元素	铜铁	金银铜	铜铅锌
矿床类型	火山喷流沉积改造型	火山喷流沉积改造型	火山喷流沉积改造型

6. 成矿模式

综合区域构造演化背景和成矿物质及成矿流体来源等研究，发现陈家坝铜铅锌多金属矿床成矿作用机制复杂，具有同位、多期、多矿化、多源（成矿物质、热液来源及热源）、多阶段等特点。可以把陈家坝铜铅锌多金属矿床成矿模式归纳为"大陆裂谷大地构造背景下中酸性火山岩喷出-矿源层沉积-构造迁移改造"，即火山喷流-沉积改造型矿床。具体成矿过程是大陆裂谷火山作用形成中酸性火山岩，这些火山岩本身挟带了大量的铜等成矿物质，形成了铜元素的高背景地层，初始火山活动为后期成矿提供了铜和部分硫元素；这些物质经过热水作用得以迁移再富集而形成硫化物的再沉积。随着成矿物质的迁移，带来了热动力、热液，形成富含 Cl^-、K^+、Na^+、岩浆热液与大气降水的混合热液，成矿物质在沉积阶段进入东沟坝组岩层形成矿源层。构造活动给矿液的流动和定位提供了通道和容矿空间，这些控矿断裂带均多次活动，构造面呈舒缓波状，产状变化大，在构造陡缓变换部位形成有利的成矿空间，在岩浆热液与大气降水的混合热液作用下，使地层中成矿物质活化，在 NWW 向与 NEE 向断裂配套构成的共轭断裂构造应力作用下，矿化物质以络合物形式迁移，沉积物沉积时封存的海水被破坏，成矿流体经历了岩浆热液、海水与大气降水的混合，导致了岩浆热液的降温冷却，溶液发生稀释、氧化还原反应、络合反应等，从而使成矿物质沉淀聚积而形成工业矿床。

六、找矿标志及找矿模型

1. 找矿标志

结合前人资料以及本次研究工作所取得的认识，总结该区找矿标志如下：

（1）新元古界碧口岩群东沟坝岩组是本区寻找铜铅锌矿床的有利层位标志。

（2）角斑质凝灰岩和硅质白云岩岩性界面、NWW 向与 NEE 向断裂配套组成的共轭断裂。

（3）靠近矿体的围岩发生褪色化、绢云母化、碳酸盐化、硅化等蚀变。

（4）矿区地表氧化、淋滤作用强烈，可见孔雀石、蓝铜矿和褐铁矿等次生矿物，发育铁帽。铁帽呈锈红色、褐红色，具有蜂窝状构造或条带-蜂窝状构造。

（5）出现以铜、锌为主的多元素组合地球化学异常，且呈规整的带状分布。

（6）重磁异常指示断裂构造；低电阻率、高极化率激电异常可反映深部金属硫化物矿体的存在。

2. 找矿模型

陈家坝铜铅锌多金属矿床"三位一体"找矿预测地质综合模型见表4.65。

表 4.65　陈家坝铜铅锌多金属矿床"三位一体"找矿预测地质综合模型

找矿模型要素	主要标志	陈家坝铜铅锌多金属矿床
成矿地质背景	大地构造背景	扬子板块西北缘鱼洞子地块与碧口地块拼接缝合带
	成矿时代	新元古代

续表

找矿模型要素	主要标志	陈家坝铜铅锌多金属矿床
成矿地质体	空间位置和宏观特征	成矿地质体位于远离古火山机构的火山洼地相
	含矿建造类型	海相中酸性火山岩–沉积岩建造
	含矿层位及岩性	新元古界碧口岩群中酸性角斑岩–碳酸盐岩系，岩性为角斑质凝灰质、硅质白云岩
	主要岩石组合序列	角斑岩–石英角斑岩–角斑质凝灰岩–硅质白云岩
	直接成矿地质体类型	角斑质凝灰岩、硅质白云岩
	组构特征	块状构造、纹层状构造、片状构造
	岩石变形、变质	凝灰岩岩石变质、变形比较强，发育绿泥石化、绿帘石化、钠长石化、碳酸盐化、硅化，达到绿片岩岩相；白云岩发育硅化、碳酸盐化
	岩石地球化学	角斑岩岩石具有较高的 SiO_2 含量，相对富碱、富钾、贫钠，低钛，为过铝质高钾钙碱性火山岩系
	岩石微量元素地球化学特征	微量元素富集 Rb、Ba、Sr 等大离子亲石元素，亏损 Nb、Ta 等高场强元素。Cu、Pb、Zn 元素含量高
	岩石稀土元素地球化学特征	稀土元素标准化配分曲线总体右倾，轻稀土分馏较明显，重稀土稍平坦，属轻稀土富集型；无 Eu 负异常，个别样品显示明显正异常，说明其源区斜长石的分离结晶作用不明显
	成岩时代	元古宙
	成岩物理化学条件	沉积条件为还原环境；后期改造期为较高的温度和压力条件
	成岩深度	沉积水深在数百米的静水环境，变质变形深度在埋深数千米之下
	成因特征	火山喷发形成的新生洋壳为成矿提供物质来源，成矿与海底喷气喷流沉积作用关系密切
成矿构造和成矿结构面	成矿构造系统	火山成矿构造系统。具体为远离火山穹隆附近的火山洼地，岩相带构造控矿明显
	成矿结构面类型	火山岩与沉积岩的接触面，火山凝灰岩与碳酸盐岩的界面
	矿体就位样式	古海底地形地貌和近东西向韧脆性剪切断裂控制矿体产出位置
成矿作用特征标志	矿体特征	矿体一般为层状、似层状、脉状，成群成带平行产出，单矿体变化大，呈波状
	矿体产出部位	矿体顺层产于角斑岩、角斑质凝灰岩和硅质白云岩岩性界面附近，厚度和形态受古地理地形起伏和后期变形、变质影响；一般褶皱轴部增厚、增富
	矿石类型	矿石类型为硅化白云岩型、石英角斑质凝灰岩型。工作类型矿石有铜矿石、铅矿石、锌矿石、铜锌矿石和铅锌矿石

续表

找矿模型要素	主要标志	陈家坝铜铅锌多金属矿床
成矿作用特征标志	矿石组成	矿石矿物主要有黄铁矿、闪锌矿、黄铜矿和方铅矿，次为黝铜矿和斑铜矿；脉石矿物有石英、白云石、铁白云石、铁方解石、重晶石和绢云母，其次有少量钠长石、滑石、碳质物和白云母，还有微量磷灰石、金红石和白钛石
	矿石结构、构造	矿石结构主要是半自形-他形粒状结构、充填-交代结构和他形不等粒状结构，其次是粒状变晶结构和他形不等粒状变晶结构。矿石构造以块状、层纹状、浸染状和碎裂构造为主，其次是条带状、细脉状、网脉状和压碎构造
	成矿期次及矿物组合	火山喷发-沉积阶段：具胶黄铁矿、细粒重晶石、方铅矿、闪锌矿组合；变质变形热液叠加改造阶段：具细脉重晶石、黄铁矿、方铅矿、闪锌矿、碳酸盐、绢云母组合
	成矿物理化学条件	根据区域成矿特征，推测为中低温，中性到碱性；还原环境；成矿流体为 K-Na-Mg/HCO$_3$-Cl-F 型
	成矿流体性质	沉积时，成矿流体为海底热液；变质变形时以变质流体为主
	成矿物质来源	成矿物质主要来自火山喷发
	成矿深度	沉积时为海底环境，变质变形时的深度最深可达数万米
物化遥异常	物探异常	激电测量获得的大比例尺激发极化率异常可能指示矿带
	化探异常	呈带状分布以铜、锌为主的多元素原生晕组合异常

第十二节　鱼洞子铁矿床地质特征、成矿模式及找矿模型

鱼洞子铁矿床位于陕西省略阳县城东黑河坝镇上营村。20 世纪 50~60 年代，西北冶金地质勘探公司第一地质勘探队（西北有色地质勘查局七一一总队前身）发现并勘探了鱼洞子铁矿。累计探明铁矿石储量 1.48 亿 t，近年的地质勘查工作表明，其深部和外围龙王沟等地区铁矿找矿增储潜力比较大。

一、矿区地质背景

1. 地层

矿区出露地层主要为太古宇鱼洞子岩群黄家营组（ARyh），其次为上震旦统灯影组（Z$_2$dy）、陡山沱组（Z$_2$d），二者呈断层接触（图 4.75，表 4.66）。太古宇鱼洞子岩群黄家营组第一段（ARyh^1）为绢云母石英片岩层，以绢云母石英片岩为主，夹绿泥绢云片

岩、斜长片岩等，赋存有北矿带含铁层，一般矿层规模小，矿体厚0.8～15.7m。黄家营组第二段（ARyh²）为主要含矿岩系，其各岩层性质由老到新如下。

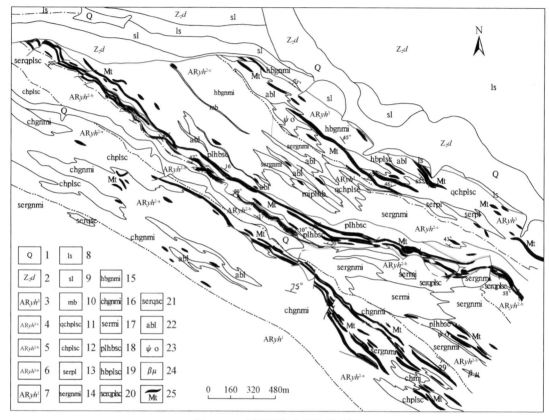

图4.75　鱼洞子铁矿床地质略图

1. 第四系；2. 上震旦统陡山沱组碳质板岩、千枚岩、夹白云质灰岩；3. 太古宇鱼洞子岩群黄家营组第三段，石英绿泥斜长片岩，产出北部含铁层；4. 太古宇鱼洞子岩群黄家营组第二段第三层，斜长角闪片岩，本层下部及中部赋存中矿层，规模较大；5. 太古宇鱼洞子岩群黄家营组第二段第二层，绢云母石英斜长片岩，本层下部局部产出铁矿层，属南部矿层；6. 太古宇鱼洞子岩群黄家营组第二段第一层，黑云母角闪岩、斜长片岩及绿泥斜长片岩互层，夹透镜体大理岩及磁铁石英岩，南部含矿带；7. 太古宇鱼洞子岩群黄家营组第一段，绢云石英片岩，混合岩化强烈；8. 灰岩；9. 板岩；10. 大理岩；11. 石英绿泥斜长片岩；12. 绿泥斜长片岩；13. 绢云母斜长岩；14. 绢云母片麻状混合岩；15. 角闪石片麻状混合岩；16. 绿泥片麻状混合岩；17. 绢云母混合岩；18. 斜长角闪片岩；19. 角闪斜长片岩；20. 绢云母石英斜长片岩；21. 绢云母石英片岩；22. 斜长角闪岩；23. 角闪岩；24. 变辉绿岩；25. 磁铁矿体

　　黄家营组第二段第一层（ARyh²⁻ᵃ）为黑云母角闪岩、斜长片岩及绿泥斜长片岩互层，以黑云母（角闪石）斜长片岩、绿泥斜长片岩为主，夹绢云母石英片岩、角闪斜长片岩、黑云母–绢云母绿泥斜长片岩、透镜状大理岩等，赋存磁铁石英岩（南部含矿带）。

表4.66 鱼洞子铁矿床地层简表

宇/界	系/统/群/组/段			主要岩性组合及岩性特征	厚度
新生界	第四系	(Q)		河流冲积、坡积物、砂、砾、泥土和山前风化残积物	<30m
				∿∿∿∿ 不整合 ∿∿∿∿	
新元古界	上震旦统	灯影组 (Z₂dy)		以白云质灰岩为主，夹碳质板岩。灰岩特征：具涡卷状构造，风化面具溶蚀沟。近下部含有燧石条带及结核，碳质岩层中尖棱褶曲甚发育	450m
		陡山沱组 (Z₂d)		以含碳粉砂质板岩、千枚岩为主，下部夹白云质灰岩	约800m
				∿∿∿∿ 不整合 ∿∿∿∿	
太古宇	鱼洞子岩群黄家营组 (ARyh)	第三段 (ARyh³)		石英绿泥斜长片岩层，以石英绿泥斜长片岩为主，夹绿泥斜长片岩、石英绿泥斜长片岩、绢云母石英绿泥斜长片岩、斜长角闪片岩等；赋存北部含铁层，一般矿层规模小	>500m
		第二段 (ARyh²)	第三层 (ARyh²⁻ᶜ)	斜长角闪片岩层，以斜长角闪片岩为主，夹绿泥斜长片岩、黑云斜长片岩、斜长角闪片岩、斜长绿泥片岩、绢云母石英斜长片岩、绢云母石英片岩、含石墨绢云母斜长片岩及大理石透镜体等。本层下部及中部赋存中部铁矿层，一般规模较大，为主要含矿层	100～200m
			第二层 (ARyh²⁻ᵇ)	绢云母石英斜长片岩层，以绢云母石英斜长片岩为主，夹绿泥斜长片岩、绢云母斜长片岩、绢云母石英片岩、斜长角闪片岩等。本层下部的局部及其东端夹透镜状–似层状铁矿体（亦属南部含矿带，矿体规模极小）	70～400m
			第一层 (ARyh²⁻ᵃ)	黑云母角闪岩、斜长片岩及绿泥斜长片岩互层，以黑云母（角闪石）斜长片岩、绿泥斜长片岩为主，夹绢云母石英片岩、角闪斜长片岩、黑云母–绢云母绿泥斜长片岩、透镜状大理石等，赋存磁铁石英岩（南部含矿带）	300～800m
		第一段 (ARyh¹)		绢云母石英片岩层，以绢云母石英片岩为主，夹绿泥绢云片岩、斜长片岩等。本层受混合岩化作用为最强烈	不详

　　黄家营组第二段第二层（$ARyh^{2-b}$）是绢云母石英斜长片岩层，以绢云母石英斜长片岩为主，夹绿泥斜长片岩、绢云母斜长片岩、绢云母石英片岩、斜长角闪片岩等。本层下部的局部及其东端夹透镜状–似层状铁矿体（亦属南部含矿带，矿体规模极小）；南矿带铁矿体（层）赋存于$ARyh^{2-a}$的磁铁石英岩和$ARyh^{2-b}$下部的绢云母石英斜长片岩中，矿体厚0.6～21.50m。

　　黄家营组第二段第三层（$ARyh^{2-c}$）即斜长角闪片岩层，以斜长角闪片岩为主，夹绿泥斜长片岩、黑云斜长片岩、斜长角闪片岩、斜长绿泥片岩、绢云母石英斜长片岩、绢云母石英片岩、含石墨绢云母斜长片岩及大理岩透镜体等，本层厚100～2100m。中矿带铁矿体（层）主要赋存于$ARyh^{2-c}$斜长角闪片岩层的中下部，厚1.00～39.50m。斜长角闪岩层厚度大的地段矿层厚度也大，斜长角闪片岩厚度变薄，矿体（层）也变薄，甚至尖灭。

2. 构造

矿区位于何家岩背斜北翼，为单斜构造，局部有挠曲现象。地层走向 300° ~ 330°，倾向北东，倾角 65° ~ 80°。局部地层倒转（如马家沟中 18 矿体以南地段），倾向南西，倾角 75° ~ 80°。

矿区断裂发育。根据断层走向与地（矿）层的关系，可分为走向断层和斜交断层两组。走向断层按形成时间可分为两期，早期以陡倾斜逆断层为主，走向 260° ~ 330°，倾向以北东为主，个别倾向南西，倾角 60° ~ 80°，个别较缓，部分地段被岩脉或斜切断层切断；晚期走向断层则以倾角较缓为特征。此组断层 24 条，一般规模较大，长度在 500m 以上，多伴有糜棱岩化带，宽 1 ~ 8m，断距 6 ~ 51m，个别达 80m，对矿体均有不同程度的破坏。其中规模比较大的走向断层有 Fs1、Fs45。

Fs1 是矿区最大的走向逆断层之一，分布于 0 ~ 25B 剖面线间，长达 5000m 左右，走向 290° ~ 310°，倾向北东，倾角 60° ~ 78°。基本平行于中 18、中 19、中 12 号等矿层（体）产出（断层距中 18 号矿层 13 ~ 70m）。沿断裂带围岩有糜棱岩化现象，宽 1 ~ 8m。局部有混合岩与角闪岩岩脉充填。

Fs45 分布于矿区北部，是震旦系与鱼洞子岩群的接触断层。沿断层带发育 2 ~ 20m 宽的糜棱岩。在 0 ~ 19 线之间，走向 290°，倾向 200°，倾角 60° ~ 65°，具逆断层性质。

斜交断层组的形成晚于走向断层，走向以 50° ~ 70° 和 340° ~ 15° 两组为主，倾向以北西或南东为主，倾角大于 50°，一般规模较小，断距 5 ~ 40m，目前发现 41 条，主要见于地表或浅部，与区域褶皱末期 X 形剪切裂隙有关，破坏铁矿层的连续性。

在中 18 号矿体附近，2 ~ 3 线间的 FX11、FX13、FX14、FX15 断层，在 860 ~ 900m 水平以上，有 10 ~ 40m 的切空区，破坏了矿层的连续性，5 ~ 8 线间有 9 个斜交断层，亦使矿层有小范围的切空现象。

3. 岩浆岩

矿区内岩浆岩从基性岩到中性岩均有分布，喷出岩变质后为角闪岩（或阳起岩）、斜长角闪岩，呈层状产出，是矿区的主要含矿层，铁矿体主要赋存在这套基性–中性变质火山岩系中。海西期侵入的变辉绿岩脉顺层或沿断裂侵入，规模不大，对矿体影响较小。

二、矿床地质特征

1. 矿体特征

根据矿体（层）在矿区的出露位置，由南向北分为南、中、北三个矿带，共圈定 49 个矿体，矿体呈层状、似层状、透镜状产出，个别呈扁豆状。矿体走向 280° ~ 330°，倾向北东，个别倾向南西，倾角 64° ~ 85°，与地层呈整合接触（图 4.76）。

1）南矿带铁矿体

南矿带分布在 0 ~ 3 线间以南及 36 ~ 49 线间，断续长达 3600m 以上，圈出矿体 15 个，

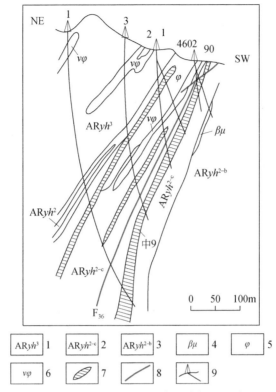

图 4.76　鱼洞子铁矿床 17 勘探线剖面地质图

1. 太古宇鱼洞子岩群黄家营组第三段石英绿泥斜长片岩；2. 太古宇鱼洞子岩群黄家营组第二段第三层
斜长角闪片岩；3. 太古宇鱼洞子岩群黄家营组第二段第二层绢云母石英斜长片岩；4. 辉绿岩；5. 角闪岩
（阳起岩）；6. 斜长角闪岩；7. 矿体；8. 断层；9. 钻孔

矿体产于混合岩化斜长角闪片岩、含磁铁阳起岩、绿泥斜长片岩中。以主矿层-南 3 号矿体的规模最大，其他规模均小。南 3 号矿体长 2076m，厚度变化于 1 ~ 19.1m，平均为 6.7m，呈西段薄、东段厚特点，不同水平标高上稍有跳跃，向深部有变厚趋势；探明最大斜深为 617m，一般为 360 ~ 470m；深部矿体变薄并递变为含磁铁角闪（阳起）岩。矿体呈层状-似层状，走向 300° ~ 330°，倾向北东，倾角多在 70° ~ 75°，个别达 85°，局部地表反转，倾向南西，倾角 53° ~ 65°；铁矿体中 TFe 为 26.70% ~ 39.30%，平均 TFe 为 31.21%。矿体中一般分布 1 ~ 2 个夹石，局部达 3 个。夹石厚度变化于 0.6 ~ 21.5m，一般为 1.0 ~ 4.5m，平均为 4.2m。个别夹石有分支复合现象和局部有铁矿扁豆体（厚 < 1.0m）。岩性主要是混合岩化斜长角闪片岩（含 TFe 为 3.17% ~ 5.43%）及含磁铁阳起岩（含 TFe 为 16.17% ~ 19.67%）、混合岩（含 TFe 为 3.37% ~ 10.63%）、绿泥斜长片岩（含 TFe 为 5.42% ~ 15.74%）等。在地表及 1100m 标高水平以上，夹石是东部厚、西部薄，而深部至 800m 标高水平以下则相反。矿层上、下盘围岩性质与夹石相似，含铁情况亦同。接触界线一般清楚，仅个别地方与含磁铁阳起岩渐变。

2）中矿带铁矿体

中矿带分布于 0 ~ 26 线之间，断续长达 5200m 以上，圈出 23 个矿体，规模较大者为中9、中11、中18及中31号。其余规模小且多数为盲矿体，赋存在主矿体的上、下盘。矿体多产于斜长角闪片岩和绢云母石英斜长片岩中，长180~600m，最长2680m；延深130~500m，最大625m；平均厚度1.4~7.2m，最大10.4m。其中，中9号矿体长2530m，延深495~515m，最大625m，厚度1~38.2m，平均7.2m；中18号矿体为中矿带和该矿床内最大的一个矿体。

中18号矿体分布于0~12线间，地表出露标高922~1143m，长达2388m；矿层厚度波动于1.0~39.50m，平均为10.40m，厚度基本稳定，厚度总趋势为深部比浅部普遍增厚；沿倾斜方向探明最大斜深590m，一般为370~380m，最深控制于433m水平标高，一般控制在600~620m水平标高。矿层西端变薄，且被角闪岩体破坏，矿层东端向深部亦有尖灭趋势。矿体呈似层状，走向300°~320°，倾向北东，倾角65°~75°；矿石TFe为26.78%~44.73%，平均TFe为31.10%，TFe变化系数为13.97%。

矿体中有1~3条夹石，岩性主要是斜长角闪片岩、斜长角闪岩和含铁石英岩。夹石厚度变化于0.6~17m，一般为1.0~2.5m，平均为2.9m，含TFe为10.10%~17.17%。夹石主要分布于6线以东，比较稳定。

矿体围岩以斜长角闪片岩为主，部分为绿泥斜长片岩、角闪岩等，含TFe一般为13.66%~18.60%。矿体与围岩或夹石的接触界线比较清楚，局部为渐变。

3）北矿带铁矿体

北矿带分布在2~19线之间，矿带断续长达3400m，圈出11个矿体，以北4号矿体规模最大。矿体多数呈扁豆状，少数呈似层状，矿体走向292°~323°，倾向北东，倾角48°~70°，矿体主要赋存在石英绿泥石斜长片岩中，长200~460m，延深100~300m，平均厚度2.8~11.50m，最大12.60m。

从总体上看，矿体厚度自西向东，由浅至深，呈逐渐变厚趋势。矿层中普遍见1~2层夹石，厚度0.6~21.5m，多数0.8~4.5m，个别夹层有分支复合现象，岩性为斜长角闪片岩及含磁铁阳起岩。

2. 矿石特征

1）矿石矿物成分及结构、构造

矿石矿物以磁铁矿为主（35%~40%），磁铁矿以中细粒为主（粒度0.1~0.4mm的占51.3%），其次为假象赤铁矿（1%~3%）及少量褐铁矿、黄铁矿、黄铜矿等；脉石矿物以石英（55%~65%）、阳起石、黑云母为主，其次为角闪石、绿泥石、方解石、磷灰石等。

矿石结构主要为他形不等粒或纤维状不等粒花岗变晶结构和压碎结构，其次为包含变晶结构、自形–半自形粒状变晶结构等；矿石构造主要为条带状–似条带状构造、片麻状及块状构造，其次为皱纹状、浸染状构造等。

2）矿石化学成分

矿石的化学成分较简单，以硅、铁的氧化物（SiO_2、Fe_2O_3和FeO）及铁镁硅酸盐为主，其次为Al_2O_3、MgO、CaO等（表4.67）。

表4.67　鱼洞子铁矿床矿石化学全分析结果

（单位：%）

序号	矿石名称	采样地点	TFe	Fe_2O_3	FeO	mFe	SiO_2	Al_2O_3	CaO	MgO	Cu	Ge	Cr_2O_3	V	Ni	Zn	BaO	Mo	Ti	Mn	S	P	K_2O	Na_2O	CoO	CO_2	备注
1	磁铁石英岩	CK801	33.10	32.98	15.26	0.24	44.25	0.95	2.27	0.30	0.010	0.001	0.134	0.007	0.02	0.08	<0.05										
2	磁铁石英岩	Ck401	27.02	20.10	16.53	0.15	43.48	0.65	1.19	0.26	0.010	0.001	0.080	0.007	0.008	0.08	<0.05										
3	磁铁石英岩	K4	36.18	36.38	13.72	0.10	46.19	1.06	0.44	0.24	0.010	0.001	0.100	0.007	0.030	0.05	<0.05										
4	磁铁石英岩	K8	38.62	41.66	12.15	0.07	43.42	0.50	0.80	0.10	0.008	0.001		0.007	0.008	0.008	<0.05	0.001	0.003								
5	磁铁石英岩	K19	32.23	34.28	10.55	0.12	48.03	2.23	0.63	0.70	0.100	<0.001		0.015	0.020	0.05	<0.05	0.003	0.003								
6	磁铁石英岩	CK51	33.05	30.46	14.95	0.13	47.09	1.73	1.63	0.76	0.008	0.001		0.010	0.040	0.04	<0.05	0.001	0.003								
7	磁铁石英岩	K4	32.24	30.20	14.40		51.74	0.89	0.48	0.99			0.00	0.00	0.011				0.070	0.060	0.151	0.091	0.04	0.07	0.00	0.07	※
8	磁铁石英岩	北部矿层	34.94	34.20	14.16		46.12	0.98	1.05	0.82			0.00	0.00	0.010				0.030	0.110	0.008	0.091	0.06	0.18	0.00	0.07	※
9	磁铁石英岩	南部矿层	35.66	35.50	13.96		46.20	0.78	0.43	0.66			0.00	0.00	0.015				0.019	0.037	0.008	0.040	0.16	0.12	0.00	0.07	※
10	阳起磁铁石英岩	K44	36.73	34.60	16.13		45.66	0.18	1.23	1.28			0.00	0.00	0.015				0.020	0.042	0.008	0.066	0.025	0.014	0.00	0.11	※
11	阳起磁铁石英岩	K22	30.90	32.49	10.43		48.46	2.03	0.99	1.22	0.010	0.0015		0.010	0.020	0.04		0.006	0.003								
12	阳起磁铁石英岩	北部矿层	37.20	14.50	16.85		42.70	0.38	1.88	1.71			0.00	0.00	0.016				0.020	0.036	0.008	0.070	0.06	0.02	0.00	0.07	※
13	阳起磁铁石英岩	南部矿层	30.00	28.90	12.60		50.68	0.80	1.54	2.70			0.00	0.00	0.012				0.030	0.088	0.014	0.047	0.04	0.14	0.00	0.07	※
14	石英磁铁角闪岩	CK90	29.88	27.13	13.85	0.14	47.09	4.49	0.80	0.10	0.010	0.0015		0.010	0.040	0.05	<0.05	0.001	0.003								
15	石英磁铁岩	Ck1000	50.82	47.76	22.34		23.49	0.78	2.30	0.27	0.015	0.002	0.171	0.014	0.006	0.08	<0.05										
16	石英磁铁岩	K4	44.07	43.00	18.00	0.08	36.35	0.40	0.33	0.38			0.00	0.00	0.020				0.05	0.092	0.006	0.105	0.06	0.08	0.00	0.07	※
17	石英磁铁岩	K8	45.10	56.14	7.51		26.57	1.45	4.36	0.60			0.00	0.00	0.016				1.01	0.032	0.008	1.233	0.11	0.41	0.00	0.37	※
18	石英磁铁岩	K18B	45.94	60.60	4.56		30.26	0.66	0.74	1.08			0.00	0.00	0.019				0.06	0.056	0.006	0.090	0.03	0.10	0.00	0.07	※

注：据西北有色地质勘查局七一一总队，1965[1]；标"※"符号为原西北冶金地质勘探公司地质研究所资料。

[1] 西北有色地质勘查局七一一总队．1965．陕西省略阳县鱼洞子铁矿床地质勘探报告．1-76．

鱼洞子铁矿中 18 号矿体及全矿区矿体有益、有害组分含量统计于表 4.68，由表可见，矿石中 TFe 一般为 26.00% ~ 36.00%，平均 30.86%；SiO$_2$平均 47.83%；S 平均 0.114%；P 平均 0.071%；Mn 平均 0.073%。硫含量除个别工程（如 K8 探槽高达 1.233%，CK601 孔高达 0.626%，CK606 孔高达 0.371%，CK607 孔高达 0.374%，CK980 孔高达 0.305%）偏高外，一般含量为 0.06% ~ 0.170%。磷和锰含量均较低，未达到综合利用指标。

根据矿石全分析结果（表 4.67），矿石 Cu 含量 0.008% ~ 0.100%，平均为 0.020%，低于铜的综合利用指标。

表 4.68　鱼洞子铁矿床中 18 号矿体及全矿区有益、有害组分含量统计

品位		中 18 号矿体	全矿区
TFe/%	波动	20.00 ~ 52.67	
	一般	26.00 ~ 36.00	
	平均	30.86	31.64
SiO$_2$/%	波动	33.06 ~ 60.08	
	一般	42.00 ~ 50.00	
	平均	47.83	46.69
S/%	波动	0.001 ~ 0.305	
	一般	0.060 ~ 0.170	
	平均	0.114	0.130
P/%	波动	0.001 ~ 0.140	
	一般	0.050 ~ 0.090	
	平均	0.071	0.069
Mn/%	波动	0.020 ~ 0.267	
	一般	0.050 ~ 0.140	
	平均	0.073	0.082

3. 矿石类型

1）矿石自然类型

（1）按组成矿石的主要含铁矿物划分，本矿床矿石主要为磁铁矿石。

（2）按矿物共生组合和含量划分，其矿石类型主要为磁铁石英岩型（占 57.1%），其次为阳起磁铁石英岩型（占 22.2%）及黑云母磁铁石英岩型（占 13.3%），另有少量假象赤铁石英岩型、磁铁阳起岩型、磁铁黑云母岩型等。总体上南矿带南 3 号矿体以阳起磁铁石英岩为主，磁铁石英岩次之；中矿带中 9、中 11、中 18 号矿体主要由磁铁石英岩及黑云母磁铁石英岩组成，其中中 18 号矿体近尖灭端或接近角闪岩体时，阳起石含量增加，逐渐过渡为阳起磁铁石英岩或磁铁阳起岩；北矿带各矿体以阳起磁铁石英岩类型为主，少量由磁铁石英岩组成。

（3）按矿石结构、构造划分，本矿床主要为条带状-似条带状矿石，其次为皱纹状、块状等矿石。

2）矿石工业类型

（1）按矿石的工业类型划分，其主要为工业上能利用的需选矿石。

（2）按矿石化学成分中主要造渣组分值〔（CaO+MgO）/（SiO$_2$+Al$_2$O$_3$）〕划分，由于本矿床矿石中（CaO+MgO）/（SiO$_2$+Al$_2$O$_3$）值为 0.014~0.18，平均为 0.05（<0.5），属酸性矿石。

（3）根据本矿床矿石物相分析结果，TFe 为 29.10%，其中 mFe 为 25.60%，磁性铁占有率为 87.97%；siFe 为 2.94%，硅酸铁占有率为 10.10%；oFe 为 0.56%，氧化铁占有率为 1.93%，属磁性铁矿石。

（4）综合以上，鱼洞子铁矿石工业类型为酸性磁铁贫矿石。全矿区矿石平均品位 TFe 为 31.64%，S 为 0.13%，P 为 0.069%，Mn 为 0.082%，SiO$_2$ 为 46.69%。

三、控矿因素和成矿规律

1. 控矿因素

鱼洞子铁矿床主要由地层和断裂构造控制。

（1）控矿地层建造为鱼洞子岩群黄家营组第二岩段磁铁石英岩火山–沉积变质岩建造。

（2）北西向区域断裂控制含铁硅质建造展布；后期次级北东向和北北西向斜交断裂组破坏矿层；褶皱控制矿体的形态和规模，褶皱转折端部位矿体膨胀加厚，褶皱翼部被压扁、拉薄，个别地段矿体拉断呈条带状、透镜状。

2. 成矿规律

鱼洞子铁矿床是新太古代形成的火山沉积变质型铁矿，含铁层位为新太古界鱼洞子岩群黄家营组第二岩段上部第二火山喷发沉积层，岩石变质强烈，含矿岩性主要为斜长角闪岩、长英质变粒岩、石英绿泥斜长片岩夹磁铁石英岩，矿体就是斜长角闪岩、磁铁石英岩中磁铁矿富集的地段，具有火山沉积变质矿床的典型特点。矿区含铁建造剖面研究显示，成矿作用大致经历了两期，第一期为太古宙，鱼洞子地区地幔热对流强烈，火山活动频繁，形成一套富含铁质的基性–中酸性火山–沉积岩系及原始铁矿层；第二期为晚太古代，受古气候、古地理和阜平运动影响，岩层变质，地层中的铁质活化、运移、富集形成工业铁矿体，第二期为主成矿作用期。

四、矿床成因与成矿模式

1. 成矿物质来源

鱼洞子铁矿赋存在太古宇鱼洞子岩群黄家营组第二岩段中，含矿岩性主要为斜长角闪岩、长英质变粒岩、石英绿泥斜长片岩夹磁铁石英岩。鱼洞子岩群原岩为一套基性–中酸性火山岩–沉积岩系，富含铁质，现在为变质程度达高绿片岩–角闪岩相的变质岩；铁矿体呈层状、似层状、部分透镜状，平行产出在地层中，产状和地层一致；矿石主要为他形不等粒或他形不等粒花岗变晶结构、条带状和似条带状构造，显示沉积变质特征。

鱼洞子含铁岩系的原岩、矿层顶底板的夹层及围岩基本为一套中基性–中酸性火山岩系（包括熔岩、火山碎屑岩和凝灰质沉积岩），且具有一定旋回韵律特征。总体呈基性程度相对降低，酸性成分、凝灰质火山沉积增加，出现硅铁质沉积，反映了火山活动由强变弱的演变，在次级旋回韵律上显示了类似变化规律。该现象说明，在空间上，鱼洞子铁矿在火山活动中心不发育；在时间上，铁矿层是在火山活动的间歇时期，大规模火山喷发已停止，火山喷气和热泉活动时，给海底水体带来大量的酸根离子、气体以及形成条带状铁矿所需的 Fe、Si 物质，堆积在海底的火山岩中而成矿。因此，鱼洞子铁矿成矿物质来自海底火山喷发。Fe、Si 成矿物质进入水体的方式有：①Fe、Si 物质和大量酸根离子直接被火山喷气或海底热泉带入水中，由于大量酸根离子的存在，Fe、Si 物质以离子、络合物或胶体形式存在于水体中；②Fe、Si 物质和酸根离子结合形成酸性水，堆积于海底基性火山岩中。在海底大洋中脊附近热对流和火山活动强烈，不断有火山活动和火山喷气，在洋中脊附近形成酸性水环境；在远离火山活动中心，距陆地比较近的地段，由于有陆源水补偿加入，从而形成高 pH 的碱性水体环境。在同一海盆内，酸、碱性差异比较大的水体同时存在，二者间会发生对流，向物理、化学平衡方向演化。这种对流的结果是酸性水中的 Fe、Si 物质向海盆边部运移而呈弱碱性，最后在中性或弱酸性（pH = 1.5 ~ 5.5）水体环境中沉淀下来，形成条带状铁矿。实验表明，由于铁质凝结速度快，首先沉积下来，然后是 SiO_2 的沉积，最终形成铁矿石的条带状构造。

2. 成矿时代

鱼洞子岩群磁铁石英岩中的锆石多具有明显的幔–边结构。幔核部锆石发育清晰的岩浆环带，为典型的岩浆成因锆石。没有明显的磨圆迹象，显示没有经历长距离搬运特征。斜长角闪岩中的岩浆锆石 U-Pb 同位素年龄为 2655±27Ma（张宗清等，2002）、2645±24Ma（王洪亮等，2011），和碎裂斜长角闪岩中获得的锆石 U-Pb 同位素年龄 2657±9Ma（秦克令等，1992a）基本一致，推测此年龄为同时期火山岩的形成年龄，而其片麻岩全岩 Sm-Nd 同位素年龄为 2688±100Ma（张宗清等，2002），故认为鱼洞子岩群成岩时代为新太古代。磁铁石英岩周边锆石色调较浅，多围绕幔核部岩浆锆石生长，为典型的变质锆石，应该为变质形成磁铁石英岩过程中新生成的锆石。变质锆石的 U-Pb 同位素年龄为 2555±24Ma（MSWD = 1.4），$^{207}Pb/^{206}Pb$ 加权年龄为 2527±27Ma，二者基本一致，可以代表磁铁石英岩形成的时代，即磁铁矿主期形成时代，属新太古代。综上，鱼洞子岩群成岩时间为距今 2600Ma 左右，成矿时间晚于成岩时间约 100Ma，时代均属新太古代。

太古宙，统一大陆地壳尚未形成，到了距今 2.5Ga 左右，全球的大陆壳才有了与显生宙相当的规模。早期地壳的形成是以大量 TTG 岩石为代表的。鱼洞子地区地幔热对流强烈，火山活动频繁，形成一套富含铁质的基性–中酸性火山–沉积岩系及原始铁矿层；晚太古代特殊的古气候、古地理条件，加之阜平运动，导致岩层变质和地层中的铁质活化并运移、富集形成了工业铁矿体。

3. 矿床成因与成矿模式

根据该矿床地质背景、地球化学特征、成矿地质时代，确定鱼洞子铁矿成因类型属于火山沉积变质型。

鱼洞子地区铁矿的成矿物质来源于海底火山喷发；含矿地层为太古宇鱼洞子岩群，含铁建造为斜长角闪片岩和绢云母石英斜长片岩硅铁建造；成矿时代为新太古代，成矿构造环境为裂谷裂陷，海底喷发间歇期喷流沉积成矿；后期遭受变质变形改造（图4.77）。

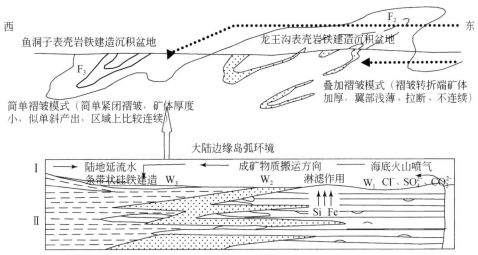

图4.77 鱼洞子地区沉积变质型铁矿床成矿模式示意图（据王杰亭等，2011修改）
沉积环境：W_1-强酸性水环境；W_2-酸碱性交替环境；W_3-中性弱碱性水环境。Ⅰ．海水；Ⅱ．基底

五、找矿标志及找矿模型

1. 找矿标志

（1）地层岩性：鱼洞子岩群斜长角闪岩、角闪岩（阳起岩）、磁铁石英岩。
（2）物探异常：磁异常梯度带，即正磁异常和负磁异常变化部位，偏正异常一侧。

2. 找矿模型

鱼洞子铁矿床"三位一体"找矿预测地质综合模型见表4.69。

表4.69 鱼洞子铁矿床"三位一体"找矿预测地质综合模型

找矿模型要素	主要标志	鱼洞子铁矿床
成矿地质背景	大地构造背景	古陆块边缘岛弧环境
	成矿时代	新太古代
成矿地质体	含矿层位及岩性	太古宇鱼洞子岩群斜长角闪岩、角闪岩、磁铁石英岩
	条带状含铁建造（BIFS）形态、产状、规模	条带状含铁建造（BIFS）多呈层状、似层状、透镜状，与地层整合产出，一般宽数米至数百米不等，长数百米至数千米不等，延深可大于1000m

续表

找矿模型要素	主要标志	鱼洞子铁矿床
成矿地质体	成矿期次	沉积后经历了复杂强烈的多期次变质、变形改造；成矿作用一般可分为沉积期和变质变形期
	成岩时代	太古宙，距今 2600Ma 左右
	含铁建造类型	阿尔戈马型火山–沉积建造
	岩石学特征	一般为硅铁建造，主要由铁氧化物（磁铁矿为主）和石英组成，少量角闪岩、辉石、绿泥石、绿帘石、碳酸盐
	岩石地球化学	以 SiO_2、TFeO 为主，Al_2O_3 含量极低
	组构特征	条带状构造十分发育
	成岩物理化学条件	沉积条件为缺氧环境和大氧化事件；变质变形条件为较高的温度和压力条件
	成岩深度	沉积水深在几米至百余米的浪基面之下的静水环境，变质变形深度在埋深数千米之下
	成因特征	基性火山喷发形成的新生洋壳为成矿提供物质来源，成矿与海底喷气沉积作用关系密切
成矿构造和成矿结构面	成矿构造系统	变质变形构造系统
	成矿结构面类型	以向形构造控矿最明显，韧性变形带、断裂、背形构造次之
	成矿构造深部变化	出露地表和浅埋铁矿体控矿构造以向形为主，深埋藏隐伏铁矿体与背形关系密切
	矿体就位样式	在变质变形过程中，成矿物质以碎屑流的形式在褶皱轴部塑性流动，导致矿体变厚、变大、变富
成矿作用特征标志	矿体特征	矿体一般为似层状、透镜状，局部发育富铁矿
	矿体产出部位	矿体顺层产于含铁建造中，一般在褶皱轴部膨大，尤其是富矿多集中在褶皱轴部
	矿石类型	主要为条带状磁铁石英岩型铁矿石，少量假象赤铁石英岩型
	矿石组成	矿石矿物主要为磁铁矿，其次为假象赤铁矿；脉石矿物主要为石英，其次为角闪石、阳起石、透辉石，少量绿泥石、黑云母、方解石
	矿石结构、构造	结构以粒状变晶结构为主；典型构造为条带状构造，块状构造少见
	成矿期次及矿物组合	沉积期为二氧化硅胶体和氢氧化铁胶体；变质变形改造期为磁铁矿–假象赤铁矿–石英组合
	矿石分带特征	表生氧化作用影响，自地表向深部，依次出现氧化矿石带（赤铁矿石英岩型矿石）、混合矿石带（假象赤铁石英岩型矿石、磁铁石英岩型矿石）、原生矿石带（磁铁石英岩型矿石）

续表

找矿模型要素	主要标志	鱼洞子铁矿床
成矿作用特征标志	成矿物理化学条件	沉积期：压力和温度不高的海底环境，沉积时为弱氧化环境，使二价铁氧化为三价铁沉淀，pH 为中偏碱性； 变质变形期：地下深部较高温高压环境，较还原，适宜形成磁铁矿
	成矿流体性质	沉积时，成矿流体为海底热液；变质变形时以变质流体为主
	成矿物质来源	成矿物质主要来自由基性火山岩组成的新生地壳
	成矿深度	沉积时为海底环境，变质变形时的深度最深可达数万米
物化遥异常	物探异常	磁异常指示含铁建造；磁异常梯度带（即正磁异常和负磁异常变化部位）偏正磁异常一侧指示铁矿体

第十三节 二里坝硫铁矿床地质特征、成矿模式及找矿模型

二里坝硫铁矿床位于陕西省宁强县境内，大地构造位置上处于扬子板块西北缘摩天岭隆起东段勉略阳三角区中部，属于勉略宁矿集区中部硖口驿–铜厂–罗家山构造岩浆岩带中段。通过地质工作，现已查明硫矿石资源/储量 638.8 万 t，硫平均品位 16.09%，为一中型硫铁矿床。

一、矿区地质背景

1. 地层

矿床产出在元古宇碧口岩群东沟坝组（阳坝岩组）变质的中酸性火山–沉积建造中，原岩主要由中性–中酸性–酸性系列火山熔岩、喷发岩与白云质灰岩组成。矿区出露地层主要有新元古界碧口岩群东沟坝组（Pt_3d）变质火山岩系–沉积岩系，根据火山喷发旋回所具有的韵律和褶皱构造特点，将矿区中部划分为第一喷发旋回产物（Pt_3d_1），将东南部划分为第二喷发旋回产物（Pt_3d_2）（图4.78）。自下而上分为：

第一喷发旋回产物（Pt_3d_1）（含矿层），下部（包含 $Pt_3d_1^1$、$Pt_3d_1^2$、$Pt_3d_1^3$）为灰绿色、深绿色片理化绿泥石化英安玢岩与灰白色中–厚层状硅化结晶灰岩、白云质灰岩互层；中部（包含 $Pt_3d_1^4$、$Pt_3d_1^5$、$Pt_3d_1^6$）为灰绿色晶屑玢岩岩屑凝灰熔岩夹凝灰质灰岩；上部（包含 $Pt_3d_1^7$、$Pt_3d_1^8$、$Pt_3d_1^9$）为灰白色、紫红色酸性晶屑凝灰熔岩和灰绿色晶屑岩屑凝灰岩夹凝灰质灰岩及凝灰质板岩，产出黄铁矿体。与第二旋回推测为角度不整合接触。

第二喷发旋回产物（Pt_3d_2），下部为紫红色玄武集块熔岩及灰绿色安山集块熔岩、紫红色枕状玄武玢岩；中部为青灰色、灰绿色凝灰质板岩；上部为灰色杏仁状、块状、管状安山玢岩。

2. 构造

矿区位于勉略宁元古宙隆起中心部位，即区域次一级褶皱陈家山–茶店子复式背斜南

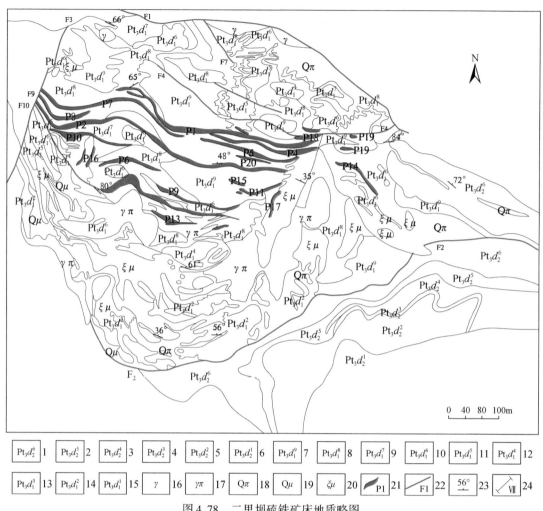

图 4.78　二里坝硫铁矿床地质略图

1. 新元古界东沟坝组第二亚组第六岩段灰色杏仁状管状安山玢岩；2. 新元古界东沟坝组第二亚组第五岩段灰绿、绿色安山玢岩；3. 新元古界东沟坝组第二亚组第四岩段灰绿色杏仁安山玢岩；4. 新元古界东沟坝组第二亚组第三岩段青灰色灰绿色凝灰质板岩；5. 新元古界东沟坝组第二亚组第二岩段紫红色枕状玄武玢岩；6. 新元古界东沟坝组第二亚组第一岩段紫红色玄武块集熔岩及灰色安山块集熔岩；7. 新元古界东沟坝组第一亚组第九岩段灰白、紫红色酸性晶屑凝灰岩、灰绿色晶屑岩屑凝灰岩夹凝灰质板岩和凝灰质灰岩；8. 新元古界东沟坝组第一亚组第八岩段灰绿色晶屑岩屑玢岩、岩屑凝灰岩夹凝灰质灰岩及泥质灰岩；9. 新元古界东沟坝组第一亚组第七岩段绿色、深绿色英安玢岩（变质后为石英绿泥石片岩、石英绿泥石绢云母片岩）；10. 新元古界东沟坝组第一亚组第六岩段灰白色薄层状含泥质条带状白云质灰岩；11. 新元古界东沟坝组第一亚组第五岩段灰绿、暗绿色绿帘石化片状英安玢岩；12. 新元古界东沟坝组第一亚组第四岩段灰白色中厚层状蛇纹石化绿泥石化硅化白云质灰岩；13. 新元古界东沟坝组第一亚组第三岩段灰白、灰绿色片理化绿泥石化英安玢岩；14. 新元古界东沟坝组第一亚组第二岩段灰白色、中厚层状硅化结晶灰岩；15. 新元古界东沟坝组第一亚组第一岩段灰绿色片理化英安玢岩（地表未出露）；16. 斜长花岗岩；17. 斜长花岗玢岩；18. 石英斜长斑岩；19. 石英斜长玢岩；20. 次英安玢岩；21. 黄铁矿体及编号；22. 断层及编号；23. 地层走向及倾角；24. 地质剖面线端点

翼，形成一个比较复杂紧密的同斜复式向斜。区内断裂构造发育，按走向可分为近东西向断裂、北西向断裂和北东向断裂三组，其中近东西向断裂是控矿断裂（F_8、F_9、F_{10}）。F_2断裂分布于矿区南部，为区内两个喷发旋回之间角度不整合接触面发育的边界断裂。北东

向 F_3 分布于矿区西部，是区内第二喷发旋回管状安山玢岩和第一喷发旋回凝灰熔岩接触断层，为一平移逆断层，接触带岩石破碎，具断层角砾岩，断层产状倾向285°，倾角60°。

3. 侵入岩

矿区内岩浆活动频繁，岩浆多次侵入，侵入岩主要有斜长花岗岩、斜长花岗斑岩、石英斜长斑岩、石英斜长玢岩和次英安玢岩等。其中斜长花岗斑岩和石英斜长斑岩与黄铁矿化有一定关系。

二、矿床地质特征

1. 矿体特征

该矿床硫铁矿带南北宽700m，东西长1000m，大致呈东西向展布，为北倾南缓北陡的单斜，受近东西向断裂控制。带内已圈定202条矿体，工业矿体153条，主要矿体9条，多分布在矿区中部，整体呈近东西向平行排列，局部有分支复合现象。矿体长度154~681m，厚度0.51~13.4m，延深30~120m。含矿建造为碧口岩群东沟坝组（阳坝岩组）中酸性火山-沉积建造，原岩为中性-中酸性-酸性系列火山熔岩、喷发岩与白云质灰岩组成；矿体赋存于片理化绿泥石绿帘石化英安玢岩、凝灰岩构造裂隙中，部分位于硅化灰岩与石英斜长玢岩、英安玢岩接触带及侵入体中，呈脉状、似层状、透镜状、鞍状、小扁豆状平行排列，矿体倾角大于45°。围岩蚀变有绿泥石化、绢云母化、钠长石化、硅化、绿帘石化、黄铁矿化、蛇纹石化、滑石化、碳酸盐化等，其中绿泥石化与矿化关系密切。矿区附近分布有安山集块岩、熔凝灰岩，推测成矿作用与火山机构火山热液活动有关。

2. 矿石特征

矿石矿物为黄铁矿和黄铜矿，其他金属矿物为方铅矿、闪锌矿、磁黄铁矿、镍黄铁矿、磁铁矿、赤铁矿、褐铁矿等。脉石矿物主要为石英、绿泥石，次为绢云母、方解石。

矿石结构为半自形粒状结构、他形粒状结构和自形粒状结构。矿石构造为浸染状构造、块状构造、脉状构造、条带状构造和放射状构造。

工业类型分为黄铁矿型矿石、含铜黄铁矿型矿石两种。

矿石S品位为8.54%~30.98%，平均S品位为16.09%，Cu品位为0.3%~0.9%，As含量小于0.03%；F含量为0.05%。

三、矿床地球化学特征

1. 黄铁矿标型矿物地球化学特征

由矿区黄铁矿单矿物元素分析结果（表4.70）可见，Fe含量变化在43.50%~45.65%之间；S含量为50.10%~54.26%，除个别数据大于理论值外，一般均不同程度低于理论值（黄铁矿化学成分，理论值为 Fe 46.55%，S 53.45%，S/Fe 1.148）（卢炳，1984）。经化学式计算，黄铁矿 S/Fe 值大于理论值 1.148，变化在 1.1517 ~ 1.2132 之间，说明本区黄铁矿中硫以盈余为主。根据相关研究，造成黄铁矿中阳离子和阴离子配比关系的改变，主要是与硫在不同层位有不同的分压有关（硫活度）；并且，黄铁矿结构中硫的盈余或亏损都会产生不同的缺陷，起着受主混入物和施主混入物的作用。

表 4.70　二里坝硫铁矿矿床黄铁矿化学成分

序号	样号	矿化类型	Fe/%	S/%	S/Fe
1	YG-10	稠密浸染状硫铁矿	45.65	52.72	1.1549
2	YG-17	斑点状硫铁矿	44.05	53.44	1.2132
3	YJ-7	斑点状硫铁矿	44.55	53.84	1.2085
4	Y-9	稠密浸染状硫铁矿	45.24	54.26	1.1994
5	99-15	粒状集合体硫铁矿	43.50	50.10	1.1517

注：据赵玉海等，2000。

总之，造成黄铁矿中 Fe、S 值分配差异的主要原因是成矿介质中 Fe^{2+}、S^{2-} 浓度比，同时受一定量的金属元素以类质同象或机械混入物形式进入黄铁矿的影响，而不同产出部位黄铁矿阴、阳离子配比关系的改变与挥发分聚集及硫的活度有关。Co/Ni 值具有一定的标型意义，被认为是研究矿床成因比较可靠的地球化学标志，可提供有关成矿物质来源的重要信息。一般 Co/Ni 值小于 1 时，为沉积成因；大于 1 时，与火山作用或中基性岩浆热液活动有关。层控矿床，尤其是与火山作用有关的层控矿床，黄铁矿的 Co/Ni 值往往随热液改造的强弱程度不同而有一定变化。此外，S/Se、Sr/Ba 值也常被用于矿床成因解释或判别沉积环境。一般前者比值在 20×10^4 以上时为沉积成因；在 0.5×10^4 ~ 2×10^4 时为热液成因；后者比值小于 1 时，反映海相沉积环境。

据本区黄铁矿电子探针测试结果（表 4.71），其主要有如下特征：

（1）大量研究数据表明，黄铁矿的 Co、Ni 含量及黄铁矿与围岩中的 Fe、S、As、Pb、Zn、Se 等 6 种元素含量均高于地壳元素丰度值（Mason and Moore，1982），而本区所测 Ni、Sr 均低于地壳元素丰度值。

（2）二里坝矿区黄铁矿 Ba 含量高，达 266.0×10^{-6} ~ 299.0×10^{-6}。

（3）二里坝矿区黄铁矿出现 Se 的特高含量（67.5×10^{-6} ~ 320.0×10^{-6}）。

（4）里端沟矿区黄铁矿含 Au 高达 2.53×10^{-6}，Ag 含量也较高。

（5）二里坝含铜黄铁矿矿床黄铁矿中 Co/Ni 值均大于 1，在 1.02 ~ 235.7 之间，表明火山热液活动明显强于其他矿区。

（6）S/Se 值小于 20×10^4，变化在 1564 ~ 80909，热液特征明显。

（7）Sr/Ba 值明显小于 1，变化在 0.0177 ~ 0.3647 之间，反映海相沉积环境特征。矿区 Ba 的高含量应与深部来源有关。

上述微量元素地球化学特征表明，二里坝硫铁矿矿床形成于强烈的海相火山喷发沉积作用。

表4.71　二里坝硫铁矿床黄铁矿单矿物微量元素含量

样号	Co /10⁻⁶	Ni /10⁻⁶	Sr /10⁻⁶	Ba /10⁻⁶	Se /10⁻⁶	Cu /10⁻⁶	Pb /10⁻⁶	Zn /10⁻⁶	Au /10⁻⁶	Ag /10⁻⁶	As /10⁻⁶	Co/Ni	S/Se	Sr/Ba
99-15	27.8	22.5	9.70	266.0	320.0	114.0	17.0	240.0	0.38	0.00	60.2	1.02	1565	0.3647
YG-10	49.5	0.21	5.18	299.0	67.5	43.20	19.0	255.0	0.00	0.00	30.4	235.7	80909	0.0177

注：据赵玉海等，2000。

2. 黄铁矿的 X 射线衍射特征

据矿区 7 件黄铁矿样品 X 射线衍射粉晶分析，其主要粉晶谱线基本一致，但面网间距有一定差别。二里坝矿区黄铁矿中面网间距为 0.5418nm。黄铁矿单矿物微量元素分析表明，二里坝矿区黄铁矿 Co 含量比较高。造成黄铁矿面网间距加大的原因主要是黄铁矿中 Co 以类质同象进入晶格，取代了 Fe。因为 Co^{2+} 离子半径大于 Fe^{2+}，较多的 Co^{2+} 占据 Fe^{2+} 的位置，致使面网间距加大，晶胞参数发生明显变化。二里坝矿区黄铁矿中面网间距（d）值的异常变化与强烈的火山热液活动、成矿环境中 Co 含量较高有关。

3. 硫同位素地球化学特征

二里坝硫铁矿床黄铁矿硫同位素组成见表 4.72。

表4.72　二里坝硫铁矿床黄铁矿硫同位素组成

样号	W6 (DZ)	W7 (DZ)	W8 (DZ)	W9 (DZ)	W10 (DZ)	W12 (DZ)	W18 (DZ)	W20 (DZ)	W22 (DZ)	W24 (DZ)	平均值
硫同位素 $\delta^{34}S$/‰	6	6.6	6.9	8	7.2	7.7	5.4	6.3	7.3	7.9	6.93

注：据赵玉海等，2000。

二里坝硫铁矿床黄铁矿硫同位素组成以富集重硫为特点，$\delta^{34}S$ 均为正值，$\delta^{34}S$ 值在 5.4‰~8‰，平均值为 6.93‰，证明与海相火山成因关系密切；数据分析显示，二里坝-东沟坝区黄铁矿硫同位素组成的 $\delta^{34}S$ 值十分集中，塔式效应明显，具有深源硫特征；其硫同位素组成特征表明，形成黄铁矿的硫和沉积地层中的硫具有同源性，即海水硫和火山气液硫的混合硫。二里坝-东沟坝成矿区硫源多由地幔带出，为原始的均一混合硫。二里坝硫铁矿床的含矿岩系、金属组合、矿化分布与成矿环境，都与白银厂火山块状硫化物矿床十分相似。

四、控矿因素和成矿规律

1. 控矿因素

（1）古火山机构：古火山颈相和火山口相控制含矿地质体的分布。
（2）地层岩相：新元古界碧口岩群中酸性火山-沉积建造赋矿。

（3）断裂构造：近东西片理化带控制矿带产出位置和展布特征。

2. 成矿规律

二里坝硫铁矿床含矿层位为新元古界碧口岩群东沟坝组（阳坝岩组上岩段），赋矿岩石为片理化绿泥石绿帘石化英安玢岩、凝灰岩。根据对该矿床的解剖研究，其形成大致经历了火山喷发沉积期、变形变质热液叠加改造期及表生氧化期。新元古代，二里坝地区海底火山喷发活动强烈，出现多次裂隙式火山喷发，形成了一套火山碎屑岩夹碳酸盐岩建造，同时挟带了大量硫铁物质，在火山熔岩（英安玢岩、石英斜长玢岩）与火山碎屑岩（凝灰岩）界面形成了初始矿源层；矿源层在后期构造、岩浆、变形变质热液的叠加改造作用下，再次活化，成矿元素运移、富集、沉淀到近东西向断裂构造部位，形成含铜（钴）硫铁矿工业矿体。新生代矿床长期暴露地表，遭受风化淋滤，使黄铁矿体在地表及浅部氧化形成褐铁矿铁帽。

五、矿床成因与成矿模式

1. 成矿阶段

综合分析矿床的物质来源、成矿物质沉积环境与初步富集以及成矿物质后期改造富集等因素，将二里坝硫铁矿床成矿作用过程划分为四个成矿阶段（表4.73）。

表4.73　二里坝硫铁矿床成矿阶段划分

成矿阶段	物质来源	成矿环境	成矿方式	矿石构造
火山喷发沉积成矿阶段	海底火山喷发物质及部分陆相火山喷发物质	海相还原环境喷发和陆相氧化环境喷发环境	海底火山喷发，火山口附近成矿	块状、浸染状
变形变质富化成矿阶段	动力变质过程中原岩矿物质激活富化	变质石英砂岩、结晶灰岩还原条件	经变形变质，使矿层硫化迁移富化	条带状、角砾状、重结晶
次火山热液叠加改造成矿阶段	岩浆分异及期后热液叠加并迁移富集	还原条件向氧化过渡	脉状充填作用交代作用	脉状
表生氧化成矿阶段	原生矿体风化解体而来	氧化条件	风化、淋滤	块状、蜂巢状、土粉状

1）火山喷发沉积成矿阶段

中、新元古代二里坝地区处于碧口-大安岛弧喷发带，为海相还原环境喷发和陆相氧化环境喷发，矿区分布了一套复杂的火山碎屑岩夹碳酸盐岩建造，海底火山喷发与陆相火山喷发提供了硫铁的物质基础。在火山喷发晚期，海底火山喷发物质及部分陆相火山喷发物质（硫质喷气）充填和冷却在疏松的凝灰岩、凝灰熔岩和熔岩之中，形成东沟坝岩组第一喷发旋回中酸性-中性火山熔岩和火山碎屑岩，为硫的初始矿源层。

2）变形变质富化成矿阶段

中、新元古代及其以后区域构造运动，不同程度地对本区的地层产生褶皱和断裂构造，以近东西向断裂构造比较发育，矿体沿此断裂分布，表明近东西向断裂为动力变质热液的充填提供了构造空间，变质热液使硫化物重结晶及局部硫化、活化向构造有利部位迁移，并对矿源层交代富集形成硫铁矿化体。

3）次火山热液叠加改造成矿阶段

矿区范围内发育基性–中酸性的次火山岩，主要分布的岩石类型有次英安玢岩、石英斜长玢岩、石英斜长斑岩、斜长花岗斑岩等。这些火山岩在不同的时间、不同的位置侵入，产生分异或期后热液，不但为叠加热液提供了硫铁的成分，还使硫铁矿化体进一步地活化、迁移、组合、富集，从而形成工业矿体。

4）表生氧化成矿阶段

新生代矿床长期暴露地表，遭受风化淋滤，使黄铁矿体在地表及浅部氧化形成褐铁矿铁帽，氧化深度 $0 \sim 42m$。

综合分析认为，该矿床成因类型属火山喷发沉积叠加后期热液改造型。

2. 成矿时代

根据矿体产出层位，结合同位素测年资料分析，认为成矿时代为晋宁晚期（新元古代）。

3. 成矿模式

二里坝硫铁矿床的时空分布和物质来源与碧口岩群中酸性火山岩密切相关，矿体是含矿气液在成矿区不同物理化学条件下成岩成矿的产物。其形成机制与火山、区域构造活动及次火山作用引起的热卤水对流循环有关。火山爆发–喷溢–沉积作用形成东沟坝岩组火山碎屑岩夹碳酸盐岩建造，同时在火山堆积期山间凹陷盆地中，静水还原环境条件下形成与地层产状一致的似层状硫铁矿初始矿源层。之后多期次火山岩浆活动产生巨大的热能，在火山机构或次火山岩体中或附近，引起热水对流循环，地表卤水沿断裂构造或裂隙等向下渗透，与火山岩类发生水–岩交换反应。热卤水中丰富的 Na^+ 及部分 K^+，形成大量钠化及钾化蚀变，铁卤水中 S^{2-} 等析出形成相对稳定的络合物。随着对流循环的持续进行，金属物质浓度越来越大，形成热卤水，最终流到地表附近，发生沉淀，或者对初始矿源层进一步充填交代而成矿（图4.79）。

六、找矿标志及找矿模型

1. 找矿标志

（1）碧口岩群东沟坝组变中酸性火山岩是火山岩型硫铁矿产出的有利地层岩性。

（2）火山口附近强烈蚀变的中酸性火山岩是寻找本类硫铁矿的有利地段。

（3）区域内矿床的形成受构造裂隙控制，因此要注意寻找断距不大的小断层，还要关注褶皱轴面的走向纵裂隙及不同岩性的接触带、节理、裂隙。

（4）区域内硅化、绿泥石化、黄铁矿化、碳酸盐化、蛇纹石化等蚀变带是发现硫铁矿的重要标志。

（5）铁帽是寻找硫铁矿的直接标志。

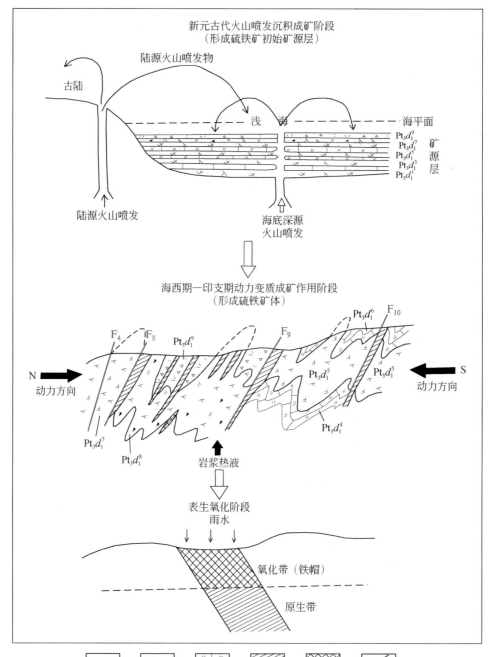

图 4.79　二里坝硫铁矿床成矿模式示意图

1. 酸性晶屑凝灰岩；2. 晶屑岩屑玢岩；3. 白云质灰岩；4. 原生硫铁矿体；5. 铁帽；6. 断层及编号

2. 找矿模型

二里坝硫铁矿床"三位一体"找矿预测地质综合模型见表 4.74。

表 4.74 二里坝硫铁矿床"三位一体"找矿预测地质综合模型

找矿模型要素	主要标志	二里坝硫铁矿床
成矿地质背景	大地构造背景	扬子板块西北缘鱼洞子地块与碧口地块拼接缝合带
	成矿时代	以新元古代为主，距今 1040～858Ma，晋宁期。后期遭受海西期—印支期—燕山期改造
成矿地质体	空间位置和宏观特征	成矿地质体位于古火山机构的火山颈相或火山口相
	含矿建造类型	海相火山岩细碧-角斑岩建造。双峰式火山岩建造
	含矿层位及岩性	新元古界碧口岩群中酸性角斑岩岩系，岩性为英安玢岩、石英斜长玢岩、凝灰岩
	主要岩石组合序列	细碧岩-角斑岩-石英角斑岩
	直接成矿地质体类型	英安玢岩-石英斜长玢岩、凝灰岩（英安岩-流纹岩）
	组构特征	杏仁状构造、纹层状构造、块状构造、脉状构造
	岩石变形、变质	岩石变形、变质比较强，发育绿泥石化、绿帘石化、钠长石化、碳酸盐化，达到绿片岩相
	岩石地球化学	岩石具有高 SiO_2，富钠、钾，低镁，低钛，相当于英安岩-流纹岩，为非碱性火山岩系
	岩石微量元素地球化学特征	微量元素标准化配分曲线相对平坦，K、Rb、Ba、Th、U 等大离子亲石元素富集；Ta、Nb、Ti 等高场强元素亏损；岩石中 Cu、Pb、Zn、Au、Ag 等元素含量高
	岩石稀土元素地球化学特征	角斑岩稀土元素标准化配分模式右倾，轻稀土富集、分异明显，重稀土分异弱，显示铕弱负异常
	成岩时代	新元古代
	成岩物理化学条件	沉积条件为弱氧化；后期改造期为较高的温度和压力条件
	成因特征	成矿与海底火山喷气喷流沉积作用关系密切
成矿构造和成矿结构面	成矿构造系统	火山成矿构造系统。具体为火山穹隆附近的斜坡带；以岩相带构造控矿明显
	成矿结构面类型	火山岩与沉积岩的接触面，熔岩与火山凝灰岩界面
	矿体就位样式	褶皱滑脱面和近东西向韧脆性剪切断裂控制矿体产出位置
成矿作用特征标志	矿体特征	矿体一般为似层状、透镜状、脉状，成群成带平行产出，单矿体变化大，呈波状
	矿体产出部位	矿体顺层产于英安玢岩、凝灰岩中，厚度和形态受后期变形、变质影响；一般褶皱轴部增厚、增富
	矿石类型	工业类型分为黄铁矿型和含铜黄铁矿型

找矿模型要素	主要标志	二里坝硫铁矿床
成矿作用 特征标志	矿石组成	矿石矿物为黄铁矿和黄铜矿，其他金属矿物为方铅矿、闪锌矿、磁黄铁矿、镍黄铁矿、磁铁矿、赤铁矿、褐铁矿等；脉石矿物主要为石英、绿泥石，次为绢云母、方解石
	矿石结构、构造	矿石结构为半自形粒状结构、他形粒状结构和自形粒状结构。矿石构造为浸染状构造、块状构造、脉状构造、条带状构造和放射状构造
	成矿期次及矿物组合	火山喷发–沉积成矿阶段为胶黄铁矿、黄铜矿；变质变形热液叠加改造成矿阶段为细脉黄铁矿、黄铜矿、方铅矿、闪锌矿、碳酸盐、绢云母、绿泥石、石英组合；表生氧化成矿阶段为褐铁矿
	成矿物理化学条件	成矿流体为 K-Na-Mg/HCO$_3$-Cl-F 型，中性到碱性；还原环境
	成矿流体性质	沉积时，成矿流体为海底热液；变质变形时以变质流体为主
	成矿物质来源	成矿物质主要来自火山喷发
	成矿深度	沉积时为海底环境，变质变形时的深度最深可达数万米
物化遥异常	物探异常	大比例尺激电极化率异常指示矿体

第十四节　中坝子钛磁铁矿床地质特征、成矿模式及找矿模型

中坝子钛磁铁矿床位于勉略宁矿集区中西部，其北东 20° 方位距略阳县城直线距离约 18km。该矿床产于白雀寺–石瓮子辉长–闪长岩杂岩体中，属于岩浆晚期分异型钛磁铁矿矿床，目前已提交（332+333）铁矿石资源/储量 517 万 t，伴生 TiO$_2$ 共 36 万 t（陈剑祥等，2013b）。

一、矿区地质背景

矿区大地构造位置处于秦岭造山带、松潘–甘孜造山带、扬子板块三者结合部位的勉略阳三角区中的碧口–白雀寺构造岩浆岩带中段，属太古宇基底之上新元古代扬子基底裂解多岛弧盆构造体系之中深构造层。区域主体构造线呈北东–北东东向。区域地层为新元古界碧口岩群中–低级变质岩系，原岩岩石序列具有海相火山岩–沉积岩组合特征。矿区侵入岩主要为呈北北东向展布于略阳县青白石—白雀寺—石翁子一带的白雀寺–石翁子基性杂岩体。岩体岩性较为复杂，总体以基性岩（辉长岩、角闪辉长岩等）为主，超基性岩（辉石岩、角闪石岩等）、中性岩（闪长岩、辉石闪长岩、石英闪长岩等）、酸性岩（花岗岩、二长花岗岩等）均有产出。

二、矿床地质特征

矿区出露地层为新元古界碧口岩群（Pt$_3$Bk），主体为一套浅变质的基性火山熔岩，岩石地球化学显示高 Ti、高 Fe 特征（刘国惠等，1993）。矿区地层表现为杂岩体侵入蚕食后

的地层残留体。矿区内岩浆岩发育，主要为吕梁期—晋宁期侵入岩。白雀寺基性杂岩体呈岩株状，总面积大于 $14km^2$（图 4.80）。

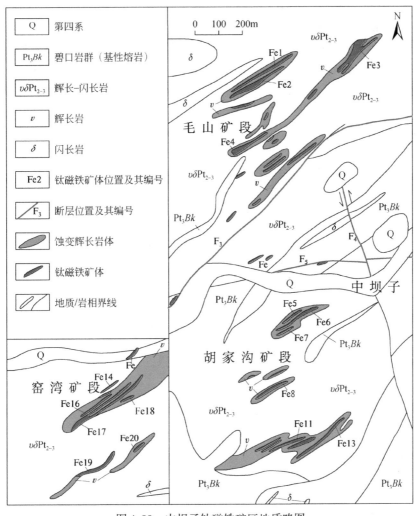

图 4.80　中坝子钛磁铁矿区地质略图

　　根据前人的同位素测年数据[1]，其岩株最大年龄为 1335Ma（$^{39}Ar/^{40}Ar$ 同位素法），小者 816Ma（U-Pb 同位素法），张小明（2018）获得白雀寺杂岩体锆石 U-Pb 同位素年龄为 845.3 ~ 832.9Ma，岩体形成时代为新元古代。白雀寺杂岩体由内部向边部，岩性依次为蚀变辉长岩（蚀变二辉辉石岩）—辉长闪长岩—闪长岩。岩体内部为蚀变辉长岩（蚀变二辉辉石岩），边部为辉长闪长岩、蚀变闪长岩；区内辉长岩类岩石 SiO_2 含量为 50.89% ~ 54.10%，MgO 含量为 2.76% ~ 7.53%，里特曼指数为 9.34 ~ 10.39，大于 9，碱度率为 1.31 ~ 1.53，固结指数为 26.98 ~ 30.45，分异指数 25.96 ~ 27.13（陈剑祥等，2013b），岩石

❶　陕西省地质矿产局综合研究队.1995.1：5 万略阳县幅等区域地质调查报告.1-93.

地球化学特征显示岩体属铁镁质基性岩类，属于碱性岩系列，岩浆具有一定程度分异。

　　矿区构造主要为断裂，一组为北东向，另一组为北西向，以压剪性断裂为主。两组断裂均为成矿后期断裂，对岩体和矿体破坏程度轻微。

　　中坝子钛磁铁矿床位于白雀寺基性杂岩体东部中坝子一带，产于杂岩体间分异出的蚀变辉长岩中，矿化主要受辉长岩相（带）控制。辉长岩相（带）长 120～740m，宽 10～90m，多呈北东向展布，铁矿（化）体一般赋存于蚀变辉长岩体的中部和边部。矿体与围岩多呈渐变过渡关系。矿体主要呈陡倾斜，多呈似层状、透镜状和条带状，总体呈雁行状排列、舒缓波状展布。矿体的产状与岩带形态和流动构造一致，相互间大致平行排列，倾向东或东南，倾角一般 70°～80°（图 4.81）。

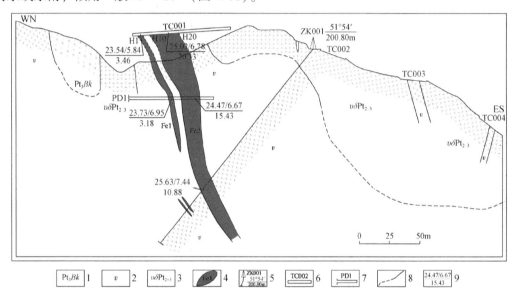

图 4.81　中坝子钛磁铁矿区 0 勘探线剖面地质图

　　1. 新元古界碧口岩群；2. 中粒辉长岩；3. 辉长-闪长岩；4. 钛磁铁矿体位置及编号；5. 钻孔及编号方位角、深度；6. 探槽及编号；7. 平硐位置及编号；8. 实测及推测地质界线；9. TFe/TiO$_2$ 平均品位（%）/厚度（m）

　　矿区包括毛山、胡家沟、窑湾三个矿段，在地表已发现大小矿体共计 40 余个。其中，主要矿体 Fe1、Fe2、Fe3、Fe4、Fe17 占估算资源量的 75% 以上（表 4.75）。矿体平面上长度 170～410m，控制斜深 52～107m；矿体厚度中等，一般为 3.62～23.96m；矿石品位贫-中等，铁、钛矿物分布均匀，属品位变化均匀矿体。质量分数 ω（TFe）一般为 19%～39%，ω（mFe）为 7.5%～23%；伴生有益组分主要是 TiO$_2$、V$_2$O$_5$ 和 P$_2$O$_5$ 等，ω（TiO$_2$）一般为 6%～10%，ω（V$_2$O$_5$）为 0.04%～0.11%，ω（P$_2$O$_5$）为 1.4%～1.7%，Fe、Ti 二者呈正比关系。

表 4.75　中坝子钛磁铁矿区主要矿体特征一览

矿体编号	矿体规模/m			矿体形态	TFe 平均品位/%	TiO$_2$ 平均品位/%	TFe 资源量 (332+333)/万 t	TiO$_2$ 资源量 (332+333)/万 t
	长度	控制斜深	平均厚度					
Fe1	305	52	3.62	似层状	23.68	6.85	14.72	1.01
Fe2	255	107	7.42	透镜状	24.84	7.04	61.72	4.35

矿体编号	矿体规模/m			矿体形态	TFe 平均品位/%	TiO₂ 平均品位/%	TFe 资源量 (332+333)/万 t	TiO₂ 资源量 (332+333)/万 t
	长度	控制斜深	平均厚度					
Fe3	200	78	23.96	似层状,两端由分支	24.45	6.80	224.14	15.25
Fe4	170	60	6.38	似层状,条带状	23.42	6.52	23.88	4.52
Fe17	410	67	7.18	条带状,透镜状	25.42	6.81	66.35	4.52

矿石自然类型为钛磁铁矿化蚀变辉长岩。矿石中的主要金属矿物为钛磁铁矿、磁铁矿、钛铁矿、钛铁晶石,其次为赤铁矿、褐铁矿、黄铁矿、磁黄铁矿及微量黄铜矿;钛铁矿呈板状、他形粒状。他形粒状磁铁矿,常沿脉石矿物粒间充填呈填隙结构,或由钛磁铁矿中呈叶片状析出,构成固溶体分离结构。脉石矿物主要为辉石、基性斜长石、纤闪石、绿泥石,次为磷灰石、阳起石、滑石等。矿石结构主要为他形-半自形粒状结构、海绵陨铁结构,矿石构造以块状、浸染状、条带状构造为主。金属矿物大多数呈细粒及微粒浸染状,以自形晶为主,或者呈多边形及骸状晶被包在辉石、角闪石和斜长石中,部分分布在硅酸盐矿物间隙。按其构造划分,矿石类型包括块状钛磁铁矿石、浸染状钛磁铁矿石及条带状钛磁铁矿石。

块状钛磁铁矿石为矿区主要矿石类型,呈深灰绿色-墨绿色,细粒结构、块状构造,比重大,具强磁性。TFe 含量 26%~29%;mFe 含量 13%~23%;TiO₂ 含量 6.61%~7.45%。主要分布在含矿岩体中部或矿体的内部,具有品位高富集的特点。

浸染状钛磁铁矿石呈深灰、灰绿-铁黑色,细粒结构,稀疏-中等浸染状构造。矿石比重比较大,磁性比较强。TFe 含量 23%~26%;mFe 含量 9%~11%;TiO₂ 含量 5.10%~6.32%。主要分布在矿体的中部,品位比较高。

条带状钛磁铁矿石分布比较少,颜色呈浅灰-灰绿色,细粒结构,条带状构造。TFe 含量 19%~23%;mFe 含量 7.5%~9%;TiO₂ 含量 4.5%~6%。该类矿石不均匀分布在各矿段矿体的边部附近,呈稀疏浸染状或条带状产出,与围岩呈渐变过渡,品位比较贫。

总体看,从矿体中部向外,依次产出块状钛磁铁矿石(富矿石)、浸染状或条带状钛磁铁矿石(贫矿石);矿石类型、矿石品位的变化特点反映岩浆晚期分异的不均匀,反映了矿体形成与晚期岩浆结晶分异的密切关系。

中坝子铁矿床矿石物相分析显示,矿石中的铁主要为磁性铁(58.36%),少量赤褐铁(20.72%)、硅酸铁(15.71%)、碳酸铁(3.09%)、硫化铁(1.32%)、其他铁(0.8%)。赤(褐)铁矿类高价氧化铁矿物主要是在地表及近地表氧化作用形成的假象赤铁矿和褐铁矿等次生氧化铁矿物。

根据中华人民共和国地质矿产行业标准《矿产地质勘查规范 铁、锰、铬》(DZ/T 0200-2020),中坝子铁矿石工业类型为需选铁矿石;根据磁性铁对全铁的占有率划分,属弱磁性铁矿石。

围绕白雀寺杂岩体,中坝子钛铁矿床外围尚分布有蒋家沟钛磁铁矿化带、拴马沟-鼻胆沟钛磁铁矿化带、黑石崖钛磁铁矿化带。

1)蒋家沟钛磁铁矿化带

紧邻地表高磁 C25-1 号异常西北,在蒋家沟圈定钛磁铁矿化蚀变带一条,走向近 NE

向，长约300m，宽约25m，位于该区正负磁异常梯级带处。利用探槽工程控制，在矿化蚀变带内圈定钛磁铁矿体1条、矿化体1条。其中，钛磁铁矿化体厚4.16m，ω（TFe）为16.46%～19.89%，平均18.45%，ω（TiO_2）为3.57%～6.90%，平均5.87%；钛磁铁矿体厚9.99m，ω（TFe）为19.8%～27.93%，平均为24.56%，ω（TiO_2）为5.17%～11.18%，平均为7.88%。

矿石类型为钛磁铁矿化蚀变辉长岩。矿石中金属矿物成分主要为钛铁矿、磁铁矿，其次有褐铁矿等，钛铁矿呈板状、他形粒状，有两个粒级，一般细粒呈浸染状分布；中粗粒呈他形粒状，比较破碎，常沿脉石矿物粒间充填呈填隙结构或镶嵌结构。褐铁矿为次生变化产物。

2）拴马沟–鼻胆沟钛磁铁矿化带

在地表C25-2、C25-3号高磁异常处，于拴马沟–鼻胆沟地段圈出钛磁铁矿化蚀变带一条，走向约30°，长约1km，宽25.6～30m，利用探槽工程控制，在矿化蚀变带内圈定钛磁铁矿体3条，矿化体2条。其中，钛磁铁矿化体厚度为1.25～1.99m，ω（TFe）平均为19.10%～19.88%，ω（TiO_2）平均为1.91%～2.09%；钛磁铁矿体厚度分别为0.54m、3.24m、3.62m，ω（TFe）平均分别为20.88%、24.35%、24.42%，ω（TiO_2）平均分别为2.43%、2.54%、2.53%。矿（化）体总体较连续，但岩石破碎，风化严重。矿石类型为钛磁铁矿化蚀变辉石岩，主要金属矿物为磁铁矿和钛铁矿。

3）黑石崖钛磁铁矿化带

黑石崖钛磁铁矿化带位于黑石崖一带蚀变辉长岩中，走向为NE向，大致穿过地表C31-1号高磁异常区。该矿化带长约1km，宽7.3～32.6m，地表由YK01和TC11两个探槽控制，矿化蚀变带内初步圈定钛磁铁矿体2条，单条矿体厚0.93～2.03m，矿体ω（TFe）为20.35%～21.97%，平均为21.16%，单样ω（TFe）最高为21.97%，ω（TFe）变化系数为3.91；ω（TiO_2）品位6.18%～6.95%，平均为6.62%，单样ω（TiO_2）最高为6.95%，ω（TiO_2）变化系数为5.99。

三、控矿因素和成矿规律

1. 控矿因素

（1）构造：白雀寺–中坝子地处北西向大安–白雀寺（马家沟）深大断裂旁侧。该断裂控制了白雀寺岩体的侵位和空间展布，是地幔岩浆和含矿物质侵入的通道。

（2）岩浆岩：元古宙早期，白雀寺–中坝子地段处于碧口古板块伸展构造环境，块体拉张为幔源岩浆侵位提供了空间；中、新元古代，白雀寺–中坝子地段处于碧口古板块挤压碰撞构造环境下，地幔基性岩浆上涌凝固，形成白雀寺含矿岩体，同时带来了丰富的铁、钛（钒）等成矿物质。

（3）岩浆分异作用和含铁岩相带：矿区铁矿（化）体赋存在岩浆分异程度比较高的蚀变辉长岩（蚀变二辉辉石岩）岩相带中。岩浆分异程度越高，岩体含矿性越好，铁品位越富。

（4）变质作用：前期形成的含铁岩相带在后期岩浆气水热液作用下，斜长石发生钠黝帘石化，辉石、角闪石发生纤闪石化、阳起石化和透闪石化，铁、钛元素再次活化、迁移、富集。

2. 成矿规律

中坝子钛磁铁矿床是新元古代形成的岩浆矿床。矿体赋存在白雀寺-石瓮子辉长-闪长岩杂岩体中，含矿岩性为蚀变辉长岩，矿化主要受辉长岩相（带）控制。

四、矿床成因与成矿模式

在新元古代碧口地块总体汇聚、局部裂解伸展背景下，区内幔源基性岩浆连续上涌侵位，岩浆结晶分异和氧化物熔体的不混溶作用形成了白雀寺杂岩体中岩相韵律层及钛磁铁矿体。研究认为，该矿床为岩浆晚期分异型钛磁铁矿床。

古元古代，在地壳汇聚挤压环境下，勉略宁矿集区不同微板块汇聚拼接形成统一基底。中、新元古代，区域地壳构造收缩，晋宁运动开始，在白雀寺-中坝子地段，沿大安-白雀寺深大断裂，来自地幔的富含铁、钛、钒的碱性玄武质岩浆不断活动侵入，形成白雀寺杂岩体；岩浆上侵过程中，中、后期岩浆演化加剧，加之氧化物熔体的不混溶，岩浆液态分异、重力结晶分异形成不同岩相带和含钛磁铁矿体。此后，含钛磁铁矿体在后期气水热液作用下，发生蚀变和再次富集而成矿。

五、找矿标志及找矿模型

1. 找矿标志

（1）前震旦系基底之上的区域深大断裂，如大安-白雀寺断裂。

（2）侵入的含矿基性层状杂岩体，呈岩株产出，岩浆熔离与结晶分异完全、韵律结构和流动层状构造明显的岩体含矿性最佳；白雀寺杂岩体内部分异程度比较高，蚀变辉长岩（蚀变二辉辉石岩）岩相带为赋矿层位。

（3）层状杂岩体下部和底部，含矿性好。

（4）强磁异常区。

（5）铁、钛、钒、磷、镍、钴、锰、钪化探异常区。

2. 找矿模型

中坝子钛磁铁矿床"三位一体"找矿预测地质综合模型见表4.76。

表 4.76　中坝子钛磁铁矿床"三位一体"找矿预测地质综合模型

找矿模型要素	主要标志	中坝子钛磁铁矿床
成矿地质背景	大地构造背景	古陆块边缘岛弧环境
	成矿时代	新元古代

续表

找矿模型要素	主要标志	中坝子钛磁铁矿床
成矿地质体	含矿岩体及岩性	元古宇白雀寺杂岩体辉长岩–闪长岩，含矿岩性为蚀变辉长岩（蚀变二辉辉石岩）
	含铁岩相带形态、产状、规模	蚀变辉长岩岩相带多呈层状、似层状，一般宽10m至数十米不等，长数百米，延深大于100m
	成矿期次	主成矿期为岩浆晚期分异期，其后经历了复杂强烈的多期次变质、变形改造；成矿阶段一般可分为岩浆分异期和变质变形期
	成岩时代	新元古代，距今836.2±6.8Ma～835.3±6.3Ma
	含铁建造类型	碱性岩，铁镁质基性岩，蚀变辉长岩，原岩为二辉辉石岩
	岩石学特征	一般为铁镁质超基性岩或基性岩，主要由铁氧化物（以钛磁铁矿、磁铁矿、钛铁矿为主）和辉石、基性斜长石、纤闪石、绿泥石组成，少量磷灰石、阳起石、滑石
	岩石地球化学	以SiO_2、TFeO、MgO为主，TiO_2含量比较高
	组构特征	以块状、浸染状、条带状构造为主，他形–半自形粒状结构、海绵陨铁结构发育
	成岩物理化学条件	较低的温度和压力条件，矿物密度差异比较大
	成岩深度	深度在埋深数千米之下
	成因特征	基性岩浆为成矿提供物质来源，成矿与岩浆晚期熔离、液态分异、重力分异作用关系密切
成矿构造和成矿结构面	成矿构造系统	基性岩浆熔离、分异系统
	成矿结构面类型	以岩相带和岩浆流动构造控矿最明显，断层次之
	成矿构造深部变化	出露地表和浅埋铁矿体控矿构造以岩相带和断层为主，深埋藏隐伏铁矿体与岩相带关系密切
	矿体就位样式	在岩浆熔离、分异过程中，成矿物质向杂岩体下部呈层状富集；地表氧化阶段，矿体变厚
成矿作用特征标志	矿体特征	矿体一般为层状、似层状、透镜状，局部发育富铁矿
	矿体产出部位	矿体产于蚀变辉长岩岩相带中，富矿体产出在蚀变辉长岩带中部，贫矿体产出在岩相带边部
	矿石类型	主要为块状钛磁铁矿石、浸染状钛磁铁矿石，少量条带状钛磁铁矿石
	矿石组成	矿石矿物主要为钛磁铁矿、磁铁矿、钛铁矿、钛铁尖晶石，其次为假象赤铁矿、褐铁矿、黄铁矿、磁黄铁矿，微量黄铜矿；脉石矿物主要为辉石、基性斜长石、纤闪石、绿泥石，其次为磷灰石、阳起石、滑石
	矿石结构、构造	矿石结构以他形–半自形粒状结构、海绵陨铁结构为主；典型构造为块状构造、浸染状构造，少量条带状构造
	成矿期次及矿物组合	岩浆期为钛磁铁矿、磁铁矿、钛铁矿、辉石、基性斜长石、磷灰石组合；氧化期为假象赤铁矿、褐铁矿组合

续表

找矿模型要素	主要标志	中坝子钛磁铁矿床
成矿作用 特征标志	矿石分带特征	受岩浆分异作用影响，自含铁蚀变辉长岩岩相带中部向边部，依次出现块状钛磁铁矿石、浸染状钛磁铁矿石、条带状钛磁铁矿石；受表生氧化作用影响，自地表向深部，依次出现氧化铁（赤铁矿、褐铁矿）、原生矿石带（钛磁铁矿、磁铁矿、钛铁矿）
	成矿物理 化学条件	岩浆期：压力和温度逐渐降低，熔离、分异作用使三价铁结晶、沉淀。地表氧化期：地表氧化环境形成赤铁矿、褐铁矿
	成矿流体性质	岩浆期，成矿流体为岩浆热液
	成矿物质来源	成矿物质主要来自基性岩浆
	成矿深度	深度可达数千米至数万米
物化遥异常	物探异常	磁异常指示含铁岩相带；磁异常梯度带，即正磁异常和负磁异常变化部位，偏正磁异常一侧指示铁矿带或矿体
	化探异常	1∶5万水系沉积物铁、钛、钒、磷、镍、钴、锰、钪元素异常区

第十五节　煎茶岭镍矿床地质特征、成矿模式及找矿模型

1970年，西北有色地质勘查局七一一总队通过地质勘查发现煎茶岭镍矿床。其位于略阳县何家岩镇西渠沟，镍矿体为盲矿体，赋存于煎茶岭超基性岩体中，呈透镜体状，似层状多层产出，与主岩体产状一致，并于2005年提交了《陕西省略阳县煎茶岭镍矿床地质详查报告》，经国土资源部储量评审备案，全矿床探获（122b+333+2s22）镍矿石量4776.9万t，镍金属总量29.73万t，全镍平均品位0.622%，硫镍平均品位0.492%，矿体平均水平厚度7.57m。截至2017年底，该矿床保有资源储量26.04万t。

一、矿区地质背景

矿床处于略阳县煎茶岭矿田。矿区西部出露太古宇鱼洞子岩群火山沉积变质岩系，西南侧为中元古界何家岩岩群变质火山岩系，矿区南、北部分布震旦系碎屑–化学沉积岩系。矿区中部为煎茶岭超基性复式岩体。煎茶岭大型含钴硫化镍矿床即赋存于该超基性主岩体中，主岩体主要由蛇纹岩、滑镁岩和菱镁岩等蚀变超基性岩组成，属镁质超基性岩，原岩可能以斜辉辉橄岩及斜辉橄榄岩为主，有少量纯橄岩和单斜辉石岩，其总体为一走向北北西–东西向，向北陡倾的单斜岩体，东西出露长约5km，南北宽0.35~1.2km，地表出露面积近5~5km^2（图4.1）。矿体皆处于该岩体南印支期花岗斑岩外接触带弧形断裂蚀变带中，且其成群成带环绕外接触带分布（王相等，1996；王瑞廷，2002）。

从区内主要地层单位的微量元素地球化学特征（表3.3）可以看出，震旦系断头崖组镍的平均含量最高，达111.02×10^{-6}，而其他地层镍的平均含量都小于其克拉克值（58×10^{-6}）。断头崖组是碧口地体基底火山岩地层盖层，主要为碳质板岩、含碳粉砂质板岩、白云岩、碳质灰岩及千枚岩等，夹层状铅锌矿化体、锰矿，分布于矿区东南部，反映本区

中、新元古代裂陷期区域岩浆作用有富镍的特点。

矿床近矿围岩蚀变主要为硅化、黄铁矿化、磁黄铁矿化、铬云母化、绿泥石化、透闪石化、滑石菱镁岩化、蛇纹石化等，硅化、黄铁矿化、磁黄铁矿化、蛇纹石化、绿泥石化等与成矿关系密切；透闪石化、滑石菱镁岩化、蛇纹石化属于超基性岩变质作用产物，对成矿起改造再富集作用。含矿岩石中蛇纹岩超基性岩占92%以上，硅化、白云岩化超基性岩不足7%。各蚀变岩石及其组合表现出一定的分带现象，蚀变岩相间多为断裂接触。

煎茶岭镍矿区位于金洞子–煎茶铺 Au（Ni、Co）地球化学高值场区内，并显示 Au-As-Cu-Ni-Co 元素组合异常。同时，西起鱼洞子，东至煎茶铺构成一条呈 NW 向展布，长约13km，宽1~4km 的地球化学异常带，异常组合为 Au、Ag、As、Se、Hg、Ni、Co、V、Ti、Mn 等。据前人聚类分析，Au 与 As、Ag、Sb、Hg 聚为一类；Ni、Co、V、Ti、Cr 归入一类（王相等，1996），这一地球化学特征与该带内煎茶岭镍矿、金矿的成矿特点一致。

二、矿床地质特征

1. 矿体特征

该矿床可分为南、北、中3个矿化带，共发现16个工业矿体，主要集中分布在中带主岩体中段，即超基性岩体中部变质相带中的含镍矿叶蛇纹岩夹滑镁岩亚带。两侧分支岩体仅见镍矿化，无工业意义。矿体呈透镜体状，似层状多层产出，与主岩体产状一致，走向280°~260°，倾向南西，倾角68°~75°。单个矿体沿走向和倾向均有明显的分支复合、膨胀收缩现象，受花岗斑岩北接触带向北突出向南倾斜的弧形构造控制，各矿体也呈北凸南倾的弧形产出，在剖面、平面上，矿体产状完全与花岗斑岩北接触带一致（图4.82）。矿体一般控制长度200~890m，控制延深2~700m，厚度2~12m，主要矿体均具有浅部矿体薄，矿石品位低，深部矿体厚度大，矿石品位高的变化规律。该硫化镍矿床以矿体埋藏深，品位低为特点，但含有 TNi 品位大于1%的占全矿总储量30%的富镍矿。这些富镍矿体常位于贫镍矿体中部、下部和深部，形态及产状均与贫矿体一致。

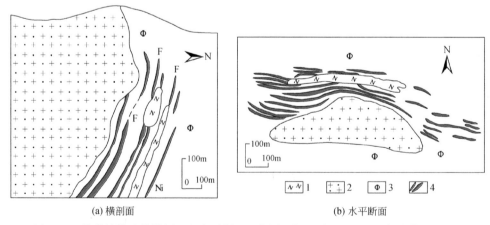

(a) 横剖面　　　　　　　　　　　　(b) 水平断面

图4.82　煎茶岭镍矿体横剖面和水平断面示意图（据王瑞廷，2002；任小华，2008）

1. 钠长斑岩；2. 花岗斑岩；3. 超基性岩；4. 镍矿体

　　煎茶岭镍矿床目前圈定了13个镍矿体（表4.77），其中主矿体有两个，即5号和4号矿体，其储量占全矿床总储量的51.5%。5号矿体属盲矿体，矿体长度1550m，真厚度为0.6~57.95m，平均厚度11.72m，最大延深795m，矿体顶端距地表垂距为120~380m，由77个钻孔及PD1070坑道40、39穿脉控制，5号矿体坑道素描图见图4.83。由煎茶岭镍矿床5号矿体厚度等值线图4.84知，600m标高以下，矿体厚度仍然很大。

表4.77　煎茶岭镍矿床矿体特征一览

矿体号	规模/m		产状/(°)		矿体形态	平均品位/%		
	长度	最大延深	倾向	倾角		TNi	SNi	Co
1	130	55	202~290	85~75	似层状透镜状	0.860	0.009	0.043
	230	125				0.483	0.325	0.026
2	310	345	190~185	75~65	似层状透镜状	0.719	0.478	0.035
3	320	435	193~185	79~62	似层状透镜状	0.736	0.595	0.026
3-1	250		198	87~70	似层状透镜状	0.697	0.378	0.021
4	500	635	180~200	67~88	似层状透镜状	0.822	0.700	0.028
4-1	90		198~193	65~75	似层状透镜状	0.512	0.315	0.005
5	1550	795	180~200	60~87	似层状透镜状	0.712	0.610	0.026
6	1080	680	172~198	60~81	似层状透镜状	0.778	0.684	0.033
7	1370	740	180~198	66~78	似层状透镜状	0.575	0.407	0.030
8	1032	725	180~200	64~78	似层状透镜状	0.593	0.401	0.025
8-1	250		190	79~88	似层状透镜状	0.661	0.456	0.028
9	500	450	181~194	68~77	似层状透镜状	0.652	0.526	0.30
10	870	740	196~177	68~81	似层状透镜状	0.555	0.468	0.024
全矿床		795	172~202	68~88	似层状透镜状	0.703	0.578	0.027

　　注：据西北有色地质勘查局七一一总队，1995[❶]。

---

❶　西北有色地质勘查局七一一总队.1995.陕西省略阳县煎茶岭镍矿床地质详查报告.1-70.

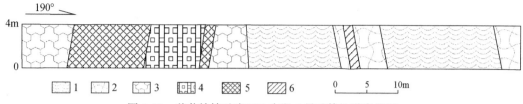

图 4.83　煎茶岭镍矿床 890 中段 5 号矿体坑道素描图

1. 滑石菱镁岩；2. 菱镁岩；3. 叶蛇纹岩；4. 钠长斑岩；5. 蛇纹岩型矿石；6. 菱镁岩型矿石

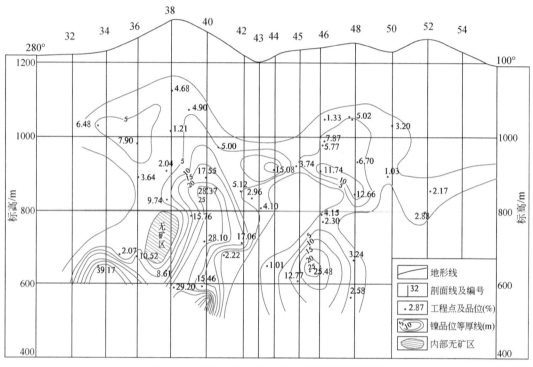

图 4.84　煎茶岭镍矿床 5 号矿体厚度等值线图

矿体形态呈似层状及大透镜状，沿走向和倾斜方向分支复合现象明显，总体特征是沿矿体走向两端或沿矿体倾斜上、下部位具分支现象，矿体中间部位多复合。

矿体受主岩体内含矿变质岩相带控制，其产状与岩体含矿变质岩相产状基本一致。矿体走向 270°～290°，倾向南，倾角变化于 60°～87°之间，产状在走向、倾向方向上略呈波状变化。

该矿体 TNi 品位为 0.300%～6.36%，平均品位为 0.712%；SNi 品位为 0.200%～5.98%，平均品位为 0.610%；Co 品位为 0.010%～0.142%，平均品位为 0.026%；SNi/TNi 品位为 86%。

4 号矿体赋存于中部含镍变质岩相带内，为盲矿体。空间位置在 5 号矿体上盘 10～40m，分布于 32～42 线间。矿体赋存标高 562～1126m，长 500m；已控制矿体水平厚度为 0.54～36.58m（矿体真厚度为 0.52～34.28m），平均 16.12m；最大延深 635m。矿体顶端距地表垂距为 106m。由 26 个钻孔及 PD1070 坑道 39 穿、40 穿、41 穿及少量地表工程控制。

矿体形态呈似层状及透镜状，厚度变化较小，沿走向和倾斜方向有一定的膨缩变化。矿体在 650~850m 标高 34~40 线间有一个长 300m，垂深 100~200m 的厚大透镜部位。厚大中心部位于 38 线 800m 标高附近，矿体水平厚度 28.09~36.58m，平均 33.2m。其他部位厚度在 1.05~7.50m 间。沿斜方向来看，在 40 线 660m 和 980m 标高附近各有一个矿体厚度膨大处，水平厚度分别为 31.84m、19.15m。

矿体沿走向和倾斜方向具分支复合特点，其特征是沿矿体走向在 600m 标高上 36 线表现为分支，34 线表现为复合；沿矿体倾斜方向，在 36 线 770m 标高以下分支，出现 3 个分支矿体，770m 标高以上表现为复合；在 40 线 890m 标高以上表现为分支，890m 以下表现为复合。

总体来看，该矿体形态较规整，厚度变化不大，厚度变化系数为 96.6%，属较稳定型。

矿体产状为走向 270°~290°，倾向南，倾角 67°~88°，一般为 70°左右。总体产状沿走向及倾向均有轻度变化。例如，32~36 线间走向为 280°~290°，倾角为 61°~71°；36~42 线间走向为 270°，倾角为 67°~88°。产状的变化表明矿体在走向和倾向上均具舒缓波状的变化特点，也反映出矿体具有倾向缓时厚度大，倾角陡时厚度小的变化特征。

该矿体 TNi 品位为 0.365%~1.700%，平均为 0.822%；SNi 为 0.217%~1.565%，平均为 0.700%；Co 为 0.018%~0.034%，平均为 0.028%；SNi/TNi 为 85%；品位变化系数为 69.75%，属不均匀型。

2. 矿石特征

煎茶岭镍矿显示早期岩浆熔离叠加后期热液改造矿床矿石的典型结构、构造特征（图 4.85）。

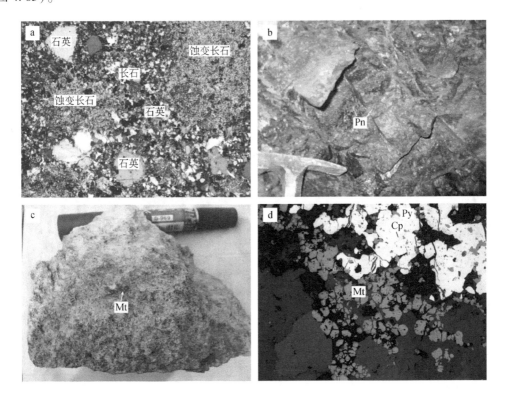

图 4.85　煎茶岭镍矿床典型矿石特征

a. 蚀变花岗斑岩，长石已全部蚀变为绢云母；b. 滑镁岩型矿石，稠密浸染状镍黄铁矿交代滑石菱镁岩；c. 滑镁岩型矿石，稠密浸染状磁铁矿交代滑石菱镁岩；d. 滑镁岩型矿石；e. 蛇纹岩型矿石，镍黄铁矿团块浸染状交代蛇纹岩；f. 菱镁岩型矿石，石英细脉交代菱镁岩型矿石。Pn-镍黄铁矿；Cp-黄铜矿；Fuc-铬云母；Mt-磁铁矿；Py-黄铁矿；Q-石英

矿石结构以交代（残余）结构（黄铁矿交代磁黄铁矿、镍黄铁矿、磁铁矿等）、网脉状、半自形–他形结构（黄铁矿呈半自形、他形产出）为主，骸晶结构、似海绵陨铁结构等，乳浊状、骸晶结构较少；矿石构造以团块浸染状、星散浸染状、似条带状、斑杂状、致密块状构造为主。

矿石分为硫化镍矿石和硅酸镍矿石两种，并以前者为主，硫化镍矿石以原生型为主，仅在地表见到少量混合型及氧化型矿石。镜下鉴定表明，矿石主要金属矿物为磁黄铁矿、黄铁矿、黄铜矿、铬尖晶石、镍黄铁矿、针镍矿、辉镍矿、磁铁矿、铬铁矿、紫硫镍铁矿、辉钼矿、方铅矿、闪锌矿等，脉石矿物主要有蛇纹石（叶蛇纹石、纤蛇纹石、胶蛇纹石）、绿泥石、透闪石、滑石、铬云母、石英、菱镁矿、铁白云石、铬云母等。煎茶岭镍矿床钠长斑岩和典型矿石镜下特征见图 4.86。依据主要金属矿物组合可分为 2 个系列，即磁黄铁矿–镍黄铁矿系列和黄铁矿–针镍矿–辉镍矿系列。研究表明，整个成矿作用过程中形成的不同矿物组合与生成顺序见表 4.78a。除此之外，在表生作用阶段还形成部分硅酸镍和硫酸镍矿石。全矿床镍钴平均品位分别为 TNi 0.683%、SNi 0.570%、Co 0.026%，且含有具综合回收利用价值的较高含量的金。

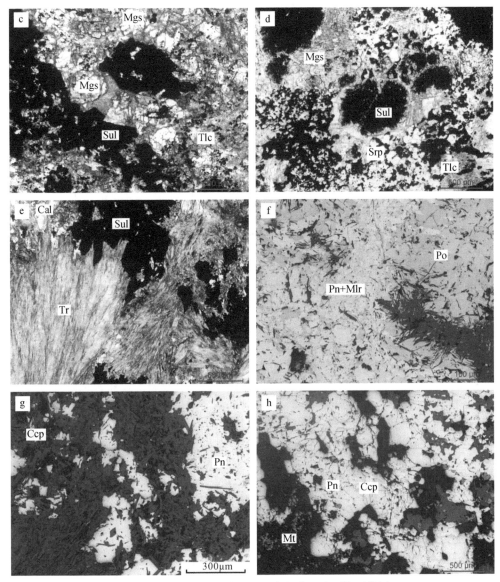

图4.86　煎茶岭镍矿床钠长斑岩和典型矿石镜下特征

a. 煎茶岭钠长斑岩与滑镁岩接触界线；b. 钠长斑岩斑晶和基质主要由钠长石组成，基质中含有少量绿泥石；c. 滑镁岩型镍矿石，透明矿物主要由滑石和菱镁矿组成；d. 蛇纹岩型镍矿石，透明矿物主要由蛇纹岩组成，其次含有滑石和菱镁矿；e. 透闪岩型镍矿石，透明矿物主要由透闪石组成，其次含有方解石及石英等；f、g、h. 含镍矿石矿物主要有镍黄铁矿和针镍矿，共生磁黄铁矿、黄铜矿、磁铁矿等金属矿物。Chl-绿泥石；Ab-钠长石；Mgs-菱镁矿；Tlc-滑石；Srp-蛇纹岩；Tr-透闪石；Cal-方解石；Pn-镍黄铁矿；Mlr-针镍矿；Po-磁黄铁矿；Ccp-黄铜矿；Mt-磁铁矿；Sul-金属硫化物

　　镍矿石自然类型主要有滑镁岩型（50%）、蛇纹岩型（29%）、菱镁岩型（13%）、透闪岩型（8%）四种。矿石工业类型主要是硫化镍型矿石（表4.78b）。镍矿石工业品级属特富矿石（TNi≥3%）的占0.3%，属富矿石（1%≤TNi<3%）的占12.5%，属贫矿石（0.3%≤TNi<1%）的占87.2%。

表4.78a　煎茶岭镍矿床矿物生成顺序及矿石结构、构造

矿物	早期岩浆阶段	晚期岩浆阶段	早期热液变质阶段	晚期热液再改造阶段
橄榄石	———————	———————		
铬尖晶石	———————	———————		
辉石	———————			
磷灰石		———————		
黄铁矿		———————	———————	———————
磁黄铁矿		———————	———————	———————
镍黄铁矿		———————	———————	———————
紫硫镍铁矿			———————	———————
黄铜矿		———————	———————	———————
磁铁矿		———————	———————	———————
透闪石			———————	———————
纤胶蛇纹石			———————	
叶蛇纹石			———————	———————
绿泥石			———————	———————
滑石			———————	———————
菱镁矿			———————	———————
石英				———————
铬云母				———————
碳酸盐类				———————
针镍矿				———————
辉镍矿				———————
标型矿物	橄榄石，铬尖晶石，辉石	磁黄铁矿，镍黄铁矿，磷灰石	蛇纹石，滑石，菱镁矿，透闪石，绿泥石，紫硫镍铁矿	铬云母，碳酸盐类，针镍矿，辉镍矿
矿石结构		似海绵陨铁结构，乳浊状结构	半自形–他形晶粒结构，填隙结构	残余结构，脉网状结构，自形晶粒结构，边缘结构
矿石构造		浸染状，似条带状	浸染状，斑点状	浸染状，脉状

表 4.78b 煎茶岭镍矿床矿石类型一览

按硫化物组合分类	按硫化物与脉石矿物共生组合分类
磁黄铁矿-镍黄铁矿-黄铜矿型	磁黄铁矿-镍黄铁矿-黄铜矿叶蛇纹岩型
	磁黄铁矿-镍黄铁矿-黄铜矿透闪岩型
磁黄铁矿-镍黄铁矿-黄铁矿-黄铜矿型	磁黄铁矿-镍黄铁矿-黄铁矿-黄铜矿滑镁岩-叶蛇纹岩型
	磁黄铁矿-镍黄铁矿-黄铁矿-黄铜矿透闪岩型
	磁黄铁矿-镍黄铁矿-黄铁矿-黄铜矿滑镁岩型
	磁黄铁矿-镍黄铁矿-黄铁矿-黄铜矿菱镁岩型
黄铁矿-镍黄铁矿-紫硫镍铁矿-黄铜矿型	黄铁矿-镍黄铁矿-紫硫镍铁矿-黄铜矿滑镁岩型
	黄铁矿-镍黄铁矿-紫硫镍铁矿-黄铜矿菱镁岩型
黄铁矿-针镍矿-辉镍矿-黄铜矿型	黄铁矿-针镍矿-辉镍矿-黄铜矿滑镁岩型
	黄铁矿-针镍矿-辉镍矿-黄铜矿菱镁岩型
	黄铁矿-针镍矿-辉镍矿-黄铜矿铁碳酸盐型
黄铁矿-磁黄铁矿型（致密块状矿体）	致密块状黄铁矿-磁黄铁型（很少含脉石矿物）

三、矿床地球化学特征

1. 主量元素地球化学特征

为了查明煎茶岭镍矿与蚀变超基性岩、中酸性侵入岩及地层之间的地球化学关系及其形成时代，对蛇纹岩型矿石、蚀变超基性岩（矿化菱镁岩、矿化滑石菱镁岩）、花岗斑岩、蚀变花岗斑岩、钠长斑岩（细粒纳长斑岩、蚀变纳长斑岩）和白云岩样品分别进行了岩石地球化学分析。

主量元素分析表明（表 4.79），矿化菱镁岩、矿化滑石菱镁岩和蛇纹岩型矿石贫硅（SiO_2 26.08% ~35.86%）、贫铝（Al_2O_3 0.39% ~7.08%）、低钛（TiO_2 0.02% ~0.19%）和磷（P_2O_5 0.01% ~ 0.05%）、富铁（TFe 7.93% ~ 16.78%）和镁（MgO 12.53% ~ 29.67%），TFe_2O_3/MgO 0.27 ~0.76，显示出超镁铁质岩石特征。花岗斑岩、蚀变花岗斑岩、细粒钠长斑岩和蚀变纳长斑岩具有中–高硅（SiO_2 55.2% ~74.73%）、高铝（Al_2O_3 14.34% ~ 17.83%）、富碱（K_2O+Na_2O 5.39% ~ 10.17%）、贫铁（TFe_2O_3 2.21% ~ 5.9%）、贫镁（MgO 0.36% ~6.47%）特征。

表 4.79 煎茶岭镍矿床岩石、矿石常量及微量元素含量

样号	JN2-8	JN6-10	JN07	JN05	JN03	JN01	JN11	JJ10	PZH
样品性质	矿化菱镁岩	矿化滑石菱镁岩	蛇纹岩型矿石	细粒钠长斑岩	蚀变钠长斑岩	蚀变花岗斑岩	花岗斑岩	白云岩	蛇纹岩
取样位置	830 中段南穿脉	820 中段 P3	820 中段 P5	820 中段 P4	824 中段 P6W5	830 中段南穿脉	地表	800 中段远离矿体	

样号	JN2-8	JN6-10	JN07	JN05	JN03	JN01	JN11	JJ10	PZH
SiO_2/%	27.39	26.08	35.86	58.4	61.74	55.2	74.73	36.41	
Al_2O_3/%	0.39	0.52	7.08	16.62	17.83	17.08	14.34	0.69	
Fe_2O_3/%	0.88	5.69	0.11	0.71	1.81	0.33	1.85	0.09	
FeO/%	6.35	9.99	8.42	4.04	1.53	5.01	0.32	0.43	
MgO/%	29.67	29.47	12.53	6.47	2	2.99	0.36	13.95	
CaO/%	1.38	0.71	14.22	0.97	5.88	6.87	0.08	20.42	
K_2O/%	0.08	0.02	1.77	3.66	1.28	0.55	5.28	0.03	
Na_2O/%	0.06	0.1	0.18	6.51	6.62	6.5	0.11	0.08	
TiO_2/%	0.02	0.03	0.19	0.7	0.34	1.01	0.15	0.02	
P_2O_5/%	0.01	0.01	0.05	0.12	0.12	0.1	0.07	0.05	
MnO/%	0.17	0.145	0.09	0.06	0.03	0.08	0.03	0.04	
LOI/%	31.76	24.54	13	1.8	0.88	4.16	2.89	28.11	
总量/%	98.16	97.31	93.5	100.06	100.06	99.88	100.21	100.32	
TFe_2O_3/%	7.93	16.78	9.47	5.2	3.51	5.9	2.21		
$La/10^{-6}$	2.86	4.1	14.6	42.2	23.6	11.3	39.3	1.11	0.92
$Ce/10^{-6}$	4.08	5.96	37.8	83.5	53.3	23.2	57.4	1.94	0.38
$Pr/10^{-6}$	0.36	0.52	4.57	8.59	5.68	2.63	6.12	0.28	0.06
$Nd/10^{-6}$	1.21	1.62	17.4	29.7	21.7	9.77	20.7	0.93	0.216
$Sm/10^{-6}$	0.2	0.23	3	4.91	3.78	1.72	2.95	0.2	0.04
$Eu/10^{-6}$	0.06	0.08	0.59	1.41	1.18	0.46	0.58	0.05	0.01
$Gd/10^{-6}$	0.19	0.2	2.74	4.49	3.56	1.64	3.1	0.19	0.06
$Tb/10^{-6}$		0.06	0.41	0.75	0.5	0.29	0.38		0.01
$Dy/10^{-6}$	0.18	0.22	2.45	4.47	3.18	1.93	2.28	0.19	0.04
$Ho/10^{-6}$	0.05	0.08	0.52	0.95	0.67	0.39	0.5		0.01
$Er/10^{-6}$	0.14	0.18	1.63	2.83	2.23	1.28	1.71	0.11	0.02
$Tm/10^{-6}$		0.05	0.23	0.36	0.32	0.17	0.24		0.002
$Yb/10^{-6}$	0.15	0.23	1.54	2.3	2.26	1.57	1.75	0.1	0.02
$Lu/10^{-6}$		0.06	0.24	0.36	0.36	0.22	0.27		0.003
$Y/10^{-6}$	1.02	1.55	14.8	21.9	18.4	10.2	13.3	1.22	0.24
$\Sigma REE/10^{-6}$	9.48	13.59	87.72	186.82	122.32	56.57	137.28	5.1	1.79
LREE/HREE	12.35	11.58	7.99	10.32	8.35	6.55	12.42	7.64	9.85
$(La/Yb)_N$	14.17	12.79	6.8	13.16	7.49	5.16	16.11	7.96	36.48
δEu	0.94	1.13	0.62	0.9	0.97	0.83	0.58	0.77	0.74

续表

样号	JN2-8	JN6-10	JN07	JN05	JN03	JN01	JN11	JJ10	PZH
δCe	0.84	0.86	1.13	1.02	1.09	1.01	0.81	0.83	0.28
$Zr/10^{-6}$	2.21	1.62	81.8	109	151	121	133	5.03	0.87
$U/10^{-6}$	1.19	0.89	1.82	1.75	2.44	1.57	1.9	0.9	0.61
$Th/10^{-6}$	0.22	0.36	4.68	4.62	8.72	7.64	8.57	0.19	0.05
$Nb/10^{-6}$	0.46	0.67	6.7	9.94	12.2	11.3	12.5	0.36	0.08
$Ta/10^{-6}$	0.12	0.13	0.48	0.71	0.9	1.02	0.94		0.01
$Hf/10^{-6}$	0.05		1.89	2.91	3.77	3.16	3.68	0.12	
$Rb/10^{-6}$	2.28	0.19	46.8	109	23.8	63.1	105	0.06	0.36
$Sr/10^{-6}$	14.35	3.14	170	69.1	137	30.8	64.1	27.3	12.12
$Ba/10^{-6}$	14.8	3.86	698	482	375	572	1257	10.4	6.22
$Co/10^{-6}$	93.65	196	209	11.1	72.7	31.3	20.1	1.39	90.1
$Cr/10^{-6}$	1477	1473	1129	48.1	3.03	25.4	5.64	9.85	2284
$Ni/10^{-6}$	1763	2513	4581	95.2	63.6	26.9	18.4	7.31	1532
$Cu/10^{-6}$	78.4	201.75	179	30.5	99.2	94.3	53.2	3.53	8.33
$Pb/10^{-6}$	3.13	1.64	10.6	4.03	9.25	7.2	2.85	1.92	5.06
$Zn/10^{-6}$	79.55	99.3	36	13.7	14.3	82.5	24.8	7.37	37.89
$Mo/10^{-6}$	11.79	0.6	2.59	0.75	6.75	3.65	1.41	1.75	
$Au/10^{-9}$	5.96	48.3	3.14	28.2	0.56	4.28	1.62	33.7	
$Ag/10^{-6}$	0.14	0.16	0.04	0.04	0.04	0.15	0.02	0.03	
$As/10^{-6}$	190.65	20.76	2.43	4.35	44.4	12.6	18.6	6.73	

注：PZH 号样品数据据姜修道等，2010；ΣREE 不包含 Y，$\delta Eu = (Eu_{岩}/Eu_{球})/[(Sm_{岩}/Sm_{球}+Gd_{岩}/Gd_{球})\times 0.5]$，$\delta Ce = (Ce_{岩}/Ce_{球})/[(La_{岩}/La_{球}+Pr_{岩}/Pr_{球})\times 0.5]$。

2. 微量元素地球化学特征

煎茶岭超基性岩体不同类型岩石成矿及相关微量元素含量分析结果表明（表4.80），煎茶岭超基性岩体的 Ni、Co、Au 等元素含量高，特别是富 Ni。对镍矿石、超基性岩和中酸性岩脉的微量元素分析表明，煎茶岭镍矿石与蚀变超基性岩均富含 Ni、Co、Cr、Mn 等亲超基性岩的微量元素，且元素含量彼此接近，二者微量元素组成特征基本一致。

表4.80　煎茶岭超基性岩体不同类型岩石成矿及相关微量元素含量

岩性	Ni	Co	Cu	Au	Ag	As	Sb	Pb	Zn	Hg	Mn	Mo
蛇纹岩（37）	1605	63.56	17.1	2.93	0.18	14.33	0.53	32.5	317	20	643	0.23
滑镁岩（105）	2172	79	4			2		8	54			0.5
菱镁岩（42）	1596	47	15.3	8.51	0.15	5.89	1.57	17.36	152	137.5	582	0.42

续表

岩性	Ni	Co	Cu	Au	Ag	As	Sb	Pb	Zn	Hg	Mn	Mo
花岗斑岩（63）	15.7	5.8	29.3	1.64	0.05	3.24	0.25	17.6	55.8	26	524	1.27
钠长斑岩（48）	20.5	14	193	2.12	0.12	9.71	0.3	78	717	25.6	256	0.73

注：Au、Hg 含量数量级为 10^{-9}，其他元素含量数量级为 10^{-6}，据徐宗南，1990；王相和任小华，1997[●]。

煎茶岭镍矿床矿石中成矿元素的含量（表 4.81）变化较大，Ni 在 0.55% ~ 2.28% 之间变化，Co、Cu 含量较低，变化范围为 $456.98×10^{-6}$ ~ $946.38×10^{-6}$、$436.02×10^{-6}$ ~ $849.21×10^{-6}$。矿石的 Ni/Cu、Ni/Co 值很高，平均各为 26.20、24.87，相应的 Cu/（Cu+Ni）值很低，平均为 0.0474。一般认为超镁铁质岩浆形成的镍铜硫化物矿床矿石的 Ni/Cu > 7（Marston，et al.，1981），如加拿大 Dumont 镍矿床 Ni/Cu > 20（Eckstrand，1975），煎茶岭镍矿床看来也是如此，其高的 Ni/Cu、Ni/Co 值反映该矿床为高镁岩浆演化的产物。

微量元素分析显示，Ni、Co、Cr、Fe 等亲超基性岩微量元素从蛇纹岩型矿石→菱镁岩型矿石、滑镁岩型矿石→蛇纹岩、花岗斑岩→白云岩含量逐渐降低（表 4.82）。蛇纹岩型矿石中的 Ni、Co、Cr 含量与菱镁岩型矿石、滑镁岩型矿石、蛇纹岩接近，与花岗斑岩和钠长斑岩相差较大，显示出对超基性岩的继承性；Pb、Zn、Mo 含量与花岗斑岩和钠长斑岩比较接近，反映出受酸性岩浆的蚀变影响较大。在微量元素蛛网图上，蛇纹岩型矿石与钠长斑岩和花岗斑岩显示相似的配分模式（图 4.87），弱亏损 Nb、Ta 和 Ti 等高场强元素；滑镁岩型矿石、菱镁岩型矿石、蛇纹岩及白云岩微量元素与矿石和钠长斑岩、花岗斑岩明显不同。

表 4.81 煎茶岭镍矿床不同类型岩石、矿石中成矿元素平均含量

成矿元素	滑镁岩型矿石	蛇纹岩型矿石	菱镁岩型矿石	透闪岩型矿石	钠长岩型矿石	蛇纹岩	滑镁岩	菱镁岩	花岗斑岩
Ni/%	2.28	1.74	1.22	1.47	0.55	0.22	0.15	0.18	0.0022
Co/10^{-6}	946.38	510.96	522.63	456.98	515.40	90.75	61.00	83.00	27.50
Cu/10^{-6}	510.06	629.94	849.21	436.02	519.81	0.98	6.75	0.27	12.17
Fe/%	19.08	24.21	18.92	7.19	10.72	4.81	4.69	4.28	1.77
Ni/Cu	44.70	27.62	14.37	33.71	10.58	2244.90	222.22	6666.67	1.81
Ni/Co	24.09	34.05	23.34	32.17	10.67	24.24	24.59	21.69	0.80
Cu/（Cu+Ni）	0.0219	0.0349	0.0615	0.0288	0.0863	0.0004	0.0045	0.0001	0.3562

注：样品由中国科学院地球化学研究所资源环境测试中心分析。

表 4.82 煎茶岭含钴硫化镍矿床岩石、矿石微量元素含量

样号	岩性	Sc	Ti	V	Cr	Mn	Fe	Co	Ni	Cu	Zn
J7	菱镁岩	3.98	60	19.01	2897	387.32	42824.44	85.90	1695.89	0.27	34.98
J8	蛇纹岩	4.74	60	16.25	2260	309.86	57625.56	93.14	1954.06	1.19	26.98

● 王相，任小华 . 1997. 陕西勉略宁地区地质与成矿 . 1-150.

续表

样号	岩性	Sc	Ti	V	Cr	Mn	Fe	Co	Ni	Cu	Zn
J11	蛇纹岩	5.46	60	11.97	2897	387.32	51131.11	69.02	1852.54	0.50	61.27
ZK-4	蛇纹岩	5.72	60	19.72	2619	464.79	44240	103.57	2663.50	0.69	22.24
JCL-05	蛇纹岩	5.01	60	14.41	2902	774.65	39441	90.65	1778.24	1.53	31.20
JCL-06	滑镁岩	3.92	60	8.00	2734	387.32	38157.79	58.74	1391.53	2.28	32.38
JP1-8	滑石菱镁岩	2.21	60	16.77	2329	1936.62	55471.11	73.89	1009.10	11.23	38.72
JCD-4	花岗斑岩	2.32	660	12.04	34	929.58	1568.00	88.46	12.07	17.75	56.26
J12	镍矿石	2.50	50	10.01	6966	309.86	272377.78	230.09	3995.22	430.69	165.39
JCL-02	金矿石	3.53	780	15.30	2809	697.18	19545.56	86.92	1891.43	24.41	46.38
ZK-1	白云岩	0.49	60	3.56	4	1549.30	147.78	12.66	14.31	1.13	14.36
25765	滑镁岩型矿石	3.44	391.02	32.10	1259.60	643.25	212900	966.02	37219.13	599.40	66.40
25772	滑镁岩型矿石	5.77	102.90	28.35	2000.42	1364	127500	490.91	15226.63	402.06	88.57
26258	滑镁岩型矿石	2.78	34.30	25.04	1340.93	837	232000	1382.2	15838.62	828.72	76.23
25228	滑石岩型矿石	3.82	123.43	44.54	1459.52	906.75	141600	425.07	9000.39	363.29	63.20
26553	蛇纹岩型矿石	3.29	157.78	127.02	2030.42	891.25	372000	597.43	14528.58	809.09	175.19
A2746	蛇纹岩型矿石	4.12	185.22	11.47	1162.69	604.50	112200	424.49	20323.69	400.79	45.11
25629	菱镁岩型矿石	2.84	48.02	35.72	1186.77	821.50	189200	522.63	12161.55	849.21	75.84
25462	透闪岩型矿石	4.96	212.66	29.51	1404.22	1178.00	71900	456.98	14718.51	436.02	46.00
25562	钠长岩型矿石	8.94	1378.86	44.13	721.77	906.75	107200	515.40	5548.45	519.81	56.79
	球粒陨石	31	2400	254	12700	9200	900000	2300	47000	540	1600
	原始地幔	14.88	1230	59	1020	1000	67000	104	2080	28.00	53.00

注：表中微量元素含量数量级均为 10^{-6}；西北大学大陆动力学国家重点实验室分析，Cr、Mn、F 为 X 荧光分析结果，其余为 ICP-MS 分析结果；各元素球粒陨石与原始地幔数值据 Rollinson，1993；矿石由中国科学院地球化学研究所资源环境测试分析中心采用 ICP-MS 分析。

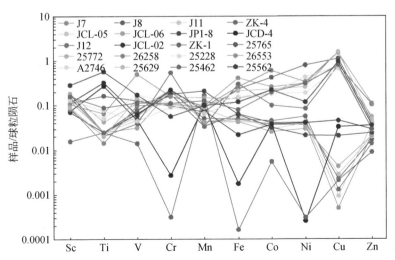

图 4.87 煎茶岭镍矿床岩石、矿石过渡元素球粒陨石标准化配分模式

标准化值据 Rollinson（1993）

3. 稀土元素地球化学特征

稀土元素分析表明，矿化滑石菱镁岩和矿化菱镁岩稀土元素与蛇纹岩型矿石、钠长斑岩、花岗斑岩也显示出明显差异（表 4.79）。矿化滑石菱镁岩和矿化菱镁岩稀土总量较低，ΣREE 为 $9.48 \times 10^{-6} \sim 13.59 \times 10^{-6}$，LREE/HREE 为 $11.58 \sim 12.35$，稀土元素配分模式显示，轻稀土分异明显，重稀土分异差，δEu、δCe 无异常；细粒钠长斑岩、蚀变钠长斑岩、花岗斑岩、蚀变花岗斑岩稀土总量较高，ΣREE 为 $56.57 \times 10^{-6} \sim 186.82 \times 10^{-6}$，LREE/HREE 为 $6.55 \sim 12.42$，轻重稀土分异较明显，$(La/Yb)_N$ 为 $5.16 \sim 16.11$，稀土元素配分模式右倾，显示 δEu 弱负异常到较明显负异常，表明岩浆分异作用不强烈；蛇纹岩型矿石 ΣREE 为 87.72×10^{-6}，LREE/HREE 为 7.99，与酸性侵入岩具有相似配分模式，显示 δEu 负异常，δCe 无异常（图 4.88）；白云岩具有 δCe 弱负异常，表明矿石与岩浆热液蚀变作用有关，没有遭受地层混染；蛇纹岩稀土总量最低，ΣREE 为 1.77×10^{-6}，稀土元素配分模式与矿石及矿化岩石明显不同。

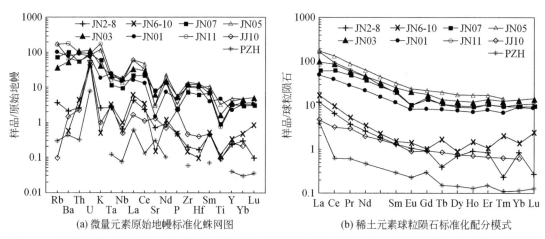

(a) 微量元素原始地幔标准化蛛网图　　　　　(b) 稀土元素球粒陨石标准化配分模式

图 4.88　煎茶岭镍矿床岩石、矿石微量元素原始地幔标准化蛛网图和稀土元素球粒陨石标准化配分模式

标准化值据 Sun 和 McDonough（1989）

矿区内蚀变超基性岩和镍矿石的稀土元素球粒陨石标准化配分模式显示：①3 类蚀变超基性岩均富集 LREE，稀土配分线呈现较缓的右倾趋势；②镍矿石与蚀变超基性岩稀土元素球粒陨石标准化配分模式基本一致，均为 LREE 富集型，表明镍矿成矿物质来源与蚀变超基性岩体相同，均来源于深部岩浆；③蛇纹岩、滑镁岩、菱镁岩三类蚀变超基性岩的稀土元素球粒陨石标准化配分模式均出现 Gd、Tb 的异常，可能表明成岩过程中有地壳物质的混染。

4. 铂族元素地球化学特征

该区蚀变超基性岩、中酸性岩和采自镍矿床钻孔岩心的 9 件镍矿石等样品的铂族元素及金的分析结果如表 4.83 所示。煎茶岭镍矿床不同岩石、矿石铂族元素原始地幔标准化配分模式表明（图 4.89），矿石的铂族元素配分曲线为向右升高的左倾型，含金、钯较高，具有铂的高峰，Pt/Pd 值在 0.20~6.67 之间变化，均小于球粒陨石的 Pt/Pd 值，Pd/Ir 值在 1.00~7.79 之间变化，均大于球粒陨石的 Pd/Ir 值，属 Pt、Pd 向下倾斜的配分型。除金外，岩石的铂族元素原始地幔标准化配分曲线与矿石基本上呈互补关系，含金、铑较高，具有铂、钯的低谷。由于造成 PGE 分异的可能机制有部分熔融、结晶分异和蚀变作用（Barnes et al.，1985），因此，说明镍成矿过程与这三种作用有关。但由于一般情况下，热液型镍矿石的 Pd/Ir 值超过 100，而岩浆型镍矿石的 Pd/Ir 值较低（Maier et al.，1998），故推测煎茶岭镍矿可能以岩浆成矿作用为主，叠加后期热液交代改造成矿。

表 4.83　煎茶岭镍矿床岩石、矿石铂族元素及金含量

样号	岩性	Ni/%	Cu	Os	Ir	Ru	Rh	Pt	Pd	Au	Pd/Ir	Pt/Pb
25228	镍矿石	0.9			2.41	6.39	0.48	26.54	8.49	22.77	3.52	3.13
25462	镍矿石	1.472			2.33	6.37	0.47	2.55	2.54	12.59	1.09	1.00
25562	镍矿石	0.555			2.42	5.56	0.47	3.93	4.77	9.48	1.97	0.82
25629	镍矿石	1.216			2.25	5.95	0.64	38.69	17.52	27.95	7.79	2.21
25765	镍矿石	3.722			2.80	5.11	0.40	7.54	8.05	15.49	2.88	0.94
25772	镍矿石	1.523			2.66	9.22	0.59	2.42	6.43	72.11	2.42	0.38
26258	镍矿石	1.587			1.03	2.19	0.22	3.04	2.86	13.71	2.78	1.06
26553	镍矿石	1.453			3.04	7.42	0.52	19.67	14.22	19.59	4.68	1.38
A2746	镍矿石	2.032			2.31	6.71	0.78	27.42	4.11	19.62	1.78	6.67
JCK-2	镍矿石	1.05			2.0	1.0	1.0	0.2	<1.0	2.0	6.6	2
J-31	叶蛇纹岩			5.9	3.0	6.4	3.0			0		
J8	蛇纹岩	0.195			1.0	1.2	3.0	0.3	<1	1.0	4.2	0.83
J-42	滑镁岩			2.2	2.0	6.0	6.0	2.5	1.0	120	0.50	2.5
JN-1	透闪岩型镍矿石	0.527			4.4	5.0	7.0	6.0	2.7	6.1	120	1.22	0.44
JN-4	花岗斑岩	0.20		<1	0.20	<1	<0.1	0.4	0.5	160	2.50	0.8
JCD-4	花岗斑岩	0.001		<1	<0.1	<1	<0.1	<1	<1	5.90		
JN-6	钠长斑岩	0.116		<1	0.2	<1	<1	0.90	4.5	120	22.50	0.2
J-41	蚀变白云岩			6.0	6.6	14.7	7.0	3.1	1.1	14100	0.17	2.82
JN-2	滑镁岩型镍矿石	1.260		2.4	2.5	4.3	4.0	6.3	2.5	160	1.00	2.52
JN-3	滑镁岩	2.493		2.7	3.2	4.1	5.0	2.2	3.4		1.06	0.65
JN-7		1.13	91.1		1.62	3.62	0.26	2.78	3.19		1.97	0.87
JN-8		1.14	143		0.95	1.75	0.17	5.96	5.06		5.33	1.18
JN-9		1.07	111		1.8	3.43	0.29	4.85	3.16		1.76	1.53
JN-10	滑镁岩型镍矿石	1.65	212		1.57	3.38	0.35	10.8	6.54		4.17	1.65
JN-11		1.06	151		1.74	3.6	0.43	5.85	4.94		2.84	1.18
JN-12		1.85	159		2.38	5.04	0.17	2.76	4.48		1.88	0.62
JN-13		1.02	83.5		1.41	3.06	0.39	5.42	2.79		1.98	1.94
JN17-11		0.52	312		1.1	3.1	0.29	7.33	5.78		5.25	1.27

样号	岩性	Ni/%	Cu	Os	Ir	Ru	Rh	Pt	Pd	Au	Pd/Ir	Pt/Pb
JN17-12	蛇纹岩型镍矿石	2.25	526		2.57	5.15	0.26	10.16	5.17		2.01	1.97
JN17-13		2.77	490		2.66	4.98	0.17	12.92	5.7		2.14	2.27
JN17-14		2.62	543		2.81	6.15	0.24	8.81	4.99		1.78	1.77

注：表中铂族元素、Au 含量数量级均为 10^{-9}，Cu 含量数量级为 10^{-6}；样品由中国科学院地球化学研究所资源环境测试分析中心采用 ICP-MS 完成，其中 Ru、Pt、Ir、Pd 为 ID-ICP-MS 法测定，Rh、Au 为内标法测定，所用仪器为 Finnigan MAT ELEMENT 型高分辨率等离子体质谱仪，RSD 为 1.5% ~ 6.5%；J8、JCD-4 由国家地质实验中心测试；其他 J- 及 JN-编号样品据冉红颜等，1996。

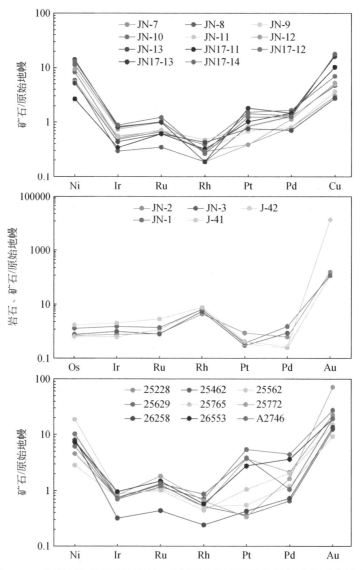

图 4.89　煎茶岭镍矿床不同岩石、矿石铂族元素原始地幔标准化配分模式

标准化值据 Sun 和 McDonough (1989)

5. 同位素地球化学特征

1) 氢、氧同位素

煎茶岭地区变质超基性岩氢、氧同位素测定结果显示，蛇纹石具有与大陆阿尔卑斯型超镁铁质岩的蛇纹石比较相近的氢、氧同位素组成特征（表4.84）（陈民扬等，1994）。自纤胶蛇纹岩到石英菱镁岩、菱镁岩，$\delta^{18}O$ 值有升高趋势，反映随着岩石中水含量的变化及蚀变程度的加深，^{18}O 略有富集。纤胶蛇纹岩、叶蛇纹岩的 $\delta^{18}O$ 平均值稍高于新鲜超基性岩的 $\delta^{18}O$ 值（5.5‰~6.8‰），由其换算的蚀变热液 $\delta^{18}O$ 值大多数落在岩浆水范围内（5‰~10‰）。纤胶蛇纹岩 δD 为 $-92.41‰~-72.05‰$，叶蛇纹岩 δD 为 $-111.6‰~-75.09‰$，其平均值比正常超基性岩 δD 值（$-88‰~-48‰$）较低，估算其蚀变热液 δD 比岩浆水 δD（$-80‰~-40‰$）稍低。这表明超基性岩的蚀变热液主要是岩浆水和少量地层水。煎茶岭镍矿石的 $\delta^{18}O$（$-0.75‰~9.6‰$）、δD（$-96.7‰~-44‰$）分析显示，其成矿流体具有混合水的特征。综上认为，超基性岩体自变质热液和镍矿蚀变流体主要来源于由岩浆水和地表水组成的混合水。

表 4.84　煎茶岭镍矿床岩石、矿石氢、氧同位素组成

岩性	样品数/件	测定矿物	$\delta^{18}O$/‰	δD/‰
叶蛇纹岩	3	叶蛇纹石	8.12~9.2	$-111.6~-75.09$
纤胶蛇纹岩	3	纤胶蛇纹石	7.68~8.18	$-92.41~-72.05$
菱镁岩	4	菱镁矿	13.4~16.3	
石英菱镁岩	2	石英	10.2~13.45	
花岗斑岩	2	石英	11.3~14.52	
镍矿石		黄铁矿	$-0.75~9.6$	$-96.7~-44$

注：据陈民扬等，1994。

2) 碳同位素

区内镍矿石的 $\delta^{13}C$ 值为 $-19.25‰~-8.57‰$，其中 J160 样品的 $\delta^{13}C$ 值与正常地幔碳的 $\delta^{13}C$ 值（$-5‰±2‰$）接近（表4.85），样品 J152、J157、J200 的 $\delta^{13}C$ 值介于正常地幔

表 4.85　煎茶岭镍矿床矿石碳、氢及氧同位素组成　　　　　（单位:‰）

样号		J152	J157	J160	J200	J10	J140	J199	J201	J150
测试对象		黄铁矿包裹体	黄铁矿包裹体	黄铁矿包裹体	黄铁矿包裹体	磁铁矿	滑石	磁铁矿	滑石	石英
同位素组成	$\delta^{13}C$	-18.86	-19.25	-8.57	-14.35	—	—	—	—	—
	$\delta^{18}O$	3.27	9.60	-0.75	8.52	3.4	9.52	3.44	8.65	14.99
	δD	-47.9	-55.9	-96.7	-44.1	—	-66.6	—	-68.9	-74.1

注：据陈民扬等，1994。

碳和地层水、海水碳之间，表明超基性岩来自地幔，但在侵入地表过程中有富^{13}C的外来碳混染。矿石中黄铁矿包裹体内CO_2含量高，碳同位素组成表明其δ^{13}C值低于岩浆碳同位素组成值，高于地层水、海水等δ^{13}C值（δ^{13}C=-29‰）（陈民扬等，1994），一方面说明镍成矿过程中有外来物质混入，另一方面可能与成矿过程中的岩浆去气作用有关。

3）硫同位素

矿区硫同位素（δ^{34}S）测定结果（表4.86）显示，变质超基性岩的金属硫化物硫同位素组成范围变化较小，其δ^{34}S平均值（11.79‰）与所测定的一件超基性岩全岩δ^{34}S值（12.37‰）接近，该岩体岩石及其金属硫化物的硫同位素组成明显偏离地幔硫（0±3‰）分布，并且岩体与围岩、地层的硫同位素组成相近，均富集^{34}S，表明超基性岩体的侵入和变质过程中有地壳硫的明显混染。白云岩的δ^{34}S平均值为14.10‰，比较大；而镍矿石硫同位素组成变化范围比超基性岩体略小，稍大于花岗斑岩，并且镍矿石硫同位素组成呈现偏离零值较远的塔式分布，综合分析这些特征，表明镍成矿过程中，岩浆同化混染了富含硫、铁的围岩，发生硫化作用，导致局部硫饱和发生硫化萃取作用而形成镍矿。

表4.86　煎茶岭镍矿床岩石、矿石硫同位素（δ^{34}S）组成

矿石与岩石类型	测定矿物	δ^{34}S/‰	δ^{34}S平均值/‰	δ^{34}S极差/‰
白云岩	黄铁矿	10.30~16.4	14.10	6.20
	磁黄铁矿	16.5		
蚀变白云岩型金矿石	黄铁矿	6.30~29.10	16.72	22.80
	全岩	20.94		
镍矿石	黄铁矿	6.1~12.90	9.34	6.80
	磁黄铁矿	7.80~10.56		
变质超基性岩	黄铁矿	7.8~15.30	11.79	7.50
	磁黄铁矿	8.0		
	全岩	12.37		
钠长斑岩	黄铁矿	9.0~17.5	12.48	8.50
	磁黄铁矿	11.60		
花岗斑岩	黄铁矿	8.3~10.6	9.47	2.30
闪长岩	黄铁矿	9.90		

注：据徐宗南，1990；陈民扬等，1994；西北有色地质勘查局七一一总队，1995❶。

4）锶、钕、铅同位素

煎茶岭矿床岩石铷、锶含量及锶同位素比值研究表明（表4.87），蛇纹岩和叶蛇纹岩的低锶含量及其锶同位素比值变化范围（0.702761~0.737584）与阿尔卑斯型橄榄岩（^{87}Sr/^{86}Sr值变化在0.7030~0.7290之间）相似。初始锶同位素比值具有不均匀性，在0.700165~0.717859之间变化，故认为煎茶岭超基性岩体成岩物质来源于亏损的上地

❶　西北有色地质勘查局七一一总队.1995.陕西省略阳县煎茶岭镍矿床地质详查报告.1-70.

幔（陈民扬等，1994；王瑞廷，2002）。地幔超基性岩的锶同位素比值在 0.704±0.002（Rollinson，1993）。而获得的蛇纹岩、菱镁岩、滑镁岩的锶同位素比值中绝大部分高于0.704，后期中酸性岩脉的初始锶同位素比值在 0.709768～0.749698（庞奖励等，1994），反映了在超基性岩的蚀变过程中，有地壳铷和锶加入。3 件浸染状镍矿石样品铷、锶同位素结果表明，矿石中 Rb/Sr 值很低（<0.06），初始锶比值 $^{87}Sr/^{86}Sr$ 普遍高（0.717166～0.725812）（陈民扬等，1994），亦说明镍成矿过程中有地壳物质混入。

表 4.87 煎茶岭矿床岩石、矿石铷、锶含量及锶同位素比值

样号	岩性	Rb	Sr	Rb/Sr	$^{87}Rb/^{86}Sr$	$^{87}Sr/^{86}Sr$	$(^{87}Sr/^{86}Sr)_i$	$I_{Sr}(T)$
Hg-N-1	蛇纹岩	0.33	3.92	0.0842		0.7128		
G-E-Mt	蛇纹岩	2.92	64.3	0.0454		0.7123		
97-Hw-1	蛇纹岩	1.11	1.01	1.0990		0.7296		
J-17	叶蛇纹岩	0.27	17.16	0.0157	0.04501	0.718455	0.717859	203.85
J-55	叶蛇纹岩	1.59	13.47	0.1180	0.34030	0.704674	0.700165	−47.66
J-102	叶蛇纹岩	1.33	5.58	0.2384	0.68858	0.702761		
J-112	叶蛇纹岩	4.87	0.32	15.2188	44.34328	0.737584		
J-118	叶蛇纹岩	0.25	35.27	0.0071	0.02055	0.703870	0.703598	1.14
J-50	滑镁岩	0.53	2.11	0.2512	0.72977	0.717723	0.708053	64.46
J-42-3	滑镁岩	0.28	0.69	0.4058	1.15428	0.726283	0.710988	106.18
J-45	菱镁岩	1.90	4.58	0.4148	1.20101	0.725862	0.709948	91.40
Y-Mg	石英菱镁岩	0.33	3.66	0.0902		0.7134		
G-Mg	石英菱镁岩	0.29	2.57	0.1128		0.7134		
J-15	花岗斑岩	77.56	36.67	2.1151		0.735543		
J-18	花岗斑岩	83.68	31.21	2.6812		0.749689		
J-66	花岗斑岩	75.03	79.03	0.9494		0.735919		
L-Py1	钠长斑岩	21.2	58.8	0.3605		0.7219		
G-E-1	蛇纹石化白云岩	8.98	101	0.0889		0.7233		

注：J-系列样号据陈民扬等，1994；其他据马建秦，1998，其 $^{87}Sr/^{86}Sr$ 的误差为 0.0007%～0.0015%；Rb、Sr 含量数量级为 10^{-6}，$(^{87}Sr/^{86}Sr)_i$ 依据 Sm-Nd 法测定的超基性岩年龄 $T=927Ma$ 计算。

煎茶岭超基性岩体纤胶蛇纹岩的 $^{143}Nd/^{144}Nd$ 值在 0.511126～0.512326 之间变化，Sm-Nd 同位素等时线年龄为 927±49Ma，初始钕同位素比值在 0.510233（陈民扬等，1994），由此计算获得的岩石初始钕同位素比值为 0.510182～0.511095，对应的 $\varepsilon_{Nd}(t)$ 值比较高，为 9.1～32.6，Sm/Nd 较大，为 0.2355～0.5831，亦反映超基性岩体成岩物质来源于亏损的上地幔。$\varepsilon_{Nd}(t)$ 值大于亏损地幔的现代 $\varepsilon_{Nd}(t)$ 值（+8.5），说明煎茶岭地区的上地幔亏损严重。

煎茶岭镍矿床不同类型岩石及矿物铅同位素比值研究表明（表4.88），蛇纹岩、滑镁岩、菱镁岩及相关矿物的铅同位素组成总体上比较接近，蛇纹岩的^{206}Pb/^{204}Pb变化在18.252±0.025～18.840±0.006之间，与亏损地幔的相应值接近（陈民扬等，1994）。10件镍矿石（矿物）同位素组成的研究结果表明，矿石铅富含^{208}Pb，与来自地幔和下地壳富钍贫铀体系的岩浆相似，反映镍成矿物质主要来源于岩浆；从Pb同位素组成特征看，煎茶岭超基性岩体的岩浆物应来自地壳深部（图4.90）；镍矿石铅同位素组成比值离差变化大，反映有其他铅的混入。

表4.88　煎茶岭镍矿床不同类型岩石及矿物铅同位素比值

样号	岩性	测定对象	^{206}Pb/^{204}Pb	^{207}Pb/^{204}Pb	^{208}Pb/^{204}Pb
97-Hw-1	蛇纹岩	磁铁矿	18.252±0.025	15.630±0.025	38.008±0.025
G-E-Mtl	蛇纹岩	磁铁矿	18.840±0.006	15.577±0.005	38.734±0.005
Hg-N-1	蛇纹岩	磁铁矿	18.780±0.009	15.695±0.007	38.356±0.002
J-194	蛇纹岩	蛇纹岩	18.553±0.010	15.657±0.010	38.920±0.030
J-17	叶蛇纹岩	叶蛇纹岩	18.633±0.002	15.616±0.005	38.489±0.008
J-77	叶蛇纹岩	叶蛇纹岩	18.390±0.006	15.632±0.006	38.118±0.040
J-20	纤胶蛇纹岩	纤胶蛇纹岩	18.833±0.040	15.570±0.008	38.032±0.003
J-50	滑镁岩	滑镁岩	18.599±0.018	15.521±0.015	38.591±0.050
J-78	滑镁岩	滑镁岩	19.193±0.010	15.785±0.030	38.604±0.050
J-189	滑镁岩	滑镁岩	17.952±0.018	15.520±0.010	36.029±0.010
J-74	菱镁岩	菱镁岩	18.260±0.020	15.597±0.005	38.150±0.010
L-Py1	钠长斑岩	黄铁矿	21.637±0.013	15.765±0.009	38.338±0.021
J-19	花岗斑岩	黄铁矿	18.702±0.002	15.625±0.003	38.758±0.010
J-60	花岗斑岩	黄铁矿	18.289±0.001	15.582±0.007	38.257±0.030
J-201	镍矿石	镍矿石	19.696±0.010	15.659±0.010	39.977±0.010
J-13	硅酸镍矿石	硅酸镍矿石	16.786±0.010	15.370±0.010	38.831±0.010
J-187	灰岩	灰岩	18.365±0.010	15.601±0.010	38.172±0.010
J-197	绢云石英岩	绢云石英岩	18.432±0.010	15.663±0.010	38.204±0.010
J-198	变粒岩	变粒岩	17.863±0.010	15.481±0.010	39.161±0.010
Zh-5	板岩	黄铁矿	19.387±0.002	15.694±0.002	38.150±0.004
P404-43B	白云岩	黄铁矿	18.405±0.022	15.592±0.031	37.888±0.063
J-A	地层火山岩		17.863	15.481	38.204
J-B	地层火山岩		18.432	15.663	39.161

注：J-系列样号据陈民扬等，1994；其他据马建秦，1998。

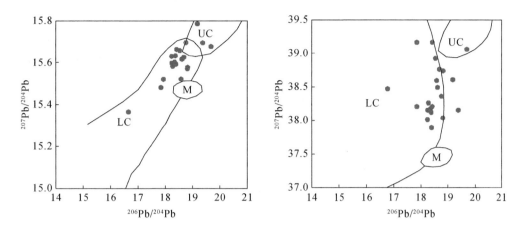

图 4.90　煎茶岭镍矿区不同类型岩石、矿石及矿物 Pb 同位素

$^{207}Pb/^{204}Pb$-$^{206}Pb/^{204}Pb$ 和 $^{208}Pb/^{204}Pb$-$^{206}Pb/^{204}Pb$ 关系图

UC、LC 和 M 分别代表上地壳、下地壳和地幔；其 Pb 同位素组成范围

据 Zartman 和 Doe（1981）

5）铼、锇同位素

由 5 件样品 Re-Os 同位素数据拟合所得其等时线年龄 $T = 878 \pm 27$Ma（MSWD = 3.5）（图 4.91），样品相关性强，相关系数 = 0.999，故认为该 Re-Os 同位素等时线年龄代表镍矿床形成时代。以此年龄为准，计算得到的样品 γ_{Os}（$^{187}Os/^{188}Os$ 初始比值）列于表 4.89，可以看出 γ_{Os} 变化范围很大（$-15.37 \sim 41.52$），说明成矿过程中有壳源物质参与，主要为岩浆侵位过程中同化混染高放射成因 $^{187}Os/^{188}Os$ 壳源物质的结果，这和硫同位素研究的认识相一致。

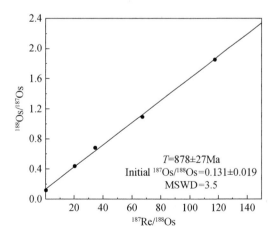

图 4.91　煎茶岭镍矿床蛇纹岩型镍矿石 Re-Os 同位素等时线

铼、锇同位素研究还表明，煎茶岭硫化镍矿石的 $^{187}Os/^{188}Os$ 和 Re/Os 变化范围大，深部条带状矿石 JCN-1 号的 Re/Os 值小，仅为 0.05，$^{187}Os/^{188}Os$ 值为 0.1167；块状矿石（JCK-2、JCK-4、JCK-5、JCK-6）的 Re/Os 值范围为 4.24～24.43，$^{187}Os/^{188}Os$ 值为 0.438～1.853，其 $^{187}Os/^{188}Os$ 和 $^{187}Re/^{188}Os$ 呈显著的正相关，说明成矿过程中有含高放射性成因 Os 的壳源物质的混染。

煎茶岭镍矿石的 $^{187}Os/^{188}Os$ 初始值（0.131±0.019）与俄罗斯 Noril'sk-Talnakh 矿床铜镍硫化物矿石的 $^{187}Os/^{188}Os$ 初始值（0.1326±0.0025）接近（Walker et al., 1994）。而该矿床的研究表明亦存在明显的地壳混染，正是岩浆向岩石圈侵位过程中对围岩的同化提供了成矿的硫源（Walker et al., 1991），可见这二者之间是吻合的。两件样品的 γ_{Os} 为负值（−15.37，−6.70），可能指示其初始物质来源于 Re 亏损地幔。在 Re/Os-普通 Os 图解（图 4.92）中，煎茶岭镍矿石表现为两种类型，大多数矿石落于 Noril'sk-Talnakh 矿石范围内或其与 Duluth 矿石的过渡区内且比较接近富硫沉积物范围，反映地壳富硫围岩的混染效应；仅有一件矿石样品与地幔包体、球粒陨石地幔或科马提岩接近，暗示了其深部地幔源区的性质（王瑞廷等，2005d）。

另外，煎茶岭镍矿床岩石、矿石中铬尖晶石富 Cr、Mg，贫 Fe^{3+}、Ti（Cr=46%～66%，Mg=12%～16%，Ti<0.1%，$Fe_2O_3/FeO>1$），多具磁铁矿边，也说明成矿过程中地壳混染较强。Barnes 和 Tang（1999）将 4.7 万多个世界上不同类型及来源的岩浆产生的铬尖晶石数据分析比较，认为富 Cr 铬尖晶石只可能存在于蛇绿岩、科马提岩和金伯利岩中，而富 Cr 且贫 Ti 的铬尖晶石只存在于蛇绿岩中。煎茶岭富 Cr 贫 Ti 铬尖晶石的存在亦说明其母岩浆来源于高度亏损地幔，与区内蛇绿岩带背景吻合（王瑞廷等，2002；汤中立等，2006）。

表 4.89　煎茶岭蛇纹岩型镍矿石 Re、Os 含量及其同位素模式年龄

样号	Ni /%	总 Os /(ng/g)	总 Re /(ng/g)	Re/Os	$^{187}Re/^{188}Os$	$^{187}Os/^{188}Os$	$(^{187}Os/^{188}Os)_i$	γ_{Os}	模式年龄 t /Ma
JCK-2	1.05	2.744（3）	11.16（10）	4.24	20.37（19）	0.438（1）	0.1386	14.44	899.0
JCK-4	1.08	2.713（3）	33.64（17）	13.98	67.18（36）	1.090（2）	0.1025	−15.37	851.0
JCK-5	1.57	4.596（8）	30.81（15）	7.20	34.60（18）	0.680（1）	0.1714	41.52	945.3
JCK-6	1.91	1.729（3）	34.44（16）	24.43	117.46（60）	1.853（4）	0.1263	4.29	873.4
JCN-1	0.53	17.43（3）	0.906（38）	0.05	0.25（1）	0.1167（2）	0.1130	−6.70	

注：①括号内为 1σ，其值和计算数据最后一位对齐；②根据上述数据采用 ISOPLOT 软件绘制等时线图和计算年龄及误差；③模式年龄 t 按公式 $t=(1/\lambda)\ln\{1+[^{187}Os/^{188}Os-(^{187}Os/^{188}Os)_i]/(^{187}Re/^{188}Os)\}$ 计算，其中 λ（^{187}Re 衰变常数）$=1.666\times10^{-11}a^{-1}$；④模式年龄误差只包括测量误差，不包括等时线初始值 $^{187}Os_0$ 的误差及 λ 不确定度；⑤由于 JCN-2 样品 Os 含量过少，JCD-3 样品 Re 含量过少，绘制等时线图和计算年龄时不予考虑，未列分析数据；⑥$\gamma_{Os}(t)=[(^{187}Os/^{188}Os)^t_{样品}/(^{187}Os/^{188}Os)^t_{球粒陨石}-1]\times10^2$，$t=878Ma$ 时，$(^{187}Os/^{188}Os)_{球粒陨石}=0.12111$；⑦样品的 Re、Os 同位素分析由国家地质实验测试中心采用同位素稀释等离子体质谱（ID-ICP-MS）法测定完成。

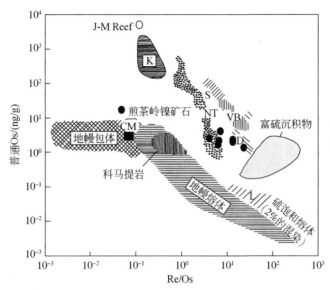

图 4.92　煎茶岭镍矿石 Re/Os-普通 Os 图解（底图据 Lambert et al.，1999）

D 为 Duluth，硫化物矿石；S 为 Sudbury，硫化物矿石；K 为 Kambalda，硫化物矿石；

L 为 Lewisian，下地壳；NT 为 Noril's-Talnakh，硫化物矿石；VB 为 Voisey's Bay，硫化物矿石；CM 为球粒陨石地幔丰度

四、控矿因素和成矿规律

1. 控矿因素

1）超基性岩体

超基性岩体中部岩段膨大部位，岩浆后期分异比较明显，形成偏酸性和偏基性的原始岩相带；镍矿体赋存在超基性岩体偏酸性原始岩相带底部或两岩相界面附近，单层矿体、富矿体多分布在下盘，而上盘很少，反映出岩浆结晶分异、同化混染和硫化萃取作用对早期熔离成矿和空间定位起了关键作用。晋宁期—海西期超基性岩体、印支期中酸性脉岩-花岗斑岩接触带与北西西向断裂共同控制镍矿体的产出及形态。综上，超基性岩体是该镍矿的成矿母岩和容矿围岩。

2）花岗斑岩体及钠长脉岩

空间上，镍矿体集中产出在花岗斑岩体北缘及东西缘，镍矿体总体走向与花岗斑岩体北界面走向一致，呈向北突出的弧形，且倾向、倾角大致与花岗斑岩体和多条脉岩保持一致。主要工业矿体均贴近花岗斑岩体或钠长岩脉分布。距花岗斑岩越远，矿体规模越小，品位越贫。综上可知，花岗斑岩和钠长岩脉的侵位是镍矿体改造、富集的重要因素，控制了矿体的定位、规模、品质。

3）断裂构造

区域性北西西向断裂构造控制超基性岩体、花岗斑岩体的侵位，也控制矿带的展布；

含镍岩体内部的北西西向平行次级断裂控制了中酸性脉岩的侵位，提供热液改造的空间及场所，也控制单个矿体的形态、品位；北东向、北北西向次级断裂构造错断矿带、矿体，影响矿体形态。

2. 成矿规律

煎茶岭镍矿床赋存于煎茶岭晋宁期超基性岩体南部，但不同于一般的岩浆熔离型镍矿，其矿带和矿体严格受印支期花岗斑岩外接触带控制，成群成带环绕花岗斑岩展布，镍矿体赋存部位与镁质超基性岩体的岩相、产状几乎无关；矿体呈似层状、大透镜状赋存于花岗斑岩外接触带弧形断裂构造带中，产状随花岗斑岩接触带产状同步变化，表现出花岗质岩浆控矿特征，矿石显示热液改造成因的典型结构、构造特点。成矿主要受晋宁期超基性岩和印支期中酸性侵入岩浆活动的两期动热作用因素控制。晋宁期超基性岩浆熔离形成了初始硫化镍矿化和镍矿源岩体，印支期造山运动伴随的中酸性侵入岩浆活动导致超基性岩遭受了岩浆热液改造，原岩可能为纯橄榄岩、斜方辉橄榄岩、辉石岩，已彻底蚀变变质为蛇纹岩、滑镁岩、菱镁岩等岩石，在此过程中，成矿元素活化、迁移，在花岗斑岩外接触带富集形成矿床，矿体最终就位主要受印支期侵入体接触带控制。成矿流体具有岩浆热液流体特征，成矿以印支期改造为主，成矿类型归为与晋宁期超基性岩有关的岩浆熔离–热液改造型镍矿或蛇绿岩型镍矿，具有晋宁期初始富集、印支期改造成矿的"两期/二元成矿控矿"特征。该成矿超基性岩体属于蛇纹岩套的变质橄榄岩单元，其蛇绿岩代表了扬子板块西北缘的新元古代古洋盆。

五、矿床成因与成矿模式

1. 成矿时代

代军治等（2016）测得煎茶岭镍矿区侵入超基性岩内的花岗斑岩 LA-ICP-MS 锆石 U-Pb 同位素年龄为 859 ± 26 Ma，穿切镍矿体的钠长斑岩脉 LA-ICP-MS 锆石 U-Pb 同位素年龄为 844 ± 26 Ma；王瑞廷等（2003b）测得其蛇纹岩型镍矿石的 Re-Os 同位素等时线年龄为 878 ± 27 Ma；二者比较相近，表明煎茶岭镍矿床形成于新元古代。

最新测年数据显示，煎茶岭镍矿和金矿并非同时形成，煎茶岭镍矿床形成于新元古代中期，煎茶岭镍矿的形成是全球 Rodinia 超大陆事件在扬子板块北缘的重要响应；而煎茶岭金矿主要形成于印支期（Yue et al., 2017）。

2. 成矿物质来源

地球化学分析表明，超基性岩中的金含量为 $4.8\times10^{-9}\sim21.8\times10^{-9}$，镍含量为 $1335\times10^{-6}\sim2854\times10^{-6}$，铬含量为 $1464\times10^{-6}\sim1942\times10^{-6}$，超基性岩是金和镍的主要物质来源。镍矿石与中酸性侵入岩稀土元素球粒陨石标准化配分模式相似，与白云岩不同。硫同位素分析表明，镍矿石 $\delta^{34}S$ 值为 6.1‰～12.9‰，平均 9.34‰，金矿床矿石中黄铁矿 $\delta^{34}S$ 值变化较大，在 6.39‰～29.1‰间，平均为 16.7‰（图 4.93）。从镍矿石→酸性岩→蚀变超基性岩→沉积岩→金矿石，重硫逐步浓集，反映成矿流体在区域上从南向北，从酸性岩→蚀变超基性岩→硅化白云岩流动、运移。镍矿石 $\delta^{34}S$ 值明显接近花岗斑岩（平均9.47‰），而与岩浆铜镍硫化物矿床的硫同位素值（0~3‰）（张理刚，1983）相差较大。硫同位素特征表明，金、镍矿床成矿热液中硫源不同，金矿床中硫有沉积岩硫的混入，镍矿床中硫主要为花岗质岩浆热液硫源。

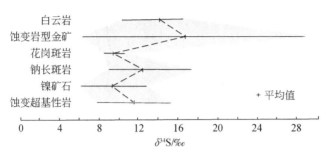

图4.93 煎茶岭金、镍矿床硫同位素分布图（据张复新和汪军谊，1999修改）

综上可知，镍矿床成矿物质主要来自超基性岩和中酸性侵入岩，与白云岩无关；氢氧同位素分析表明，引起超基性岩蚀变的热液主要是岩浆热液。

3. 矿床成因

（1）煎茶岭大型含钴硫化镍矿床的形成与镁质超基性岩体、花岗斑岩及钠长岩脉密切相关，岩浆结晶分异、同化混染和硫化萃取对成矿的意义重大，岩浆熔离作用不发育。

（2）煎茶岭镍矿床 PGE 含量较低、贫铜，不同于典型岩浆型铜镍硫化物矿床。

（3）煎茶岭大型含钴硫化镍矿床成因类型属晚期岩浆熔离-热液改造型。

（4）该矿床工业类型属含钴硫化镍矿床。

4. 成矿模式

晋宁早期，富含镍、金、钴的超基性岩浆侵位于地壳浅部，定位于北西西向区域性断裂中，由于岩浆上侵过程中，压力减小，温度降低，加之 pH、Eh 值的变化，岩浆就地发生结晶分异，通过同化混染、熔离、冷凝、固结，形成贫镍矿体。

此后，花岗斑岩和钠长斑岩等中酸性岩体或脉岩侵入，岩体内气、水液及含硫挥发分不断增加，导致岩石内平衡被打破，与先期形成的硅酸盐岩矿物发生反应，超基性岩体产生自变质作用、他变质作用。镁质超基性岩发生大规模蛇纹石化、滑镁岩化、菱镁岩化，并彻底蚀变为纤胶蛇纹岩、叶蛇纹岩、滑镁岩、菱镁岩等，从而使镁质超基性岩中分散的 Ni、Fe 和 Au 元素活化、迁移、聚集、成矿（图4.94）。

煎茶岭花岗斑岩的侵入所带来的热流体使超基性岩广泛蚀变，超基性岩发生蚀变，产生蛇纹石、水镁石、镍矿石和磁铁矿，无花岗斑岩交代则无镍矿床形成。因此，在勉略宁矿集区寻找与超基性岩有关的镍矿，除了重点关注受后期中酸性岩浆交代的超基性岩外，还要继续深入探索有利于成矿的铁质基性、超基性岩。

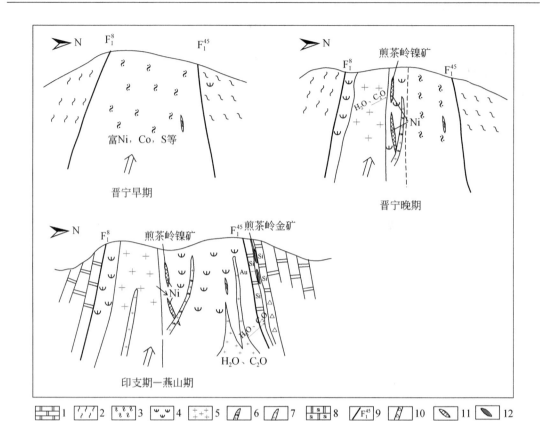

图 4.94　煎茶岭镍矿床成矿模式示意图

1. 白云岩；2. 基底火山岩；3. 超基性岩体；4. 蚀变超基性岩；5. 花岗斑岩；6. 钠长斑岩脉；7. 花岗岩脉；
8. 蚀变白云岩；9. 断层及编号；10. 断层破碎带；11. 镍矿体；12. 金矿体

六、找矿标志及找矿模型

1. 找矿标志

（1）地质标志

煎茶岭超基性岩是地体拼合带内超基性岩带的一部分，沿地体拼合带展布的多个超基性岩体是镍、铁及石棉的重要含矿岩带，带内已彻底发生蛇纹石化、滑镁岩化、菱镁岩化的超镁铁质岩石或弱蚀变超铁镁质岩石是主要的赋矿岩石。故煎茶岭超基性岩体及其南部花岗斑岩外接触带弧形断裂蚀变带是直接找矿标志。

煎茶岭花岗斑岩所产生的热液对先期的镍矿化重新改造与就位并且富集成矿，所有矿体均环绕花岗斑岩出露，且接触带北缘主矿体的产状均跟随斑岩产状变化而变化。因此，区域上受中酸性岩浆交代的超镁铁质岩石接触部位是有利的找矿地段。

（2）化探异常标志

1 : 5 万水系沉积物异常显示 Au-As-Cu-Ni-Co-As 元素组合异常。

（3）物探异常标志

正、负磁异常梯度带或南正北负的正、负磁异常伴生部位或附近。

2. 找矿模型

煎茶岭镍矿床"三位一体"找矿预测地质综合模型见表4.90。

表4.90　煎茶岭镍矿床"三位一体"找矿预测地质综合模型

找矿模型要素	主要标志		煎茶岭镍矿床
成矿地质背景	大地构造背景		扬子板块和秦岭微板块拼接缝合带或秦岭造山带
	成矿时代		新元古代中期
成矿地质体	围岩		太古宇鱼洞子岩群片麻岩、变粒岩或震旦系白云岩
	岩体形态		超基性岩体，由一个主岩体和南北两个分支构成，平面上呈中部膨大，北西、南西分岔，向东收缩的形态，剖面上呈向南陡倾的岩墙
	形成时代		晋宁期
	岩石类型		超基性岩，现完全蚀变为蛇纹岩、滑镁岩、菱镁岩
	岩石化学		高镁，高镍，贫硫，低钾、钠的特征，属镁质超基性岩
	同位素地球化学		超基性岩–蛇纹岩（^{87}Sr/^{86}Sr）$_i$变化范围为0.702761～0.737584；纤胶蛇纹岩的（^{143}Nd/^{144}Nd）$_i$在0.510182～0.511095，$\varepsilon_{Nd}(t)$ = 9.1～32.6，Sm/Nd = 0.2355～05831，变化范围较大
	矿体空间位置		花岗斑岩外接触带
成矿构造和成矿结构面	成矿构造系统		岩浆–侵入构造系统
	成矿结构面类型		花岗斑岩外接触带
	矿体就位样式		透镜状、似层状
成矿作用特征标志	围岩蚀变	蚀变类型	硅化、碳酸盐化、蛇纹石化、滑石化、透闪石化、铬云母化、磁黄铁矿化、绿泥石化
		蚀变分带	碳酸盐化、滑石化、叶蛇纹石化、透闪石化→硅化、碳酸盐化
	成矿分带及典型矿物组合	矿石结构、构造	矿石结构以交代结构、网脉状结构、半自形–他形结构为主；矿石构造以团块浸染状、似条带状、斑杂状、致密块状构造为主
		矿化分带	磁黄铁矿化、镍黄铁矿化→黄铁矿、针镍矿、辉镍矿
		典型矿物组合	磁黄铁矿+镍黄铁矿+紫硫镍铁矿组合；黄铁矿+针镍矿+辉镍矿组合
		矿化阶段	①早期岩浆熔离阶段，矿物组合为磁黄铁矿、镍黄铁矿、紫硫镍铁矿；②后期热液改造阶段，矿物组合为黄铁矿+针镍矿+辉镍矿
	成矿流体性质及流体包裹体特征	成矿流体性质	岩浆水和地表水混合的热液
		包裹体特征	镍矿石黄铁矿包裹体内富CO_2
		流体物理参数	磁黄铁矿、镍黄铁矿形成温度425～700℃；氧逸度比较低

续表

找矿模型要素	主要标志		煎茶岭镍矿床
成矿作用特征标志	成矿流体性质及流体包裹体特征	稳定同位素特征	镍矿石黄铁矿的 $\delta D = -96.7‰ \sim -44.0‰$，$\delta^{18} O = -0.75‰ \sim 9.60‰$；$\delta^{34} S = 6.10‰ \sim 12.9‰$；镍矿石磁黄铁矿 $\delta^{34} S = 7.80‰ \sim 10.56‰$
	金属的迁移及沉淀机制	金属迁移	Ni^{2+}
		金属沉淀	早期熔融、结晶分异、同化混染，硫化萃取成镍；后期热液交代改造
物化遥异常	物探异常	磁异常	具有正、负磁异常梯度带或相互伴生特征
	化探异常	1:5 万水系沉积物异常	显示 Au-As-Cu-Ni-Co-As 元素组合异常

第十六节　黎家营锰矿床地质特征、成矿模式及找矿模型

黎家营锰矿位于陕西省汉中市宁强县东皇沟何家营村。20 世纪 70～80 年代，西北冶金地质勘探公司七一一总队（西北有色地质勘查局七一一总队前身）发现并成功勘查了黎家营锰矿，提交（B+C+D）锰矿石量 419.94 万 t，矿床规模达中型。1982 年 6 月开始建设矿山，1990 年 6 月投产，设计产能为 10 万 t/a，设计服务年限 28 年。2005 年生产锰矿石 4.5 万 t。2006～2007 年间，通过全国危机矿山项目开展矿区深部及外围探矿增储工作，新增（333+332）资源量锰矿石量 304.67 万 t，锰平均品位 22.14%，其中 332 矿石量 234.13 万 t，锰平均品位 22.08%；333 矿石量 70.54 万 t，锰平均品位 22.35%；此外估算了低品位锰矿石量 18.33 万 t，锰平均品位 17.77%。该矿床累计查明锰资源/储量 792.682 万 t（据陕西省国土资源厅，2013❶）。

一、矿区地质背景

黎家营锰矿床位于扬子板块西北缘摩天岭隆起东段勉略宁矿集区西南部。

1. 地层

矿区出露地层分为上、下两套。下部为新元古界碧口岩群郭家沟组（Pt_3g），为一套海相中基性细碧–角斑岩系；上部为震旦系陡山沱组和灯影组，为一套火山碎屑沉积–正常海相碎屑–碳酸盐岩沉积，上震旦统陡山沱组（Z_2d）为一套含火山碎屑–沉积岩系，是含锰层，其上的上震旦统灯影组（Z_2dy）为一套正常海相沉积碳酸盐岩夹碎屑岩。震旦系角度不整合于碧口岩群之上（图 4.95）。

---

❶　陕西省国土资源厅. 2013. 陕西省矿产资源储量简表.

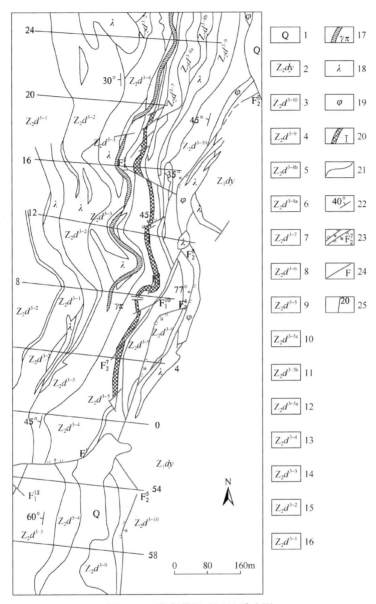

图4.95 黎家营锰矿区地质略图

1. 第四系冲积、坡积物、沙砾、黏土；2. 上震旦统灯影组薄层、中厚层白云质灰岩，下部夹燧石条带灰岩及板岩；3. 上震旦统陡山沱组黎家营段第十岩性层灰色板岩及千枚岩；4. 上震旦统陡山沱组黎家营段第九岩性层，厚层硅质白云岩夹少量绢云母千枚岩、碳质板岩；5. 上震旦统陡山沱组黎家营段第八岩性层 a 薄层白云岩夹绿泥钙质千枚岩；6. 上震旦统陡山沱组黎家营段第八岩性层 b 钙质千枚岩夹薄层白云岩；7. 上震旦统陡山沱组黎家营段第七岩性层绿泥片岩、斜长绿泥片岩；8. 上震旦统陡山沱组黎家营段第六岩性层绢云母千枚岩或绿色绢云母板岩；9. 上震旦统陡山沱组黎家营段第五岩性层含矿层，钙质板岩，有时为含锰硅质灰岩；10. 上震旦统陡山沱组黎家营段第五岩性层 c 紫色含锰硅质灰岩夹褐锰矿扁豆体；11. 上震旦统陡山沱组黎家营段第五岩性层 b 锰矿层；12. 上震旦统陡山沱组黎家营段第五岩性层 a 钙质绢云母板岩夹含锰硅质灰岩及褐锰矿扁豆体；13. 上震旦统陡山沱组黎家营段第四岩性层钠长绢云母绿泥片岩；14. 上震旦统陡山沱组黎家营段第三岩性层钙质板岩夹绿泥绢云母钙质板岩；15. 上震旦统陡山沱组黎家营段第二岩性层紫色板岩、绢云母绿泥板岩；16. 上震旦统陡山沱组黎家营段第一岩性层斜长绿泥片岩、绢云母绿泥片岩底部夹砂砾岩；17. 花岗斑岩；18. 辉绿岩；19. 蛇纹岩；20. 锰矿体及编号；21. 地质界线；22. 岩层产状；23. 正断层、逆断层及编号；24. 性质不明断层；25. 勘探线及编号依据陡山沱组黎家营段岩性特征自上而下可划分十个岩性层，其特征如下：

Z_2d^{3-10}为灰色板岩及千枚岩，矿床北相变为钙质板岩夹少量碳质板岩，厚 15～25m。

Z_2d^{3-9}为厚层硅质白云岩，南部夹碳质白云岩扁豆体，矿床以北夹绢云千枚岩扁豆体及细砂岩条带，厚 30～40m。

Z_2d^{3-8}为碳酸盐质千枚岩夹薄层白云岩、绿泥钙质板岩，厚 52～70m。

Z_2d^{3-7}为绿泥板岩、斜长绿泥片岩，厚 20m。

Z_2d^{3-6}为绢云千枚岩，向南变薄，向北变厚，并相变为钙质板岩，厚 1～40m。

Z_2d^{3-5}为主含矿层。

Z_2d^{3-5c}为薄而稳定的含锰硅质灰岩，厚 2～26m，可分上、中、下三部分。下部为薄层、中厚层含锰硅质灰岩，厚 1～4m。此部分含锰硅质灰岩，单层厚一般为 5～10cm，沉积纹理较清楚，之中夹锰矿扁豆体，一般规模较小，较大者如Ⅴ、Ⅵ、Ⅸ号矿体。中部为紫色中厚层含锰硅质灰岩（有时夹 10～20cm 厚锰矿透镜体），厚 2～4m。上部为紫灰色或肉红色条纹状含锰硅质灰岩，沉积纹理大多清晰，含结核状、透镜状锰矿或黑色锰矿条带，由上而下逐渐减少，含锰量也随之降低，与上覆锰矿层为渐变过渡，平均厚 4m。

Z_2d^{3-5b}为褐锰矿层，厚 0.51～11.78m。

Z_2d^{3-5a}为钙质绢云母板岩夹含锰硅质灰岩扁豆体，与 Z_2d^{3-5b} 间为 0.2～1m 厚的、薄而稳定的含锰硅质灰岩，其中夹含锰硅质灰岩透镜体，大者形成矿体，尚见夹小透镜状含锰赤铁矿条带，厚 5～14m。

Z_2d^{3-4}主体为钠长绢云绿泥片岩，下部"夹"紫色板岩、钙质板岩、含锰硅质灰岩、锰矿、含锰赤铁矿等的扁豆体（可能系构造作用混杂进入），上部"夹"含锰硅质灰岩及锰矿扁豆体，厚 78m。

Z_2d^{3-3}为钙质板岩、绿泥绢云母钙质板岩，含铁锰质、钙质绢云母板岩夹层，厚 70～120m。

Z_2d^{3-2}为紫色板岩夹绢云母绿泥板岩，厚 100m。

Z_2d^{3-1}为斜长片岩或斜长绿泥绢云片岩，下部夹火山角砾岩，底部为厚 1～3m 的砂砾岩，地层总厚 70～96m。

主矿层之上为灰褐色-灰绿色的钙质绢云母板岩，与下伏锰矿层整合接触，界线清晰；之下为紫色、紫灰色、肉红色，薄-中厚层状含锰硅质灰岩，其中含锰可达 2.5%。

综上所述，矿区含锰岩系为以火山物质成分为主体的火山沉积层，锰矿体是产在火山喷发间歇期的海底喷发与浊流沉积阶段，由大量的火山碎屑物质与浅海泥砂质、钙质浊积物堆积而成。岩石中含有丰富的硅质、铁质、锰质、钙质等成分，表明与火山海解作用关系密切。

2. 构造

矿床分布主要受区域构造控制，矿区即位于庙坝-罗家山-盘龙山背斜的倒转翼。该背斜在茅坪上一带突然由北东转折为南北向，故矿区地层走向变成南北向向东倒转的单斜层，含矿层总体也呈向西倾斜的单斜层状。地层西倾，产状 240°～280°∠30°～65°；矿床北段（15 线以北）地层倾角较陡，一般为 40°～65°；南段地层倾角较缓，一般为 30°～45°。

断裂构造主要分布于矿区东部，按断裂走向与地层走向的关系分为走向断裂和斜交断裂两组。走向断裂组共有 11 条断裂，其生成时间较早，是在剪切或压扭性应力作用下生成的。斜交断裂组走向近于东西或北西西，倾角较陡，系横切矿体或地层的扭性断裂。

该矿床所有矿体产状与地层产状完全一致，呈层状、似层状。走向 160°～190°，倾向西，各部位倾角不同，大致分两段：断层 F_{13} 以南地表倾角 20°～35°，浅部 40°～48°；断层 F_{13} 以北，倾角较陡，一般 45°～55°。总体来说是地表倾角较缓，地下中等深度较陡。

3. 侵入岩

矿区内侵入岩仅见超基性岩、辉绿岩和钠长斑岩，均呈岩墙或岩脉产出。超基性岩属加里东期侵入岩，岩石均已蛇纹石化，现大部分为胶蛇纹岩，小部分为角砾蛇纹岩、滑石片岩。辉绿岩在矿区内出露面积最大、分布最广，切穿了所有地层和超基性岩，多沿层间构造和张性断裂侵入。钠长斑岩分布于 6 线以北，呈窄脉状产出，切穿了辉绿岩，形成时代应为印支期。

二、矿床地质特征

1. 矿体特征

宁强黎家营锰矿床内共圈出大小矿体 10 个，其中 I 号矿体最大，VI、IX 号矿体居次，II、III、IV、V、X 号矿体规模均小，除 V 号矿体位于主矿体下盘外，其余都是主矿体上盘的平行矿体，主要矿体见图 4.96。宁强黎家营锰矿 I 号矿体为主矿体，原提交表内储量 410.06 万 t，占全矿床表内总储量的 93.97%，Mn 品位 22.96%；表外储量 55.94 万 t，占全矿表外总储量的 68.93%，Mn 品位 18.07%。

I 号矿体呈稳定的层状，长 887m，矿体露头最高标高 1125m（北端），最低标高 898m（南端）。矿体产状与地层完全一致，走向 160°～190°，倾向北西西，倾角各部位不尽相同，总体地表较缓，地下中等深度较陡。矿体厚度最厚 11.7m，最薄 0.5m，平均厚度 2.81m。锰品位最高 44.14%，最低 15.01%，平均 22.23%。锰矿体上盘围岩为一层稳定的紫色含锰硅质灰岩；下盘为不稳定的含锰硅质灰岩薄层，厚度小，当其变薄尖灭时，矿体直接与紫色或蓝灰色钙质板岩接触。

VI 号矿体呈稳定的层状，长 470.5m，矿体露头最高标高 969m，最低标高 555m。矿体产状与地层完全一致，走向 160°～190°，倾向北西西，基本同 I 号矿体。矿体厚度最厚 1.34m，最薄 0.53m，平均厚度 0.79m。锰品位最高 28.08%，最低 15.67%，平均 19.57%。

IX 号矿体为深部盲矿体，呈稳定的层状展布，长 191m，矿体露头最高标高 747m，最低标高 500m。矿体产状与地层完全一致，其走向、倾向基本同 I 号矿体。矿体厚度最厚 5.79m，最薄 1.31m，平均厚度 3.04m。锰品位最高 29.20%，最低 16.99%，平均 22.42%。

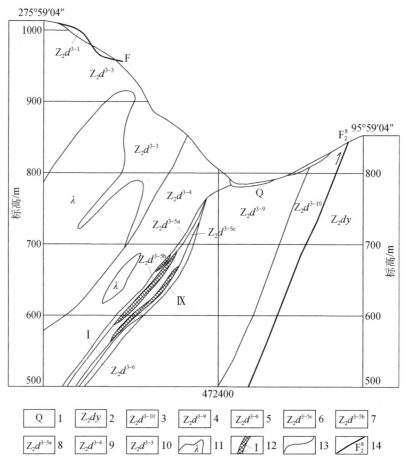

图 4.96　黎家营锰矿床南 4 勘探线剖面地质图

1. 第四系坡积物；2. 上震旦统灯影组白云质灰岩下部夹燧石条带灰岩；3. 上震旦统陡山沱组黎家营段第十岩性层灰色板岩及千枚岩；4. 上震旦统陡山沱组黎家营段第九岩性层，厚层硅质白云岩夹绢云母千枚岩、碳质板岩；5. 上震旦统陡山沱组黎家营段第六岩性层绢云母千枚岩或紫色绢云母板岩；6. 上震旦统陡山沱组黎家营段第五岩性层 c 紫色含锰硅质灰岩夹褐锰矿扁豆体；7. 上震旦统陡山沱组黎家营段第五岩性层 b 含锰层；8. 上震旦统陡山沱组黎家营段第五岩性层 a 钙质绢云母板岩夹含锰硅质灰岩及褐锰矿扁豆体；9. 上震旦统陡山沱组黎家营段第四岩性层钠长绢云母绿泥片岩；10. 上震旦统陡山沱组黎家营段第三岩性层绿泥绢云母钙质板岩；11. 辉绿岩；12. 锰矿体及编号；13. 地质界线；14. 断层及编号

2. 矿石特征

1）矿石物质成分

（1）矿物成分

矿石组成矿物有 19 种，其中金属矿物主要为褐锰矿（25.2%）、硬锰矿与软锰矿（7.1%）、菱锰矿（2.6%），尚见微量水锰矿。脉石矿物有石英、锰闪石、锰方解石、闪石类、帘石类、红帘石、钠-奥长石、重晶石、绿泥石、辉石类、石榴子石、赤铁矿、菱铁矿等。

褐锰矿（$Mn^{2+}Mn_6^{3+}SiO_{12}$）：褐黑色，他形–半自形，细粒状大小 0.003～0.3mm，一般

0.07~0.1mm，不均匀分布，呈条带状、透镜状及不规则状集合体。在块状氧化锰矿石中含量高达30%~68%；条带状氧化锰矿石中含量高达15%~30%。在氧化锰–碳酸锰矿石中，褐锰矿与碳酸锰矿物为渐变关系。

硬锰矿（$BaMn^{2+}Mn_9^{4+}O_{20} \cdot 3H_2O$）：呈黑色，土状、细小叶片状，为不规则的集合体，粒径大小0.02~0.1mm，常与褐锰矿、方解石、石英聚集共生，产于裂隙中或褐锰矿边缘晶隙中，分布不均匀，含量5%~8%。

软锰矿（MnO_2）：黑色，他形粒状，多分布于锰矿石的裂隙中，粒度0.001mm，于矿体浅部或地表多见。

菱锰矿（$MnCO_3$）：灰色，呈细小粒状集合体，粒径变化于0.01~0.1mm之间，多呈脉状分布于块状矿石的细小裂隙中，与方解石、褐锰矿、硬锰矿伴生，分布不均匀，含量较低，以碳酸锰矿细脉灌入于矿床中部和北部的氧化锰矿石中。

按各锰矿物的结晶颗粒和集合体大小不同，小于0.02mm的完全是锰矿物的单晶体；0.02~0.2mm的有矿物单晶体，也有矿物集合体；大于1mm的均为矿物集合体。整体上，组成锰矿石的有用矿物粒度比较细。

褐锰矿矿石中MnO平均含量为24.93%，Na_2O/K_2O平均为2.97，$\omega(P)/\omega(Mn)$=0.009，大于0.006，属高磷矿石；菱锰矿矿石MnO含量为5.53%，$\omega(P)/\omega(Mn)$=0.007，大于0.006，亦属高磷矿石（表4.91）。

表4.91　黎家营锰矿石化学全分析结果　　　　　　　　（单位:%）

成分	褐锰矿矿石1	褐锰矿矿石2	褐锰矿矿石3	菱锰矿矿石	碳酸盐锰矿石	碳酸锰矿石
MnO	19.77	25.31	29.72	5.53	37.94	25.96
P_2O_5	0.256	0.113	0.779	0.069	0.014	0.101
SiO_2	40.00	22.6	19.19	45.94	17.44	15.57
TiO_2	0.44	0.09	0.14	0.163	0.00	0.088
Al_2O_3	1.22	0.31	1.73	2.14	1.02	1.78
Fe_2O_3	4.89	2.00	3.68	1.87	1.19	1.90
FeO	0.94	0.145	0.145	0.92	0.08	0.33
CaO	11.38	22.15	18.37	17.82	15.10	20.25
MgO	0.45	0.41	1.36	3.66	2.44	2.44
S	0.05	0.03	0.092	0.033	0.009	0.006
K_2O	0.36	0.65	0.85			
Na_2O	2.07	1.15	1.18			

注：据西北冶金地质勘探公司七一一总队，1982[1]。

---

[1] 西北冶金地质勘探公司七一一总队 . 1982. 陕西省宁强县黎家营锰矿床地质勘探报告 . 1-219.

（2）化学成分

该矿床锰矿石经光谱半定量全分析，其中 Cu 含量一般为 0.001% ~ 0.008%，个别达 0.02%；Ti 含量一般为 0.15% ~ 0.3%，少数达 0.4% ~ 0.5%；Pb 含量一般为 0.001%，个别达 0.003%；Zn 含量一般为 0.002% ~ 0.008%，少数达 0.01%；Ca 含量一般为 0.001% ~ 0.005%；V 含量一般为 0.001% ~ 0.005%，少数达 0.01% ~ 0.2%；B 含量一般为 0.002% ~ 0.003%，少数达 0.01%；Cr 含量一般为 0.001% ~ 0.005%，个别达 0.04%；Ni 含量一般为 0.001% ~ 0.005%，少数达 0.01%；Ag 含量小于 0.0001%；Cd、Ge、Sb、Mo、In 含量都小于 0.002%；Sr、W 含量小于 0.02%；Bi、Zr、Be 含量分别小于 0.01%、0.02%、0.0003%。

由矿石的化学成分含量（表 4.92）可知：

矿石中的锰铁比值 ω（Mn）/ω（Fe）为 8 ~ 12，平均值为 11.98。ω（CaO+MgO）与 ω（SiO_2+Al_2O_3）的平均值为 0.79。

Na_2O+K_2O>Al_2O_3；矿石中钠、钙含量相对较高，铝、钾含量相对较低。

锰矿石中的 Mn、SiO_2、P 的赋存状态及变化规律如下：

锰主要赋存于褐锰矿中，如 I 号锰矿体 720 ~ 744m 标高以下至 380m 范围内，褐锰矿中锰分布率为 83.48% ~ 93.88%，平均 90.34%（吕志成等，2014）；而在软锰矿、菱锰矿和碳酸盐中较少。该锰矿床 77 个探矿工程锰的平均品位为 14.30%，表明氧化锰矿石的含锰量是均匀的。I 号锰矿体的锰品位，在走向上，除 2 ~ 4 线间有跳跃外，其他基本稳定在 20% ~ 25% 之间；在倾向上 800 ~ 900m 水平间最富，往深处有变贫的趋势，800m 以上锰品位多在 20% 以上；600 ~ 700m 水平间，总体小于 20%。沿矿体厚度方向变化为矿体底部和中部品位较高，上部略低。矿石中主要及伴生的有益、有害组分含量特征，以 I 号锰矿体为例见表 4.92。

表 4.92 黎家营锰矿床 I 号锰矿体有益、有害组分含量　　　　　（单位:%）

组分	含量波动范围	一般含量	平均含量
Mn	15.01 ~ 44.14	19 ~ 27	22.28
TFe	0.40 ~ 13.96	1 ~ 3	1.86
SiO_2	11.56 ~ 44.21	19 ~ 24	23.92
P	0.003 ~ 0.310	0.03 ~ 0.06	0.0665
CaO	7.11 ~ 29.51	15 ~ 20	17.95
MgO	0.43 ~ 18.19	1.3	2.27
Al_2O_3	0.20 ~ 4.82	1 ~ 2.5	1.79
S	0.004 ~ 0.590	0.008 ~ 0.040	0.046

注：据西北冶金地质勘探公司七一一总队，1982[1]。

二氧化硅主要赋存于含锰硅质灰岩和石英方解石细脉之中，在走向和倾向上变化不大。它和矿石中 Mn 含量呈反消长关系。

[1] 西北冶金地质勘探公司七一一总队.1982.陕西省宁强县黎家营锰矿床地质勘探报告.1-219.

矿床中锰矿石含磷较低，分布均匀。矿石中磷与二氧化硅呈微弱的正消长关系。磷与锰的关系不十分明显。磷沿矿体走向、倾向均无明显变化规律。

2）矿石组构

矿石结构以半自形–他形细粒状变晶结构为主，次为碎裂结构、熔蚀结构、叶片状结构、交代残余结构、填隙结构等。

矿石构造以条带状构造最普遍，次为块状构造、浸染状构造、斑杂状构造、角砾状构造、皱纹构造；其他有粉末状构造、脉状构造以及结核状或斑点状构造等。斑杂状构造主要分布于矿体顶部，条带状构造和块状构造主要位于矿体深部。

3）矿石类型

矿石自然类型主要分为三种，以褐锰矿矿石为主，硬锰矿–软锰矿–褐锰矿矿石和氧化锰–碳酸锰（碳酸盐）矿石数量较少。按矿石中共生的脉石矿物种类不同分为钙质锰矿石，锰硅酸盐质锰矿石和钙硅质锰矿石。

矿石工业类型为低磷低铁原生氧化锰型。

三、控矿因素和成矿规律

1. 控矿因素

1）沉积相和沉积环境

根据近年来区域地质调查资料的研究，发现锰矿成矿有利环境应为与海岸线保持一定距离的浅滩相带、海沟–海沟边缘斜坡、滩前相带、拉张裂陷盆地，并且低磷型优质锰矿均产于浅滩相或海沟–海沟边缘斜坡，而高磷型锰矿均产于滩前相带或拉张裂陷盆地。黎家营锰矿含锰岩系为紫色含锰硅质灰岩，锰沉积环境为海沟–海沟边缘斜坡，沉积环境相对稳定，则形成优质锰矿。

2）含锰地层

黎家营锰矿锰矿体严格受紫色含锰硅质灰岩的控制。含锰灰岩厚度大，则矿体厚大；含锰灰岩变薄，则矿体变薄；含锰灰岩尖灭，则矿体消失。含锰地层控制着产出锰矿石的质量。含锰磷质岩系的局部地段锰、磷分离彻底，可以形成低磷、低铁优质锰矿。

3）断裂构造

走向同沉积断层控制黎家营锰矿含锰层位的分布；横断层造成矿体的错断、缺失或重复。

2. 成矿规律

研究认为，该矿床是晚震旦世形成的沉积变质型锰矿，具体层位为上震旦统陡山沱组黎家营段上部第二火山喷发–沉积韵律层（即区域上的中含锰矿层），赋矿岩石为硅质灰岩，矿体就是硅质灰岩中锰矿物富集的地段，具有沉积层状矿床的典型特点。从矿区含锰岩系（中含锰层）剖面研究看出，成矿作用可分为两个主要阶段，第一阶段是成矿作用的初期，在含锰岩系下部（Z_2d^{3-3}、Z_2d^{3-4}）形成了规模小的矿体；第二阶段是成矿作用的主体，在含锰岩系上部（Z_2d^{3-5}）形成了规模大的工业矿体。

四、矿床成因与成矿模式

1. 成矿期次及阶段

根据成矿地质特征及矿石结构构造，黎家营锰矿床的成矿作用可分为原生成矿期与表生成矿期两期，其中原生成矿期又可分为沉积成矿、成岩成矿、变质成矿三个成矿阶段。其各成矿期次、阶段中的矿物生成顺序如下。

沉积成矿阶段：生成水锰矿（$MnO \cdot OH$）、菱锰矿；

成岩成矿阶段：形成硬锰矿；

变质成矿阶段：生成褐锰矿、蔷薇辉石 $\{Ca\,(Mn,\,Fe)_4\,[Si_5O_{15}]\}$、锰闪石；

表生成矿期：生成硬锰矿、软锰矿。

2. 成矿时代

锰矿层与地层完全整合，故将该矿床的成矿时代确定在新元古代晚期。

3. 矿床成因

1）成矿物质来源

海相沉积成矿是黎家营锰矿主成矿阶段。其成矿物质主要来源于摩天岭古陆上的火山岩，不排除部分来自海底热水沉积作用。

锰和磷在各种地球自然体中的分布是不均匀的，统计资料（黎彤和倪守斌，1990）表明，锰在地核中的丰度最小，其次是地壳，而在地幔中最高。但大陆地壳比大洋地壳的锰丰度要大（Taylor and McLennan，1985）。磷的丰度在地核中最高，在地幔及大洋地壳中较低。再从 P/Mn 值看，地核的最高，大陆地壳的较高，地幔的最低。由此可见，物源来自地幔物质，容易形成低磷锰矿，而物源来自大陆地壳，则容易形成高磷锰矿。

在锰矿石及其围岩中，都含有火山物质–火山碎屑、晶屑及角砾；在含锰岩系之下的火山岩（钠长绢云母绿泥片岩）中，含锰量为 0.19%～1.95%，而且该层中常含锰矿扁豆体和含锰硅质灰岩条带，反映了本区基性火山岩含锰量高于锰在基性火山岩中的平均含量（0.15%）的数倍，是锰的高背景场地区。锰矿石中 Ti、Ba、Cr、V、Zr、Ga、Ni、Sn、Be 等稀散元素含量超过其克拉克值，均来自地幔。其锰矿石化学组分中 $Na_2O+K_2O>Al_2O_3$、$Na_2O>K_2O$、$CaO>MgO$，这与锰矿层之下的基性火山岩中 $Na_2O>K_2O$、$CaO>MgO$、铝过饱和的化学组分特征具有一致性和成生联系。综上都说明本矿床的成矿物质来源于基底的火山岩系。

2）成矿机制

根据该锰矿床成矿期次、阶段划分及成矿时代等，结合成矿构造环境分析，对其成矿机制有以下认识。

沉积成矿阶段：摩天岭古陆结晶基底主要由中新元古界碧口岩群郭家沟岩组构成。郭家沟岩组是富含锰的幔源基性喷发岩，是沉积锰矿的主要物质来源之一。巩家河-东皇沟大陆斜坡恰处于摩天岭古陆东侧，在其物源位置有郭家沟岩组的大面积出露，陆源物质来源充足。锰主要呈胶体溶液迁移，在初入海时受到海水中硅质胶体的保护而不发生聚沉。仅当伴随海退到 pH 上升、Eh 值下降至合适的条件时，海水中的含锰胶体、硅质胶体才发生大规模的聚沉，形成原始含矿层。其中的锰主要以水锰矿和菱锰矿泥的形式赋存。

成岩成矿阶段：成岩作用使沉积物结晶（自形、半自形粒状结构），主要形成结晶的菱锰矿、水锰矿。

变质成矿阶段：绿泥石、绢云母等新生矿物以及矿石具有变质结构、构造（交代残余结构）特征均表明含矿建造遭受了低绿片岩相的低级区域动力热变质作用，形成褐锰矿；脉岩的贯入，导致局部锰矿发生贫化，形成蔷薇辉石。

表生成矿期：发生于变质改造成矿作用以后的近代构造作用、物理风化，导致近地表矿体受到破坏和产生裂隙、微裂隙，受到地表水的作用，形成硬锰矿、软锰矿等。

新元古代，郭家沟岩组（阳坝岩组）基性火山岩遭受剥蚀，其细碎屑与其中富含的锰质溶胶一起流入海水，当海水的 pH 开始升高、Eh 值开始下降时，海水中的碳酸盐及硅质溶胶开始聚沉。进一步海退，当海水的 pH≥8.5、Eh≤2 时，海水中的含锰溶胶发生大规模聚沉，形成黎家营式锰矿的原始矿层。之后发生了细碎屑的沉积。在加里东运动中，区域受到东西向拉张作用的影响，郭家沟岩组被拉断为碎片；印支运动期间，该区域又受到东西向的强烈挤压作用，郭家沟岩组发生褶皱、倒转。在这些构造运动过程中由于热力作用的驱动，水锰矿、菱锰矿相继转变为褐锰矿，与此同时，也生成了绢云母、绿泥石等新生变质矿物。成矿模式见图4.97。

由此认为，黎家营锰矿床属于外生沉积作用形成的火山沉积-变质型矿床。

五、找矿标志及找矿模型

1. 找矿标志

（1）锰矿层在地貌上处于高峻陡直的山峰与泥质岩石形成的缓坡之间；含锰层在地表呈紫色或紫红色。

（2）含锰硅质灰岩及锰矿露头是直接找矿标志，只有找到了规模较大的此类灰岩才有可能找到大的工业锰矿体。

（3）间接找矿标志是基性火山岩发育，火山岩中含有含锰硅质灰岩及锰矿扁豆体或含锰赤铁矿扁豆体的地段，出现火山岩之上碎屑岩相向碳酸盐岩相过渡，尤其是含锰岩相发育的部位，这些特征示矿意义明显。

2. 找矿模型

黎家营锰矿床"三位一体"找矿预测地质综合模型见表4.93。

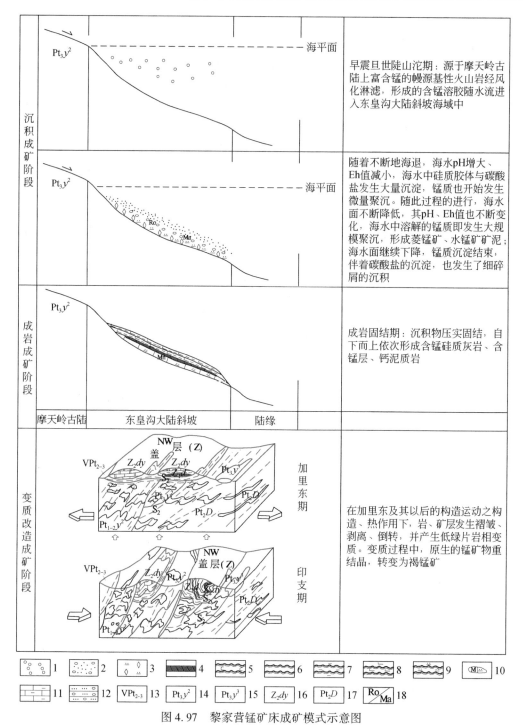

图 4.97　黎家营锰矿床成矿模式示意图

1. 锰矿质；2. 陆源碎屑；3. 硅质碳酸盐沉淀；4. 锰矿体；5. 含碳板岩；6. 紫色板岩；7. 泥质板岩；8. 钙质板岩；9. 硅质板岩；10. 含锰硅质灰岩透镜体；11. 泥质灰岩；12. 含砾砂岩；13. 新元古代蚀变辉长岩；14. 新元古界阳坝岩组中岩段；15. 新元古界阳坝岩组上岩段；16. 上震旦统灯影组；17. 中元古界大安岩群；18. 菱锰矿/水锰矿

表 4.93 黎家营锰矿床"三位一体"找矿预测地质综合模型

找矿模型要素	主要标志	黎家营锰矿床
成矿地质背景	大地构造背景	扬子板块西北缘摩天岭隆起东段勉略宁三角区南部
	成矿时代	新元古代晚期
成矿地质体	含矿层位及岩性	震旦系陡山沱组紫色含锰硅质灰岩
	含锰建造形态、产状、规模	含锰建造多呈层状、似层状，与地层整合产出，一般宽数米至数百米不等，长数百米至数千米不等，延深可大于1000m
	成矿期次	沉积后经历了复杂强烈的多期次变质、变形改造和地表风化；可分为原生和表生成矿两期，原生成矿期分为沉积、成岩、变质改造三个成矿阶段
	成岩时代	新元古代早震旦世，距今700Ma左右
	含锰建造类型	海相沉积建造
	岩石学特征	主要由水锰矿、菱锰矿和方解石组成，次要是硅质
	岩石地球化学	以MnO、CaO为主，SiO_2次之
	组构特征	条带状构造、块状构造发育，隐晶-微晶质结构及粒屑状结构
	成岩物理化学条件	沉积条件为半封闭弱碱性氧化-还原环境；变质变形条件为较高的温度和压力条件
	成岩深度	沉积水深在几米至数十米的高潮面到低潮面之间的动水环境；变质变形深度在埋深数百米之下
	成因特征	火山喷发形成的新生地壳为成矿提供物质来源，无机化学沉积作用、波浪与潮汐作用对锰矿形成关系比较密切
成矿构造和成矿结构面	成矿构造系统	变质变形构造系统
	成矿结构面类型	以向形构造控矿最明显，韧性变形带、断裂、背形构造次之
	成矿构造深部变化	出露地表和浅埋矿体控矿构造以向形为主，深埋藏隐伏矿体与背形关系密切
	矿体就位样式	在变质变形过程中，成矿物质以碎屑流的形式在褶皱轴部塑性流动，导致矿体变厚、变大、变富
成矿作用特征标志	矿体特征	矿体一般为似层状、透镜状，局部发育富矿
	矿体产出部位	矿体顺层产于含锰建造中，一般在褶皱轴部膨大，尤其是富矿多集中在褶皱轴部
	矿石类型	分为褐锰矿矿石、硬锰矿-软锰矿-褐锰矿矿石和氧化锰-碳酸锰矿石三类
	矿石组成	矿石矿物包括褐锰矿、硬锰矿、软锰矿、菱锰矿、微量水锰矿；脉石矿物主要为石英、锰闪石、锰方解石、钠长石、重晶石、绿泥石、蔷薇辉石、石榴子石、赤铁矿、菱铁矿等
	矿石结构、构造	半自形-他形粒状变晶结构为主，条带状构造、块状构造发育
	成矿期次及矿物组合	沉积阶段为硬锰矿-水锰矿-菱锰矿-方解石；变质变形改造阶段为褐锰矿-蔷薇辉石-锰闪石；表生成矿期为硬锰矿-软锰矿

续表

找矿模型要素	主要标志	黎家营锰矿床
成矿作用 特征标志	矿石分带特征	由地表向深部，呈氧化锰（硬锰矿、软锰矿）→氧化锰和碳酸锰（褐锰矿、硬锰矿、菱锰矿）→碳酸锰（菱锰矿、锰方解石）分带
	成矿物理化学条件	沉积成矿阶段：压力和温度不高的海底环境，沉积时为氧化环境向还原环境过渡地段，半还原环境，pH 为中偏碱性； 变质变形成矿阶段：地下深部较高温高压环境，较还原；表生成矿期，氧化环境
	成矿流体性质	沉积时成矿流体为海水流体；变质变形时以变质流体为主
	成矿物质来源	成矿物质主要来自海底火山喷发和古陆古岛新生火山岩表壳
	成矿深度	沉积时为浅海海底环境，变质变形时的深度最深可达数百至数千米

第十七节　银硐山铅锌多金属矿床地质特征、成矿模式及找矿模型

银硐山铅锌多金属矿床位于陕西省宁强县东皇沟乡银硐山地区，亦称东皇沟铅锌矿。20 世纪 80 年代，西北有色地质勘查局七一一总队开展了地质详查评价，提交了《陕西省宁强县东皇沟铅锌多金属矿床详查地质报告》，共圈出矿体 7 个，获得 C+D 级矿石量 99.23 万 t，其中锌金属量 54305.36t，平均品位 5.47%；铅金属量 7708.49t，平均品位 0.77%；铜金属量 2065.88t，平均品位 0.21%。

一、矿区地质背景

矿床位于勉（县）略（阳）宁（强）三角带构造的西南边缘，地处扬子板块西北缘摩天岭隆起东段勉略宁三角区中部元古宙基底地块拼接缝合带。依据《中国成矿区带划分方案》（徐志刚等，2008），矿床位于龙门山–大巴山（陆缘拗陷）Fe-Cu-Pb-Zn-Mn-V-P-S-重晶石铝土矿成矿带内。

1. 地层

矿区出露地层为新元古界碧口岩群郭家沟组（Pt_3g）基性–中酸性火山沉积岩系和震旦系陡山沱组（Z_2d）正常碎屑–碳酸盐岩沉积，见图 4.98。

碧口岩群郭家沟组发育两个火山喷发–沉积旋回，第一旋回为郭家沟组下段（Pt_3g_1），第二旋回为郭家沟组上段（Pt_3g_2）。岩层由老到新，由北向南，叙述如下。

（1）郭家沟组下段细碧岩层（$Pt_3g_1^1$）：出露在矿床的北侧，层厚 40~90m。组成岩石主要为细碧岩，呈灰绿色，块状，具气孔、杏仁构造和枕状构造，细碧结构，间隐结构或交织结构。主要矿物为钠长石（50%~70%），绿泥石（20%~25%），少量绿帘石、阳起石、方解石、单斜辉石、磁（赤）铁矿、黄铁矿和钛铁矿等。经岩石里特曼指数计算，原岩相当于安山玄武岩。

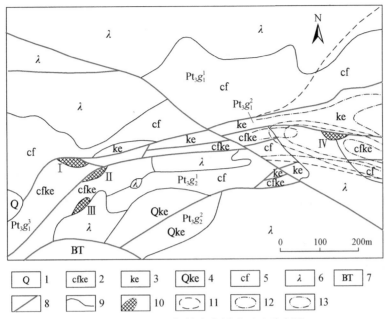

图4.98 银硐山铅锌多金属矿区地质略图

1. 第四系坡积物；2. 细碧角斑岩；3. 角斑岩；4. 石英角斑岩；5. 细碧岩；6. 辉绿岩；7. 破碎带；8. 断层；9. 地质界线；10. 矿体及编号；11. 铜原生晕（$50×10^{-6}$、$200×10^{-6}$）；12. 铅原生晕（$30×10^{-6}$、$100×10^{-6}$、$300×10^{-6}$）；13. 锌原生晕（$130×10^{-6}$、$500×10^{-6}$）

（2）郭家沟组下段角斑岩层（$Pt_3g_1^2$）：整合覆于细碧岩层之上，出露于10线以东，本层厚20~110m。组成岩石主要为角斑岩，紫褐色，致密块状、斑状结构、杏仁状构造、枕状构造。主要矿物有钠长石（55%~70%），次为绿泥石、绿帘石、少量石英、方解石、赤铁矿，偶见钾长石。该岩石富含 FeO+FeO，贫 CaO+MgO，属安山岩类。岩石化学组成及里特曼指数见表4.94。该层为赋矿层位。

表4.94 银硐山铅锌多金属矿区岩石主量元素含量

样号	Q1	Q2	Q13	Q25	Q26	Q28
岩石名称	角斑岩	凝灰岩	细碧岩	细碧质角斑岩	石英角斑岩	辉绿岩
SiO_2/%	60.69	69.60	54.06	55.34	71.58	51.19
Al_2O_3/%	13.97	12.64	15.19	11.83	11.73	11.58
Fe_2O_3/%	6.00	1.96	6.43	6.43	2.82	4.80
FeO/%	3.64	2.27	4.17	3.11	1.37	5.38
MgO/%	3.08	1.88	2.96	2.44	0.80	4.56
CaO/%	1.84	2.06	4.04	7.57	0.89	6.52
K_2O/%	0.108	3.13	0.241	0.205	0.964	0.337
Na_2O/%	4.41	1.86	5.39	4.72	3.77	2.83
TiO_2/%	1.188	0.438	1.188	0.938	0.25	1.00

样号	Q1	Q2	Q13	Q25	Q26	Q28
P_2O_5/%	0.144	0.069	0.259	0.241	0.08	0.126
MnO/%	0.075	0.06	0.085	0.085	0.100	0.200
Na_2O/K_2O	40.83	0.59	22.37	23.02	3.91	8.40
里特曼指数 (δ)	1.15	0.94	2.87	1.97	0.76	1.22

注：据西北有色地质勘查局七一一总队，1988[❶]。

（3）郭家沟组下段细碧质角斑岩层（$Pt_3g_1^3$）：出露在矿床的中部，为赋矿层。该岩层由于受断层影响，局部岩石蚀变为绢云母片岩或绢云母石英绿泥石片岩。组成岩石主要为细碧质角斑岩，其次夹有细碧岩，为灰绿色或褐紫色，斑状结构，块状构造或片状构造。主要矿物为钠长石、绿泥石、方解石、石英和绢云母等。据岩石中 Na_2O/K_2O 值，应属钠质系列岩石。该层为赋矿层位。

（4）郭家沟组上段细碧岩层（$Pt_3g_2^1$）：主要出露于 10 线以东，22 线以东由于辉绿岩侵入切割，出露不全，层厚 50～180m，本层与 $Pt_3g_1^3$ 整合接触。组成岩石主要为细碧岩，岩性基本同 $Pt_3g_1^1$。

（5）郭家沟组上段石英角斑岩层（$Pt_3g_2^2$）：主要分布在矿床南部，10～24 线间，本层岩石受断层影响，片理化较强。与 $Pt_3g_2^1$ 为整合接触。该层岩石主要为石英角斑岩，夹角斑岩和细碧质角斑岩。岩石主要呈黄绿色或灰白色。斑状结构或变余斑状结构，片状结构。主要矿物为钠长石（60% 以上）、方解石（8%～10%）、绢云母（5%～7%）、石英（18%～20%）。另有少量绿泥石、黄铁矿、白钛石。

（6）郭家沟组上段凝灰岩层（$Pt_3g_2^3$）：主要分布在矿床的东南角上，因受辉绿岩脉侵入切割，与下伏岩层接触关系不清，本层厚 30～150m。该层岩石主要为凝灰岩，主要矿物为钠长石、钾长石和角斑质、细碧质等岩屑。含量 80% 以上，有时含石英晶屑；基质为定向排列的绢云母和隐晶质长英质，少量的白钛石、绿泥石和褐铁矿。据岩石化学成分，为酸性岩石。里特曼指数均大于 3.3，显示岩石应属于拉斑–高铝玄武岩类。

上震旦统陡山沱组（Z_2d）：为正常沉积岩层，分布在矿床西南角上，与上述火山岩地层以马家沟断裂相隔开，组成岩石主要为泥钙质板岩、碳质板岩和白云质灰岩。出露面积小。

2. 构造

矿区属曾家河复式倒转背斜的南东翼。矿区岩层褶皱不发育，为单斜层。区内构造线总体走向为北东–南西向，倾向总体为南倾，倾角 50°～80°。

断裂构造发育，主要有北东–北东东向和北西向两组。其中北东–北东东向断裂为早期的走向断裂，走向与火山岩层走向接近一致，均向南倾，属压扭性断层，升降运动不明显，倾角 85°～45°。沿断层岩石强挤压破碎并发育片理化。该组断层控制矿体的赋存部位和形态。

---

❶　西北有色地质勘查局七一一总队. 1988. 陕西省宁强县东皇沟银硐山铅锌多金属矿床详查报告. 1-66.

另一组为北西向断裂。该组断裂走向北西-南东,倾向南西,倾角 65° ~ 84°,属压扭性断层,垂直运动不明显。上盘向西运动,下盘向东运动。该组断层切穿矿区内地层、北东东向断层和矿体。

3. 侵入岩

矿区内侵入岩不甚发育,多呈小岩枝或岩脉产出,主要有蛇纹岩(φ)、橄辉岩($\delta\nu$)、辉绿岩(λ)、闪长岩(δ_5^1)、石英钠长斑岩脉($\psi4$)等。其中辉绿岩规模比较大,呈岩株、岩脉产出。出露面积 0.1 ~ 0.12km²,顺层侵入在郭家沟组火山岩中,接触面产状凹凸不平,吞噬、切穿火山岩地层和矿体。

4. 围岩蚀变

矿体围岩为细碧角斑岩、角斑岩,近矿围岩蚀变主要有绢云母化、绿泥石化、重晶石化、黄铁矿化和去钠蚀变作用。

绢云母化特点是近矿体强、远离矿体弱。围岩中钠长石被绢云母交代,局部保留钠长石假象,同时析出石英。远离矿体蚀变减弱,绢云母呈细小鳞片状沿钠长石边缘分布。

绿泥石化蚀变近矿体呈黑绿色,纤维叶片与粗大的绿泥石,远离矿体时,时弱时强,形成绿泥石蚀变带。

重晶石化分布在块状矿体(富矿)中,局部分布在围岩中。有时伴随含硫化物石英脉出现。

黄铁矿化分布于矿体和近矿围岩中,呈自形-半自形粒状或集合体。从矿体到围岩含量逐渐减少。

去钠蚀变作用与绢云母化形成有关,由于钠长石绢云母化,钠质发生转移,所以矿体附近 Na_2O 含量大大减少,Na_2O/K_2O 降低,矿石中 $Na_2O < 0.2\%$,K_2O 在 0 ~ 1.8% 之间,Na_2O/K_2O 一般小于 2(若岩石中 $Na_2O/K_2O \geq 10$),显示近矿蚀变去钠作用明显。

二、矿床地质特征

1. 矿体特征

矿体主要赋存在碧口岩群郭家沟组下段(第一喷发-沉积旋回)的细碧角斑岩层、角斑岩层中;主要受北东-北东东向断裂控制;一般产出在断裂交汇部位或断裂产状转折部位。矿区共圈出 4 个主要铅锌矿体,长 47 ~ 120m,厚 1 ~ 30.0m,垂深 50 ~ 387.50m;除主元素 Pb、Zn 外,Au、Ag 均达到综合回收利用标准。矿体呈透镜状、纺锤体状、脉状、瘤状。其中 1 号矿体比较大。

1 号铅锌矿体:地表分布在 8 ~ 14 线之间,长 120m,宽 2.16m,呈透镜状产出,最厚 30.0m,最薄 1m,平均 9.29m。矿体出露标高为 1350m,控制最低标高 962.50m,垂深大于 387.50m。Pb 品位波动范围 0.01% ~ 10.75%,平均 0.81%;Zn 品位波动范围 0.16% ~ 28.22%,平均 5.66%;Cu 品位波动于 0.01% ~ 2.14% 之间,平均 0.21%;Au 品位波动

于 $0.10 \times 10^{-6} \sim 7.33 \times 10^{-6}$ 之间，平均 0.94×10^{-6}；Ag 品位波动范围 $0.51 \times 10^{-6} \sim 1050 \times 10^{-6}$，平均 52.06×10^{-6}；Cd 品位波动范围 $0.003\% \sim 0.121\%$。矿体呈透镜状赋存在角斑岩中，产出在北东–北东东向断裂 F_1^1 的上盘。矿体倾向 $150° \sim 170°$，倾角 $65° \sim 83°$，局部陡倾，甚至直立，矿体延长小于延深，总的趋势向东侧伏。矿体由浸染状贫矿和块状富矿组成，两者界线比较清楚，走向一致，贫矿分布在富矿的上盘和 1204m 标高以下，呈似层状，富矿为扁豆状，厚度变化比较大，并含有赤铁碧玉条块。由于受后期断层破坏，富矿均呈扁豆状或团块状赋存在贫矿中，1204m 标高以下的贫矿体中常见富矿团块，呈构造透镜体。

矿体顶板为细碧质角斑岩，与矿体呈渐变接触，底板为角斑岩和细碧岩，与矿体为断层接触。1 号矿体中共有三条夹石，均呈扁豆状，为细碧质角斑岩。

2. 矿石特征

1）矿石矿物成分

主要金属矿物有闪锌矿、方铅矿、黝铜矿、蓝铜矿、黄铜矿、黄铁矿及少量菱锌矿、金银砷黝铜矿、赤铁矿、金银矿、自然银等。非金属矿物包括长石、石英、方解石、绿泥石、绿帘石、重晶石、绢云母、榍石等。次生氧化物有褐铁矿、孔雀石、铅矾、铜蓝。在镜下见砷黝铜矿中含银金矿，可见金银矿与闪锌矿和黄铁矿共生。矿物组合复杂，具热液改造特征。

主要金属矿物粒度变化特征表现出从闪锌矿、黄铜矿→方铅矿→黄铁矿，粒度依次由粗变细。

2）矿石化学成分

矿石中以 Cu、Pb、Zn 硫化物及 Au、Ag、Cd 有用金属为主，其他元素含量均低，见表 4.95。矿石中 Pb、Zn、Au 三个元素品位沿走向、倾向含量呈正相关；Pb、Zn、Au 三个元素和 Ag 元素沿倾向呈负相关。Cu 元素含量沿走向、倾向变化不明显。由矿体中部向边部，Pb、Zn、Au 品位逐渐变低，即富矿出现在矿体的中间部位。这点可能是扁豆状矿体品位变化的一般规律。

表 4.95　银硐山铅锌多金属矿床矿石主、微量元素含量

样号	11	20	42	53	88	104	152	156
样品矿石名称	Ⅱ号矿体块状富矿石	Ⅰ号矿体块状富矿石	Ⅰ号矿体块状富矿石	Ⅰ号矿体浸染状矿石	Ⅰ号矿体浸染状矿石	Ⅰ号矿体富矿石	Ⅰ号矿体富矿石	Ⅰ号矿体富矿石
取样位置	PD102	PD102-2	PD82-1	PD102	PD125-4	PD125-4	PD82-1	PD82-2
SiO_2	2.07	4.02	11.71	37.56	45.65	5.46	5.77	2.29
Al_2O_3	0.45	0.52	0.61	13.88	10.25	0.32	0.45	0.75
Fe_2O_3	7.78	13.27	20.23	19.36	13.12	15.82	15.25	26.80
MgO	0.91	0.48	0.76	4.20	1.41	0.28	1.18	2.18
CaO	2.68	6.44	4.59	1.82	5.32	1.88	10.11	12.15

续表

样号	11	20	42	53	88	104	152	156
K_2O	0.016	0.016	0.016	1.83	1.52	0.083	0.05	0.016
Na_2O	0.032	0.039	0.022	0.179	0.164	0.03	0.03	0.04
TiO_2	0.10	0.10	0.10	1.25	1.13	0.10	0.20	0.10
P_2O_5	0.087	0.034	0.034	0.101	0.202	0.046	0.064	0.034
MnO	0.65	0.37	0.33	0.45	0.50	0.10	0.27	0.63
Cu	0.20	0.80	0.22	0.13	0.33	0.50	1.20	0.43
Pb	2.11	4.75	3.88	0.26	0.17	3.28	1.47	4.32
Zn	5.50	20.09	21.68	5.77	4.89	33.56	26.72	7.35
Au	1.04	3.30	0.86	0.23	0.38	7.95	3.29	1.26
Ag	24.0	85.70	114.30	18.70	13.30	85.70	68.6	217.1
S	11.32	24.28	27.52	10.67	8.54	29.40	24.55	20.96
As	50.0	60.0	120.0	80.0	100.0	80.0	100.0	100.0
Cd	0.012	0.10	0.072	0.014	0.02	0.10	0.08	0.02

注：据西北有色地质勘查局七一一总队，1988[1]；Au、Ag、As 含量数量级为 10^{-6}，其余含量数量级均为 10^{-2}。

3）矿石结构构造

矿石结构：富矿矿石结构以胶体重结晶结构、碎裂结构为主，贫矿以半自形粒状结构为主，少量他形不等粒结构等。

矿石构造：主要有稠密浸染状构造、稀疏浸染状构造、角砾斑杂状构造、片麻状构造、条带状构造、似层状构造等。

4）矿石类型

根据矿石结构、构造、工业品位和氧化程度，该矿床矿石类型主要有稠密浸染状矿石和稀疏浸染状矿石，局部见少量致密块状富铅锌矿石（Pb+Zn>5%）。根据氧化程度分为氧化矿石和原生硫化矿石。

三、矿床地球化学异常特征

1.1∶5 万水系沉积物异常

Pb、Zn、Cu、Ag、Au、As、Mn、Hg、Sb、Bi 等多组分重合性好的高、中强度元素异常浓集中心较明显，其中 Pb、Zn、Cu、Ag、Au 为成矿元素；As、Sb、Hg 为构造、热液活动元素；Ni、Co 与基性岩有关。异常呈圆环形面状分布于 NW 向与 NE 向两组断裂交汇部位。

---

[1]　西北有色地质勘查局七一一总队.1988.陕西省宁强县东皇沟银硐山铅锌多金属矿床详查报告.1-66.

2. 岩石原生晕异常

矿体及近矿围岩上方为 Pb、Zn、Cu、Ag、As、Ba、Hg、Mn 等彼此重合的原生晕异常，宽度是矿体厚度的 8～12 倍，上盘晕较下盘晕发育。异常元素水平分带序列为 Pb、Zn、Ba、Mn、Au（内）→Ag、Cu（中）→As、Hg（外）；垂向分带序列为 Pb、Zn、Ba、As、Ni、Hg（矿中上部）→Pb、Zn、Ba（矿下部）→Cu、Ag、Mn（矿下尾晕）。因子分析显示 Pb、Zn、Cu、Au、Mn、Ba、As、Hg 等元素相关出现，为成矿及伴生元素。矿（体）床原生晕指示元素为 Cu、Pb、Zn、Au、Ag、As、Ba、Mn、Hg 等，Pb>500×10^{-6}，Zn≥2000×10^{-6}，Ag≥0.3×10^{-6}指示矿体。

四、控矿因素和成矿规律

1. 控矿因素

控矿因素包括：古火山机构；基性与中酸性火山熔岩岩相岩性带；新元古界碧口岩群郭家沟组紫褐色细碧质角斑岩或角斑岩；北东向和北东东向（近东西向）断裂。

2. 成矿规律

银硐山铅锌多金属矿床含矿层位为新元古界碧口岩群郭家沟组（阳坝岩组下岩段），赋矿岩石为细碧质角斑岩、角斑岩、赤铁碧玉岩。矿体产出受层位岩性控制；矿石结构、构造具有明显的沉积特点；矿石中矿物组合复杂，显微镜下见到砷黝铜矿中含银金矿，说明具有热液改造痕迹；研究认为，其成矿作用大致经历了火山喷发沉积期、变形变质热液叠加改造期、表生氧化期。新元古代银硐山地区海底裂隙式火山活动强烈，火山喷发形成了一套基性-中酸性细碧-角斑岩建造，同时挟带了大量铅锌、硫铁物质。在火山喷发间歇期或后期，基性火山岩（细碧岩）与中酸性火山岩（角斑岩）界面，赤铁碧玉岩界面附近沉积了初始矿源层；初始矿源层在构造、岩浆、变形变质热液的叠加改造作用下，使硫化物活化、运移、富集、沉淀到北东向断裂和北西向断裂的交汇部位，在构造张性扩容空间形成工业矿体。之后，地表遭受氧化，发育褐铁矿化，形成铁帽。

五、矿床成因与成矿模式

1. 矿床成因

银硐山铅锌多金属矿赋存于新元古界碧口岩群钠质钙碱性系列拉斑-高铝玄武岩类海相火山岩中，其具裂隙式喷发特点。矿体产出在一定层位中，矿石具明显的似层状和条带状构造、胶体重结晶结构，表明具火山沉积成矿作用特点。矿体受后期断裂构造的破坏，形成扁豆体状；矿石中含有薄层的赤铁碧玉岩，受后期构造破坏，形成角砾或短脉状。前人对碧口岩群火山岩研究表明，铜钱坝石咀子变酸性火山岩同位素年龄为 796±15Ma，托河镇南变基性火山岩同位素年龄为 840±10Ma（SHRIMP 锆石 U-Pb 法，闫全人等，2003），故将碧口群火山岩形成时代定为新元古代。

综上所述，银硐山铅锌多金属矿床成因类型属火山喷发沉积叠加后期热液改造型。根据矿床产出地层、矿石结构及构造特点，成矿物质主要来自新元古界碧口岩群火山岩系；成矿时代主要在新元古代。

2. 成矿模式

银硐山铅锌多金属矿床位于碳口驿-黑木林元古宙基底拼接带南部；元古宙，北侧鱼洞子地块与南侧碧口地块沿碳口驿-黑木林一线发生区域强烈火山活动，火山喷发挟带了大量铁、锰、铅锌、铜元素；含海水的碧口群火山岩系在岩浆的加热下，岩石与海水发生反应，金属元素从海相火山岩中被淋滤出来，呈现为金属卤化物形式，流体向深部渗透时，产生强烈的还原作用，形成氢、碳氢化合物与含金属和二氧化硅的弱酸性溶液。含矿热卤水沿断裂或岩浆侵入通道上升到海底，海水深度和水体压力比较大，含矿热卤水与喷口及其附近的海水混合，导致温度、酸碱度、化学电位发生变化，造成硫化物沉积，形成块状硫化物和铁硅质岩（赤铁碧玉岩）；后期火山热液和断裂构造活动，造成前期形成的硫化物矿体再次遭受热液改造和破坏错断，出现角砾状矿体，经过地下变化、保存，最终呈现为如今的火山块状硫化物矿床。

六、找矿标志及找矿模型

1. 找矿标志

1）地质标志

古火山机构标志：火山机构火山口相控制了成矿地质体的展布。

地层及岩性标志：碧口岩群郭家沟组下段紫褐色细碧质角斑岩或角斑岩。

断裂构造标志：沿断层岩石破碎，角砾岩、糜棱岩、片理化岩发育，NW 与 NE 向两组断裂交汇的构造结及转折部位是成矿的有利地段。

围岩蚀变标志：强绿泥石化、强绢云母化、黄铁矿化、重晶石化等。

2）地球物理异常标志

区内大比例尺激电测量圈定的视极化率异常多指示矿体。

3）地球化学异常标志

水系沉积物异常：Pb、Zn、Cu、Au、Ag、As、Mn、Hg、Sb、Bi 等多组分重合性好的中-强值异常，具 Pb、Zn 含量>500×10^{-6}的浓集中心常指示矿区。

岩石原生晕异常：Pb、Zn、Cu、Au、Ag、As、Ba、Mn、Hg 等彼此重合、密切相关的异常，指示矿体。元素水平、垂向分带序列可作为矿体定位、产状、剥蚀程度的评价标志。

2. 找矿模型

银硐山铅锌多金属矿床"三位一体"找矿预测地质综合模型见表4.96。

表 4.96　银硐山铅锌多金属矿床"三位一体"找矿预测地质综合模型

找矿模型要素	主要标志	银硐山铅锌多金属矿床
成矿地质背景	大地构造背景	扬子板块西北缘鱼洞子地块与碧口地块拼接缝合带
	成矿时代	以新元古代为主，距今 1040~858Ma 左右，晋宁期；后期遭受加里东期—印支期改造
成矿地质体	空间位置和宏观特征	成矿地质体位于古火山机构的火山口相
	含矿建造类型	海相火山岩细碧–角斑岩建造、双峰式火山岩建造
	含矿层位及岩性	新元古界碧口岩群基性–中酸性细碧–角斑岩岩系，岩性为角斑岩、细碧质角斑岩
	主要岩石组合序列	细碧岩–角斑岩–石英角斑岩，为一套钠质钙碱性系列拉斑–高铝玄武岩
	直接成矿地质体类型	角斑岩–细碧质角斑岩–细碧岩（安山玄武岩–安山岩）
	组构特征	杏仁状构造、斑状构造、枕状构造
	岩石变形、变质	岩石变质、变形比较强，发育绿泥石化、绿帘石化、钠长石化、碳酸盐化，达到绿片岩相
	岩石地球化学特征	岩石 SiO_2 含量变化比较大（55.34%~71.58%），高铝，富铁，贫钙、镁，相当于安山岩，Na_2O/K_2O 值大，为钠质系列火山岩系
	岩石微量元素地球化学特征	角斑岩微量元素原始地幔标准化配分曲线相对平坦，K、Rb、Ba、Th、U 等大离子亲石元素富集；Ta、Nb、Ti 等高场强元素亏损。岩石中 Cu、Pb、Zn、Au、Ag 等元素含量高
	成岩时代	沉积成矿为新元古代，后期遭受构造改造
	成岩物理化学条件	沉积条件为氧化向还原过渡，为弱还原环境；后期改造期为较高的温度和压力条件
	成岩深度	沉积水深在几米至百余米的浪基面之下的静水环境，变质变形深度在埋深数千米之下
	成因特征	成矿与海底火山喷气–喷流沉积作用关系密切
成矿构造和成矿结构面	成矿构造系统	火山成矿–构造系统，具体为古火山机构附近的火山颈相或破火山口相。火山岩相带构造控矿明显，即基性熔岩与中酸性熔岩界面成矿
	成矿结构面类型	火山岩岩性界面，中基性熔岩（细碧岩）与中酸性熔岩（角斑岩）界面
	矿体就位样式	矿体一般产出在北西向和北东向断裂交汇处及转折部位
成矿作用特征标志	矿体特征	矿体一般为透镜状、纺锤体状、脉状、瘤状，成群成带产出；单矿体延深大于延长，厚度变化大
	矿体产出部位	矿体顺层产于角斑岩、细碧质角斑岩中，厚度和形态主要受北东–北东东向断裂控制
	矿石类型	铅锌矿石类型分为稠密浸染状和稀疏浸染状两种；也可分为细碧质角斑岩型矿石和角斑岩型矿石

续表

找矿模型要素	主要标志	银硐山铅锌多金属矿床
成矿作用特征标志	矿石组成	矿石矿物主要为闪锌矿、方铅矿、黝铜矿、蓝铜矿、黄铁矿及少量菱锌矿、金银砷黝铜矿、赤铁矿、金银矿、自然银等；脉石矿物主要为长石、石英，方解石、绿泥石、绿帘石、重晶石、绢云母、榍石等
	矿石结构、构造	结构以胶体重结晶结构、碎裂结构、半自形-他形粒状或不等粒状结构为主；主要为稠密浸染状、稀疏浸染状、角砾状斑杂状、条带状、似层状构造
	成矿期次及矿物组合	火山喷发-沉积阶段为胶黄铁矿、细粒重晶石、方铅矿、闪锌矿；变质变形热液叠加改造阶段为细脉重晶石、黄铁矿、方铅矿、闪锌矿、碳酸盐、绢云母、石英、绿泥石组合
	成矿物理化学条件	根据区域地质推测成矿流体为 K-Na-Mg/HCO$_3$-Cl-F 型，中性到碱性；还原环境或弱氧化环境
	成矿流体性质	沉积时，成矿流体为海底热液；变质变形时以变质流体为主
	成矿物质来源	成矿物质主要来自火山喷发
	成矿深度	沉积时为海底环境，变质变形时的深度最深可达数万米
物化遥异常	物探异常	大比例尺激电测量圈定的视极化率异常指示矿体
	化探异常	Pb、Zn、Cu、Au、Ag、As、Mn、Hg、Sb、Bi 等多组分重合性好的中-强值水系沉积物异常，Pb、Zn、Cu、Au、Ag、As、Ba、Mn、Hg 等多元素重合的岩石原生晕异常

第十八节　黑木林石棉矿床地质特征、成矿模式及找矿模型

黑木林石棉矿床（纤维水镁石、纤维蛇纹石矿）位于陕西省宁强县大安镇，处于勉略宁矿集区中部。该矿床是特大型纤维水镁石矿床，20 世纪 50 年代末提交了《陕南石棉矿地质勘探报告》。

一、矿区地质背景

区域上，黑木林石棉矿床位于扬子地台西北缘勉略宁元古宙隆起中部，属松潘-甘孜造山带摩天岭褶皱带东延陈家山-茶店复背斜中段黑木林倒转向斜北翼。矿区出露地层为新元古界（图 4.99）。矿床赋存于稍晚侵入的斜方辉石橄榄岩（Σ）中，斜方辉石橄榄岩经后期蚀变已全部蛇纹岩化。区内岩浆活动、变质作用剧烈，褶皱、断裂较发育，矿区内总体构造线方向为北东东向至南西西向。

1. 地层

新元古界碧口岩群郭家沟组（Pt$_3$g）：原岩为一套海相基性-中酸性凝灰岩，现主要岩

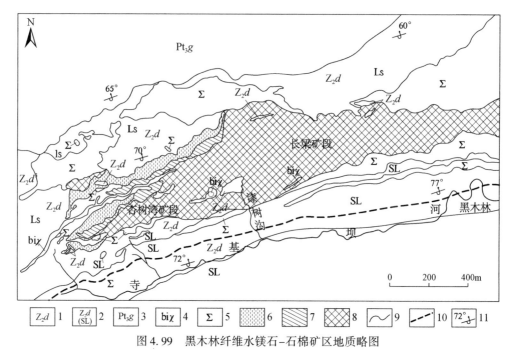

图 4.99　黑木林纤维水镁石–石棉矿区地质略图

1. 上震旦统陡山沱组灰岩；2. 上震旦统陡山沱组板岩；3. 新元古界碧口岩群郭家沟组绿色片岩夹少量碳酸盐
岩；4. 黑云母煌斑岩脉；5. 加里东期斜方辉石橄榄岩（全蛇纹岩化）；6. 蛇纹石石棉矿体；7. 蛇纹石石棉和
纤维水镁石混合矿体；8. 纤维水镁石矿体；9. 地质界线；10. 成矿前走向逆断层；11. 倒转岩层产状

性为绿色片岩夹少量碳酸盐岩，分布于矿区北西部。

上震旦统陡山沱组（Z_2d）：为矿区主要出露地层，产状 330°~350°∠60°~80°，倒转。下部为深灰色、灰白色石灰岩，具细中粒结构，厚层至块状构造，受火山岩影响，已全部滑石化、白云岩化及硅化；中部为灰色泥钙质硅质板岩，夹厚层灰岩；上部为浅灰色至深灰色硅质及白云质灰岩。

2. 构造

矿区构造为倾向北西的单斜构造，为黑木林倒转向斜北翼的组成部分。

成矿前走向逆断层分布于矿区南部，沿寺基坝河北侧呈北东东向到南西西向展布，在矿区西部断层带中有断层角砾岩出现，并使西部板岩逐渐变薄，断层面产状呈北北西向，倾角 30°~45°。

成矿后无明显断裂构造，但蛇纹岩体内节理较发育，部分节理在成矿前已形成，给后期酸性热液运移提供通道，为成矿创造了有利条件，蛇纹岩体内主要节理包括如下五组：290°~345°∠40°~60°、45°~85°∠20°~48°、20°∠70°、0°∠20°、270°∠75°~77°。其中以倾向北、北西向两组最发育，矿脉生成最多。

3. 岩浆岩

侵入岩主要为晋宁期—加里东期斜方辉石橄榄岩（Σ），位于矿区中部，围岩为滑石碳酸盐岩、板岩、片岩，呈侵入接触。斜方辉石橄榄岩呈狭长的条带状，沿南西西-北东东向延伸，倾向北北西，倾角60°~70°，由于超基性岩本身自变质及后期酸性热液作用，岩体已完全蛇纹石化。

绿泥石、绿帘石等次生矿物在部分蛇纹岩中仍保留辉石假象——绢石，蛇纹岩中含微量的磁铁矿、黄铁矿、铬铁矿、硅黄铁矿、镍黄铁矿、铜镍矿等。蛇纹岩可分为黄绿色-暗绿色致密块状蛇纹岩和淡黄绿色破碎片状蛇纹岩。前者分布于蛇纹岩体上部，主要成分除叶蛇纹石外尚含大量纤维蛇纹石，石棉脉和纤维水镁石均分布于此种蛇纹岩节理裂隙内；后者零星分布于蛇纹岩体下盘，主要为叶蛇纹石组成，其中石棉及纤维水镁石极为少见。次生蚀变主要有绢云母化、高岭土化、绿帘石化、碳酸盐化。后期侵入岩主要为黑云煌斑岩（biχ），呈岩脉状侵入于超基性岩体内。

火山岩主要为古元古界基性-中酸性凝灰岩，变质后即为绿色片岩。

二、矿床地质特征

1. 矿床特征

该矿床含矿岩系为超基性侵入体-斜方辉石橄榄岩，现已全部蛇纹石化，形成叶蛇纹石、纤维蛇纹石，成为蛇纹岩，分布于杏树湾——长梁一带，平均厚度约400m，长2400m，平面形态呈一长的透镜状，与围岩接触不够平直，岩体西端及上盘时有分支现象，上盘与滑石碳酸盐接触，下盘主要与板岩及滑石碳酸盐接触，在岩体内部时有滑石碳酸盐及板岩捕虏体出现，岩体中部有一条后期侵入的黑云母煌斑岩脉。

石棉矿体在蛇纹岩体内呈一巨大的凸透镜体状（图4.100），其产状与蛇纹岩一致，矿体平均倾向347°，倾角60°~70°。矿体总长度2400m，平均厚度约200m，最大厚度350m，最小厚度20m；矿体地表出露最高标高1453.7m，最低标高1020m；矿体平均下延深度250m。矿床平均品位（指含矿率，为有用矿物百分含量，后同）4.322%，单矿体最低平均品位2.016%，最高平均品位4.906%。

经估算，纤维水镁石矿物总资源储量786万t（矿石量19196万t），全矿区纤维水镁石平均品位4.322%。其中经二十余年开采消耗矿物资源量约22万t（矿石量733万t），现保有资源储量760多万吨（矿石量18463万t）。蛇纹石石棉资源储量占总资源储量的7.4%，混合矿资源储量占总资源储量的12.7%，纤维水镁石矿资源储量占总资源储量的79.9%。

根据矿石化学成分将矿区石棉划分为蛇纹石石棉和纤维水镁石石棉两类，后者经矿山立项研究，其化学成分接近于纤维水镁石矿理论值，故改称为纤维水镁石。蛇纹石石棉分布于矿床中上部，纤维水镁石分布于矿床的中下部，二者无明显的分界，呈渐变过渡关系，在过渡带内蛇纹石石棉和纤维水镁石共生，故按上述规律将矿石分为蛇纹石石棉、混合矿石和纤维水镁石矿石三种类型。

根据空间分布，矿床共圈出3个蛇纹石石棉矿体、2个混合矿体和2个纤维水镁石矿体。各矿体之间大部分呈直接接触，在杏树湾一带沿北东向有一狭长的后期黑云母煌斑岩脉侵入，将混合矿体分割成两部分。各矿体多呈似层状及透镜状，并沿同一方向平行排列。

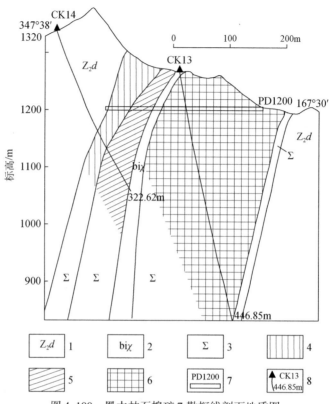

图 4.100　黑木林石棉矿 7 勘探线剖面地质图

1. 上震旦统陡山沱组（灰岩/板岩）；2. 黑云母煌斑岩脉；3. 加里东期斜方辉石橄榄岩（全蛇纹石化）；
4. 蛇纹石石棉矿体；5. 蛇纹石石棉和纤维水镁石混合矿体；6. 纤维水镁石矿体；7. 平硐位置及编号；
8. 见矿钻孔位置、终孔深及编号

2. 矿体特征

　　蛇纹石石棉矿体位于矿床中上部，主要由 3 个不相连的呈北东向展布的矿体组成，呈透镜体状，倾向 327°～340°，倾角 61°～68°。矿体长 200～1000m，厚度 25～89m，厚度变化系数 45.6%；向深部逐渐变薄至尖灭，平均延深深度为 64～183m。矿体平均品位为 2.686%～3.555%，品位变化系数 65%～75%。

　　混合矿体位于矿床中上部，呈透镜体状，倾向 330°～331°，倾角 61°～65°，为蛇纹石石棉矿体与纤维水镁石矿体之间的过渡类型，中部被后期侵入的黑云母煌斑岩脉分割为两个矿体。矿体长 630～800m，厚度 41～80m；厚度变化系数 47%～50%；向深部为逐渐变薄至尖灭，平均延深深度为 196～254m。矿体平均品位为 3.937%～4.906%，品位变化系数 55%～57%。

　　纤维水镁石矿体位于矿床中下部，工程控制最大深度 450m，为该矿床的主体，跨杏树湾矿段和长梁矿段，为一连续的巨大透镜体，倾向 336°，倾角 70°。上盘在长梁矿段与滑石碳酸岩和蛇纹岩接触，在杏树湾矿段与混合矿体接触；下盘在杏树湾矿段主要与滑石碳酸岩接触，在长梁矿段与蛇纹岩接触；沿走向延长 2400m（东边出图未勘探），平均厚

171m，杏树湾矿段平均厚 142.63m，长梁矿段平均厚 200m；工程控制最大深度至 825m 标高，但仍未打穿矿体下盘。矿体平均延深深度达 280m，平均品位为 4.322%，其中长梁矿段平均品位为 4.157%，杏树湾矿段平均品位为 4.537%，品位变化系数约 40%。

另在矿床北西部圈出一纤维水镁石矿体，呈小扁豆体状，倾向 335°，倾角 70°。上盘与蛇纹岩接触，下盘与蛇纹石石棉矿体接触；沿走向延长 300m，平均厚 23m；平均延深深度为 94m，平均品位为 3.529%。

混合矿体和纤维水镁石矿体的平均风化带深度为 15m，蛇纹石石棉矿体无风化带。

3. 矿石质量特征

1）矿石类型

根据黑木林石棉矿矿石化学成分（表 4.97）、矿物含量、纤维与脉壁的关系将本矿区矿石有用组分划分为纤维水镁石和蛇纹石石棉两类。纤维水镁石矿物顺着裂隙生长，纤维相互平行排列，并与脉壁平行。蛇纹石石棉矿物垂直裂隙生长，纤维相互平行排列，与脉壁垂直。

表 4.97　黑木林石棉矿矿石化学成分　（单位：%）

矿石类型	SiO_2	MgO	Fe_2O_3	FeO	CaO	H_2O^-	H_2O^+
蛇纹石石棉	35.75~41.78	31.69~41.76	0.93~1.04	0.33~6.37	0.26~5.44	0~0.81	12.74~16.78
纤维水镁石	1~3	61~65	0.6~1.9	2~6	痕迹	0~0.08	25.49~28.02

注：据熊润清，1960[❶]。

2）矿物特征

蛇纹石石棉：为含结晶水的镁硅酸盐，化学分子式为 $H_4Mg_3Si_2O_9$，单矿物化学组成是 SiO_2 44.1%、MgO 43.0%、H_2O 12.9%。纤维相互平行排列，与脉壁成直角，纤维束呈深浅不一的黄绿色，纤维被分离后均呈纯白色。棉脉一般宽 1~6mm；纤维一般长 0.7~5mm，少数达 12mm。矿区内数量很少，约占 7.4%。

纤维水镁石：水镁石（Brucite）是以美国矿物学家 A. 布鲁斯（Archibald Bruce）的姓氏作为英文命名，又称"氢氧镁石"，化学分子式为 $Mg(OH)_2$，单矿物化学组成是 MgO 69.12%、H_2O 30.88%。纤维水镁石（Nemalite）是水镁石的纤维状变种，属三方晶系，晶体结构属层状，表现为 $(OH)^-$ 呈六方最紧密堆积。Mg^{2+} 占据相邻二 $(OH)^-$ 层之间的八面体空隙，但属一层满一层空地交替分布，从而形成夹心饼干式的 (OH)-Mg-(OH) 八面体层，即所谓的水镁石层。结构层内属离子键，结构层间以相力维系。成分中的 Mg^{2+} 可部分被 Fe^{2+}、Mn^{2+}、Zn^{2+} 及 Ni^{2+} 类质同象替代。

纤维水镁石常呈纤维状或片状集合体，丝绢光泽，解理完全，含硅极低，成分接近于水镁石理论值，密度为 2.44g/cm³，脱水温度为 400~500℃。纤维几乎与脉壁平行，纤维

---

❶　熊润清. 1960. 陕西省宁强县大安黑木林石棉矿最终地质勘探报告. 陕西省地质局大安地质队. 1-68.

之间相互平行构成极紧密的板状；纤维束呈浅绿色，具丝绢光泽和玻璃光泽，纤维被分离后均呈纯白色。脉体一般宽 2 ~ 30mm，个别超过 100mm；纤维一般长 5 ~ 300mm，最长可达 2000mm 以上。为矿区主要矿石类型，约占 79.9%。

矿区亦存在少量的水镁石的新成分变种，即富镍水镁石、镍锌水镁石和铁水镁石。其中铁水镁石中总铁含量超过 Ford 划定的上限，更多的 Fe^{2+} 代替 Mg^{2+} 进入水镁石晶格，表明 $Mg(OH)_2$-$Fe(OH)_2$ 为连续类质同象系列；富镍水镁石的出现表明 $Mg(OH)_2$-$Ni(OH)_2$ 类质同象系列的存在，且富镍水镁石比一般水镁石稳定性更好。

另外，蛇纹石石棉和纤维水镁石二者过渡类型称为"混合矿体"，纤维与脉壁斜交，两种矿物均有，其特点介于上二者之间，矿区内数量较少，约占 12.7%。

3）物理性能

抗拉强度：纤维水镁石抗拉强度一般为 892.4 ~ 1283.7MPa，纯度较高的为 900 ~ 905MPa，属中等强度纤维材料。弹性模量 13800MPa，有一定脆性。

耐酸碱性：将纤维水镁石放入碱溶液中，不溶物为 97.97%，耐碱性很强；放入 HCl 15% 的酸溶液中，不溶物为 15.6% ~ 59.85%，不溶物越少纯度越高，总体耐酸性弱。纤维水镁石因溶于酸，在人体内可以化解而不致影响健康，故可作石棉的代用品。

耐热性：加热到 300℃时，失去吸附水；350℃时变化极微；400℃时，高温水开始排出；450 ~ 500℃时，高温水大量排出；当大于 500℃时，排除残余高温水（结构水），完全丧失纤维的坚固性。纤维水镁石可靠使用温度为 400℃，最高耐热温度为 450℃，极限稳定温度为 500℃，熔点为 1960℃。

4）伴生有益组分

本矿区矿石的伴生有益组分是蛇纹石，为含镁较高的矿物，其化学分析结果为：SiO_2 35.75% ~ 38.35%，MgO 31.89% ~ 42.67%，Al_2O_3 0.32% ~ 2.52%，Fe_2O_3 0.93% ~ 5.86%，FeO 1.30% ~ 6.37%，CaO 0 ~ 5.44%，Cu 0.027%，Ni 0.17%，TiO_2 0，H_2O^- 0 ~ 1.35%，H_2O^+ 15.5% ~ 16.78%。组合分析样化学分析结果见表 4.98。可以看出，其化学成分较单纯，波动范围不大，质量稳定。根据制造钙镁磷肥和硅酸镁耐火砖对蛇纹石的技术要求，本矿区蛇纹岩矿石可以作为制造钙镁磷肥及镁橄榄砖的原料，也可以提取金属镁。

表 4.98　黑木林石棉矿蛇纹岩组合分析结果　　　　　　　　（单位:%）

工程号	岩（矿）石类型	SiO_2	MgO	Fe_2O_3	灼减	CaO	MgO/SiO_2
PD11000 坑道	蛇纹岩	37.83	38.8	7.5	15.64	1.485	1.02
PD8000 坑道	蛇纹岩	36.92	42.13	7.42	15.15	0	1.11

注：据熊润清，1960[1]。

---

[1]　熊润清. 1960. 陕西省宁强县大安黑木林石棉矿最终地质勘探报告. 陕西省地质局大安地质队. 1-68.

4. 应用领域

1）提取 Mg 和 MgO 原料

以纤维水镁石提取 Mg 和 MgO，矿石中的 MgO 含量高，杂质少；分解温度低；加热时产生的挥发分无毒无害，因而可从纤维水镁石中提取 Mg 和 MgO 等产品，对环境影响小。

2）重烧镁砂

主要用于生产镁质耐火材料。现代钢铁工业大量使用镁碳砖、镁铬砖等。这类 MgO 用量已超过其产量的一半。由水镁石制得的重烧镁砂具有高密度（>3.55g/cm³）、高耐火度（>2800℃）、高化学惰性和高热震稳定性等优点。

3）增强和补强材料

由于纤维水镁石较硬，在浆液中容易弥散，针状纤维束遇水浸湿后易松解，不易起团，比其他纤维松解后体积膨胀大，是一种优良的增强和补强材料。纤维水镁石目前主要用于生产微孔硅酸钙及硅钙板等中档保温材料及硅酸盐水泥混凝土。用该矿山的低等级纤维水镁石制备的水镁石纤维水泥混凝土已经应用到高速公路建设上，其质量经国家非金属矿制品质量监督检验中心检测，符合设计技术要求。

4）造纸填料

水镁石白度高，剥片性好，黏着力强，吸水性较差。将其与方解石配合用作造纸填料，可使造纸工艺由酸法改为碱法，并能减小浆水的环境污染。

5）生产氢氧化镁阻燃剂

阻燃剂是指能使聚合物不容易着火或着火后使其燃烧变慢的一种助剂。以氢氧化铝、氢氧化镁为代表的无机阻燃剂在应用时是依靠化学分解吸热以及释放出水而起阻燃作用的，具有无毒性、抑制发烟以及分解产物（氧化铝、氧化镁）化学性质稳定等特点，因此不产生二次危害。

用水镁石为原料制备的阻燃填料兼具填充和阻燃二重作用，具有以下优点：不含卤，属非卤性阻燃剂；加工温度高（起始分解温度比氢氧化铝高得多，达320℃，氢氧化铝为220℃），因此可适用于加工温度较高的树脂；本身无毒、无味，燃烧时也不产生有毒气体，不腐蚀模具，不产生二次污染，阻燃和消烟性能好。但又存在以下缺点，一是阻燃效率比较低，二是其表面性质决定在有机高聚物中难以均匀地分散。为充分利用前述阻燃优点，克服其缺点就必须要求其粒度更细并进行表面改性处理才能达到良好的分散效果。

使用水镁石矿经过超细粉碎、适当的表面改性处理后，可以制备高档的氢氧化镁阻燃剂。

三、控矿因素和成矿规律

1. 控矿因素

（1）提供成矿物质的超基性岩体；

（2）提供成矿热液运移通道和容矿空间的断裂及节理；

（3）供给部分成矿热动力、水分的中酸性脉岩。

2. 找矿规律

黑木林石棉矿床含矿岩系为超基性侵入体斜方辉石橄榄岩；晋宁期—加里东期，鱼洞子地块和碧口地块拼接带侵入超基性岩体，形成超镁铁质岩建造；此后，在大气降水和岩浆水混合热液循环作用下，斜方辉石橄榄岩发生自变质作用、热变质作用（煌斑岩侵入），热液溶解富镁超基性岩中的镁质，发生蛇纹石化、纤维水镁石化、硅化和水化，在北东向张性构造裂隙中发生交代–充填结晶作用，生成纤维蛇纹石石棉、磁铁矿、纤维水镁石、滑石、菱镁矿，最终形成其矿体。

四、矿床成因与成矿模式

晋宁期—加里东期大洋环境下，在鱼洞子地块和碧口地块拼接带侵入原岩可能为斜方辉石橄榄岩的超基性岩体；隆升为大陆后，在大气降水和岩浆水混合的深度循环热液作用下，斜方辉石橄榄岩发生蛇纹石化；超基性岩中的 MgO、SiO_2、FeO 发生分解、迁移，成棉组分充分调整，当岩石化学趋近于标准蛇纹石的特征时，即达到成棉临界状态，其主要岩石化学标志是镁铁比值 $m/f = 10 \sim 20$、基性度 $m/s = 1.57 \sim 1.73$（均值约为 1.65）、$MgO/SiO_2 = 0.99 \sim 1.02$ 和 H（氧化指数）$= 56 \sim 75$（Boyle，1979）。若环境温度在 $200 \sim 400℃$、压力为 $2 \times 10^5 kPa$ 左右、半开放体系中有水分压大于二氧化碳分压（即 $P_{H_2O} > P_{CO_2}$）的热液活动，在张性构造裂隙中即发生交代–充填结晶作用，则可能生成纤维蛇纹石石棉、磁铁矿、水镁石矿物组合；二氧化碳分压比较高时的热液活动，则可能生成纤维蛇纹石石棉、磁铁矿、菱镁矿、滑石矿物组合。即在岩浆期后自变质作用、热变质作用（煌斑岩侵入）下，热液溶解富镁超基性岩中的镁质，使其蛇纹石化、硅化和水化，进而在裂隙中结晶充填成矿。水镁石呈纵纤维生长，细脉状分布于蛇纹岩体中。

显然，黑木林石棉矿床属超基性岩建造中热液交代式纤维状水镁石型矿床。

五、找矿标志及找矿模型

1. 找矿标志

地块拼接带侵入镁质超基性岩体，超基性岩体发生强烈蛇纹石化，且中后期中酸性脉岩和张性节理发育。

2. 找矿模型

黑木林石棉矿床"三位一体"找矿预测地质综合模型见表4.99。

表 4.99 黑木林石棉矿床"三位一体"找矿预测地质综合模型

找矿模型要素	主要标志	黑木林石棉矿床
成矿地质背景	大地构造背景	板块聚合部位
	成矿时代	加里东期
成矿地质体	岩石学特征	超镁铁质岩，原岩主要为斜辉辉橄岩、斜辉橄榄岩，有时也有纯橄榄岩
	岩体侵位时代	晋宁期—加里东期和海西期
	岩体蚀变	岩体大多已完全蛇纹石化
成矿构造和成矿结构面	成矿构造系统	变质变形构造系统
	成矿结构面类型	断裂、节理
成矿作用特征标志	矿体特征	矿体一般为透镜状
	矿体产出部位	矿体赋存在超基性岩体上部
	矿石类型	主要为纤维水镁石矿石和蛇纹石石棉矿石及二者的混合矿石
	矿石组成	矿石矿物主要为纤维蛇纹石、纤维水镁石、磁铁矿
	矿石结构、构造	结构以纤维变晶结构为主；典型构造为纤维状构造
	成矿期次及矿物组合	变质变形阶段为纤维蛇纹石-纤维水镁石-磁铁矿组合
	矿石分带特征	蛇纹石石棉分布于矿床中上部，纤维水镁石分布于矿床的中下部，二者无明显的分界，呈渐变过渡关系，在过渡带内蛇纹石石棉和纤维水镁石共生
	成矿物理化学条件	200～600℃；弱氧化环境的弱碱-碱性介质
	成矿流体性质	变质变形阶段以变质流体为主
	成矿物质来源	成矿物质主要来自超基性岩体
	成矿深度及压力	中浅成、半开放环境；压力为数千巴；水分压大于二氧化碳分压时生成纤维蛇纹石石棉、纤维水镁石

第十九节 茶店磷矿床地质特征、成矿模式及找矿模型

茶店磷矿床地处勉略宁矿集区中东部，位于陕西省勉县茶店镇，为一中型浅海沉积层状磷块岩矿床，是陕西省重要的磷矿资源基地之一，于20世纪60年代，陕西省地质局第四地质队检查锰矿时发现，随后开展地质勘查评价，查明矿床具中等规模。

一、矿区地质背景

区域构造位置上，茶店磷矿床位于扬子板块西北缘摩天岭隆起东段勉略宁三角区。

1. 地层

区内出露地层主要为新元古界海相火山喷发-沉积变质岩建造和震旦系陆源碎屑-碳酸盐岩建造及第四系堆积物（图4.101）。

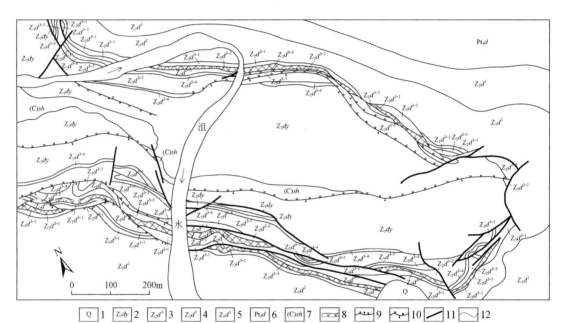

图4.101　茶店磷矿区地质简图

1. 第四系残积、坡积物；2. 上震旦统灯影组碳酸盐岩；3. 上震旦统陡山沱组第三岩性段（磷锰）层；4. 上震旦统陡山沱组第二岩性段碎屑岩夹碳酸盐岩；5. 上震旦统陡山沱组第一岩性段碎屑岩；6. 新元古界东沟坝组中酸性火山岩；7. 碳质页岩；8. 白云质磷块岩矿层；9. 正断层；10. 逆断层；11. 断层；12. 地质界线

1）新元古界东沟坝组（Pt_3d）

下部以中酸性火山岩为主，上部为正常沉积碎屑岩，总厚大于2000m。可分为四层，矿区出露该组顶部，为一套喷发-沉积变质岩系，厚度471m。组成区内主体构造——茶店复向斜基底。按岩性分为上、中、下三段。

下段：由碳质绢云片岩、绢云绿泥石英片岩、绢云钠长石英片岩、绢云石英片岩及绢云片岩等组成，厚222.32m。

中段：主要岩性为含砾砂质千枚岩、含砾绢云石英片岩及碳质千枚岩。碎屑成分有千枚岩、长英岩、流纹岩、硅质岩及少量灰岩、长石、石英等。砾石被拉长、压扁呈定向排列。厚110.52m。

上段：分布广，主要岩性为含砂砾千枚岩、绢云片岩、绢云石英片岩，夹少量钙质砂岩、含铁锰灰岩和大理岩透镜体，大理岩中局部有菱铁矿化。本段中常见一种极特别的成簇生或沿片理呈脉状产出的细鳞片状翠绿色铬云母，全段厚 238m。

2）上震旦统（Z_2）

上震旦统不整合于新元古界之上，总厚约 1500m。分上部灯影组碳酸盐岩组和下部陡山沱组含磷岩组。

下部陡山沱组含磷岩组（Z_2d）为区内重要的含磷层位，由两个次级沉积韵律组成。自上而下由砾岩、砂质白云质灰岩、碳质千枚岩、磷块岩、泥质碎屑岩和碳酸盐岩等组成，总厚 90~467m。底砾岩仅见于矿区西北白家山一带，厚约 116m，由砂砾岩及砾岩组成，砂粒为长石、石英碎屑。砾石成分复杂，有碳酸盐岩、花岗岩、硅质岩、石英岩、蛇纹岩、基性岩及千枚岩等。

上部灯影组碳酸盐岩组（Z_2dy）与下伏含磷岩组间具有沉积间断。底部为碎屑岩（石英砂岩、粉砂岩、粉砂质页岩及页岩）、砂岩、砂砾岩，上部由白云岩及含碳灰岩等组成，夹页岩及泥灰岩等。白云岩厚度稳定，是白云岩矿主要产出层位。本层是茶店复式向斜核部的主要组成地层。

西北地质科学研究所（现为中国地质调查局西安地质调查中心）曾于上震旦统碳质页岩中发现小穴面球形藻化石，时代为晚震旦世。

上震旦统上、下两个岩组，每组均由碎屑岩开始，碳酸盐岩结束，形成一个完整的海浸沉积旋回，且由下而上各组厚度逐级加大，剖面结构亦趋于简单。

3）第四系

为冲积、堆积物，厚 0~20m。

2. 构造

矿区构造为一复式向斜。对矿层起控制作用的为茶店向斜，向斜东南端封闭、仰起，向西北方向撒开、倾伏，沿 305°方向展布，具倒转，轴面倾向南西，倾角 70°~80°。

断裂构造以走向逆断层为主，且出现在主矿段，沿 300°~330°方向展布，局部偏转，倾向南西，倾角多在 45°~47°之间，破坏了矿层的完整性，造成一些无矿地段。横向断层规模小，不太发育，且远离矿层，对矿层无大的破坏。斜切断层主要分布在矿区西南部，矿层受其影响后，呈孤立体出现。

3. 岩浆岩

矿区未见侵入岩分布。矿区东北角分布少量新元古界东沟坝组火山沉积变质岩。

二、矿床地质特征

1. 含磷岩系

磷矿层位于上震旦统底部。按沉积旋回、接触关系、含磷程度，分为下部含磷岩组和上部白云岩组。

1) 下部陡山沱组含磷岩组 (Z_2d)

依据岩性差异和海浸层序，由下而上可分为六层。

Z_2d^1：该层不整合于新元古界东沟坝组 (Pt_3d) 之上，主要由砾岩、砂岩、砂质灰岩、白云质灰岩、碳质千枚岩组成，厚 0~4km。矿区西北白家山一带，下部为黄褐色、灰色砾岩、石英粗砂岩；上部为含砾厚层砂质灰岩。砾石磨圆度好，砾径1cm左右。往东到矿区主矿段，向斜北翼为灰色厚层砂质白云质灰岩，顶部为含磷块岩条带及团块，下部夹少许碳质页岩；南翼为黑色碳质千枚岩，顶部亦为含磷块岩团块及条带。

Z_2d^2：为磷块岩，底部为黑色薄层条带状泥质白云质磷块岩，中部为黑色粒屑状白云质磷块岩，上部是黑色薄层条带状含锰泥质白云质磷块岩。局部地段在磷块岩矿层顶部尚有含磷锰矿富集。本层厚 0~24.36m。

Z_2d^3：为暗灰、灰黑色含锰硅质白云岩，夹碳质页岩及泥质灰岩，含黄铁矿。往西相变为褐色含锰泥灰岩。本层底部及顶部含少许磷质条带或团块，厚 2.14~38.23m。

Z_2d^4：为黑色钙质页岩夹泥灰岩薄层，风化后常呈紫红色。下部夹透镜状硅质白云岩；上部夹透镜状或薄层状青灰色灰岩。顶部与上覆 D1-5 灰岩接触处见有磷质条带，厚 0.51~22m。

Z_2d^5：下部为黑色含碳薄层灰岩，层间夹泥质、碳质物，细层纹发育。中部为青灰色中厚层灰岩，亦具细层纹，微含碳质。上部为灰、浅灰色厚层块状白云质灰岩及灰质白云岩。全层灰岩均具缝合线结构，唯中下部发育，上部少见。本层厚 30~132m，中部灰岩质纯，是很好的熔剂和水泥原料。

Z_2d^6：为薄–中厚层状黑色硅质岩，不稳定，局部有缺失，厚 0~18.39m。

2) 上部灯影组白云岩组 (Z_2dy)

本组假整合于下部陡山沱组含磷岩组之上，由厚大的碳酸盐岩及少量砂质岩石组成。总厚 180.56~607.99m。其中第三层有质量好、厚度大的白云岩矿层，可供开发利用。

2. 矿层形态

磷矿层展布受向斜构造控制，出露于向斜南、北两翼（图 4.102）。

北翼磷矿层断续出露长达 1799m，沿310°方向展布，倾角80°左右，局部直立微有倒转。矿层厚度 1.72~24.36m，一般厚 9~18m，平均厚度10.31m。主矿段矿层厚度具有由浅向深、从东到西自厚变薄的趋势。

南翼磷矿层在矿区中部由于受走向正断层错动，使矿层在地表沿倾向重复出露两次，分别称南翼南矿层（断层上盘矿）和南翼北矿层（断层下盘矿），南、北矿层走向基本一致，均沿310°方向展布。其北矿层是南翼主矿层，矿层呈似层状，在地表断续出露长达1682.70m。矿层倒转，倾向 220°，倾角 70°~86°。矿层厚度 1.28~15.90m，一般 3~11m，平均 7.57m。

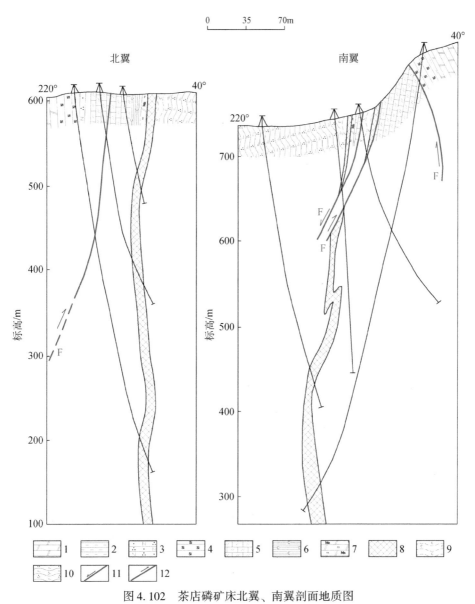

图 4.102 茶店磷矿床北翼、南翼剖面地质图

1. 白云岩；2. 含碳泥质岩；3. 含长石石英砂岩；4. 黑色硅质岩；5. 白云质灰岩；6. 含碳钙质页岩；
7. 含锰硅质白云岩；8. 磷块岩块层；9. 碳质千枚岩；10. 绢英片岩；11. 正断层；12. 逆断层

3. 矿石特征

1）矿石物质组成及组构特征

磷矿石中的矿石矿物为胶磷矿 $[Ca_5(PO_4)_3(F, Cl, OH)]$，含量 29%；含碳磷灰石，含量 21%，为胶磷矿成岩阶段重结晶的产物；磷灰石 $[氟磷灰石，Ca_5(PO_4)_3F]$，含量 11%，为变质阶段形成；脉石矿物主要为白云石，含量 24%，有交代胶磷矿的现象；少量石英（含量 4.5%）、绢云母（含量 3%）、泥质和碳质（含量 3%）、方解石（含量

0.3%）、黄铁矿（含量0.3%）、锰矿物（含量3%）等，锰矿物主要有硬锰矿、软锰矿、锰白云石。此外有微量磁黄铁矿、黄铜矿、金红石、石榴子石、角闪石。矿物特征详见表4.100。

表4.100　茶店磷矿床矿石矿物组成一览

矿物名称	矿物特征	平均含量/%
胶磷矿	呈隐晶-微晶质结构，主要集聚成粒屑、团粒、线粒条带，少数赋存于胶结物和脉石条带中，实测折光率1.63，其中常有泥质、碳质尘点	29
含碳磷灰石	为胶磷矿成岩阶段重结晶的产物，呈隐晶及微晶集合体，少数呈自形晶粒出现，实测折光率1.636	21
磷灰石（氟磷灰石）	柱状或粒状晶体，晶粒0.02～0.5mm，实测折光率1.640，为变质阶段形成	11
白云石	具显晶、镶嵌结构，晶粒0.05～1.2mm，呈胶结物或脉石条带出现，有交代胶磷矿的现象	24
方解石	他形粒状或半自形-自形晶，双晶发育，常呈脉状产出	0.3
石英	有三种形态：①棱角状砂或粉砂；②他形微粒状成岩石英；③呈微晶出现的变质石英	4.5
绢云母	细鳞片状，多呈条带状集合出现	3
黄铁矿	多呈自形粒状、浸染状分布在矿石中，也有集聚呈条带状、网状出现	0.3
泥质和碳质	二者混生，粒度小于0.01mm，呈星散状包裹于胶磷矿、白云石、成岩石英、含碳磷灰石、绢云母等矿物中，是矿物的主要染色组分	3
锰矿物	有硬锰矿、软锰矿、锰白云石	3
磁黄铁矿、黄铜矿、金红石、石榴子石、角闪石	常见矿物，不详述	微量

矿石常见结构有隐晶-微晶质结构及粒屑状结构（粒屑直径0.1～2.4mm）。按粒屑形态又可分为碎屑状结构、团粒状结构及线粒状结构（长、短轴之比3～8）。常见构造为厚层块状构造和条带状（薄层状）构造。

2）矿石化学成分

矿石化学成分见表4.101，矿石中单个样品 P_2O_5 品位8%～38.78%。北翼矿层平均品位21.66%，南翼矿层平均品位19.28%，矿区平均品位20.67%。在走向上从东向西，在倾向上从浅部到深部，南、北两翼矿层都有品位由高变低的趋势。P_2O_5 含量矿层中部比矿层顶、底部含量高。

表4.101　茶店磷矿床矿石化学组分含量　　　　　　　　（单位:%）

组分	单工程平均含量		矿床平均含量	组分	单工程平均含量		矿床平均含量
	低	高			低	高	
P_2O_5	9.25	35.59	20.67	TiO_2	0.00	0.70	0.26
MnO	0.27	21.22	3.40	K_2O	1.00	4.88	2.26

续表

组分	单工程平均含量		矿床平均含量	组分	单工程平均含量		矿床平均含量
	低	高			低	高	
酸不溶物	4.99	35.36	18.63	Na_2O	0.20	0.40	0.26
SiO_2	3.54	36.37	16.41	F	0.63	1.90	1.09
Al_2O_3	0.21	3.29	1.50	Cl	0.00	0.14	0.04
Fe_2O_3	0.46	4.18	1.93	U	0.001	0.005	0.002
CaO	23.41	49.56	34.63	I	0.0001	0.0004	0.0003
MgO	0.06	8.16	3.40	TRe_2O_3	0.01	0.033	0.017
CO_2	2.36	23.14	11.9	有机碳	0.14	4.05	1.80
SO_3	0.05	4.75	2.11	烧失量	4.90	17.74	13.40

注：据陕西省地质局第四地质队四分队，1979。

矿石中 P_2O_5 含量增高，CaO 和 F 的含量有随之增加的趋势。而酸不溶物与 P_2O_5 呈负相关关系。MgO 组分无一定变化规律，但其含量高（平均3.40%）会使化肥产品物理性能变坏。

矿石中微量元素含量很低。稀土元素总量（TRe_2O_3）平均0.017%，选矿富集后可达0.041%。

3) 矿石自然类型

根据矿石结构、构造特征和矿物、化学组分的不同，以及矿石在矿层柱状剖面位置上的差异，将本矿床矿石划为如下三个自然类型。

（1）薄层条带状泥质白云质磷块岩：为深灰、灰黑色，具清晰的条带状（或薄层状）构造，矿石由黑色致密状磷条带和脉石条带组成。磷条带主要由胶磷矿、含碳磷灰石、磷灰石等矿物组成，呈隐晶-微晶质结构，时有粒屑状结构。脉石条带多样，有以白云石为主的白云质条带，以白云石、方解石为主的灰质条带及白云石、泥质和绢云母组成的千枚状泥质白云质条带（其中常散布一定数量磷灰石）。后一种是常见的脉石条带。该类矿石在矿层柱状剖面上位于底部，厚度0~6.88m不等，是南翼北矿层主要矿石类型，品位高低取决于磷条带和脉石条带比例，一般 P_2O_5 含量15%~25%，多为Ⅲ级品，酸不溶物达20%以上。

（2）粒屑状白云质磷块岩：深灰、灰黑、黑色，脱碳后有呈浅灰色者，但不常见，具碎屑状、团粒状、线粒状结构，厚层块状和条带状构造。胶结类型以孔隙式为主，基底式为辅。依其主要结构又可分为碎屑状白云质磷块岩、团粒状白云质磷块岩、线粒状白云质磷块岩、粒屑条带状白云质磷块岩。粒屑颗粒主要由胶磷矿和含碳磷灰石组成，胶结物主要为白云石、磷灰石、泥尘、碳尘、方解石、绢云母等。该类矿石在矿层柱状剖面上位于中部，是北翼和南翼东段矿层的主要矿石类型，厚度0~11.20m，P_2O_5 平均含量25.88%，酸不溶物12.69%，MgO 3.26%，是品级类型中的Ⅱ级或Ⅲ级。团粒状白云质磷块岩中还见一种生物遗骸结构。

（3）薄层条带状含锰泥质白云质磷块岩：风化矿石为棕灰-黑棕色，原生矿石为深灰、灰黑色。结构、构造特征同薄层条带状泥质白云质磷块岩,唯脉石矿物中有一定数量的锰白云石、硬锰矿、软锰矿。P_2O_5 平均含量 26.92%,酸不溶物 21.61%,MnO 6.81%,MgO 3.28%。本类矿石在矿层柱状剖面上位于顶部,厚度 0.57 ~ 12.52m,多属低品级矿石。

4)矿石工业类型

矿石的主要脉石矿物为白云石、绢云母、石英、方解石等。化学成分 MgO 平均含量达 3.40%,故统称本区矿石为白云质磷块岩,冠以组构名称和含锰特征,则区分为上述三种自然类型。在划分矿石自然类型基础上,根据矿石中有益组分(P_2O_5)含量和其他组分含量的相互关系,CaO/P_2O_5 = 1.51 ~ 2.21,平均 1.61(>1.3),Al_2O_3 含量 0.21% ~ 3.29%,平均 1.5%(<3%),Al_2O_3/P_2O_5 = 0.01 ~ 0.20,平均 0.07(<0.2),R_2O_3 含量 1.77% ~ 7.01%,平均 3.43%(<4%),结合现行技术规范有关使用标准,将本区矿石工业类型划归"钙(镁)磷酸盐类",按钙硅比 $\{[(CaO+MgO+CO_2)-K \cdot P_2O_5]/SiO_2\}$ 计算结果,可将钙(镁)磷酸盐类划分为三型,即钙硅型(钙硅比 0.4 ~ 1.0)、硅钙型(钙硅比 1.0 ~ 2.5)和钙型(钙硅比>2.5)。

三、控矿因素和成矿规律

1. 控矿因素

(1)浅海相区台地相带边缘台滩相的岩相古地理环境;
(2)在地层岩性上为上震旦统陡山沱组含磷白云岩;
(3)向斜和断层构造。

2. 成矿规律

茶店磷矿床是新元古代形成的海相沉积变质型磷矿床。含矿层位为上震旦统陡山沱组,赋矿岩石为白云质磷块岩,矿体就是磷块岩中磷矿物富集的地段,具有沉积层状矿床的典型特点。对矿区含磷岩系地质、岩石化学等研究显示,成矿作用可分为三个阶段:第一阶段是成矿作用早阶段,在含磷岩系下部(Z_2d^1)形成了含磷块岩团块或条带;第二阶段是成矿作用中阶段,为主体阶段,在含磷岩系中部(Z_2d^2)形成了厚度大的磷块岩,产出工业矿体;第三阶段是成矿作用晚阶段,在含磷岩系的上部(Z_2d^3、Z_2d^4)形成少许磷质条带。

四、矿床成因与成矿模式

(1)该矿床在大地构造位置上处于扬子板块与秦岭微板块的过渡带上,矿床形成受古地理环境——台地相控制(图 4.103)。
(2)从剖面结构看,矿层位于陆源碎屑岩向碳酸盐岩的过渡处,属海进层序下部,层位稳定。磷块岩沉积受古地理环境制约,边缘台地相位于低潮面与高潮面之间,既不是深水,也不是极浅水;在台地边缘但与深水有联系,环境开阔,利于洋流上翻、磷质带入,水动力比较强,以波浪和潮汐作用为主,为成矿的有利环境。矿石中碎屑状石英砂、泥质物呈条带状构造、粒屑状结构，说明矿床形成于海底平坦、海水微荡的滨海-浅海相沉积环境。

（3）矿石中白云石、黄铁矿、有机碳的共生，说明磷块岩是在缺氧的沉积环境和弱碱性沉积介质条件下形成的。矿石中生物残骸的存在，表明磷块岩形成与生物作用具有一定关系。

（4）茶店磷矿床属海相沉积型，后期遭受了变形变质改造。

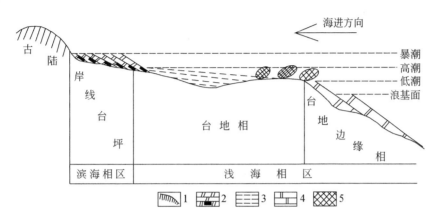

图 4.103　茶店磷矿床含磷岩系沉积模式示意图

1. 古陆；2. 白云岩，底部有锰土层；3. 泥质岩；4. 碳酸盐岩；5. 磷块岩

五、找矿标志及找矿模型

1. 找矿标志

磷矿层在地貌上处于由碳酸盐岩形成高峻陡直的山峰与泥质岩石形成的缓坡之间，矿层与碳质、锰质岩石的共生组合，使含磷岩组在地表从颜色上与上、下岩层具有明显区别，这些都是寻找该类磷矿的直接或间接地质找矿标志。同时，矿区多显示磷、锰等元素化探异常和高极化率、低电阻率物探异常。

2. 找矿模型

茶店磷矿床"三位一体"找矿预测地质综合模型见表 4.102。

表 4.102　茶店磷矿床"三位一体"找矿预测地质综合模型

找矿模型要素	主要标志	茶店磷矿床
成矿地质背景	大地构造背景	扬子板块西北缘摩天岭隆起东段勉略宁三角区南部
	成矿时代	以晚震旦世为主，距今 700Ma 左右
成矿地质体	含矿层位及岩性	上震旦统陡山沱组含磷白云岩
	含磷建造形态、产状、规模	含磷建造多呈层状、似层状、透镜状，与地层整合产出，一般宽数米至数百米不等，长数百米至数千米不等，延深可大于 1000m

找矿模型要素	主要标志	茶店磷矿床
成矿地质体	成矿期次	沉积后经历了复杂强烈的变质、变形改造；成矿期次一般可分为沉积期和变质变形期
	成岩时代	新元古代晚震旦世，距今 700Ma 左右
	含磷建造类型	海相沉积建造
	岩石学特征	主要由磷块岩层（胶磷矿、磷灰石为主）和白云石组成，次要是石英、绢云母、锰矿物，泥质和碳质、方解石、黄铁矿
	岩石地球化学	以 MgO、P_2O_5 为主
	组构特征	块状构造、层状构造、薄层状（条带状）构造发育，以隐晶–微晶质结构及粒屑状结构为主
	成岩物理化学条件	沉积条件为半封闭弱碱性氧化–弱还原交替变化环境；变质变形条件为较高的温度和压力条件
	成岩深度	沉积水深在几米至数十米的高潮面到低潮面之间的动水环境；变质变形深度在埋深数百米之下
	成因特征	火山喷发形成的新生地壳为成矿提供物质来源，波浪与潮汐作用对磷块岩的形成关系比较密切
成矿构造和成矿结构面	成矿构造系统	变质变形构造系统
	成矿结构面类型	以向形构造控矿最明显，韧性变形带、断裂、背形构造次之
	成矿构造深部变化	出露地表和浅埋铁矿体控矿构造以向形为主，深埋藏隐伏矿体与背形关系密切
	矿体就位样式	在变质变形过程中，成矿物质以碎屑流的形式在褶皱轴部塑性流动，导致矿体变厚、变大、变富
成矿作用特征标志	矿体特征	矿体一般为似层状、透镜状，局部发育富矿
	矿体产出部位	矿体顺层产于含磷建造中，一般在褶皱轴部膨大，尤其是富矿多集中在褶皱轴部
	矿石类型	主要为块状白云质磷块岩，少量薄层或条带状白云质磷块岩
	矿石组成	矿石矿物以胶磷矿、含碳磷灰石、磷灰石（氟磷灰石）为主；脉石矿物主要为白云石，少量石英、绢云母、泥质和碳质、方解石、黄铁矿、锰矿物。此外有微量磁黄铁矿、黄铜矿、金红石、石榴子石、角闪石
	矿石结构、构造	以隐晶–微晶质结构及粒屑状结构为主；典型构造为块状构造、层状构造、薄层状（条带状）构造
	成矿期次及矿物组合	沉积期为胶磷矿–白云石；变质变形期为磷灰石–石英组合
	矿石分带特征	不明显
	成矿物理化学条件	沉积期：压力和温度不高的海底环境，沉积时为氧化–弱还原交替变化环境，pH 为中偏碱性；变质变形期：地下深部较高温高压环境，较还原

续表

找矿模型要素	主要标志	茶店磷矿床
成矿作用 特征标志	成矿流体性质	沉积时，成矿流体为海水流体；变质变形时以变质流体为主
	成矿物质来源	成矿物质主要来自海底火山喷发和古陆岛新生火山岩表壳
	成矿深度	沉积时为浅海海底环境，变质变形时的深度最深可达数百至数千米
物化遥异常	物探异常	高极化率、低电阻率异常
	化探异常	磷、锰等元素组合异常

第五章　勉略宁矿集区成矿规律

第一节　矿集区成矿地质条件与矿产资源分布

勉略宁矿集区是陕西省重要的矿产资源基地，素有"金三角"之称，区内产有陕西省最大的铜矿——铜厂铜矿，最大的镍矿——煎茶岭镍矿，最大的锰矿——天台山锰矿，最早发现的大型铁矿——鱼洞子铁矿等。已探明的金属矿产资源储量位居全省前列，已发现大中型铁、铜、金、锰、铅锌、镍、石棉、磷、水泥用石灰石等矿床多处，小型矿床、矿点星罗棋布，数不胜数，且矿化异常线索云集。整体上看，该区成矿地质条件优越，找矿前景十分广阔。

一、矿集区成矿地质条件

1. 成矿地质条件

勉略宁矿集区地处西秦岭造山带、扬子板块、松潘-甘孜造山带之间，以勉略构造带、勉县-阳平关断裂带、虎牙断裂分别与周边地质构造单元为界，主体呈自西向东收敛的楔状地质体。该区地层以广泛分布元古宙变质火山岩系为特征，经历了从新太古代到新生代的长期复杂的构造岩浆活动。

区内地层分为基底和盖层。基底地层属前震旦系变质基底，一般呈块体产出，由太古宙火山-沉积中-高级变质岩系（鱼洞子岩群）和中、新元古代火山-沉积中-低级变质岩系（何家岩岩群、大安岩群、碧口岩群）组成。鱼洞子岩群主要由斜长角闪岩、斜长片麻岩、浅粒岩、变粒岩、钠长绿泥片岩及磁铁石英岩组成绿岩岩系。在鱼洞子岩群内部存在部分灰色片麻岩，属 TTG 岩系（奥长花岗岩-英云闪长岩-花岗闪长岩）残留体，其上大部分绿岩岩系属灰色片麻岩形成之后的表壳岩，二者共同组成太古宇花岗-绿岩建造；碧口岩群主要为一套裂陷环境下的多旋回火山-沉积组合，岩性有细碧岩、细碧质凝灰岩、角斑岩、角斑质凝灰岩、火山角砾岩、凝灰质千枚岩、硅质千枚岩、白云岩等。在蒲沟、铜厂、罗家山、大石岩、徐家坝等地形成多个火山机构，受多期次构造活动影响，岩石中褶皱、断裂发育，紧闭小褶皱、糜棱岩化、透入性面理发育，变形、变质强烈，后期面理置换前期面理现象比较普遍，区域变质达到绿片岩相。碧口岩群岩层中超基性岩体、辉绿岩体、闪长岩体、花岗岩体发育。基底变质地层是区内金、铁、铜、铅锌、硫铁矿、银、重晶石等矿床的重要矿源层和赋矿层位。盖层主要为震旦系、上古生界泥盆系和石炭系，为一套海相碎屑岩-碳酸盐岩组合，岩石变形比较强，弱变质；此外分布少量中生界侏罗系陆相湖沼相碎屑岩组合和新生界第四系河流冲洪积物。震旦系是区内磷、锰、铬、铅锌、金等金属非金属矿产重要的赋矿层位。

勉略宁矿集区北部受秦岭造山带影响，构造线以北西西向为主；南部受松潘-甘孜造山带影响，构造线以北东向为主；区内各成矿带之间均以断裂构造为界。近南北向构造后期比较发育。

勉略宁矿集区火山作用、岩浆侵入作用强烈，具有多期次、长期活动特点，形成的岩石种类繁多。主要火山活动时期为阜平期、晋宁期。岩浆侵入时期主要为晋宁期、加里东期—海西期、印支期—燕山期。

火山岩以海相火山岩为主，一般形成火山-沉积岩建造，岩石大多经历了中-低级变质作用，鱼洞子岩群达到高级变质相。太古宇火山岩——鱼洞子岩群具有酸性-基性组合，形成大型铁矿床、金矿床。元古宇火山岩——何家岩岩群具有基性-酸性组合，具有双峰式火山岩特点，形成于板内裂解裂谷构造环境，赋存铁矿床；大安岩群具有大洋拉斑玄武岩基性组合，形成于大洋中脊裂解构造环境，产出金、铜矿床；碧口岩群阳坝岩组、郭家沟岩组、东沟坝岩组，具有基性-酸性组合，属于岛弧拉斑-钙碱性组合，形成于裂谷或岛弧构造环境，产出铁、铜、金、银、铅锌、锰矿床。

区内侵入岩由超基性、基性、中性、酸性组成，规模以中-酸性闪长岩、花岗岩为主，出露面积比较大，主要分布在铜厂、煎茶岭、七里沟、金子山、苍社、关口垭一带。中酸性岩分为晋宁期、加里东期、海西期、印支期、燕山期五期，其中晋宁期与镍、铁、铜成矿关系密切，印支期—燕山期与金、铜成矿关系密切。

基性岩一般规模比较小，规模较大者主要为白雀寺杂岩体，与钛磁铁矿成矿关系密切。

超基性岩一般规模也比较小，大多沿深大断裂带成群、成带展布，如勉县-略阳断裂、碳口驿-黑木林构造带等，以镁质超基性岩为主。煎茶岭超基性岩、黑木林超基性岩与金、镍、钴、铁、石棉成矿关系密切。

勉略宁矿集区内不同期次、不同程度的变质作用发育，变质岩系分布广泛，岩石类型比较多，以中-低级变质绿片岩相-绿帘角闪岩相普遍发育为特点，碳口驿-黑木林古基底拼合带两侧发育深俯冲高压变质蓝闪石岩相。包括摩天岭地块太古宙结晶基底变质岩系、元古宙过渡基底变质岩系、震旦纪以来沉积盖层浅变质岩系、龙门山-阳平关早古生代裂谷沉积盖层浅变质岩系、扬子北缘沉积盖层浅变质岩系五类。主要变质作用类型有区域动力变质、热液变质、区域中高温变质，主要变质期为新太古代或阜平期、新元古代早期或晋宁晚期。

（1）阜平期变质岩系：鱼洞子岩群发育绿帘角闪岩相和角闪岩相；与沉积变质型铁矿（鱼洞子式）成矿关系密切。

（2）晋宁晚期变质岩系：何家岩岩群、大安岩群以绿片岩相为主，出现绿泥-钠长石矿物组合和阳起石-钠长石矿物组合，局部出现高压蓝闪石岩相，矿物组合为硬绿泥石-蓝闪石；碧口岩群以绿片岩相为主，出现绿泥石-钠长石、阳起石-钠长石矿物组合；局部见绿帘角闪岩相，出现角闪石（绿帘石）-钠长石矿物组合。

（3）加里东期变质岩系：为区域热液变质，形成高绿片岩相-低角闪岩相变质岩系。

（4）海西期-印支期变质岩系：形成低绿片岩相变质岩系。

总之，区内变质作用的发生、岩石变质程度及变质岩的分布与区域构造密切相关。一些矿床形成有变质改造成矿作用的贡献。

2. 矿集区重大基础地质与成岩成矿问题

勉略宁矿集区内具有新太古代结晶基底（鱼洞子岩群）和中、新元古代褶皱基底（何家岩岩群、大安岩群、碧口岩群），此外，主要发育了扬子陆块西北侧扩张期陆缘沉积（$Z_2—O_1$）、俯冲期被动陆缘沉积（$O_2—S$）（张国伟等，2000）及陆表海性质的板内扩张裂陷盆地沉积和相对隆升的地叠（D—T）（冯益民等，2002），断陷海盆对产出在泥盆系碳酸盐岩中的热水–沉积型铅锌矿床及汞锑矿床具有重要控制意义。中生代早期，秦岭印支海槽逐渐闭合，扬子陆块与华北陆块碰撞，发生叠复造山（任纪舜，2004）形成超高压变质带；此后，发生岩石圈增厚、折沉。

（1）勉略宁矿集区的归属问题

根据宋小文等（2004），以玛沁–略阳–勉县为界，北为秦祁昆成矿域，南为特提斯成矿域，因此将勉略宁矿集区归属到特提斯–喜马拉雅成矿域（Ⅰ级）之松潘–甘孜成矿省（Ⅱ级）的松潘–玛多晚古生代金稀有银铅锌成矿区（Ⅲ级，本次暂采用这一划分方案）；根据徐志刚等（2008）划分和《中国重要矿产和区域成矿规律》（2015）划分，将勉略宁矿集区归属秦祁昆成矿域（Ⅰ级）之秦岭–大别山成矿省（Ⅱ级）的西秦岭 Pb-Zn-Cu-(Fe)-Au-Hg-Sb 成矿带（Ⅲ级）；根据《中国区域地质志·陕西志》（2017），勉略宁矿集区归属古亚洲成矿域（叠加滨太平洋成矿域）（Ⅰ级）之上扬子成矿省（Ⅱ级）的龙门山–大巴山（台缘拗陷）Fe-Cu-Pb-Zn-Mn-V-P-S-重晶石–铝土矿成矿带（Ⅲ级）。该区到底如何归属，尚需深入分析认识。

（2）鱼洞子岩群的归属问题

张宗清等（2001）根据鱼洞子岩群的 Nd 同位素特征与扬子区崆岭群变质岩相似，推测鱼洞子岩群为扬子克拉通的基底碎片。其他学者则基于沉积建造，从含矿性、产出沉积变质型铁矿等角度分析，推测鱼洞子岩群应属于华北克拉通基底的碎片。鱼洞子岩群的地质归属和成矿性，特别是金矿资源潜力有待于进一步研究探讨。

（3）碧口岩群的划分和产出环境问题

《中国区域地质志·陕西志》（2017）把碧口岩群定义为《陕西省岩石地层》（1998）中的广义碧口岩群解体出何家岩岩群、大安岩群后，剩余的变质火山–沉积岩组合所建立的一个构造岩石地层单位。碧口岩群分为阳坝岩组及秧田坝岩组，确定阳坝岩组为一套岛弧火山岩；秧田坝岩组为弧后盆地沉积。《中国区域地质志·陕西志》（2017）正文中把阳坝岩组三分为下岩段、中岩段、上岩段；而图件中把阳坝岩组二分为阳坝上岩组、阳坝下岩组。

姚书振等（2002b）通过研究产出在碧口岩群火山岩中的陕西省宁强县大茅坪铜矿、甘肃省康县筏子坝铜矿、陕西省略阳县东沟坝金铅锌多金属矿区的碧口岩群火山岩地球化学特征，认为东沟坝地区的碧口岩群郭家沟组和东沟坝组火山岩形成于岛弧环境，筏子坝地区碧口岩群火山岩第一、第二亚群具有双峰式特征，形成于板内裂解裂谷环境；大茅坪地区碧口岩群第一、第二亚群火山岩形成于弧后盆地伸展构造环境；综合认为碧口岩群火山岩是由不同构造环境火山岩为主体组成的复杂地质体。

西北有色地质勘查局七一一总队自20世纪50年代以来一直在勉略宁地区针对碧口岩群开展地质工作，习惯上把碧口岩群以嘉陵江为界，根据岩石组合和产出构造环境不同，分为东西两部分，嘉陵江以西，分为第一亚群、第二亚群，形成环境为弧后盆地和板内裂谷；嘉陵江以东分为郭家沟组和东沟坝组，形成环境主要为岛弧。

综上，碧口岩群的划分和产出构造环境尚有待于研究深化，以逐步形成共识。

（4）对于古生代踏坡海盆成矿性尚未开展工作，有待进一步探讨。

（5）关于区内基性、超基性岩体和印支期—燕山期中酸性岩体的含矿性还有待进一步调查评价和综合研究。例如，碳口驿岩体、七里沟花岗岩、金子山花岗岩、大安花岗岩等。另外，区内关键金属矿产的成矿研究与找矿工作也急需深化。

二、矿集区矿产资源分布

1. 矿产资源分布

勉略宁矿集区处于秦岭微板块、扬子板块、松潘-甘孜板块结合部位，是长期发育的复合型地块。自古元古代扬子板块与华北板块拼贴形成统一大陆后，经历了中元古代、新元古代—早古生代、晚古生代3次裂解（形成大陆裂谷、裂陷槽、有限洋盆等）和格林威尔期（新元古代末）、晚加里东期、印支期3次聚合，随后转入中生代—新生代陆内俯冲造山，发生了壳-幔物质的强烈频繁的交换，构成过渡性地壳。地壳总体组成基性程度比较高，有色金属、贵金属矿床（金、银、铅锌、镍、铜等）是区内的优势矿种。勉略宁矿集区长期处于扬子板块稳定大陆西北缘，与沉积作用或碱性岩浆作用有关的磷、锰、钒、钛、铌和稀土可能构成优势矿种。该矿集区内矿产资源丰富，类型比较齐全，主要有金、铜、铁、镍、锰、铅锌、磷、钴、硫铁矿、石棉等矿产（表5.1）。

表5.1　勉略宁矿集区重要矿床特征一览

矿床名称	主要矿种	成矿类型	规模	成矿时代
略阳县徐家坪-白水江砂金矿床	金	冲洪积砂矿型	小型	喜马拉雅期
略阳县煎茶岭金矿床	金	构造蚀变岩型	大型	印支晚期
宁强县丁家林金矿床	金	韧脆性剪切带型	小型	燕山期
宁强县小燕子沟金矿床	金	韧脆性剪切带型	小型	印支期
宁强县火峰垭金矿床	金	构造蚀变岩型	小型	印支期—燕山期
略阳县郭镇铧厂沟金矿床	金	岩浆热液型	中型	印支期
李家沟金矿床	金	变质热液细脉浸染型	中型	印支期或燕山期
干河坝金矿床	金	构造蚀变岩型	中型	印支期
略阳县东沟坝金银矿床	金、银、铅、锌、重晶石	海相火山沉积-改造型	中型	新元古代
略阳县陈家坝铜铅锌矿床	铜、铅锌	海相火山沉积-改造型	中型	新元古代

续表

矿床名称	主要矿种	成矿类型	规模	成矿时代
略阳县红土石硫铁矿床	硫	海相火山沉积–改造型	小型	晋宁期
宁强县二里坝硫铁矿床	硫	海相火山沉积–改造型	中型	晋宁期
宁强县银硐山铅锌多金属矿床	铅锌	海相火山沉积–改造型	小型	晋宁期
勉县茶店（观山）磷矿床	磷、锰	海相火山沉积–变质型	大型	震旦纪
宁强县黎家营锰矿	锰	海相火山沉积–变质型	中型	震旦纪
略阳县铜厂铜铁矿床	铜	海相火山沉积–改造型	中型	晋宁期
略阳县徐家沟铜矿床	铜	海相火山沉积–改造型	小型	晋宁期
略阳县煎茶岭含钴镍矿床	镍、钴	晚期岩浆熔离–热液改造型	大型	新元古代中期
略阳县煎茶岭铁矿床	铁	岩浆热液型	小型	新元古代
宁强县刘家坪铜锌矿床	铜、锌	海相火山沉积–改造型	小型	新元古代
略阳县中坝子钛磁铁矿床	铁、钛	岩浆晚期分异型	小型	新元古代
宁强县大茅坪铜矿床	铜	海相火山岩型	小型	新元古代
略阳县鱼洞子铁矿床	铁	沉积变质型	大型	新太古代
略阳县阁老岭铁矿床	铁	沉积变质型	中型	新太古代
略阳县黑山沟铁矿床	铁	沉积变质型	中型	新太古代
宁强县黑木林石棉矿床	石棉	热液交代型	中型	加里东期

金矿是区内优势矿产之一，主要有产于碧口岩群火山岩中受韧性剪切带控制的小燕子沟金矿；产于震旦系白云岩岩性界面附近，与印支期岩浆热液活动有关的煎茶岭大型金矿、李家沟金矿；产于志留系碎屑岩中受韧性剪切带控制的丁家林金矿等。此外，汉江、嘉陵江沿线还产出砂金矿。

铜矿集中分布在铜厂石英闪长岩体周边，有铜厂中型铜矿、徐家沟铜矿；此外碧口岩群火山岩中产出大茅坪铜矿、黑窝子铜矿等；近年来在大安岩群中发现了寨根铜矿。

铁矿亦是区内优势矿产，以产于鱼洞子岩群中的火山–沉积变质型铜洞子铁矿为代表；还有产于白雀寺杂岩体中的中坝子钛磁铁矿、产于碧口岩群火山岩中的铜厂铁矿等。

镍矿主要为与超基性岩体有关的煎茶岭大型含钴镍矿床。

锰矿主要有产出于上震旦统陡山沱组中的黎家营中型锰矿、天台山中型锰矿、干沟峡锰矿等。

铅锌矿主要为产出在碧口岩群火山岩中的银硐山铅锌矿、陈家坝铜铅锌多金属矿、东沟坝铅锌金多金属矿等。

磷矿主要为赋存在上震旦统陡山沱组中的茶店磷矿等。

2. 矿床主要类型

勉略宁矿集区矿床类型复杂多样。按成因可分为沉积型（沉积–改造型）、沉积变质型、热液型、接触交代型、岩浆型等。此外，区内发现伟晶岩型石墨矿化、斑岩型金矿化（略阳县红岩山），但未发现一定规模的工业矿体。沉积型、沉积变质型、热液型为其主要成矿类型，沉积型可分为海底火山喷流沉积、化学–生物化学沉积亚类，主要形成铁、铅锌、铜矿床。热液型按热液来源可分为岩浆热液、变质热液、构造热液三类，主要形成金、银矿床。按矿石的自然类型划分，金矿床有石英脉型（如丁家林金矿）、构造蚀变岩型（如煎茶岭金矿）、微细浸染型（卡林型）、石英岩（变硅质岩）型、块状硫化物型；铜矿床有块状硫化物型、片理化石英闪长岩型、片理化细碧岩型；镍矿床有滑镁岩型、蛇纹岩型、菱镁岩型、透闪岩型；铅锌矿床有块状硫化物型和脉型。

对应于不同时代的地质作用，勉略宁矿集区的主要矿床类型可划分为：

（1）新太古代沉积变质型（阿尔戈马型）铁矿床，如略阳县鱼洞子铁矿床等。

（2）中、新元古代与碧口洋演化有关的铜铅锌金银镍铁矿床，如略阳县东沟坝金银铅锌重晶石矿床、略阳县煎茶岭含钴镍矿床、略阳县铜厂铜铁矿床等。

（3）震旦系—下古生界黑色岩系中沉积型磷（稀土）锰钒矿床，如勉县茶店磷矿床、略阳县何家岩磷矿床、宁强县黎家营锰矿床、略阳县五房山锰矿床等。

（4）中生代与印支期—燕山期中酸性岩浆侵入岩、低温热液有关的金铜矿床，如略阳县煎茶岭金矿床、宁强县小燕子沟金矿床等。

（5）与第四纪冲洪积作用有关的砂金矿床，如徐家坪–白水江砂金矿床。

3. 空间分布特征

1）矿床空间展布具有北西成带、北东成行特点

勉略宁矿集区位于古亚洲构造域秦岭造山带（主构造线方向为东西向）、特提斯构造域松潘–甘孜造山带（主构造线方向为北西向）、滨太平洋构造域扬子板块（主构造线方向为北北东向）的交汇部位，导致形成区内近东西向（或北西西–北西向）构造与近南北（北北东–北东向）构造复合叠加的格局，控制矿床呈北西成带、北东成行分布。例如，勉县鞍子山–略阳接官亭、碳口驿–二里坝成矿带均呈北西向展布；同时，大致沿宁强县代家坝–勉县七里沟、青木川–关口垭存在北东向的成矿密集带。元古宙—三叠纪，扬子板块与华北板块之间的多次拼贴、裂解均主要受北西西–北西向构造控制；中、新生代，扬子板块向秦岭微板块的陆内俯冲也受北西西–北西向构造控制。古生代以前，勉略宁矿集区以北西西–北西向构造为主，北东向构造为次；中、新生代，区内构造以北东向、近南北向构造为主，尤其在深部成为主导构造，形成上地幔重力、磁场异常结构；浅部表现为北西西向构造在前期构造基础上继承性发展。

2）地层对矿床的控制

勉略宁矿集区矿床具有比较明显的后生成因特征，但区内大多数矿床产出在鱼洞子岩群、碧口岩群、上震旦统少数地层层位和一定的岩石建造中，且矿体呈层状、似层状或透镜状。这主要是因为：①成矿物质来源于地层；②具有独特的地球物理、地球化学特征的岩性层或岩性组合类型对成矿的控制；③地层层间滑脱带或层间破碎带的成矿控制作用。

由于具备有利于成矿的物理条件或地球化学障特点，一些特定的岩性层或岩性组合对矿床（体）的分布具有重要的控制作用，如鱼洞子岩群中的磁铁石英岩、碧口岩群火山岩中的碳酸盐岩、碎屑岩中的硅质或钙质层等；不同的沉积建造控制了不同的矿产。勉略宁矿集区具有成矿意义的主要沉积建造包括鱼洞子岩群中火山–沉积建造、碧口岩群中细碧角斑岩建造、上震旦统陡山沱组细碎屑岩建造。

根据《中国区域地质志·陕西志》（2017）地球化学数据统计，鱼洞子岩群（杂岩）中的 Au、Zr、Sr、Co、B 等元素背景高，富集系数≥1.2；W、Mo、U、Sb、Nb、Li、Cd、Be 等元素呈现低背景，富集系数<0.8；其余绝大多数元素均为背景分布。Au 分布极不均匀，Zr、B 分布比较均匀；其余元素均以均匀形式分布。鱼洞子岩群中 Au 成矿远景大。目前鱼洞子岩群中已发现金硐子金矿点等。碧口岩群中呈现为低背景的元素有 Pb、Ag、As、Sb、Hg、Ba、B、F、Sn、Be、Bi、Li、Th 等，以多金属低温热液元素和酸性岩浆岩特征元素为主。Cr、V、Mn、Cu、Co 等元素呈现为高背景，其中 Cr、Co、Ni 三元素丰度值高出全区背景 4 倍，与地层中的基性火山岩和基性、超基性岩浆活动有关；Cr 为弱富集，Co 为富集型，Ni 的极大值高达 160×10^{-6}；Au 为强分异、强叠加型，Au 的叠加强度系数高达 95.4；变异系数为 2.83；金丰度高出全区背景 1.19 倍。以上反映出同生沉积与后期叠加兼备，以后生叠加为主，成矿前景大。Ag 为低背景，强分异、强叠加型，反映出以后期矿化叠加为主，可能局部成矿。碧口岩群主要成矿元素为 Au、Ag、Cu、Cr、Ni、Co、Pb、Zn 等。该岩群中目前产有东沟坝金银铅锌矿、陈家坝铜铅锌矿、徐家沟铜矿、大茅坪铜矿等。

震旦系呈现高背景分布的元素主要有 Cu、Ag、P、Mo、Cd、Bi、Ba、V、Mn 等，其余元素均为背景分布。Au、Ag、Cu、Cd、P、Mo、B、Bi、Ba、Mn 等元素分布极不均匀，V、Hg 分布不均匀；Zn、W、U、Sr、Sb、Ni、As 等分布比较均匀，其余元素均以均匀形式分布。震旦系中 Cu、Ag、P、Au、Mo、Cd、Ba、Mn 等元素具有比较好的成矿性。震旦系中赋存李家沟金矿、茶店磷矿、黎家营锰矿等。

志留系中只有 B 呈现高背景。其余元素为背景分布；Mo、Hg、Au 分布极不均匀，Sb、Cd、Ba 分布不均匀；Au、Sb、Hg、Mo、Ba、Zn 以后期叠加为主，分异、叠加程度比较高，尤其是 Au 达到极强分异、极强叠加，局部成矿前景好。例如，丁家林金矿等。

康县–略阳褶皱带中的泥盆系 Cd、Sr 为高背景分布，其他元素为背景或低背景分布，呈弱分异–强分异的元素为 Ag、Cd、Cr、Ni、Sr、B、Mo、Sb、As、Au、Hg 等；改造–叠加的元素有 Ag、Sb、Ni、Mn、Au、Mo、Hg 等。泥盆系中成矿前景好的元素有 Au、Ag、Cu、Pb、Zn、Hg、Sb，均以硫化物热液型元素组合为主，显示局部富集多与后期矿化叠加有关。

3）岩浆岩对矿床的控制

岩浆岩对矿床的控制主要表现在与岩浆作用或与岩浆岩有关的矿床的成矿机制及空间展布方面。火山成因喷流沉积矿床，如东沟坝铅锌金矿床、陈家坝铜铅锌矿床，一般形成于火山活动的间歇期或衰减期，含矿段为酸性火山岩或含矿段上覆酸性火山碎屑岩，下伏基性熔岩，矿体多产于两种不同岩性的界面附近，或偏顶板酸性岩一侧。以火山岩系为矿源层的矿床，如碧口岩群中的后生热液型矿床，仍产出在火山岩系中，或赋存在火山岩系的偏上段；与超基性-基性岩有关的岩浆型矿床，矿体赋存在岩体中，且不同矿种的矿石往往与不同的岩相带有关，如煎茶岭含钴镍矿和中坝子钛磁铁矿。与中酸性侵入岩有关的矿床，矿体大多产出在岩体的内、外接触带或岩体附近围岩之中，如铜厂铜、铁矿等。

4）构造对矿床的控制

（1）大地构造制约矿带、矿床的分布

勉略宁矿集区位于扬子板块与秦岭微板块、松潘-甘孜地块之间，受扬子板块西北缘稳定大陆边缘区及后期的相向陆内俯冲造山格局制约，可分为勉县鞍子山-略阳县接官亭、略阳县硖口驿-二里坝、勉县七里沟-宁强县代家坝3个成矿亚区带。元古宙成矿作用主要受挤压汇聚环境下，碧口地块与鱼洞子地块碰撞拼接、隆起构造体系制约；中、新生代成矿作用主要受扬子板块向秦岭造山带俯冲而形成的隆-滑转化带控制。

（2）矿区构造控制矿体的产出空间位置和形态

区内矿体一般产出在：①褶皱核部的虚脱部位或纵张节理带、倾伏端、翼部的层间滑脱带或层间破碎带；②断裂（剪切带）构造带，如韧脆性构造转换带、断层破碎带、片理或劈理密集带等；③节理（裂隙）构造带；④复合构造带，如褶皱核部与断裂交汇处，两组或多组断裂交汇处等；⑤构造控制的矿体，特别是金矿体一般具有侧伏特征，一般侧伏方向和构造运动方向垂直，也和成矿元素次级等值线长轴方向垂直。由于断裂面在两盘发生位移后呈波状起伏，其起伏面错位而形成垂直于位移方向的空间。

5）古火山机构对矿床的控制

勉略宁地区海相火山岩分布广泛，古火山机构制约、控制着与海相火山岩有关的铜、铅锌矿床和矿体的空间产出位置及形态。矿体一般产于火山岩和火山沉积岩岩层界面处、火山岩一侧或者火山岩不同岩性层转换面上；矿体顶板常见硅质岩类、重晶石等特殊岩性层；隐伏缓倾斜喷发间断界面，即火山岩和火山沉积岩的界面，是重要的成矿结构面。由于受古火山机构制约，海相火山岩型矿床的空间展布受控于古火山结构+火山岩/火山沉积岩性界面+物理化学界面。矿体赋存在火山机构相关的火山岩和火山沉积岩转换界面中，同时也是酸碱度转换和氧化还原转换界面。海相火山岩型矿床在平面上常形成典型的左右结构，在火山岩和沉积岩接触面上形成层状、似层状矿体，火山岩一侧常见到次火山岩岩体及脉状矿体；剖面上存在显著的二元结构，上部在沉积岩和火山岩接触面上形成厚大透镜状、层状矿体，下部形成脉状、浸染状矿体。顶部常见酸性、氧化环境下形成的硫酸盐类交代矿物，底部常见碱性还原环境下形成的交代矿物组合。例如，东沟坝铅锌金重晶石矿床和陈家坝铜铅锌矿床、二里坝硫铁矿床等。这类矿床均属与海底火山作用有关的含大量黄铁矿和一定量铜铅锌的 VMS 型矿床，或称为与海相火山热液有关的矿床。VMS 型矿床发育在以海相火山岩为特征的地区内，是同火山期硫化物矿物的堆积体。产出的大地构造环境主要为各种拉张环境、大洋板块汇聚边缘、大洋板块离散边缘、张性陆源裂谷环境或产在弧前海槽、海沟环境。矿种主要有铜、铁、铅锌，有时伴有金、银矿。国外典型矿床有西亚土耳其-塞浦路斯矿带的特罗多斯含铜黄铁矿矿床、日本的黑矿型矿床等。国内著名的有新疆阿舍勒黄铁矿型铜锌多金属矿床、甘肃白银厂黄铁矿型铜铅锌矿床、云南大红山铜铁矿床等。

6）硅钙面构造对矿体的控制

不同岩石类型的岩性界面，特别是碎屑岩与碳酸盐岩接触面（硅/钙面）是层状铅锌矿床、浅成低温热液型金矿床的有利成矿部位。硅钙面是岩性差异面和物理化学界面，是构造薄弱带，是岩石应力集中带，在构造活动过程中往往是大规模的区域滑脱带，在成矿过程中是成矿流体移运的通道和重要的储矿空间。沿硅钙面常常形成硅质角砾岩带或硅化角砾岩带，成为大型矿床和矿体产出的有利部位（叶天竺等，2014）。缓倾斜地层硅钙面是中低温热液型金矿床的重要成矿结构面。

第二节　成矿时代

刘建宏等（2006）将该区构造演化划分为 3 个大的演化阶段，即基底形成阶段、新元古代—中生代初主造山期板块构造演化阶段和中、新生代陆内构造演化阶段，并分别对应前震旦纪变质基底岩系、古生代—中生代构造层和中、新生代上部构造层这 3 个构造层。

太古宙鱼洞子岩群构成古老变质基底；中、新元古代为裂谷和小洋盆并存的构造环境，发育过渡型基底变质火山沉积岩系——碧口岩群。古生代为稳定大陆边缘有限洋盆环境，发育碎屑岩-碳酸盐岩沉积建造；中、新生代为陆内俯冲造山环境，沿勉略板块拼接缝合带，发育少量山间湖沼相沉积。

（1）新太古代为鱼洞子花岗-绿岩地体形成时期，反映了华北与扬子统一克拉通基底裂谷环境下双峰式火山岩沉积型铁矿（如鱼洞子铁矿）形成以及花岗-绿岩型沉积特点。与泥质岩、硅质岩一起沉积构成了火山沉积变质铁、金矿矿源层——鱼洞子岩群。

（2）古、中元古代是裂谷盆地发育时期，随着鱼洞子地体隆升，其南缘裂谷盆地喷发沉积低钾拉斑-钙碱系列火山岩（何家岩岩群）；南侧洋中脊环境中，喷发沉积钙碱-亚碱系列中基性火山岩（大安岩群）。该期主要成矿作用形成了含金矿源层及沉积变质型铁矿。

（3）中、新元古代是本区重要成矿期之一。北侧鱼洞子地块与南侧碧口地块汇聚，基底拼接，基性岩浆侵入，形成碧口岩群海相火山岩-细碧-角斑岩系，岩石地球化学表现为碱性-钙碱性系列，以钠质类型为主，次为钾-高钾系列，反映主体为岛弧环境，局部为裂谷环境；与此同时超基性岩沿拼接带侵入，中酸性、基性侵入岩在中心式火山机构中就位，而弧后盆地则接受碎屑浊流沉积。主要成矿作用是伴随火山后期气液活动，在火山管道或弧形、放射状断裂中充填、交代淀积块状硫化物型多金属矿（如二里坝、红土石、银硐山矿床等）；在火山斜坡洼地中喷溢，形成火山沉积型铁铜矿（徐家坝、中坝、苍社等处矿点）和喷流沉积块状硫化物型多金属矿（如东沟坝金银铅锌多金属矿床）；在中酸性侵入岩（次火山岩）的边部内外接触带上形成次火山岩热液型铜铁金等矿产（如铜厂铜矿床），在酸性岩与超基性岩接触变质相带形成有关岩浆熔离型镍、钴矿（煎茶岭含钴镍矿床），在其外围形成磁铁矿、石棉矿等。基性、超基性岩等也是金的矿源岩。

晋宁运动使元古宙火山岩固结成为一体，进入大陆边缘演化阶段，裂陷盆地中形成复理石建造和磨拉石建造沉积岩（震旦系），并伴随次火山岩活动。大量 Au、Ag、Cu、Pb、Zn、S 等成矿元素一起沉积，形成多金属矿床或金的矿源层，以及铁、铬、锰、磷等矿产沉积。

（4）加里东期—海西期，随着区内地块抬升，北部形成拉张海槽，各类火山岩、碎屑岩、碳酸盐岩、侵入岩及构造块体混杂堆积形成略襄断裂带（勉略康构造混杂岩带），产生新的矿源层。超基性–基性–中酸性岩浆沿古火山机构或构造交合部侵位，并伴随铜、镍、钴、铬、金等矿化活动，对先期形成的矿床改造、叠加、富集；南部沿汉江断裂向南仰冲，地层发生剪切推覆、剥离、塑性变形变质等作用，使地层中的金等成矿元素活化且初步富集。

（5）印支期—燕山期是秦岭主造山期。南部在汉江断裂带与次级断裂带的构造交汇部位出现穿刺性中酸性岩浆侵位。受秦岭造山影响，全区发育一系列韧脆性剪切带，发生逆冲推覆、走滑，形成糜棱岩化带、角砾岩带、片理化带。矿化活动主要表现为动热变质再造作用，矿源层中的金等成矿元素及变质水、岩浆水、地下水在热驱动力作用下，在渗滤性较强的岩石中、断裂带系统内活动，流体活动与水岩反应不断萃取交代围岩中的金，在有利的构造空间中富集，形成各种构造蚀变岩型金矿（如煎茶岭、李家沟金矿），对其他先期形成的矿体进一步改造富化、透镜化。

（6）新生代构造运动导致区内大幅度抬升、剥蚀，在阶地、河谷中沉积大量砂金，风化淋滤作用使原生金矿次生富集，也形成砂金矿。

勉略宁矿集区金属非金属矿产除沉积变质型铁矿主要形成于新太古代、砂金矿形成于喜马拉雅期以外，其他矿床主成矿时间为晋宁期（中、新元古代）、加里东期（震旦纪—早古生代）、印支期（距今 257～205Ma）。

（7）金矿主成矿期在印支期。

勉略宁矿集区金矿床成矿作用总体上可归纳为如下两大阶段：

同生沉积阶段：太古宙—古生代时期，该区通过火山作用和火山喷流沉积作用发生初始富集并形成含金矿源层。

后生热液成矿阶段：中生代初期的 T_{1-2}，扬子板块开始向南秦岭俯冲碰撞（由 B 型俯冲转为继生性 A 型俯冲），进而在中、新生代发生强烈的陆内造山作用，剧烈的造山隆升、变质变形以及局部地段的岩浆侵入，引发了广泛的热液成矿作用（成矿年龄 86～236Ma），并以变质热液成矿和地下水热液成矿为主，形成了一系列与陆–陆碰撞造山及大规模陆内俯冲造山有关的后生和热液改造型矿床。

在上述两个成矿阶段中，同生沉积阶段的地块裂陷——火山喷流–沉积作用形成的含金矿源层、有利容矿或成矿岩性层和有利于导矿容矿的薄弱构造带，为后生热液阶段造山体制下的构造–变质–岩浆–热液成矿活动提供了成矿物质和岩性构造条件；在前一阶段地层岩性、构造活动基础上，后一阶段通过活化迁移富集和新加入的深部成矿物质，从而形成后生热液型金矿床。

第三节　成 矿 区 带

如前所述，勉略宁矿集区成矿与找矿的综合研究、勘查工作在不断深入，相关资料和成果层出不穷，但成矿区带的划分目前仍存在争议。本次根据宋小文等（2004），结合徐志刚等（2008）和陈毓川等（2015a）划分，将勉略宁矿集区归属到特提斯成矿域（叠加滨西太平洋成矿域）（Ⅰ级）之松潘–甘孜成矿省（Ⅱ级）之松潘–玛多晚古生代金稀有银铅锌成矿区（Ⅲ级），详见表5.2。

勉略宁矿集区地处松潘–甘孜成矿省（Ⅱ级）松潘–玛多晚古生代金稀有银铅锌成矿区（Ⅲ级）最东端。松潘–甘孜成矿省（Ⅱ级）北侧以玛沁–康县–略阳–勉县深断裂为界和秦祁昆成矿域秦岭–大别成矿省相邻，南侧以青川–阳平关–勉县断裂为界与滨西太平洋成矿域的上扬子成矿省相邻，南西以虎牙断裂为界与特提斯成矿域巴颜喀拉–松潘成矿省相接。松潘–玛多晚古生代金稀有银铅锌成矿区（Ⅲ级）的主体部分在甘肃、四川省境内，陕西部分仅是最东端由略阳、宁强（阳平关）、勉县所构成的一个三角区，习惯上将其称为勉略宁三角区，呈现向西撒开、向东收敛的楔状体。空间上，勉略宁矿集区主控矿构造为北西向略阳–勉县深断裂带、二里坝–铜厂–七里沟元古宙古基底拼接带（中部火山岩带）、阳平关–勉县深断裂带。矿床主要沿略阳–勉县–褒河断裂带、二里坝–铜厂–七里沟古基底拼接带、阳平关–勉县断裂带分布。矿体受主断裂旁侧次级韧性剪切带、群组地层界面、层间破碎带、岩性边界面控制，呈尖灭再现、尖灭侧现分布。根据主控矿构造特征和含矿建造，Ⅳ级成矿区（带）和Ⅴ级成矿区（带）可划分如下。

1）勉略海西期——印支期蛇绿混杂岩锰磷铬镍金成矿带（Ⅳ1）

该成矿带沿秦岭造山带与扬子板块分界缝合带（勉县–略阳构造混杂岩带）分布，呈近东西向展布。勉略构造混杂岩带分布构造混杂岩、蛇绿混杂岩，从元古宙到中生代各个时代构造岩块混杂在一起，断层、短轴褶皱、节理、劈理非常发育，总体呈现有层无序特点。根据矿床产出构造环境、矿床成因类型，可进一步细分出2个Ⅴ级成矿区（带），即略阳县金家河–汉中天台山锰、磷成矿带（Ⅳ1-1）和略阳县三岔子–勉县鞍子山铬镍金铁铅锌、银成矿带（Ⅳ1-2）。

（1）略阳县金家河–汉中天台山锰、磷铅锌成矿带（Ⅳ1-1）

该带呈近东西向，狭长条状，东西长，南北窄。带内出露盖层为新元古界震旦系碎屑–碳酸盐岩沉积建造，产出磷、锰矿，成矿环境为被动陆块边缘裂陷–有限洋盆。震旦系碎屑–化学沉积岩系与下伏火山岩呈不整合或拆离剪切断层接触，上部灯影组以厚层碳酸盐岩为主，夹板岩；下部陡山沱组由灰岩、砂质灰岩、泥灰岩及白云质灰岩等组成沉积韵律层，产出磷锰层；主要分布在略阳县金家河、何家岩、勉县茶店、汉中市天台山。与磷矿共生的有含磷岩系中的高磷锰矿（软锰矿、碳酸锰）和整合在含磷岩系之上的厚层状白云岩矿床。

表 5.2　勉略宁矿集区成矿区带划分一览

I级成矿区带（成矿域）	II级成矿区带（成矿省）	III级成矿区带（Ⅲ级）	IV级成矿区带（成矿亚带）	V级成矿区带（矿田或远景区）	成矿系列	矿床类型	典型矿床
特提斯成矿域（叠加滨西太平洋成矿域）	松潘-甘孜成矿省（Ⅱ级）	松潘-玛多晚古生代金稀有银铅锌成矿区（Ⅲ级）	勉略海西期—印支期蛇绿混杂岩嵌镍铬磷金成矿带（IV1）	略阳县金家河-汉中天台山锰铅锌磷成矿带（IV1-1）	与沉积作用、火山喷流沉积作用有关成矿系列	沉积型磷、锰矿、喷流沉积改造型铅锌矿	茶店磷矿、天台山锰磷矿、关地门铅锌矿
				略阳县三岔子-勉县鞍子山铬镍金铁铅锌铜成矿带（IV1-2）	与岩浆作用、变形构造作用有关系列	岩浆叠加构造改造型	三岔子铬矿、鞍子山铬铁矿
			摩天岭隆起太古宙—元古宙铁金银铅锌铜硫石榴成矿区（IV2）	略阳县鱼洞子-阁老岭铁金成矿区（IV2-1）	与火山喷发作用、区域变质作用、大型变形构造作用有关系列	火山沉积-变质型铁矿、构造蚀变岩型、花岗-绿岩型、岩浆型叠加热液改造型	鱼洞子铁矿、煎茶岭金矿、煎茶岭铁矿、煎茶岭镍钴矿
				勉县七里沟-宁强县二里坝金银铅锌铁铜矿、锰成矿带（IV2-2）	与火山喷发作用、火山期后热液作用有关成矿系列	火山喷流沉积、火山喷流沉积-改造型、岩浆热液型	铜厂铜铁矿、东沟坝铅锌金银金属矿、二里坝硫铁矿
				略阳县白雀寺-宁强县青木川金铜铁（钛）成矿带（IV2-3）	与火山喷发作用、岩浆侵入作用、区域变质作用、大型变形构造作用有关成矿系列	岩浆型、火山喷流沉积型、构造蚀变岩型	中坝子钛铁矿、大茅坪铜矿、小燕子沟金矿
				宁强县代家坝-勉县李家沟金、铜、镍成矿带（IV2-4）	与岩浆侵入作用、大型变形构造作用有关成矿系列	岩浆型、构造蚀变岩型	李家沟金矿
				宁强县阳平关-丁家林铜、铅锌、金、磷、银、锰成矿带（IV2-5）	与火山喷发作用、沉积作用、大型变形构造作用有关成矿系列	沉积型、火山喷流沉积型、构造蚀变岩型	丁家林金矿

（2）略阳县三岔子–勉县鞍子山铬镍金铁铅锌、银成矿带（Ⅳ1-2）

该带沿勉县–略阳板块拼贴缝合带，呈近东西向带状展布，东西长，南北窄。该带产出与超基性–基性岩有关的铬、铁、镍（钴、铜）金、石棉矿产。超基性–基性岩带分布在略阳三岔子、大茅台、煎茶岭、硖口驿、舒坪、勉县鞍子山、蚂蟥沟等地。产出关地门铅锌银矿、煎茶岭铁矿、煎茶岭大型金矿、煎茶岭大型镍（钴）矿、煎茶岭石棉矿等。

2）摩天岭隆起太古宙—元古宙铁金银铅锌铜硫石棉成矿区（Ⅳ2）

该成矿区仅指摩天岭元古宙隆起东部陕西省部分，指略阳–勉县断裂以南，阳平关–勉县断裂以北的三角区。该成矿区北部分布略阳–勉县深断裂，中部分布硖口驿–二里坝元古宙古基底拼接带（中部火山岩带），南部分布阳平关–勉县深断裂。根据产出成矿构造环境和矿床类型，由北向南可依次划分略阳县鱼洞子–阁老岭铁金成矿区（Ⅳ2-1）、勉县七里沟–宁强县二里坝金银铅锌铁铜硫、锰成矿带（Ⅳ2-2）、略阳县白雀寺–宁强县青木川金铜铁（钛）成矿带（Ⅳ2-3）、宁强县代家坝–勉县李家沟金、铜、镍成矿带（Ⅳ2-4）、宁强县阳平关–丁家林铜、铅锌、金、银、磷、锰成矿带（Ⅳ2-5）。

（1）略阳县鱼洞子–阁老岭铁金成矿区（Ⅳ2-1）

该区位于勉略宁矿集区北部，呈北西西向展布，北侧与勉略构造混杂岩带紧密相邻。区内出露太古宇鱼洞子岩群变质火山沉积岩系、元古宇何家岩岩群海相火山岩细碧–角斑岩系和震旦系、泥盆系—石炭系碎屑–化学沉积岩系。基底新太古界鱼洞子岩群为一套花岗绿岩建造，绿岩中产出火山沉积变质型铁矿；元古宇何家岩岩群为一套低钾拉斑–钙碱过渡系列、喷溢–爆发相变质基性–酸性火山沉积岩系，为陆缘裂谷产物；盖层震旦系、泥盆系—石炭系碎屑–碳酸盐岩建造为稳定被动大陆边缘演化产物；区内断裂构造发育，主要有北西西向、北西向、北东向三组断裂；侵入岩以超基性岩（蛇纹岩、滑镁岩、菱镁岩）、中基性辉绿岩、辉长岩和酸性花岗斑岩为主。鱼洞子岩群、何家岩岩群中赋存有火山沉积–变质型铁矿和受韧性剪切带控制的构造蚀变岩型金矿，超基性岩体中产出岩浆型叠加后期热液改造型镍钴矿和铁矿。东部煎茶岭超基性岩体中产出镍钴矿体、铁矿，超基性岩体南北接触带及附近发现金矿；火山岩与碳酸盐岩接触断裂带发育金矿化。区内已发现勘查了鱼洞子大型铁矿、阁老岭铁矿、煎茶岭金矿、煎茶岭含钴镍矿及金洞子金矿等。

（2）勉县七里沟–宁强县二里坝金银铅锌铁铜硫、锰成矿带（Ⅳ2-2）

沿勉略宁矿集区中部元古宙古基底拼接带，呈 NNE 向展布。由东向西，沿七里沟、硖口驿、铜厂、黑木林、罗家山、二里坝一线分布，区内构造–火山作用频繁，形成以大陆边缘拉张裂陷为特色的裂隙式–中心式喷发中基性–中酸性火山岩带。出露地层主要为碧口岩群郭家沟组细碧岩–角斑岩岩系和元古宇碧口岩群东沟坝岩组中酸性火山岩和震旦系盖层。该火山岩带早期形成以细碧岩为主的中基性–中酸性火山浆喷发中心，晚期被次火山岩相闪长岩体沿中心管道充填。沿构造岩浆岩带分布蒲沟、铜厂、罗家山、大石岩古火山喷发中心，在其周边有相应的洼地环境。矿床产出受古火山机构控制，如与海相火山岩有关的火山–喷流沉积型铜、铅锌、重晶石、金、银矿床和与中酸性侵入岩有关的铜、铁矿床，典型矿床为东沟坝铅锌金银重晶石多金属矿床、陈家坝铜铅锌重晶石多金属矿床、铜厂铁铜矿床；上震旦统陡山沱组和灯影组为一套碎屑–碳酸盐岩沉积建造；上震旦统陡山沱组为含锰、磷层位，沿郑家坝—干沟峡—黎家营—两河口一线呈北东向展布，产出干沟峡锰矿、黎家营锰矿。区内褶皱主要为一系列的线型紧闭褶皱；断裂构造主要有北西向、北东向、近南北向三组断裂。区内侵入岩主要为加里东期—海西期七里沟斜长花岗岩，及沿断裂侵入的晋宁期—加里东期超基性-酸性岩脉等。构造线方向有从近 SN 向→NE-SW 向→近 EW 向的变化趋势，构造线变化交汇部位为古火山喷发中心和矿床（点）集中分布区。

该带是铜、铅、锌、银、金、锰与块状硫化物矿床（点）富集区。已发现有：①与中基性火山喷发沉积作用有关的火山喷流沉积型铜金矿床（阴山沟-红木沟式层状含铜白云岩型铜矿床、徐家坝-大石岩式透镜状-似层状铜（金）矿床）；②与中酸性火山喷发沉积作用有关的块状硫化物矿床（以东沟坝铅锌金银块状硫化物矿床、银硐山（铜）铅锌金银块状硫化物矿床等为代表）；③火山沉积-岩浆构造改造型铜矿床（以铜厂-徐家沟-坟家坪铜矿带、贾家湾铜钴矿带为代表）；④与超基性侵入岩有关的岩浆热液交代型铜镍矿化（以木瓜园镍钴矿点为代表）；⑤韧性剪切带型金矿化等（如七里沟南侧亢家山金矿等）；⑥与火山喷发有关的火山-沉积型锰矿床（以干沟峡锰矿床、黎家营锰矿床为代表）。矿床类型以前三种最为重要。铜、铁、铅锌多金属矿床位于碧口岩群火山岩中，受古火山机构控制，多沿后期充填古火山通道的中酸性岩体周边及断裂带分布，低温热液型及火山沉积改造型铅锌多金属矿床的成矿条件优越。总之，区内矿产众多，具有寻找岩浆热液型、火山沉积改造型多金属硫化物矿床、火山-沉积型锰矿床的潜力。

（3）略阳县白雀寺-宁强县青木川金铜铁（钛）成矿带（Ⅳ2-3）

该带分布在勉略宁西部，嘉陵江以西，沿青木川-八海-苍社-白雀寺构造岩浆岩带，呈北东展布。出露地层为新元古界碧口岩群火山岩阳坝岩组，是一套基性-酸性火山岩，为弧后盆地伸展构造环境下的产物；该带总体构造线呈北东向；关口垭石英闪长岩体、苍社石英闪长岩体、白雀寺闪长岩-辉长岩杂岩体等基性-中酸性侵入岩体呈串珠状沿青木川-苍社断裂带分布；该带产出与海相火山岩有关的火山喷流沉积型铜矿床，如大茅坪铜矿；受韧性剪切带控制的中-低温热液型金矿，如小燕子沟金矿。

（4）宁强县代家坝-勉县李家沟金、铜、镍成矿带（Ⅳ2-4）

该带位于勉略宁矿集区南部，阳平关-勉县（汉江）大断裂北侧。呈 NE 向展布，西起代家坝，东至七里沟。带内出露基底为中元古界大安岩群变质海相火山-沉积岩系，为一套基性火山岩，形成于洋中脊裂解环境；盖层为震旦系碎屑岩-碳酸盐岩，形成于稳定被动陆块边缘环境。带内褶皱构造主要为盖层中的鸡公石向斜。带内断裂构造发育，主要为大致平行汉江大断裂的北东向构造，为汉江大断裂的次级构造，由多条近乎平行的压扭性逆断层及韧性剪切构造带组成，形成数米至数十米的挤压破碎带、挤压片理化带。沿断裂侵入超基性、基性、中酸性岩体、岩脉。北东向断裂控制区内 Au（Cu）矿床（点）展布。带内已发现赋存在震旦系中的受北东向断裂控制的李家沟金矿床、屋基坪金铜矿点、板庙沟金矿点、滴水崖金铜矿点、陈家湾金铜矿点、二郎庙金铜矿点、山金寺-西铜厂湾金矿点等；赋存在大安岩群火山-沉积变质岩系中的与磁铁石英岩相关的受北东向断裂带控制的金矿，如走马岭金矿点、南沙河金矿车渡矿段等。在纳家河坝超基性岩中发现产于蛇纹岩中的贫镍矿。

（5）宁强县阳平关–丁家林铜、铅锌、金、银、磷、锰成矿带（Ⅳ2-5）

该带位于勉略宁矿集区西南端，沿广坪–阳平关断裂带，呈北东向展布，南北窄，东西长。带内出露新元古界碧口岩群阳坝岩组中基性–中酸性火山和刘家坪组火山岩及下古生界碎屑沉积岩建造，岩石具有中–低级变质、强变形特点，为板内裂谷或洋陆碰撞岛弧环境的产物；震旦系—寒武系—奥陶系碎屑–碳酸盐岩系为区内含磷（稀土）、锰层位；志留系茂县岩群碎屑沉积–变质岩系中产出受韧性剪切带控制的金矿；此外，沿广坪–阳平关断裂分布少量侏罗系湖相–沼泽相碎屑岩；区内主体构造线为北东向；地层中分布印支期—燕山期花岗岩脉、闪长岩脉。该带碧口岩群火山沉积变质岩系和茂县岩群浊积岩建造中产出受北东向韧性剪切带控制的热液型金矿，如丁家林金矿；元古宇刘家坪组火山岩中产出铜、铅锌矿，如刘家坪铜铅锌矿；震旦系—寒武系为区内的含磷（高磷锰）岩系，产出阳平关磷矿，其含锰层位为下寒武统牛蹄塘组上岩性段含碳硅质灰岩下盘，含锰岩性为薄层砂质灰岩，同时产有宁强县中坝子–寨子湾锰矿等。

第四节　成矿系列和成矿谱系

1. 成矿系列

矿床成矿系列（简称成矿系列）是指在特定的三维空间、时间中的矿床自然组合。即在一定的地质发展阶段和构造单元内，不同地质部位发生成矿作用形成具有内在成因联系的各个矿种、各种类型矿床的一个自然组合就是一个矿床成矿系列。成矿系列是在四维时空中形成的相对独立的成矿体系，分为矿床成矿系列组合、矿床成矿系列类型、矿床成矿系列、矿床成矿亚系列、矿床式和矿床六级。成矿系列旨在将一个区域中与某一成矿地质作用有关，在空间、时间、成因上有联系的一组矿床，作为一个整体加以研究，意在揭示一定地域地质历史时期形成的矿床成矿系列的演化关系。其中，岩石建造是孕育和包含矿床及成矿系列的主体，而构造运动和地球化学作用起着关键作用。厘定和划分成矿系列有助于研究地壳演变过程中成矿物质演化的规律，可以对各地质历史时期及各有关成矿区带和地质构造区内的找矿进行有益指导（程裕淇等，1979，1983；陈毓川，1994；陈毓川等，1998，2006a，2006b，2015b，2016；翟裕生等，1996，2008b）。陈毓川等（1998，2007）、王平安等（1998）、西安地质矿产研究所（2006）等对秦岭金属成矿系列进行了划分；刘建宏等（2006）对西秦岭、谢才富等（2001）对东秦岭的成矿系列也进行了划分。叶会寿等（2016）通过对整个秦岭成矿带成矿地质特征的研究，在勉略宁矿集区划分出海西期南秦岭与海底基性–超基性岩浆作用有关的铬铁铜矿床成矿系列（如略阳三岔子铬铁矿等）、中新元古代扬子地块北缘与海底、岛弧火山喷流沉积及岩浆侵入作用有关的铁金铜镍钴锰铅银矿床成矿系列（如铜厂铜铁矿、煎茶岭镍矿等）和新太古代与岩浆侵入及火山–沉积作用有关的受变质铁矿床成矿系列（如鱼洞子铁矿等）。本次主要依据陈毓川等（1998，2007）的划分方案，结合勉略宁矿集区的成矿作用特征、矿化类型和构造环境，对勉略宁矿集区矿床成矿系列（第三级，各系列名称中为求简短略去具体地区）划分如下：

（1）新太古代与火山沉积作用有关的沉积变质型铁矿床成矿系列

该成矿系列分布在勉略宁矿集区北部鱼洞子-阁老岭地区，矿床类型为赋存在 BIF 建造中的鞍山式（火山-沉积变质型）铁矿床，矿石以石英-辉石（多蚀变为阳起石、黑云母）-磁铁矿组合为主。赋矿地层为新太古界鱼洞子岩群，含矿建造为原始薄弱陆壳破裂之后喷发的海相火山-沉积岩系，经受了后期的中-高级区域变质作用和混合岩化作用，并在古元古代经历了古大陆风化剥蚀作用。代表性矿床为略阳县鱼洞子铁矿床。

（2）新太古代花岗-绿岩建造中金矿床成矿系列

该成矿系列分布在勉略宁矿集区北部金洞子地区，矿床类型为赋存在鱼洞子花岗绿岩中受韧性剪切带控制的金矿床，矿石为含金石英脉、含金糜棱岩，赋矿地层为新太古界鱼洞子岩群。代表性矿床为略阳县金洞子金矿床。

（3）与中、新元古代裂陷槽海相火山岩（细碧角斑岩系）有关的火山喷流沉积型铜铁铅锌锰多金属矿床成矿系列

该成矿系列分布在勉略宁矿集区中部，主要指形成于中、新元古代火山-裂谷盆地中与海相火山岩有关的金属矿床，其构造环境为中、新元古代扬子地块北部活动大陆边缘的扩张海槽或裂谷环境或岛弧环境。矿床主要赋存在中元古界何家岩岩群、大安岩群，新元古界碧口岩群海相火山-沉积岩系中。矿床成因上属于火山成因类型，但后期构造、岩浆活动和变质作用对该系列矿床有不同程度的改造作用。典型矿床有略阳县东沟坝铅锌金银多金属矿床、略阳县陈家坝铜铅锌多金属矿床、宁强县银硐山铅锌矿床、宁强县二里坝硫铁矿床、宁强县黎家营锰矿床等。该成矿系列需注意中、新元古代火山-沉积变质型稀土矿床的调查评价。

（4）元古宙与深断裂带超基性-基性侵入岩有关的镍（铜）、金、铁、钒、钛磁铁矿、石棉矿床成矿系列

该成矿系列矿床分布在勉略宁矿集区煎茶岭、黑木林、白雀寺一带，主要指与煎茶岭超基性岩体、黑木林超基性岩体、白雀寺基性杂岩体有关的矿床，形成于晋宁期—加里东期板内陆块碰撞过程中地壳拉张及断裂活动十分发育的地带，是伴随幔源超基性-基性岩浆侵入活动而产生的。例如，勉县-略阳缝合带、硖口驿-黑木林古基底拼接缝合带。与成矿有关的岩浆主要为蚀变超基性岩，岩石特征表现为辉石橄榄岩蚀变成含矿的蛇纹岩、滑镁岩、菱镁岩等。矿床成因类型以岩浆型为主，部分叠加后期浅成酸性岩浆侵入作用及热液作用。代表性矿床为略阳县煎茶岭镍（钴、铜）、铁、石棉矿床和煎茶岭金矿床、宁强县黑木林铁-石棉矿床、略阳县中坝子钛磁铁矿床。

（5）元古宙与古火山机构和中-酸性侵入岩有关的铁、铜矿床成矿系列

该成矿系列矿床分布在元古宙古基底碰撞拼接带七里沟—铜厂—二里坝一带，主要指赋存在铜厂闪长岩体内外接触带的铜、铁矿床，形成于晋宁期鱼洞子陆块与碧口地块（洋壳）俯冲碰撞过程的岛弧环境。含矿中酸性岩浆沿古火山机构侵入；含矿中酸性侵入岩早期成岩、成矿年龄为 834～881Ma。成矿作用以中酸性岩浆热液作用为主，但后期叠加了构造、岩浆侵入作用及其热液作用，成矿具有多期次特征。代表性矿床为略阳县铜厂铜铁矿床。

（6）晚古生代与海西期超基性岩、碱性岩-碳酸岩有关的铌、稀土、铀、硫、铬铁

矿、磷矿床成矿系列

该成矿系列是在海西早期地壳拉张环境下，来自上地幔的超基性及碱性岩浆沿深大断裂（如勉县–略阳断裂）上升侵位所形成。成矿岩体大致沿玛沁–略阳–勉县深大断裂带呈近东西向断续分布。与成矿有关的超基性岩体岩性一般为纯橄岩、橄榄岩和辉橄岩，岩石大多发生强烈蚀变，主要为蛇纹石化、碳酸盐化、滑石化等，形成蛇纹岩、滑镁岩等；碱性岩以岩浆碳酸岩为主，其次为正长岩、正长斑岩。该成矿系列矿床自西向东主要有略阳县三岔子铬铁矿床、勉县鞍子山铬铁矿床等。

（7）扬子板块西北缘与震旦系—下古生界黑色岩系有关的磷、石煤、铁、锰、（钒）、钴、镍、铀、钼、铅锌、稀土多金属矿床成矿系列

该成矿系列分布在勉略宁矿集区勉县茶店—略阳何家岩、宁强县阳平关一带，主要形成于晋宁期扬子板块和华北板块拼合碰撞形成统一的中国地台之后，在扬子板块西北缘晚震旦世陆表海及北大巴山早古生代裂陷海槽滞流环境中，稳定型海相火山碎屑岩-陆缘碎屑岩及碳酸盐岩沉积；成矿环境为被动陆缘盆地。含矿建造，一是震旦系—寒武系与火山-沉积作用有关的一套远硅质建造（含磷建造），为浅变质含碳硅泥质岩系，也是黑色含磷、锰建造；二是震旦系碳酸盐岩建造，成矿主要与沉积作用有关，但后期受变质或构造作用的改造富集。典型矿床有勉县茶店磷矿床、宁强县阳平关磷矿床。该成矿系列中需注意对沉积型磷块岩稀土矿床的调查研究。

（8）中生代与印支期—燕山期构造剪切作用和地下热流体活动有关的金矿床成矿系列

该成矿系列矿床主要分布在勉县–阳平关深大断裂旁侧、勉县–略阳缝合带旁侧的志留系、泥盆系、新元古界碧口岩群中，其成矿具有多期性。但主要的成矿期在中生代印支期—燕山期。中、新生代，在扬子与秦岭陆-陆碰撞陆内造山体制下，勉略宁三角块体南、北两侧边界深大断裂经历了多期次、高强度的构造运动的强烈影响，由早到晚，依次可分为韧性、韧脆性及脆性3种性质的构造变形作用，并依次发育、控制了不同性质的热液活动及金矿化作用（单文琅等，1991）。主要热液成矿作用发生在韧脆性变形期和脆性变形早期阶段，原生金矿可能形成于印支运动晚期（王可勇等，2001）。金矿位于勉县–阳平关、勉县–略阳断裂的次级构造带中，主要为断裂构造的多次活动及构造水、大气降水与变质水混合热液的叠加成矿。矿体受韧性剪切带控制，矿床类型为构造破碎蚀变岩型或构造破碎热液蚀变岩型。典型矿床有宁强县丁家林金矿床、宁强县小燕子沟金矿床。

（9）中生代与印支期—燕山期中酸性岩浆侵入岩、低温热液作用有关的金、银、铜、铅锌、钨、锡、钼、砷、锑、汞（锂、铍、铌、钽）矿床成矿系列

该成矿系列特点是成矿具有多期性。新元古代火山岩、震旦系、志留系、泥盆系均富成矿物质，金、铜铅锌等元素背景值高，为矿源层。大规模成矿主要是在印支期扬子与秦岭板块陆-陆碰撞造山体制下，通过陆壳深熔型中酸性岩浆侵入活动作用完成的。该系列矿床不仅受到印支期岩浆活动的影响，还受到燕山期花岗质岩浆的多次活动造成的区域性地热增温影响。目前还未发现典型矿床，但已有勉县张家坪铜矿点、宁强县大安棋盘沟铜矿点等。

（10）与第四纪冲洪积作用有关的砂金矿床成矿系列

本成矿系列主要分布在汉江、嘉陵江及其比较大的支流沿线，如白水江、沮水等，成因类型多为冲洪积型。典型矿床如徐家坪-白水江、阳平关-燕子砭砂金矿床等。

2. 成矿谱系

成矿谱系是特定地区成矿作用演化史、成矿规律与地质构造发展史的综合统一（陈毓川等，2001；朱裕生等，2007）。矿床成矿谱系包括矿床成矿系列、三维空间位置和地质构造旋回或区域成矿作用旋回（时间维）构成的完整四维空间，可以说是时空格架下的成矿体系，是矿床成矿系列理论的组成部分。该概念包含两个方面的含义，区域矿床成因类型和产出构造环境在时间、空间上的变化规律，即矿床成矿（亚）系列随着某一区带地质历史时期而呈现出的规律性变化和成矿元素在同一地区长期活动、迁移、聚集的成矿作用演化规律。成矿谱系重在研究地质演化过程中构成一个区域内的各个成矿旋回和其中某个成矿旋回内形成的矿床与矿床成矿系列之间的关系。成矿地质环境自身的演化历史、成矿作用的演化过程和构造旋回时间参数的加入组成了构建矿床成矿谱系的三大要素。刘建宏等（2006）按构造-成矿旋回，纵坐标反映成矿地质环境的演化序列，横坐标表示成矿单元，中间表示成矿系列，简明扼要地反映了成矿时代演化和时空结构，初步构建西秦岭成矿谱系图。本次在对区内成矿地质背景和矿化分布规律研究的基础上，根据勉略宁矿集区的矿床空间分布特点、成矿区带及矿床成矿系列划分，以略阳-勉县成矿带、二里坝-铜厂-七里沟成矿带、阳平关-勉县成矿带为横坐标，以新太古代—古元古代、中元古代、新元古代、早古生代、晚古生代、中生代、新生代，结合五台期、吕梁期、晋宁期、震旦纪、加里东期、海西期、印支期、燕山期为纵坐标，初步建立了勉略宁矿集区的成矿谱系（表5.3）。有的成矿系列之间存在成因联系，如中、新元古代与细碧角斑岩有关的成矿物质可以在新元古代发生变质成矿，并且可以为晚震旦世沉积成矿提供成矿物源；震旦纪又可以为早古生代黑色岩系有关的成矿作用提供物源；晚古生代沉积成矿形成的矿床或矿源层，也可以成为中生代构造-岩浆热液改造成矿的物质来源。

3. 成矿系统

成矿系统是指在一定时空域中，控制矿床形成、变化和保存的全部地质要素与成矿作用动力过程，以及所涉及的矿床系列、矿化异常系列所构成的整体，是具有成矿功能的自然系统。一般通过重点研究某一成矿带或矿集区的控矿因素（主要包括沉积、构造、岩浆岩、变质、流体、生物、大气、地貌、风化、热动力等作用）、成矿要素（包括矿源、流体、能量、成矿时间/成矿时间结构序列、成矿空间等）、成矿作用过程（包括成矿发生、持续、终结以及成矿后的变化和保存等）和成矿产物（包括矿床系列和异常系列）来划分其成矿系统（翟裕生，1999）。成矿系统研究以成矿环境、成矿要素、成矿过程、成矿产物、成矿时空为基本内容。可以说，从成矿谱系到成矿系列再到成矿系统，是内容逐渐丰富、层次逐级提升的递进关系。在整个地质演化和成矿作用过程中，地球内部流体起到了载运成矿物质、促进水岩反应、沟通不同圈层、耦合内外机制的至关重要作用，这也体现出流体地球科学与固体地球科学密切结合是融入地球系统科学的关键所在（罗照华，2018），亦是新时代发展地球系统科学的必然要求。本次在前人研究基础上，以地球系统科学和区域成矿学为指导，结合区内地质构造演化、成矿区划和新获矿产、矿山资料，把勉略宁矿集区成矿系统划分为四类，即以伸展体制为主的裂谷或局部洋盆环境的古海底火

表 5.3　勉略宁矿集区成矿谱系

成矿旋回		略阳-勉县成矿带	二里坝-铜厂-七里沟成矿带	阳平关-勉县成矿带	成矿环境	
新生代（距今65Ma至今）(R, Q)	喜马拉雅期（距今30~0.6Ma）	与第四纪冲洪积作用有关的砂金矿床成矿系列			新特提斯洋闭合，亚欧大陆联合	亚欧大陆形成
中生代（距今250~65Ma）(T, J, K)	燕山期（距今205~135Ma）	中生代与印支期—燕山期构造剪切作用和地下热流体活动有关的金矿床成矿系列		中生代与印支期—燕山期构造剪切作用和地下热流体活动有关的金矿床成矿系列	秦岭陆内俯冲造山阶段。华北陆块南缘向秦岭南缘俯冲	新特提斯洋阶段
	印支期（距今257~205Ma）	中生代与印支期—燕山期中酸性岩浆侵入岩、低温热液作用有关的金、银、铜、铅锌、钨、钼、砷、锑、汞（锂、铍、铌、钽）矿床成矿系列		中生代与印支期—燕山期中酸性岩浆侵入岩、低温热液作用有关的金、锡、银、钨、钼、铍、汞（锂、砷、锑、铌、钽）矿床成矿系列	华北陆块和扬子陆块聚合。扬子陆块沿略阳—勉县一带向南秦岭俯冲碰撞	
晚古生代（距今410~252Ma）(D, C, P)	海西期	晚古生代与海西期超基性岩、碱性岩—碳酸岩有关的铌、钽、稀土、铀、硫、硫铁矿、磷矿床成矿系列			扬子陆块和华北陆块裂解。秦岭造山带发育；略阳—勉县一带形成有限海盆（如鄗金等地）	古特提斯洋阶段

续表

成矿旋回		略阳-勉县成矿带	二里坝-铜厂-七里沟成矿带	阳平关-勉县成矿带	成矿环境
早古生代（距今543~410Ma）（∈、O、S）	加里东期	扬子板块西北缘与震旦系-下古生界黑色岩系有关的磷（稀土）、石煤、铁、锰、铝、钒、钴、镍、铀矿床成矿系列		扬子板块西北缘与震旦系-下古生界黑色岩系有关的磷（稀土）、石煤、铁、锰、铝、钒、钴、镍、铀矿床成矿系列	原特提斯洋阶段　扬子陆块与华北陆块形裂解。秦岭造山带形成。沿略阳-勉县、阳平关-勉县一带形成裂陷槽
新元古代（距今1000~543Ma）	震旦纪（距今680~543Ma）	扬子板块西北缘与震旦系有关的磷、锰、铝、钒、钴、镍、铀矿床成矿系列		铁、石煤、铀矿床成矿系列	震旦纪后期，稳定陆块边缘环境
	晋宁期（距今1000~800Ma）	与中、新元古代裂陷槽海相火山岩（细碧角斑岩系）有关的火山喷流沉积型铜铁铅锌多金属矿床成矿系列		有关的火山喷流沉积型铜矿床成矿系列	晋宁期，大安微洋壳与鱼洞子微陆块汇聚拼接
		元古宙古火山机构中酸性侵入岩有关的铁、铜矿床成矿系列			
中元古代（距今1800~1000Ma）		元古宙深大断裂带超基性-基性侵入岩有关的镍、铜、铁、钒、金、钛磁铁矿、石棉矿床成矿系列			中元古代，强烈扩张裂解环境，何家岩发育裂谷，大安为小洋盆
		元古宙与古火山机构和中酸性侵入岩有关的铁、铜矿床成矿系列			
新太古代-古元古代（距今2800~1800Ma）	吕梁期 五台期	新太古代与火山-沉积作用有关的沉积变质型铁矿床成矿系列			元古宙大洋　原始地壳（中国古克拉通）裂解。古元古代，陆块拼贴鱼洞子结晶基底形成和固结
		新太古代花岗-绿岩建造中的金矿床成矿系列			

注：全国地层委员会，2001①。

❶ 全国地质委员会. 2001. 中国区域年代地层（地质年代）表.

山沉积成矿系统、与块体碰撞隆升过程发育的侵入岩有关的岩浆热液成矿系统、俯冲构造体制控制的大陆边缘弧环境的古海底喷流成矿系统和稳定陆块外生沉积成矿系统。其中，以伸展体制为主的裂谷或局部洋盆环境的古海底火山沉积成矿系统包括新太古代与火山沉积作用有关的沉积变质型铁矿床成矿系列、太古宙花岗–绿岩建造中金矿床成矿系列、与中、新元古代裂陷槽细碧角斑岩有关的火山喷流沉积型铜铁铅锌锰多金属矿床成矿系列；与块体碰撞隆升过程发育的侵入岩有关的岩浆热液成矿系统包括元古宙与深断裂带超基性–基性侵入岩有关的镍（铜）、铁、钒、金、钛磁铁矿、石棉矿床成矿系列，元古宙与古火山机构和中–酸性侵入岩有关的铁、铜矿床成矿系列，晚古生代与海西期超基性岩、碱性岩–碳酸岩有关的铌、稀土、铀、硫、铬铁矿、磷矿床成矿系列，中生代与印支期—燕山期中酸性岩浆侵入岩、低温热液作用有关的金、银、铜、铅锌、钨、锡、钼、砷、锑、汞（锂、铍、铌、钽）矿床成矿系列，中生代与印支期—燕山期构造剪切作用和地下热流体活动有关的金矿床成矿系列；俯冲构造体制控制的大陆边缘弧环境的古海底喷流成矿系统包括扬子板块西北缘与震旦系—下古生界黑色岩系有关的磷、石煤、铁、锰（钒）、钴、镍、铀、钼、铅锌、稀土多金属矿床成矿系列；稳定陆块外生沉积成矿系统包括与第四纪冲洪积作用有关的砂金矿床成矿系列等。该矿集区共分四大成矿系统，总计十个成矿系列。

第五节　成矿作用

　　成矿作用是指成矿物质通过地质作用从地壳中以分散状态经过迁移、沉淀、富集而形成在一定技术条件下具有经济价值的工业矿体的整个过程。沉积、火山喷发、岩浆侵入、区域变质、大型变形构造等地质作用是形成矿床的前提和必要条件。成矿作用主要发生在地质作用的后期。成矿作用是地质作用的产物，也是地质作用的组成部分。成矿作用产物包括矿体、矿物、元素成分。成矿物质在流体作用下从地壳物质中由分散状态通过各种地质作用，在不同相态中分配和迁移，并通过各种沉淀作用而富集形成工业矿体的全过程，称作成矿作用过程。成矿作用过程非常复杂，一切成矿作用都和流体有关。根据流体的溶剂不同，大致分为以熔浆流体为主的成矿作用和以水流体为主的成矿作用。以熔浆流体为主的成矿作用其成矿作用过程集中于成矿物质通过岩浆部分熔融和结晶分异作用而富集。以水流体为主的成矿作用，分为岩浆热水溶液成矿和风化剥蚀搬运沉积成矿（袁见齐，1979；翟裕生等，2011；叶天竺等，2014）。

　　勉略宁矿集区成矿作用过程具有多期次、多阶段、多机制、多成因特征，矿化元素分带现象比较明显。勉略宁矿集区内大–中型工业矿床大多经历了早期（晋宁期—海西期）初始富集成矿和印支期—燕山期后期构造改造就位的成矿过程；成矿作用（空间）过程具有多因素复合、叠加成矿特征；关键控矿因素分析表明，多数矿床既受某一特定构造时期的成矿环境及其成矿建造控制，如鱼洞子岩群、何家岩岩群、碧口岩群火山–沉积岩系、晋宁期—海西期超基性–基性岩等，同时又受印支期—燕山期构造岩浆改造作用控制，多数矿床的最终就位主要受区域晚期造山构造岩浆作用控制；矿体的最终富集空间主要受地层、断裂构造、印支期—燕山期断裂和侵入体内外接触带控制。因此，本区矿床往往具有变质热液矿床和岩浆热液矿床的基本特征，矿床的富集空间主要受断裂构造、印支期—燕山期侵入体内外接触带控制，具有明显的"两期/二元成矿控矿"特征。

成矿作用均发生在地质环境物理、化学条件变换过程中，具有多因耦合、临界转换特征，矿体一般在物理化学条件变化部位形成。成矿物质到达集聚地以后，物理化学条件（包括温度、压力、酸碱度、氧化还原电位和溶质浓度）发生突然变化，导致流体由液态变成以矿物为主体的固态。例如，硅钙面、火山岩与沉积岩界面、碳质岩层、硅质岩、古地貌氧化还原界面和地下水渗流面；浅成中酸性侵入体顶部内外接触带、超基性-基性岩体构造岩相带界面；断裂、褶皱核部或转折端转变处、韧脆性剪切带转换界面等成矿构造和成矿结构面，均是成矿作用的中心（叶天竺等，2014）。

勉略宁矿集区内矿床往往是火山喷发-沉积作用、侵入体构造-岩浆热液作用和变质热液作用的叠加复合成矿作用的产物。该区构造-岩浆-流体成矿特征明显，其各构造单元内部分别受不同时期构造体制控制，具有自身独特的沉积-变质-岩浆-成岩成矿作用及物质建造，各自发育不同期次、不同尺度、不同构造层断裂和褶皱等构造形迹并各具样式，各期各级构造之间相互叠加、相互作用，形成各种成矿构造和成矿结构面，构成了独具特色的多旋回、多成因构造成矿演化谱系。

第六节　矿床类型

勉略宁矿集区内矿产资源丰富，矿种多样，矿床类型众多，根据本次研究，对其现分叙如下：

1. 金矿

区内金矿床类型主要为与超基性岩（中基性岩）有关的构造蚀变岩型金矿床，次为与火山喷气（流）沉积-改造作用有关的金银多金属矿床。

与超基性岩（中基性岩）有关的构造蚀变岩型金矿床，矿体受脆韧性剪切断裂控制，容矿围岩均为构造蚀变碳酸盐岩，成矿作用与印支期—燕山期中基性、超基性岩浆侵入活动有关。该类金矿床主要分布于煎茶岭地区、鸡公石向斜区，代表性矿床有煎茶岭金矿床、李家沟金矿床等。

与火山喷气（流）沉积-改造作用有关的金银多金属矿床产于勉略阳三角地区变质过渡基底中，以海相火山-沉积岩为主要容矿围岩，具有金银多金属矿化发育等特点。此类矿床（点）集中分布在勉略阳三角地区中部火山岩区的二里坝—红土石—东沟坝—七里沟一带，以中性、中酸性和酸性的角斑岩、石英角斑岩、熔岩以及火山-沉积碎屑岩为主要的含矿岩石，含矿带与火山成矿作用有关的构造带一致。矿田或矿床局部构造环境分别受火山盆地、火山穹隆等火山机构控制。典型矿床如东沟坝金银多金属矿床等。

2. 铜矿

区内铜矿床类型主要为火山沉积-构造岩浆改造型，次为火山沉积块状硫化物型、热液型（大石岩铜金矿）。

火山沉积-构造岩浆改造型铜矿床成矿物质主要来源于新元古界碧口岩群郭家沟岩组细碧

岩层，含矿岩性为片理化细碧岩、硅质白云岩；矿体受后期中酸性岩浆侵入的热动力作用改造形成；矿体就位于早期的构造有利部位。典型矿床有铜厂铜矿床、徐家沟铜矿床等。

火山沉积块状硫化物型矿床矿体受层位（新元古界碧口岩群东沟坝岩组）控制，产于酸性火山岩中，岩性为角斑岩、石英角斑岩；矿体与围岩整合接触，矿床主要分布于二里坝—红土石—陈家坝一带。典型矿床有陈家坝铜铅锌多金属矿床等。

3. 铁矿

区内铁矿床类型主要为火山–沉积变质型，次为火山沉积改造型、岩浆熔离–热液改造型。

火山–沉积变质型铁矿床矿体产于太古宇鱼洞子岩群斜长角闪岩相中，黑云母斜长片岩、斜长角闪片岩、绿泥斜长片岩、磁铁石英岩为主要的含矿岩层。该类型矿床集中分布于鱼洞子–阁老岭地区，代表性矿床主要有鱼洞子大型铁矿床、阁老岭中型铁矿床。

火山沉积改造型铁矿床矿体受断裂控制，富含铁质的基性火山岩为初始矿源层，后期改造、变质使铁质运移、富集而成矿。此类矿床主要分布于碧口岩群基性火山岩中及其与中酸性岩体接触部位。代表性矿床为铜厂（杨家坝）铁矿床。

岩浆熔离–热液改造型铁矿床矿体产于基性、超基性岩体中，铁矿体受构造及后期岩浆–热液活动控制，主要分布于煎茶岭、黑木林–碥口驿超基性岩带中。代表性矿床为煎茶岭铁矿床。

4. 镍矿

区内镍矿床主要类型为岩浆熔离–热液改造型。该类矿床的特点表现为超基性岩体既是成矿母岩，也是容矿围岩，岩浆分异作用对早期熔离成矿和空间定位起了关键作用；晚期中酸性岩体的侵位是矿体改造富集的重要因素；含矿岩体受区域性断裂围限，岩体内部断裂对矿体的改造富集亦有重要的影响。该类矿床（点）主要分布于煎茶岭、黑木林–碥口驿超基性岩带中，典型矿床为煎茶岭镍矿床。

5. 锰矿

区内锰矿成因类型为火山沉积–变质型、沉积型。矿体受含锰层位控制。赋矿层位主要有震旦系陡山沱组含锰层，如干沟峡锰矿（沉积型）、黎家营锰矿（火山沉积–变质型）等。

（1）震旦系陡山沱组黎家营岩段含锰层：以主要含锰岩层为界，其下盘为火山岩与沉积岩互层，火山岩的数量显著占优势；上盘为泥质岩和碳酸盐岩，仅夹有厚度不大的变细碧岩。锰矿体沉积于火山岩喷发间歇期的浅海环境中，矿石具复杂的矿物组合，且含大量的热液矿物，矿体具有膨缩等特点。代表性矿床为黎家营锰矿床，属火山沉积–变质型锰矿。

（2）震旦系雪花太坪组含锰层：雪花太坪组为一套滨海–浅海沉积的陆源碎屑岩建造，锰矿体产于绢云母板岩中，其含矿层岩性组合为碳质绢云母板岩或砾岩、绢云母板岩夹氧化锰条带或条带状菱锰矿、绢云母板岩或紫色板岩夹锰矿条带、绢云母板岩夹变粉砂质板岩、砂岩等。锰矿体以平行条带状或透镜状产于上述含矿层中。该含锰层层位稳定，分布于两河口—干沟峡—郑家坝一带，矿层连续性好，受后期改造较浅。代表性矿床为干沟峡锰矿床，属沉积型锰矿。

（3）震旦系断头崖组含锰层：断头崖组是一套浅海相陆源沉积碎屑岩及化学沉积岩建造，为鱼洞子岩群、何家岩岩群之上的盖层，主要分布于勉略宁三角地区北部边缘。断头崖组是以砾岩、砂页岩沉积开始，而以碳酸盐岩沉积终止的正常海侵层位，矿层产于海侵层位底部的含锰页岩和含锰碳酸盐岩中。该含锰层主要分布于五房山—小碥河一带。代表性锰矿床为五房山锰矿床，亦属沉积型锰矿。

6. 铅锌矿

区内铅锌矿床主要有火山喷流沉积-改造型铅锌多金属矿床及与碳酸盐岩有关的铅锌矿床或密西西比河谷型铅锌矿床（MVT）。例如，火山喷流沉积-改造型（陈家坝铜铅锌矿床）、火山沉积叠加后期热液改造型铅锌多金属矿床（东皇沟铅锌矿床）。

火山喷流沉积-改造型铅锌多金属矿床成矿受岩相-火山机构构造双重因素控制，含矿建造为新元古界碧口岩群细碧角斑岩系。该类矿床主要集中分布于罗家山—二里坝—东沟坝一带。代表性矿床有东沟坝金银铅锌多金属矿床。

与碳酸盐岩有关的铅锌矿床或密西西比河谷型铅锌矿床（MVT）矿体受层位与构造控制，铅锌矿石分为浸染状碎裂白云岩型及角砾状白云岩型。震旦系雪花太坪组以白云岩为主的碳酸盐岩系是赋矿层位。该类矿点主要分布于雪花太坪地区、鸡公石向斜地区。代表性的矿床（点）有柳树坪铅锌矿、雪花太坪铅锌矿点、后岭铅锌矿点等。

7. 石棉矿

区内石棉矿床成因类型为超基性岩建造中热液交代型纤维状水镁石型。含矿岩系为超基性侵入体斜方辉石橄榄岩；晋宁期—加里东期，鱼洞子地块和碧口地块拼接带侵入超基性岩体；此后，在大气降水和岩浆水混合热液循环作用下，斜方辉石橄榄岩发生自变质作用、热变质作用（煌斑岩侵入），热液溶解富镁超基性岩中的镁质，发生蛇纹石化、纤维水镁石化、硅化和水化等，在北东向张性构造裂隙中发生交代-充填结晶作用，生成纤维蛇纹石石棉、磁铁矿、纤维水镁石、滑石、菱镁矿等，从而形成矿体。代表性矿床为黑木林石棉矿床。

8. 磷矿

区内磷矿床成因类型为海相沉积型。含矿层位为震旦系陡山沱组，赋矿岩石为白云质磷块岩，具有沉积层状矿床的典型特点，磷矿层展布受向斜构造控制，出露于向斜南、北两翼，矿体就是磷块岩中磷矿物富集的地段。成矿作用主要分为三个阶段：第一阶段是成矿作用的早阶段，在含磷岩系下部（Z_2d^1）形成了含磷块岩团块或条带；第二阶段是成矿作用主阶段，在含磷岩系中部（Z_2d^2）形成了厚度大的磷块岩，产出工业矿体；第三阶段是成矿作用晚阶段，在含磷岩系的上部（Z_2d^3、Z_2d^4）形成少许磷质条带。代表性矿床为茶店磷矿床。

此外，区内银矿均以共生或伴生矿床出现，矿化类型多，成矿条件较好。

第七节　找 矿 标 志

找矿标志，也称矿化信息，是指能够直接或间接指示矿床存在或可能存在的一切现象和线索。研究、总结找矿标志可快速、高效地缩小地质找矿工作靶区，发现矿床、矿体的赋存位置，为合理选择矿产勘查决策部署、找矿方法及手段提供依据。

找矿标志按其与矿化的关系分为直接找矿标志和间接找矿标志两类。直接找矿标志，如矿体露头、铁帽、矿体角砾或转石、有用重砂矿物、采矿遗迹等；间接找矿标志，例如围岩蚀变、特殊颜色（红色、黄色、黑色等）的岩石、特殊地形地貌、特殊植物、特殊地名、地球物理异常、地球化学异常、遥感异常、重砂异常等。

找矿标志按照成因可划分为地质矿产标志、地球化学标志、地球物理标志、重砂异常标志、遥感异常标志、生物标志、人工标志等。

在长期找矿实践和资料积累应用分析研究基础上，对勉略宁矿集区金属矿床的找矿标志总结如下：

1）*矿产露头/矿点*

矿产露头是最直接、最有效的找矿标志。例如，铺沟铅锌矿点、七里沟银铅锌矿点、秦家砭铅锌铜矿点、冷水沟铅锌金矿点等。

2）*围岩蚀变/蚀变带*

内生矿床形成过程中，成矿热液会与围岩发生热量、物质交换，导致围岩的化学成分、矿物成分、颜色、形态、结构、构造发生变化，形成围岩蚀变。蚀变岩石的分布范围比矿体大，容易发现；蚀变围岩常常比矿体先暴露于地表，因此可以指示盲矿体的可能存在和分布范围。不同的蚀变种类及组合常对应于一定的矿产类型，根据蚀变岩石特征对可能存在的盲矿体的矿化类型可开展预测。勉略宁矿集区内，黄（褐）铁矿化、硅化、碳酸盐岩化、毒砂或雄黄化、雌黄化往往指示含金热液的活动迹象，其发育地段可能会产出金矿；绢云母化、硅化、碳酸盐岩化、绿泥石化发育地段，可能产出铜矿；硅化、碳酸盐岩化、黄铁矿化、铅锌矿化、闪锌矿化、重晶石化发育地段，可能产出铅锌矿。

3）*侵入体及其内外接触带或有利成矿结构面/岩性界面*

岩浆岩侵入体的接触带是一个物质、能量交换及应力集中释放的界面，常为地球化学障，野外表现为不同岩性的变换界面/蚀变发育带，亦表现为节理、片理密集发育带，也往往是矿质聚集、沉淀和矿体产出的地段。例如，铜厂闪长岩体外接触带产出磁铁矿体，内接触带产出铜矿体；煎茶岭金矿产出在超基性岩体与白云岩接触带。

4）*区域性深大断裂及其次级断裂、同生构造、古基底拼接带*

勉略宁矿集区内勉略结合带断裂系、黑木林基底拼接带、青川–广坪–阳平关–勉县断裂系组成的大型变形构造对成矿起着重要控制作用。区内主要矿床均产于其中或两侧。这些深大断裂既控制了区域构造格局–岩浆活动–沉积作用及成岩成矿界面，为成矿提供了热源和物源；其旁侧的次级断裂又为成矿元素运移和富集提供动力、迁移通道和淀积空间。该区发育的北东向同生构造是重要的导矿、容矿构造。硖口驿—黑木林一线为元古宙碧口微地块和鱼洞子微地块碰撞结合带，也是古基底拼接缝合带，为重要的铜、铁、铅锌、硫铁矿、石棉成矿带；勉县—略阳—康县一线是秦岭造山带与扬子板块缝合带，为重要的金、锰、磷、铅锌、镍钴成矿带；勉县—阳平关—广坪一线是勉略宁地块与扬子板块的拼接带，为重要的金、铜成矿带。

5）古火山机构

勉略宁矿集区大面积出露元古宙海相火山岩，其成矿作用与火山喷发沉积密切相关。古火山机构控制矿床/矿体产出的位置、矿床类型、规模、品位；区内金属矿产大多分布在古火山机构及其周边。例如，铜厂、东沟坝、罗家山、大石岩等古火山机构。

6）构造破碎带或脆韧性剪切带

构造破碎带或脆韧性剪切带为含矿热液运移的通道，往往发育围岩蚀变带，即地球化学障，是矿质富集、沉淀的场所，为矿体赋存的部位；勉略宁矿集区内北东向、近东西向、北西向构造破碎带或剪切带主要控制区内矿床的产出。例如，煎茶岭金矿赋存于北西向 F_1^{45} 断裂带中；丁家林金矿受北东向脆韧性剪切带控制；铜厂铜铁矿受近东西向断裂控制。

7）地球化学异常

常指围绕矿体/岩体周围某些元素的局部高含量带。根据采样介质不同分为岩石原生晕异常、次生晕异常（包括水系沉积物异常、土壤异常、水异常、气体异常、生物异常等）。经验表明，地球化学异常找金非常有效。勉略宁矿集区土壤地球化学金异常值大于 50×10^{-9}，岩石地球化学金异常值大于 300×10^{-9}，多指示存在金矿体。

8）地球物理异常

主要是各类物探异常，如磁异常、电性异常、重力异常等。区域性深大断裂带和/或成矿带，往往位于重力异常、磁异常的带状分布区或正负梯度带；基性超基性岩体常具有重力异常和磁异常。磁异常是勉略宁矿集区铁矿的有效间接找矿标志，如鱼洞子铁矿、龙王沟铁矿点就是通过检查磁异常发现的成果；激电异常是区内铜、铅锌矿等金属硫化物矿床比较有效的间接标志；激电测量的使用过程中必须注意干扰源（炭质层、水流、高压线地形起伏过大等）的影响，如徐家沟铜矿盲矿体的发现就是大胆验证激电异常的结果。

9）遥感解译的线性或环形构造

勉略宁矿集区岩浆活动强烈，火山岩分布面积广，岩体、断裂构造、古火山机构发育。断裂带的遥感解译影像往往表现为线性影像；岩体、古火山机构的遥感影像常表现为环状或环形影像。这些遥感上的色、线、环、带特征可作为找矿的相应指示标志。

第八节　区域成矿模式

勉略宁矿集区大面积出露元古宇海相火山岩细碧-角斑岩建造；该套中基性-中酸性海相火山岩的演化历程和特点控制了区内成矿作用的种类和基本特征。

研究认为，新太古代，中国古克拉通裂解，低角闪岩相-高绿片岩相的区域变质作用使海相火山–沉积岩系发生变质，形成鱼洞子结晶基底；古元古代，古扬子陆块与华北陆块汇聚、拼贴构成统一大陆；中、新元古代，扬子板块北缘处于拉张的大地构造环境中，扬子板块与华北板块裂解，形成一系列裂谷，强烈的拉张作用或地幔物质上涌隆凸诱发陆缘裂解、扩张，发展为洋盆，形成了何家岩岩群、大安岩群、碧口岩群大规模的火山岩。

　　新元古代晚期（距今 1300~900Ma）扬子板块和华北板块作为小型陆块参与了全球 Rodinia 超大陆汇聚碰撞过程（郭进京等，1999；郝杰和翟明国，2004）。勉略宁矿集区夹持在扬子板块和华北板块之间，不可避免地卷入进了新元古代板块汇聚碰撞过程。北部鱼洞子（何家岩）地块和南部碧口（大安）地块在新元古代末碰撞拼接在一起；同时沿该古缝合带发育呈弧形展布的超基性岩带和一系列中酸性花岗岩（铜厂闪长岩）以及与侵入岩有关的岩浆热液改造型铜铁矿床（铜厂铜铁矿床），与火山喷发作用有关的海底喷发沉积–改造型铜、金、银、铅、锌、硫铁矿床（如徐家沟铜矿床、东沟坝金银铅锌多金属矿床、二里坝含铜黄铁矿床等，图 5.1）。海底火山喷气–喷液作用在形成了东沟坝火山岩（碧口岩群上部层位）的同时，将大量气体（H_2S、CO_2、HCl、H_2O 等）和成矿物质（Au、Ag、Pb、Zn、Ba）带出，形成高盐度流体，伴随海底火山的沉积作用，这些物质沉淀下来，形成层状、似层状的重晶石型和火山热液脉型金、银、铅、锌贫矿体。

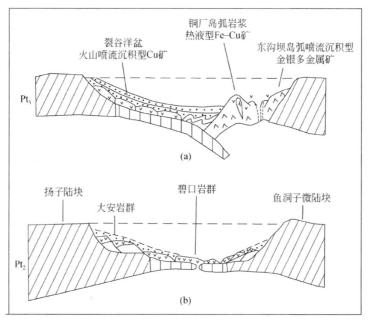

图 5.1　碧口地体铜多金属矿床区域成矿模式（据姚书振等，2006 资料修改）

(a) 岛弧侵入岩浆及弧后初始裂谷成矿；(b) 裂谷–洋盆火山喷流沉积成矿

　　震旦纪，勉略宁矿集区处于扬子板块边缘稳定环境，接受沉积，形成了震旦系碎屑–碳酸盐岩及沉积型磷、锰、钴、石煤、重晶石矿产。早古生代晚加里东期，扬子板块与华北板块聚合，秦岭造山带形成，勉略宁矿集区隆升；晚古生代，扬子板块与华北板块裂解，形成一系列有限洋盆。勉略宁矿集区北侧略阳—勉县一线出现略阳县城南侧海盆，形成泥盆系—石炭系碎屑–碳酸盐岩建造。

中生代，印支期—燕山期，由于区域南北向挤压应力的作用，古特提斯洋完全闭合，受秦岭造山带隆起造山的影响，勉略宁矿集区在继承原近东西向构造基础上，发育一系列近东西向、北西向、北东向韧性-韧脆性带和断裂构造，并伴有中酸性脉体的侵入。同时，华北板块与扬子板块陆陆碰撞产生的压扭性-张剪性构造应力及勉略缝合带发生的 NE-SW 向挤压变形和左行剪切走滑事件（陈虹等，2010；赵金祥等，2021），导致区内构造-岩浆热液成矿作用发育，形成众多的金矿床（如煎茶岭金矿、铧厂沟金矿、干河坝金矿等）。区域地层强面理置换和片理化，致使早期火山作用形成的似层状贫铅锌多金属矿层发生移位弯曲，矿体得到进一步富集，在形态上呈大小不等的透镜体，也使围岩发生糜棱岩化及褪色化、绢云母化、硅化等蚀变现象，如东沟坝金银多金属矿床中粒度较大的重晶石岩型矿体和细脉状重晶石、网脉状石英碳酸盐脉正是此构造作用过程的产物。

勉略宁矿集区已发现勘查的铜、铅锌、硫铁矿、重晶石矿床空间展布位置与古火山机构和细碧-角斑岩系紧密相连，并且后期热液改造、变形、变质明显；成矿流体物理化学性质具有岩浆热液和变质热液二元复合特征，成矿阶段具有原始沉积和后期改造二元成矿结构特点；与元古宙海相火山喷发喷流作用有关的矿床大多经历了原始火山喷发-喷气喷流沉积阶段、后期构造岩浆改造阶段及表生氧化阶段（图5.2）。

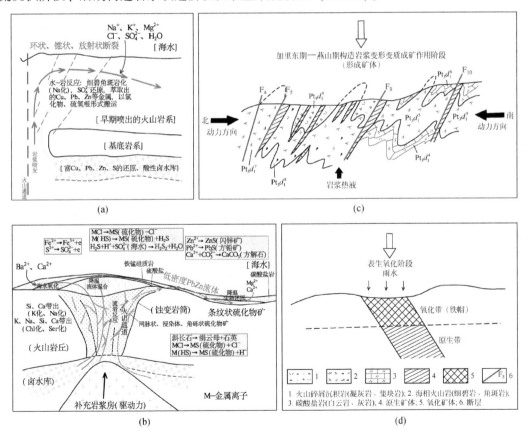

图5.2 勉略宁矿集区与海相火山岩有关的喷流沉积叠加后期改造成矿模式示意图（据叶天竺等，2017修改）
(a) 晋宁早中期成矿物质活化与迁出阶段；(b) 晋宁晚期成矿物质运移与沉淀阶段；
(c) 加里东期—燕山期构造岩浆变形变质成矿作用阶段；(d) 表生氧化阶段

第九节　区域找矿模型

找矿模型（exploration model）是通过研究已发现矿床赋存的地质、构造、建造、时空等基本要素及矿床勘查历史和找矿过程中具有特殊意义的地质、物探、化探、遥感信息而提炼出的一整套找矿综合标志和范式模拟体系，也是在矿床成矿模式研究的基础上，针对发现某类具体矿床所必须具备的有利地质条件、有效找矿手段以及各种间接矿化信息的高度概括和总结，后文第六章第三节亦有论述。常用的综合找矿模型是将各种找矿方法获取的矿化信息及其与矿（化）体之间的对应关系用图、表或文字形式形象地予以表述，其可以是地质、物探、化探、遥感等所有信息的综合，也可以是地质、物探、化探等部分信息的集成。综合找矿模型比较符合地质找矿工作的实际需要，具有客观性、概括性、有效性、层次性、信息完整性等基本特征。客观性指综合找矿模型是对客观、具体的相对能被人类直接所观察认识的找矿标志及矿化信息或能采用物理、化学、遥感手段间接认识的矿化信息的综合概括与刻画，不涉及成矿作用的内在机理。概括性是指对控矿要素、示矿信息、找矿标志、找矿方法等的高度概括。有效性是指综合找矿模型能够具体有效地指导找矿工作，具有一定的普适性。综合找矿模型的层次性指不同比例尺或不同范围（矿集区、矿带、找矿靶区、矿田、矿床、矿体）的找矿标志、准则、勘查手段不尽相同，相应地，其内容、结构、尺度、精度也不同。综合找矿模型的信息完整性是指建立模型应包括尽量多的找矿信息（阳正熙，2006；施俊法等，2010，2011）。根据信息来源，常可分为地质信息、地球物理、地球化学、遥感信息及其关联信息等。

综合找矿模型是在充分收集、分析单个或一类矿床各种资料的基础上，通过成矿模式研究，对成矿系统中各成矿要素进行高度概括和抽象，最终关联、提取控矿因素、找矿标志、找矿准则、矿化规律及物化探找矿信息而形成。综合找矿模型的正确与否和资料的丰富程度、准确度有很大关系，且与成矿模式相辅相成、互为补充。成矿模式在地质认识上的重大突破往往会对找矿工作产生重要影响，从而修正、完善找矿模型。综合找矿模型的建模基本程序见图5.3。

本次通过系统梳理勉略宁矿集区的地质矿产、物探、化探、遥感、矿山开采、数据库等信息，按照"三位一体"综合找矿模型的建模程序，初步构建了勉略宁矿集区区域综合信息找矿模型（表5.4）。

在区内成矿远景区带划分的基础上，依据这一区域综合信息找矿模型和勘查区找矿预测理论与方法，预测圈定找矿靶区，分析评价找矿前景，部署地质找矿项目，开展矿床勘查和综合研究，实施重型探矿工程验证，圈连矿体，取得了较好的找矿效果，详见下一章。

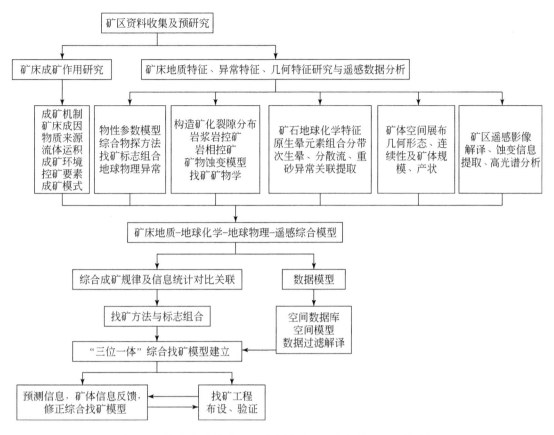

图 5.3　综合找矿模型建模概略程序（据肖克炎，1994 修改）

表 5.4　勉略宁矿集区区域综合信息找矿模型

预测目标	找矿模型要素		主要标志	勘查技术方法
找矿靶区	地质信息	成矿地质背景	板块拼接带、区域性深大断裂带、区域性构造岩浆岩带	1∶5 万地质测量 1∶5 万矿产调查
	地球物理信息		地球物理正、负异常转换带或异常陡、缓变化地带重砂异常区	航空电法、磁法、重力测量或 1∶5 万地面物探，1∶20 万或 1∶10 万重砂测量
	地球化学信息		地球化学异常带或异常区	1∶20 万或 1∶5 万水系沉积物测量
	遥感信息		线性异常或环形异常	1∶5 万遥感解译

预测目标	找矿模型要素		主要标志	勘查技术方法
矿床	地质信息	成矿地质背景	不同走向断裂交汇处；古火山机构；断裂与褶皱核部交汇处；侵入岩接触带	1：2.5万或1：1万地质测量
		成矿地质体	太古宇花岗–绿岩建造；元古宇海相火山岩细碧–角斑岩；震旦系—寒武系黑色碎屑岩–碳酸盐岩建造；志留系浅变质–强变形碎屑浊积岩；元古宙超基性–基性–中酸性侵入岩；中生代印支期中酸性侵入岩	
		成矿构造和成矿结构面	北西西向断裂；北东向断裂；古火山机构；侵入岩内外接触带；火山岩与碳酸盐岩岩性界面；泥质岩与碳硅质岩岩性界面	
		成矿作用特征标志	蚀变矿化分带；岩相分带；典型矿物组合及蚀变，如重晶石岩、磁铁石英岩；大理岩、铁帽、锰帽；褐铁矿化、黄铁矿化、孔雀石化、碳酸盐化、硅化等	
	地球物理信息		正、负异常转换部位或异常陡、缓变化梯度带。线性异常带或环形异常	1：2.5万或1：1万电法、磁法、重力测量
	地球化学信息		元素组合异常带，如岩金矿组合元素多为金、银或金、砷、汞、锑、铋等	1：2.5万或1：1万土壤地球化学测量
	遥感信息		环形异常或线性异常带	1：2.5万或1：1万遥感解译
矿带矿体	地质信息	成矿地质体	太古宇、元古宇海相火山岩建造中的磁铁石英岩和碳酸盐岩夹层或透镜体；绿片岩相中的绿泥斜长片岩，绢云母石英片岩；角闪岩相中的斜长角闪岩和阳起角闪岩。片理化石英闪长岩，蚀变白云岩；蚀变辉长岩	1：1万或1：2000地质测量
		成矿构造和成矿结构面	北西西向断层、北东向断层产状变换处，即走向方向变化部位，倾向变化部位或倾角陡缓变化部位；脆韧性剪切带力学性质变换处，即脆性向韧性变化部位；密集片理化带；节理密集带；中–酸性脉岩带；古火山机构；火山管道；次火山岩体顶部接触带；岩性界面，如不整合面、火山岩与沉积岩界面、以硅铝质为主的砂板岩或硅质岩类和碳酸盐岩类界面，主要为碳酸盐岩和硅酸盐岩岩性界面，即硅钙面；侵入体接触带	

预测目标	找矿模型要素		主要标志	勘查技术方法
矿带矿体		成矿作用特征标志	蚀变矿化分带；含矿岩相和岩性分带；典型矿物，例如构造蚀变岩金矿体多与硅化、黄铁矿化密切相关	1：1 万或 1：2000 地质测量
	地球物理信息		矿体多位于正负异常变化部位，偏正异常一侧	1：5000，局部 1：2000 电法、磁法等地球物理测量
	地球化学信息		矿体与岩石或构造原生晕中心基本重合	1：2000 和 1：1000 岩石地球化学剖面、构造–岩石地球化学剖面

第六章 勉略宁矿集区找矿预测和靶区验证

第一节 找矿预测方法

矿产预测是指应用地质成矿基础理论,通过成矿规律研究,分析成矿要素,结合地质、矿产、地球物理、地球化学和遥感等综合信息,总结预测要素,经过类比预测,判断成矿远景地段,指导矿产勘查工作,并发现工业矿床的方法技术(叶天竺,2004;叶天竺等,2014;薛建玲等,2018)。一般分为小比例尺矿产预测(1:100万~1:50万,如在全国、大区或某一巨大成矿域开展的成矿预测)、中比例尺成矿预测(1:20万~1:5万,如在某一地区或成矿带上开展的矿床预测)和大比例尺成矿预测(1:2.5万~1:5000,如在矿集区或某一矿田、矿区开展的矿体预测)。中、小比例尺矿产预测(≤1:5万)称为区域成矿预测,大比例尺成矿预测(>1:5万)称为勘查区找矿预测,后者即本书所指的找矿预测,也称定位预测。可以说,矿产预测包括成矿预测(metallogenic prognosis,狭义)和找矿预测(prospective prognosis)两类,是为了提高矿产勘查成效和预见性而进行的一项地质综合研究工作,目的是科学指导未知矿产资源的发现。矿产预测方法包括定量预测法、定性预测法、主观预测法和经验预测法四类。成矿预测的重点是圈定成矿远景区,而找矿预测的目标是圈定找矿靶区。成矿预测以区域地质构造、区域成矿学理论为指导,以≤1:5万区域地质调查、地球物理探测和地球化学测量、自然重砂、遥感、矿产勘查资料以及相关的专题科研资料为基础,通过对成矿地质背景、区域成矿规律和典型矿床成矿特征的研究,建立综合信息预测模型,采用类比预测方法,圈定矿产预测区,估算预测资源量,指导矿产勘查工作。找矿预测是根据工作区内已有的各种地质、矿产、物化探、遥感等方面的实际资料,全面研究分析区内的地质特点和已发现的各种矿产类型、规模及其在时间、空间上与地质建造-构造的关系,阐明成矿规律,总结提炼找矿标志,进而预测区内可能发现矿产的有利地段及控制条件,指出需要进一步工作的具体范围、方向、顺序和内容等,为下一阶段的找矿勘查工作提供确切依据(范永香和阳正熙,2003;阳正熙,2006;刘家远等,2011;叶天竺等,2014,2017)。

找矿工作最重要的是在综合研究与系统分析的基础上,根据成矿规律,通过成矿预测选准靶区,而后选择最适合于区内目标矿床类型及其环境的找矿技术方法,科学合理地利用项目资金,快速高效地计划协调和组织实施勘查工作。本次工作不涉及以相似类比理论、求异理论和成矿因素定量组合控矿理论等为基础的矿床定量预测,这些是应用数学地质理论和方法进行的矿产预测。

第二节　成矿远景区圈定

成矿远景区是指在成矿分析和成矿预测的基础上，根据矿产勘查初步研究圈定的潜在含矿区域或成矿有利地段，也叫成矿靶区。苏联地质学家毕利宾所创建的构造-建造成矿预测分析法是现代金属成矿分析方法体系的基础。美国和加拿大等国广泛采用以成矿模式为中心的"三部式"矿产资源评价/成矿预测方法（Singer，1993）。成矿远景区是三维的，其内可能出露矿化现象（矿点等）、老矿山或者具有与某类矿床形成环境有关的异常特征（一般是借助于遥感技术、地球物理及地球化学的观测结果识别）。通常成矿远景区的圈定原则包括：①按照最小面积最大含矿率的原则确定成矿远景区的边界；②采用模式类比法预测圈定不同类别的成矿远景区；③联合使用多种信息，以地质信息为基础，化探信息为先导，地、物、化、遥成矿信息综合标志圈定成矿远景区的边界（阳正熙，2006；叶天竺等，2014）。

1. 成矿远景区圈定原则和标准

成矿远景区的圈定遵循如下原则：

（1）处于相同的地质环境、成矿条件十分有利的地段。

（2）受同一成矿作用或叠加几类成矿作用控制，形成一个或几个成矿系列矿床的矿化密集区。

（3）处于同一个物探或化探异常带（区）内。

（4）成矿远景区内有几个找矿靶区分布，其中存在 B 类以上找矿靶区。

（5）已经发现大中型矿床或具有形成大中型矿床的成矿远景，通过勘查，可以形成资源富集区。

以上圈定原则，（1）、（4）、（5）是每个成矿远景区必须具备的，（2）、（3）是每个成矿远景区不必同时具备，但至少要有 1 条。

2. 成矿远景区圈定方法

在综合整理、研究已有的地质、矿产、物探、化探、遥感成果，分析区域地质成矿背景，总结主要控矿条件、成矿系列和成矿规律，建立典型矿床找矿标志和成矿模式的基础上，构建矿化分带模型、构造控矿模型与综合找矿模型，开展成矿预测，圈定成矿远景区和找矿靶区。

具体的方法是将地质、矿产、物化探异常、遥感异常众多信息进行综合评价，找出控制不同矿种、不同矿床类型的主要地质信息（因素）和物、化、遥信息（因素），根据这些控制因素的分布范围，在 1：5 万地质图上圈出成矿远景区（阳正熙，2006；叶天竺等，2014）。在圈定具体范围时，以地质、矿产信息为基础，以化探异常为主导，结合物探和遥感信息，以不漏矿、少漏矿的最小面积法用折线圈闭。由于成矿单元界线是以折线表示，所以成矿远景区的边角有的跨入了其他成矿单元。

3. 成矿远景区圈定结果

根据成矿远景区圈定原则、方法，在充分总结、分析以往资料基础上，结合近年来矿产勘查与综合研究的最新成果，在勉略宁矿集区圈定了 7 个成矿远景区，其中略阳县鱼洞子–煎茶岭铁金镍成矿远景区（Ⅰ）、宁强县贾家湾–略阳县陈家坝铁铜金多金属成矿远景区（Ⅱ）、宁强县大安–勉县李家沟金铜镍多金属成矿远景区（Ⅲ）、略阳县五房山–勉县方家坝锰磷成矿远景区（Ⅳ）等 4 个成矿远景区找矿潜力比较大（表6.1）。

表6.1　勉略宁矿集区成矿远景区一览

序号	成矿远景区名称	预测矿种	成矿系列	主攻矿床类型	所属成矿区带
Ⅰ	略阳县鱼洞子–煎茶岭铁金镍成矿远景区	铁、金、镍、钴、石棉矿	新太古代与火山沉积作用有关的沉积变质型铁矿床成矿系列；新太古代花岗–绿岩建造中金矿床成矿系列；中生代与印支期—燕山期构造剪切作用有关和地下热流体活动有关的金矿床成矿系列；元古宙与深断裂带超基性–基性侵入岩有关的镍（铜）铁、钒、金、钛磁铁矿、石棉矿床成矿系列	火山沉积变质型铁矿床，如鱼洞子铁矿床（也可称鱼洞子式铁矿床）；晚期岩浆熔离–热液改造型镍矿床，如煎茶岭镍矿床；与超基性岩有关的中低温岩浆热液型（或称构造蚀变岩型）金矿床，如煎茶岭金矿床	略阳县鱼洞子–阁老岭铁金成矿带（Ⅳ2-1）
Ⅱ	宁强县贾家湾–略阳县陈家坝铁铜金多金属成矿远景区	铜、铁、铅锌、钴、金、镍、重晶石、石棉	与中、新元古代裂陷槽海相火山岩（细碧角斑岩系）有关的火山喷流沉积型铜铁铅锌锰多金属矿床成矿系列；元古宙与古火山机构和中–酸性侵入岩有关的铁、铜矿床成矿系列；元古宙与深断裂带超基性–基性侵入岩有关的镍（铜）、铁、钒、金、钛磁铁矿、石棉矿床成矿系列	海相火山沉积–改造型铜铁矿床，如铜厂铜铁矿床；火山沉积–构造岩浆热液改造型铜铁矿床，如徐家沟铜矿床；海底火山喷发沉积–改造型金银铅锌多金属矿床，如东沟坝金银铅锌多金属矿床	勉县七里沟–宁强县二里坝金银铅锌铁铜硫、锰成矿带（Ⅳ2-2）
Ⅲ	宁强县大安–勉县李家沟金铜镍多金属成矿远景区	金、铜、镍	中生代与印支期—燕山期构造剪切作用和地下热流体活动有关的金矿床成矿系列；中生代与印支期—燕山期中酸性岩浆侵入岩、低温热液作用有关的金、银、铜、铅锌、钨、锡、钼、砷、锑、汞（锂、铍、铌、钽）矿床成矿系列	碳酸盐岩系中微细浸染型金矿床，如李家沟金矿床	宁强县代家坝–勉县李家沟金、铜、镍成矿带（Ⅳ2-4）
Ⅳ	略阳县五房山–勉县方家坝锰磷成矿远景区	锰、磷	扬子板块西北缘与震旦系–下古生界黑色岩系有关的磷、石煤、铁、锰、（钒）、钴、镍、铀、钼、铅锌、稀土多金属矿床成矿系列	海相沉积变质型磷矿床，如茶店磷矿床；火山沉积改造型铅锌矿床，如分水岭铅锌重晶石矿床	略阳县金家河–汉中天台山锰、磷铅锌成矿带（Ⅳ1-1）
Ⅴ	宁强县青木川–八海–苍社金铜成矿远景区	金、铜	中生代与印支期—燕山期构造剪切作用和地下热流体活动有关的金矿床成矿系列；与中、新元古代裂陷槽海相火山岩（细碧角斑岩系）有关的火山喷流沉积型铜铁铅锌锰多金属矿床成矿系列	海相火山岩型铜矿床，如大茅坪铜矿床；韧脆性剪切带型金矿床，如小燕子沟金矿床	略阳县白雀寺–宁强县青木川金铜铁（钛）成矿带（Ⅳ2-3）

续表

序号	成矿远景区名称	预测矿种	成矿系列	主攻矿床类型	所属成矿区带
VI	宁强县安乐河–丁家林–太阳岭金成矿远景区	金	中生代与印支期—燕山期构造剪切作用和地下热流体活动有关的金矿床成矿系列	韧脆性剪切带型金矿床,如丁家林金矿床	宁强县阳平关–丁家林铜、铅锌、金、银、磷、锰成矿带(IV2-5)
VII	略阳县干河坝–白云寺金银铅锌镍铬铁成矿远景区	金、铅锌	与中、新元古代裂陷槽海相火山岩(细碧角斑岩系)有关的火山喷流沉积型铜铁铅锌锰多金属矿床成矿系列;晚古生代与海西期超基性岩、碱性岩–碳酸岩有关的铌、稀土、铀、硫、铬铁矿、磷矿床成矿系列;中生代与印支期—燕山期构造剪切作用和地下热流体活动有关的金矿床成矿系列	岩浆热液型金矿床,如铧厂沟金矿床;构造蚀变岩型金矿床,如干河坝金矿床;热液型铅锌矿床,如白云寺铅锌矿床	略阳县三岔子–勉县鞍子山铬镍金铁铅锌、银成矿带(IV1-2)

4. 关键金属矿产成矿远景探讨

关键金属是近年国际学术界研究的热点,也是找矿勘查的重要目标,包括铜、镍、钴、铬、稀贵、稀有、稀土、稀散等元素。其广泛应用于冶金、石油化工、电气、电子、农业、医药、轻纺、军工等传统领域,更是发展新能源、新材料、节能环保、航空航天、电子信息、生物制药等新兴产业的核心资源,是支持战略性新兴产业发展的重要原材料。

1)钴矿成矿远景探讨

(1)中国钴矿成矿地质特征

钴是银白色金属,是重要的战略性矿产资源,素有"工业味精"和"工业牙齿"之称。它具有耐高温、耐腐蚀、高强度和强磁性等特点,是制造耐高温、超硬合金、磁性合金、碳化钨的基体或黏合剂,广泛应用于原子能、航空航天、电子、机械等高科技领域;钴也是一种能源金属,是制造锂电池的重要原料。

钴位于元素周期表第八副族,具有亲铁亲硫的双重性,但以亲硫型为最强。钴在自然界中主要呈砷化物、硫化物、硫砷化物状态存在。钴元素迁移能力强,地壳中90%的钴呈分散状态,加之亲铁、亲硫的双重性,钴很难形成独立的或以钴为主的工业矿床,多呈铜、镍、铁等矿种的伴生金属产出。目前我国工业中使用的钴实际上主要是加工铜、镍、铁等矿产时回收的副产品。

世界钴矿资源主要集中在刚果、赞比亚、澳大利亚、古巴、菲律宾、马达加斯加等国家,其中以刚果储量最大。世界钴矿资源主要赋存于风化型红土镍矿床、镁铁质和超镁铁质岩的铜镍硫化物矿床和沉积型砂岩铜矿床中。此外,近年海洋勘探表明大洋底部锰结核和富钴结壳中也储有大量的钴资源。截至2017年底,全球钴矿产量106050t,资源储量706.3万t,还有超过4亿t的钴矿资源分布在大西洋、印度洋和太平洋海底铁–锰–钴结核和结壳之中(丰成友和张德全,2002;张伟波等,2018)。

中国钴矿资源特征表现为储量小,品位低;贫矿多,富矿少;伴生矿多,独立矿少。

其中伴生钴的铜镍硫化物矿床主要分布在甘肃、新疆、吉林、陕西、云南、四川等地；与铁、铜矿伴生的钴资源分布在四川、青海、山西、河南、广东、安徽等地；海南、广东等地有少量钴土矿（丰成友等，2004）。

从大地构造位置看，我国的钴矿主要分布于两块、四带中，即华北板块、扬子板块、准噶尔–兴安造山带、昆仑–秦岭造山带、松潘–甘孜造山带、华南造山带。依据钴矿分布特征可知，造山带的钴矿多于板块区，钴矿多产出在板块活动带。

含钴矿床的分类方式较多。按照矿床形成的地质背景和成矿环境、成矿作用、构造环境及矿床主岩组合，将我国钴矿床分为与镁铁质–超镁铁质岩有关硫化物钴矿床、与海相火山喷发有关的钴多金属矿床、与斑岩有关的铜钴矿床、与砂岩有关的钴矿床、与中酸性侵入岩有关的矽卡岩铁钴矿床、与风化作用有关的钴矿床（潘彤，2003）。综合含矿岩系及矿床成因又可将含钴矿床分为风化型红土镍–钴矿床、沉积型砂岩铜–钴矿床、岩浆岩型铜–镍–钴硫化物矿床和热液型钴矿床4个类型。世界上绝大部分钴矿资源都赋存在前三类矿床中（张伟波等，2018）。依据矿床成因划分，钴矿床主要有岩浆型、热液型、风化型、化学沉积型（张洪瑞等，2020）。我们将钴矿床类型划分为岩浆型或岩浆–热液型、火山喷发沉积–变质型、沉积型及风化型。通常，岩浆型或岩浆–热液型钴矿包括超基性–基性岩型、中酸性斑岩型、矽卡岩型。超基性岩型钴矿的典型矿床有产于华北板块边部龙首山隆起带中的甘肃金川铜镍钴矿，含矿岩体为纯橄榄岩–二辉橄榄岩，矿体呈似层状、大透镜状、大脉状，矿石类型为浸染状硫化物型，金属矿物主要为磁黄铁矿、镍黄铁矿、黄铜矿，钴元素呈类质同象赋存于镍黄铁矿、黄铁矿等矿物中，钴品位0.07%～0.2%；产于攀西大裂谷环境的四川攀枝花含钴钒钛磁铁矿，成矿岩体为辉长岩、橄辉岩，矿体呈似层状，矿石中金属矿物主要为钛磁铁矿、钛铁矿，Co、Ni呈类质同象分布在钛铁矿。

中酸性斑岩型钴矿产出在华北板块边缘，典型矿床为山西垣曲铜矿峪铜钴矿，含矿岩性为钠质石英二长斑岩，矿体呈透镜状、脉状，矿石矿物组合为黄铜矿、黄铁矿、辉钴矿，Co、Se与Cu关系密切。

矽卡岩型钴矿主要产于板块或地块的拼接地段，受中酸性侵入岩体接触带控制。代表矿床为湖北大冶铁钴矿，与成矿有关的岩浆岩为燕山期钙碱性系列的中酸性侵入岩。赋矿层位为三叠系含膏（盐）的碳酸盐岩层，矿石矿物组合有磁铁矿、黄铁矿、黄铜矿，钴呈混合物存于以上矿物中。

火山喷发沉积–变质型钴矿包括海相火山硅质岩–碳泥硅质岩型，该类矿床多位于板块边缘裂陷槽内，含矿层产出于火山–沉积建造中，含矿岩石主要为火山喷发形成的喷流岩及喷流沉积岩，成矿元素组合类型有Cu-Co、Cu-Co-Au、Co-Bi-Au、Fe-Co、Pb Zn-Au型，金属矿物主要是黄铜矿、黄铁矿、磁铁矿等。典型矿床为产于昆仑–秦岭造山带内的青海东昆仑肯德可克钴金铋矿床，赋矿层位为上奥陶统铁石达斯群火山岩，含矿岩石为火山喷流形成的硅质岩及含碳较高的泥硅质岩，矿石矿物有黄铁矿、镍黄铁矿、胶黄铁矿、磁黄铁矿、辉铋矿、方钴矿，钴矿化与金、铜、铋矿化关系密切伴生，钴品位0.064%～0.46%，个别钴品位高达9%。

沉积型钴矿主要指砂岩型钴矿。矿体呈层状产于砂岩、页岩、砾岩及碳酸盐岩中，矿层由浸染状硫化物和块状矿石组成，具有沉积结构特征。主要金属矿物是黄铜矿、黄铁矿、辉铜矿、硫钴矿、硫铜钴矿。典型矿床为江西省五宝山钴矿床,钴矿产于上三叠统安源组砂砾岩层中,受 NE 向逆断层控制,矿体呈似层状或透镜状产出,随褶曲变化而起伏,钴矿物主要有辉砷钴矿和钴毒砂,矿石自然类型为砂砾岩型铅锌矿石、铅锌钴矿石和钴矿石,钴品位 0.024%~1.15%,平均含钴 0.4028%。

风化型钴矿包括红土型镍钴矿和风化壳型钴土矿,钴主要以钴土及钴结核形式产出。红土型钴矿多集中在基性或超基性岩风化的较上部位,主要是纯橄岩、橄榄岩、辉石岩或蛇纹岩裸露地表,经长期强烈的风化和侵蚀作用形成富含铁、镍、钴的红土,钴矿物主要是钴土矿、含镍钴土矿和含钴的铁氢氧化物。钴常常聚集在镍矿石或铁矿石中,偶尔形成一些独立矿物。例如,由超基性岩风化形成的云南元江-墨江镍钴矿,矿石由含钴的氢氧化物、钴土及其他铁质物组成;风化壳型钴矿主要产出在古风化壳中,钴主要呈钴土富集,层位稳定,明显受古岩溶地形地貌的控制,如产于米仓-巴山前寒武纪隆起两侧的陕西省南郑区碑坝钴土矿,钴土矿赋存于晚震旦世或中奥陶世的白云岩、灰岩风化面-溶蚀凹地内,明显受风化面凸上凹下的控制,矿体呈似层状-条带状,主要矿物为含钴硬锰矿、含钴高岭土、石英,次要矿物为水云母、赤铁矿、水针铁矿。

(2) 勉略宁矿集区钴矿成矿远景

勉略宁矿集区地处扬子板块、松潘-甘孜造山带、秦岭造山带的结合、拼接部位,前寒武纪以前多处于陆块边缘拗陷或裂谷环境,构造活动强烈,火山-岩浆作用发育。区内中、新元古代海相火山喷发-沉积岩和震旦系、寒武系、奥陶系碎屑-碳酸盐岩分布广泛,具备形成钴矿的大地构造和物质条件。陕西省重要矿产资源潜力评价❶相关成果预测区内钴资源量 27143t。

勉略宁矿集区已发现钴成矿事实和众多钴矿化信息。煎茶岭超基性岩体中已发现大型含钴镍矿床;铜厂石英闪长岩体周边已发现槽子湾铜钴矿点;南郑区碑坝已发现产于震旦系白云岩古风化壳的钴土矿。陕西省地质调查院 2020 年已启动了"陕西南部钴矿专项调查与找矿预测部署研究"项目,调查总结陕西南部钴矿建造构造特征等。综合分析勉略宁矿集区成矿地质背景,认为略阳-勉县深大断裂、硖口驿-二里坝古基底拼合带、阳平关-勉县深大断裂沿线具有寻找岩浆型或岩浆热液型钴矿、火山喷发沉积-变质型钴矿、风化型钴矿的构造环境和物质条件。因此,应加大对超基性-基性岩体、中酸性侵入岩接触带、海相火山沉积-变质型铁、铜矿和硫铁矿中的钴矿地质调查,如硖口驿超基性岩体、三岔子岩体等;加强对硖口驿-二里坝古基底拼合带沿线超基性岩体(如金子山岩体、黑木林岩体)和黄铁矿点(如红土石硫铁矿、二里坝硫铁矿)的钴矿调查;尽快开展对阳平关-勉县断裂带、勉略构造带一线中酸性岩体(如七里沟岩体、大安岩体)的钴矿调查评价;并要关注震旦系、寒武系、奥陶系古风化壳的钴土矿调查。通过进一步的工作,有望取得勉略宁矿集区钴矿的找矿突破。

2) 锂矿成矿远景探讨

(1) 中国锂矿成矿地质特征

锂(Li)是元素周期表中第一位金属元素,化学性质异常活泼。锂作为高能锂电池、

❶ 陕西省地质调查中心. 2013. 陕西省重要矿产资源潜力评价. 西安:陕西省地质调查院,1-398.

可控热核聚变反应的重要原料，被称为21世纪的能源金属。锂还普遍添加在铝合金中，当铝合金中含锂达到2%～4%时，可使铝合金强度提高10%，重量减少15%～20%，因此锂也广泛应用于飞机制造，特别是战斗机制造。由于锂在能源、军事、航空、航天领域的重要用途，世界主要大国均将锂矿列为国家战略矿种。全球至少20个国家发现了锂矿床，我国锂资源较丰富，但与目前经济社会发展的刚性拉动相比，国内锂资源远远不能满足需求，致使我国锂的对外依存度高达74%（王登红等，2018）。

中国锂矿床按成因类型可分为内生和外生两大类，其中内生型具体分为花岗伟晶岩型、花岗岩型；外生型具体分为盐湖型、地下卤水型、花岗岩风化型和沉积岩型；从成矿时代看，中国内生型锂矿主要分布在中生代，特别是燕山期构造–岩浆活动与锂成矿密切相关。盐湖卤水型锂矿的成矿时代为二叠纪、古近纪—第四纪。从成矿环境看，中国锂矿多处于大地构造单元内部的褶皱造山带，成因上与板块碰撞的构造岩浆活动有关，含锂花岗伟晶岩多形成于造山过程的相对稳定期。大多数锂矿床，尤其是大型锂矿床，形成于岩浆活动中晚期侵入体的伟晶岩脉中，形成似层状、脉状矿体。根据目前已发现的锂矿床，中国硬岩型锂矿床的容矿岩石主要为花岗伟晶岩和蚀变花岗岩。伟晶岩型锂矿体主要赋存在花岗伟晶岩的钠长石–锂辉石带、石英–锂辉石带，花岗岩型锂矿体主要赋存在钠长石花岗岩带和云英岩体中。

（2）勉略宁矿集区锂矿成矿远景

勉略宁矿集区地处秦岭造山带与松潘–甘孜造山带结合部，根据我国锂成矿带划分成果（陈毓川等，2015a），勉略阳矿集区属于松潘–甘孜锂成矿带的东部边缘，略阳–勉县断裂、阳平关–勉县断裂沿线分布许多印支期—燕山期花岗岩，二里坝–硖口驿元古宙古基底碰撞拼接带分布有加里东期、海西期花岗岩。根据松潘–甘孜造山带川西锂成矿带含矿花岗岩体的研究成果（李建康等，2007），含锂花岗岩体时代在距今244～190Ma之间（如甲基卡二云母花岗岩时代为距今214Ma、雪宝顶花岗岩时代为距今244Ma、扎乌龙花岗岩时代为距今236Ma）；南岭锂成矿带花岗岩型锂（Li）、钽（Ta）、铷（Rb）矿床的成矿时代主要集中在距今160～150Ma；对于勉略宁地区锂矿的找矿前景，认为加大对略阳—勉县一带和阳平关—勉县一线形成于距今240～150Ma的花岗岩体和硖口驿—二里坝一线花岗岩体中伟晶岩脉的矿产地质调查，如七里沟花岗岩体、金子山花岗岩体、大安岩体、光头山岩体等，有可能取得锂矿找矿突破。

3）稀土元素成矿远景探讨

稀土元素简称稀土，包括元素周期表中第六周期第三副族原子序数为57～71的镧系15个元素，化学性质、地球化学性质与镧系元素相似且密切伴生的同族第四、第五周期的钪及钇也归于此类，这17个元素通称为稀土元素（REE或TR）。稀土具有"工业维生素"的美称，用途十分广泛，涵盖冶金、石油化工、军事、玻璃陶瓷、农业、新材料、高科技等众多领域，有着十分广阔的应用前景和极为重要的战略意义（王登红等，2013；王瑞江等，2015）。

（1）中国稀土矿床成矿地质特征

通常稀土矿床分为硬岩型和风化壳型两大类，以硬岩型为主。硬岩型包括海相沉积–变质型、碱性岩–碳酸岩型；硬岩型稀土矿的成矿时代呈现"一老一新"，分别以元古宙和中、新生代最为重要。硬岩型稀土矿床以海相–沉积变质岩型为主，以内蒙古的白云鄂博铁–铌–稀土矿床最为重要（王瑞江等，2015）。白云鄂博式稀土矿床的成矿大地构造环境背景以古陆边缘的裂谷带为主，此类矿床具有指示古大陆边缘裂谷带的意义。四川牦牛坪式的碱性岩–碳酸岩型稀土矿则形成于新生代造山带，成岩成矿物质来自地幔，源于造山带中通达地幔的软弱带。风化壳型主要有花岗岩风化壳型，也称离子吸附型。离子吸附型稀土矿为中国独具特色的重要矿产。稀土矿床类型若按照不同地质作用划分，有与岩浆作用有关的如四川牦牛坪式的轻稀土矿床，与变质作用有关的如湖北的广水式稀土矿床，与火山沉积–变质有关的如白云鄂博式的轻稀土矿床，与沉积作用有关的如贵州的织金新华式含稀土磷矿床，与风化作用有关的如华南离子吸附型稀土矿床和稀土砂矿。又可归为岩浆型或岩浆–热液型、火山沉积–变质型、沉积型、离子吸附型和砂矿型。

　　岩浆型或岩浆热液型稀土矿床包括侵入碱性岩–碳酸岩型、正长斑岩型、碱性花岗岩型。例如，四川牦牛坪式稀土矿床，矿体呈脉状，矿石矿物有氟碳铈矿、硅钛铈矿、烧绿石、辉钼矿，矿石品位 LRE_2O_3 为 5.156%，共生轻稀土、Nb、Mo，成因类型为碱性–碳酸岩型，产出构造环境为扬子陆块西缘陆缘拗陷内，其深部处于地幔坡陡倾斜带的转折部位，为地壳脆弱活动带。

　　火山沉积–变质型以海相火山碱性岩–碳酸岩沉积–变质型为主。例如，白云鄂博式铁–铌–稀土矿床，矿体呈层状，矿石矿物为氟碳铈矿、独居石、铌铁矿、磁（赤）铁矿，矿石品位 LRE_2O_3 为 4.9%～5.2%，共生 Nb、Fe、轻稀土，成因类型为海相火山碱性岩–碳酸岩沉积–变质型，产出构造环境为华北地台北缘白云鄂博裂谷带。

　　沉积型主要指沉积稀土磷块岩。矿体赋存在寒武系粉砂岩、黑色页岩及磷矿层中，呈层状，稀土矿物主要是独居石。稀土也以元素状态赋存在胶磷矿中。产出构造环境为扬子地台边缘。

　　离子吸附型稀土矿床是指发育于一定气候条件下，以中生代花岗岩类为主要母岩，在以花岗岩类为主的火成岩风化壳中形成呈交换阳离子状态而存在的一类稀土元素的工业富集体。矿体依据地貌形态变化，尤其是地貌陡缓而定。圈定矿体主要依据稀土品位。品位和浸取率是衡量此类矿床价值的重要指标。大多为露天开采，环境污染比较严重。离子吸附型稀土矿床又分为铈组稀土型和钇组稀土型，二者原岩和经济价值差异较大。

　　砂矿型指海滨砂矿及冲积砂矿，主要分布在海南、广东沿海及台湾西海岸。主要稀土矿物为独居石及磷钇矿。矿体赋存在第四系沿海海滩阶地、沙堤及沙洲的石英砂和砂砾层中，呈层状。独居石、磷钇矿常和钛铁矿、锆石共同产出。成矿母岩多为含独居石和磷钇矿的花岗岩、混合岩及花岗片麻岩。

　　河流冲积砂矿在我国华东、中南第四系沉积层中也常见到。矿体赋存在河床阶地及地形起伏变化较大处，呈似层状及不规则状。含矿岩性为含砂土层、含土砂层、砂砾层。

　　我国中、新元古代地壳块体相对稳定。沿块体边缘火山活动、断裂构造发育，产出酸性岩、碱性岩，富含稀土的火山熔浆–溶液强烈喷发，带来大量稀土物质，往往形成与海相火山–沉积作用有关的铁–稀土建造。中、新元古代稀土矿床大多经历岩浆、沉积、变质地质作用过程。稀土元素主要由海底火山岩浆及其气、液从深部带来，最后经沉积、变质成矿，具有明显的沉积建造特征。矿层以海相钙镁碳酸盐建造为主，常夹泥质、硅质碎屑岩。稀土矿赋存在钙镁碳酸盐岩石及轻中度变质的板岩、浅粒岩、变粒岩等岩石内。矿层沿走向及倾向层理比较清晰，延伸稳定。矿体在矿层中呈层状、似层状或透镜状产出，与围岩产状基本一致。内蒙古白云鄂博稀土矿床的赋矿岩石为白云石大理岩及富钾板岩,研究认为其原岩为火山喷溢碳酸岩及粗面岩(袁忠信等,1994;Le Bas et al.,1992;王希斌等,2002)。

按照主要的成矿元素,中国中、新元古代稀土矿床大致分为3类矿石沉积建造:稀土–磷沉积建造、稀土–铁火山沉积建造、稀土–磷–铁火山沉积建造。稀土–磷沉积建造构成稀土磷块岩矿床,贵州西部多处产出。贵州新华稀土矿床含矿层位为下寒武统底部牛蹄塘组黑色岩系——黑色碳质页岩之下,上震旦统灯影组白云石大理岩侵蚀面上,其间的稀土矿化磷块岩Sm-Nd同位素等时线年龄为533±22Ma(陈毓川等,2015)。

(2)勉略宁矿集区稀土元素成矿远景

勉略宁矿集区地处扬子地台西北缘,元古宙、早古生代大多处于陆块边缘拗陷或裂谷环境。区内中、新元古代海相火山岩、震旦系—寒武系含磷黑色岩系广泛分布。茶店磷矿中已发现稀土元素。由于震旦系—寒武系黑色含磷–稀土沉积建造的物质来源于元古宙海相火山喷发产物,说明勉略宁矿集区元古宙火山喷发挟带了稀土物质。综合分析勉略宁矿集区相关资料认为,特别是略阳–勉县深大断裂、硖口驿–二里坝古基底拼合带、阳平关–勉县深大断裂沿线具有寻找岩浆型或岩浆热液型、海相火山变质型、沉积型稀土矿的构造环境和物质条件。因此,加大对海相火山变质型铁矿、沉积型磷矿中的稀土元素矿产调查,如鱼洞子铁矿、白果树铁矿、高家湾铁矿、茶店磷矿、瓦子坪磷矿、何家岩磷矿、阳平关磷矿等;同时加强对勉略构造带一线大理岩(如李家咀大理岩等)和正长岩脉、硖口驿—二里坝一线的花岗岩,尤其是碱性花岗岩的稀土元素矿产调查,有望取得勉略宁矿集区稀土矿产找矿突破。

第三节　找矿靶区预测和验证

找矿预测的基础是找矿信息,找矿信息是指识别或指示某种矿床成矿条件或赋存方式的加工型与预测型信息的总和。找矿预测主要是围绕着预测目标、成矿信息、技术方法与人之间的关系来进行的,目的是提取找矿信息,通常分为探索性预测和目标性预测两类。找矿信息涉及多源地学数据、多因素控矿条件、多变量组合及多目标来源。为了提高找矿预测的可靠性,一般需要将个体的找矿信息强化、纯化且综合成群体找矿信息并与同类矿床(体)的信息集进行对比分析或量化筛选。找矿预测以找矿为中心,以预测圈定找矿靶区为唯一目标。叶天竺(2004)提出了找矿信息量优选模型法、地质背景衬度法、非先验约束模型法和主观优选法四种找矿靶区优选方法。之后,叶天竺等(2014,2017)提出勘查区成矿地质体、成矿构造和成矿结构面、成矿作用特征标志"三位一体"找矿预测地质理论。本次工作主要按照这一理论方法进行找矿靶区预测圈定。

一、找矿靶区预测方法及靶区圈定

1. 预测理论

本次找矿预测主要采用勘查区"三位一体"找矿预测理论、相似类比理论、成矿系列理论、地质异常致矿理论及小岩体成(大)矿理论,并以勘查区"三位一体"找矿预测理论和相似类比理论为主。按照找矿预测的基本要求，在成矿构造地质背景分析、区域成矿规律研究与综合异常信息集成的基础上，进行找矿预测。

1）勘查区"三位一体"找矿预测理论

勘查区找矿预测以岩石学、矿物学、地球化学和矿床学等基础理论为指导，以 1:1 万~1:2000 大比例尺地质构造和矿化蚀变等地质填图为基础，依据对成矿地质体、成矿构造和成矿结构面、成矿作用特征标志研究，构建勘查区找矿预测地质模型，结合应用物探和化探综合方法，推断矿体赋存位置，从而通过工程施工验证，发现并查明工业矿体。勘查区找矿预测是矿产勘查工作的重要组成部分，并应与勘查工作同时进行。

勘查区成矿地质体地质模型找矿预测方法是以地球化学、矿物学和矿床学理论为指导，在全面收集勘查区地质构造、矿化蚀变、物探、化探和遥感等资料的基础上，通过大比例尺专题填图，研究成矿地质条件，确定成矿地质体；研究成矿构造系统，确定成矿结构面；研究成矿地质作用，确定成矿作用特征标志，进而总结成矿要素及预测标志，建立找矿预测地质模型。最后结合大比例尺物探、化探工作，通过综合分析，推断矿体位置，通过工程验证发现并查明矿体（床）。这一勘查区矿产预测系统简称为"勘查区成矿地质体找矿预测理论方法体系"（叶天竺等，2014）。

找矿预测地质模型是以成矿地质体、成矿构造和成矿结构面、成矿作用特征标志为基础的找矿预测模型，简称为"三位一体"找矿预测地质模型（叶天竺等，2014），即：

（1）成矿地质体研究。包括成矿地质体基本特征研究、成矿地质体与成矿作用关系研究、成矿地质体的确定及空间位置和分布规律研究等内容。

（2）成矿构造和成矿结构面研究。包括确定成矿构造及其特征、研究成矿结构面特征、研究成矿构造和成矿结构面关系、研究成矿构造和控岩构造关系、研究成矿构造和区域构造关系、构建成矿结构面空间构架、分析成矿构造体系的组成与发育规律等内容。

（3）成矿作用特征标志研究。包括矿体宏观特征、矿体矿物特征、成矿蚀变带、成矿化学成分、成矿物理化学条件、成矿物质和流体来源、成矿时代、成矿深度、迁移的络合物形式等，构建成矿作用特征标志并研究其与成矿地质体和成矿结构面的关系等。

（4）构建勘查区找矿预测地质模型。在上述研究工作的基础上，根据具体的、不同的矿床类型，通过对勘查区矿化样式的结构分析，构建深浅、上下、左右、内外矿化样式不同的"三位一体"找矿预测地质模型。

2）相似类比理论

相似类比理论是地质科学中，特别是地质找矿实践中最主要的方法论，是当前矿产资源预测评价最常用也是最有效的指导理论。其逻辑依据主要是相似分析、类比推断、相似性原理和不确定性推理（张文修和梁怡，1996）。

在区域成矿学中，相似类比理论的核心是认为在相似的地质环境下，应该赋存相似的矿床、成矿系统或成矿系列，其成矿规模、矿化强度、成矿元素、矿床类型也应基本相似。所以，在研究已知矿床（矿带）的经验模型（描述性模型）与成因模型（概念性模型）的基础上，与未知区的成矿地质条件、构造环境进行对比和分析，从而可以对未知区目标矿床做出成矿可能性的解释推断。实际上是由已知到未知、由点到面的地质工作原则的理论化。类比标志包括地质、物探、化探、遥感影像、采矿发现等各种异常显示和已知矿床特征、成矿模式、找矿模型，综合各种相关地质资料，经过技术人员的具体分析判断，大致给出：①未知区范围内成矿的可能性，圈定可能成矿的预测靶区；②未知区可能成矿的矿种组合和主要矿床类型；③未知区潜在的矿床（矿带）规模、数量及潜力等。在相似性基础之上，凡是包含有成矿信息的各种地质、物探、化探、遥感、矿产等变量都可以作为预测找矿靶区的依据，各变量之间一般视为是等权的，通常也可采用证据权法进行类比分析。本次通过对勉略宁矿集区地质勘查资料分析、成矿规律总结、典型矿床详细解剖及其成矿模式、找矿模型的建立，在成矿远景区圈定的基础上，依据所能收集的各种较大比例尺地质矿产、物化探、遥感等资料采用相似类比理论开展进一步的找矿预测。

3）成矿系列理论

在一定的地质历史发展阶段所形成的地质构造单元内，与一定地质成矿作用有关，在一定的地质构造部位形成各矿种、各类型有成因联系的矿床组合称为一个矿床成矿系列。矿床成矿系列概括了一定地质单元中四维时空区域成矿作用的完整体系和内在联系，旨在从更高层次上、更大尺度的四维空间上研究区域成矿作用发生、发展和演化的规律（陈毓川，1994；陈毓川等，1998，2006b，2015a；朱裕生等，2007）。成矿系列理论强调在不同地区或不同时代的相似地质历史构造环境中可能形成相似的矿床成矿系列，但同时其具有时代与地区性的各自特征。把成矿系列理论应用于成矿预测，在某种程度上与相似类比理论是一致的，都以求同为基础展开推断分析。矿床成矿系列有一定的内部结构，其成矿元素和成矿强度在不同矿床类型中的分配具有互补性，不同矿种、不同元素组合、不同类型的一组矿床在成矿系列内可以相互指示、互为标志。据此，以成矿系列理论为指导，可在未知区预测同一系列的矿床，在已知区预测未被发现的矿种、矿床类型和组合，从而避免盲目、孤立、单一的成矿或找矿预测，实现成矿理论推动找矿发现。本次在对勉略宁矿集区成矿系列研究划分的基础上，依据不同的成矿系列及其物质结构、空间结构、时间结构、信息结构，在开展找矿预测的过程中充分考虑成矿系列内和成矿系列之间可能新发现的矿种及矿床类型。

4）地质异常致矿理论

根据矿床是地质作用的一种特殊异常的体现，赵鹏大和池顺都（1991）、赵鹏大等（1999）提出地质异常是在物质组成、结构、构造或成因序次上与周围环境具有显著差异的地质体或地质体组合。地质异常作为一个具有时空结构的物质实体，具有不连续性和突变性、不均匀性和多样性、随机性和不确定性、等级性和相对性、不规则性和自相似性等一系列复杂性特征，并将地质异常矿体定位预测归纳为"5P"地段的圈定，即成矿可能地段（probable ore-forming area）、找矿可行地段（permissable ore-finding area）、找矿有利地段（preferable ore-forming area）、矿产资源潜在地段（potential mineral resource area）、矿体远景地段（perspective orebody area）。致矿地质异常的形成是一个复杂的过程，取决于这五种成矿基本条件的匹配是否达到最优，其组合状态是否达到最佳。通过各种方法和途径圈定的具有成矿基本条件的地质异常地段都是"成矿可能地段"。对勉略宁矿集区，根据地质环境和地质作用特点，将本区划分为4种不同类型的一级地质背景场，在一级地质背景场内又进一步划分出20个二级地质背景场。地质异常致矿理论在研究程度低，仅有地质、物探、化探异常信息，缺少矿床（点）成矿事实，无法建立矿床模型的地区开展成矿预测效果较好。本次工作主要以前两种理论为指导在勉略宁矿集区开展找矿预测。

5）小岩体成（大）矿理论

小岩体成（大）矿理论是由汤中立院士团队提出的，是指在地壳浅部、超浅部规模相对较小的侵入体内部和/或附近的围岩中，形成了与小岩体有关的大型、超大型甚至世界级矿床。如俄罗斯 Noril'sk-Talnakh、加拿大 Voisey's Bay、我国金川、红旗岭铜镍矿与大庙、磁海、姑山铁矿以及萨兰诺夫铬铁矿等。近几年拓展为地壳浅成侵入岩浆成矿体系，其成矿禀赋集中体现为"小、广、大、高、浅（潜）"的五字特征，主要内容如下：

（1）在规模较小的热侵入岩浆岩体的内部和/或附近的围岩中形成了与岩浆岩体有关的大型、超大型甚至是巨型矿床。

（2）镁铁质岩浆和中酸性岩浆都能形成小岩体大矿床，其中镁铁质岩浆矿床多由富而大的矿体组成，中酸性岩浆矿床往往由富或贫而大的矿体组成。

（3）镁铁质岩浆成矿表现为深部熔离（预富集）–脉动式贯入–终端岩浆房（尾部）聚集成矿，主要指挟带深部熔离硫化物液滴的岩浆，或挟带深部分离结晶的或熔离 V-Ti 磁铁矿、磁铁矿或铬铁矿的岩浆。这种成矿岩浆流体脉动式多次上侵贯入现存空间聚集成岩成矿。一般来说，先上侵的同源、同期的不含矿或含少量矿的岩浆质量要大得多，分布的范围也广得多，形成前导性喷发岩流或前导性侵入岩体群或侵入岩体，后来脉动式贯入的同源、同期的岩浆，含矿岩浆，富矿岩浆或矿浆的总体质量较前者要小得多，依次就位于现存较小的空间成矿，形成所谓的"小岩体大矿床"，特别是富矿岩浆和矿浆多就位于岩体的底部或尾部，体现出尾羽成矿的特征。

（4）中酸性岩浆成矿表现为岩体头部成矿（气，液，矿质，流体头部成矿）与岩体前峰及外侧空间成矿，主要是指深部熔融岩浆底辟上侵过程中聚集起来的岩浆流体。它们可以从岩浆中搜寻并溶解可溶盐类和致矿金属元素，其溶解度随着温度和压力的升高而增加，并且以复合氯化物与复合硫化物运移，最终在有利部位积淀成矿，即斑岩成矿过程。除此之外，还有一种中深成–深成小岩体（1.5~5km）的成矿作用，这种成矿小岩体一般不呈斑状结构，具有高温高压成矿特征（汤中立和李文渊，1995；汤中立等，2006，2015）。

这一理论对于寻找与岩体有关的矿床及其成矿规律研究和找矿预测意义重大。

2. 预测方法

1）经验预测法

经验预测法是地质找矿预测的基本方法。经验预测法的基础是相似类比理论，前提是由已知区带成矿模式出发，依靠地质工作者的直接观测和经验认识开展远景区找矿预测。本次对区内已知矿带、矿田、典型矿床做了比较详细的研究，总结了成矿规律，建立了矿带（矿田）和典型矿床的描述性成矿模式，形成了与矿化富集有关的观测特征信息集合，为找矿预测奠定了坚实基础，且开展预测工作的地质人员均长期在勉略宁矿集区从事地质找矿工作，具有丰富的实践经验和资料积累，形成了一定的观点认识。

2）地物化遥综合信息预测法

地物化遥综合信息预测法的理论基础是成矿元素在地质体中的富集程度和迁移形式，

即成矿作用与各类地质标志、地球物理、地球化学的性质和特征之间具有必然的内在联系和组合规律,据此综合分析,筛选相互支撑的找矿信息,从而对通过成矿预测圈出的远景区做出进一步的靶区预测。本次广泛收集、整理勉略宁矿集区以往的地质矿产、物探、化探、遥感和科研成果,并结合从野外获得的第一手资料,深入分析地质、物探、化探、遥感信息与成矿的关系,提取大量有利成矿及找矿信息,开展了地质、物探、化探、遥感综合信息找矿预测,特别是对工作程度比较低、尚未发现成矿事实的地区。

3)找矿模型预测法

矿床模型是在总结成矿理论与规律的基础上,针对特定类型矿床系统整理出的一套描述或反映其基本特征的信息集合,一般分为经验模型(或称描述性模型)和概念模型(或称理论性模型)。基于从四维空间对成矿作用的高度概括,以不同形式、不同深度和不同内容给予表达,表征同一或相似类型矿床共性的标准样式,为矿产勘查人员提供有关成矿作用较完整的概念及成矿规律,拓宽地质类比思路,力求快速识别潜在矿床的关键地质特征,有助于从整体上研究未知矿床赋存的地质环境,并区分成矿与非成矿环境,支持制订合理的勘查战略和选用最佳的勘探方法技术,从而提高地质找矿的科学性、准确性及社会经济效益。找矿模型是矿床模型的重要类型之一,其核心是经验模型与概念模型的交叉及融合,以找矿为宗旨,以局部普查与预测工作为重点,系统归纳一套显示矿床特征和找矿标志的参数(肖克炎等,2006;施俊法等,2010,2011),基本概括和完整表述特定类型某一矿床或一组同一类型矿床的地质–地球化学–地球物理特征、找矿标志与找矿方法技术组合,建立矿床信息网络,反映成矿规律,是矿产勘查工作的理论依据与实际指导,是选择最佳勘查方法技术组合的基础,具有实践性、系统性和代表性。通常按照完整性、相符性、相似性、选择性、综合性、定量性、可比性、直观性和规范性的原则建立找矿模型。国内外在这方面已开展了大量工作,取得了丰硕的成果(余传菁,1985;Cox and Singer,1986;张炳熺,1987;欧阳宗圻等,1990;陈毓川等,1993;赵鹏大和孟宪国,1993;赵鹏大等,1999;张贻侠,1993;樊硕诚,1994;裴荣富,1995;汤中立和李文渊,1995;冯华和吴闻人,1997;邹光华等,1996;楼亚儿和戴自希,2004;娄德波等,2010;毛景文等,2012a,2012b;王瑞廷,2005;王瑞廷等,2009,2012;叶天竺等,2014,2017)。美国 W. H. 艾孟斯于 20 世纪初(1907 年)最早提出了有关矿床成矿的带状分布模型——围绕花岗岩体矿床的地热分带规律模型。1983 年,苏联的 Д. В. 龙克维斯特提出矿石建造地质–成因模型的五大原则,将矿床成矿模型拓宽为成矿学的研究内容,并视为今后的发展趋势。Cox 和 Singer(1986)提出了矿床模型的演化流程分类序列,确定了由单个矿床特征的描述概括到一组相关矿床性质的汇集,再到构置描述性模型,尔后演化为成因模型,达到建立与成矿作用吻合程度较高的"最终"模型这一信息演化流程的逻辑关系。我国首次建立的成矿模型是在 20 世纪 60 年代初提出的黑钨矿"五层楼"垂直变化规律的描述性模型(韦龙明等,2018)。目前常用的矿床模型包括区域成矿模型、矿床成矿模型、矿床地球化学模型、地质–数学定位预测模型、工业矿体定位模型、矿床统计模型(如品位–吨位模型等)、成矿作用动力学模型、矿床数字模型、地质异常致矿概念模型、地质异常找矿靶区定量评价模型、地球化学找矿模型、地球物理找矿模型、流程式找矿模型、地质–地球物理找矿模型、地质–地球化学找矿模型、地质–地球化学–地球物理找矿模型、综合技术方法找矿模型、"三位一体"找矿预测地质模型、矿床预测普查模型、矿床普查参数模型等，其中应用一些模型也取得了较明显的找矿效果（陈毓川等，2001；段永民等，2005；余金元等，2010；王瑞廷等，2012；张新虎等，2015）。矿产勘查中所要研究的成矿模型包括成矿作用的模型化和矿床类型的模型化两方面内容，本次把前者称为成矿模式，后者称为找矿模型，成矿模式是找矿模型的基础，找矿模型是成矿模式在技术和经济方面的补充与延伸，两者相辅相成。找矿模型是覆盖区成矿预测的重要手段，用于矿产资源体定位的矿床模型主要有矿床（田）预测普查（定性）模型和矿床普查参数模型等。一般主要依据已知矿床成矿模式，把成矿远景区地质环境与目标矿床联系起来，通过建立的找矿模型预测找矿靶区。除此之外，找矿模型的建立还有助于增强找矿的信心与优化组合最佳找矿方法并应用。本次基本采用该方法，并结合前两种方法，根据区域及典型矿床"三位一体"找矿预测地质模型和综合信息圈定找矿靶区。

3. 找矿靶区的预测圈定

在成矿远景区内，进一步依据所获的各种资料和信息，采用上述预测方法，针对主攻矿种及其矿床类型，缩小范围分级次预测圈定不同类别靶区。

1）找矿靶区圈定原则

找矿靶区的圈定分三种类型，一是在已知矿床、矿（化）点上，对前人工作进行认真分析研究，认为工作不到位，按照勘查区"三位一体"找矿预测理论，在矿床（点）的深部和外围还有找矿潜力的地段圈定找矿靶区；二是从已知区运用相似类比理论，往未知区推断，凡未知区具有和已知区相同或相似成矿条件的，将未知区圈为找矿靶区；三是工作程度低，又没有已知区可类比的情况下，则采用地质异常致矿理论，凡地质异常集中分布的未知区圈为找矿靶区。具体圈定原则如下：

（1）与已知矿床或矿（化）点同处一个构造环境下，成矿条件相同或相近的地段。

（2）已知矿床或矿（化）点矿体具有向深部延伸或有形成盲矿体的地质条件和矿化特征，而未做深部工作的已知矿床或矿（化）点。

（3）已知矿床或矿（化）点的规模与地质、物探、化探异常的强度和规模不相称的地段。

（4）在一个成矿系列或亚系列的矿带或矿田中，还具备未被发现的矿种组合和类型的地质条件的地段。

（5）物探异常带中的局部异常。

（6）化探异常带中的不同浓集中心。

（7）具有寻找小型矿床以上的潜力。

（1）~（4）可以单独与（7）共同组成圈定找矿靶区的条件；（5）、（6）必须同时具备其他条件，方可圈定找矿靶区。

2）找矿靶区分类

根据成矿条件有利程度、预测依据充分程度、资源潜力大小规模等因素将找矿靶区划分为A、B、C三类。

A类：成矿条件十分有利，预测依据充分出现较可靠的矿致物探异常，化探异常特征与已知矿床异常相似，且化探异常出现成矿有利部位，矿化标志明显，地表已发现规模比较大的矿带或矿（化）体，深部工程验证矿体有延深，具有形成中型矿床及以上规模的资源潜力。

B类：成矿条件有利，预测依据充分局部物探异常属可能的矿致异常，化探异常特征与已知矿床有可比性，但规模较小或可以认为属同类型矿床，矿化标志明显，地表已发现一定规模的矿带或矿（化）体/点，具有形成中型矿床或以上规模的资源潜力。

C类：成矿条件比较有利，预测依据比较充分，已圈定有一定规模和强度的化探或物探异常，但物探异常不明显，化探异常与已知矿床难以类比，元素组合单一，强度一般，具有形成小型矿床及以上规模的资源潜力。

上述标准为一个定性标准，相比较而存在，实际划分中主要采用经验判断，综合研判、讨论决定。

3）找矿靶区圈定

按照上述找矿靶区的预测理论、预测方法、圈定原则和所建立的相关矿床类型成矿模式与找矿模型，在勉略宁矿集区本次预测的成矿远景区内优选圈定找矿靶区10处，即A类找矿靶区3处、B类找矿靶区5处、C类2处（表6.2）。对各找矿靶区成矿条件和找矿潜力简述如下。

表6.2　勉略宁矿集区找矿靶区一览

找矿靶区名称及编号	类别	主攻矿种	主攻矿床类型	成矿远景区
陈家坝铜铅锌多金属矿找矿靶区（A1）	A	铜、铅、锌	海底火山喷发沉积-改造型金银铅锌多金属矿床，如东沟坝金银铅锌多金属矿床	宁强县贾家湾-略阳县陈家坝铁铜金多金属成矿远景区
金洞子-龙王沟金铁矿找矿靶区（A2）	A	金、铁	火山沉积变质型铁矿床（也可称鱼洞子式铁矿床）	略阳县鱼洞子-煎茶岭铁金镍成矿远景区
纳家河坝金铜镍矿找矿靶区（A3）	A	金、铜、镍	晚期岩浆熔离-热液改造型镍矿床，如煎茶岭镍矿床；碳酸盐岩系中微细浸染型金矿床，如李家沟金矿床	宁强县大安-勉县李家沟金铜镍多金属成矿远景区
金子山-坟家坪铜金镍矿找矿靶区（B1）	B	铜、金、镍	火山沉积-构造岩浆热液改造型铜矿床，如徐家沟铜矿床；与超基性岩有关的中低温岩浆热液型（或称构造蚀变岩型）金矿床，如煎茶岭金矿床	宁强县贾家湾-略阳县陈家坝铁铜金多金属成矿远景区
七里沟-方家坝铜多金属矿找矿靶区（B2）	B	铜	火山沉积-构造岩浆热液改造型铜矿床，如徐家沟铜矿床	宁强县贾家湾-略阳县陈家坝铁铜金多金属成矿远景区
李家咀铅锌金矿找矿靶区（B3）	B	铅、锌、金	海底火山喷发沉积-改造型金铅锌多金属矿床，如东沟坝金银铅锌多金属矿床	宁强县贾家湾-略阳县陈家坝铁铜金多金属成矿远景区
李家沟-西铜厂湾金铜矿找矿靶区（B4）	B	金、铜	碳酸盐岩系中微细浸染型金矿床，如李家沟金矿床	宁强县大安-勉县李家沟金铜镍多金属成矿远景区
白雀寺-中坝子钛铁矿找矿靶区（B5）	B	钛、铁	岩浆熔离型铜镍矿、岩浆热液型铁矿	宁强县贾家湾-略阳县陈家坝铁铜金多金属成矿远景区
宁强县大安—勉县新铺唐家林一带金铜矿找矿靶区（C1）	C	金、铜	与海相火山岩有关的铜矿、构造蚀变岩型金矿	宁强县大安-勉县李家沟金铜镍多金属成矿远景区
宁强县曾家河—巨亭一带铜铁金矿找矿靶区（C2）	C	铜、铁、金	与海相火山岩有关的铜铁矿、构造蚀变岩型金矿	宁强县贾家湾-略阳县陈家坝铁铜金多金属成矿远景区

（1）陈家坝铜铅锌多金属矿找矿靶区（A1）

该靶区位于宁强县贾家湾–略阳县陈家坝铜多金属成矿远景区中段，属于略阳县陈家坝地区，处于铜厂铜铁矿床和东沟坝金银多金属矿床之间。区内主要出露新元古界碧口岩群东沟坝岩组海相酸性火山岩，岩石变质变形强烈。断裂构造以近东西向断裂为主；岩浆岩出露少量超基性岩、酸性岩株及岩脉。1:1万化探原生晕扫面在陈家坝圈定出8号、9号以铜、锌为主的多元素异常。激电中梯剖面测量圈出5个视极化率异常。区内地表已圈出北、中、南三条矿化带，2个锌矿（化）体。Ms-1号视极化率激电异常、化探异常与铜锌矿带吻合较好。该区具有寻找喷流沉积改造型铜铅锌矿和构造蚀变岩型金矿的良好前景，铜铅锌找矿潜力大。

（2）金洞子–龙王沟金铁矿找矿靶区（A2）

该靶区属于略阳县鱼洞子–煎茶岭铁金镍成矿远景区，位于略阳县鱼洞子地区金洞子–龙王沟地段，处于鱼洞子铁矿和煎茶岭金矿外围。区内主要出露太古宇鱼洞子岩群花岗–绿岩建造。该区位于何家岩复式背斜核部，北西向、近东西向断裂发育，少量北北东向断裂；基性岩脉、中酸性岩脉发育。遥感测量在金洞子圈出环状构造，推测深部有隐伏岩体。1:2.5万土壤地球化学测量在金洞子圈出北西向带状金异常，强度大，峰值高；金异常带中部地表圈出含金蚀变带和多个金矿体。1:5000高精度磁测在龙王沟圈定12个磁异常。经初步工程查证，磁异常由磁铁石英岩和含磁铁角闪岩、含磁铁变粒岩引起。该区具有寻找沉积变质型铁矿、受韧性剪切带控制的构造蚀变岩型金矿前景，该区铁、金矿找矿潜力大。

（3）纳家河坝金铜镍矿找矿靶区（A3）

该靶区位于宁强县鸡公石地区纳家河坝，属于李家沟金矿床外围，位于宁强县大安–勉县李家沟金铜镍多金属成矿远景区中部。出露震旦系雪花太坪组化学沉积–陆源碎屑沉积岩。北东向、北西向断裂发育。区内岩浆岩有蛇纹岩、滑镁岩、辉绿岩及钠长岩。蛇纹岩、滑镁岩规模比较大，主要沿北东向断裂展布；辉绿岩、钠长岩呈岩脉在岩层中广泛出露。1:1万沟系土壤地球化学测量在区内圈出金铜组合异常和镍钴组合异常。1:1万地面高精度磁法测量在区内获得多个磁异常，异常中心明显，推测为超基性岩体引起。区内已圈出金铜矿化体和贫镍矿体。区内镍矿化赋存于超基性岩体中，与超基性岩关系密切，磁法测量显示，岩体向深部具有较大的延深，并且变大，具有寻找岩浆熔离+热液改造型镍矿（煎茶岭式镍矿）的潜力；金铜矿化主要产于北东向断裂带中，化探异常多沿断裂分布，其成矿特点与李家沟金矿相似，具有寻找构造蚀变岩型金铜矿的潜力。该区金找矿潜力大，铜、镍具有一定找矿潜力。

（4）金子山–坟家坪铜金镍矿找矿靶区（B1）

该靶区位于略阳县麻柳铺地区金子山–坟家坪，处于徐家沟铜矿床西延，黑木林石棉矿、磁铁矿床东延，位于宁强县贾家湾–略阳县陈家坝铁铜金多金属成矿远景区中段。区内主要出露新元古界碧口岩群郭家沟组、东沟坝岩组海相火山岩，属细碧–角斑岩岩系，夹少量碎屑岩–化学盐岩。区内北西向、近东西向和北东向断裂发育，控制区内地层和矿化带展布。区内侵入岩从超基性–基性至中酸性均有出露，多呈岩墙、岩脉或岩株产出。主体为金子山杂岩体，由超基性–基性–中酸性侵入岩组成，岩性有蛇纹岩、菱镁岩、滑镁岩、辉长岩、闪长岩、花岗岩。

1:1万地面高精度磁法测量在金子山地区圈出8个磁异常，异常范围大，形态规整，连续性好，异常中心明显，强度高，整体呈北东东走向，正、负异常相伴出现。1∶2.5万沟系土壤地球化学测量在金子山以北圈出 Au、As、Cu 组合异常。1∶1万土壤测量在坟家坪圈出 Au、As、Ag、Cu、Pb 多元素组合异常，异常浓集中心明显，强度大；1∶1万激电测量在坟家坪圈出 2 个视极化率异常，异常中心较明显，峰值大于10%。该区已发现坟家坪铜矿点、陶家沟金铜矿点、黑湾里磁铁矿点、对传湾铜矿点、凉水井湾多金属矿点、学地里金矿点等；矿化点与岩体内外接触带和北东向断裂关系密切。区内物化探异常与已发现矿化带比较吻合。该区具有寻找与火山作用有关的块状硫化物型矿床，火山沉积改造型铜、锌矿，岩浆熔离叠加热液改造型镍（钴）矿，岩浆热液型铁矿，受脆韧性剪切带控制的构造蚀变岩型金矿的前景，金、铜、铁、镍、钴找矿潜力较大。

（5）七里沟–方家坝铜多金属矿找矿靶区（B2）

该靶区位于勉县七里沟–方家坝地区，处于七里沟岩体南侧，位于宁强县贾家湾–略阳县陈家坝铁铜金多金属成矿远景区东段。区内主要出露中元古界大安岩群（Pt_2D）细碧–角斑岩建造，岩石变质、变形强烈；该区西北部出露震旦系碎屑岩–碳酸盐岩。区内北东向韧性剪切带及脆性断裂发育。区内近东西向、北东东向断裂为主要的控矿构造。靶区北侧为七里沟斜长花岗岩体，呈岩基产出。区内分布小规模的辉长玢岩、辉绿玢岩、闪长岩，呈岩株、岩脉状产出。1∶2.5万土壤地球化学测量在区内圈出 13 个金、砷、汞、铜、铅、锌等多元素组合异常。区内已发现寨根铜矿化蚀变带和杨家山–祁家山金矿化蚀变带，2 条铜矿体和 7 条金矿（化）体。矿化带与异常比较吻合。该区具有寻找火山沉积改造型铜矿、受脆韧性剪切带控制的构造蚀变岩型金矿的潜力。

（6）李家咀铅锌金矿找矿靶区（B3）

该靶区位于勉县李家咀地区，处于七里沟岩体东侧，位于宁强县贾家湾–略阳县陈家坝铁铜金多金属成矿远景区东段，主要出露新元古界碧口岩群东沟坝岩组浅变质海相火山–沉积建造，岩石变质、变形强烈。区内北西向、北西西向断裂发育，其次为北东向断裂。侵入岩主要为七里沟花岗岩岩体，此外少量闪长岩、花岗闪长岩，呈岩脉、岩株产出。1∶2.5万土壤地球化学测量在区内圈定 2 个 Au-Pb-Zn-Cu-Hg-Ag-As-（W-Sb）异常带。经异常查证，发现铺沟–分水岭锌、铅、金、铜矿化蚀变带和窑沟–亢家山金矿化蚀变带，圈出 6 条金、铜铅锌矿体和 2 条金矿体。该区具有寻找火山沉积改造型铅锌多金属矿、构造蚀变岩型金矿的前景，找矿潜力比较大。

（7）李家沟–西铜厂湾金铜矿找矿靶区（B4）

该靶区位于勉县李家沟–西铜厂湾，处于李家沟金矿床外围，位于宁强县大安–勉县李家沟–金铜镍多金属成矿远景区中部。区内出露元古宇大安岩群细碧–角斑岩建造和震旦系碎屑–化学沉积岩。区内北东向断裂发育，其次为北西向断裂。侵入岩为辉长岩、辉绿岩、钠长岩，呈岩株、岩脉产出。1∶2.5万土壤地球化学测量在区内圈出了多个金、铜组合异常，沿北东向断裂分布。区内已发现李家沟金矿床、陈家湾金铜矿点、二郎庙金铜矿点、山金寺–西铜厂湾金矿点等。目前所发现的矿体、矿化体与所圈定的异常相吻合。区内具有寻找构造蚀变岩型金铜矿、与火山作用有关的沉积改造型铜多金属矿的前景，找矿潜力比较大。

（8）白雀寺–中坝子钛铁矿找矿靶区（B5）

该靶区位于略阳县白雀寺–中坝子，处于中坝子钛磁铁矿外围，属于宁强县贾家湾–略阳县陈家坝铁铜金多金属成矿远景区。出露地层为新元古界碧口岩群浅变质的基性火山岩，表现为杂岩体侵入蚕食后的地层残留体。区内岩浆岩发育，主要为吕梁期—晋宁期侵入的白雀寺基性杂岩体，呈岩株产出。岩体由内部向边部，岩性依次为蚀变辉长岩（蚀变二辉辉石岩）—辉长闪长岩—闪长岩。岩浆具有一定分异。区内北东向、北西向断裂发育。1：20万和1：10万航磁测量在白雀寺地区均圈出正磁异常，形态规整，中心比较明显。区内已圈出中坝子钛磁铁矿床和多个钛磁铁矿点。铁矿带与磁异常比较吻合。该区寻找岩浆分异型钛铁矿的潜力比较大，具有寻找岩浆型铜镍矿的前景。

（9）宁强县大安—勉县新铺唐家林一带金铜矿找矿靶区（C1）

该靶区位于宁强县大安镇—勉县新铺镇一带，属于宁强县大安–勉县李家沟金铜镍多金属成矿远景区。区内出露元古宇大安岩群，上岩段岩性为绢云母千枚岩、凝灰质千枚岩夹细碧岩；中岩段由角斑岩、角斑质凝灰岩、石英角斑岩夹细碧岩、铁碳酸盐岩组成；下岩段为细碧岩、枕状细碧岩、细碧质凝灰岩。北东向韧性剪切带断裂构造、推覆断层发育。地层中有较多的基性脉岩侵入。区内分布有1：5万水系沉积物A-58号金异常、C-55号和C-15号铜异常。找矿应重点关注北东向推覆断层、韧性剪切带及其两侧的次级断裂、基性脉岩。该区域寻找构造蚀变岩型金矿、与海相火山岩有关的铜、铁、钴矿有一定的找矿潜力。

（10）宁强县曾家河—巨亭一带铜铁金矿找矿靶区（C2）

该靶区位于略阳县大垭梁—宁强县巨亭一带，属于宁强县贾家湾–略阳县陈家坝铁铜金多金属成矿远景区，区内出露地层主要为元古宇何家岩岩群。上岩段为绢云母绿泥千枚岩、泥钙质板岩、灰质砂板岩夹磁铁石英岩；中岩段为英安岩、角斑岩、石英角斑岩、凝灰岩夹赤铁磁铁石英岩；下岩段为玄武岩、安山岩、细碧岩、凝灰岩夹石英岩。区内近南北向韧脆性剪切带发育。工作区内分布有1：5万C-40号、C-50号、C-56号铜、A-53号金水系沉积物异常。找矿应重点关注磁铁石英岩层、脆韧性剪切带及其两侧的次级断裂。该区域寻找构造蚀变岩型金矿、与海相火山岩有关的铜、铁、钴矿有一定的找矿潜力。

二、找矿靶区验证

王文（2004）对国外1950～2000年间发现的70个矿床的勘查史料进行了分析研究，结果表明，其中有42%的矿床是在已知成矿带或老矿区外围和深部找到的。美国卡林金矿带位于内华达州东北部，长约64km，宽约8km，呈北北西向展布，从20世纪60年代至今不断坚持勘查，在老矿山附近及深部连续找到了20多个大型金矿床，该带金储量已远超过2000t，成为北美洲最大的金矿带；自1961年发现以来，美国西部"盆岭省"北部地区已陆续发现了100多个独立卡林型金矿床，整个成矿带累计金资源量超过5000t，金品位$1 \times 10^{-6} \sim 25 \times 10^{-6}$；而北美洲发现的56个斑岩型铜矿中，80%是在已知矿床或矿化显示的紧邻处（戴自希和王家枢，2004；王义天等，2020）。因此，成矿带或矿集区内所圈定的找矿靶区是进一步部署找矿工作的首选地段，具有极其重要的技术经济意义。本次即对勉略宁矿集区内通过大量工作所圈定的这些找矿靶区选择其中7处分批进行了工程验证，取得了较好的找矿效果。

1. 陈家坝铜铅锌多金属矿找矿靶区验证

该找矿靶区处于铜厂铜铁矿床西北侧、东沟坝金银铅锌多金属矿床南侧。区内出露地层主要为新元古界碧口岩群东沟坝岩组中岩段，岩性以角斑岩、角斑质凝灰岩、石英角斑岩为主，间夹硅化白云岩、含铁碳酸盐岩、泥、碳质板岩。南侧有少量郭家沟岩组第三岩段的千枚岩、碳质板岩（图 4.58）。

通过 1 : 1 万化探原生晕扫面工作，在陈家坝圈定出 8 号、9 号以铜、锌为主的多元素异常。8 号异常长 400m，宽 80 ~ 100m，Cu 丰度值 800×10^{-6} ~ 2000×10^{-6}，Zn > 10000×10^{-6}；9 号异常长 500m，宽 100m，Cu 丰度值 700×10^{-6} ~ 1000×10^{-6}，Zn 丰度值 750×10^{-6}。

激电中梯剖面测量在区内圈出 5 个视极化率异常，Ms-1 号、Ms-2 号、Ms-3 号异常与矿带吻合好，为矿致异常。其中 Ms-2 号、Ms-3 号异常幅值和范围较大，推断为区内的重点异常。

区内已圈出北、中、南三条矿化带。北矿带长 1000m，宽 50 ~ 150m，走向北东向，倾向北，倾角 60° ~ 75°。岩性为石英角斑岩夹铁白云岩，围岩为角斑岩，次为铁白云岩、含碳凝灰岩。地表圈定矿（化）体 2 个，长分别为 60m、250m，厚度 1.60m、2.65m，锌品位 2.16%、1.70%。Ms-1 号视极化率异常与该带吻合好。中矿带长 1700m，宽约 100m，走向近东西向，总体倾向北，倾角 65° ~ 90°，局部南倾。岩性为角斑岩、碳质板岩、硅化白云岩。带内共圈定矿（化）体 24 个，以似层状或脉状平行产出。其中 1 号、2 号矿体为主矿体。1 号矿体长 400m，一般厚 0.62 ~ 2.00m，平均厚 1.13m，平均铜品位 0.56%，锌品位 0.56%。赋矿岩石为石英角斑岩夹硅化白云岩，岩石较碎裂，主要蚀变有黄铁矿化、闪锌矿化、方铅矿化等。2 号矿体长 1395m，一般厚 0.51 ~ 7.80m，平均厚 2.99m，平均铜品位 0.322%，锌品位 1.548%，铅品位 0.13%。赋矿岩石为硅化白云岩，主要蚀变为硅化、黄铁矿化、闪锌矿化、方铅矿化、黄铜矿化。Ms-2 号视极化率异常与该带吻合好。南矿带长 1000m，宽 50m，走向北西西–近东西向，倾向北，倾角 65° ~ 80°。岩性为角斑质凝灰岩夹白云岩及硅化白云岩，受构造控制明显。蚀变主要有黄铁矿化、闪锌矿化、黄铜矿化、褐铁矿化、硅化等，偶见孔雀石和蓝铜矿。圈出 22 个矿（化）体，长 20 ~ 160m，厚 0.60 ~ 6.30m，产状 140° ~ 200° ∠40° ~ 86°，锌品位 0.57% ~ 3.982%，铅品位 0.43% ~ 1.10%，铜品位 0.21% ~ 0.624%，金品位 0.57×10^{-6} ~ 2.10×10^{-6}。Ms-3 号视极化率异常与该带吻合好。

通过对陈家坝铜铅锌多金属矿床地层、构造特征及激电异常进行综合分析，认为矿床中矿带深部可能存在隐伏矿体（富厚地段），具较大的找矿潜力。重点在中矿带西段 8 ~ 32 线开展了钻探验证，施工的 6 个钻孔全部见矿，取得了良好的找矿效果。目前圈定规模较大的矿体 4 条，控制矿体长 220 ~ 676m，控制最大延深 630m（矿体未封边），其中 16 线 3 个钻孔见富厚矿体，矿体累计厚度 19.78m（图 6.1），铜品位 0.89% ~ 1.89%，铅品位 0.31% ~ 0.44%，锌品位 0.97% ~ 4.20%，伴生金、银、镉等有益元素。矿石中主要矿石矿物有黄铁矿、闪锌矿、黄铜矿和方铅矿；主要脉石矿物有石英、白云石、铁白云石、铁方解石、重晶石和绢云母；副矿物有磷灰石、金红石和白钛石。

通过对重点地段的勘查，初步获得（333+334₁）铜铅锌资源量 13.68 万 t，矿石量 436 万 t，含铜矿石的平均品位铜 1.64%，含铅矿石的平均品位铅 0.33%，含锌矿石的平均品位锌 2.91%。

目前仅是对陈家坝矿区中、南矿化蚀变带一小部分进行了勘查，中、南矿化蚀变带在东、西走向上仍有较大的延伸，并伴有铜、锌原生晕异常，矿体在深部未圈闭，综合预测该区铜铅锌找矿前景可达 30 万 t 以上。

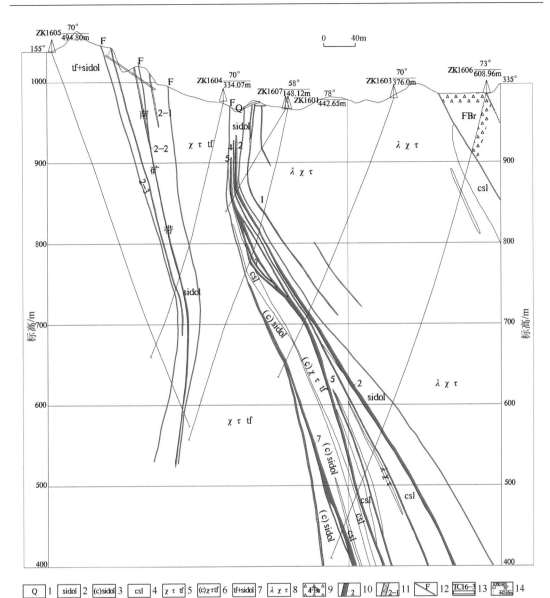

图 6.1　陈家坝铜铅锌多金属矿床 16 勘探线剖面地质图

1. 第四系坡积物；2. 硅质白云岩；3. 含碳硅质白云岩；4. 碳质板岩；5. 角斑质凝灰岩；6. 含碳角斑质凝灰岩；
7. 凝灰岩夹硅质白云岩；8. 石英角斑岩；9. 构造破碎带；10. 多金属矿体及编号；11. 多金属矿化体及编号；
12. 实测断层；13. 探槽位置及编号；14. 钻孔位置及编号、开孔倾角/终孔孔深

2. 金洞子-龙王沟金铁矿找矿靶区验证

该找矿靶区内赋存的龙王沟铁矿点主要出露太古宇鱼洞子岩群，其中绿泥斜长变粒岩、磁铁石英岩岩性层为沉积变质型铁矿的赋矿层位。金洞子金矿点主要出露太古宇鱼洞子岩群黄泥坪岩组，金矿化蚀变带产于黄泥坪岩组中，受北西向断裂控制，赋矿岩性为蚀变浅粒岩、斜长片麻岩（图 6.2）。

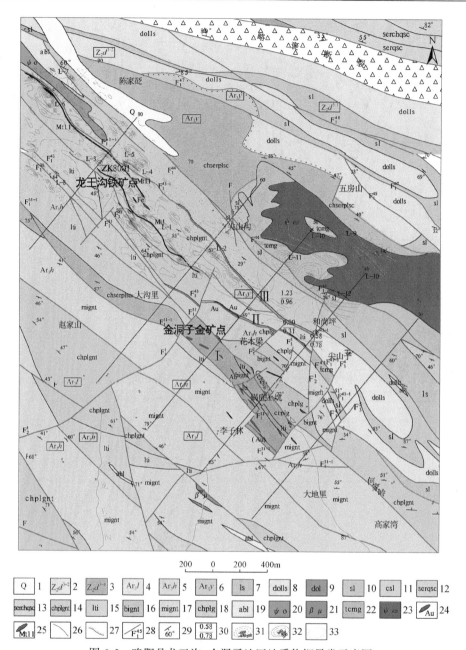

图 6.2　略阳县龙王沟–金洞子地区地质物探异常示意图

1. 第四系坡积物；2. 上震旦统断头崖组第三段第二层石灰岩、白云质灰岩；3. 上震旦统断头崖组第三段第一层板岩、绢云母板岩、碳质板岩；4. 新太古界鱼洞子岩群龙王沟组浅粉红色中细粒花岗片麻岩，岩石边部有变玄武岩；5. 新太古界鱼洞子岩群黄泥坪组由灰色片麻岩、黑云母斜长片麻岩等组成，岩石中有钾长花岗岩脉侵入；6. 新太古界鱼洞子岩群鱼洞子组，上部由长英质变粒岩、浅粒岩、绢云母石英片岩，夹磁铁石英岩组成，下部由绿泥斜长变粒岩、斜长角闪岩、绿泥钠长片岩、绿泥绢云母石英片岩等组成；7. 灰岩；8. 白云质灰岩；9. 白云岩；10. 板岩；11. 碳质板岩；12. 绢云石英片岩；13. 绢云绿泥石英片岩；14. 绿泥斜长变粒岩；15. 浅粒岩；16. 黑云母变粒岩；17. 混合岩化变粒岩；18. 绿泥斜长片麻岩；19. 斜长角闪岩；20. 角闪岩；21. 辉绿岩；22. 滑镁岩；23. 蛇纹岩；24. 金矿体（Au≥1.0×10⁻⁶）；25. 磁铁矿及编号；26. 地质界线；27. 不整合地质界线；28. 断层及编号；29. 产状；30. 品位（×10⁻⁶）/真厚度（m）；31. ΔT 负等值线（nT）；32. ΔT 正等值线（nT）；33. ΔT 零等值线（nT）

1:2.5 万土壤地球化学测量在金洞子地段圈出一条长度大于 1800m, 宽度约 900m 的金异常带。该异常带由 17 个金异常组成, 呈北西向带状展布。单异常形态多为椭圆形, 长度 100~400m, 宽度 50~150m, 金浓度值波动于 $2.5×10^{-9}~45×10^{-9}$, 最大值 $>50×10^{-9}$, 异常具有强度大、峰值高的特点。在该异常带的中部已发现含金蚀变带。

1:5000 高精度磁测剖面在龙王沟地段圈定了 12 个磁异常, 编号 L1~L12。L1~L8 号磁异常位于新太古界鱼洞子岩群鱼洞子组绿泥斜长变粒岩赋矿岩性层中, 常多呈带状分布, 长 200~700m, 宽 150~300m, ΔT 值一般 200~1000nT, 极值达 2000nT。

龙王沟赋矿层位中圈定磁铁矿体 25 条, 编号 Mt1~Mt25, 矿体呈层状、似层状产出, 平行展布。其中 Mt1 号、Mt11 号矿体规模较大, 其余矿体多为单工程控制, 为地表矿或盲矿体。Mt1 号磁铁矿体长 1000m, 平均厚度 1.37m, 平均全铁品位 26.84%, 平均磁性铁品位 21.14%, 含矿岩性为磁铁石英岩。Mt11 号磁铁矿体长度 1200m, 走向及倾向上具一定的膨缩变化, 厚度 0.70~10.70m, 平均厚度 2.83m, 全铁品位 23.84%~37.77%, 平均全铁品位 28.81%; 磁性铁品位 18.24%~32.70%, 平均磁性铁品位 22.89%, 含矿岩性为磁铁石英岩 (图 6.3)。

金洞子地段目前共圈定三条金矿化蚀变带, 编号为 Ⅰ、Ⅱ、Ⅲ。

Ⅰ号金矿化蚀变带受 F_1^{31-1}、F_1^{31} 断裂控制, 夹持于两断裂之间, 长度大于 1500m, 宽度 100~200m, 走向北西, 倾向南西, 倾角 25°~77°; 带内岩石主要为黑云母变粒岩, 其次为绿泥石斜长片麻岩, 岩石普遍发生了强烈的片理化、揉皱, 并不同程度地发育有糜棱岩化。主要蚀变为绢云母化、黄铁矿化、褐铁矿化、硅化、绿泥石化, 金矿化发育部位上述蚀变更强。Ⅰ号蚀变带内及旁侧已圈定 13 条金矿体及 6 条金矿化体, 呈脉状、透镜状平行分布, 大致平行蚀变带呈线状排列, 矿体产状变化大, 形态复杂, 沿走向尖灭再现, 膨缩频繁。金矿体由北向南、由西向东编号为 AuⅠ-1~AuⅠ-13, 其中 AuⅠ-2 号、AuⅠ-6 号、AuⅠ-8 号矿体规模较大。AuⅠ-2 号矿体呈透镜状, 控制长度 70m, 厚度 1.55~3.40m, 平均厚度 2.34m, 品位 $6.13×10^{-6}~17.11×10^{-6}$, 平均品位 $8.41×10^{-6}$。矿体由若干条厚度小于 0.5m 富矿脉 (金品位大于 $10×10^{-6}$) 和贫矿脉 (金品位小于 $5×10^{-6}$) 组成。AuⅠ-6 号矿体控制长 50m, 矿体呈脉状, 厚度 0.42~0.81m, 平均厚度 0.58m, 品位 $1.54×10^{-6}~3.02×10^{-6}$, 平均品位 $2.25×10^{-6}$。矿体产状 225°∠60°, 含矿岩性为硅化黄 (褐) 铁矿化变粒岩夹石英黄 (褐) 铁矿脉。AuⅠ-8 号矿体控制长 80m, 矿体呈透镜状, 厚度 0.30~2.98m, 平均厚度 1.23m, 品位 $1.80×10^{-6}~15.47×10^{-6}$, 平均品位 $3.24×10^{-6}$。

Ⅱ号金矿化蚀变带位于Ⅰ号蚀变带北侧 200~300m, 受 F_1^{43} 断裂控制, 分布于 40~60 线, 控制长 1000m, 厚 0.60~15.60m, 产状 204°~210°∠32°~65°, 蚀变带由片理化变粒岩、断层泥、碎粒变粒岩组成, 蚀变以褐铁矿化、硅化为主, 局部见孔雀石化。Ⅱ号蚀变带内圈定 1 条金矿体 (AuⅡ-1)。AuⅡ-1 号矿体长度 150m, 厚度 0.25~3.59m, 平均厚度 1.70m, 品位 $3.23×10^{-6}~66.26×10^{-6}$, 平均品位 $23.75×10^{-6}$。矿体产状 196°~240°∠32°~53°, 含矿岩性为变粒岩, 蚀变以硅化、褐铁矿化为主。

Ⅲ号金矿化蚀变带位于Ⅱ号蚀变带北侧 100~260m, 受 F_1^{43} 断裂控制, 分布于 45~66 线, 长 1000m, 宽 0.80~5.00m, 产状 200°~225°∠40°~65°, 蚀变带岩石为片理化绿泥斜长变粒岩，蚀变特征以硅化、褐铁矿化为主。Ⅲ号蚀变带中圈定 2 条金矿体，编号为 AuⅢ-1、AuⅢ-2。矿体均为单工程控制，厚度 0.20 ~ 0.96m，品位 1.23×10^{-6} ~ 7.80×10^{-6}。

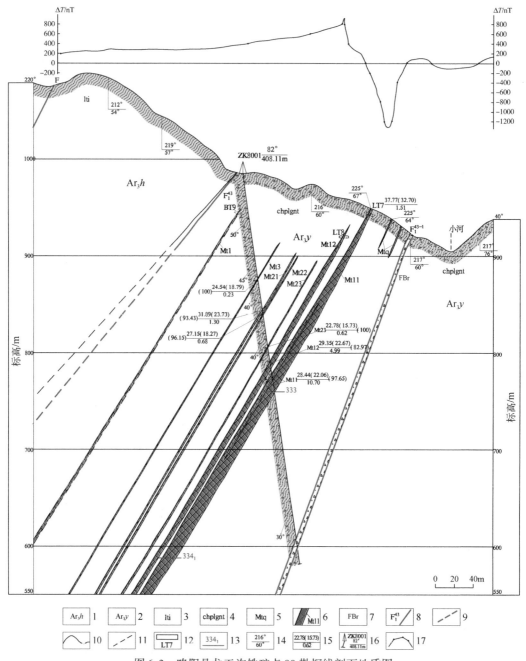

图 6.3　略阳县龙王沟铁矿点 80 勘探线剖面地质图

1. 新太古界鱼洞子岩群黄泥坪组；2. 新太古界鱼洞子岩群鱼洞子组；3. 浅粒岩；4. 绿泥斜长变粒岩；5. 磁铁石英岩；6. 磁铁矿体及编号；7. 断层破碎带；8. 断层及编号；9. 推测断层界线；10. 地质界线；11. 推测地质界线；12. 探槽（剥土）位置及编号；13. 资源量类别界线；14. 产状；15. 全铁品位（磁铁品位）（%）/真厚度（m）；16. 钻孔位置及编号、开孔倾角/终孔孔深；17. ΔT 磁异常曲线

3. 纳家河坝金铜镍矿找矿靶区验证

该找矿靶区出露地层为震旦系雪花太坪组化学沉积–陆源碎屑沉积岩。岩性主要为硅质白云岩、薄层灰岩、绢云母板岩、绢云母板岩夹薄层灰岩、绢云母千枚岩、碳质板岩等。金铜矿体产于硅质白云岩绢云母板岩中。区内构造总体为一向南东倒转的短轴背斜，核部为震旦系陡山沱组的薄层灰岩、绢云母板岩、绢云母千枚岩、碳质板岩等，两翼为灯影组的硅质白云岩。区内断裂构造按走向分为两组，第一组为走向断裂，与区内总体构造线方向一致，产状300°～330°∠60°～85°，是区内金铜矿化的主要控矿断裂，位于厚层硅质白云岩与板岩的接触部位，规模大，贯穿全区，长度大于2km，形成区内的构造窗；第二组为横向断裂，切断走向断裂与地层，规模较小，产状230°～270°∠70°～80°。区内岩浆岩发育，主要出露有蛇纹岩、滑镁岩、辉绿岩及钠长岩脉。蛇纹岩、滑镁岩与镍矿化关系密切，蛇纹岩、滑镁岩主要沿北东向断裂展布，辉绿岩脉多分布于白云岩中，钠长岩脉在区内各岩层中广泛出露（图6.4）。

1:1万沟系土壤地球化学测量在区内圈出5个以金铜为主的组合异常及一个镍钴组合异常。Ⅰ号和Ⅱ号金铜异常位于绢云母板岩与白云质灰岩接触带附近，F_7断裂从异常中部通过。Ⅰ号异常北东向展布，长450m，宽260m，金浓度值一般62×10^{-9}～82×10^{-9}，最高110×10^{-9}，铜浓度值一般100×10^{-6}～120×10^{-6}，最高达120×10^{-6}。Ⅱ号金铜异常长800～900m，宽120～300m，金浓度值一般50×10^{-9}～110×10^{-9}，最高280×10^{-9}，铜浓度值一般200×10^{-6}～300×10^{-6}，已发现有CuAu1号矿体。Ⅲ号金异常长250～300m，宽100m，金浓度值一般50×10^{-9}～100×10^{-9}，位于硅质白云岩中。Ⅳ号金异常长120m，宽100m，金浓度值最高730.0×10^{-9}，位于硅质白云岩中。Ⅴ号金铜组合异常长100～120m，宽80～100m，金浓度值最高520×10^{-9}，铜浓度值一般100×10^{-6}～200×10^{-6}，最高达208×10^{-6}，位于绢云母板岩与白云质灰岩接触带附近，发现有Au2号矿体。镍钴组合异常长300～350m，宽120～200m，镍浓度值一般500×10^{-6}～2000×10^{-6}，最高2500×10^{-6}，钴浓度值一般50×10^{-6}～750×10^{-6}，位于超基性岩中，发现有镍矿体。

1:1万高精度磁法测量在区内共获得4个磁异常，长350～800m，宽180～400m，ΔT最大值达90～1317.7nT，最小值–1371.0nT。磁异常中心明显，推测为超基性岩体所引起，基本显示了超基性岩体的分布情况。

区内镍矿化赋存于超基性岩体中，与超基性岩关系密切。磁法测量显示，岩体向深部具有较大的延深，并且变大，具有寻找煎茶岭式镍矿的潜力；金铜矿化主要产于北东向断裂带内，化探异常多沿断裂分布，其成矿特点与李家沟金矿相似，具有寻找构造蚀变岩型金铜矿的潜力。

通过地质、物探、化探资料综合研究分析，对区内含镍超基性岩体、已有的矿化体进行槽探揭露与钻探验证（图6.5），区内已圈出13个镍矿体、1个铜金矿体（CuAu1）、1个金矿体（Au2）和2个铜矿体（Cu3、Cu4）。其中，镍矿体长50～740m不等，厚1.30～37.68m，镍品位0.20%～0.59%，赋矿岩石为蛇纹岩、滑石菱镁岩、菱镁岩。CuAu1号矿体长250m，厚0.50～4.78m，平均厚2.15m，金品位1.18×10^{-6}～11.43×10^{-6}，平均品位5.42×10^{-6}，铜品位0.16%～3.88%，平均品位1.02%，呈脉状、似层状产出，受断裂控制，

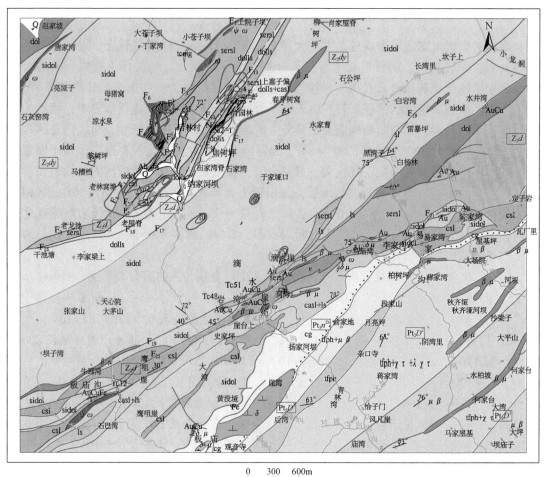

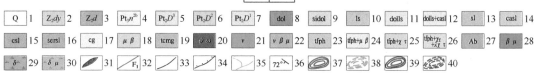

图 6.4　宁强县纳家河坝地区地质化探异常示意图

1. 第四系残坡积物；2. 上震旦统灯影组硅质白云岩、白云质灰岩；3. 上震旦统陡山沱组碳质板岩、绢云母板岩、石英砂岩、钙质板岩、白云质灰岩、泥灰岩钙质板岩、紫色杂色板岩、灰岩及白云质灰岩；4. 新元古界南沱组砾岩、含砾凝灰岩；5. 中元古界大安岩群第三岩性段凝灰质千枚岩、绿泥片岩、绢云母石英片岩千枚岩；6. 中元古界大安岩群第二岩性段石英角斑岩、变质细碧岩、绿泥片岩、枕状细碧岩，夹钠长绿帘岩；7. 中元古界大安岩群第一岩性段绿泥片岩夹角斑岩、变质基性凝灰岩；8. 白云岩；9. 硅质白云岩；10. 灰岩；11. 白云质灰岩；12. 白云质灰岩夹钙质板岩；13. 板岩；14. 钙质板岩；15. 碳质板岩；16. 绢云母板岩；17. 砾岩；18. 细碧岩；19. 滑镁岩；20. 蛇纹岩；21. 辉长岩；22. 辉长绿岩；23. 凝灰质千枚岩；24. 凝灰质千枚岩夹细碧岩；25. 凝灰质千枚岩夹角斑岩；26. 凝灰质千枚岩夹角斑岩夹石英角斑岩；27. 钠长岩；28. 辉绿岩；29. 闪长岩；30. 闪长斑岩；31. 矿体；32. 断层及位置编号；33. 地质界线；34. 不整合地质界线；35. 水系；36. 岩层产状；37. 土壤次生晕金异常（50×10^{-9}、100×10^{-9}、200×10^{-9}）；38. 土壤次生晕铜异常（100×10^{-6}、200×10^{-6}、500×10^{-6}）；39. 土壤次生晕镍异常（500×10^{-6}、1000×10^{-6}、2000×10^{-6}）；40. 土壤次生晕钴异常（50×10^{-6}、100×10^{-6}、200×10^{-6}）

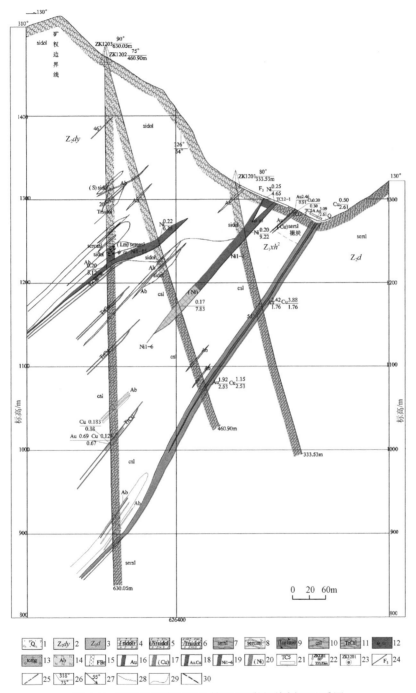

图 6.5　宁强县纳家河坝金镍矿 12 勘探线剖面地质图

1. 第四系；2. 上震旦统灯影组；3. 上震旦统陡山沱组；4. 硅质白云岩；5. 蚀变硅质白云岩；6. 碎裂硅质白云岩；7. 绢云母板岩；8. 绢云母钙质板岩；9. 褐铁矿化绢云母钙质板岩；10. 碳质板岩；11. 碎裂碳质板岩；12. 蛇纹岩；13. 滑镁岩；14. 钠长岩；15. 断层破碎带；16. 金矿体；17. 铜矿化体；18. 铜金矿体及编号；19. 镍矿体及编号；20. 镍矿化体及编号；21. 探槽位置及编号；22. 钻孔及编号—开孔倾角/终孔孔深；23. 见矿钻孔平面投影位置及编号；24. 断层位置及编号；25. 推测断层；26. 产状（倾向/倾角）；27. 中轴夹角；28. 角度不整合界线；29. 地质界线；30.（333）资源量外推边界线

产状 $300° \sim 320°\angle 50° \sim 60°$。Au2 矿体长 300m，平均厚 0.96m，平均 Au 品位 2.52×10^{-6}，呈脉状、似层状产出，受构造控制明显，主要蚀变有褐铁矿化、铁碳酸盐化、绢云母化及硅化，产状 $140° \sim 160°\angle 55° \sim 80°$；Cu 矿体长十几米至 160m，厚 $0.1 \sim 1.45$m，铜品位 $0.2\% \sim 3.08\%$，受断层控制，赋矿岩石为绢云母板岩，主要蚀变有黄铁矿化、黄铜矿化、硅化和孔雀石化等。

区内已获得金（$333+334_1$）资源量 1.06t，平均金品位 5.37×10^{-6}，镍（$333+334_1$）资源量 1.97 万 t，平均镍品位 0.25%。该区有望形成一处中型金镍矿产地。

4. 金子山–坟家坪铜金镍矿找矿靶区验证

该找矿靶区出露地层为新元古界碧口岩群郭家沟组中、下岩段细碧岩和角斑岩及上岩段的碎屑岩、碳酸盐岩及东沟坝岩组上岩段细碧岩、角斑岩、凝灰质板岩。区内断裂构造发育，分为北西向、近东西向和北东向三组，长数百米到几千米，形成数米至数十米宽的破碎带、挤压片理化带，控制了区内矿化带的展布形态及矿体的分布。区内侵入岩从超基性–基性至中酸性均有出露，多呈岩墙、岩脉或岩株产出，其形态与区域总体构造线基本一致。主体为金子山基性–超基性岩体，属黑木林岩体北东部的一部分，区内出露面积约 $3km^2$，均已彻底变质为蛇纹岩–磁铁蛇纹岩、滑石菱镁蛇纹岩–磁铁菱镁滑石蛇纹岩、滑石菱镁岩–石英滑石菱镁岩–石英菱镁滑石岩、绿泥绿帘辉长岩–绿帘角闪辉长岩等。北部见花岗岩体，为白果树岩体的一部分，区内出露面积约 $0.43km^2$。区内已发现坟家坪铜矿、陶家沟金铜多金属矿点、黑湾里磁铁矿点、对传湾铜矿点、凉水井湾多金属矿点、学地里金矿点等，矿化与区内火山岩和侵入岩体关系密切。

区内 $1:2.5$ 万沟系土壤地球化学测量圈出多元素组合异常多个，且丰度值高，异常梯度明显；元素组合有 Au、As、Cu、Pb、Zn、Co、Ti、Ag、Mo 等，有效指示元素异常组合为 Au、As、Cu 等。特别是金子山以北铜异常梯度明显，元素组合为 Cu、Au、As。铜异常呈不规则状，东西长约 1100m，宽 600m，最大值 274×10^{-6}，平均 79×10^{-6}；金砷异常分布在铜异常南侧边缘，近东西走向，长 1100m，宽 $200 \sim 300$m，最大值 20×10^{-9}，一般 7×10^{-9}。

$1:1$ 万土壤测量在坟家坪共圈定 Au、As、Ag、Cu、Pb 等多元素组合异常 4 个，异常与岩层内较发育的硫化物细脉矿化有关。异常浓集中心明显，强度大，元素组合性好。该异常带西与坟家坪铜矿化带相吻合，东与徐家沟铜矿中矿带相关联，且异常受北东向断裂构造控制明显，是寻找金及铜多金属硫化物矿床的有利地段。

$1:1$ 万地面高精度磁法测量在金子山地区（图 6.6），以 250nT 为异常下限值共圈定了 T-1 号、T-2 号、T-3 号、T-4 号、T-5 号、T-6 号、T-7 号、T-8 号等 8 个大小不等的磁异常。其中 T-1 号、T-2 号异常呈宽带状，范围大，形态规整，连续性好，异常中心明显，强度高，整体呈北东东走向，正、负异常相伴出现。推测引起异常的磁性体为斜磁化厚板状体，向南倾斜，规模和延深均较大。区内黑木林磁铁矿和黑湾里磁铁矿点就产于该超基性岩带中，指示该区具有寻找与超基性岩有关的磁铁矿及镍矿的潜力。

$1:1$ 万激电测量在坟家坪圈出 2 个视极化率异常，异常中心较明显，峰值大于 10%，异常与区内矿化带相吻合，且与徐家沟铜矿所圈定的激点异常特征相似，说明该区具有寻

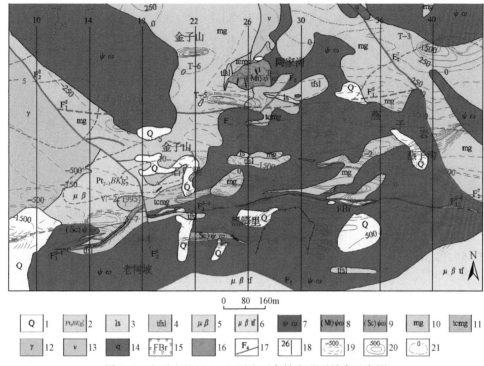

图 6.6　金子山地区 1 : 1 万地面高精度磁测异常示意图

1. 第四系；2. 新元古界郭家沟组中岩段第一亚层；3. 灰岩；4. 凝灰质板岩；5. 细碧岩；6. 细碧质凝灰岩；
7. 蛇纹岩；8. 磁铁矿化蛇纹岩；9. 片理化蛇纹岩；10. 菱镁岩；11. 滑镁岩；12. 花岗岩；13. 辉长岩；14. 石
英脉；15. 断层破碎带；16. 矿化蚀变带；17. 断层；18. 勘探线位置及编号；19. ΔT 磁异常负等值线（nT）；
20. ΔT 磁异常正等值线（nT）；21. ΔT 磁异常零等值线（nT）

找徐家沟式铜矿的潜力。

各矿床（点）特征如下：

（1）坟家坪铜矿：位于工作区南部。已圈出北、中、南三条矿化蚀变带，长度 300 ~
1000m，宽 10 ~ 50m，蚀变岩石为含碳凝灰质板岩、角斑岩、片理化细碧岩，矿化特征与
徐家沟铜矿地表特征相似，为徐家沟铜矿的西延部位，找矿潜力较大。

（2）学地里金矿点：分布于工作区中北部。含矿构造为斜长花岗岩中的一条近东西向
断裂破碎带，带长 2500m。金矿体长 200m，呈不规则脉状，总体产状 310° ~ 340°∠60° ~
78°，厚 1.0 ~ 1.80m，金品位 1.13×10^{-6} ~ 1.74×10^{-6}。

（3）对传湾铜矿点：分布于工作区北部。已圈定铜矿化蚀变带 4 条，铜品位 0.14% ~
1.64%，水平厚度 0.30 ~ 1.80m。

（4）黑湾里磁铁矿点：位于工作区中部。坟家坪铜矿北部，受 F_6 断裂控制，矿体分布
于片理化带内。地表控制磁铁矿体长 100 余米，旁侧伴生金矿化；磁性铁品位 11.34% ~
30.08%，厚 1.92 ~ 3.64m；金品位 0.21×10^{-6} ~ 0.71×10^{-6}，厚 0.51 ~ 1.22m；铜品位
0.12%，厚 0.51m。赋矿岩性为黄铁矿化蛇纹岩，深部寻找铁、铜、镍等多金属矿潜力
较大。

（5）凉水井湾多金属矿点：分布于工作区中北部。圈出金矿（化）体1条、磁铁矿体1条、铜矿化体1条。Au1号金矿（化）体长约240m，厚1.8m，平均品位1.74×10^{-6}；MFe1号磁铁矿体厚1.0m，品位37.59%；Cu1号铜矿化体斜厚1.0m，品位0.10%。

（6）陶家沟金铜多金属矿点：位于金子山的东侧，黑湾里磁铁矿点北部。共圈定了4条金矿体和一条铜矿体，金矿体长25~50m，厚0.62~4.20m，金品位0.82×10^{-6}~25.8×10^{-6}，主要矿化蚀变有磁铁矿化、黄铁矿化、褐铁矿化等，赋矿岩石为蚀变蛇纹岩、蚀变滑镁岩；铜矿体产于蚀变蛇纹岩内，矿体和围岩界线不清楚，铜品位为0.68%，水平厚度1.0m。

经钻探验证，坟家坪铜矿中矿带深部见铜矿体（图6.7），矿体厚0.77~0.85m，铜品位0.22%~0.82%。黑湾里磁铁矿点钻探验证见1条铜矿体、6条镍矿体（图6.8）。铜矿体厚1.0m，品位0.90%；镍矿体累计厚度47.65m，全镍平均品位0.2%~0.256%，以硫化镍为主。陶家沟金铜多金属矿点钻探验证，见金矿体1条，厚度1m，金品位5.20×10^{-6}。

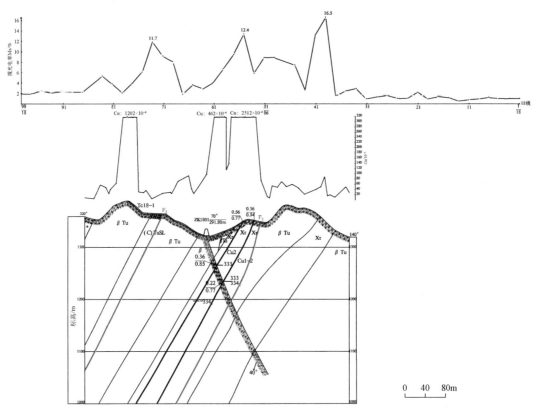

图6.7　宁强县坟家坪铜矿18勘探线剖面地质图

1. 细碧质凝灰岩；2. 细碧岩；3. 角斑岩；4. 含碳凝灰质板岩；5. 蛇纹岩；6. 菱镁岩；7. 铜矿体及编号；8. 断层；9. 探槽位置及编号；10. 地质界线；11. 钻孔位置及编号、开孔倾角/终孔孔深；12. （333）资源量计算边界线；13. （334$_1$）资源量计算边界线；14. 产状；15. 铜矿体品位（%）/真厚度（m）；16. 中轴夹角；17. 铜原生晕曲线以上所获找矿信息显示，该区通过进一步地质勘查工作，寻找具有一定规模的金、铜、铁、镍等多金属矿的潜力较大。

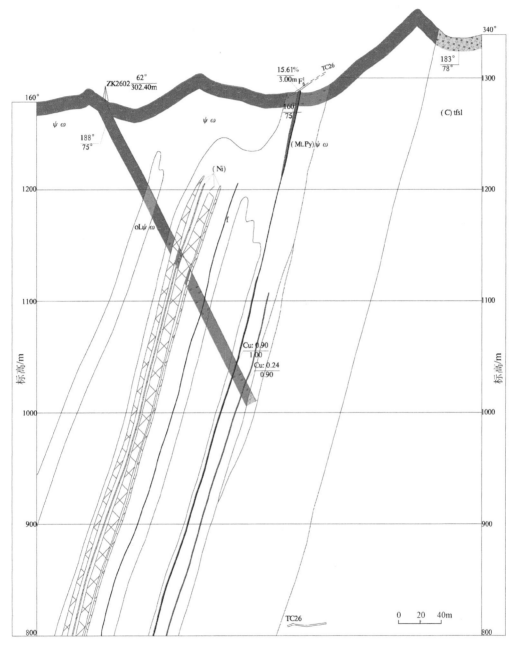

图 6.8　宁强县黑湾里磁铁矿 26 勘探线剖面地质图

1. 蛇纹岩；2. 黄磁铁矿化蛇纹岩；3. 含碳凝灰质板岩；4. 纯橄榄蛇纹岩；5. 滑镁岩；6. 铜矿体；7. 镍矿化体；
8. 断层位置及编号；9. 探槽位置及编号；10. 地质界线；11. 钻孔位置及编号、开孔倾角/终孔孔深；12. 产状；
13. 全铁品位(%)/厚度（m）

5. 七里沟–方家坝铜多金属矿找矿靶区验证

该找矿靶区出露地层主要为大安岩群（Pt_2D），为一套大陆边缘裂谷裂陷环境下生成的、以裂隙喷溢为主，兼有中心式喷发的细碧–角斑岩建造火山沉积岩系。西北部出露有震旦系凝灰质粉砂岩、砂板岩、巨厚层硅质白云岩、白云岩等，该组地层与大安岩群呈剥离断层接触。

靶区总体位于勉县–阳平关北东向构造带和勉略北西向构造带的紧束部位，区内韧性剪切带及断裂发育。区内近东西向、北东东向断裂为主要的控矿构造。

区内侵入岩仅分布小规模的辉长玢岩、辉绿玢岩、闪长岩，呈岩株、岩脉状产出。靶区北侧为七里沟斜长花岗岩体。

1∶2.5 万土壤测量共圈出单元素异常 455 个，其中金异常 39 个，银异常 65 个，铜异常 28 个，锰异常 43 个，铅异常 22 个，锌异常 33 个，砷异常 54 个，锑异常 27 个，汞异常 66 个，铋异常 32 个，钴异常 22 个，镍异常 24 个。根据元素组合特征划分了金、砷、汞、铜、铅、锌等多元素组合异常 13 处。

通过地质–岩石地球化学剖面、地表槽探揭露对重点异常进行查证，主要发现了寨根铜矿化蚀变带和杨家山–祁家山金矿化蚀变带。

寨根铜矿化蚀变带赋存于大安岩群中段蚀变凝灰岩中、受近东西向望天坪–寨根断裂构造控制。矿化蚀变长 4000m，宽 15～70m。带内圈出 Cu 1 铜矿体长 700m，厚 0.56～9.17m，平均厚 3.24m，铜品位 0.38%～7.92%，平均品位 2.20%；伴生金品位 0.28×10^{-6}～1.36×10^{-6}、银品位 9.6×10^{-6}～18.1×10^{-6}；蚀变主要有硅化、黄铜矿化、黄铁矿化、孔雀石化等。

杨家山–祁家山金矿化蚀变带赋存于大安岩群中、下段褐铁矿化绢云母石英片岩中，受杨家山–祁家山韧性剪切带控制，韧性剪切带长 13km，在工作区出露长 6.7km，宽 100～500m。目前 7 条探槽控制矿化蚀变带长 3000m，宽 50～100m，带内圈出 2 条金矿体及 5 条金矿化体；金矿体长 100～200m，厚 0.90～1.0m，金品位 1.0×10^{-6}～1.04×10^{-6}，蚀变为硅化、碳酸盐化、褐铁矿化等。

综上，该区具有寻找火山沉积改造、受脆韧性剪切带控制的构造蚀变岩型金矿的潜力。

6. 李家咀铅锌金矿找矿靶区验证

该找矿靶区出露地层为新元古界碧口岩群浅变质海相火山–沉积建造和震旦系碎屑沉积–化学沉积岩系。区内构造发育，断裂以北西–南东向为主，北东–南西向次之。其中北东向、北西向断裂是带内主要控岩、控矿构造。褶皱构造多为向北倒转的紧闭线状背斜和向斜。侵入岩有晋宁期超基性岩体、加里东期辉长辉绿岩体、印支期花岗闪长岩体等。

1∶2.5 万土壤测量在靶区内圈定 2 个异常带。I 号异常带分布于分水岭—涧驰沟一带，长 4.6km，宽 0.9km。元素组合 Au-Pb-Zn-Cu-Hg-Ag-As-W，Au 最大值 458×10^{-9}，Ag 最大值 30650×10^{-9}；Pb 最大值 19260×10^{-6}；Zn 最大值 5278×10^{-6}；Cu 最大值 1270×10^{-6}；Hg 最大值 2060×10^{-9}；As 最大值 285×10^{-6}；W 元素最大值 4×10^{-6}。该带位于碾口驿–七里

沟-艾叶口断裂以北,呈弧形带状展布。Ⅱ号异常带亦呈北东向带状展布,长3.0km,宽1.7km。由T-3号、T-4号、T-5号3个异常组成。元素组合为Au-Ag-As-Hg-Sb-Cu-Pb-Zn,Au最大值114×10^{-9};Ag最大值1270×10^{-9};As最大值285×10^{-6};Hg最大值2160×10^{-9};Sb最大值30.6×10^{-6};Cu最大值248×10^{-6};Pb最大值1072×10^{-6};Zn最大值3563×10^{-6}。该带位于碳口驿-艾叶口断裂附近。

对1:2.5万土壤地球化学异常采用1:2000地质-岩石地球化学剖面、槽探查证,在Ⅰ号异常带中发现了铺沟-分水岭锌、铅、金、铜矿化蚀变带,在Ⅱ号异常带内发现了窑沟-亢家山金矿化蚀变带。

铺沟-分水岭锌、铅、金、铜矿化蚀变带,长2100m,宽8~50m。赋矿岩性为新元古界东沟坝组中岩性段断层角砾岩、变角斑岩。矿化主要受近东西向断裂控制,断裂走向近东西,总体北倾,局部向南陡倾。局部地段被南北向断裂错断,断距20~50m。蚀变主要为强褐铁矿化、重晶石化、铁碳酸盐化、硅化,局部少量孔雀石化、铜蓝,偶见极少量黄铜矿化。带中圈定出6条铅锌矿体(伴生金、铜)。

窑沟-亢家山金矿化蚀变带分布于咸河村窑沟—艾叶口村长湾一带,长2700m,宽5.0~26.0m;蚀变带位于碳酸盐岩与火山岩接触部位,主要受一条东西-北东向(F_3^3)接触断层控制,断层产状咸河以东为120°~135°∠34°~68°;咸河—亢家山一段为近东西向,总体南倾,局部北倾,倾角34°。赋矿岩性为铁碳酸盐化绿泥绢云母片岩和断层角砾岩。蚀变主要为铁碳酸盐化、褐铁矿化,局部见有石英细脉,少量黄铁矿。带内圈出2条平行展布的金矿体(间距4.12m),呈似层状、透镜状。矿体长200~300m,平均厚度1.98m,平均金品位1.75×10^{-6}~2.80×10^{-6},走向北东61°~72°,倾向南东,局部北西倾,倾角45°~53°,赋矿岩性为构造角砾岩,主要蚀变为强褐铁矿化、铁碳酸盐化、硅化。

该区位于勉略阳矿集区最东端,区内中酸性火山岩广泛分布,断裂构造发育,区内已发现有较大规模的化探异常及矿化蚀变带,且两者吻合好,并圈出了多条铅锌矿体及金矿体。因此认为,该区具有寻找火山沉积改造型铅锌多金属矿、构造蚀变岩型金矿的良好成矿地质条件。

7. 李家沟-西铜厂湾金铜矿找矿靶区验证

该找矿靶区出露元古宇大安岩群海相火山沉积变质岩系和震旦系碎屑-化学沉积岩,岩层总体表现为一北东走向的单斜层。大安岩群偏基性的火山岩中局部有金铜矿化显示,震旦系板岩层和碳酸盐岩层为本区金(铜)矿的主要含矿层位。

区内断裂构造发育,主要为一系列北东-北东东走向的平行断裂,长10km,宽1~2km。断裂具多期活动特点,形成数米至数十米的挤压破碎带,当其通过白云岩时形成构造角砾岩,在板岩中则形成片理化带。沿该组断裂带分布有李家沟金矿床、陈家湾金铜矿点、二郎庙金铜矿点、山金寺-西铜厂湾金矿点等。北东-北东东向断裂为区内Au(Cu)矿的控矿断裂,控制着金矿化带的分布。矿(化)体主要赋存于硅质白云岩与板岩接触带附近的北东向与近东西向的逆冲断裂组中,矿体受断裂构造控制。主要矿化有硅化、铁碳酸盐化、赤铁矿化、褐铁矿化、黄铁矿化、黄铜矿化、辉铜矿化等。

1:2.5万土壤地球化学测量在区内圈出了多个金、铜组合异常,沿北东向断裂分布。

目前所发现的矿体、矿化体与所圈定的异常相吻合，表明该带具有较大的找矿潜力。

如前所述，李家沟金矿分布于李家沟-陈家湾金矿化带之东西长 2000m、南北宽 80~120m 的范围内。矿体的形态、产状及分布受断层的控制，共圈定大小金矿体 41 个，矿体长 10~400m，一般为 25~75m，矿体平均厚 0.2~8.56m，一般 1~3m，矿体延深 10~135m，一般 25~75m。Au 品位 1.01×10^{-6}~24.86×10^{-6}，最高达 288×10^{-6}，矿体形态以透镜状为主，其次为脉状、似脉状，个别为囊状。

地质填图和工程验证表明，这是本区内找矿的典型参照物。①山金寺-西铜厂湾地区圈出 3 条北东向分布的金矿化带，已圈定出多个金矿（化）体，矿体长约 400m，厚 0.2~2.0m，金品位 0.4×10^{-6}~10.4×10^{-6}，产状与断裂带产状一致，围岩为硅化白云岩，近矿围岩碎裂，局部矿体旁侧有钠长岩脉侵入。②二郎庙金矿点为李家沟金矿东延，已发现 1 条金矿体，呈脉状产出，走向近东西，金品位 0.89×10^{-6}~1.60×10^{-6}，厚 0.5~1.00m，金矿化特征和成矿条件与李家沟金矿床类似。

以上特征表明，区内具有寻找构造蚀变岩型金铜矿的潜力。

总之，这些找矿靶区成矿条件优越，已发现多处金、镍、铜、铅锌、铁矿床（点），矿集区内物化探异常连片成带分布，地质作用复杂多样，构造岩浆活动强烈，显示该区找矿潜力较大。

第四节　找矿方法技术组合

矿产勘查是一项不断优选信息、缩小靶区的系统工程，在矿床寻找、发现、证实和评价的整个过程中，需要运用地质、地球化学、地球物理、遥感、测绘、测试分析、计算机等各种相关的方法技术获取信息，从而通过信息加工与提纯，进行验证，实现目标矿床的定位定量。这本身就构成了一个勘查系统。因此，面对复杂的地球系统和成矿系统，选择多种有效的方法技术手段相互配合，以达到信息集成、相互验证及反馈优化，是快速高效地实施矿产勘查的关键。

找矿技术方法是指为了寻找矿产资源采用的工作措施和技术手段的总称。找矿技术方法按其原理分为地质找矿方法（包括地质填图、矿带追索法、重砂法）、地球化学找矿方法（包括水系沉积物测量、土壤测量、岩石测量）、地球物理找矿方法（包括磁法测量、电法测量、电磁法测量、重力测量）、遥感技术方法、工程技术方法（包括探槽、坑道、钻孔）五大类。其中地质找矿方法、地球化学方法和工程技术方法是直接找矿方法，地球物理、遥感技术方法是间接找矿方法。运用地球物理方法、遥感技术方法的前提是把地质找矿问题转化为地球物理找矿、遥感找矿问题，才能应用物探、遥感技术方法。无论何种找矿方法，必须以地质测量和资料综合研究为先导，预估并建立工作区的地质-地球化学-地球物理-遥感找矿模型，初步判定区内可能的成矿地质体、成矿构造、主要成矿作用，组合运用地、物、化、遥、钻等技术方法，各种比例尺的地质填图和大量细致的野外地质观察是现代找矿的基本手段，是找矿突破的重要基础。当然，现今的数据库技术、人工智能系统及矿床三维模型对找矿的贡献也不容忽视。

各种找矿技术方法的使用顺序一般遵循：首先开展遥感测量、地球化学测量、地质测量，在总结分析前期遥感、化探、地质成果资料的基础上，选择地球物理技术手段；同一种技术手段的使用顺序是先开展小比例尺工作，然后开展大比例尺测量。例如，先开展1∶20万或1∶5万水系沉积物测量，然后采用1∶2.5万或1∶1万土壤测量开展查证。

根据勉略宁矿集区各金属矿种的找矿发现历史和矿床勘查过程，在实际工作中不断整理分析资料，总结其成功经验和失败教训，并加以应用完善，初步建立了区内金、铜、铁、镍、锰矿有效的找矿方法技术组合，分述如下。

一、金矿找矿方法技术组合

依据对煎茶岭金矿床的找矿过程、勘查手段和找矿发现史的分析研究，总结建立该矿集区金矿床有效的找矿方法技术组合为：综合研究+1∶5万水系沉积物地球化学测量+1∶2.5万土壤地球化学（规则网）或1∶1万土壤地球化学（自由网）测量+1∶2000地质测量+系统槽探揭露，浅部采用平硐，深部采用钻探控制。这对于整个秦岭地区的金矿找矿也极具借鉴意义。

1. 综合研究

1983年在获悉云南省墨江发现有与超基性岩有关的金矿床信息后，收集已有的以往区域地质、物化探资料信息，综合研究后提出了在煎茶岭地区寻找此类型金矿的构想。因此，资料搜集和类比分析非常重要。

该项工作主要是全面收集、整理矿集区内地质、化探、物理、遥感、勘查与开发、科研、规划等各类资料与成果认识，并进行综合分析研究，明确金矿找矿的主攻类型及目标地质体，梳理出需要重点解决的基础地质、矿产地质和找矿方法技术等方面关键问题，初步确定重点工作区。

2. 1∶5万水系沉积物地球化学测量

1∶5万水系沉积物（分散流）扫面中在煎茶岭地区发现了4个金异常。为进一步确定找矿靶区起到了重要作用。随后地表路线调查（异常查证），采拣块样分析，结果于煎茶岭超基性岩体的南、北接触带各发现一个含金$2×10^{-6}$的异常点，大致确定了金矿化所处的构造部位。

利用这一化探方法重在获取与金有关的分散流异常并快速进行查证，圈定有望找矿地段。

3. 1∶1万土壤地球化学测量+1∶2000地质测量+系统槽探揭露

1∶1万土壤地球化学测量进一步缩小找矿靶区；1∶2000地质测量及按25~50m间距系统槽探揭露，在超基性岩体北接触带中圈定了金矿化蚀变带、圈定了3个金矿体，基本查明矿化蚀变带特征，为深部验证提供了依据。

通过这三项技术手段圈定矿化蚀变带和矿（化）体，并优选深部验证孔位。

4. 平硐和钻探控制

在深部钻探稀疏验证见矿的前提下，浅部采用平硐沿脉加穿脉坑道（穿脉间距25~

50m）验证了矿体在深部走向上基本连续，且地表 3 个矿体连续成为 1 个大矿体，并初步总结出了控矿因素及矿化富集规律。随后经钻探加密系统控制，成功勘查了煎茶岭大型金矿床。实施平硐（坑道）与钻探工程在于控制矿体规模、连续对应及深部产状、形态等变化特征，估算资源量。

金的找矿和勘查历程显示，地球化学测量是非常有效的技术方法和手段。1：20 万和 1：5 万水系沉积物测量在找矿靶区的选定上起到重要作用；通过 1：2.5 万土壤测量或 1：1 万土壤测量、岩石原生晕剖面测量可以发现含金矿带；构造地球化学测量在矿区深部金矿体预测过程中作用明显；Au、Ag、As、Sb、Bi、Cu、Pb、Zn 可作为勉略宁矿集区金矿找矿勘查的指示元素组合。

勉略宁矿集区金矿主要类型为热液成因的石英脉型和蚀变岩型金矿，其次为沉积成因的砂金矿。砂金的找矿方法技术组合为：重砂测量+地质测量+钻探。热液型金矿的找矿方法技术组合为：1：5 万水系沉积物测量+1：2.5 万或 1：1 万土壤测量和岩石原生晕剖面测量+1：1 万激电或充电测量+地质测量+槽探/坑探/钻探。

近年来，山东省胶东地区金矿深部勘查中通过采用构造地球化学测量+音频大地电磁测深+频谱激电+高精度重力+高精度磁法综合探测含金断裂带和金矿体深部的产状变化特征。特别是构造地球化学测量、音频大地电磁测深（CSAMT）、频谱激电（SIP）测量获得的异常比较明显，通过钻孔验证，异常和含金断裂带比较吻合。在勉略宁矿集区蚀变岩型金矿深部勘查中可以借鉴。近期将在煎茶岭金矿区开展广域电磁法（WFEM）测量，期望取得好的效果。

二、铜矿找矿方法技术组合

结合铜厂铜矿床自身特点和找矿过程，分析总结铜厂、徐家沟铜矿床勘查手段和找矿发现史，确定该类矿床最优的勘查手段仍为地质、化探、物探相结合，最有效的找矿方法技术组合为：综合研究+1：5 万水系沉积物地球化学测量+1：2.5 万土壤地球化学测量+1：1 万地质测量+1：2000 地质测量+瞬变电磁、重力测量+1：1000 地质–岩石地球化学剖面测量+中梯激电+激电测井+槽探、坑探、钻探工程验证有机结合。铜厂铜铁矿床找矿方法技术流程图见图 6.9。

1. 综合研究

收集矿区内已有的矿化及以往区域地质、物化探资料信息，分析区域及矿区铜矿成矿地质环境和控矿因素，建立矿床模型，选择有利成矿靶区是找矿前期阶段的重要一环，决定着找矿勘查工作的成败。铜厂铜矿床就是在 1987～1996 年找矿勘查前期开展综合研究，建立了岩浆–构造成矿模式，运用剪切带控制矿体分布的矿床模型而并展找矿工作的。

2.1：5 万水系沉积物地球化学测量

1：5 万水系沉积物地球化学测量对于确定 1：2.5 万土壤地球化学测量和 1：1 万地质

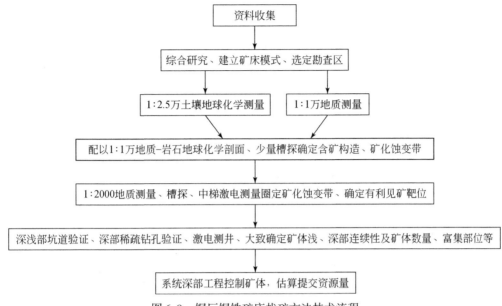

图 6.9　铜厂铜铁矿床找矿方法技术流程

测量范围至关重要，通过 1∶5 万水系沉积物地球化学测量结果，分析选定铜等成矿元素的高背景区，在区域范围内可以起到快速缩小找矿靶区，为大比例尺的地质、物化探测量提供目标区的作用。铜厂矿田范围 1∶5 万水系沉积物地球化学测量显示其整个矿田为一个大的铜、金、钴、钼等多元素组合异常区，但要在该异常区内进一步确定找矿重点部位，尚需大比例尺的地质、物化探工作相互配合。

3. 1∶2.5 万土壤地球化学测量

该项工作在 1∶5 万水系沉积物地球化学测量所选定的区域内开展的，其结果可以用来进一步缩小找矿靶区，结合 1∶1 万地质测量、1∶1000 地质原生晕剖面明确重点找矿部位。铜厂矿田内 1∶2.5 万土壤地球化学测量表明，闪长岩体及其内、外接触带附近普遍存在铜、金、钴、钼组合异常，而铜、金、钴组合异常则相对远离岩体，异常往往指示了矿化蚀变带的存在，其元素组合则反映了不同部位矿化蚀变带内元素组合变化的特点。

4. 1∶1 万地质测量

该项工作也是在 1∶5 万水系沉积物地球化学测量所选定的区域内开展的，目的在于查明矿区范围内的地层、构造、岩浆岩展布情况，结合 1∶2.5 万土壤地球化学测量和 1∶1000 地质-岩石地球化学剖面确定含矿构造及其地表展布特征。铜厂矿田通过 1∶1 万地质测量查明了矿区范围内的古火山机构特征，结合 1∶2.5 万土壤地球化学测量和 1∶1000 地质-岩石地球化学剖面测量，确定出了发育于闪长岩体内、外接触带附近的近东西向和北东向韧性剪切带为铜矿化蚀变带，并在矿化蚀变带地表发现了铜矿化体，为进一步圈定矿化蚀变带和布置物探工作奠定了基础。

5. 1∶2000 地质测量

主要部署于矿化蚀变带范围,该范围是依据 1∶2.5 万土壤地球化学测量和 1∶1000 地质–岩石地球化学剖面测量结果,经过 1∶1 万地质测量确定,目的是在地表结合槽探准确圈定矿化蚀变带和矿体,通过物探测量确定有利成矿部位,为浅部坑道和深部钻探提供靶位。铜厂铜矿床内针对岩体北接触带和东接触带分别开展了 1∶2000 地质测量,配合槽探在地表圈定出了矿化蚀变带,结合物化探测量结果为浅部坑道和深部钻探验证提供了靶位。

6. 1∶1000 地质–岩石地球化学剖面测量

主要用于对 1∶2.5 万土壤地球化学异常进行检查,和 1∶1 万地质测量同时开展,以期查明地球化学异常源,确定构造的含矿性。该项工作对于确定构造带内有无成矿元素富集,进而锁定勘查目标至关重要。铜厂铜矿床北矿带和北东矿带上在开展 1∶1 万地质测量的同时,针对其 1∶2.5 万土壤地球化学铜异常开展了 100m 间距的 1∶1000 地质–岩石地球化学剖面测量,结果表明上述构造带内铜、钴等元素有明显富集,确定了其含矿蚀变带的性质,明确了下一步勘查工作重点。

7. 中梯激电

主要针对前期 1∶2000 地质测量确定的矿化蚀变带开展,目的在于探测矿化蚀变带中浅部有无硫化物富集体存在,为实施坑探和钻探提供依据。

8. 激电测井

用于探测已施工的钻孔孔壁各方位是否存在硫化物富集体,指导下一步探矿工程布设。

9. 瞬变电磁、重力测量

通过对瞬变电磁、重力测量所获异常的解释推断,推测圈定隐伏构造、岩体、火山口或金属硫化物矿体、密度异常矿体、成矿地质体等。地面瞬变电磁法一般常采用重叠回线、中心回线、分离回线、大回线定源等工作装置。重力测量通常采用剖面或面积法。

10. 槽探

用于在地表圈定矿化蚀变带和矿体,矿体未出露地表时用于圈定矿化蚀变带,查明蚀变带内蚀变特征,为深部验证打好基础。槽探工作可在异常检查阶段和 1∶1 万、1∶2000 地质测量阶段同时开展,在 1∶2000 地质测量阶段应达到对矿化蚀变带的系统控制。

11. 坑探

主要用于对已有地表系统工程控制和深部稀疏钻探控制矿体的走向连续性进行验证。若为盲矿体时,进行坑道验证标高附近应有稀疏钻探工程控制矿体,并要参考物探测量成果，沿脉坑道要考虑在脉内施工。铜厂铜矿床在施工 1060m 标高坑道时，该标高附近有稀疏钻孔控制的矿体，但由于岩（矿）心采取率低，矿体不连续，通过坑道施工确定了矿体的连续性，明确了勘查目标，增强了找矿信心。

12. 钻探

钻探在普查阶段主要用于对矿化蚀变带深部含矿性进行验证，详查阶段主要用于较系统地控制深部矿体，钻探的布设要充分结合中梯激电测量和激电测井成果，分析控矿因素及找矿标志，保证钻孔见矿率。铜厂铜矿床前期勘查铁矿时多个钻孔见到铜矿体，就是缺乏对控矿因素的分析总结，对矿化富集规律认识不够，导致勘查工作无法深入；后期通过综合研究，结合物探测量成果才打开了找矿局面。

勉略宁矿集区铜（铅锌）矿主要为海相火山岩型铜矿或铜铅锌矿、矽卡岩型铜矿、喷流沉积改造型铜铅锌或铅锌矿等类型，矿体与古火山机构或火山岩中的含铁硅质岩、重晶石层关系比较密切。找矿方法技术组合可总结为：地质综合研究+1∶5 万水系沉积物测量+1∶5 万磁法测量圈定古火山机构、火山岩和找矿靶区；磁法测量+重力测量圈定古火山机构和火山岩岩相界面、断裂；大比例尺地质测量+1∶2.5 万土壤测量+1∶1 万激电中梯扫面配合激电测深+瞬变电磁测量圈定矿化带和矿体。例如，徐家沟铜矿早期勘查过程中，在 1∶2.5 万铜土壤异常区采用中梯激电测量，于细碧岩中圈出三条含铜片理化带，探槽、钻孔揭露验证并发现铜矿体。

近年来，在对西藏多龙矿集区荣那斑岩铜矿区勘查中，采用 1∶1 万高精度磁法测量+1∶1 万土壤测量+1∶1 万激发极化法测量，结合 Lowell 和 Guilbert 提出的经典斑岩铜矿矿化蚀变模式，即中心为由黄铜矿和黄铁矿构成的低品位矿化核，中间为由黄铁矿（约 1%）和黄铜矿（1%~3%）组成的矿壳，外围为由黄铁矿为主体（约 10%）和少量黄铜矿构成的黄铁矿壳，综合分析圈定矿化带和矿体取得了良好效果。内蒙古自治区某铅锌矿在覆盖严重区勘查中采用激发激化法配合甚低频电磁法（VLF），结合地质测量圈定含矿蚀变破碎带，效果也比较明显。在湖北省铜绿山铜矿接替资源勘查过程中，采用综合研究+地面物探+钻探验证+井中物探的方法技术组合，实现了找矿突破，通过三年的工作，新增 332+333 铜资源量 24.21 万 t，铁矿石资源量 1497 万 t，伴生金 12848kg（吕志成等，2014）。这些对于选择有效物化探方法寻找铜矿具有很好的参考价值。

三、铁矿找矿方法技术组合

铁矿勘查相对简单，其有效找矿方法技术组合为：综合研究+1∶5 万航磁+1∶1 万地面高精度磁法测量+1∶2000 地质测量+钻探验证、钻孔井中三分量磁测。区内鱼洞子铁矿、杨家坝（铜厂）铁矿勘查历史显示，地质测量+磁法测量是寻找磁铁矿的最佳方法技术手段。

1∶20 万或 1∶5 万水系沉积物 Fe、Ti、Mn、Cr 组合异常，结合 1∶10 万或 1∶5 万磁异常，辅助遥感铁染异常可以有效圈定铁矿找矿靶区；利用 ETM 数据、SPOT-5 或 ASTER、北斗卫星数据提取遥感异常信息，特别是蚀变铁染异常可作为寻找铁矿的辅助手段。由于 SPOT-5 和 ASTER 的数据分辨率高，提取的铁染异常信息比较好。

1∶2.5 万磁法测量或 1∶1 万地面高精度磁测，结合大比例尺地质测量可以圈定磁铁矿带和铁矿体。磁异常值 ΔZ 在 1000nT 以上时一般指示存在铁矿体。铁矿体常位于正负异常变换部位偏正异常一侧或磁异常大幅跳跃地段和异常梯度带。钻孔中开展井中三分量磁测可以获取钻孔旁侧铁矿体的空间位置和产状信息，有助于发现盲矿体。

近年来，全国矿集区"攻深找盲"过程中瞬变电磁测量（TEM）也显示出比较好的找铁效果。在河北省迁安铁矿接替资源勘查中，地面高精度磁法测量和井中三分量磁测及时有效地指导钻探工程布设，取得了好的找矿效果，通过近四年工作，新增（333）铁矿石资源量 2.43 亿 t（吕志成等，2014）。

四、镍矿找矿方法技术组合

煎茶岭镍矿床在发现过程中最关键的一步是对地表局部地段发现的含镍镁绿泥石与硫化物的铁帽大胆地进行了钻探验证，结果在钻孔中见到了数十米厚的硫化镍矿体，由此揭开了煎茶岭镍矿勘查工作的序幕。矿体发现以后，通过物探测量，圈出了规模较大的激电异常，从而为钻探工程的系统部署提供了可靠依据。

镍矿有效的找矿方法技术组合为：1∶2000 地质测量+磁法测量+电法测量+槽探揭露和钻探验证，可概括为综合研究→模式指导→物探定位→槽探追索→钻探验证。

勉略宁矿集区镍矿床为岩浆熔离叠加后期热液改造型。该类矿床基本特征是成矿与镁铁质–超镁铁质岩体有关，成矿岩体与区域深大断裂有关。通过 1∶10 万航磁、1∶5 万地面磁法测量和 1∶5 万水系沉积物 Fe、Mn、Ni、Cr、Co 组合异常，配合地质测量可以圈定成矿岩体、找矿靶区；1∶1 万地面高精度磁法测量与 1∶1 万激电测量，结合 1∶1 万或 1∶2000 地质测量和槽探、钻探圈定镍矿带和镍矿体。

近年来，甘肃金川镍矿在矿区"攻深找盲"实践中，开展瞬变电磁测量（TEM）+高精度磁测+地电化学离子剖面测量（土壤电导率）综合探测，取得了一定的找矿效果。吉林红旗岭镍矿在接替资源勘查过程中，采用磁法+重力测量+TEM 测量+CSAMT 等相配套的物探方法圈定岩体范围，提取深部成矿信息，取得了较好找矿效果。

五、锰矿找矿方法技术组合

黎家营锰矿床的勘查过程再次证明成矿认识的提高和有效找矿方法技术的协同是找矿不断突破的关键。该区 1961~1963 年通过 1∶2000 地质测量与槽、坑探勘查，基本形成了一个小型锰矿产地，为进一步矿床勘探奠定了基础，但勘查工作未能继续深入。1967 年，加强了成锰沉积古地理环境和沉积相的总结分析，综合研究磁法异常和地质特征，认为矿床的形成与火山喷发沉积作用密切相关，存在成锰盆地，矿区成矿条件好，应当注意在深部找矿。在这一认识基础上，开始对矿床进行详查，发现矿床规模达中型。近年来，在矿区深部勘查中，采用 1∶1 万磁法测量配合激电剖面测深，综合探测控矿褶皱和锰矿带深部产状，取得了比较好的找矿效果。

根据黎家营锰矿的勘查过程和找矿实践，总结区内锰矿有效的找矿方法技术组合为：

成锰盆地沉积相及含锰建造专项调查+1∶5万磁法测量+1∶5万水系沉积物测量+大比例尺地质测量+1∶1万磁法测量和激电剖面测深+槽探/坑探/钻探控制。

勉略宁矿集区锰矿类型为沉积型、火山沉积变质型锰矿。锰矿床与古沉积盆地和含锰岩系关系密切。沉积盆地古地理环境、沉积相和含锰沉积建造专项地质调查是锰矿勘查找矿的最基本技术方法。1∶5万水系沉积物测量和沉积环境专项地质调查圈定找锰靶区；大比例尺地质测量+1∶2.5万土壤测量或1∶1万土壤测量+1∶1万高精度磁测和激电测深+槽探/坑探/钻探，控制、圈定锰矿带和锰矿体；1∶1万高精度地面磁测配合激电测深探测深部含锰层位的产状变化特征。

近年来，在贵州省铜仁松桃锰矿"攻深找盲"实践中，采用音频大地电磁法（CSAMT）探测隐伏含锰断陷盆地基底起伏、埋深及接触关系，盆地整体岩性组合的格架、断裂或褶皱局部形态、性质及展布特征，取得一定效果，值得本区在深部寻找锰矿过程中借鉴。

总之，勉略宁矿集区针对不同矿种、不同矿床类型的找矿方法技术选择以有效性、实用性、快速性与经济性为基本原则，相互印证，以形成探测精度、深度、准度皆优的最佳方法技术组合。在此基础上，本次研究构建了矿集区找矿方法技术系统如图6.10所示。

第五节　找矿前景分析

勉略宁矿集区具备优越的成矿地质背景和赋矿地质条件，产出了众多的大中型矿床，金、铜、铁、镍、锰、铅锌、钴、磷等矿种具有很大的找矿潜力。本次工作，首先对各成矿区带的找矿前景进行分析；其次分析金、铜、铁、镍、锰、铅锌等单矿种的找矿前景。

略阳县鱼洞子-煎茶岭铁、金、镍钴多金属成矿区：位于矿集区北部，呈北西西向展布，长约20km，宽5km。该区鱼洞子岩群中已发现勘查、开发有阁老岭、鱼洞子等大中型磁铁矿及众多小型铁矿，其外围和矿山深部是寻找沉积-变质型铁矿的有利地段；煎茶岭超基性复式岩体中已发现勘查了大型镍钴矿床，岩体北接触带已发现大型金矿。该区外围近年来相继发现了龙王沟磁铁矿、金硐子金矿、火地沟金矿、西渠沟银钒矿等，显示具有较大的找矿潜力。

略阳县五房山-茶店-勉县方家坝锰磷成矿带：位于矿集区东北部，呈北西西向展布，长约18km，宽3~5km，出露震旦系碎屑-碳酸盐建造。已发现茶店磷矿、五房山锰矿。区内含锰层长18km，地表圈出数十个小矿体，深部工程验证少。该带具有沉积型、沉积改造型磷矿、锰矿及含磷稀土矿的找矿前景。

徐家坝-七里沟铁、铜、铅锌、金、锰、镍、石棉成矿带：位于矿集区中部，呈北东东向展布，长约46km，宽10km，出露元古宙碧口岩群海相火山岩，细碧-角斑岩建造和震旦系碎屑-碳酸盐岩系。区内构造岩浆活动强烈。该带已发现产于海相火山岩中的东皇沟铅锌矿、徐家沟铜矿、东沟坝铅锌金-硫-重晶石矿床，产于中酸性侵入岩接触带的铜厂铁铜矿床，产于硅质灰岩中的沉积-改造型黎家营锰矿床，产于超基性岩体中的黑木林铁矿石棉矿床。此外，该带尚有众多的铜、金、镍、铁、铅锌矿点及数十个组合化探异常待检查，具有良好的找矿前景。近年来，该成矿带宁强县贾家湾——略阳县陈家坝一带铅锌、铜、钴找矿有新进展，显示出巨大的找矿潜力。

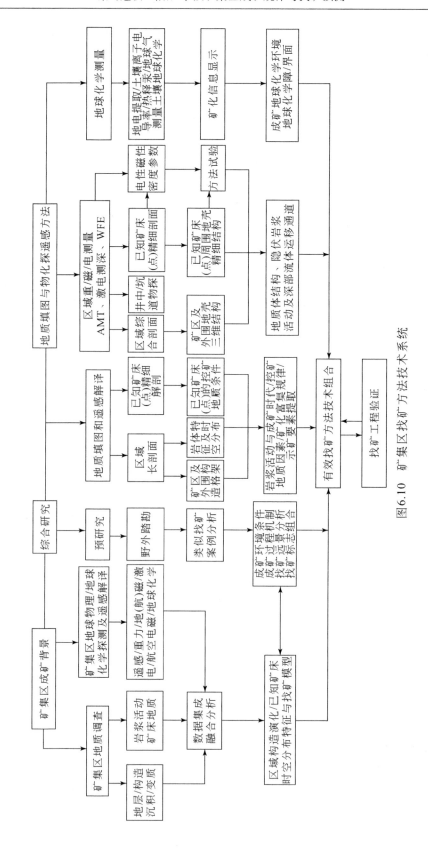

图6.10 矿集区找矿方法技术系统

宁强县大安-勉县李家沟金铜多金属成矿带：位于矿集区南部，呈北东向展布，长约20km，宽6～10km，出露元古宇大安岩群细碧-角斑岩系和震旦系碎屑岩-碳酸盐岩系。已发现产于白云岩中的李家沟构造蚀变岩型金矿床，产于火山岩中的走马岭韧性剪切带型金矿。区内金、铜、铅锌、镍等元素组合异常发育，是寻找构造蚀变岩型金矿、与海相火山岩有关沉积-改造型铜、铅锌矿的有利地段。近年来该区寨根—望天坪一带火山岩与白云岩岩性界面附近铜矿找矿有新进展，显示比较大的找铜潜力。

勉略宁矿集区金属成矿大多经历了原始沉积和后期中酸性岩浆改造富集阶段。从岩浆改造角度看，找矿应该重点围绕岩浆活动中心或热隆汇集中心开展，主要关注北东向断裂和北西西向断裂、近南北向断裂交汇部位。具体讲应该围绕鞍子山岩体、七里沟岩体、碳口驿岩体、铜厂岩体、煎茶岭岩体、金子山岩体、白雀寺岩体开展工作，重点锁定岩体内部不同岩性侵入岩界面、岩体内外接触带部位、酸性火山岩与基性火山岩岩性界面、火山岩内部不同岩相岩性界面、火山岩与碳酸盐岩岩性界面等部署相关找矿工作。

另外，勉略宁矿集区现有生产矿山42座，目前找矿勘查、开采深度大部分处于地表以下500m以浅，地表以下500～1000m以内找矿工作基本没有开展，地下1000～2000m以内尚未考虑。因此，矿山深部找矿潜力巨大。

一、金矿找矿前景

勉略宁矿集区内金矿主要类型为构造蚀变岩型，已发现煎茶岭大型金矿、李家沟金矿等，此外尚有众多的金矿点。找金有利地段为勉略构造带、勉县-阳平关断裂带沿线，其中金硐子-煎茶岭-柳树坪地区、鸡公石-李家沟-纳家河坝地区、七里沟地区，预测潜在金资源量共约100t。

金硐子-煎茶岭-柳树坪地区已发现、勘查、开发煎茶岭大型金矿床。该区存在多条含金断裂构造，矿区外围已发现金硐子、火地沟、温家山、柳树坪金矿点，预测潜在金资源量50t。

鸡公石-李家沟-纳家河坝地区已发现、勘查、开发李家沟中型金矿床。该区1∶5万水系沉积物测量圈出Au-46号、Au-47号、Au-48号、Au-49号、Au-50号、Au-57号化探异常。其中Au-47号异常发现李家沟金矿。矿区外围已发现纳家河坝、金山寺、滴水崖、西铜厂湾、二郎庙、板庙沟等众多金矿点，预测潜在金资源量40t。

七里沟地区1∶5万水系沉积物测量和1∶2.5万土壤测量获得多个金、铜异常，金浓度值$5.4×10^{-9}$～$34×10^{-9}$，最高$92×10^{-9}$；铜浓度值$50×10^{-6}$～$200×10^{-6}$；已发现走马岭、大桥沟、二家沟、武家山、四沟、铺沟、亢家山等多个金矿点，显示较大找金潜力。预测潜在金资源量10t。

二、铜矿找矿前景

区内铜成矿类型主要为矽卡岩型（铜厂铜矿）、火山沉积-热液改造型（徐家沟铜矿）、热液型（大石岩铜金矿）、火山岩型；七里沟地区、陈家坝地区、铜厂（杨家坝）-

徐家沟、坟家坪–金子山地区、贾家湾地区、徐家坝–大石岩地区是寻找铜矿的有利地段，预测潜在铜资源量约 50 万 t。

七里沟地区处在基底拼接带东端，北西西向、北东东向构造交汇处，海西期斜长花岗岩沿古火山口侵位于火山岩中，岩体内接触带分布有岩浆热液交代型含金铜菱铁磁铁矿点，在岩体南部外接触带火山岩一侧分布一批喷流沉积块状硫化物型铜铅锌金银矿点。1:5 万水系沉积物测量圈出一批浓集中心明显、丰度高、组合好的金、银、铜、铅、砷、锑、钡等元素组合异常。预测潜在铜资源量 5 万 t。

贾家湾地表圈定含铜钴矽卡岩带长 700m，宽度 20~80m，带中圈出两条铜矿体，Cu 品位平均 0.86%，平均厚度 4.19m，Co 品位 0.022%，平均厚度 4.41m。综合分析认为该矿点铜矿化向深部有变强趋势，深部存在与隐伏岩体有关的铜金矿，且含铜矽卡岩带与 II 2 号沟系化探异常相吻合。预测潜在铜资源量约 5 万 t。

坟家坪–金子山地区通过 1:2.5 万沟系土壤测量在坟家坪段圈出了 Cu、Au、As、Mo、Ti、Co 多元素组合异常，长 2200m，宽 500m，Cu 浓度值一般 60×10^{-6} ~ 100×10^{-6}，最高 267×10^{-6}，Au 一般 1×10^{-9} ~ 10×10^{-9}，最高 15×10^{-9}；岩石原生晕剖面测量，在南、中、北矿化蚀变带上均有明显异常显示，Cu 浓度值一般 300×10^{-6} ~ 1000×10^{-6}，最高 58000×10^{-6}。1:1 万中梯激电扫面圈出长 2km，宽 150~230m，异常中心明显，峰值大于 12%，一般为 6%~8%，两端均未闭合。坟家坪地段已发现北、中、南三条铜矿化蚀变带，长度 300~1000m，宽 10~50m，蚀变岩石分别为含碳凝灰质板岩、角斑岩、片理化细碧岩。北、中带内圈定铜矿体 3 条，总体走向北东向，倾向 300°~345°，倾角 50°~75°，矿体长 30~450m。金子山地区已发现有对传湾铜矿点、黑湾里磁铁矿点。对传湾铜矿化体受细碧岩与斜长花岗岩体接触部位的片理化带控制。地表圈定铜矿化蚀变带 4 条，其中④号带中控制长 700m 的铜矿化体。预测潜在铜资源量约 10 万 t。

铜厂–陈家坝地区地表圈出 3 条铜铅锌矿化蚀变带，深部钻探控制多条铜、铅锌矿体，预测潜在铜资源量约 5 万 t。

铜厂铜矿在 20 世纪 90 年代已系统勘查到地表以下 500m，提交 14 万 t 铜金属量。矿山生产探矿显示地下 900m 深部尚存在铜矿体，预测潜在铜资源量约 20 万 t。

徐家沟铜矿通过 2009~2013 年的矿山生产探矿，显示由浅部向深部，含铜片理化带变宽，铜矿体变厚、品位增高。浅部坑道控制 CuI-2 矿体厚 5.1m，铜品位 0.96%，坑内钻深部控制该铜矿体厚 25.0~47.2m，平均品位 1.11%~1.90%。预测深部潜在铜资源量约 5 万 t。

三、铁矿找矿前景

区内沉积变质型铁矿主要受地层（鱼洞子岩群和何家岩群、碧口岩群）控制；岩浆熔离–热液改造型铁矿主要受超基性岩体控制。矽卡岩型铁矿主要受酸性侵入体与碳酸盐岩接触带控制。鱼洞子–煎茶岭、峡口驿–铜厂–二里坝、白雀寺–中坝子地区是区内寻找铁矿的有利地段，预测潜在铁矿石资源量约 5 亿 t。

沉积变质型铁矿：鱼洞子地区前期工作在鱼洞子岩群中圈出长 7km、宽 2～3km 的 M43 号磁异常。鱼洞子铁矿仅勘查了西段 2.6km，控制铁矿体平均厚 9～10m，延深 625m，提交铁矿石资源量 1.48 亿 t；接官亭—水林树一带鱼洞子岩群圈出 M58 号、M189 号磁异常和多个铁矿点；白果树—陈家山一带何家岩岩群中分布 M176 号磁异常和多个铁矿点；龙王沟地区圈出多条铁矿体，钻孔中见到厚达 8m 的磁铁矿体，预测可获铁矿石资源量约 2 亿 t。

岩浆熔离-热液改造型铁矿：煎茶岭超基性岩体中圈定 7 条铁矿体，20 世纪 80 年代仅对 4 号铁矿体开展了勘查，提交铁矿石 1000 万 t，尚有 6 条矿体未系统开展地质工作。勘查区内尚分布与超基性体有关的黑湾里、赵家山、王家坪、鞍子山等 30 多个磁铁矿点，铁矿点与磁异常吻合，预测潜在铁矿石资源量约 1.5 亿 t。

矽卡岩型铁矿：1990 年铜厂铁矿勘查控制矿体延深 500m，提交 7000 万 t 铁矿石。矿山生产探矿显示矿体向下延深大于 700m，通过进一步找矿工作，预测深部可探获铁矿石资源量约 0.5 亿 t。

与中基性-酸性侵入体有关的岩浆热液型铁矿：中坝子—白雀寺一带分布蚀变辉长岩和石英闪长岩，分布有磁异常和多个铁矿点，预测潜在铁矿石资源量约 1 亿 t。

四、镍矿找矿前景

勉略宁矿集区镍矿主要为岩浆熔离-改造型，以煎茶岭镍矿为代表；煎茶岭地区、纳家河坝地区、碳口驿-黑木林地区、鞍子山地区是区内寻找镍矿的有利地段，预测潜在镍资源量共计约 60 万 t。

煎茶岭镍矿床详查深度为 550～600m，仅控制到 600m 标高，提交镍金属量 29 万 t。据钻孔资料，含镍超基性岩体延深大于 1100m，深部矿体有变厚、变富的趋势，预测深部潜在镍资源量约 20 万 t。

碳口驿-黑木林超基性岩带内分布多个超基性岩体，前期勘查工作已发现镍矿化，预测潜在镍资源量约 20 万 t。

鸡公石—李家沟一带也分布有多个超基性岩体，如纳家河坝、王家坪等，且纳家河坝钻孔中已控制到厚 7.89m 的镍矿体，镍品位 0.31%。因此，预测鸡公石地区潜在镍资源量约 10 万 t。

鞍子山地区亦分布有超基性岩体，且已发现贫镍矿体，预测潜在镍资源量可达 10 万 t。

五、锰矿找矿前景

区内锰矿有火山沉积-变质改造型（黎家营锰矿）、沉积型（干沟峡锰矿），含锰地层主要为震旦系陡山沱组。黎家营-两河口、五房山-方家坝地区是寻找锰矿的有利地段，预测潜在锰矿石资源量约 1 亿 t。

本矿集区南部的两河口-黎家营-干沟峡锰矿带长达 20km，仅系统勘查的黎家营段长 1km，即探获锰矿石资源量 419 万 t，尚有 19km 长的地段未系统开展找矿工作，预测潜在锰矿石资源量可达 8000 万 t。

其北部的方家坝–五房山锰矿带长 18km，也具有一定的找锰潜力，预测潜在锰矿石资源量约 2000 万 t。

六、铅锌矿找矿前景

勉略宁矿集区铅锌矿床类型主要为火山喷流沉积–改造型（东沟坝、陈家坝铅锌多金属矿等）、热液型（白云寺铅锌矿等）。陈家坝、雪花太坪、关地门、柳树坪等地区是寻找铅锌、银的有利地段，预测区内潜在铅锌资源总量约 100 万 t。

陈家坝–柳树坪–东沟坝–雪花太坪–东皇沟地区已勘查开采的火山喷流沉积–改造型铅锌矿多受古火山机构控制，如东皇沟铅锌矿、东沟坝铅锌金矿、陈家坝铜铅锌矿等。区内存在多个古火山机构（环形构造）尚未系统开展找矿工作。近年来，陈家坝铜铅锌矿区取得比较大的找矿进展，初步探获铜铅锌资源量 13 万 t（铜金属量 2.20 万 t，铅金属量 0.15 万 t，锌金属量 10.74 万 t）。雪花太坪、柳树坪地区震旦系白云岩中铅锌找矿也均圈出了矿带和矿体，取得较大新进展。预测其潜在铅锌资源量约 80 万 t。

关地门地区已圈定铅锌矿化带，且与物化探异常相吻合，预测潜在铅锌资源量约 20 万 t。

综上所述，勉略宁矿集区找矿前景良好，金、铜、铁等金属矿种资源潜力巨大，总计预测 334 级以上潜在金资源量约 100t，铜资源量约 50 万 t，铁矿石资源量约 5 亿 t，镍资源量约 60 万 t，锰矿石资源量约 1 亿 t，铅锌资源量约 100 万 t。

陕西省重要矿产资源潜力评价成果显示❶，勉略宁矿集区金预测资源量 125t，铜预测资源量 48 万 t，铁预测资源量 4 亿 t，镍预测资源量 60 万 t，锰矿石预测资源量 5 亿 t，与本次研究预测结果基本一致。综合集成各种相关资料分析，可以说，本区新区找矿、老矿点新评价、矿山深部探部增储、新层位探索和新矿种开拓均呈现出巨大的找矿潜力。

勉略宁矿集区是陕西省重要的金属矿产资源基地。鉴于本区巨大的找矿潜力，《陕西省矿产资源总体规划（2008—2015 年）》、《陕西省矿产资源总体规划（2016—2020 年）》将该区列入鼓励勘查开发区；《汉中市矿产资源总体规划（2008—2015 年）》、《汉中市矿产资源总体规划（2016—2020 年）》将该区列入重点勘查开发区，并将该区矿产开发列入汉中市经济社会发展突破的重点建设项目，该区矿产资源的勘查开发受到各级政府的高度关注。"十三五"期间（2016～2020 年）陕西省级财政加大了对勉略宁矿集区地质勘查基金项目的投资力度，就是因其蕴含的矿产资源潜力巨大，潜在经济价值数量可观，对陕西省乃至西部省份的经济发展均具有重要意义。正在编制的《陕西省矿产资源总体规划（2021—2025 年）》已将本区列入重点工作区。"十四五"期间（2021～2025 年）本区仍将会是地学研究、找矿勘查、资源开发和综合利用的首选热土。相信随着地质工作的深入和方法技术的不断进步，勉略宁矿集区定能实现新的找矿突破！

---

❶ 陕西省地质调查中心 . 2013. 陕西省重要矿产资源潜力评价 . 西安：陕西省地质调查院，1-398.

第七章 结 语

第一节 主要成果认识

结合野外一线长期地质找矿的实践和探索，本次工作比较全面系统地总结梳理了勉略宁矿集区地质研究与矿产勘查的成果；以研析矿床特征、控矿因素和构建成矿模式、找矿模型为切入点，首次采用成矿地质体、成矿构造和成矿结构面、成矿作用特征标志"三位一体"勘查区找矿预测理论和方法研究解剖该矿集区典型矿床，总结成矿规律，评析找矿技术，开展找矿预测，实施工程验证，为勉略宁矿集区深部找矿、勘查布局及综合研究提供切实指导和有力支撑。取得的主要成果和认识如下：

（1）在充分收集、整理、总结、分析勉略宁矿集区前人研究资料和找矿成果基础上，本次对勉略宁矿集区的成矿地质背景，典型金、铜、铁、镍、锰、铅锌、磷、石棉等矿床的成矿环境条件、成矿地质特征、控矿因素、找矿标志、矿化规律、成矿机理、成矿模式及矿床成因等方面进行了比较全面的研究剖析，并分别建立了不同矿种典型矿床综合找矿模型。

（2）勉略宁矿集区典型金属矿床的矿体、矿石宏观与微观特征及其微量元素、稀土元素、包裹体、同位素特点，均显示成矿作用具有多因多期多源复合特点。成矿大致经历了原始矿源层沉积、后期热液构造叠加改造与地表氧化富集三个阶段。研究认为区内金成矿类型主要为构造蚀变岩型和火山喷气（流）沉积-改造型；铜成矿类型主要为火山沉积-改造型和火山沉积块状硫化物型；铁成矿类型主要为沉积-变质型、火山沉积改造型和岩浆熔离-改造型；镍成矿类型主要为岩浆熔离-热液改造型；锰成矿类型主要为火山沉积-变质型、沉积型；铅锌成矿类型主要为火山喷流沉积-改造型及密西西比河谷型。并分析了不同矿种不同成矿类型的找矿潜力。

通过总结、分析研究区内典型矿床地质、地球化学、成矿作用特征，从成矿地质体、成矿构造和成矿结构面、成矿作用特征标志等方面构建了研究区主要矿产的成矿模式，并进一步总结归纳出金、铜、铁、镍、锰、铅锌区域成矿模式——"两期/二元成矿控矿"模式，即早期由于构造-岩浆活动形成原始矿胚层或矿体，后期遭受构造错断，再次叠加热液改造作用而成矿，如岩金矿主成矿期在印支期—燕山期。

（3）总结、划分了勉略宁矿集区成矿系统、成矿系列和成矿谱系。区内包括以伸展体制为主的裂谷或局部洋盆环境的古海底火山沉积成矿系统、与块体碰撞隆升过程发育的侵入岩有关的岩浆热液成矿系统、俯冲构造体制控制的大陆边缘弧环境的古海底喷流成矿系统和稳定陆块外生沉积成矿系统四类，主要可划分为新太古代与火山沉积作用有关的沉积变质型铁矿床成矿系列；新太古代花岗-绿岩建造中的金矿床成矿系列；中生代与印支期—燕山期构造剪切作用和地下热流活动有关的金矿床成矿系列；中生代与印支期—燕山期中酸性岩浆侵入岩、低温热液作用有关的金、银、铜、铅锌、钨、锡、钼、砷、锑、汞（锂、铍、铌、钽）矿床成矿系列；与第四纪冲洪积作用有关的砂金矿床成矿系列；与中、新元古代裂陷槽海相火山岩（细碧角斑岩系）有关的火山喷流沉积型铜铁铅锌锰多金属成矿系列和元古宙与古火山机构和中–酸性侵入岩有关的铁、铜矿床成矿系列；元古宙与深断裂带超基性–基性侵入岩有关的镍（铜）、金、铁、钒、钛磁铁矿、石棉矿床成矿系列；扬子板块西北缘与震旦系—下古生界黑色岩系有关的磷、石煤、铁、锰、（钒）、钴、镍、铀、钼、铅锌、稀土多金属矿床成矿系列；晚古生代与海西期超基性岩、碱性岩–碳酸岩有关的铌、稀土、铀、硫、铬铁矿、磷矿床成矿系列等。从太古宙到新生代，这些不同矿种的成矿系统、成矿系列，构成了该矿集区的成矿谱系。

区内关键金属矿产找矿工作需要关注与中、新元古代裂陷槽海相火山岩（细碧角斑岩系）有关的火山喷流沉积型铜（铁）铅锌锰多金属成矿系列中的火山–沉积变质型稀土矿（白云鄂博型铁及稀土矿）的调查；在扬子板块西北缘应进行与震旦系—下古生界黑色岩系有关的磷、石煤、铁、锰、（钒）、钴、镍、铀、钼、铅锌、稀土多金属矿床成矿系列的沉积型磷块岩稀土矿调查（贵州织金式）；在勉略康构造带沿线要开展与晚古生代和海西期超基性岩、碱性岩–碳酸岩有关的铌、稀土、铀、硫、铬铁矿、磷矿床成矿系列的岩浆型稀土矿调查（四川牦牛坪式）。同时，应加强对略阳—勉县一带和阳平关–勉县地区花岗伟晶岩型锂矿的调查研究，组织实施区内基性–超基性岩体、阳平关–勉县断裂带及勉略构造带一线中酸性岩体的钴矿地质调查。

（4）研究区地处秦岭南坡低–中山区，植被茂密，覆盖层较厚，地形起伏较大，通过总结分析区内金属矿床的找矿历史和勘查经验教训，对比组建了适合研究区的找矿方法技术体系。

岩金的找矿方法技术组合为：1∶5万水系沉积物测量+1∶2.5万土壤测量+1∶1万或1∶2000岩石原生晕测量+1∶1万地质测量+大比例尺地质测量结合槽探+钻探或坑探验证。

铜矿、铅锌矿、镍矿的找矿方法技术组合为：1∶5万磁法测量和水系沉积物测量+1∶2.5万或1∶1万激电和磁法测量+1∶1万地质测量+1∶2000地质–岩石地球化学剖面+大比例尺地质测量结合槽探+钻探或坑探验证；铜矿、铅锌矿、镍矿勘查工作中必须高度注意地表局部地段发育的含镍、铅锌、铜硫化物的铁帽。

铁矿找矿方法技术组合为：1∶5万磁法测量+1∶1万磁法测量和地质测量+大比例尺地质测量结合槽探+钻探验证。

锰矿找矿方法技术组合为：1∶5万水系沉积物测量+1∶2.5万或1∶1万激电测量+1∶1万地质测量+大比例尺地质测量结合槽探+钻探或坑探验证。

（5）采用1∶5万地质图为底图，综合考虑遥感、地质、物探、化探、典型矿床信息，从梳理成矿作用入手，以相似类比理论和成矿系列理论为基础，以勘查区成矿地质体找矿预测理论方法体系为指导，以典型矿床"三位一体"找矿预测地质综合模型为依据，对研究区开展了找矿预测，共划分成矿远景区7处，找矿靶区10处，其中，A类找矿靶区3处、B类找矿靶区5处、C类找矿靶区2处。

成矿远景区分别为略阳县鱼洞子–煎茶岭铁金镍成矿远景区、宁强县贾家湾–略阳县陈家坝铁铜金多金属成矿远景区、宁强县大安–勉县李家沟金铜镍多金属成矿远景区、略阳县五房山–勉县方家坝锰磷多金属成矿远景区、宁强县青木川–八海–苍社金铜成矿远景区、宁强县安乐河–丁家林–太阳岭成矿远景区、略阳县干河坝–白云寺金银铅锌镍铬铁成矿远景区。

略阳县鱼洞子–煎茶岭铁金镍成矿远景区中划分出金洞子–龙王沟金铁矿找矿靶区（A2）；宁强县贾家湾–略阳县陈家坝铁铜金多金属成矿远景区中划分出陈家坝铜铅锌多金

属矿找矿靶区（A1）、金子山-坟家坪铜金镍矿找矿靶区（B1）、七里沟-方家坝铜多金属矿找矿靶区（B2）、李家咀铅锌金矿找矿靶区（B3）、白雀寺-中坝子钛铁矿找矿靶区（B5）和宁强县曾家河—巨亭一带铜铁金矿找矿靶区（C2）；宁强县大安-勉县李家沟金铜镍多金属成矿远景区中划分出纳家河坝金铜镍矿找矿靶区（A3）、勉县李家沟-西铜厂湾金铜矿找矿靶区（B4）和宁强县大安-勉县新铺唐家林一带金铜矿找矿靶区（C1）。

（6）通过靶区验证工作找矿成果显著。

通过工程验证，先后在金洞子-龙王沟金铁矿找矿靶区龙王沟铁矿实施钻探验证，其中ZK8001孔见到Mt11号厚大矿体，铁矿体厚度10.70m、TFe品位28.44%、mFe品位22.06%，获得预测铁矿石远景资源量1000万t以上。

在陈家坝铜铅锌找矿靶区开展钻探验证，其中ZK1606孔见到2号铜锌矿体，矿体厚度3.21m、铜品位1.64%、锌品位3.696%，经加密钻探工程后，获得（333+334$_1$）铜+铅+锌资源量13万t。

在纳家河坝金铜镍矿找矿靶区开展钻探验证，其中ZK1201孔上部见到厚度9.22m、镍品位0.20%的镍矿体；钻孔下部见到金品位2.42×10^{-6}、铜品位3.88%、厚度1.76m的金铜矿体。纳家河坝地区初步获得（333+334$_1$）金资源量1.06t，平均金品位5.37×10^{-6}；（333+334$_1$）镍资源量1.97万t，平均镍品位0.25%。

在七里沟-方家坝铜多金属矿找矿靶区和李家咀铅锌金矿找矿靶区通过开展1∶2.5万土壤测量、1∶1万或1∶2000地质-岩石地球化学剖面测量、槽探揭露，发现了勉县寨根铜矿带和瓦子坪银铅锌矿带。其中勉县寨根铜矿带长2660m、厚0.56~9.17m、平均厚3.24m，铜品位0.38%~7.92%，平均品位2.20%；伴生金品位0.28×10^{-6}~1.36×10^{-6}、银品位9.6×10^{-6}~18.1×10^{-6}；获得预测（334$_1$）铜资源量14万t。

在金子山-坟家坪铜金镍矿找矿靶区，通过钻探工程验证于坟家坪铜矿中矿带深部见铜矿体，矿体厚0.77~0.85m、铜品位0.22%~0.82%。黑湾里磁铁矿点钻探验证见1条铜矿体、6条镍矿体。铜矿体厚1.0m、品位0.90%；镍矿体累计厚度47.65m、全镍平均品位0.200%~0.256%，以硫化镍为主。陶家沟金多金属矿点钻探验证，见金矿体1条，厚度1m、金品位5.20×10^{-6}。

以上找矿发现和成果，按照地质研究→模型构建→选区预测→找矿验证→深化认识的技术路线，实现了产学研密切结合、全面推动地质找矿突破的重要目标，也为矿集区找矿预测提供了示范。

总之，勉略宁矿集区成矿地质条件优越，资源潜力巨大，找矿前景可观，通过深入的综合研究与科技创新，投入有效的找矿方法技术组合，不断推进、大胆验证、持之以恒，一定能取得找矿新突破，为经济社会发展提供坚实的矿产资源保障。

第二节 存在问题及下一步工作建议

1. 存在问题

（1）矿产勘查，特别是深部找矿、寻找隐伏矿是一项具有巨大风险，且探索性、复杂性、创新性极强的工作和事业。需要地质找矿人员加强学习、勤于思考，不断提高想象力、创新能力，获取丰富的找矿信息。技术人员要多从以下方面思考地质找矿工作：研究工作区成矿地质构造环境背景–分析工作区可能形成的成矿系列和矿床类型–确定成矿构造或成矿地质体–根据成矿地质体的地质、物化探异常特征采用合适的找矿方法技术手段开展工作。找矿方向精准并且勘查手段选择合理有效，才能提高找矿成功率。思路正确，靶区明晰，手段得当，实施高效，通过持之以恒的努力奋斗，方可取得大的找矿突破。这方面的研究和实践工作仍须持续加强。

（2）本书的编写人员多为长期在勉略宁矿集区开展野外地质找矿勘查的一线同志，在大量收集、总结该区数十年来地质找矿与科研成果的基础上，结合近年来矿山深部及外围探矿工作和陕西省地质勘查基金项目、国家矿产调查项目等取得的新进展、新认识，比较系统地总结了该矿集区的矿化特征、矿床成因、成矿规律、找矿标志等。但本书中一些典型矿床缺少新的分析测试数据，对成矿机制、成矿模式的理论总结还有待提升，找矿方法组合亦需深化。

（3）矿集区的形成机制及矿床定位定量预测、区域构造演化与成岩成矿的关系、壳幔耦合与成矿动力学等方面研究尚需补充、提高。

2．下一步工作建议

（1）坚持绿色勘查和国家需要的新、优、急、特矿产及关键金属矿产勘查，按照综合调查研究、方法技术创新和找矿实践探索"三位一体"整体推进，以勘查区找矿预测理论与方法和成矿系列理论为指导，持续加大矿山深部及周边地质综合找矿。

（2）引进高光谱遥感、广域电磁法、地空电磁法及航空物探等新的探测方法技术，与地质、化探异常查证紧密结合，力争实现矿集区深部与新层位、空白区的综合找矿突破。

（3）建立矿集区地–物–化–遥数据库、矿床模型库及成矿事件对比分析库，把大数据技术、云计算、区块链和深度学习引入地质找矿，建立数据驱动的找矿预测模型与方法体系。

（4）以大陆动力学、大陆成矿学和成矿作用动力学为支撑，要深入研究大陆构造与成山成盆、成岩成矿作用的耦合关系和成因链接，深刻揭示成矿物质聚散过程、成矿系统、矿集区和大型矿床的发育机制，刻画矿床从形成、保存到破坏的全过程。

（5）以地球系统科学和复杂性科学为指导，应从地幔、地壳、地表相互耦合和三维岩石圈深部过程及物质–能量交换层面，探讨构造、岩浆、流体与成矿的内在关系，研究地壳成矿响应与资源效应，诠释地球层圈系统的复杂性及其相互作用，探测其精细结构，构建"玻璃地球"，逐步实现全要素、立体式、多圈层资源调查。

（6）构建成矿系统、找矿预测系统、找矿勘查技术系统"三位一体"的理论–方法综合体系，实现成矿理论科学指导找矿预测，绿色有效合理应用技术组合，全面快速实现综合找矿突破。

（7）大力开展矿产资源潜力、技术经济条件、生态环境影响"三位一体"综合评价，践行绿色勘查，建设绿色矿山，贯彻新发展理念，推动绿色高效益发展，切实保障国家矿产资源安全和生态环境安全。

（8）加大矿产资源综合利用研究，不断提升绿色采选冶技术，做到"吃干榨净"，力争零排放，从而实现从自然区带的矿产勘查→矿床发现→矿山开发→矿区复垦再到回归自然本身的良性循环。

参 考 文 献

陈广庭.1997.陕西略阳陈家坝古火山机构的探讨.陕西理工学院学报（自然科学版），13（4）：14-19.

陈虹，胡健民，武国利，等.2010.西秦岭勉略带陆内构造变形研究.岩石学报，26（4）：1277-1288.

陈剑祥，高福平，卫中第，等.2013a.陕西宁强县青木川—旧房梁一带典型金矿床特征、控矿因素及找矿标志.新疆有色金属，42（2）：15-18.

陈剑祥，吴新斌，张海峰，等.2013b.陕西略阳中坝子钛磁铁矿床地质特征及找矿方向研究.西北地质，46（2）：111-118.

陈剑祥，袁攀，王长春，等.2016.陕西略阳柳树坪金锌矿床地质特征及控矿因素研究.地质力学学报，22（2）：212-222.

陈民扬，杨志，宋显志.1981.煎茶岭岩体的"硫化作用"及成矿关系.矿产与地质，1（1）：44-49.

陈民扬，庞春勇，肖孟华.1994.煎茶岭镍矿床成矿作用特征.地球学报，15（1-2）：138-144.

陈升平，肖克炎，吴有才.1994.陕西东沟坝金银矿床黄铁矿标型性研究.地球科学，19（1）：43-51.

陈世杰，李建伟，高关军.2014.陕西勉县李家沟金矿床成矿地质条件及矿床地质特征.甘肃冶金，36（3）：69-74.

陈守余，胡光道，周宗桂.1999.陕西勉略宁地区致矿地质异常场结构及找矿预测.地球化学，24（5）：472-475.

陈衍景.2010.秦岭印支期构造背景、岩浆活动及成矿作用.中国地质，37（4）：854-865.

陈衍景，张静，张复新，等.2004.西秦岭地区卡林—类卡林型金矿床及其成矿时间、构造背景和模式.地质论评，50（2）：134-152.

陈毓川.1994.矿床的成矿系列.地学前缘，1（3）：90-99.

陈毓川.1999.中国主要成矿区带矿产资源远景评价.北京：地质出版社，1-193.

陈毓川，朱裕生，孙文珂，等.1993.中国矿床成矿模式.北京：地质出版社，1-102.

陈毓川，王平安，秦克令，等.1994.秦岭地区主要金属矿床成矿系列的划分及区域成矿规律探讨.矿床地质，13（4）：289-298.

陈毓川，裴荣富，宋天锐.1998.中国矿床成矿系列初论.北京：地质出版社，1-104.

陈毓川，李兆鼐，母瑞身，等.2001.中国金矿床及其成矿规律.北京：地质出版社，1-397.

陈毓川，王登红，徐志刚，等.2006a.对中国成矿体系的初步探讨.矿床地质，25（2）：155-163.

陈毓川，裴荣富，王登红.2006b.三论矿床的成矿系列问题.地质学报，80（10）：1501-1508.

陈毓川，王登红，朱裕生，等.2007.中国成矿体系与区域成矿评价.北京：地质出版社，1-93.

陈毓川，王登红，陈郑辉，等.2010a.重要矿产和区域成矿规律研究技术要求.北京：地质出版社，1-129.

陈毓川，王登红，付小方，等.2010b.中国西部重要成矿区带矿产资源潜力评估.北京：地质出版社，1-93.

陈毓川，王登红，李厚民，等.2010c.重要矿产类型划分方案.北京：地质出版社，1-93.

陈毓川，王登红，徐志刚，等.2015a.中国重要矿产和区域成矿规律.北京：地质出版社，1-795.

陈毓川，裴荣富，王登红，等.2015b.论矿床的自然分类——四论矿床的成矿系列问题.矿床地质，34（6）：1092-1106.

陈毓川, 裴荣富, 王登红, 等. 2016. 矿床成矿系列——五论矿床的成矿系列问题. 地球学报, 37 (5): 519-527.

程裕淇, 陈毓川, 赵一鸣. 1979. 初论矿床的成矿系列问题. 地球学报, 1 (1): 39-65.

程裕淇, 陈毓川, 赵一鸣, 等. 1983. 再论矿床的成矿系列问题. 中国地质科学院院报, 5 (2): 1-66.

崔义发. 2011. 陕南黑木林纤维水镁石矿地质特征及应用前景浅析. 化工矿产地质, 33 (3): 155-160, 188.

代军治, 陈荔湘, 石小峰, 等. 2014. 陕西略阳煎茶岭镍矿床酸性侵入岩形成时代及成矿意义. 地质学报, 88 (10): 1861-1873.

代军治, 陈荔湘, 王瑞廷. 2016. 陕西省略阳县徐家沟铜矿床地质、地球化学特征及成矿模式. 西北地质, 49 (4): 99-109.

戴自希, 王家枢. 2004. 矿产勘查百年. 北京: 地震出版社, 1-109.

党明福. 1991. 陕西省略阳县铧厂沟金矿地质特征. 陕西地质, 9 (1): 18-30.

邓晋福, 莫宣学, 罗照华, 等. 1999. 火成岩构造组合与壳-幔成矿系统. 地学前缘, 6 (2): 259-270.

邓万明, 钟大赉. 1997. 壳-幔过渡带及其在岩石圈构造演化中的地质意义. 科学通报, 42 (23): 2474-2482.

丁坤, 王瑞廷, 钱壮志, 等. 2017. 陕西省陈家坝铜铅锌多金属矿床地质地球化学特征及矿床成因探讨. 地质与勘探, 53 (3): 436-444.

丁坤, 王瑞廷, 钱壮志, 等. 2018a. 陕西略阳陈家坝铜铅锌多金属矿床硫化物微量元素和硫同位素地球化学特征. 矿物岩石地球化学通报, 37 (2): 326-333.

丁坤, 梁婷, 王瑞廷, 等. 2018b. 陕西勉略阳地区陈家坝铜铅锌多金属矿床稀土元素地球化学特征. 西北地质, 51 (3): 93-104.

丁坤, 王瑞廷, 秦西社, 等. 2019. 陕西陈家坝铜铅锌多金属矿床C、H、O、S、Sr同位素地球化学示踪. 矿床地质, 38 (2): 355-366.

丁振举. 1997. 陕西勉略宁及邻区铜、多金属矿床的成矿环境、成矿年代学及成矿演化. 大连: 大连理工大学, 1-113.

丁振举, 姚书振. 1999. 陕西略阳铜厂铜矿床Sr, Pb同位素组成特征及其意义. 矿物岩石, 19 (4): 78-81.

丁振举, 姚书振, 周宗桂, 等. 1998a. 陕西略阳铜厂铜矿成矿时代及地质意义. 西安工程学院学报, 20 (3): 24-27.

丁振举, 姚书振, 周宗桂, 等. 1998b. 碧口地体中元古代构造属性. 大地构造与成矿学, 22 (3): 219-225.

丁振举, 姚书振, 方金云. 1998c. 陕西略阳铜厂铜矿床成矿机制分析. 矿产与地质, 12 (3): 167-171.

丁振举, 姚书振, 刘丛强, 等. 2003a. 东沟坝多金属矿床喷流沉积成矿特征的稀土元素地球化学示踪. 岩石学报, 19 (4): 792-798.

丁振举, 姚书振, 刘丛强, 等. 2003b. 碧口地块古海底热水喷流沉积及其成矿作用地球化学示踪. 北京: 地质出版社, 1-86.

董广法, 王国富, 刘继顺. 1998. 勉略宁地区东沟坝组火山岩的成因浅析. 大地构造与成矿学, 22 (2): 163-169.

董广法, 刘树峰, 郑崔勇, 等. 2004. 勉略宁地区锰矿成矿环境及找矿方向. 矿产与地质, 18 (6): 550-554.

董显扬, 李行, 叶良和, 等. 1995. 中国超镁铁质岩. 北京: 地质出版社, 1-74, 98-129.

段永民, 杨礼敬, 王强国. 2005. 甘肃文县筏子坝铜矿床地质–地球物理–地球化学综合找矿效果. 物探与化探, 29 (5)：383-387.

樊硕诚.1994.陕西双王大型金矿床成矿模式、成矿规律与找矿前景讨论.陕西地质, 12 (1)：27-37.

范立民, 李成, 陈建平, 等.2016.矿产资源高强度开采区地质灾害与防治技术.北京：科学出版社, 1-181.

范永香, 阳正熙.2003.成矿规律与成矿预测学.徐州：中国矿业大学出版社, 1-169.

冯本智, 刘占声, 刘鹏鹗.1979.试论南秦岭勉略宁三角地带岛弧型的蛇绿岩套.长春地质学院学报, 24 (2)：14-28.

冯华, 吴闻人.1997.陕西勉略宁地区金多金属矿产控矿条件及成矿模式.陕西地质, 15 (2)：39-47.

冯建忠, 邵世才, 汪东波, 等.2002.陕西八卦庙金矿脆-韧性剪切带控矿特征及成矿构造动力学机制. 中国地质, 29 (1)：58-66.

冯建忠, 汪东波, 王学明, 等.2003.甘肃礼县李坝大型金矿床成矿地质特征及成因.矿床地质, 22 (3)：257-263.

冯益民, 曹宣铎, 张二朋.2002.西秦岭造山带结构构造山过程及动力学——1：100万西秦岭造山带及邻区 大地构造说明书.西安：西安地图出版社, 1-251.

丰成友, 张德全.2002.世界钴矿资源及其研究进展述评.地质论评, 48 (6)：627-633.

丰成友, 张德全, 党兴彦.2004.中国钴资源及其开发利用概况.矿床地质, 23 (1)：93-100.

付超, 王建平, 彭润民, 等.2010.内蒙古甲生盘铅锌硫矿床硫同位素特征及其成因意义.现代地质, 24 (1)：34-41.

富公勤, 石林.1996.陕西陈家坝变质火山体系.矿物岩石, 16 (1)：1-16.

高航校.1999.李家沟金矿床成矿物质来源研究.有色金属矿产与勘查, 8 (2)：86-91.

高辉, Hronsky J, 曹殿华, 等.2009.金川铜镍矿床成矿模式、控矿因素分析及找矿.地质与勘探, 45 (3)：218-228.

宫相宽, 陈丹玲, 赵姣.2013.陕西铜厂闪长岩地球化学、锆石 U-Pb 定年及 Lu-Hf 同位素研究.西北地 质, 46 (3)：50-63.

宫勇军, 姚书振, 谭满堂, 等.2016.陕西双王金矿床矿化富集规律对成矿构造的指示意义.地球科学, 41 (2)：189-198.

龚琳, 王承尧.1981.论"东川式铜矿"的成因.地质科学, 24 (3)：203-211.

古抗衡.1989.我国北西部地区金矿分布规律、控矿因素及找矿方向的讨论.西北地质, 26 (3)：7-13.

关志辉.1988.陕南锰矿主要类型、地质特征及找矿方向.中国锰业, 6 (2)：12-32.

桂林冶金地质研究所岩矿室同位素地质组.1972.略-勉-阳地区岩石钾-氩法同位素年龄测定.地质与勘 探, 8 (1)：23-25.

郭彩莲, 李小菲, 王重阳.2015.陕西省略阳县干河坝金矿床矿石工艺矿物学研究.黄金, 36 (6)：20-23.

郭进京, 张国伟, 陆松年, 等.1999.中国新元古代大陆拼合与 Rodinia 超大陆.高校地质学报, 5 (2)： 148-156.

韩润生, 金世昌, 刘丛强, 等.2000a.陕西勉略阳区铜厂矿田矿床（化）类型及其特征.地质与勘探, 36 (4)：11-15.

韩润生, 刘丛强, 马德云, 等.2000b.铜厂矿田陈家坝地区断裂构造地球化学特征及定位预测.地质与 勘探, 36 (5)：66-69.

韩润生, 朱大岗, 马德云, 等.2000c.陕西铜厂矿田控矿断裂带显微构造特征.地质地球化学, 28 (1)： 28-33.

韩润生, 刘丛强, 马德云, 等.2001.陕西铜厂地区断裂构造地球化学及定位成矿预测.地质地球化学, 29 (3)：158-163.

韩润生, 马德云, 刘丛强, 等. 2003. 陕西铜厂矿田构造成矿动力学. 昆明: 云南科技出版社, 1-171.

韩吟文, 马振东. 2003. 地球化学. 北京: 地质出版社, 1-198.

韩英, 王京彬, 祝新友, 等. 2013. 广东凡口铅锌矿床流体包裹体特征及地质意义. 矿物岩石地球化学通报, 32 (1): 81-86.

郝杰, 翟明国. 2004. 罗迪尼亚超大陆与晋宁运动和震旦系. 地质科学, 39 (1): 139-152.

何继善. 2010. 广域电磁法和伪随机信号电法. 北京: 高等教育出版社, 1-225.

贺同兴, 卢良兆, 李树勋, 等. 1980. 变质岩岩石学. 北京: 地质出版社, 1-236.

侯满堂. 2009. 陕西马元铅锌矿有机质与成矿作用关系研究. 中国地质, 36 (4): 861-870.

侯满堂, 赵文平, 侯岚. 2013. 扬子地块西北缘石门湾铅锌矿的发现及其意义. 西北地质, 46 (2): 128-140.

侯增谦, 韩发, 夏林圻, 等. 2003. 现代与古代海底热水成矿作用. 北京: 地质出版社, 1-220.

胡建明. 2002. 煎茶岭金矿床的控矿因素分析及找矿方向. 矿产与地质, 16 (1): 17-21.

胡云中, 任天祥, 马振东, 等. 2006. 中国地球化学场及其成矿关系. 北京: 地质出版社, 1-38.

胡正东. 1988. 川西北地区碧口岩群的时代层序、火山作用及含矿性研究. 绵阳: 四川省地矿局川北地质大队, 1-60.

黄凡, 陈毓川, 王登红, 等. 2011. 中国钼矿主要矿集区及其资源潜力探讨. 中国地质, 38 (5): 1111-1134.

黄婉康, 甘先平, 单祖翔, 等. 1996. 陕西煎茶岭金矿区的岩石及成矿时代研究. 地球化学, 25 (2): 150-156.

黄振泉, 胡跃华, 钟平, 等. 1993. 金的地球化学特征和金的主要矿物. 赣南师范学院学报, 14 (1): 102-114.

霍勤知, 曾俊杰, 董玉书. 2002. 扬子板块西北缘碧口增生体的形成与演化. 甘肃地质学报, 11 (2): 17-23.

贾磊. 2014. 陕西铧厂沟金矿床控矿因素及成矿预测研究. 北京: 中国地质大学, 1-38.

姜春发, 王宗起, 李锦铁, 等. 2000. 中央造山带开合构造. 北京: 地质出版社, 1-153.

姜修道, 魏刚锋, 聂江涛. 2010. 煎茶岭镍矿——是岩浆还是热液成因. 矿床地质, 29 (6): 1112-1124.

姜修道, 魏刚锋, 张梦平, 等. 2012. 陕西略阳煎茶岭金矿床成矿作用探讨. 现代地质, 26 (1): 61-70.

蒋少涌, 凌洪飞, 杨競红, 等. 2002. 热液成矿作用与矿床成因的同位素示踪新技术和金属矿床直接定年. 矿床地质, 21 (S1): 974-977.

金文洪, 汪志强, 高晓宏. 2011. 勉−略混杂岩带构造地质特征与金矿成矿——以陕西略阳县干河坝金矿床为例. 甘肃地质, 20 (3): 37-45.

赖绍聪, 张国伟. 1999. 秦岭−大别勉略结合带蛇绿岩及其大地构造意义. 地质论评, 45 (z1): 1062-1071.

赖绍聪, 李永飞, 秦江锋. 2007. 碧口群西段董家河蛇绿岩地球化学及 LA-ICP-MS 锆石 U-Pb 定年. 中国科学 (D 辑: 地球科学), 37 (S1): 262-270.

雷时斌, 齐金忠, 朝银银. 2010. 甘肃阳山金矿带中酸性岩脉成矿年龄与成矿时代. 矿床地质, 29 (5): 869-880.

黎彤. 1994. 中国陆壳及其沉积层和上陆壳的化学元素丰度. 地球化学, 23 (2): 140-145.

黎彤, 饶纪龙. 1963. 中国岩浆岩的平均化学成分. 地质学报, 43 (3): 69-78.

黎彤, 倪守斌. 1990. 地球和地壳的化学元素丰度. 北京: 地质出版社, 1-136.

李昌年. 1992. 火成岩微量元素岩石学. 武汉: 中国地质大学出版社, 1-166.

李朝阳, 刘铁庚, 叶霖, 等. 2003. 我国与火山岩有关的大型、超大型银矿床. 中国科学 (D 辑: 地球科学），32（z1）：69-77.

李春兰，向婷婷，毛小贤.2006.GIS 技术在勉略阳地区多金属找矿预测上的研究与应用.矿产与地质，20（45）：507-512.

李福让，王瑞廷，高晓宏，等.2009.陕西省略阳县徐家沟铜矿床成矿地质特征及控矿因素.地质学报，83（11）：1752-1761.

李厚民，高辉.2010.矿产资源储量核查与评估.北京：地质出版社，1-93.

李厚民，陈毓川，王登红，等.2007.陕西南郑地区马元铅锌矿的地球化学特征及成矿时代.地质通报，26（5）：546-552.

李会民，李智明.2005.扬子地台北缘锰矿成矿地质特征及找矿方向研究.地质与勘探，41（1）：18-21.

李建康，王登红，张德会，等.2007.川西伟晶岩型矿床的形成机制及大陆动力学背景.北京：原子能出版社，1-182.

李静，董王仓，郭立宏，等.2014.陕西煎茶岭镍矿床控矿因素及找矿标志.西北地质，47（3）：54-61.

李军.1990.陕南铜厂矿区古火山机构和铁铜矿床特征.西北矿产金属地质，（1）：24-29.

李赛赛，魏刚锋，崔敏利.2012.陕西勉县王家沟金矿区物化探勘查技术应用及找矿预测.中国地质，39（2）：474-485.

李三忠，张国伟，李亚林，等.2002.秦岭造山带勉略缝合带构造变形与造山过程.地质学报，76（4）：469-483.

李世金，孙丰月，高永旺，等.2012.小岩体成大矿理论指导与实践——青海东昆仑夏日哈木铜镍矿找矿突破的启示及意义.西北地质，45（4）：185-191.

李文渊，赵东宏，申少宁.2003.西北地区有色金属矿床成矿条件约束及勘查潜力.地质与勘探，39（5）：11-17.

李文渊，董福辰，姜寒冰，等.2006.西北地区重要金属矿产成矿特征及其找矿潜力.西北地质，39（2）：1-16.

李文渊，董福辰，张照伟，等.2012.西北地区矿产资源成矿远景及找矿部署研究.北京：地质出版社，1-93.

李先梓，严阵，卢欣祥.1993.秦岭-大别山花岗岩.北京：地质出版社，1-212.

李行，白文吉，陈芳伦，等.1995.扬子地块北缘和西缘前寒武纪镁铁层状杂岩及含铂性.西安：西北大学出版社，1-93.

李耀敏.1991.甘肃省陇南地区碧口群的时代、层序及含矿性探讨.甘肃地质，37（12）：38-69.

李永飞，赖绍聪，秦江锋，等.2007.碧口火山岩系地球化学特征及其 Sr-Nd-Pb 同位素组成——晋宁期扬子北缘裂解的证据.中国科学（D 辑），37（增刊1）：295-306.

李增田.1990.细碧岩成因综述.地质科技情报，9（1）：19-24.

李钟模.1992.中国硫矿床的分类及分布规律.贵州化工，21（1）：13-16.

李钟模.2002.中国硫铁矿床的分类与预测.化工矿物与加工，31（9）：29-30.

栗朋，裴先治，李瑞保，等.2018.扬子板块西北缘大安花岗岩体锆石 U-Pb 年代学、地球化学特征及其地质意义.地球科学，44（4）：1338-1356.

廖俊红.1999.陕西略阳煎茶岭金矿床成矿规律及成扩模式.有色金属矿产与勘查，8（1）：21-28.

廖明汉，王波.1988.陕西石梯重晶石矿床地质特征及其成因初步探讨.陕西地质，6（2）：12-20.

廖时理，陈守余，张利亚，等.2015.陕西青木川-苍社地区韧性剪切带型金矿床地球化学特征及地质意义.中南大学学报（自然科学版），46（3）：1080-1093.

林德松.1999.我国中低温热液脉型稀土矿床成矿特征及找矿前景.有色金属矿产与勘查，8（6）：672-673.

刘本立 . 1982. 金的某些地球化学问题 . 地质与勘探, 18 (7): 53-58.

刘凤山, 傅学明 . 1991. 西北地区基性–超基性岩含矿 (铬、镍) 性闭合相关分析 . 兰州大学学报 (自然科学版), 35 (1): 99-106.

刘国惠, 张寿广, 游振东, 等 . 1993. 秦岭造山带主要变质岩群及变质演化 . 北京: 地质出版社, 1-190.

刘家远, 单娜琳, 钱建平, 等 . 2011. 隐伏矿床预测的理论和方法 . 北京: 冶金工业出版社, 1-227.

刘建宏, 张新虎, 赵彦庆, 等 . 2006. 西秦岭成矿系列、成矿谱系研究及其找矿意义 . 矿床地质, 25 (6): 727-734.

刘建明, 刘家军 . 1997. 滇黔桂金三角微细浸染型金矿床的盆地流体成因模式 . 矿物学报, 17 (4): 448-456.

刘民武 . 2003. 中国几个镍矿床的地球化学比较研究 . 西安: 西北大学, 1-50.

刘若新 . 1962. 一个含硫化铜镍矿超基性岩体的岩石特征 . 地质学报, 42 (1): 79-90.

刘铁庚, 叶霖 . 1999. 碧口群形成的地质构造环境探讨 . 矿物学报, 19 (4): 446-452.

刘铁庚, 龚国洪, 叶霖 . 1995. 锌水绿矾在自然界发现和研究 . 矿物学报, 15 (3): 286-290.

刘显凡, 朱赖民, 赵甫峰, 等 . 2009. 南秦岭杨家坝多金属矿区中的碳酸岩岩相学及成矿地球化学 . 岩石学报, 25 (5): 1216-1224.

刘永丰, 李才一 . 1991. 陕西略阳东沟坝黄铁矿型金银多金属矿床成矿物理化学条件研究 . 矿物岩石, 11 (2): 55-64.

刘哲东 . 2013. 陕西宁强鸡头山–小燕子沟金矿床地质特征及矿化富集规律研究 . 长春: 吉林大学, 1-112.

刘振敏 . 1995. 陕南自然硫的发现及成矿条件分析 . 矿物岩石地球化学通报, 14 (2): 122-123.

龙如银, 杨家慧 . 2018. 国家矿产资源安全研究现状及展望 . 资源科学, 40 (3): 465-476.

娄德波, 邓刚, 肖克炎, 等 . 2010. 矿床地质经济模型法在东天山铜镍矿预测中的应用 . 地质通报, 29 (10): 1467-1478.

楼亚儿, 戴自希 . 2004. 火山岩型金矿的地质特征及勘查准则 . 现代地质, 18 (1): 17-23.

卢炳 . 1984. 中国硫铁矿地质 . 北京: 地质出版社, 1-109.

卢纪英, 李作华, 张复新, 等 . 2001. 秦岭板块金矿床 . 西安: 陕西科学技术出版社, 1-120.

卢武长, 杨绍全 . 1997. 东沟坝多金属矿床硫同位素交换动力学 . 矿物岩石, 17 (1): 105-110.

陆松年, 李怀坤, 陈志宏, 等 . 2003. 秦岭中—新元古代地质演化及对 RODINIA 超级大陆事件的响应 . 北京: 地质出版社, 1-186.

陆松年, 李怀坤, 王惠初, 等 . 2009. 秦–祁–昆造山带元古宙副变质岩层碎屑锆石年龄谱研究 . 岩石学报, 25 (9): 2195-2208.

栾燕 . 2019. 铜厂矿田与侵入岩相关的铜铁矿床成矿规律研究及预测 . 西安: 西北有色地质矿业集团, 1-107.

罗才让, 徐宗南, 张蓉, 等 . 1993. 陕西煎茶岭金矿床地质特征及其成因 . 北京: 地质出版社, 295-299.

罗天伟, 周继强 . 2004. 甘肃李坝金矿床成矿地质特征 . 桂林工学院学报, 24 (4): 407-411.

罗照华 . 2018. 流体地球科学与地球系统科学 . 地学前缘, 25 (6): 277-282.

罗照华, 梁涛, 陈必河, 等 . 2007. 板内造山作用与成矿 . 岩石学报, 23 (8): 1945-1956.

吕志成, 薛建玲, 周圣华 . 2014. 危机矿山接替资源找矿勘查案例 . 北京: 地质出版社, 1-731.

马建秦 . 1998. 秦岭勉略宁地区金矿床形成模式与找矿方向 . 贵阳: 中国科学院地球化学研究所, 1-91.

毛景文, 华仁民, 李晓波 . 1999. 浅议大规模成矿作用与大型矿集区 . 矿床地质, 18 (4): 291-299.

毛景文, 赫英, 丁悌平 . 2002. 胶东金矿形成期间地幔流体参与成矿过程的碳氧氢同位素证据 . 矿床地质, 21 (2): 121-128.

毛景文，李晓峰，张荣华，等．2005a．深部流体成矿系统．北京：中国大地出版社，269-320．

毛景文，李晓峰，李厚民，等．2005b．中国造山带内生金属矿床类型、特点和成矿过程探讨．地质学报，79（3）：342-372．

毛景文，谢桂清，张作衡，等．2005c．中国北方中生代大规模成矿作用的期次及其动力学背景．岩石学报，21（1）：169-188．

毛景文，谢桂清，李晓峰，等．2005d．大陆动力学演化与成矿研究：历史与现状——兼论华南地区在地质历史演化期间大陆增生与成矿作用．矿床地质，24（3）：193-205．

毛景文，胡瑞忠，陈毓川，等．2006．大规模成矿作用与大型矿集区．北京：地质出版社，1-116．

毛景文，张作衡，裴荣富，等．2012a．中国矿床模型概论．北京：地质出版社，1-560．

毛景文，张作衡，王义天，等．2012b．国外主要矿床类型、特点及找矿勘查．北京：地质出版社，1-480．

毛景文，杨宗喜，谢桂青，等．2019．关键矿产——国际动向与思考．矿床地质，38（4）：689-698．

米文满，罗先熔，张琳琳，等．2011．甘肃金川南延铜镍硫化物矿床物化探综合找矿研究．广西科学，18（3）：249-252．

聂江涛．2010．陕西省煎茶岭金镍矿田构造特征及其控岩控矿作用．西安：长安大学，1-135．

聂江涛，李赛赛，魏刚锋，等．2012．煎茶岭金镍矿田构造特征及控岩控矿作用探讨．地质与勘探，48（1）：119-131．

欧阳宗圻，李惠，刘汉忠．1990．典型有色金属矿床地球化学异常模式．北京：科学出版社，1-108．

潘彤．2003．我国钴矿矿产资源及其成矿作用．矿产与地质，17（4）：516-518．

庞春勇，陈民扬．1993a．煎茶岭地区同位素地质年龄数据及地质意义．矿产与地质，7（5）：354-360．

庞春勇，陈民扬．1993b．煎茶岭蛇纹岩氢氧同位素组成特征及形成机制．矿产与地质，7（1）：65-71．

庞奖励，孙根年．1999．陕西煎茶岭矿床的稀土元素地球化学行为．中国稀土学报，17（4）：359-364．

庞奖励，裴愉卓，刘雁．1994．论超基性岩在煎茶岭金矿床成矿过程中的作用．地质找矿论丛，9（3）：59-65．

裴荣富．1995．中国矿床模式．北京：地质出版社，1-330．

裴荣富，叶锦华，梅雁雄，等．2001．特大型矿床研究若干问题探讨．中国地质，28（7）：9-15．

裴先治．1989．南秦岭碧口群岩石组合特征及其构造意义．西安地质学院学报，11（2）：46-56．

彭大明．2003．摩天岭隆起区金属矿产勘查浅析．黄金科学技术，11（6）：1-10．

齐文，侯满堂．2005．陕西铅锌矿类型及其找矿方向．陕西地质，23（2）：1-20．

齐文，侯满堂，王根宝．2006．上扬子地台震旦系铅锌矿类型及找矿方向．地球科学与环境学报，28（2）：30-36．

秦江锋，赖绍聪，李永飞．2007．南秦岭勉县-略阳缝合带印支期光头山埃达克质花岗岩的成因及其地质意义．地质通报，26（4）：466-471．

秦克令．1987．陕西秦岭南缘晚太古代绿岩地体的发现．西北地质，20（6）：52．

秦克令，邹湘华，何世平，等．1989．陕、甘、川交界处摩天岭区太古界绿岩地体的发现及其意义．地质论评，35（5）：489．

秦克令，邹湘华，何世平．1990．陕、甘、川交界处摩天岭区碧口群层序及时代划分．中国地质科学院西安地质矿产研究所文集，11（4）：1-60．

秦克令，宋述光，何世平．1992a．陕西勉略宁区鱼洞子花岗岩-绿岩地体地质特征及其含金性．西北地质科学，13（1）：65-74．

秦克令，何世平，宋述光．1992b．碧口地体同位素地质年代学及其意义．西北地质科学，13（2）：97-110．

秦克令，金浩甲，赵东宏．1994．碧口岛弧带构造演化与成矿．河南地质，12（4）：304-317．

邱家骧 . 1985. 岩浆岩岩石学 . 北京：地质出版社，1-340.

权志高 . 1996. 庞家河微细浸染型金矿金的赋存状态 . 华东地质学院学报，19（3）：224-230.

全国地层委员会 . 2001. 中国区域年代地层（地质年代）表 . 北京：地质出版社，1-77.

冉红颜，黄婉康，甘先平，等 . 1996. 蚀变超基性岩金（镍）矿床中的贵金属元素——以云南墨江金矿和
　　陕西煎茶岭金矿为例 . 地球化学，25（5）：520-528.

任纪舜 . 2004. 昆仑–秦岭造山系的几个问题 . 西北地质，37（1）：1-5.

任文清 . 2001. 陕西勉略宁三角地区地质构造特征、演化与成矿作用关系探讨 . 西安：西北大学，1-36.

任文清，周鼎武，刘方杰 . 1999. 勉略宁三角地区构造演化与金属矿产成矿特征 . 西北地质科学，
　　20（2）：60-67.

任小华 . 2000. 陕西煎茶岭金矿床地质特征及其成因意义 . 矿产与地质，14（2）：70-75.

任小华 . 2008. 陕西勉略宁地区金属矿床成矿作用与找矿靶区预测研究 . 西安：长安大学，1-117.

任小华，王瑞廷，毛景文，等 . 2007a. 勉略宁多金属矿集区区域地球化学特征与找矿方向 . 地球科学与
　　环境学报，29（3）：221-226.

任小华，金文洪，王瑞廷，等 . 2007b. 南秦岭略阳干河坝金矿床地质地球化学特征 . 中国地质，34（5）：
　　878-886.

三金柱，魏俊瑛 . 2009. 浅谈岩浆型铜镍硫化物矿床找矿标志 . 新疆有色金属，32（5）：10-11.

单文琅，宋鸿林，傅昭仁，等 . 1991. 构造变形分析的理论、方法和实践 . 武汉：中国地质大学出版社，
　　1-150.

陕西省地质调查院 . 2017. 中国区域地质志·陕西志 . 北京：地质出版社，1-1120.

陕西省地质局第四地质队四分队 . 1979. 陕西勉县茶店磷矿地质特征简介 . 西北地质，16（1）：40-48.

陕西省地质矿产局 . 1989. 陕西省区域地质志 . 北京：地质出版社，1-219.

陕西省地质矿产局第三地质队 . 1989. 陕西双王金矿床地质特征及其成因 . 西安：陕西科学技术出版社，
　　1-95.

尚瑞均，李和详，晁援，等 . 1992. 秦巴金矿地质——地质特征·富集规律·找矿方向 . 合肥：安徽科学
　　技术出版社，112-195.

邵世才，汪东波 . 2001. 南秦岭三个典型金矿床的 Ar-Ar 年代及其地质意义 . 地质学报，75（1）：
　　106-110.

申俊峰，李胜荣，杜柏松，等 . 2018. 金矿床的矿物蚀变与矿物标型及其找矿意义 . 矿物岩石地球化学通
　　报，37（2）：157-167.

施俊法，唐金荣，周平，等 . 2010. 世界找矿模型与矿产勘查 . 北京：地质出版社，1-72.

施俊法，唐金荣，周平，等 . 2011. 关于找矿模型的探讨 . 地质通报，30（7）：1119-1125.

石小峰，段保平，余红波 . 2013. 勉略宁地区鱼洞子群鞍山式铁矿成矿条件及找矿前景评价 . 甘肃科技，
　　29（17）：35-39.

帅德权，林文第，张斌，等 . 1982. 陕西李家沟金矿床矿物特征 . 成都地质学院学报（自然科学版），
　　23（3）：61-68.

宋小文，侯满堂，陈如意，等 . 2004. 陕西省成矿区（带）的划分 . 西北地质，37（3）：29-42.

孙桂玉 . 1990. 脆–韧性剪切带控矿的初步探讨——对金川铜镍矿控岩控矿构造的新见解 . 矿床地质，
　　9（4）：352-362.

孙卫东，李曙光，Chen Y，等 . 2000. 南秦岭花岗岩锆石 U-Pb 定年及其地质意义 . 地球化学，29（3）：
　　209-216.

汤中立 . 1982. 中国主要镍矿类型及其与古板块构造的关系 . 矿床地质，1（2）：29-38.

汤中立，李文渊 . 1995. 金川铜镍硫化物（含铂）矿床成矿模式及地质对比 . 北京：地质出版社，

117-125.

汤中立，钱壮志，姜常义，等．2006. 中国镍铜铂岩浆硫化物矿床与成矿预测．北京：地质出版社，119-143.

汤中立，焦建刚，闫海卿，等．2015. 小岩体成（大）矿理论体系．中国工程科学，17（2）：4-18.

唐永忠，游军，唐媛．2018. 勉略宁地区新元古代古火山机构与成矿．矿产勘查，9（9）：1633-1642.

陶洪祥，何恢亚，王全庆，等．1993. 扬子板块北缘构造演化史．西安：西北大学出版社，1-133.

涂怀奎．1997. 汉中地区含磷岩系对比与磷矿床成矿特征的讨论．化工矿产地质，19（4）：239-243.

涂怀奎．1998. 扬子地块北缘大型超大型重晶石矿床成矿作用的讨论．陕西地质，16（2）：27-36.

涂怀奎．1999. 秦巴山区重晶石与毒重石矿床成矿特征研究．化工矿产地质，21（3）：157-162.

万吉．1988. 西北地区金源岩初探．西北地质，25（4）：10-15.

汪东波，李树新．1991. 略阳东沟坝金、银、铅、锌、黄铁矿—重晶石型矿床的成因——成矿物理化学条件及稳定同位素地球化学研究．西北地质，28（3）：25-32.

汪军谊．2001. 秦岭"勉略宁"三角地块成矿地质背景、矿化类型、成矿规律及找矿方向．西安：西北大学，1-57.

汪军谊，张复新．1999. 勉略宁地区区域地质背景、矿床类型及其成矿特点．西北地质科学，36（2）：68-75.

王成辉，王登红，黄凡，等．2012. 中国金矿矿集区及其资源潜力探讨．中国地质，39（5）：1125-1142.

王登红．1995. 新疆阿舍勒火山岩型块状硫化物铜矿床成矿机制与成矿模式．北京：中国地质大学，1-147.

王登红，王瑞江，李建康，等．2013. 中国三稀矿产资源战略调查研究进展综述．中国地质，40（2）：361-370.

王登红，孙艳，刘喜方，等．2018. 锂能源金属矿产深部探测技术方法与找矿方向．中国地质调查，5（1）：1-9.

王东，张金凤，李建，等．2014. 陕西省宁强县李清湾金矿地质特征与找矿远景．陕西地质，32（2）：44-47.

王东生．1992. 陕西省略阳县铜厂铜矿床地质特征及成矿分析．西北金属矿产地质，25（2）：8-20.

王根宝，崔继岗．1996. 陕西勉略宁三角区基本地质组成及演化．西北地质科学，17（2）：11-17.

王洪亮，徐学义，陈隽璐，等．2011. 南秦岭略阳鱼洞子岩群磁铁石英岩形成时代的锆石 U-Pb 年代学约束．地质学报，85（8）：1284-1290.

王杰亭，刘争，吕玉凤．2011. 密怀地区沉积变质型铁矿成矿模式．现代矿业，27（1）：58-59.

王靖华，张复新，于在平，等．2002. 秦岭金属矿床成矿系列与大陆造山带构造动力学背景．中国地质，29（2）：192-196.

王可勇，姚书振，张保民，等．2001. 川西北微细浸染型金矿床石英脉及其特征．地球科学，26（2）：118-122.

王明加，吴国兴，林世敏．1980. 陕西勉略宁地区震旦亚界的划分与对比．西北地质，17（3）：1-9.

王平安，陈毓川，裴荣富．1998. 秦岭造山带区域矿床成矿系列、构造—成矿旋回与演化．北京：地质出版社，1-161.

王启，周静廷，王晖．2006. 陕西勉略地区铅锌矿地质特征及找矿方向．矿产与地质，20（4）：389-391.

王瑞江，王登红，李健康，等．2015. 稀有稀土稀散矿产资源及其开发利用．北京：地质出版社，1-388.

王瑞廷．2002. 煎茶岭与金川镍矿床成矿作用比较研究．西安：西北大学，1-143.

王瑞廷．2005. 秦岭造山带陕西段主要矿集区典型金属矿床成矿模式和找矿预测研究．北京：中国地质大学，1-173.

王瑞廷，赫英，王新．2000．煎茶岭大型金矿床成矿机理探讨．西北地质科学，21（1）：19-26．

王瑞廷，赫英，刘民武，等．2002．煎茶岭硫化镍矿床矿石地球化学特征．地球学报，23（6）：535-540．

王瑞廷，赫英，王东生，等．2003a．煎茶岭含钴硫化镍矿床成矿作用研究．西北大学学报（自然科学版），33（2）：185-190．

王瑞廷，赫英，王东生，等．2003b．略阳煎茶岭铜镍硫化物矿床 Re-Os 同位素年龄及其地质意义．地质评论，49（2）：205-211．

王瑞廷，毛景文，柯洪，等．2003c．我国西部地区镍矿资源分布规律、成矿特征及勘查方向．矿产与地质，17（z1）：266-269．

王瑞廷，李晓雄，张启．2003d．地球系统科学中的复杂性思维与可持续发展．矿产与地质，17（6）：696-699．

王瑞廷，汪军谊，李福让，等．2004．勉–略–宁多金属矿集区铜厂–徐家坝铜矿带地质地球化学特征．广州：第二届全国成矿理论与找矿方法学术研讨会论文集（增刊）：69-71．

王瑞廷，毛景文，赫英，等．2005a．煎茶岭硫化镍矿床的铂族元素地球化学特征及其意义．岩石学报，21（1）：219-226．

王瑞廷，毛景文，任小华，等．2005b．煎茶岭硫化镍矿床矿石组分特征及其赋存状态．地球科学与环境学报，27（1）：34-38．

王瑞廷，毛景文，任小华，等．2005c．煎茶岭与金川硫化镍矿床的铂族元素地球化学特征对比及其意义．矿床地质，24（3）：462-470．

王瑞廷，毛景文，任小华，等．2005d．煎茶岭硫化镍矿床成岩成矿作用的同位素地球化学证据．地球学报，26（6）：513-519．

王瑞廷，王东生，李福让，等．2009．煎茶岭大型金矿床地球化学特征、成矿地球动力学及找矿标志．地质学报，83（11）：1739-1751．

王瑞廷，王东生，代军治，等．2012．秦岭造山带陕西段主要矿集区铅锌银铜金矿综合勘查技术研究．北京：地质出版社，1-276．

王润锁．2011．陕西省宁强锰矿矿体特征．中国锰业，29（3）：17-18．

王世称，陈永清．1994．成矿系列预测的基本原则及特点．地质找矿论丛，9（4）：79-85．

王世称，陈永良，夏立显．2000．综合信息矿产预测理论与方法．北京：科学出版社，1-182．

王仕进，闫卫军．2008．陕西巴山锰矿带优质锰矿分布规律及资源潜力预测．西部探矿工程，20（11）：142-144．

王伟，刘树文，吴峰辉，等．2011．陕南铜厂闪长岩体的成岩、成矿时代及其地质意义．北京大学学报（自然科学版），47（1）：91-102．

王文．2004．国外矿产勘查实例分析及政策研究．北京：中国大地出版社，1-56．

王希斌，郝梓国，李震，等．2002．白云鄂博——一个典型的碱性–碳酸盐杂岩的厘定．地质学报，76（4）：501-525．

王相，唐荣扬，李实，等．1996．秦岭造山与金属成矿．北京：冶金工业出版社，1-300．

王向利，常宏，崔继刚．1998．勉略宁三角区晚太古代结晶基底特征．陕西地质，16（1）：58-66．

王小红．2006．煎茶岭金矿床地球化学及成因探讨．西安：长安大学，1-39．

王晓霞，王涛，张成立．2015．秦岭造山带花岗质岩浆作用与造山带演化．中国科学：地球科学，45（8）：1109-1125．

王新，王瑞廷，赫英，等．2000．煎茶岭与金川超大型镍矿中的伴生金及其比较分析．西北地质科学，21（1）：37-45．

王学求．2000．巨型矿床与大型矿集区勘查地球化学．矿床地质，19（1）：76-87．

王训练，周洪瑞，王振涛，等 . 2019. 扬子板块西北缘早中泥盆世构造演化：来自略阳地区踏坡组岩石学、锆石年代学和微量元素组成的约束 . 地质学报，93（12）：2997-3019.

王义天，刘俊辰，毛景文 . 2020. 3 种主要类型金矿床成矿特征、成矿条件及找矿意义 . 黄金，41（9）：12-21.

王英华，刘本立，陈承业，等 . 1983. 氧、碳同位素组成与碳酸盐岩成岩作用 . 地质论评，29（3）：278-284.

王永磊，陈毓川，王登红，等 . 2013. 中国锑矿主要矿集区及其资源潜力探讨 . 中国地质，40（5）：1366-1378.

王宗起，闫全人，闫臻，等 . 2009. 秦岭造山带主要大地构造单元的新划分 . 地质学报，83（11）：1527-1546.

韦龙明，田晗珏，袁琼 . 2018. 石英脉型钨矿"五层楼"模式的研究进展 . 中国钨业，33（5）：1-6.

维尔纳茨基 B H. 1962. 地球化学概论 . 杨辛，译 . 北京：科学出版社，1-382.

魏刚锋，姜修道，刘永华，等 . 2000. 铧厂沟金矿床地质特征及控矿因素分析 . 矿床地质，19（2）：138-146.

魏立勇 . 2008. 陕川丁家林–太阳坪金矿带地质特征及成因探讨 . 西安：西安科技大学，1-52.

文博杰，陈毓川，王高尚，等 . 2019. 2035 年中国能源与矿产资源需求展望 . 中国工程科学，21（1）：68-73.

吴峰辉，刘树文，李秋根，等 . 2009. 西秦岭光头山花岗岩锆石 U-Pb 年代学及其地质意义 . 北京大学学报（自然科学版），45（5）：811-818.

吴美玲，郭永峰，李学军，等 . 2009. 陕西勉县地区关帝坪闪长岩体的 LA-ICP-MS 锆石 U-Pb 年龄及其地质意义 . 西北地质，42（1）：73-78.

西安地质矿产研究所 . 2006. 西北地区矿产资源找矿潜力 . 北京：地质出版社，328-432.

夏林圻，夏祖春，徐学义，等 . 2007. 碧口群火山岩岩石成因研究 . 地学前缘，14（3）：84-101.

夏林圻，夏祖春，李向民，等 . 2013. 中国中西部及邻区大陆板内火山作用 . 北京：科学出版社，1-83.

夏林圻，李向民，徐学义，等 . 2016. 中国及邻区构造演化过程中几个关键时段火山岩研究 . 北京：地质出版社，108-161.

肖克炎 . 1994. 试论综合找矿模型 . 地质与勘探，30（1）：41-45.

肖克炎，王勇毅，陈郑辉，等 . 2006. 中国矿产资源评价新技术与评价新模型 . 北京：地质出版社，1-91.

肖思云，张维吉，宋子季，等 . 1988. 北秦岭变质地层 . 西安：西安交通大学出版社，1-189.

谢才富，熊成云，胡宁，等 . 2001. 东秦岭–大别造山带区域成矿规律研究 . 华南地质与矿产，15（3）：14-22.

谢学锦 . 1998. 战术性与战略性的深穿透地球化学方法 . 地学前缘，5（1-2）：171-183.

谢学锦，刘大文，向运川，等 . 2002. 地球化学块体——概念和方法学的发展 . 中国地质，29（3）：225-233.

谢元清 . 1987. 陕南东沟坝金银矿床地质特征 . 陕西地质，5（1）：79-89.

谢元清 . 1992. 陕南东沟坝金银矿床金、银赋存状态研究 . 陕西地质，10（2）：13-22.

徐国凤 . 1986. 矿相学教程 . 武汉：武汉地质学院出版社，1-151.

徐学义，夏祖春，夏林圻 . 2002. 碧口群火山旋回及其地质构造意义 . 地质通报，21（8-9）：478-485.

徐学义，何世平，王洪亮，等 . 2008. 中国西北部地质概论——秦岭、祁连、天山地区 . 北京：科学出版社，125-131.

徐勇 . 2002. 浅论矿集区的资源潜力与勘查评价 . 中国地质，29（3）：263-270.

徐志刚, 陈毓川, 王登红. 2008. 中国成矿区带划分方案. 北京: 地质出版社, 1-138.

许继锋, 于学元, 李献华, 等. 1997. 高度亏损的 N-MORB 型火山岩的发现: 勉略古洋盆存在的新证据. 科学通报, 42 (22): 2414-2418.

薛建玲, 陈辉, 姚磊, 等. 2018. 勘查区找矿预测方法指南. 北京: 地质出版社, 1-330.

闫海卿, 贺宝林, 刘巧峰, 等. 2014. 西秦岭大水金矿岩浆岩年代学、地球化学特征. 地球科学与环境学报, 36 (1): 98-110.

闫全人, 王宗起, 闫臻, 等. 2003. 碧口群火山岩的时代——SHRIMP 锆石 U-Pb 测年结果. 地质通报, 22 (6): 456-458.

闫升好, 王安建, 高兰, 等. 2000. 大水式金矿床地质特征及成因探究. 矿床地质, 19 (2): 126-137.

颜崇高, 李方周, 宋志勇. 2012. 宁强县小燕子沟金矿地质特征及成矿条件浅析. 陕西地质, 30 (2): 1-11.

阳正熙. 2006. 矿产资源勘查学. 北京: 科学出版社, 1-178.

杨春亮, 沈保丰, 宫晓华. 2005. 我国前寒武纪非金属矿产的分布及其特征. 地质调查与研究, 28 (4): 257-264.

杨登美, 刘新会. 2008. 川陕甘金三角区金矿类型及地质特征. 北京: 中国金属学会冶金地质分会 2008 年年会论文集, 73-75.

杨合群. 2018. 超基性岩后生镍矿典型——陕西煎茶岭矿床. 西北地质, 51 (3): 37.

杨合群, 赵国斌, 谭文娟, 等. 2012. 论成矿系列与地质建造的关系. 地质与勘探, 48 (6): 1093-1100.

杨合群, 赵国斌, 姜寒冰, 等. 2015. 再论成矿系列与地质建造的关系. 矿物岩石地球化学通报, 34 (4): 861-868.

杨合群, 姜寒冰, 谭文娟, 等. 2017. 西北地区重要矿产概论. 武汉: 中国地质大学出版社, 1-137.

杨绍许. 1992. 陕西汉中天台山锰矿开发前景展望. 中国锰业, 10 (Z1): 34-39.

杨绍许, 赵祥庭. 1996. 天台山磷质岩系锰矿的成因与磷锰离析成矿的规律. 中国锰业, 14 (3): 12-16.

杨涛, 朱赖民, 李犇, 等. 2012. 西秦岭金龙山卡林型金矿床地质–地球化学及矿床成因研究. 矿物学报, 32 (1): 115-130.

杨运军, 杜少喜, 张小明, 等. 2017. 陕西勉略宁三角区碧口群火山岩系特征及其地质填图方法探讨. 西北地质, 50 (3): 105-112.

杨钟堂, 李智明, 乔耿彪, 等. 2008. 陕西省勉县后沟锰矿成矿特征、成矿模式及找矿标志. 地质与勘探, 44 (2): 38-44.

杨宗让. 2012. 秦岭造山带大型矿集区成矿系统研究. 西安: 长安大学, 1-131.

姚书振, 丁振举, 周宗桂, 等. 2002a. 秦岭造山带金属成矿系统. 地球科学, 27 (5): 599-604.

姚书振, 丁振举, 周宗桂, 等. 2002b. 碧口地块铜及多金属成矿构造环境与成矿系统. 矿床地质, 21 (S1): 519-522.

姚书振, 周宗桂, 吕新彪, 等. 2006. 秦岭成矿带成矿特征和找矿方向. 西北地质, 39 (2): 156-178.

叶会寿, 王义天, 丁建华, 等. 2016. 秦岭 Au-Pb-Zn 成矿带成矿地质特征及潜力分析. 地质学报, 90 (7): 1423-1446.

叶霖, 刘铁庚. 1997a. 陕南勉略宁地区铜厂矿区的钠长岩. 矿物岩石, 17 (4): 9-14.

叶霖, 刘铁庚. 1997b. 陕南勉宁略地区铜厂铜矿包裹体地球化学特征研究. 矿物学报, 17 (2): 194-199.

叶霖, 刘铁庚. 1997c. 陕南勉宁略地区铜厂铜矿地球化学特征. 地质找矿论丛, 12 (4): 17-22.

叶霖, 刘铁庚. 1997d. 陕南铜厂矿区钠长岩和闪长岩的同位素年龄讨论. 矿物岩石地球化学通报, 16 (2): 46-49.

叶霖,刘铁庚.1999.铜厂铜矿稳定同位素研究.矿物岩石,19 (4):74-77.

叶霖,刘铁庚,王兴理.1999.陕南勉宁略地区铜厂铜矿找矿标志探讨.矿物学报,19 (1):103-107.

叶霖,程增涛,陆丽娜,等.2009.陕南勉略宁地区铜厂闪长岩岩石地球化学及 SHRIMP 锆石 U-Pb 同位素年代学.岩石学报,25 (11):2866-2876.

叶霖,杨玉龙,高伟,等.2012.陕南铜厂铜矿床成矿物质来源讨论.吉林大学学报(地球科学版),42 (1):92-103.

叶天竺.2004.固体矿产预测评价方法技术.北京:中国大地出版社,1-198.

叶天竺,薛建玲.2007.金属矿床深部找矿中的地质研究.中国地质,34 (5):855-869.

叶天竺,肖克炎,严光生.2007.矿床模型综合地质信息预测技术研究.地学前缘,14 (5):11-19.

叶天竺,肖克炎,成秋明,等.2010a.矿产定量预测方法.北京:地质出版社,12-98.

叶天竺,张智勇,肖庆辉,等.2010b.成矿地质背景研究技术要求.北京:地质出版社,1-169.

叶天竺,吕志成,庞振山,等.2014.勘查区找矿预测理论与方法(总论).北京:地质出版社,1-300.

叶天竺,韦昌山,王玉往,等.2017.勘查区找矿预测理论与方法(各论).北京:地质出版社,1-594.

易鹏飞,张亚峰,张革利,等.2017.南秦岭枣木栏岩体 LA-ICP-MS 锆石 U-Pb 年龄、岩石地球化学特征及其地质意义.地质论评,63 (6):1497-1511.

尹福光,唐文清.1999.陕西略阳东沟坝金银铅锌多金属矿床成因.沉积与特提斯地质,23 (A01):100-106.

游军,唐永忠,罗婷,等.2018a.陕西勉略宁地区赵家坪—苍社一带碳酸岩地质地球化学特征与成因探讨.科学技术与工程,18 (6):57-64.

游军,张小明,杨运军,等.2018b.略阳白雀寺—石翁子双峰式侵入岩锆石 U-Pb 定年、地球化学特征及意义.矿产勘查,9 (12):2365-2377.

于在平,崔海峰.2003.造山运动与秦岭造山.西北大学学报(自然科学版),33 (1):65-69.

余传菁.1985.试论中国岩浆铜镍硫化物矿床成矿模式.地质与勘探,21 (1):1-14.

余金杰,闫升好.2000.锑矿床研究若干问题初探.矿床地质,19 (2):166-172.

余金元,李建忠,李勇,等.2010.甘肃省文县阳山金矿床成因探讨.四川地质学报,30 (2):170-173.

俞沧海.2001.贵池铜山铜矿床成因探讨.地质与勘探,37 (2):12-16.

袁见齐.1979.矿床学.北京:地质出版社,59-179.

袁忠信,白鸽.2001.中国内生稀有稀土矿床的时空分布.矿床地质,20 (4):347-354.

袁忠信,白鸽,吴澄宇,等.1994.内蒙白云鄂博矿区 H₉中火山岩岩石特征及其意义.矿床地质,14 (3):197-205.

原莲肖,王瑞廷,李英,等.2017.陕西秦岭地区主要矿床岩矿石光薄片图册.北京:地质出版社,1-262.

岳素伟,林振文,邓小华,等.2013.陕西省煎茶岭金矿 C、H、O、S、Pb 同位素地球化学示踪.大地构造学与成矿,37 (4):653-670.

岳素伟,林振文,邓小华.2015.勉-略-阳地区金矿床硫同位素特征.地质学报,89 (z1):228-230.

翟明国,吴福元,胡瑞忠,等.2019.战略性关键金属矿产资源:现状与问题.中国科学基金,33 (2):106-111.

翟裕生.1999.论成矿系统.地学前缘,6 (1):13-27.

翟裕生.2004.地球系统科学与成矿学研究.地学前缘,11 (1):1-10.

翟裕生.2006.关于矿床学创新问题的探讨.地学前缘,13 (3):1-7.

翟裕生.2007.地球系统、成矿系统到勘查系统.地学前缘,14 (1):172-181.

翟裕生,姚书振,崔彬,等.1996.成矿系列研究.武汉:中国地质大学出版社,1-192.

翟裕生, 邓军, 崔彬, 等. 1999. 成矿系统与综合地质异常. 现代地质, 13 (1): 99-104.

翟裕生, 王建平, 邓军, 等. 2002. 成矿系统与矿化网络研究. 矿床地质, 21 (2): 106-112.

翟裕生, 王建平, 邓军, 等. 2008a. 成矿系统时空演化及其找矿意义. 现代地质, 22 (2): 143-450.

翟裕生, 彭润民, 陈从喜, 等. 2008b. 中国重要成矿系列的形成机制和结构特征. 北京: 地质出版社, 376-409.

翟裕生, 姚出振, 蔡克勤. 2011. 矿床学. 北京: 地质出版社, 1-95.

张本仁, 陈德兴, 胡以铿. 1986. 陕西略阳煎茶岭镍矿床成矿及矿石变质过程的地球化学研究. 地球科学, 11 (4): 351-365.

张本仁, 骆庭川, 高山, 等. 1994. 秦巴岩石圈构造及成矿规律地球化学研究. 武汉: 中国地质大学出版社, 257-311.

张本仁, 高山, 张宏飞, 等. 2002. 秦岭造山带地球化学. 北京: 科学出版社, 1-187.

张炳熺. 1987. 当代地质科学动向. 北京: 地质出版社, 148-151.

张成立, 张国伟, 晏云翔, 等. 2005. 南秦岭勉略带北光头山花岗岩体群的成因及其构造意义. 岩石学报, 21 (3): 711-720.

张二朋, 牛道韫, 霍有光, 等. 1993. 秦巴及邻区地质–构造特征概论. 北京: 地质出版社, 137-203.

张复新, 汪军谊. 1999. 陕西煎茶岭超基性岩与金矿床成因关系. 黄金地质, 5 (2): 14-20.

张复新, 张旺定, 张正兵. 2000. 秦岭造山带金矿床类型与构造背景. 黄金地质, 6 (4): 59-65.

张复新, 杜孝华, 王伟涛, 等. 2004. 秦岭造山带及邻区中生代地质演化与成矿作用响应. 地质科学, 39 (4): 486-495.

张恭勤. 1986. 大巴山区晚震旦世陡山沱期海相沉积锰矿的地质特征及其成矿条件. 地质与勘探, 30 (7): 10-16.

张国林, 姚金炎, 谷相平. 1998. 中国锑矿类型及时空分布规律. 矿产与地质, 12 (5): 306-312.

张国伟, 柳小明. 1998. 关于"中央造山带"几个问题的思考. 地球科学, 23 (5): 443-448.

张国伟, 张宗清, 董云鹏. 1995. 秦岭造山带主要岩石地层单元的构造性质及其大地构造意义. 岩石学报, 11 (2): 101-114.

张国伟, 孟庆任, 于在平, 等. 1996. 秦岭造山带的造山过程及其动力学特征. 中国科学 (D 辑), 26 (3): 193-200.

张国伟, 于在平, 董云鹏, 等. 2000. 秦岭区前寒武纪构造格局与演化问题探讨. 岩石学报, 16 (1): 11-21.

张国伟, 张本仁, 袁学诚, 等. 2001. 秦岭造山带与大陆动力学. 北京: 科学出版社, 1-855.

张国伟, 董云鹏, 赖绍聪, 等. 2003. 秦岭–大别造山带南缘勉略构造带与勉略缝合带. 中国科学 (D 辑), 33 (12): 1121-1135.

张国伟, 程顺有, 郭安林, 等. 2004a. 秦岭–大别中央造山系南缘勉略缝合带的再认识——论中国大陆主体的拼合. 地质通报, 23 (9): 846-853.

张国伟, 郭安林, 姚安平. 2004b. 中国大陆构造中的西秦岭–松潘大陆构造结. 地学前缘, 11 (3): 23-32.

张国伟, 等. 2015. 秦岭勉略构造带与中国大陆构造. 北京: 科学出版社, 1-501.

张国伟, 郭安林, 董云鹏, 等. 2019. 关于秦岭造山带. 地质力学学报, 25 (5): 746-768.

张洪瑞, 侯增谦, 杨志明, 等. 2020. 钴矿床类型划分初探及其对特提斯钴矿带的指示意义. 矿床地质, 39 (3): 501-510.

张宏飞, 肖龙, 张利, 等. 2007. 扬子陆块西北缘碧口块体印支期花岗岩类地球化学和 Pb-Sr-Nd 同位素组成: 限制岩石成因及其动力学背景. 中国科学 (D 辑), 37 (4): 460-470.

张理刚.1983.稳定同位素在地质科学中的应用——金属活化热液成矿作用及找矿.西安:陕西科学技术出版社,1-129.

张利亚,陈守余,廖时理.2017.陕西勉略宁地区旧房梁金矿床元素地球化学特征及成矿意义.地质科技情报,36(2):151-159.

张雷.2004.矿产资源开发与国家工业化.北京:商务印书馆,1-375.

张伟波,叶锦华,陈秀法,等.2018.全球钴矿资源分布与找矿潜力.资源与产业,20(4):56-61.

张文修,梁怡.1996.不确定性推理原理.西安:西安交通大学出版社,1-117.

张翔,赵晓平,谢志峰.2010.重磁方法在金川铜镍矿东延 M-15 异常勘查中的应用.物探与化探,34(2):139-143.

张孝攀,王权锋,常鑫,等.2015a.陕西宁强火峰垭金矿地质与岩石地球化学特征.有色金属工程,5(1):81-86.

张孝攀,王权锋,陈聆,等.2015b.陕西省金厂沟金矿床地质及地球化学特征.贵金属,36(1):29-35.

张欣,徐学义,宋公社,等.2010.西秦岭略阳地区鱼洞子杂岩变形花岗岩锆石 LA-ICP-MS U-Pb 测年及地质意义.地质通报,29(4):510-517.

张新虎,任丰寿,余超,等.2015.甘肃成矿系列研究及矿产勘查新突破.矿床地质,34(6):1130-1142.

张贻侠.1993.矿床模型导论.北京:地震出版社,1-56.

张永伟,唐志华,任柏林,等.2001.陕南锰矿资源开发利用的讨论.中国锰业,19(3):1-2.

张有军,梁文天,罗先熔,等.2015.秦岭造山带光头山岩体群黑云母地球化学特征及成岩意义.矿物岩石,35(1):100-108.

张正兵.1998.秦岭勉略宁地区煎茶岭金矿床地质特征及成因研究.西安:西北大学,1-69.

张宗清,刘敦一,付国民.1994.北秦岭变质地层同位素年代研究.北京:地质出版社,1-191.

张宗清,张国伟,付国民,等.1996.秦岭变质地层年龄及其构造意义.中国科学(D辑),26(3):216-222.

张宗清,唐索寒,宋彪,等.1997.秦岭造山带晋宁期强烈地质事件及其构造背景.地球学报,18(增刊):43-45.

张宗清,张国伟,唐索寒,等.2001.鱼洞子群变质岩年龄及秦岭造山带太古宙基底.地质学报,75(2):198-204.

张宗清,张国伟,唐索寒,等.2002.南秦岭变质地层年龄.北京:地质出版社,18-245.

张宗清,张国伟,刘敦一,等.2006.秦岭造山带蛇绿岩、花岗岩和碎屑沉积岩同位素年代学和地球化学.北京:地质出版社,145-151.

赵东宏,杨忠堂,李宗会,等.2019.秦岭成矿带成矿地质背景及优势矿产成矿规律.北京:科学出版社,1-399.

赵甫峰,刘显凡,朱赖民,等.2009.陕西省略阳县杨家坝多金属矿田成矿流体地球化学示踪.吉林大学学报(地球科学版),39(3):415-424.

赵甫峰,刘显凡,朱赖民,等.2010.陕西省略阳县杨家坝多金属矿区成矿作用地球化学示踪.岩石学报,26(5):1465-1478.

赵金祥,李玮,康文彬.2021.勉略构造带构造变形过程及其地质意义.地质学报,95(11):3220-3233.

赵利青,陈祥,周红,等.2001.南秦岭金龙山微细浸染型金矿成矿时代.地质科学,36(4):489-492.

赵鹏大,池顺都.1991.初论地质异常.地球科学,16(3):241-248.

赵鹏大，孟宪国．1993．地质异常与矿产预测．地球科学，18（1）：39-47．

赵鹏大，陈永清，刘吉平，等．1999．地质异常成矿预测理论与实践．武汉：中国地质大学出版社，
　　1-138．

赵统．1981．陕西铜厂铁矿床同位素组成特征及其与矿床成因的关系．西北地质，13（4）：1-11．

赵玉海，赵晓，袁家忠，等．2000．南秦岭中段硫铁矿矿床中黄铁矿矿物的初步研究．化工矿产地质，
　　22（3）：155-163．

郑崔勇，刘建党，袁波，等．2007a．与煎茶岭金矿有关超基性岩体地球化学特征．地质与勘探，43（6）：
　　52-57．

郑崔勇，王启，李福让，等．2007b．摩天岭锰成矿带地质特征及找矿方向．西北地质，40（z1）：88-93．

郑崔勇，高军辉，严琼，等．2016a．陕南锰矿地质特征及找矿方向初探．甘肃冶金，38（1）：68-72．

郑崔勇，严琼，李宏鹏，等．2016b．陕西箱子寨–铜钱峡地区志留系金矿土壤地球化学特征及找矿标志．
　　甘肃冶金，38（3）：66-69，72．

中国科学院矿床地球化学开放研究实验室．1997．矿床地球化学．北京：地质出版社，30-474．

周鼎武．2002．区域地质综合研究的方法与实践．北京：科学出版社，1-159．

周圣华．2008．陕西铜厂铜金多金属矿床地质特征及成矿流体地球化学．中国地质，35（2）：298-304．

周新春，贾小梅，刘爽，等．2005．陕川丁家林–太阳坪金矿区金的赋存状态及主要特点分析．西北地质，
　　38（1）：64-72．

周艳晶，李建武，王高尚．2015．全球战略性新兴矿产资源形势分析．中国矿业，24（2）：1-4．

周遗军，席书峰，董刚，等．2003．陕川丁家林–太阳坪金矿带成矿机理．黄金地质，9（4）：8-12．

周作峡．1973．硫化镍矿床的类型及其成矿富集作用．地质与勘探，17（4）：1-6．

朱俊亭．1987．秦巴地区基性超基性岩区域成岩成矿特征和构造条件．西北地质，24（6）：10-15．

朱松彬，陈代忠．1983．陕南震旦纪锰矿主要类型、地质特征及找矿方向．西北地质，20（3）：9-17．

朱裕生，肖克炎，宋国耀，等．2007．中国主要成矿区（带）成矿地质特征及矿床成矿谱系．北京：地质
　　出版社，1-276．

祝新友，王瑞廷，汪东波，等．2011．西秦岭铅锌金铜银矿床成矿模式研究及找矿预测．北京：地质出版
　　社，1-208．

邹光华，欧阳宗圻，李惠，等．1996．中国主要类型金矿床找矿模型．北京：地质出版社，1-279．

Barnes S J, Tang Z L. 1999. Chrome spinels from the Jinchuan Ni-Cu sulfide deposit, Gansu Province, People's
　　Republic of China. Economic Geology, 94（3）：343-356.

Barnes S J, Roeder P L. 2001. The range of spinel compositions in terrestrial mafic and ultramafic rocks. Journal of
　　Petrology, 42（12）：2279-2302.

Barnes S J, Naldrett A J, Gortonm P. 1985. The origin of fractionation of platinum-group elements in terrestrial
　　magmas. Chemical Geology, 53：303-323.

Boyle R W. 1979. The geochemistry of gold and its deposits. Bulletin of the Geological Survey of Canada, 280：
　　579-584.

Clayton R N, O'Neil J R, Mayeda T K. 1972. Oxygen isotope exchange between quartz and water. Journal of
　　Geophysical Research, 77（17）：3057-3067.

Cooke D R, Simmons S F. 2000. Characteristics and genesis of epithermal gold deposits. Reviews in Economic
　　Geology, 13：221-244.

Cox D P, Singer D A. 1986. Mineral Deposit Models. Washington, DC：U S Geological Survey, Bulletin 1693,
　　1-379.

Eckstrand O R. 1975. The Dumont serpentinite：amodel for control of nickeliferious opaque mineral assemblage by alteration reactions in ultramafic rocks. Economic Geology, 70 (1): 183-201.

Goldfarb R J, Groves D I, Gardoll S. 2001. Orogenic gold and geologic time: a global synthesis. Ore Geology Reviews, 18 (1-2): 1-75.

Groves D I, Goldfarb R J, Gebre-Mariamm M, et al. 1998. Orogenic gold deposits: a proposed classification in the context of the crustal distribution and relationships to other gold deposit types. Ore Geology Reviews, 13 (1-5): 7-27.

Kajiwara Y, Date J. 1971. Sulfur isotope study of Kuroko-type and Kieslager-type strata-bound massive sulfide deposits in Japan. Geochemical Journal, 5 (3): 133-150.

Keller J, Hoefs J. 1995. Stable isotope characteristics of recent natrocarbonatites from Oldoinyo Lengai// Bell K, Keller J. Carbonatite Volcanism. Berlin, Heidelberg: Springer Verlag, 113-123.

Kerrich R. 1999. Nature's gold factory. Science, 284: 2101-2102.

Kerrich R, Wyman D. 1990. Geodynamic setting of mesothermal gold deposits: an association with accretionary tectonic regimes. Geology, 18 (9): 882-885.

Lambert D D, Foster J G, Frick L R, et al. 1999. Re-Os isotopic systematics of the Voisey's Bay Ni-Cu-Co magmatic ore system, Labrador, Canada. Lithos, 47: 69-88.

Le Bas M J, Keller M J, Kejie J, et al. 1992. Carbonatite dykes at BayanObo, Inner Mongolia, China. Mineralogy & Petrology, 46: 195-228.

Luan Y, Wang R T, Qian Z Z, et al. 2018. The genesis of the Xujiagou copper deposit, Mian-Lue-Ning area of Shaanxi Province, NW China: constraints from mineral chemistry and in situ Pb isotope composition. Geological Journal, 53 (S1): 44-57.

Maier W D, Barnes S J, Dewaal S A. 1998. Exploration for Magmatic Ni-Cu-PGE sulp Hide deposits: a review of recent advances in the use of geochemical tools, and their application to some South African ores. South African Journal of Geology, 101 (3): 237-253.

Mao J W, Xie G Q, Bierlein F, et al. 2008. Tectonic implications from Re-Os dating of mesozoicmolybdenum deposits in Eastern Qinling-Dabie organic belt. Geochimica et Cosmochimica Acta, 72 (15-18): 4607-4626.

Marston R J, Groves D I, Hudson D R, et al. 1981. Nickel sulfide deposits in Western Australia: a review. Economic Geology, 76 (6): 1330-1363.

Mason B, Moore C B. 1982. Principles of Geochmistry. New York: John Wiley & Sons, 1-344.

McDonough W F, Sun S S. 1995. The composition of the Earth. Chemical Geology, 120 (3-4): 223-253.

Murray R W, Buchholtz Ten Brink M R, Gerlach D C, et al. 1991. Rare earth, major and trace elements in chert from the Franciscan Complex and Monterey Group, California: assessing REE sources to fine-grained marine sediments. Geochimca Cosmochimica Acta, 55 (7): 1875-1895.

Peccerillo R, Taylor S R. 1976. Geochemistry of Eocene ealc-alkaline volcanic rocks from the Kastamonu area, Northern Turkey. Contributions to Mineralogy and Petrology, 58 (1): 63-18.

Rollinson H R. 1993. Using Geochemical Data: Evaluation, Presentation, Interpretation. New York: Routledge Press, 1-352.

Rollinson H R. 2000. 岩石地球化学. 杨学明, 杨晓勇, 陈双喜, 译. 合肥: 中国科学技术大学出版社, 1-242.

Rudnick R L, Fountain Dm. 1995. Nature and composition of the continental crustal: a lower crusts perspective. Review of Geophysics, 33 (3): 267-309.

Schidlowski M. 1987. Application of stable Carbon isotopes to early biochemical evolution on Earth. Annual Review of Earth and Planetary Sciences, 15: 47-72.

Singer D A. 1993. Basic concepts in three-part quantitative assessments of undiscovered mineral resources. Nonrenewable Resources, 2 (2): 69-81.

Sun S S, Nesbitt R W. 1978. Petrogenesis of Archaean ultrabasic and basic volcanics: evidence from rare earth elements. Contributions to Mineralogy and Petrology, 65: 301-325.

Sun S S, McDonough W F. 1989. Chemical and isotopic systemmatics of oceanic Basalts: implication for the mantle composition and process//Saunder A D, Norrym J. Magmatism in the ocean basins. Geological Society, 42 (1): 313-345.

Taylor H P. 1978. Oxygen and hydrogen isotope studies of plutonic granitic rocks. Earth & Planetary Science Letters, 38 (1): 177-210.

Taylor S R. 1964. Abundance of chemical elements in the continental crust: a new table. Geochimica et Cosmochimica Acta, 28: 1273-1285.

Taylor S R, McLennan S M. 1985. The continental Crust: Its Composition and Evolution. London: Blackwell, 57-72.

Taylor S R, McLennan S M. 1995. The geological evolution of the continental crust. Review of Geophysics, 33: 241-265.

Taylor S R, McLennan S M, Mcculloch M T. 1983. Geochemistry of loess, continental crustal composition and crustal model ages. Geochimica et Cosmochimica Acta, 47 (11), 1897-1905.

Turekian K K, Wedepohl K H. 1961. Distribution of the elements in some major units of the Earth's crust. Geological Society of America Bulletin, 72 (2): 175-192.

Walker K J, Morgan J W, Naldrett A J, et al. 1991. Re-Os isotope systematics of Ni-Cu sulfide ores, Sudbury Igneous Complex, Ontario: evidence for a major crustal component. Earth & Planetary Science Letters, 105 (4): 416-429.

Walker K J, Morgan J W, Horan M F, et al. 1994. Re-Os isotopic evidence for an enriched-mantle source for the Noril'sk-type, ore-bearing intrusions, Siberia. Geochimica et Cosmochimica Acta, 58 (19): 4179-4197.

Wang R T, Mao J W, Ren X H, et al. 2005. Study on ore-forming geodynamics of jianchaling gold and nickel mineral field, Lueyang County, Shannxi Province, China//Zhao C S, Guo B J. Mineral Deposit Research: Meeting the Global Challenge (Volume 3). Beijing: China Land Publishing House: 124-127.

Wedepohl K H. 1995. The compositions of the continental crust. Geochimica et Cosmochimica Acta, 59: 1217-1232.

Yue S W, Deng X H, Leon B, et al. 2017. Fluid inclusion geochemistry and $^{40}Ar/^{39}Ar$ geochronology constraints on the genesis of the Jianchaling Au deposit, China. Ore Geology Reviews, 80 (2): 676-690.

Zartman R E, Doe B R. 1981. Plumbotectonics—the model. Tectonophysics, 75 (1-2): 135-162.

英 文 摘 要

The monograph make a comprehensive and systematic summing-up of the results of geological research and mineral exploration in the Mian-Lue-Ning mineralization concentrated region. This is a point of penetration to explore the geological characteristics and ore-controlling factors and exploration models. The authors use the theory and method of ore prospecting prediction of the trinity of ore-forming geologic body, metallogenetic tectonic and metallogenetic structural plane and characteristic mark of mineralization in exploration area to dissect the typical mineral deposits, summarize the mineralization regularity, and promote prospecting prediction. A new round of deep, comprehensive and scientific prospecting in the Mian-Lue-Ning mineralization concentrated region has been started. On the basis of fully collecting, sorting out, summarizing and analyzing the previous research data and achievements, the authors of this book have carried out a thorough and detailed study in ore-forming geological setting of Mian-Lue-Ning mineralization concentrated region and the metallogenetic environment, metallogenetic characteristics, ore-controlling factors, prospecting criteria, metallogenetic mechanisms, metallogenetic models, ore genese and so on in the typical mineral deposits of Au, Cu, Fe, Ni, Mn, Pb-Zn, P and asbestos. The prospecting target areas are verified by prospecting engineerings, and the prospecting effect is good. The main achievements are recognized as follows:

(1) Through comprehensive study of metallogenetic geological backgrounds, metallogenetic regularities, metallogenetic processes, metallogenetic model and prospecting models and so on in the Mian-Lue-Ning mineralization concentrated region, it is believed that the mineralization in this area is characterized by multi-stage and multi-source complex. The mineralization is obviously controlled by tectonics, magmatic activities and hydrothermal processes.

(2) Two epochs/double member metallogenetic ore-controlling model of the regional mineralization model of Au, Cu, Fe, Ni, Mn, Pb-Zn in the working area has been established from the ore-forming geologic body, metallogenetic tectonic and metallogenetic structural plane, characteristic mark and so on. As a result of tectono-magmatic activity, the original ore germ layer or orebody was formed, and suffered from tectono-faulting and superimposed hydrothermal reworking in the later period, such as the main metallogenic period of rock gold deposit that has been formed in the Indosinian and Yanshan Epoch.

(3) The metallogenic system metallogenic series and metallogenic pedigree in the Mian-Lue-Ning mineralization are summarized and divided. It includes four types: paleosubmarine volcanic sedimentary metallogenic system in rift or local ocean basin environment dominated by extensional system, magmatic hydrothermal metallogenic system related to intrusive rocks developed in block collision uplift process, paleosubmarine exhalative metallogenic system in continental margin that

arc environment controlled by subduction tectonic system and stable continental block exogenetic sedimentary metallogenic system. It can be divided into sedimentary metamorphic iron ore deposit metallogenic series related to volcanic sedimentation in Neoarchean; metallogenic series of gold deposits in Neoarchean granite greenstone formation; mesozoic gold deposit metallogenic series related to Indosinian Yanshanian tectonic shear and underground heat flow; metallogenic series of gold, silver, copper, lead-zinc, tungsten, tin, molybdenum, arsenic, antimony and mercury (lithium, beryllium, niobium and tantalum) deposits related to Indosinian Yanshanian intermediate acid magmatic intrusive rocks and low-temperature hydrothermal processes in Mesozoic; metallogenic series of placer gold deposits related to Quaternary alluvial proluvial process; volcanic exhalative sedimentary copper iron lead zinc manganese polymetallic metallogenic series related to marine volcanic rocks (spilite keratophyry Series) in meso Neoproterozoic rift trough; Proterozoic metallogenic series of iron and copper deposits related to paleovolcanic institutions and intermediate acid intrusive rocks; Proterozoic metallogenic series of nickel (copper), gold, iron, vanadium, titanomagnetite and asbestos deposits related to ultrabasic basic intrusive rocks in deep fault zones; the metallogenic series of phosphorus, stone coal, iron, manganese, (vanadium), cobalt, nickel, uranium, molybdenum, lead-zinc and rare earth polymetallic deposits related to Sinian Lower Paleozoic black rock series in the northwest margin of the Yangtze plate; the late Paleozoic metallogenic series of niobium, rare earth, uranium, sulfur, chromite and phosphorus deposits related to Hercynian ultrabasic rocks and alkaline carbonate rocks. From Archean to Cenozoic, the metallogenic systems and series of these different minerals constitute the metallogenic pedigree of the ore concentration area.

(4) The study shows that the ore-forming types of rock gold in the area are mainly tectonic-altered rock type and volcanic exhalation (flow) sedimentary-reformation type, and the ore-forming types of placer gold are mainly alluvial-diluvial type. The main types of copper mineralization are volcanic sedimentary reworking type and massive sulfide type. The main types of iron mineralization are sedimentary and metamorphic, volcanic sedimentary reformation and magma dissociation reworking. The main types of nickel mineralization are magmatic melt-ionized hydrothermal transformation. The main types of manganese deposits are volcanic sedimentary-metamorphic type and sedimentary type. The main types of Pb-Zn are mainly volcanic exhalative sedimentary-reformation type and Mississippi Valley type. The prospecting potential of different ore species and metallogenic types is analyzed.

(5) The study area is located in the low-middle mountainous area on the southern slope of the Qinling Mountains. The vegetation is dense, the coverage is relatively thick, and the terrain ups and downs are relatively large. Through summary analysis of metal deposit prospecting in the area and exploration experience, the suitable combination technical methods for the exploration of the gold deposits in the study area are summarized as follows: 1∶50000 stream sediment survey + 1∶25000 soil survey + 1∶10000 or 1∶2000 rock primary halos survey + 1∶10000 geological survey + large scale geological survey in combination with trenching + drilling or pitting.

The combined prospecting methods and techniques for Cu、Pb-Zn and Ni deposits are 1 : 50000 magnetic survey + stream sediment survey + 1 : 25000 or 1 : 10000 excitated and magnetic survey + 1 : 10000 geological survey + 1 : 2000 geological rock profile + large scale geological survey in combination with trenching + drilling or pitting. The Cu, Pb-Zn ore, Ni ore exploration must pay great attention to the development of iron caps containing Ni, Pb-Zn and Cu sulfide on local surface.

The combined prospecting methods and techniques for iron are 1 : 50000 magnetic survey + 1 : 10000 magnetic survey and geological survey + large scale geological survey combined with trenching + drilling or pitting.

The combined prospecting methods and techniques for manganese are 1 : 50000 stream sediment survey + 1 : 25000 or 1 : 10000 excitated survey + 1 : 10000 geological survey + large scale geological survey combined trenching + drilling or pitting.

（6）Using 1 : 50000 geological map as the base map, comprehensively considerating about remote sensing, geological, geophysical, geochemical and typical deposits information, starting from the combing mineralization, basing on the theory of similar-analogy and metallogenic series theory, using the theory and method system of the ore-forming geological body prospecting prediction system in exploration area as the instruction, we have carried out prospecting prediction for the study area. It is divided into 7 mineralization prospects, 10 prospecting targets, respectively, 3 A-type prospecting targets, 5 B-type prospecting targets, 2 C-type prospecting targets.

（7）The ore-prospecting results were verified by the target areas.

Through engineering verification, drilling verification have been carried out in gold-iron prospecting target in Jinzidong-Longwanggou and Longwanggou iron mine, in which, the iron ore bodies with the thickness of 15.69 m, TFe grade of 28.81% and mFe grade of 22.89% were found in ZK8001 hole, and more than 10 million tons of predicted iron resources were obtained.

The drilling verification was carried out in the Chenjiaba copper-lead-zinc prospecting target area, in which the copper and zinc ore bodies with thickness of 3.82 m, copper grade of 1.64% and zinc grade of 3.696% were found in the ZK1606 hole. After the infill drilling project, 130000 t of（333+334$_1$）copper+lead+zinc resources were obtained.

Drilling verification was carried out in the gold and nickel prospecting target area in Najiaheba, in which a nickel ore body with a thickness of 9.22 m and a nickel grade of 0.25% was found in the upper part of hole ZK1201. A copper and gold ore body with gold grade of 5.42×10^{-6}, copper grade of 3.88% and thickness of 1.76 m was found at the bottom of the ZK1201. The initial gold resources obtained in Najiaheba area were （333+334$_1$）1 t, with an average gold grade of 5.42×10^{-6}, and nickel resources （333+334$_1$）19700 t, with an average nickel grade of 0.25%.

Through 1 : 25000 soil survey, 1 : 10000 or 1 : 2000 geological and rock profile survey and trench exploration in Qiligou-Fangjiaba polymetallic prospecting target area and Lijiazui lead-zincgold prospecting target area, the Zhaigen copper belt and Waziping silver lead-zinc belt in Mian County have been discovered.

The Zhaigen copper mine is 2660 m long, 0.56-9.17 m thick and 3.24 m thick on average. The copper grade is 0.38%-7.92% and 2.20% on average. Associated gold grade is 0.28×10^{-6}-1.36×10^{-6} and silver grade is 9.6×10^{-6}-18.1×10^{-6}. The copper resource is estimated to be 140000 t (334_1).

In the Jinzishan-Fenjiaping copper, gold and nickel prospecting target area, the copper body was found in the deep part of the middle ore belt of Fenjiaping copper mine via engineering verification. The ore body is 0.77-0.85m thick and the copper grade is 0.22%-0.82%. There were 1 copper body and 6 nickel ore bodies in Heiwanli magnetite spot via drilling verification. The copper ore body is 1.0 m thick and the copper grade is 0.90%. The accumulative thickness of nickel ore body is 47.65 m, and the average grade of all nickel is 0.200%-0.256%, mainly nickel sulfide. The gold ore body was found in Taojiagou gold polymetallic ore spot via drilling verification. The gold ore body is 1 m thick and the gold grade is 5.20×10^{-6}.

The above discoveries have realized the important goal of the close combination of industry, education and research to comprehensively promote the breakthrough in geological ore-prospecting.

In a word, the mineralization geological conditions in Mian-Lue-Ning mineral concentrated area are superior, and the resource potential is huge. Through further comprehensive research, investment in effective prospecting method and technology combination, continuous promotion, bold verification and perseverance, the prospecting breakthrough will certainly be made, and a solid resource guarantee will be provided for economic and social development.

后 记

秦岭为中华万山之本，居中华山川之脊，是我国南北地理、地质、气候、生态、人文的分界线，也是世界著名的金属成矿带，亦是国内主要矿产资源基地之一。其中分布有勉略宁（勉县-略阳-宁强）、凤太（凤县-太白）、山柞镇旬（山阳-柞水-镇安-旬阳）、周鄂宁（周至-鄂邑-宁陕）、小秦岭等五大矿集区。

勉略宁矿集区以矿化集中、矿种齐全、成矿类型多、矿床规模大和矿产资源丰富而被地学界称为勉略宁金三角。截至目前，在这不足 2700km² 的范围内，已发现了十几个大、中型金、铜、镍、锰、钴、铁、磷、黄铁矿、石棉矿床以及 150 余个小型有色、黑色、贵金属和非金属矿床（点），矿产资源潜力巨大。其中不少已建成矿山开发利用，产生了显著的社会经济效益。但目前区内仍有不少矿山（煎茶岭金矿、徐家沟铜矿等）与我国相当部分矿山一样面临资源/储量濒临枯竭，当下呈无米下锅的窘境！而与此同时环保制约凸显、找矿难度加大、新探获资源/储量增幅缓慢，这严重制约了矿业的持续健康发展。因此，不断总结、深化矿集区成矿规律认识，指导勘查工程部署，加强科技创新，践行绿色勘查，实现找矿快速突破，为矿山开发提供后续接替资源，保障国民经济建设矿产资源供给安全，推动绿色高质量发展，变得尤为迫切。

本书是多年来在各类项目的支持下，对该区开展地质研究和找矿勘查工作所获成果进行总结、提炼及深化而成。几十年的地质科研、找矿成果及丰富的地、物、化、遥各种资料，使我们在成矿研究、矿产预测和地质找矿方面积累了一些成果认识与经验教训，进行了一些思考。这次有机会能对其系统整理、综合研究并公开出版，与大家共享，为秦岭矿产资源绿色勘查开发做点贡献，也是一个地质人的职责所在。从内心来说，我一直对秦岭有一种与之为伴、为之痴迷的情结，有一种钻之弥深、仰之弥高的崇恋，有一种深深的敬畏和浓浓的珍爱，盼望它郁郁葱葱、生机勃勃，希冀它清清秀秀、溪流潺潺，祝愿它万年长青、护佑中华！人们还它一片绿色，它给人们一方滋养！山水林田湖草是生命共同体，至少秦岭和华人息息相关、须臾难离！今年年初忽遇新型冠状病毒肺炎疫情，人们生活仿佛按了暂停键，病毒至今未被攻克，世界无奈其何，令全球经济黯然衰退，人类面对这一无形杀手，苦无良策！我自己在难得的长假中修改这本书的同时，也深思万物共荣、因果循环的道理，"成功之道，盈缩为宝"，看来对于人类社会的持续健康发展，和谐人地关系、顺应自然演变、保护生态环境势在必行！

2020 年 4 月 20 日，习近平总书记抵达陕西考察，第一站先直奔秦岭牛背梁，访羚牛谷、登月亮垭，并远眺牛背梁主峰。他强调，秦岭和合南北，泽被天下，是我国的中央水塔，是中华民族的祖脉和中华文化的重要象征。因此，在立足新发展阶段、贯彻新发展理念、构建新发展格局的进程中，如何做好保护秦岭与开发秦岭协同并进、相得共荣，是目前政府、企业和相关技术人员亟待思考及解决的问题。"事物之变，纷纭杂出，若不可知，然而有至理存焉"，现今必须切实以地球系统科学为指导，科学规划、统筹兼顾、合理安排、持之以恒，始终践行"绿水青山就是金山银山"的理念，积极妥善解决矿权、矿山、矿工、矿城、矿业"五矿"问题，全面扎实推动找矿、办矿、开矿高效绿色发展，方能破解这一难题，促进国家矿业繁荣、山川秀美。"人不负青山，青山定不负人！"历史属于奋进者，新时代是奋斗者的时代，我们更要以时不我待的使命感、责任感和危机感，不忘初心、牢记使命，一如既往地投身于矿产资源的调研探测、勘查评价与开发利用，通过综合研究、集成创新、科技引领、全域评价，不断提升找矿勘查技术水平。同时对区内新矿种、新类型、新层位、新地段、新深度等的找矿工作从微观的岩矿鉴定、成分结构测试、水岩反应、构造分析，到宏观的系统综合、大数据集成、选区研究、工程验证等各方面进一步持续努力、扎实钻研、久久为功，以快速推动勉略宁矿集区新一轮的找矿突破，为地方经济高质量发展做出自己的贡献！

本书中个别金属矿床资料不全、新的测试分析数据较少，非金属矿床的代表性不强，找矿技术方法组合的应用研究不太深入等不足是本次研究的缺憾，只好留待以后提高、完善。不忘初心，方得始终！付梓之前，掩卷而思，面对百年未有之大变局，深感切实加强国内地质工作刻不容缓！但不管怎样，地质工作者是国民经济建设的先行者，是国家资源安全保障的排头兵，是他们踏遍青山大川，为国家寻找矿产资源，推动地球科学进步和社会持续发展，因此，姑且不揣浅陋、抛砖引玉，谨将本书献给在地学领域辛勤工作、无私奉献、不断探索、孜孜追求的人们，并就教于他们，同时向大家学习、致敬！

巍巍秦岭，中华龙脉；物华天宝，山川壮美。

基因种库，矿产多类；文化圣山，国家绿肺。

研发保护，多方协配；绿色共享，责在我辈。

创新发展，梦想腾飞；人杰地灵，大有可为！

是为记。

王瑞廷

2020 年 6 月 28 日